Springer-Lehrbuch

Springer-Verlag Berlin Heidelberg GmbH

Robert F. Schmidt

Physiologie kompakt

4., korrigierte
und aktualisierte Auflage

Mit 269 Abbildungen

Springer

Professor Dr. med. Dr. h.c. Robert F. Schmidt, Ph.D.
Physiologisches Institut der Universität
Röntgenring 9, 97070 Würzburg
Deutschland

Die Deutsche Bibliothek - CIP-Einheitsaufnahme
Schmidt, Robert F.:
Physiologie kompakt / Robert F. Schmidt. - 4., korrigierte und. aktualisierte Aufl.. - Berlin ; Heidelberg ; New York ; Barcelona ; Hongkong ; London ; Mailand ; Paris ; Singapur ; Tokio : Springer, 2001
(Springer-Lehrbuch)

ISBN 978-3-540-41346-2 ISBN 978-3-642-56501-4 (eBook)
DOI 10.1007/978-3-642-56501-4

Dieses Buch erschien in erster Auflage 1992 unter dem Titel „Memorix Spezial Physiologie" bei der VCH Verlagsgesellschaft Weinheim und in zweiter Auflage unter dem Titel „Physiologie kompakt" bei Gustav Fischer Verlag Stuttgart · Jena · New York · 1995

Herstellung: PRO EDIT GmbH, Heidelberg
Umschlaggestaltung: de 'blik Berlin
Foto auf dem Umschlag: © Bob L. Sheperd / NAS / Okapia
Satzherstellung: Mitterweger & Partner Kommunikationsgesellschaft mbH, Plankstadt

Gedruckt auf säurefreiem Papier SPIN: 10727727 15/3130hs-54 3 2 1 0

Diese 4. Auflage ist meiner Enkeltochter

Gillian

gewidmet, die zu unser aller Freude gleichzeitig mit der 3. Auflage dieses Buches im März 1999 auf dieser Welt „erschien“.

Vorwort zur 4. Auflage

„Die Schwere einer Erkrankung ist proportional zu ihrer Abweichung vom Gesundheitszustand, und das Ausmaß dieser Abweichung kann nur von demjenigen beurteilt werden, der mit dem Gesunden völlig vertraut ist."

Galen von Pergamon (129 – 200 n. Chr.), der Leibarzt des römischen Kaisers Marc Aurel, schrieb diesen Satz in seinem Buch „De Methodo Medendi" („Über die Heilkunst"). Dieser Satz ist heute so richtig wie vor mehr als 1800 Jahren. Er diente mir deshalb vielmals in den jährlichen Einführungsvorlesungen zur Physiologie des Menschen als die ebenso kurze wie unmissverständliche Aufforderung und Begründung an die Studierenden der Medizin, sich zunächst bestmöglich mit den normalen Körperfunktionen vertraut zu machen und sich erst dann mit deren Veränderungen bei Erkrankungen auseinanderzusetzen.
Auch Arthur Schopenhauer war von der Bedeutung unseres Faches so überzeugt, dass er 1852 in einem Brief an Julius Frauenstädt schrieb, die „Physiologie ist der Gipfel der gesamten Naturwissenschaft". Allerdings fügte er auch hinzu: „und ihr dunkelstes Gebiet". Letzterer Aussage lässt sich heute allerdings nicht mehr zustimmen, denn seitdem sind unsere Kenntnisse über Bau und Funktion des gesunden Menschen so umfangreich geworden, daß das „dunkelste Gebiet" recht hell geworden ist.
Das für die zukünftigen Ärztinnen und Ärzte unabdingbare Studium der Physiologie ist natürlich durch diesen beträchtlichen Zuwachs an insgesamt doch recht komplexen Wissen alles andere als einfacher geworden, im Gegenteil. Schwierige Sachverhalte bleiben nämlich schwierig, es läßt sich bestenfalls versuchen, sie möglichst einfach und einsichtig darzustellen. Dies ist sicher das Ziel aller Lehrbücher, der großen wie der kleinen. Dieses hier ist ein kleines Lehrbuch. Für solche ist angesichts des beschränkten Umfangs bei ihrer Anlage zu entscheiden, ob sie sich inhaltlich auf die einfachsten Grundlagen beschränken sollen oder ob zu Gunsten größerer Vollständigkeit eine kompakte Darstellung gewählt werden soll. Bei der ursprünglichen Planung dieses Buches habe ich letzterem den Vorzug gegeben, denn ich wollte den Studierenden der Physiologie, den Human- und Zahnmedizinern ebenso wie allen anderen Studierenden, die die normalen Lebensfunktionen des menschlichen Körpers im Haupt- oder Nebenfach erlernen sollen, ein Kompendium an die Hand geben, mit dem sie sich die wichtigsten Tatsachen und Erkenntnisse jedes

Teilgebiets der Physiologie knapp aber klar und umfassend vor Augen führen können, ohne dabei die Übersicht über das Gesamtgebiet zu verlieren.

Für die vor 2 Jahren erschienene dritte Auflage hatte ich das Buch vollständig überarbeitet und auf den neuesten Wissensstand gebracht. Ich konnte mich daher bei der hiermit vorgelegten 4. Auflage darauf beschränken, auf Anregungen und Hinweise aus dem Leser- und Kollegenkreis einige wenige Sachverhalte zu aktualisieren und die anscheinend unvermeidlichen Druckfehler weiter zu reduzieren.

Der etwas stereotype formale Aufbau der einzelnen Kapitel, der aus den vorhergehenden Auflagen beibehalten wurde, hat sich nach Aussage zahlreicher Leser und Leserinnen ausgezeichnet bewährt. Er hat den Vorteil der Übersichtlichkeit und sorgt dafür, daß einander entsprechende und in ihrer Wichtigkeit etwa gleichwertige Sachverhalte schon von ihrer Anordnung her sofort als solche zu erkennen und einzuordnen sind.

Der bescheidene Platz eines Taschenbuchs verbietet bei der angestrebten Vollständigkeit jegliche Wiederholung, so sehr dies manchmal aus didaktischen Gründen wünschenswert wäre. Ich habe dies, wie bisher auch, durch besonders zahlreiche Querverweise auszugleichen versucht. Eine weitere wichtige (in meinen Augen unentbehrliche) Arbeitshilfe ist das über 4.800 Stichworte umfassende Sachverzeichnis, mit dem der unmittelbare Zugang zu allen hier dargestellten Gebieten und Einzelbefunden ohne Umweg möglich ist.

Ein kompaktes und als „roter Faden" durch das gesamte Wissensgebiet angelegtes Lehrbuch kann das Studium größerer Lehrbücher nicht ersetzen, denn, wie gesagt, schwierige Sachverhalte sind nicht immer in wenigen Worten ausreichend einsichtig zu machen. Ein solches Buch kann aber, besonders bei Prüfungsvorbereitungen und in vergleichbaren Situationen, eine entscheidende Hilfe sein, v. a. um wichtiges von weniger wichtigem abzugrenzen, bereits erworbenes Wissen zu vertiefen oder wieder ins Gedächnis zurückzurufen und um die großen Zusammenhänge im Auge zu behalten.

Beim Springer-Verlag habe ich besonders Frau A. C. Repnow und Frau D. Elsasser für die exzellente Zusammenarbeit bei der Planung und Redaktion zu danken, bei der Firma Proedit Herrn H. Schwaninger und Frau I. Samide für die gute Zusammenarbeit bei der Herstellung, ferner Herrn O. Nehren, Mannheim, für die Korrekturen und Ergänzungen des Bildmaterials und Herrn M. W. Mönnich, Fa. de`blik, Berlin, für die Gestaltung des Umschlags.

Würzburg, im März 2001 Robert F. Schmidt

Inhaltsverzeichnis

I
Allgemeine Physiologie der Zelle und der interzellulären Kommunikation; Muskelphysiologie

1 Biophysikalische und zelluläre Grundlagen

Maßeinheiten in der Physiologie

Präfixe und Symbole häufig gebrauchter Zehnerpotenzfunktionen

Faktor	Präfix	Symbol
10^{-1}	Dezi	d
10^{-2}	Zenti	c
10^{-3}	Milli	m
10^{-6}	Mikro	µ
10^{-9}	Nano	n
10^{-12}	Piko	p
10^{-15}	Femto	f

Faktor	Präfix	Symbol
10	Deka	da
10^{2}	Hekto	h
10^{3}	Kilo	k
10^{6}	Mega	M
10^{9}	Giga	G
10^{12}	Tera	T
10^{15}	Peta	P

Namen und Symbole der SI-Basiseinheiten (SI: Système International d'Unités)

Größe		Name	Symbol
1.	Länge	Meter	m
2.	Masse	Kilogramm	kg
3.	Zeit	Sekunde	s
4.	Elektrische Stromstärke	Ampere	A
5.	Thermodynamische Temperatur	Kelvin	K
6.	Lichtstärke	Candela	cd
7.	Substanzmenge	Mol	mol

Grundlage des Systems der Maßeinheiten sind die obigen 7 Basiswerte, von denen alle anderen Einheiten abgeleitet werden (s. u.). Häufig gebrauchten Zehnerpotenzen sind dabei standardisierte Vorsilben (Präfixe) und Symbole zugeordnet (s. o.). Aber auch andere Basiseinheiten sind gebräuchlich (s. u.). Manche konventionellen Einheiten (z. B. *PS, kcal, mm Hg*) halten sich hartnäckig neben den SI-Einheiten (*W, J, Pa*).

Namen und Symbole einiger abgeleiteter SI-Einheiten

Größe	Name	Symbol	Definition
Frequenz	Hertz	Hz	s^{-1}
Kraft	Newton	N	$m \cdot kg \cdot s^{-2}$
Druck	Pascal	Pa	$m^{-1} \cdot kg \cdot s^{-2}$ $(N \cdot m^{-2})$
Energie	Joule	J	$m^{2} \cdot kg \cdot s^{-2}$ $(N \cdot m)$
Leistung	Watt	W	$m^{2} \cdot kg \cdot s^{-3}$ $(J \cdot s^{-1})$
Elektrische Spannung	Volt	V	$m^{2} \cdot kg \cdot s^{-3} \cdot A^{-1}$ $(W \cdot A^{-1})$

Gebräuchliche Basiseinheiten, die nicht zum SI-System gehören

Größe	Name	Symbol	Wert in SI-Einheiten
Masse	Gramm	g	$1\ g = 10^{-3}\ kg$
Volumen	Liter	l	$1\ l = 1\ dm^{3}$
Zeit	Minute	min	1 min = 60 s
Zeit	Stunde	h	1 h = 3 600 s
Zeit	Tag	d	$1\ d = 86\,400\ s\ (8{,}64 \cdot 10^{4}\ s)$
Temperatur	Grad Celcius	°C	0 °C = 273,15 K

1

Wichtige Umrechnungsbeziehungen zwischen SI- und konventionellen Einheiten

Größe	Umrechnungsbeziehungen	
Kraft	1 dyn = 10^{-5} N 1 kp = 9,81 N	1 N = 10^5 dyn 1 N = 0,102 kp
Druck	1 cm H_2O = 98,1 Pa 1 mm Hg = 133 Pa 1 atm = 101 kPa 1 bar = 100 kPa	1 Pa = 0,0102 cm H_2O 1 Pa = 0,0075 mm Hg 1 kPa = 0,0099 atm 1 kPa = 0,01 bar
Energie (Arbeit) (Wärmemenge)	1 erg = 10^{-7} J 1 m · kp = 9,81 J 1 cal = 4,19 J	1 J = 10^7 erg 1 J = 0,102 m · kp 1 J = 0,239 cal
Leistung (Wärmestrom) (Energieumsatz)	1 m · kp/s = 9,81 W 1 PS = 736 W 1 kcal/h = 1,16 W 1 kJ/d = 0,0116 W 1 kcal/d = 0,0485 W	1 W = 0,102 m · kp/s 1 W = 0,00136 PS 1 W = 0,860 kcal/h 1 W = 86,4 kJ/d 1 W = 20,6 kcal/d
Viskosität	1 Poise = 0,1 Pa · s	1 Pa · s = 10 Poise

Allgemeine Zellphysiologie

Schematisierter Aufbau einer menschlichen Zelle

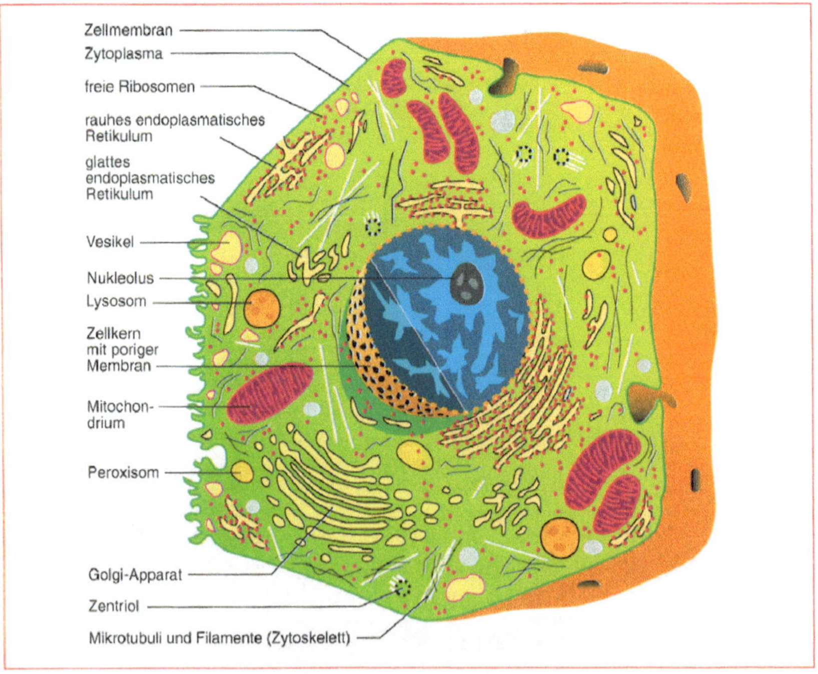

Anzahl der Zellen des menschlichen Körpers

Zelltyp	Anzahl	Bemerkung
Insgesamt	$75 \cdot 10^{12}$	also 75 Billionen
Erythrozyten	$25 \cdot 10^{12}$	der häufigste Zelltyp
Neuron	$25 \cdot 10^{9}$	also 25 Milliarden

Wesentliche Zellbestandteile in alphabetischer Reihenfolge (s. auch Abb. links)

Zellbestandteil	Beschreibung/Kommentar
Chromatin	Durch Färbung und Fixation verändertes DNA-Protein (Chromosomen) des Zellkerns („Kerngerüst")
ER	Endoplasmatisches Retikulum: aus Elementarmembranen aufgebautes Labyrinth von Gängen, Spalten und Röhren (mit Ribosomen: „rauhes" ER), beteiligt am Stoffwechsel, z. B. Proteinsynthese
Golgi-Apparat	Stapel von 5–30 Zisternen aus glatten Membranen; beteiligt am Stoffwechsel, Bildung von Vesikeln
Lysosom	Zellorganelle, Produkt des Golgi-Apparats; Verdauung von zelleigenem und zellfremdem Material
Mikrotubulus	Teil des Zytoskeletts aus röhrenförmig angeordnetem Protein; Stützfunktion, Zilien- und Geißelbewegung
Mitochondrium	Membranumschlossene Zellorganelle, besonders häufig in Zellen mit starkem Energieverbrauch; Energiebereitstellung, v. a. Aufbau von ATP
Nukleus	Membran umhüllt das Karyo(Nukleo-)plasma mit den Chromosomen (Träger der kompletten Erbinformation in Form von DNA-Molekülen)
Peroxysom	Membranumschlossene Zellorganelle, besonders in Leber- und Nierenzellen; Beteiligung am Stoffwechsel
Plasmamembran	Grundsubstanz Lipide (insbes. Phosphatidylcholin) mit hydrophiler Kopfgruppe und hydrophober Fettsäurekette; diese bilden eine 4–5 nm dicke Doppelschicht (hydrophile Kopfgruppen dem Wasser zugekehrt), in die Proteine als Hauptfunktionsträger (Kanäle, Pumpen, Rezeptoren) eingebettet sind
Ribosom	Zellorganelle, Bestandlteil des rauhen ER, Translationssystem bei der Proteinsynthese
Vesikel	Membranumschlossene Zellorganelle; beteiligt an Endozytose, Exozytose, Transzytose
Zellkern	Synonym für Nukleus, s. dort
Zellmembran	Synonym für Plasmamembran, s. dort
Zentriol	Kurzer Zylinder aus Mikrotubuli; beteiligt an der Zellteilung
Zytoplasma	Gesamtheit von Zytosol, Zytoskelett und zytoplasmatischen Organellen (z. B. ER, Golgi-Apparat, Ribosom)
Zytoskelett	Netzwerk von Proteinfilamenten im Zytoplasma, vor allem Aktinfilamente (Mikrofilamente) und Mikrotubuli, daneben intermediäre Filamente
Zytosol	Gelatineartige (20 % Eiweiß) Zellflüssigkeit mit Tausenden von Enzymen; beteiligt am Stoffwechsel

1

Hauptwege des Stoffaustauschs der Zelle mit ihrer Umgebung

Passiver Stofftransport durch die Plasmamembran	
Diffusion 1) durch Lipidmembran	Teilchenbewegung entlang Konzentrationsgradienten (osmotischen Gradienten); ist direkt durch die Lipidmembran nur Stoffen möglich, die sowohl wasser- wie fettlöslich sind, z.B. Fettsäuren, O_2, Alkohol; folgt Fick-Diffusionsgesetz
2) durch Membran-poren(-kanäle)	Bewegung durch die wassergefüllten Kanäle der Membranproteine, abhängig von Konzentrationsgradient, Teilchenladung und Kanalselektivität
Erleichterte Diffusion	An Membranaußenseite Bindung an Träger-(Carrier-)molekül zwecks Fettlöslichkeit, dann Diffusion (entlang Konzentrations- oder elektrischen Gradienten) durch Lipidmembran
Solvent drag	„Mitreißen" von gelösten Substanzen beim Durchtritt von Wasser durch die Plasmamembran und andere Trennwände
Aktiver Transport („Pumpen") durch die Plasmamembran	
Elektroneutrale Pumpe	„Primär aktiver" Transport von Teilchen unter Energieaufwand gegen den Konzentrations- (osmotischen) Gradienten; kein Nettotransport elektrischer Ladung (Details S. 281, Abb. S. 291, 292)
Elektrogene Pumpe	„Primär aktiver" Transport, wobei zusätzlich netto elektrische Ladung verschoben wird, z.B. $3Na^+$-$2K^+$-ATPase-Austauschpumpe, wichtigste Pumpe der Zellmembran (s. z.B. S. 12, 13)
Sekundär-aktiver Transport	Ausnutzen eines durch Pumpaktivität aufgebauten Gradienten, um mit Carriermolekülen Stoffe in die gleiche Richtung (Kotransport oder Symport) oder in die Gegenrichtung (Gegentransport oder Antiport) zu transportieren (Abb. S. 281, 291, 292)
Exozytose	Bildung zellulärer Vesikel zur Freisetzung des Vesikelinhalts, z.B. eines Hormons, in das Außenmedium über Verschmelzung der Vesikelmembran mit der Plasmamembran
Endozytose	Transport von festen (Phagozytose) oder gelösten (Pinozytose) Stoffen in die Zelle durch Einstülpung und Abschnürung von Plasmamembran

Hauptwege des Stoffaustauschs innerhalb der Zelle

Stoffaustausch an intrazellulären Membranen	
Diffusion	Mit den Vorgängen an der Plasmamembran identische Prozesse (s. o.). Gesamtoberfläche der Organellenmembranen mindestens 10fache Größe der Plasmamembranfläche
Aktiver Transport (Pumpen)	Mit den Vorgängen an der Plasmamembran identische Prozesse (s. o.); wichtige Beispiele: ATP-Synthese an Mitochondrienmembran; Ca-Pumpe des sarkoplasmatischen Retikulums
Transportvorgänge im Zytoplasma	
Diffusion	Führt im Zytosol zum Ausgleich von Konzentrationsunterschieden gelöster Teilchen; wegen hohen Eiweißgehalts des Zytosols langsamer als in reinem Wasser
Transport in Vesikeln	Beteiligt an Endozytose (s.o.), Exozytose (s.o.) und Transzytose (Transport innerhalb der Zelle)
Axonaler Transport	Stofftransport in Nervenfasern (Axonen), v. a. Proteine und Transmitter, die im Soma synthetisiert u. anterograd in die Peripherie (präsynaptische Endigung) verschoben werden; auch retrograder Transport nachgewiesen ($v = 20 - 40$ cm/d, antero. > retro.)

Informationsaustausch (Signalübertragung, Verständigung) zwischen Zellen

Der Informationsaustausch im Körper erfolgt über Nervensystem (1) und Endokrinium (2). Der letzte Schritt in beiden Übertragungsketten ist bei 1 meist, bei 2 immer chemisch über Botenstoffe, genannt bei 1 (Neuro)Transmitter (Überträgerstoffe) und bei 2 Hormone. Die Botenstoffe verbinden sich mit zellulären Rezeptoren: Dies ist die eigentliche Signalübertragung, die zur zellulären Reaktion führt (z. B. Öffnen von Membranporen, Proteinsynthese etc.). Wirken die Botenstoffe nach ihrer Freisetzung nur unmittelbar auf ihre Umgebung (innerhalb von etwa 1 cm), so spricht man von parakriner Signalübertragung (solche Botenstoffe sind z. B. Histamin, Prostaglandine, nerve growth factor, NGF).

Hauptsächliche niedermolekulare („klassische") Neurotransmitter (links), ihre Hauptvorkommen (Mitte) und ihre Rezeptoren (rechts)

I. Azetylcholin		
Azetylcholin (ACh)	1. neuromuskuläre Endplatte 2. alle präganglionären vegetativen Endigungen 3. alle postganglionären parasympathischen Endigungen 4. einige postganglionäre sympathische Endigungen 5. viele Synapsen im Zentralnervensystem	nikotinerg nikotinerg muskarinerg muskarinerg nikotinerg

II. Biogene Amine Adrenalin, Noradrenalin und deren Vorstufe Dopamin werden als Katecholamine zusammengefaßt. Zusammen mit Serotonin werden sie als Monoamine bezeichnet		
Adrenalin (A)	Vor allem Nebennierenmark	α und β
Noradrenalin (NA)	1. Die meisten postganglionären sympathischen Endigungen, 2. viele Synapsen im Hirnstamm	α und β, beide haben je 1 Untertyp, α_1, α_2, β_1, β_2
Dopamin (DA)	Synapsen im ZNS, z. B. Corpus striatum	D_1 und D_2
Serotonin (5-HT)	1. vor allem im Hirnstamm, bes. Raphekerne; 2. auch präfrontaler Kortex	1. 5-HT_1 2. 5-HT_2
Histamin	Gehört nicht zu den Monoaminen; Synapsen in ZNS, Magenschleimhaut, glatte Muskulatur	H_1 und H_2

III. Aminosäuren		
Glutaminsäure (*Glutamat*)	Häufigster erregender Transmitter im ZNS. Möglicherweise ist auch Aspartat (Asparaginsäure) ein erregender ZNS-Transmitter	NMDA-, Quisqualat- und Kainatrezeptor
γ-Aminobuttersäure (GABA)	Häufigster hemmender Transmitter in den höheren Strukturen des ZNS, aber auch im Rückenmark	$GABA_A$ und $GABA_B$
Glyzin	Hemmender Transmitter, vor allem im Rückenmark	

„Klassische" Transmitter sind seit langem als solche bekannt, daher ihre Kennzeichnung als „klassisch". Verschiedene Peptide (s. u.) sind aber in den letzten Jahrzehnten zunehmend als Transmitter entdeckt worden, insbesondere in Kolokalisation (Koexistenz) mit klassischen Transmittern.

1

Peptide, die teils Hormon- (H), teils („nichtklassische") Neurotransmitter- (Neuropeptid-) und teils beide Funktionen haben, geordnet nach strukturellen und funktionellen Ähnlichkeiten; eine orientierende Synopsis; Einzelheiten folgen später. [Mod nach Krieger DT (1983) Brain peptides: What, where and why? Science 222: 977–985 und nach Voigt KH, Fehm HL (1983) Psychoendokrinologie. Int Welt 6: 130]

1. Hypothalamische Releasinghormone
Thyreotropin-releasing-H. (TRH), Gonadotropin-releasing-H. (Gn-RH oder LH-RH), Kortikotropin-releasing-H. (CRH), Wachstumshormon-releasing-H. (GH-RH), Melanozytenstimulierendes-Hormon-releasing-H. (MSH-RH), Prolaktin-releasing-H. (PRL-RH) bzw. die jeweiligen inhibitorischen Hormone GH-IH, MSH-IH und PRL-IH
2. Peptide der Neurohypophyse (Hypophysenhinterlappen, HHL)
Antidiuretisches H., ADH (Synonyme: Adiuretin, Vasopressin), Oxytozin, Neurophysin
3. Hormone der Adenohypophyse (Hypophysenvorderlappen, HVL)
Adrenokortikotropes H. (ACTH), β-Endorphin, melanozytenstimulierendes H. (α-MSH), Prolaktin, Wachstumshormon (GH, auch somatotropes H., STH), Thyreotropin (TSH), gonadotrope Hormone: follikelstimulierendes H. (FSH), luteinisierendes H. (LH), interstitielle Zellen stimulierendes H. (ICSH)
4. Neuroregulatorische Peptide des hypothalamisch-hypophysären Bereichs
Enkephaline, Endorphine, Substanz P, Neurotensin
5. Gastrointestinale Peptide
Vasoaktives intestinales Peptid (VIP), Cholezystokinin (CCK), Gastrin, Substanz P, Neurotensin (NT), Methionin-Enkephalin, Leucin-Enkephalin, Insulin, Glukagon, Bombesin, Sekretin, Somatostatin, Neuropeptid Y (NPY)
6. Mit Schlafregulation assoziierte Peptide
Delta-sleep-inducing peptide (DSIP), VIP (s.o.), Arginin-Vasotozin (AVT, lokalisiert in der Zirbeldrüse)
7. Andere
Bradykinin, Angiotensin II, Karnosin, Homokarnosin, Dynorphin

Koexistenz (Kolokalisation) von klassischen Neurotransmittern mit Neuropeptiden; die angegebenen Hirnstrukturen wurden tierexperimentell bestimmt. [Nach Hökfeldt et al. (1987). In: Meltzer H (ed) Psychopharmacology. Raven, New York]

Transmitter	Peptid	Hirnstruktur
Dopamin	CCK Neurotensin	ventrales Mesenzephalon Nucleus arcuatus
Noradrenalin	Enkephalin, VIP NPY Vasopressin	Locus caeruleus (LC) LC, Medulla oblongata LC
Adrenalin	Neurotensin, NPY Substanz P	Medulla oblongata Medulla oblongata
Serotonin (5-HT)	Substanz P TRH, CCK Enkephalin VIP	Rückenmark, Medulla oblongata Rückenmark Rückenmark, Area postrema Raphekerne
Azetylcholin	Enkephalin Substanz P VIP	Rückenmark, obere Olivenkerne Pons Kortex, Area postrema
GABA	Somatostatin CCK, NPY Enkephalin	Thalamus, Kortex, Hippokampus Kortex Retina, Basalganglien
Glyzin	Neurotensin	Retina

Schlüssel-Schloß-Konzept der Botenstoff-(Transmitter-, Hormon-)Rezeptor-Interaktion und der Wirkweise von Agonisten und Antagonisten

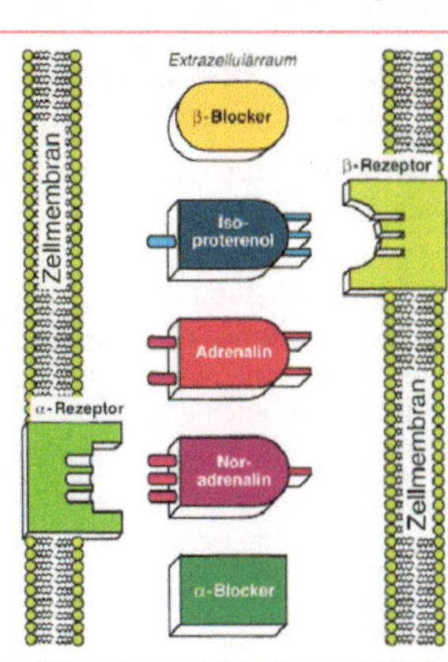

Die Verbindung des „Schlüssels" Botenstoff mit dem „Schloß" Rezeptor bildet den informationsübertragenden Prozeß der humoralen Kommunikation. Allerdings existieren für jedes System jeweils etwas unterschiedliche „Schlüssel" und „Schlösser".

So sind Agonisten eines Botenstoffes Stoffe, die an denselben Rezeptor binden und dort dieselbe postsynaptische Wirkung zeigen.

Antagonisten sind Stoffe, die ebenfalls binden, aber die nachfolgende Funktion, z. B. eine Kanalöffnung, nicht auslösen, sondern blockieren.

Agonisten wie Antagonisten reagieren oft nicht oder nicht gleich gut mit allen Rezeptoren des jeweiligen Botenstoffes. Dies wird zur pharmakologischen Identifikation verschiedener Rezeptortypen eingesetzt (s. Abb. und unten) und therapeutisch ausgenutzt.

Überblick über die Haupteigenschaften von Rezeptoren wichtiger Transmitter

Rezeptortyp	Eigenschaften/Vorkommen
Adrenerge Rez.	
α_1	Postsynaptisch, kontrahiert glatte Muskelzellen; findet sich in Herz, Ductus deferens und Gehirn (weitere Einzelheiten, auch zu den anderen adrenergen Rez. s. S. 146, 148)
α_2	Überwiegend prä-, aber auch postsynaptisch; findet sich in Pankreas, Duodenum und Gehirn; mit Adenylatzyklase verbunden
β_1	Inotrope und chronotrope Herzwirkung, Mobilisierung von Fettsäuren; mit Adenylatzyklase verbunden
β_2	Bronchodilatation, Vasodilatation; mit Adenylatzyklase verbunden
Dopaminerge Rez. D_1	Aktiviert Adenylatzyklase; in Retina, Nebenschilddrüse, Gehirn
D_2	Hemmt Adenylatzyklase; im Gehirn, z. B. im Corpus striatum
Serotonerge Rez.	(es werden zunehmend weitere Typen bekannt)
5-HT_1	Durch Guaninnukleotide reguliert
5-HT_2	Im präfrontalen Kortex lokalisiert, Antagonist: *Ketanserin*
Cholinerge Rez. Muskarinerg	Durch Fliegenpilzgift *Muskarin* erregt (Agonist), Antagonist: *Atropin*; auf Herzmuskelfasern, Drüsen, glatter Muskulatur
Nikotinerg	Durch *Nikotin* erregt (Agonist), Antagonisten: *quartäre Ammoniumbasen* (in vegetativen Ganglien: Ganglienblocker), *Kurare* (Endplatte, s. S. 21)
Glutaminerge Rez. NMDA	Agonist: N-methyl-D-aspartat (NMDA); im ZNS
Non-NMDA	Agonist: Eine Aminopropionsäure (AMPA) und Kainisäure
Metabotroper	Agonist: z. B. die organische Säure t-ACDP
GABAerge Rez. $GABA_A$	Öffnet Cl^--Kanal; Antagonist: Bicuccullin (Krampfgift)
$GABA_B$	Öffnet K^+-Kanal; selektiver Agonist: *Baclofen* (Antispastikum)

1

Gesicherte intrazelluläre Botenstoffe, „second messengers"

Die parakrinen, hormonellen und synaptischen Botenstoffe wirken als „erste" Botenstoffe von außen auf ihre Rezeptoren in der Zellmembran ein. Von dort müssen die Informationen an die Zellorganellen weitergeleitet werden. Dies geschieht durch „second messengers" (sekundäre Botenstoffe). Drei wichtige seien hier genannt.

Kalzium (Ca^{++})	Einfachster intrazellulärer Botenstoff; dringt entweder durch spezifische Membrankanäle in die Zelle ein oder wird aus intrazellulären Speichern freigesetzt
cAMP	Das zyklische Adenosinmonophosphat (Derivat des ATP) ist der wichtigste Second messenger. Die Botenkette verläuft vom Rezeptor über ein G-Protein und Adenylatzyklase, AC (s. Abb. u.). Neben einem erregenden (Aktivierung von AC und damit vermehrte Synthese des cAMP) gibt es auch einen hemmenden Weg (Hemmung der AC)
IP_3	Phosphoinositol (Inositoltrisphosphat) steht am Ende einer ähnlichen Wirkkette wie cAMP (s. Abb. u.). Dem Rezeptor nachgeschaltet ist ebenfalls ein G-Protein. Es fehlt hier das Hemmsystem. cAMP und IP_3 sind wirkungsvolle biologische Verstärkersysteme

Grundschema der Second-messenger-Systeme mit je einem Beispiel für cAMP und IP_3. [Angelehnt an Kandel ER et al. (eds) (1991) Principles of Neural Science, 3rd ed. Elsevier, Amsterdam]

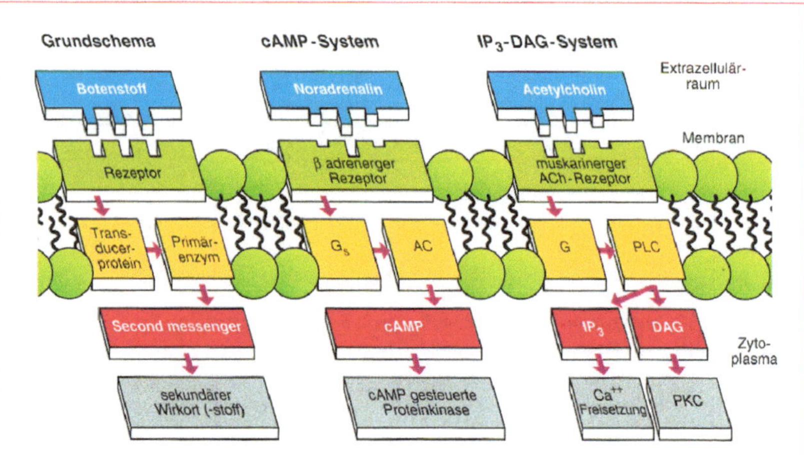

Links das Grundschema. Aktivierung der Membranrezeptoren (1. Schritt) durch ihre („ersten") Botenstoffe aktiviert (2.) Überträger- oder Transducerproteine (aus der Familie der G-Proteine, benötigen GTP), die ihrerseits (3.) ein primäres Enzym aktivieren. Dieses Enzym produziert (4.) den eigentlichen second messenger, der dann seine Botschaft (5.) entweder an ein weiteres Enzym oder direkt an ein regulatorisches Protein überträgt. *In der Mitte* ist ein Beispiel für eine cAMP-Wirkkette zu sehen. Das Protein G_s stimuliert die Adenylatzyklase AC, die ihrerseits ATP zu cAMP konvertiert; cAMP wiederum aktiviert eine Proteinkinase. *Rechts* ein Beispiel für IP_3 als second messenger. Das G-Protein aktiviert die Phospholipase C, PLC, die Phosphaditylinosindiphosphat, PIP_2 (nicht eingezeichnet), aufspaltet in IP_3 und Diazylglyzerin DAG. IP_3 setzt Ca^{++} aus dem endoplasmatischen Retikulum frei, DAG aktiviert die Proteinkinase C, PKC.

2 Informationsvermittlung durch elektrische Erregung

Übersicht über die Basisphänomene

Kurzdefinitionen der Grundbegriffe der Zellerregung („Potentialarten")

Membranpotential	Oberbegriff für alle elektrischen Potentialdifferenzen, die sich an Zellmembranen zwischen Zellinnerem und Extrazellulärraum ausbilden (Grundtypen: s. die nachfolgenden 4 Begriffe); intrazelluläre, direkte Messung mit Mikroelektroden, diverse extrazelluläre Methoden (z. B. ENG, EKG, EEG, EMG etc. je nach Anwendungsbereich)
Ruhepotential ① in Abb.	Membranpotential im Ruhezustand erregbarer Zellen (Nerven- und Muskelzellen); Zellinneres immer negativ gegen Extrazellulärraum, Größe je nach Zelltyp –55 bis –100 mV. Auch nichterregbare Zellen (z. B. Gliazellen) können Ruhepotentiale aufweisen
Aktionspotential ② in Abb.	Kurze, stereotype („Alles-oder-nichts"-)Änderung des Membranpotentials in positive Richtung bei Zellerregung; Amplitude um 100 mV, Dauer: Nerven- u. Skelettmuskelzellen ca. 2 ms, Herzmuskelzellen ca. 350 ms (s. S. 197)
Elektrotonisches Potential ③ in Abb.	(Synonym Elektrotonus). Positive (depolarisierende) oder negative (hyperpolarisierende) Abweichung vom Ruhepotential durch Stromfluß über die Membran. Der depolarisierende Strom wirkt als Reiz, d. h. er löst bei Erreichen einer Schwelle ein Aktionspotential aus
Synaptisches Potential ④ in Abb.	Depolarisierende (erregende) oder hyperpolarisierende (hemmende) Abweichungen vom Ruhepotential durch Aktivierung erregender bzw. hemmender Synapsen (Details in Kap. 3)

Intrazelluläre Membranpotentialmessung

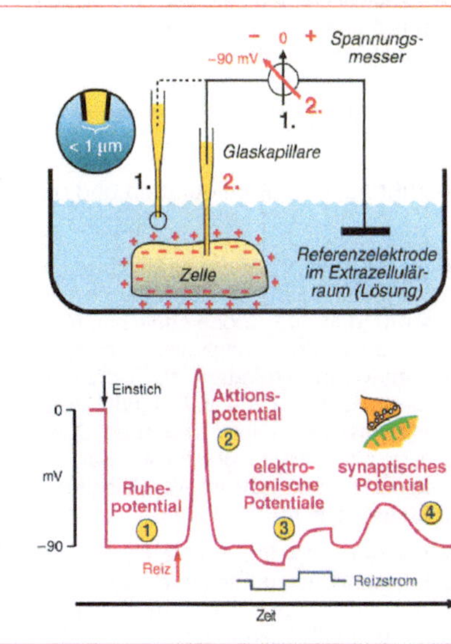

Membranpotentiale aller Art können gemessen werden, indem man eine mit einer Salzlösung gefüllte und daher elektrisch leitende Glaskapillare (Spitzendurchmesser ca. 1 µm) in das Zellinnere vorschiebt und mit einem Millivoltmeter die Potentialdifferenz zwischen der Elektrode im Zellinneren und einer Referenzelektrode im Extrazellulärraum (z. B. chlorierter Silberdraht in der Badelösung bei einem In-vitro-Präparat) mißt.

Änderungen des Membranpotentials können durch von außen angelegte Ströme (bewirken elektrotonische Potentiale) oder durch synaptische Aktivität erzielt werden.

Führen depolarisierende Ströme zu einer Positivierung des Membranpotentials auf etwa -65 mV (Schwellenbereich), lösen sie ein Aktionspotential aus.

2

Molekulare Grundlagen des Ruhepotentials

Intrazelluläre Ionenkonzentrationen einer Warmblütermuskelzelle im Vergleich zu den Ionenkonzentrationen im Extrazellulärraum zur Illustration der Ionenungleichgewichte zwischen diesen beiden Räumen. A^- steht für „große intrazelluläre Anionen". [Aus Dudel J (1990) Grundlagen der Zellphysiologie. In: Schmidt RF, Thews G (Hrsg) Physiologie des Menschen, 24. Aufl. Springer, Heidelberg]

Intrazellulärraum		$[Ion]_i : [Ion]_e$	Extrazellulärraum	
Na^+	12 mmol/l	1:12,1	Na^+	145 mmol/l
K^+	155 mmol/l	39:1	K^+	4 mmol/l
Ca^{++}	10^{-8}–10^{-7} mol/l		Ca^{++}	2 mmol/l
Cl^-	4 mmol/l	1:30	Cl^-	120 mmol/l
$HCO3^-$	8 mmol/l	1:3,4	HCO_3^-	27 mmol/l
A^-	155 mmol/l		Andere Kationen	5 mmol/l
Ruhepotential –90 mV				

Auffällig ist im Zellinneren die hohe K^+- und geringe Na^+-Ionenkonzentration mit umgekehrter Entsprechung im Extrazellulärraum. Außen ist außerdem die Cl^--Ionenkonzentration erheblich höher als innen; dort wiederum findet sich eine hohe Konzentration von großen Anionen, die es außen nicht gibt. Freie Ca^{++}-Ionen sind im Zellzytoplasma kaum vorhanden.

Die ungleiche Verteilung von Na^+- und K^+-Ionen über die Zellmembran hat 2 Ursachen: Pumpaktivität und selektive Permeabilität

Na^+-K^+-Pumpe	In die Zellmembran sind mit hoher Dichte Na^+-K^+-ATPase-Austauschpumpen eingelagert (s. auch S. 281, Abb. S. 291, 292). Durch diese wird die innen sehr niedrige Na^+- und hohe K^+-Konzentration eingestellt und lebenslänglich aufrechterhalten. Pro Pumpzyklus werden 3 Na^+ aus der Zelle heraus- und 2 K^+ in die Zelle hineingeschafft. Die Aktivität der Pumpen wird dabei durch die Na^+-Innenkonzentration reguliert; bei ca. 10 mmol/l wird die Pumpe inaktiv
Selektive Permeabilität	Die Plasmamembran enthält zahlreiche Kanäle (Poren), die nur für K^+-Ionen durchgängig und in Ruhe meist geöffnet sind; d. h. die K^+-Permeabilität ist in Ruhe sehr hoch. Die Membran enthält auch zahlreiche Kanäle, die nur für Na^+-Ionen durchgängig sind. Diese sind aber in Ruhe fast alle geschlossen: die Na^+-Permeabilität ist in Ruhe sehr gering. Für die großen Anionen ist die Membran impermeabel

Die selektive Permeabilität der Membrankanäle beruht auf ihrer Konfiguration und den elektrischen Wandladungen in der Porenwand

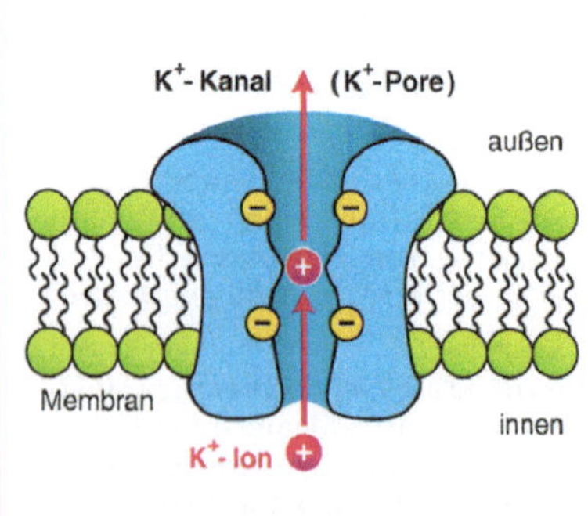

Der K^+-Kanal läßt K^+-Ionen hindurchtreten, verhindert jedoch die Permeation der ebenso geladenen und in ihrer Größe ähnlichen Na^+- oder Ca^{++}-Ionen; die 4 negativen Ladungen in der Porenwand verhindern den Durchtritt von Cl^- und anderen Anionen; K^+ bindet während seiner Passage an diese Ladungen. Diese Bindung ist offenbar nur gut für K^+, was die Grundlage der Selektivität ist (Vergleichbares gilt für andere, z. B. für Na^+-Poren).

Ein solcher Kanal ist kein starres Rohr, sondern ein hochdynamisches, pulsierendes, wassergefülltes Labyrinth von sich schnell bewegenden Molekülgruppen und Ladungen.

Folge der ungleichen Verteilung der Ionen über die Zellmembran und der hohen K^+-Permeabilität in Ruhe ist das Ruhepotential: Es ist im wesentlichen ein K^+-Diffusionspotential

2

Aufgrund des Konzentrationsgradienten diffundieren die K^+-Ionen aus der Zelle. Dabei entfernen sie positive Ladung aus der Zelle, und das Zellinnere bekommt relativ zum Extrazellulärraum eine negative Aufladung, das Ruhepotential. Sein Endwert stellt sich dann ein, wenn der durch die negative Aufladung erzeugte elektrische Gradient (der die K^+-Ionen in die Zelle „zurückzieht") genauso groß wird wie der (osmotische) Diffusionsdruck entlang dem Konzentrationsgradienten. Dieses (Ruhe-)Potential von etwa - 90 mV ist also das K^+-Gleichgewichtspotential.

Neben dem Konzentrationsgradienten und der Ladungszahl z des Ions (negativ für Anionen) bestimmen auch noch die Gaskonstante R, die absolute Temperatur T und die Faraday-Konstante F das Gleichtgewichtspotential eines Ions:

$$E_{ion} = \frac{R \cdot T}{z \cdot F} \cdot \ln \frac{[Ion]_{außen}}{[Ion]_{innen}} \quad (1)$$

Dies ist die allgemeine Form der Nernst-Gleichung. Für eine Körpertemperatur von 37 °C, also T = 310 K, wird daraus das K^+-Gleichgewichtspotential

$$E_K = -61 \text{ mV} \cdot \log \frac{[K^+]_i}{[K^+]_a} \quad (2)$$

Für $[K^+]_i/[K^+]_a = 39$ (s. Tabelle) ergibt sich $E = -61 \text{ mV} \cdot 1{,}59 = -97$ mV, ein Wert, der anzeigt, daß das Ruhepotential in guter Annäherung, aber nicht 100 %ig ein K^+-Gleichgewichtspotential ist. Es fließen daher auch beim Ruhepotential dauernd netto K^+-Ionen aus der Zelle.

Der Beitrag der Na^+-K^+-Pumpe, der anderen Ionen und der Gliazellen zum Ruhepotential

Na^+-K^+-ATPase-Pumpe	Die Na^+-K^+-Pumpe verschiebt netto positive Ladung aus der Zelle (s. S. 12). Dieser Pumpstrom trägt mit –10 bis –20 mV zum Ruhepotential bei; wird die Pumpe durch Digitalisglykoside blockiert, wird das Ruhepotential um diesen Betrag kleiner
Na^+-Ionen	Der hohe Konzentrationsgradient (s. Tabelle S. 12) und das Gleichgewichtspotential von $E_{Na^+} = +60$ mV (nach Gleichung 1) führen trotz geringer Na^+-Permeabilität zu einem stetigen, geringen Na^+-Einstrom, der das Ruhepotential in positive Richtung verschiebt. Der stetige Na^+-Einstrom ebenso wie der stetige K^+-Ausstrom werden durch die Na^+-K^+-Pumpe ebenso stetig ausgeglichen
Cl^--Ionen	Die Cl^--Permeabilität der meisten Zellen ist klein, die der Muskelzellen hoch. Das Gleichgewichtspotential für Cl^--Ionen liegt etwa beim Ruhepotential, es fließen also dort netto keine Cl^--Ströme
Ca^{++}-Ionen	Mit Hilfe eines Na^+-Ca^{++}-Antiports (Beispiel für einen Antiport s. Abb. S. 291) wird die freie intrazelluläre Ca^{++}-Konzentration auf dem in der Tabelle S. 12 gezeigten niedrigen Wert gehalten. Das Ruhepotential wird durch diesen Transport nicht beeinflußt. Ca^{++}-Ströme tragen aber in vielen Zellen zum Aktionspotential bei, z. B. am Herzen (s. S. 197)
Gliazellen	Diese haben ein fast reines Kaliumgleichgewichtspotential. Sie sind über gap junctions leitend miteinander verbunden. Lokale Erhöhungen der K^+-Ionenkonzentration (z. B. bei starker Erregung im Gewebeverband) können von ihnen durch K^+-Aufnahme abgepuffert werden; dies wirkt stabilisierend auf das lokale Milieu

2

Molekulare Grundlagen des Aktionspotentials

Auslösung, Anteile und Zeitverlauf des Aktionspotentials (AP)

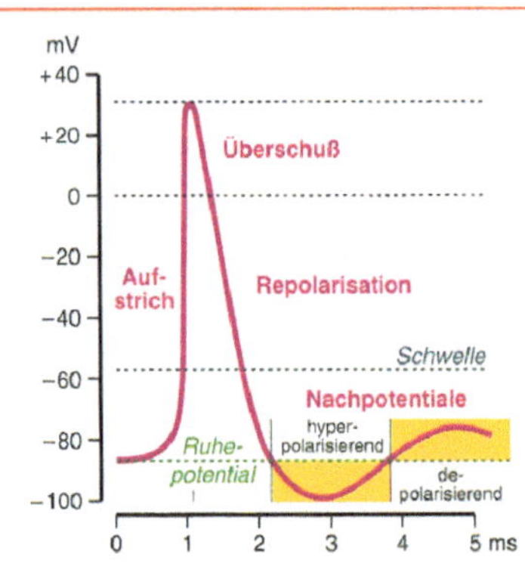

Aktionspotentiale (Amplitude ca. 100 mV) entstehen immer dann, wenn die Membran, vom Ruhepotential ausgehend, etwa um 20–30 mV depolarisiert wird.

Der depolarisierende Membranstrom wird Reiz genannt, das Potentialniveau, an dem das Aktionspotential ausgelöst wird, heißt Schwelle.

Die verschiedenen Anteile und der Zeitverlauf eines Nervenaktionspotentials mit einer Gesamtdauer von 1–2 ms (ähnlich: Muskelaktionspotential) sind in der Abb. zu sehen (Zeitverlauf eines Herzaktionspotentials s. S. 197). Während eines Aktionspotentials ist eine Zelle erregt, danach wird sie für wenige ms unerregbar (Refraktärität, s. u.).

Ionenströme beim Aktionspotential, Mechanismus der Repolarisation

Ausgelöst durch die Depolarisation des Ruhepotentials zur Schwelle, kommt es zu einem abrupten Öffnen zahlreicher Na^+-Kanäle. Der resultierende Na^+-Einstrom treibt die Depolarisation weiter an (Öffnen weiterer Na^+-Kanäle, „Alles-oder-nichts-Charakter" des AP) und macht das Zellinnere positiv. Die Rückkehr zum Ruhepotential, genannt Repolarisation, erfolgt, weil 1. die Öffnung der Na^+-Kanäle nur etwa 1 ms anhält und 2. die Zahl der geöffneten K^+-Kanäle kurzfristig ebenfalls über den Ruhewert ansteigen (und damit vermehrt K^+-Ionen aus der Zelle diffundieren).

Verhalten einzelner Na^+-Kanäle, Refraktärität

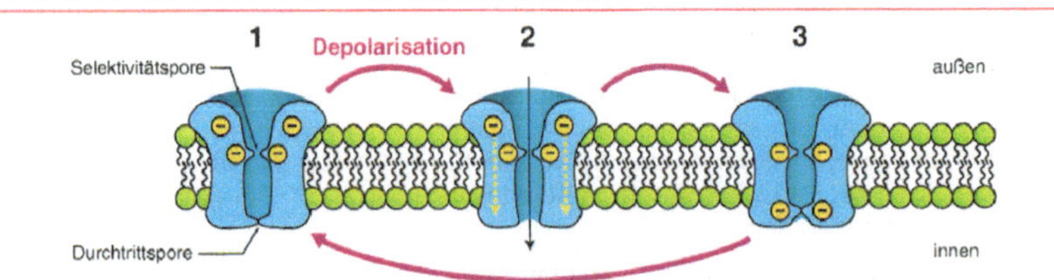

Das Na^+-Kanal-Protein besitzt eine Selektivitätspore, die Na^+, aber nicht K^+ passieren läßt, und eine Durchtrittspore, die den Öffnungszustand des Kanals definiert. Die Durchtrittspore hat 3 Hauptzustände (die Übergänge sind Konformationsänderungen des Kanalproteins): 1. geschlossen-aktivierbar, 2. offen und 3. geschlossen-inaktiviert. Der Übergang von 1 nach 2 erfolgt zufällig entsprechend einer mittleren Wahrscheinlichkeit, die, in Ruhe niedrig, durch Depolarisation abrupt erhöht wird (Potentialabhängigkeit der Kanäle). Zustand 3 folgt zwangsläufig auf 2 und geht dann in 1 über (Zeitabhängigkeit der Kanäle). In Ruhe sind bei hohem Ruhepotential nahezu alle Kanäle im Zustand 1 („Na-System voll aktivierbar"), bei abnehmendem Ruhepotential gehen mehr und mehr Kanäle in Zustand 3 über, schließlich wird Zelle unerregbar (bei ca. –60 mV, z. B. im O_2-Mangel). Als Folge der Inaktivierung des Na-Systems (Zustand 3) ist die Zelle für wenige ms nach einem AP unerregbar; eine absolute Refraktärphase der völligen Unerregbarkeit ist nach 1–2 ms von einer relativen gefolgt (Zelle mit erhöhter Schwelle und kleinerem AP erregbar).

Ergänzende Fakten und Definitionen zum Aktionspotential

Struktur und Zahl der Na^+-Kanäle	Der Na^+-Kanal ist chemisch ein Glykoprotein, das MG beträgt ca. 300000, der Durchmesser ca. 8 nm, die Kanal(Poren-)weite ca. 0,5 nm; Anzahl: je nach Membrantyp 1-50/μm^2. Ein Durchtritt von Anionen ist durch negative Festladungen am Kanaleingang ausgeschlossen. Die Öffnung der Kanäle erfolgt durch Verschieben von Membranfestladungen (es resultieren dabei Torströme, engl. gating currents)
Pharmakologie des Na^+-Kanals	Das Tetrodotoxin (TTX, Gift des Pufferfischs) blockiert den Poreneingang, Lokalanästhetika (z. B. Cocain, Novocain) setzen sich im Kanal fest und führen zu hochfrequentem Öffnen und Schließen der Kanäle, was einen effektiven Na^+-Strom verhindert. Die Inaktivierung des Kanals kann durch von innen angreifende Gifte und Pharmaka (z. B. Pronase, Jodat) verhindert werden
Analyse des Na^+-Kanal-Verhaltens	Eine Analyse der Gesamtionenströme ist mit Voltage-clamp-Methoden (Spannungsklemme) möglich, die Analyse des Verhaltens einzelner Kanäle mit der Patch-clamp-Methode (Spannungsfleckklemme). Bei Depolarisation ändern die Kanalmoleküle abrupt ihre räumliche Gestalt (Konformationsänderung) und öffnen sich für durchschnittlich 0,7–1,0 ms (Zustand 2, s. Abb. S. 14). Es fließt für diese Zeit ein Strom von etwa 1,6 pA, d. h. es strömen knapp 10 000 Na^+-Ionen durch den Kanal. Das Schließen des Kanals führt zu kurzzeitiger Inaktivierung (Zustand 3)
Verhalten des K^+-Kanals	Der K^+-Kanal ähnelt in vieler Hinsicht dem Na^+-Kanal, er wird aber während einer Depolarisation nicht aktiviert, d. h. er oszilliert für die Gesamtdauer der Depolarisation zwischen den Zuständen 1 und 2. Es gibt allerdings sehr unterschiedliche Typen von K-Kanälen in verschiedenen Geweben: die Repolarisation des Aktionspotentials und seine Nachpotentiale sind daher sehr variabel
Leitfähigkeiten g_{Na} und g_K	Quantitatives Maß der „Gesamtdurchlässigkeit" einer Membran für die betreffenden Ionen, d. h. für die Gesamtheit der zu jedem Zeitpunkt offenen Kanäle; ist definiert analog dem Ohm-Gesetz als Quotient aus fließendem Strom, geteilt durch treibende Spannung. Für den Zeitverlauf während Aktionspotentials s. Abb. S. 16; beim Ruhepotential ist g_K 10–25mal größer als g_{Na}

Besonderheiten der Ca^{++}-Ionen und Ca^{++}-Kanäle

Ca^{++}-Ionen-konz. u. Erregbarkeit	Ca^{++}-Ionen „stabilisieren" das Ruhepotential durch eine Erhöhung der Schwelle für die Aktivierung des schnellen Na-Systems; ein Absinken der extrazellulären Konzentration von Ca^{++} führt umgekehrt zur Übererregbarkeit; dies kann bei starkem Rückgang der Ca^{++}-Konzentration im Blutplasma zur Tetanie (Muskelkrämpfen) führen (z. B. bei extremer willkürlicher Hyperventilation)
Verhalten des Ca^{++}-Kanals	An Nerven- und Skelettmuskelzellen ähnlich wie Na-Kanal, aber $g_{Ca} \ll g_{Na}$, daher ist der Ca^{++}-Kanal für normale Erregungsprozesse nicht relevant. An glatten und Herzmuskelzellen übertrifft aber der Ca^{++}-Einstrom oft den Na^+-Einstrom (Ca^{++}-Aktionspotential). Die einströmenden Ca^{++}-Ionen können intrazelluläre Steuerfunktionen übernehmen (z. B. Aktivierung von Second-messenger-Systemen, elektromechanische Kopplung)
Ca^{++}-Kanal-Modulation	Die Öffnungswahrscheinlichkeit des Ca^{++}-Kanals kann z. B. am Herzen durch Adrenalin bzw. Noradrenalin gesteigert werden: dies führt zur Zunahme des Ca^{++}-Einstroms in die Zelle und damit zu einer verbesserten elektromechanischen Kopplung und einer gesteigerten Kontraktion (positiv inotroper Effekt)

Zeitverlauf der Membranleitfähigkeiten g_{Na} und g_K während eines Aktionspotentials [Nach Hodgkin AL, Huxley AF (1952) Quantitative description of membrane current and its application to conduction and excitation in nerve. J Physiol (Lond) 117: 500]

2

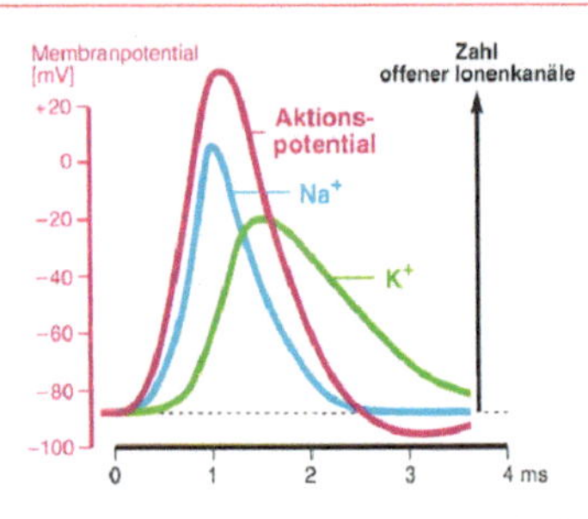

Mit Erreichen der Schwelle erhöht sich g_{Na} durch das abrupte Öffnen zahlreicher Na-Kanäle (s. o.). Bedingt durch die nachfolgende Inaktivierung, erreicht g_{Na} schon vor der Spitze des Aktionspotentials ihr Maximum und fällt innerhalb von 1 ms auf den Ruhewert zurück.

g_K steigt dagegen mit Verzögerung und langsam an, erreicht ihr Maximum erst in der Mitte der Depolarisation und fällt dann wieder (weil die Depolarisation geringer wird).

Elektrotonus und Reiz

Passive, lokale Änderungen des Membranpotentials auf Stromfluß werden elektrotonische Potentiale oder Elektrotonus (ET) genannt. Je nach Richtung des Stromflusses wird die Membran de- oder hyperpolarisiert (positiviert bzw. negativiert, s. Abb. S. 11). Eine Depolarisation des Ruhepotentials zur (oder über die) Schwelle bildet einen (überschwelligen) Reiz (s. S. 14). Im Zellverband stammt elektrischer Reizstrom von aktivierten Synapsen oder von Sensoren (Sinnesrezeptoren); in Experiment und Diagnose (z. B. Elektroneurographie, s. u.) wird Reizstrom über Elektroden appliziert. In allen 3 Fällen ändert der zugeführte Strom das Membranpotential entsprechend den physikalisch-elektrischen Eigenschaften der Membran (Widerstand, Kapazität, s. nachfolgende Tabelle).

Fakten und Definitionen zum Elektrotonus (ET)

Kapazitiver Strom	Eine der 2 Stromkomponenten bei Stromfluß durch die Zellmembran; ist groß zu Beginn des ET und geht im Plateau auf 0
Ionenstrom	Die 2. Komponente; ist zu Beginn gleich 0 und erreicht ihr konstantes Maximum auf dem Plateau des ET
Zeitkonstante der Membran	Der ET steigt und fällt exponentiell. Er folgt der Funktion $e^{-t/\tau}$. Daher läßt sich die Steilheit des Verlaufs durch die Membranzeitkonstante τ (tau) kennzeichnen, das ist die Zeit bis zum Erreichen von bzw. Abfall auf 37 % = 1/e seines Plateauwerts. Typische τ liegen bei 10–50 ms
Längskonstante der Membran	In länglichen Zellen (Axonen, Muskelfasern) fällt das Plateau des ET vom Ort des Stromflusses exponentiell ab. Als Membranlängskonstante λ (lambda) bezeichnet man die Entfernung bis zum Amplitudenabfall auf 37 % = 1/e. Typische λ liegen bei 0,1 –5 mm
Lokale Antwort	Nicht voll ausgebildeter lokaler Erregungszustand bei ET im schwellennahen Bereich; bedingt durch zunehmende, für volle Erregung aber noch nicht ausreichende Aktivierung des schnellen Na-Systems
Minimale(r) Reizstrom u. Reizzeit	Stromamplitude, die gerade ausreicht, um Erregung auszulösen: minimaler Reizstrom. Flußdauer, die bei diesem gerade zur Erregung ausreicht: minimale Reizzeit. Die minimale Reizzeit verkürzt sich bei stärkeren Strömen, kann aber nicht beliebig kurz werden (Nutzung z. B. bei Hochfrequenz-Diathermiegeräten)

Fortleitung des Aktionspotentials

Fortleitung des Aktionspotentials (AP) in unmyelinisierten und myelinisierten Nervenfasern durch lokale Ausgleichsströme

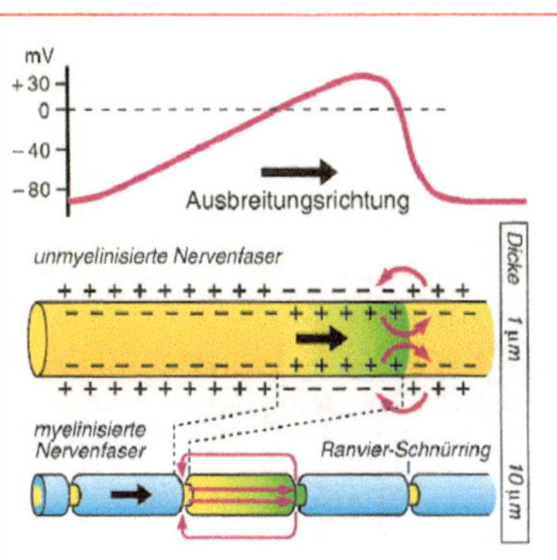

- Die Alles-oder-nichts-Depolarisation des AP führt zu einem erheblichem Potentialunterschied zwischen erregter und benachbarter unerregter Zellmembran. Dieser wird durch Stromfluß ausgeglichen, wodurch sich bei Erreichen der Schwelle im benachbarten Membranareal ein AP entwickelt etc. Das AP pflanzt sich also wie Funken entlang einer Zündschnur fort.
- Bei unmyelinisierten Nervenfasern erfolgt der Stromfluß immer in die unmittelbare Nachbarschaft: langsame Erregungsleitung (ähnlich in Skelett-, Herz- und glatten Muskelfasern).
- Bei myelinisierten Nervenfasern erfolgt der Stromfluß nur zwischen Ranvier-Schnürringen: schnelle saltatorische Erregungsleitung.
- Für beide Fasertypen gilt: je dicker die Nervenfaser, desto schneller die Erregungsfortleitung (s. nachfolgende Tabellen), da bei größerem Axonquerschnitt wegen des niedrigeren Innenwiderstands (Längswiderstand des Axons) der elektrotonische Stromfluß von erregtem zu unerregtem Faserareal schneller erfolgt.

Ergänzende Fakten und Definitionen zur Erregungsbildung und -fortleitung

Orthodrom	Bezeichnet die normale (physiologische) Richtung der Erregungsfortleitung, z. B. vom peripheren Sensor (Sinnesrezeptor) zum Rückenmark, vom Motoneuron zur Endplatte etc. Da jedes AP eine „Schleppe der Refraktärität" hinter sich herzieht, breitet sich das AP normalerweise immer nur in eine Richtung aus
Antidrom	Bezeichnet eine Erregungsfortleitung entgegen der physiologischen Richtung, z. B. bei elektrischer Reizung, bei pathologischer Erregungsbildung etc. Bei Reizung eines Axons erfolgt die Erregungsausbreitung sowohl orthodrom wie antidrom. Trifft ein antidromes auf ein orthodromes AP, löschen sich beide gegenseitig aus
Einfluß der AP-Amplitude	Das schnelle Na^+-System ist nur bei sehr hohen Ruhepotentialen voll aktivierbar. Bei normalen Ruhepotentialen ist es zu einem kleinen Teil nicht aktivierbar, d. h. das AP erreicht nicht seine maximal mögliche Amplitude. Dies ist wichtig, denn je größer die Amplitude des Na^+-Einstroms, desto mehr Strom steht für die Umladung der Nachbarschaft zur Verfügung und desto schneller wird dort die Schwelle erreicht; eine große AP-Amplitude führt also zu einer hohen Leitungsgeschwindigkeit. Normalerweise arbeiten die Nervenfasern im nahezu optimalen Bereich
Rhythmische Impulsbildung	Dauerdepolarisation (z. B. bei tonischer Sensorreizung) führt nach Ablauf der Refraktärphase zu erneutem AP und damit zur Entstehung von Impulsserien, deren Frequenz vom Ausmaß der Depolarisation abhängt; bei manchen Zelltypen kommt es auch zu Gruppenentladungen („bursts"). Die verschiedenen Formen repetitiver Entladung bei tonischem Reizstrom sind durch K^+-Kanäle mit unterschiedlicher Zeit- und Spannungsabhängigkeit bedingt

2

Klassifikation der Nervenfasern nach Erlanger/Gasser. [Nach Dudel J (1990) Informationsvermittlung durch elektrische Erregung. In: Schmidt RF, Thews G (Hrsg) Physiologie des Menschen, 24. Aufl. Springer, Heidelberg]

Faser-typ	Funktion, z. B.	Mittlerer Durchmesser	Mittlere Leitungs-geschwindigkeit
Aα	primäre Muskelspindelafferenz, Motoaxon	15 μm	100 m/s (70–120 m/s)
Aβ	Hautafferenz für Berührung u. Druck	8 μm	50 m/s (30–70 m/s)
Aγ	motorisch, zu Muskelspindel	5 μm	20 m/s (15–30 m/s)
Aδ	Hautaffer. für Temp. u. Nozizeption	< 3 μm	15 m/s (12–30 m/s)
B	sympathisch präganglionär	3 μm	7 m/s (3–15 m/s)
C	Hautafferenz für Nozizeption, sympathisch postganglionär	1 μm marklos!	1 m/s (0,5–2 m/s)

Klassifikation der Nervenfasern nach Lloyd/Hunt. [Nach Dudel J (1990) a. o. a. O.]

Gruppen	Funktion, z. B.	Mittlerer Durchmesser	Mittlere Leitungsgeschwindigkeit
I	wie oben Aα	13 μm	75 m/s (70-120 m/s)
II	wie oben Aβ	9 μm	55 m/s (25-70 m/s)
III	wie oben Aδ	3 μm	11 m/s (10–25 m/s)
IV	wie oben C (marklos!)	1 μm	1 m/s

Elektroneurographie (ENG): Auslösung und Ableitung von Massenaktionspotentialen peripherer Nerven zur Überprüfung ihrer Leitungsfunktion. [Mod. nach Schmidt RF (1983) Medizinische Biologie des Menschen. Piper, München]

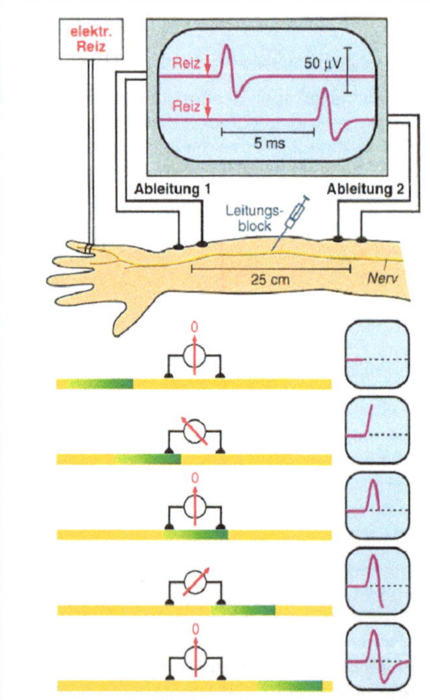

- Von Nerven lassen sich mit Metallelektroden von der Hautoberfläche oder mit Nadelelektroden, die in den Nerv eingestochen werden, extrazelluläre Massenaktionspotentiale ableiten, die in der klinischen Diagnostik der Überprüfung von Erregbarkeit und Leitungsgeschwindigkeit der Nervenfasern dienen. Die Reizung der Nerven erfolgt meist elektrisch (s. Abb. oben).
- Im extrazellulären Feld wird immer nur ein kleiner Bruchteil (0,1-1 %) der tatsächlichen Aktionspotential-Amplitude abgeleitet (s. Kalibrierung auf dem Oszillografenschirm in der Abb.).
- Die extrazellulär abgeleiteten AP haben auch eine andere, deutlich 2phasige Form. Deren Zustandekommen verdeutlicht die Abb.: Zwischen den Meßelektroden tritt immer dann eine Spannungsdifferenz (Ausschlag der Meßkurve nach oben bzw. unten) auf, wenn die von links nach rechts wandernde Erregungswelle nur eine von ihnen erfaßt hat.

3 Synaptische Übertragung

Definition von Synapsen, Art der Übertragung, Aufgaben

Die Verbindungsstellen axonaler Endigungen einer Nervenfaser mit Nerven-, Muskel- oder Drüsenzellen werden Synapsen genannt. An den Synapsen wird das Aktionspotential bzw. die in ihm enthaltene Information auf die nachgeschaltete Zelle übertragen. Die Überleitung erfolgt gelegentlich direkt (elektrische Synapse), meist aber über die Freisetzung von Transmitter oder Überträgerstoffe (s. S. 7) genannten chemischen Substanzen (chemische Synapse). Aktivierung einer Synapse führt entweder zur Erregung oder zur Hemmung der nachgeschalteten Zelle. Es gibt also erregende und hemmende Synapsen. Synapsen haben Ventilfunktion, sind lernfähig (plastisch) und durch Pharmaka modifizierbar.

Neuromuskuläre Endplatte: Prototyp chemischer Synapsen

Die 3 Hauptanteile der Endplatte

Name	Beschreibung
1. Präsynaptische Endigung	Axonaler Anteil der neuromuskulären Synapse, verdickt u. verbreitert, daher Endplatte genannt; enthält in Vesikeln (Bläschen, Durchmesser ca. 50 nm) die Überträgersubstanz Azetylcholin, ACh (ca. 10 000 ACh-Moleküle pro Vesikel)
2. Synaptischer Spalt	Etwa 50 nm schmaler Raum, trennt präsynaptische Membran von postsynaptischer (subsynaptischer). Ist Diffusionszone für Transmitter, Enzyme, Pharmaka
3. Subsynaptische Membran	Membran der Skelettmuskelfaser, bedeckt von der Endplatte; ist zur Oberflächenvergrößerung gefaltet; enthält ACh-Rezeptoren, die bei Aktivierung durch ACh Ionenkanäle öffnen (s. u.)

Aufbau und Arbeitsweise chemischer Synapsen (Beispiel Endplatte)

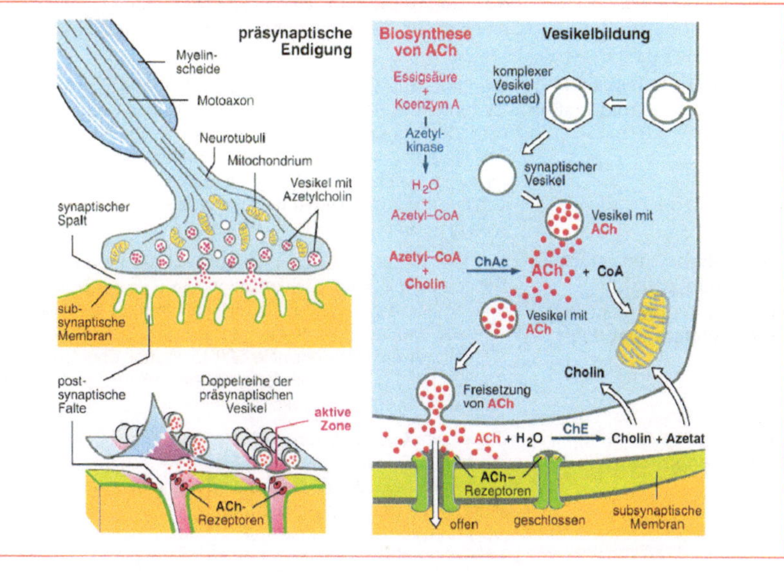

Abfolge der 7 Hauptereignisse bei der Entstehung eines Endplattenpotentials (EPP), d. h. bei der neuromuskulären Übertragung

Die nachfolgend geschilderten 7 Ereignisse kommen in vergleichbarer Form bei allen chemischen Synapsen vor; sie werden daher nur hier ausführlich beschrieben. Allerdings haben Nervenzellen meist einige Dutzend bis viele hundert Synapsen, die jeweils für sich allein die nachgeschaltete Zelle nicht erregen können; zur Zellerregung kommt es nur bei gleichzeitiger oder kurz hintereinander ablaufender Aktivierung vieler Synapsen (räumliche bzw. zeitliche Bahnung, s. S. 25, 26).

1. Präsynaptisches Aktionspotential (AP)	Kommt aus dem Motoneuron, läuft über das Motoaxon in die präsynaptische Endigung ein und löst dort innerhalb von ca. 1 ms die Ereignisse 2 und 3 aus
2. Ca^{++}-Ionen-Einstrom in präsynaptische Endigung	Die Depolarisation der präsynaptischen Endigung durch das einlaufende AP bewirkt das Öffnen von Ca^{++}-Kanälen und damit aufgrund der Potential- und Konzentrationsgradienten (s. S. 12) den Einstrom von Ca^{++}-Ionen. Das Ausmaß des Ca^{++}-Einstroms ist abhängig vom Ausmaß der Depolarisation (d. h. der Amplitude des AP)
3. Präsynaptische ACh-Freisetzung in „Quanten"	Die eingeströmten Ca^{++}-Ionen bewirken die synchrone exozytotische Freisetzung von ACh aus zahlreichen synaptischen Vesikeln in den synaptischen Spalt (1 Vesikel bildet 1"Quant"ACh, das sind ca. 10 000 ACh-Moleküle). In Ruhe kommt es vereinzelt zur Freisetzung von Quanten: führt zu Miniaturendplattenpotentialen
4. ACh diffundiert zu und reagiert mit den subsynaptischen Rezeptoren	In Bruchteilen einer Millisekunde diffundieren die ACh- Moleküle zu den ACh-Rezeptoren der postsynapischen Membran und verbinden sich mit ihnen (d. h. aktivieren sie). An jeden Rezeptor binden 3 ACh-Moleküle („kooperative" Bindungsform). Die Aktivierung führt zum Öffnen von Membrankanälen, die für Na^+-, K^+- und Ca^{++}-Ionen durchgängig sind
5. Öffnen der Ionenkanäle läßt Endplattenstrom fließen	Der Endplattenstrom entsteht durch den Fluß von Na^+- und Ca^{++}-Ionen in die Skelettmuskelfaser (passiv, entsprechend dem Diffusionsgradienten). Der Strom fließt nur für kurze Zeit (1–2 ms). Jeder einzelne Kanal öffnet und schließt sich ruckartig (Patch-clamp-Messungen). Im Durchschnitt ergibt sich ein steil ansteigender und wieder abfallender Strompuls (Voltage-clamp liegt bei ca. -10 mV
6. Endplattenstrom verschiebt Membranpotential in depolarisierende Richtung: Endplattenpotential (EPP)	Das EPP steigt in wenigen ms auf sein Maximum an und fällt dann mit einer Zeitkonstante von ca. 5 ms auf das Ruhepotential zurück. Das EPP wird nicht aktiv fortgeleitet, sondern breitet sich passiv elektrotonisch entlang der Muskelfaser aus. Das normale EPP ist immer überschwellig (ca. 30 mV), d. h. es löst ein fortgeleitetes AP aus: Die Muskelfaser wird erregt und zuckt
7. Beendigung der Transmitterwirkung	Das Enzym Cholinesterase ist in der Nähe der ACh-Rezeptoren an die Membran gebunden. Es zerlegt ACh in Cholin und Essigsäure. Nach der Rückdiffusion des Cholins und der Essigsäure in die präsynaptische Endigung werden diese zu ACh resynthetisiert

Drei Möglichkeiten des neuromuskulären Blocks (neuromuskuläre Relaxation)

Das indianische Pfeilgift Kurare tötet durch Block der neuromuskulären Übertragung (s. unten), da die Lähmung der Atemmuskulatur zum Ersticken führt. Heute ist die neuromuskuläre Relaxation bei gleichzeitiger apparativer Beatmung bei chirurgischen Eingriffen eine unentbehrliche Methode, um trotz flacher (und damit leicht steuerbarer) Narkose reflektorische Muskelkontraktionen auszuschalten und die Muskulatur zu entspannen („relaxieren").

	Block durch Reduktion der präsynaptischen Freisetzung (keine klinisch-therapeutische Anwendung)
Entzug von Ca^{++}-Ionen	Die Reduktion der Ca^{++}-Konzentration in der Badelösung (Blutersatzlösung) vermindert den Ca^{++}-Einstrom in die präsynaptische Endigung beim Einlaufen eines AP; nicht *in situ*, nur *in vitro* anwendbar
Zusatz von Mg^{++}-Ionen	Mg^{++}-Ionen verdrängen kompetitiv die Ca^{++}-Ionen von den präsynaptischen Ca^{++}-Kanälen. Der Zusatz von Mg^{++}-Ionen wirkt daher wie ein Ca^{++}-Ionen-Entzug, s. o.; nicht *in situ*, nur *in vitro* anwendbar
Botulinustoxin	Das Gift der Botulinusbakterien (verdorbenes rohes Fleisch, Schinken, Konserven); blockiert die präsynaptische Transmitterfreisetzung. Frühsymptom: hängende Augenlider. Hitzeempfindlich! Verdächtige Speisen aufkochen!
	Antagonistische Blockade der ACh-Rezeptoren (nichtdepolarisierende Muskelrelaxation)
Kurare (d-tubo-Curarin, es gibt viele synthetische Stoffe für die klinische Anwendung, z. B. Pancuronium)	Verbindet sich wie ACh mit den postsynaptischen ACh-Rezeptoren, löst aber keine Öffnung der Rezeptorkanäle aus; „haftet" besser als ACh an den Rezeptoren und verdrängt es dadurch „kompetitiv"; wirkt also als Antagonist. Aufhebung der Kuraraewirkung durch Gabe von Cholinesterasehemmern, die die Konzentration von ACh im synaptischen Spalt ansteigen lassen und damit Kurare wieder verdrängen
Bungarotoxin	Ein Schlangengift, das eine irreversible Bindung mit ACh-Rezeptoren eingeht. Radioaktiv markiert kann es experimentell zur Bestimmung der Zahl der ACh-Rezeptoren auf Zelloberflächen eingesetzt werden
	Block durch Daueraktivierung der ACh-Rezeptoren (depolarisierende Muskelrelaxation)
Sukzinyldicholin (u. a.)	Verbindet sich ähnlich gut wie Kurare mit den ACh-Rezeptoren, öffnet aber die Rezeptorkanäle, und zwar länger als ACh, da es durch die Cholinesterase nur langsam abgebaut wird. Es kommt zur Dauerdepolarisation der Endplatte, Inaktivierung der benachbarten Na^{+}-Kanäle und damit zur Muskellähmung; Wirkdauer allerdings kürzer als bei Kurare: Einsatz bei Kurznarkose
Eserin, Neostigmin (und andere)	Dies sind Stoffe, die die Cholinesterase hemmen und dadurch den Abbau des ACh verzögern. Es kommt zur Dauerdepolarisation (Folgen s. o.). Einsatz als Gegenmittel (Antidot) bei Kurareüberdosierung und bei Myasthenie zur Verbesserung der neuromuskulären Übertragung
E 605	Beispiel für viele Insektizide, die sich irreversibel mit der Azetylcholinesterase verbinden und dadurch diese unwirksam machen (Folgen s. o.). Auch andere cholinerge Synapsen (in den vegetativen Ganglien) sind betroffen. Einige Kampfgase haben das gleiche Wirkprinzip

3

Zentrale erregende chemische Synapsen

Verallgemeinerung der EPP-Entstehung auf andere transmitterinduzierte erregende postsynaptische Potentiale (EPSP) am Beispiel des Motoneurons

- Jedes Motoneuron hat etwa 6000 somatische und dendritische Synapsen, die teils hemmend, teils erregend wirken. Die präsynaptischen Anteile dieser Synapsen werden als Endknöpfe bezeichnet.
- Erregende postsynaptische Potentiale, EPSP, an zentralen Neuronen, z. B. an Motoneuronen, entsprechen in Entstehung (Ereignisse 1.-6., s. S. 20) und Zeitverlauf (Abb. unten, Anstieg ca. 2 ms, Abfall ca. 10–15 ms) den Potentialen an Endplatten. Die Einzelamplitude ist allerdings wesentlich kleiner, so daß es nur bei gleichzeitigen oder kurz aufeinanderfolgenden Erregungen zahlreicher Synapsen (räumliche bzw. zeitliche Bahnung) zur überschwelligen Erregung kommt.
- Der erregende Transmitter ist sehr wahrscheinlich Glutamat (s. Tabelle S. 7). Die Beendigung seiner Wirkung (Ereignis 7.) erfolgt nicht durch enzymatische Spaltung, sondern durch Wiederaufnahme des Glutamats durch aktiven Transport aus dem synaptischen Spalt in die präsynaptische Endigung (wichtigster Schritt der Beendigung der Transmitterwirkung bei allen klassischen Transmittern mit Ausnahme des Azetylcholins).
- Auslöseort des Aktionspotentials ist der Axonhügel am Abgang des Axons aus dem Soma, da das Motoneuron dort die geringste Schwelle hat.
- Die Erregbarkeit eines Motoneurons ist um so größer, je kleiner es ist. Kleine Motoneurone sind also lebenslänglich häufiger tätig als große. Dies gilt auch für andere Neurone.

Monosynaptische EPSP eines Motoneurons durch Reizung von homonymen Ia-Afferenzen mit zunehmender Reizintensität. [Mod. nach Eccles JC (1969) The inhibitory pathways of the central nervous system. The Sherrington Lectures IX. Thomas, Springfield, Ill.]

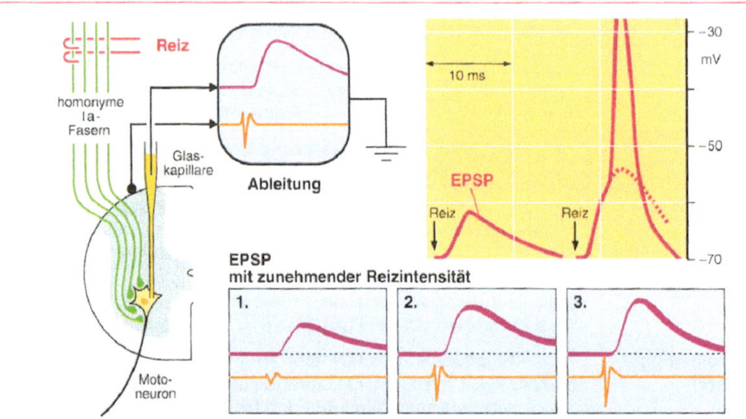

Einige erregende Synapsen der Motoneurone stammen von den primär afferenten Nervenfasern der Muskelspindeln (den Ia-Fasern, s. S. 40) des eigenen (homonymen) Muskels. Die beteiligten Strukturen bilden den einfachsten Reflexbogen des Menschen, den monosynaptischen Dehnungsreflex („Eigenreflex", z. B. Patellarsehnenreflex, s. auch S. 41).

Zentrale hemmende chemische Synapsen

Entstehung hemmender (inhibitorischer) postsnaptischer Potentiale (IPSP) am Beispiel des Motoneurons; Gemeinsamkeiten mit und Unterschiede zu EPSP

Hemmende Synapsen sind erregenden Synapsen analog. Ihre Aktivierung (Ereignisse 1.–6., s. S. 20) führt aber zu einer Abnahme der Erregbarkeit (Hemmung, Inhibition). Postsynaptische hemmende Synapsen sitzen der Neuronenmembran auf: axosomatische und axodendritische Synapsen. Präsynaptische hemmende Synapsen sitzen auf erregenden präsynaptischen Endknöpfen (axoaxonische Synapsen) und hemmen deren Transmitterfreisetzung. Hemmende Synapsen sind genauso wichtig wie erregende; Blockierung der Hemmung, z. B. durch Strychnin oder Bicucullin (s. u.), löst in kurzer Zeit Krämpfe aus.

IPSP	Zum EPSP spiegelbildliche, hyperpolarisierende Potentialschwankung mit einem ähnlichen Zeitverlauf (Anstieg ca. 2 ms, Abfall 10–12 ms). An anderen hemmenden Synapsen werden auch längere Zeitverläufe beobachtet, und das IPSP kann auch um wenige mV depolarisieren
Ionenmechanismus	Der inhibitorische Transmitter bewirkt bei der Reaktion mit seinen postsynaptischen Rezeptoren eine kurzzeitige (1-2 ms) Leitfähigkeitserhöhung für K^+- und Cl^--Ionen, also für die Ionen, die ihr Gleichgewichtspotential nahe dem Ruhepotential haben (s. S. 13)
Transmitter: Glyzin, GABA	Ist zum einen die Aminosäure Glyzin (s. S. 8); kompetitiver Antagonist ist Strychnin. Der zweite wichtige hemmende Transmitter, vor allem bei der präsynaptischen Hemmung (s. u.) und im Gehirn, ist die γ-Aminobuttersäure GABA); kompetitiver Antagonist ist Bicuccullin. Die Beendigung der Transmitterwirkung erfolgt wie beim EPSP

IPSP eines Motoneurons durch Reizung von antagonistischen Ia-Afferenzen mit zunehmender Reizintensität. [Nach Eccles JC (1964) The Physiology of Synapses. Springer, Heidelberg]

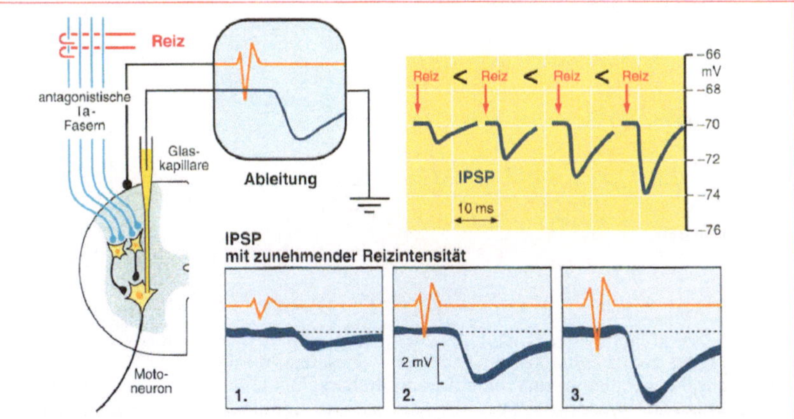

Über Interneurone bilden die Ia-Afferenzen hemmende Synapsen auf den antagonistischen Motoneuronen aus. Dies ist der kürzeste hemmende Reflexweg (genannt direkte Hemmung bzw. reziproke antagonistische Hemmung) im Rückenmark (s. S. 42).

Die hemmende Wirkung der IPSP beruht auf 2 Mechanismen, nämlich einer Membranhyperpolarisation und einer Zunahme der Membranleitfähigkeit

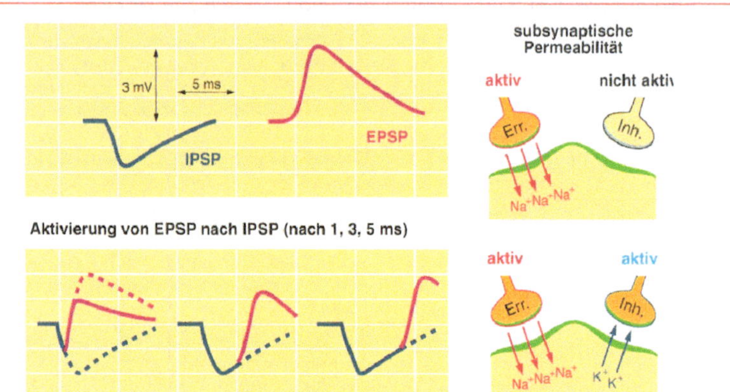

Die hemmende Wirkung der IPSP beruht 1. auf Hyperpolarisation des Membranpotentials während der gesamten Dauer des IPSP und 2. auf der Zunahme der Membranleitfähigkeit während des subsynaptischen Ionenstroms, d. h. der Abnahme des Membranwiderstands R, so daß nach dem Ohm-Gesetz ($U = R \cdot I$) ein erregender subsynaptischer Strom I eine kleinere Depolarisation U hervorruft. Durch 1 wird ein EPSP in hyperpolarisierender Richtung „von der Schwelle weg" verschoben, durch 2 wird es in seiner Amplitude verkleinert. Mechanismus 2 ist bei den meisten hemmenden Synapsen im ZNS der wichtigere.

Arbeitsweise der präsynaptischen Hemmung

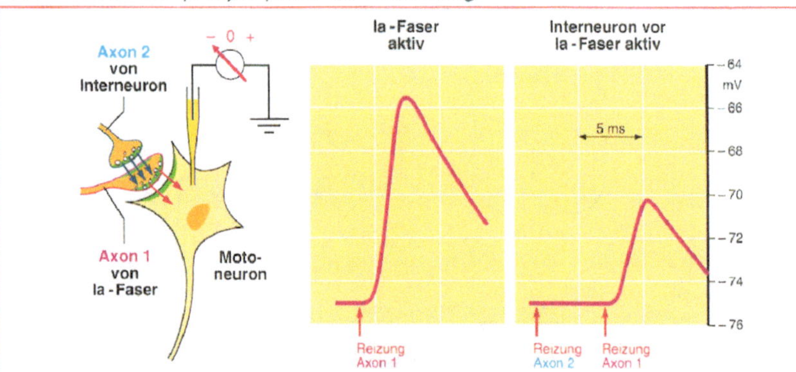

Diese Form der zentralnervösen Hemmung erfolgt über die Aktivierung einer axoaxonischen Synapse. Der aus dem präsynaptischen Endknopf freigesetzte Transmitter ist GABA. Er löst im (postsynaptischen) Endknopf eine Leitfähigkeitserhöhung für Cl^--Ionen aus. Das resultierende depolarisierende synaptische Potential führt zu einer verminderten Transmitterfreisetzung aus dem gehemmten Endknopf. Zeitverlauf etwa 100–150 ms, also deutlich länger als beim EPSP. Über die präsynaptische Hemmung können gezielt einzelne synaptische Eingänge eines Neurons blockiert werden, ohne daß die Gesamterregbarkeit der Zelle beeinflußt wird.

3

Mechanismen synaptischer Interaktion und Plastizität

Definition von Summation, Bahnung und Okklusion an Synapsen

Summation	Addition erregender unterschwelliger synaptischer Potentiale; auch die in der Abb. S. 24 oben gezeigte Interaktion von EPSP und IPSP läßt sich als vorzeichengerechte Summation auffassen
Bahnung	Sobald die Summation unterschwelliger EPSP in eine überschwellige Erregung übergeht, liegt Bahnung vor, da der kombinierte Reizerfolg größer ist als es der reinen Summation entspricht (die nur ein größeres EPSP und keine Erregung ergeben sollte, s. Abb. unten)
Okklusion	Werden durch verschiedene Eingänge jeweils bereits überschwellige EPSP in einem Neuron ausgelöst, kann es bei gemeinsamer Aktivität dieser Eingänge zu keiner zusätzlichen postsynaptischen Erregung kommen (da sich das System schon im „Sättigungsbereich" befindet). Dieses Ergebnis nennt man Okklusion

Zusammenfassende Verallgemeinerung: Ist der Erfolg mehrerer gleichzeitig oder kurz hintereinander gegebener Reize größer als der der Summe der Einzelreize, so bezeichnen wir dies als Bahnung; ist er kleiner, so nennen wir dies Okklusion.

Synaptische Interaktionen (ohne Veränderung der Einzelamplitude von EPSP und IPSP, d.h. ohne synaptische Plastizität [s. nächste Seite]) sind:

1. Synaptische Interaktionen zwischen EPSP und IPSP: s. Abb. S. 24 und zugehörigen Text

2. Räumliche Summation bzw. Bahnung: s. Abb. unten sowie S. 22, 23.

3. Zeitliche Summation bzw. Bahnung: Kurz hintereinander ausgelöste EPSP können sich wegen ihres langen Zeitverlaufs summieren. Sobald sie überschwellig werden, liegt zeitliche Bahnung vor, d. h. es treten mehr fortgeleitete Erregungen auf, als durch jedes einzelne EPSP ausgelöst werden, s. Abb. unten.

Räumliche und zeitliche Bahnung im Nervensystem. [Nach Birbaumer N, Schmidt, RF (1996) Biologische Psychologie, 3. Aufl. Springer, Heidelberg]

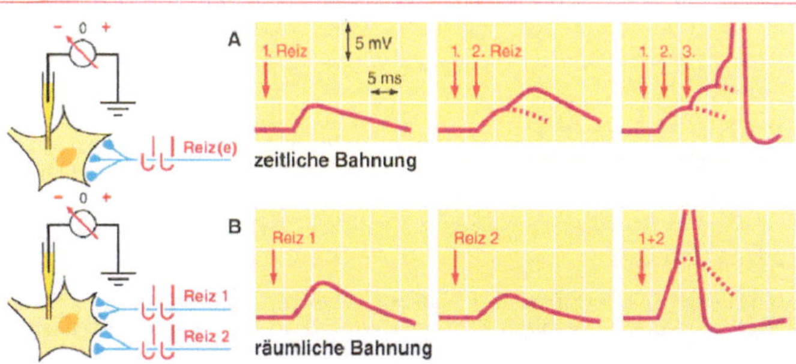

A Zeitliche Bahnung: Einzelreiz (1 Pfeil) und Doppelreiz (2 Pfeile, Reizabstand etwa 4 ms) erzeugen jeweils ein unterschwelliges EPSP, der dritte Reiz (3 Pfeile) löst ein Aktionspotential aus. **B** Räumliche Bahnung: Reiz 1 und Reiz 2 lösen je ein unterschwelliges EPSP aus. Gleichzeitige Reizung beider Axone (1 + 2) führt zu einem Aktionspotential (in **A** und **B** nach oben abgeschnitten).

Synaptische Plastizität

3

Unter synaptischer Plastizität verstehen wir die Veränderung der synaptischen Effizienz durch vorhergehende Aktivierung. Die Effizienz der aktivierten Synapse kann zu oder abnehmen (Bahnung bzw. Depression). Die Bahnung bzw. Depression kann schon während der repetitiven Aktivierung auftreten (tetanisch) oder sich anschließend bemerkbar machen (posttetanisch). Sie äußert sich teils nur an den aktivierten Synapsen selbst (synaptische Bahnung bzw. Depression, s. unten) oder beeinflußt auch benachbarte Synapsen (heterosynaptische Bahnung, s. nächste Seite).

Synaptische Bahnung 1: Tetanische Potenzierung. [Aus Dudel J (1990) Erregungsübertragung von Zelle zu Zelle. In: Schmidt RF, Thews G (Hrsg) Physiologie des Menschen, 24. Aufl. Springer, Heidelberg]

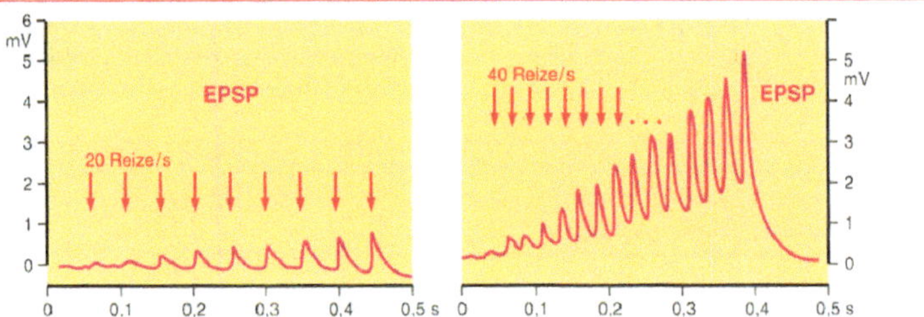

Folgen an einer Synapse mehrere präsynaptische Aktionspotentiale kurz aufeinander, so ist die Transmitterfreisetzung des jeweils nachfolgenden Aktionspotentials häufig größer als die des vorausgehenden: tetanische Potenzierung, im einfachsten Fall (2 Aktionspotentiale) eine Doppelpulsbahnung. Diese Form der synaptischen Plastizität ist durch „Restkalzium", also die nach dem Vorimpuls in der präsynaptischen Endigung noch erhöhte Ca^{++}-Konzentration bedingt.

Synaptische Bahnung 2: Posttetanische Potenzierung (PTP). [Aus Birbaumer N, Schmidt, RF (1991) Biologische Psychologie, 2. Aufl. Springer, Heidelberg]

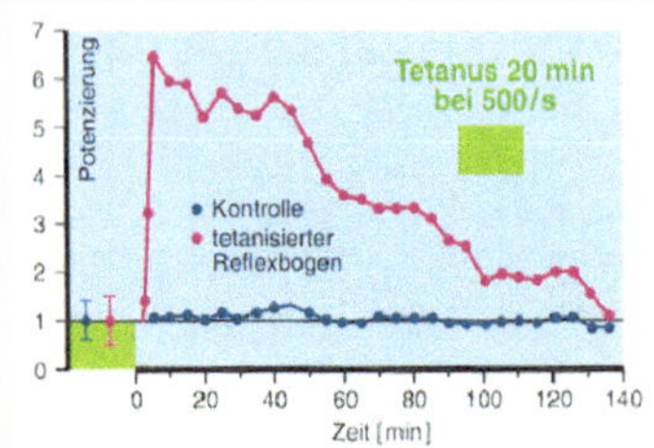

Als posttetanische Potenzierung bezeichnet man eine nach repetitiver Erregung auftretende und einige Zeit überdauernde Zunahme der Einzel-EPSP-Amplitude. Funktionell gesehen, sind die o.g. und diese Form der synaptischen Bahnung durch Üben erleichterte Abläufe zentralnervöser Vorgänge, also Lernprozesse. Im Hippokampus werden PTP von vielen Stunden Dauer beobachtet. Die Abb. zeigt die PTP des monosynaptischen Dehnungsreflexes an der Katze.

Synaptische Depression

Eine Verkleinerung der EPSP-Amplitude im Verlauf einer repetitiven Aktivierung wird tetanische Depression genannt. Sie ist das neuronale Korrelat von Ermüdung und Gewöhnung (Habituation).

Eine Verkleinerung der EPSP-Amplitude unter den Kontrollwert nach Abschluß einer repetitiven Aktivierung bezeichnet man als posttetanische Depression. Sie hat die gleiche funktionelle Bedeutung wie die tetanische Depression.

An Avertebraten läßt sich nachweisen, daß die Habitutation einfacher Verhaltensreaktionen unmittelbar auf posttetanische Depression rückführbar ist, also genau wie die PTP einen elementaren Lernprozeß darstellt.

Heterosynaptische Bahnung kann zur Langzeitpotenzierung (LTP) führen.

[Abb. in Anlehnung an Nicoll RA, Kauer JA, Malenka RC (1988) The current excitement in long-term potentiation. Neuron 1: 97–103]

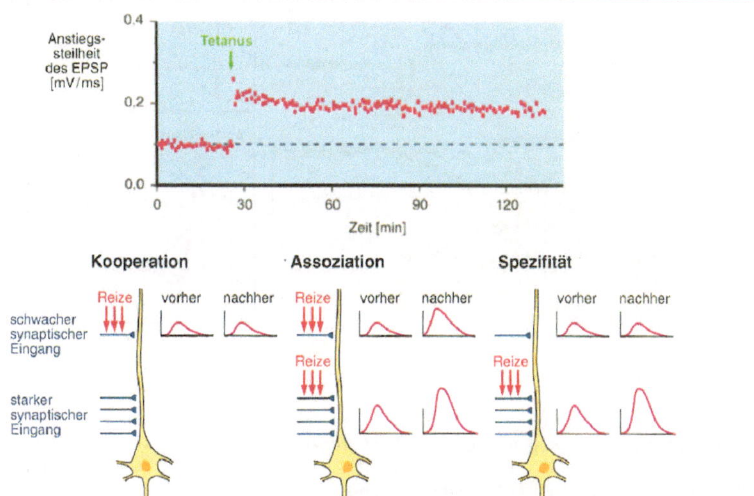

Als heterosynaptische Bahnung bezeichnet man eine Bahnung als Folge von Koaktivierung von 2 synaptischen Eingängen, wobei der eine Eingang bei seiner Aktivierung den zweiten Eingang für längere Zeit (Stunden [Abb. oben], Tage) in seiner synaptischen Effizienz bahnend moduliert. Dieses Phänomen wird Langzeitpotenzierung, LTP (long term potentiation), genannt. Sie wird besonders im Hippokampus beobachtet (Abb.). LTP ist ein wichtiger Teilmechanismus bei mittelfristigen Lernprozesssen.

Charakteristika der LTP: 1. Sie tritt nur auf, wenn eine Mindestanzahl von Synapsen kooperativ tätig ist (der schwache synaptische Eingang erreicht diese Mindestanzahl nicht, s. links unten, wohl aber der starke, s. rechts unten). 2. Sie wird dann induziert, wenn 2 verschiedene Eingänge gleichzeitig tätig sind, d. h. sie ist assoziativ (im Gegensatz zur PTP, die immer in den erregten Synapsen auftritt). 3. Sie bleibt auf die erregten Synapsen beschränkt, ist also spezifisch.

Mechanismus der LTP: Der erregende Transmitter ist Glutamat. Bei normaler Aktivierung der Synapsen öffnet er nur Non-NMDA-Kanäle (s. Glutamatrezeptoren S. 9). Bei repetitiver Aktivierung und damit starker postsynaptischer Depolarisation werden auch NMDA-Kanäle geöffnet, da durch die intrazelluläre Positivierung blockierende Mg^{++}-Ionen aus den NMDA-Kanälen entfernt werden. Damit strömt vermehrt Ca^{++} in die Zellen ein und löst die für die LTP verantwortlichen Vorgänge aus (Langzeitaktivierung von Proteinkinasen als second messengers). Als weitere Folge scheint ein postsynaptisch freigesetzter Faktor (unbekannter retrograder Botenstoff) die präsynaptische Glutamatfreisetzung zu erhöhen.

Langzeitdepression (LTD): Für das Lernen mindestens genauso wichtig wie die LTP ist die LTD, von der es auch homosynaptische und heterosynaptische Formen gibt. LTD schützt Synapsen vor extremen (epileptiformen) LTPs und beschleunigt den Rückgang der LTP. Die LTD wirkt somit vermutlich als Mechanismus des Vergessens.

Hebb-Synapsen: Der kanadische Psychologe Donald Hebb führt das assoziative Lernen auf die heterosynaptische Plastizität bestimmter Synapsen („Hebb-Synapsen") v. a. im Neokortex und im limbischen System zurück. Die von ihm postulierten Bedingungen für das Auftreten heterosynaptischer Plasitizität werden Hebb-Regel genannt (s. auch S. 72). Die meisten Hebb-Synapsen liegen im Neokortex, s. a. S. 72.

3

3

Elektrische Synapsen

Bau und Arbeitsweise erregender elektrischer Synapsen

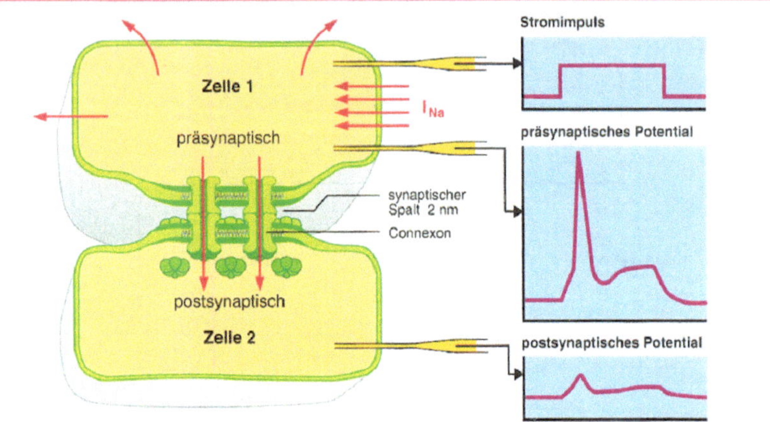

Nexus (gap junctions) sind Regionen engsten Membrankontakts (synaptischer Spalt 2 nm statt normal 20 nm) mit Halbkanälen, den Connexonen, die sich genau gegenüberliegen und zu kompletten Kanälen zwischen den Zellen ergänzen, also zu gap junctions („Spaltverbindern").

Synaptische und Aktionspotentiale können durch Doppelconnexone, wenn auch mit schlechtem Wirkungsgrad unmittelbar von einer Zelle auf die benachbarte übergeleitet werden (Abb.). Die Connexone lassen neben Ionen auch größere Moleküle (bis zu kleinen Peptiden) passieren.

Die Connexone sind nicht dauernd offen, sondern nehmen spontan Offen- und Geschlossenzustände an. Sie sind dauernd geschlossen, wenn der pH der Zelle abfällt oder die intrazelluläre Ca^{++}-Konzentration stark ansteigt (wie dies bei geschädigten Zellen der Fall ist, wo es der Abgrenzung vom gesunden Gewebe dient).

Funktionelle Synzytien

Verschiedene Gewebe, z. B. die glatte Muskulatur und der Herzmuskel, sind durchweg über Nexus zu funktionellen Synzytien verbunden. Am Herzmuskel sind dies die Glanzstreifen, an denen die Verbindungen so eng sind, daß sie elektrisch vom übrigen Zytoplasma nicht oder kaum zu unterscheiden sind. Aktionspotentiale werden in beiden Richtungen über diese Zellgrenzen hinweggeleitet. Diese Verbindungen sind keine Synapsen im engeren Sinne, s. Definition der Synapsen S. 19.

Ephaptische Übertragung

Die extrazellulären Ströme einer erregten Zelle beeinflussen auch, allerdings in sehr geringem Ausmaß, das Membranpotential benachbarter Zellen. Diese Form der interzellulären Kommunikation bezeichnet man als ephaptische Interaktion. Sie ist normalerweise vernachlässigbar gering.

Bei Verletzungen und Erkrankungen von peripheren Nerven und zentralen Bahnen scheint dagegen in Ausnahmefällen eine überschwellige ephaptische Übertragung vorzukommen. Eine solche pathologische Kontaktstelle bezeichnet man als Ephapse. Zugrunde liegt eine Degeneration der Markscheiden bei gleichzeitiger Übererregbarkeit der Nervenfasern.

Pathologische Ephapsen stehen im Verdacht, für die Entstehung von chronischen Schmerzen nach Nervenverletzungen, Nervenentzündungen (Neuritiden, Neuropathien) und Amputationen (Neuromschmerzen, Phantomschmerzen) mitverantwortlich zu sein.

4 Muskel

Molekularer Mechanismus der Kontraktion

Aufbau und Aufgaben des Skelettmuskels

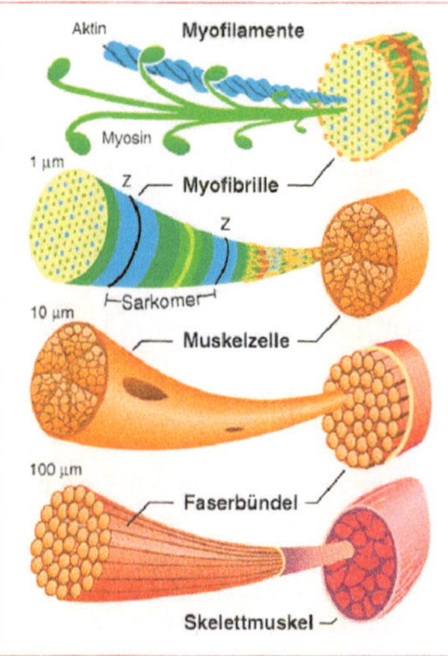

Die Skelettmuskulatur hat 40–50 % Anteil am Körpergewicht, d.h. sie ist größtes Organ des Körpers. Hauptfunktion: Kontraktion, d.h. Zusammenziehen unter Kraftentwicklung. Verantwortlich für die gesamte Kommunikation mit der Umwelt; zusätzlich Wärmelieferant.

Der „Elementarmotor" des Muskels ist das Sarkomer, begrenzt durch Z-Scheiben, Inhalt v.a. die kontraktilen Proteine Aktin, Myosin und Tropomyosin-Troponin. Das Myosin ist an seinen Enden über das elastische Titin mit den Z-Scheiben verbunden. Daneben gibt es noch andere andere Proteine, z.B. Myoglobin (für O_2-Transport, ähnelt Hämoglobin).

Myofibrillen nennt man Ketten von hintereinander geschalteten Sarkomeren. In einer Muskelzelle (Muskelfaser) sind viele Myofibrillen parallel gebündelt. Im Muskel sind Bündel von Muskelfasern in Bindegewebe eingescheidet.

Die Gleitfilamenttheorie beschreibt den Elementarprozeß der Kontraktion

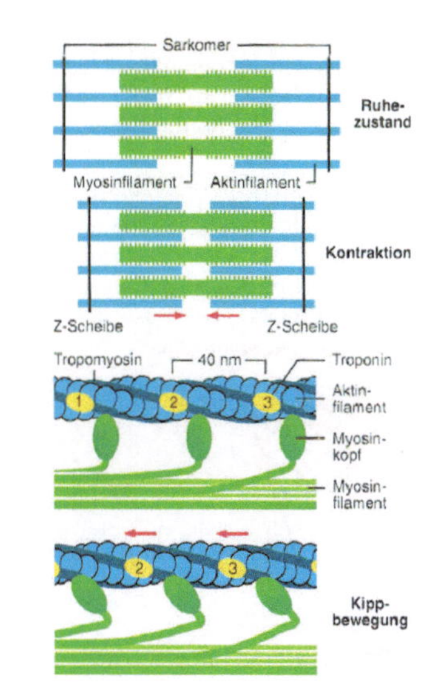

Ruhezustand: Die dicken Myosinfilamente in der Sarkomermitte überlappen sich nur wenig mit den dünnen Aktinfilamenten, die von den Z-Scheiben in sie hineinragen.

Kontraktion: Die Aktinfilamente werden zwischen die Myosinfilamente gezogen. Verknüpfung und Zug erfolgen über Querfortsätze (Querbrücken, Myosinköpfe) an den Enden der Myosinfilamente, die sich am Aktin anheften, eine Kippbewegung ausführen (eigentlicher Kontraktionsvorgang, zieht Aktinfilamente zur Sarkomermitte), danach wieder lösen und für neue Kippbewegung „vorspannen" (kompletter Querbrückenzyklus). Danach erneutes Anheften etc.

Für eine maximale Verkürzung werden 50 Ruderschläge benötigt; gegenüberliegende Aktinfilamente stoßen dann in Sarkomermitte zusammen.

Erschlaffung: Myosinköpfchen lösen sich von Aktinfilamenten, diese gleiten passiv aus Myosinfilamenten heraus.

Das Adenosintriphosphat, ATP, ist der Energielieferant für die Kippbewegungen der Myosinköpfchen bei der Kontraktion

Pro Kippbewegung eines Myosinkopfes wird 1 Molekül ATP zu Adenosindiphosphat, ADP, und anorganischem Phosphor, P, gespalten (hydrolysiert, s. auch S. 34). Die Spaltung geschieht schon im Ruhezustand. Das ATP wird nicht für die Kippbewegung selbst (Kontraktionsvorgang, s.o.) benötigt, sondern um anschließend den Myosinkopf vom Aktin zu lösen („Weichmacherfunktion"des ATP) und für nächste Kippbewegung vorzuspannen. Der Myosinkopf wirkt dabei als ATPase, die durch die Berührung mit dem Aktinfilament beim Kontraktionsprozeß aktiviert wird.

4

Elektromechanische Kopplung

Bei der elektromechanischen Kopplung dienen Ca^{++}-Ionen als Botenstoffe zum An- und Abstellen der Kontraktion

Strukturelle Voraussetzung der Übertragung des Aktionspotentials in das Faserinnere ist das endoplasmatische Retikulum. Es besteht aus 2 Anteilen: 1. den transversalen Tubuli (T-System), die sich von der Faseroberfläche ins Innere stülpen, und 2. dem longitudinalen sarkoplasmatischen Retikulum, das sich jeweils in Höhe der Z-Scheiben zu Terminalzisternen aufweitet. Diese sind Kalziumspeicher. Auf den Aktinfäden sitzen Troponinmoleküle, und um sie herum winden sich Tropomyosinfäden. Beide zusammen kontrollieren zusammen mit Ca^{++}-Ionen den Zugang der Myosinköpfe zum Aktin. Ablauf der elektromechanischen Kopplung also:

Aktionspotentialausbreitung	Das Endplattenpotential überträgt die Erregung vom Motoaxon auf die Muskelfaser (Ablauf s. S. 20). Das resultierende Aktionspotential breitet sich mit hoher Geschwindigkeit über die gesamte Muskelfaser aus und dringt über das T-System in das Faserinnere ein
Ca^{++}-Freisetzung	Vom T-System erreicht das Aktionspotential auch das sarkoplasmatische Retikulum und setzt dort, vor allem aus den Terminalzisternen, Ca^{++}-Ionen in das Zellinnere (Zytoplasma) frei
Ca^{++}-Wirkung	Ca^{++}-Ionen verbinden sich mit Troponinmolekülen auf den Aktinfilamenten; dadurch Verformung dieser Moleküle, wodurch Tropomyosinfäden von Haftstellen für Myosinköpfe weggedrückt werden: Der Kontraktionsvorgang kann beginnen
Repolarisation des Aktionspotentials	Freisetzung von Ca^{++}-Ionen hört auf, Terminalzisternen pumpen die freien Ca^{++}-Ionen wieder zurück: Troponinmoleküle gehen in alte Konfiguration zurück, Tropomysinfäden bedecken wieder die Haftstellen für die Myosinköpfe. Kippbewegungen sind nicht mehr möglich: Erschlaffung setzt ein

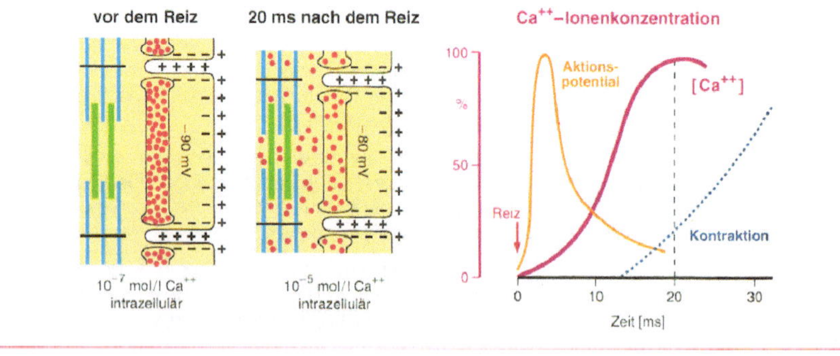

Muskelmechanik

Alle Kontraktionsformen lassen sich mit wenigen Grundmustern beschreiben

<table>
<tr><td colspan="2">Die Sarkomere geben die von ihnen entwickelte Kraft über intramuskuläre elastische Strukturen an die ebenfalls (etwas) elastischen Sehnen und an das Skelett weiter. Elastisch sind neben dem Titin (s. S. 29) z. B. die Myosinquerbrücken und die Aktinfäden sowie die Sehnenansätze (wirken zusammen teils als parallelelastische, teils als serienelastische Elemente). Wenn bei der Kontraktion die Aktinfäden zwischen die Myosinfäden gezogen werden, spannen sich die serienelastischen Elemente an, und erst dadurch entsteht die meßbare Muskelkraft.</td></tr>
<tr><td>Einzelzuckung</td><td>Braucht etwa 80 ms zum Maximum, etwas länger zum Erschlaffen; bewirkt nur eine sehr geringe Verkürzung bzw. Spannungsentwicklung. Nicht alle Muskeln zucken gleich schnell. Langsame Muskeln (für Haltearbeit) enthalten viel rotes Myoglobin („rote" Muskeln). Schnelle Muskeln sehen „weiß" aus (z. B. Augenmuskeln)</td></tr>
<tr><td>Tetanus
(s. auch S. 33)</td><td>Bei Mehrfacherregung setzt sich die neue Einzelzuckung auf den Kontraktionsrückstand der vorhergehenden Zuckung auf: Superposition oder Summation. Bei geringer Erregungsfrequenz sind die Einzelzuckungen noch erkennbar (unvollkommener oder teilfusionierter Tetanus). Bei Erregungsfrequenzen ab etwa 30 Hz wird die maximale Kraft erzeugt (vollkommener oder glatter Tetanus)</td></tr>
<tr><td colspan="2">Ob und wie stark ein Muskel sich verkürzt und wieviel Kraft er entwickelt, hängt auch von den äußeren Umständen ab, unter denen er Arbeit verrichtet. Auch diese lassen sich auf einige Grundmuster zurückführen; die nachfolgenden Charakterisierungen gelten jeweils bei tetanischer Kontraktion; für einen Vergleich der Kontraktionsformen am Herz- und am Skelettmuskel s. Abb. oben auf S. 192</td></tr>
<tr><td>Isotonisch</td><td>Muskelverkürzung bei konstanter Last; Verkürzung um so schneller, je geringer die Last, und vice versa, s. Abb. S. 32; Verkürzung ebenfalls am größten bei geringer Last. Geleistete mechanische Arbeit: Last mal Hubhöhe (Kraft mal Weg). Übersteigt die Last die maximal mögliche Kraftentwicklung, wird der aktive Muskel gedehnt (typische, sehr häufige Bremsbewegung, z. B. beim Bergabgehen)</td></tr>
<tr><td>Isometrisch</td><td>Spannungsentwicklung ohne Muskelverkürzung (z. B. Stemmen einer zu großen Last); maximale Kraftentwicklung etwa bei Vordehnung auf Ruhelänge der Sarkomere (optimale Überlappung der Aktin- u. Myosinfilamente, s. Abb. S. 32). Bei Stauchung des Muskels oder stärkerer Vordehnung ist die Kraftentwicklung geringer</td></tr>
<tr><td>Auxotonisch</td><td>Verkürzung und gleichzeitige Zunahme der Kraft (z. B. Speerwurf und andere ballistische, d. h. sehr schnelle Bewegungen). Verkürzungsgeschwindigkeit bei kleiner Last am größten (s.o.)</td></tr>
<tr><td>Unterstützungszuckung</td><td>Zunächst isometrische, dann isotonische Kontraktion (z. B. Eimer hochheben); häufige Kontraktionsform im Alltag. Verkürzung fällt ebenfalls um so deutlicher aus, je geringer die Last ist. Mechanische Arbeit (Hubhöhe mal Last) erreicht bei mittlerer Last Maximalwert (ermüdungsfreie Bedienung von Geräten erfordert entsprechendes Design)</td></tr>
<tr><td>Anschlagszuckung</td><td>Anfängliche isotonische Verkürzung, dann nach „Anschlag" weiter mit isometrischer Kontraktion, z. B. erst Zerbeißen weicher Nahrung, dann fester Kieferschluß</td></tr>
</table>

Zuckungsformen und die Beziehung zwischen Kontraktionskraft, Sarkomerlänge und Filamentüberlappung. [Mod. aus Rüdel R (1998) Muskelphysiologie. In: Schmidt RF (Hrsg) Neuro- und Sinnesphysiologie. 3. Aufl. Springer, Heidelberg]

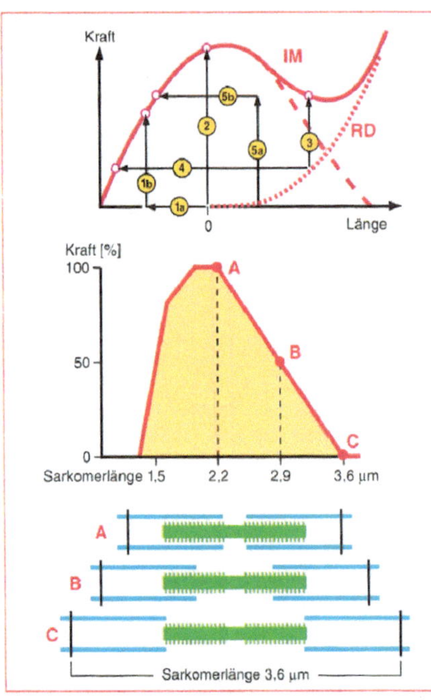

Die Ruhedehnungskurve RD beschreibt die Kraft, die aufgewendet werden muß, um den Muskel passiv auf die jeweilige Länge zu dehnen. Folgende Kontraktionsformen sind zu sehen (s. a. S. 192):

(1a) und (1b) Anschlagszuckung,

(2) und (3) isometrische Kontraktion bei Ruhelänge (2) und bei Vordehnung (3),

(4) isotonische Kontraktion,

(5a) und (5b) Unterstützungszuckung.

Die Kurve der isometrischen Maxima, IM, gibt die maximale isometrische Kraft an, die der tetanisch erregte Muskel bei der jeweiligen Länge erreicht. Die gestrichelte Kurve ist IM minus RD, d. h. die aktiv erzeugte Kraft.

Die Abhängigkeit der Kontraktionskraft von der Vordehnung ergibt sich aus dem Ausmaß des Überlappens zwischen den Aktin- und Myosinfilamenten. Das Optimum liegt bei einer Sarkomerlänge von 2,2 µm, da dort alle vorhandenen Querbrücken geschlagen werden können.

Die maximale Verkürzungs- bzw. Verlängerungsgeschwindigkeit eines Muskels (ausgezogene rote Kurve) hängt von der zu hebenden bzw. von der dehnenden Last ab. [Nach Rüdel R (1998) a. o. a. O.]

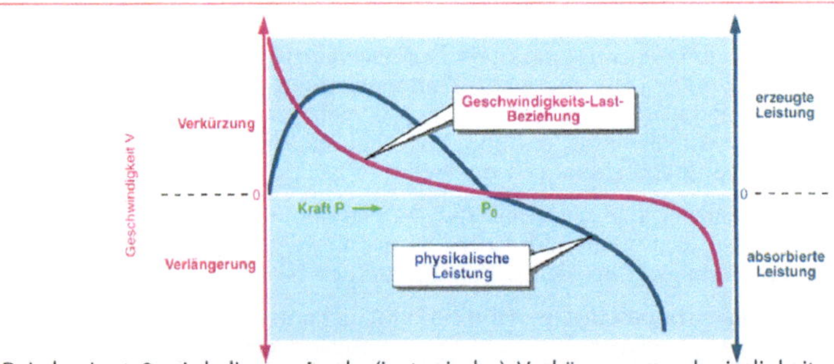

Bei der Last 0 wird die maximale (isotonische) Verkürzungsgeschwindigkeit erreicht; die maximale isometrische Kraft P_0 wird bei einer Last entwickelt, bei der keine Verkürzung mehr möglich ist. Dazwischen verläuft die Geschwindigkeits-Last-Beziehung in Hyperbelform (rote Kurve). Ist die Last $> P_0$ verlängert sich der Muskel trotz Kontraktion (Einsatz des Muskels zum „Bremsen" von Bewegungen; sehr häufige Form der Muskelaktivität). Die blaue Kurve zeigt an, wieviel physikalische Leistung ein Muskel bei verschiedenen Belastungen abgeben kann bzw. aufnimmt.

Nervöse Kontrolle der Muskelkontraktion

Definition der motorischen Einheit; ihre Größe

Jedes Motoaxon versorgt über Axonkollateralen mehrere bis viele Muskelfasern. Dieses Kollektiv zusammen mit dem zugehörigem Motoneuron wird motorische Einheit genannt. Jedes Aktionspotential im Motoaxon löst eine Zuckung in allen Muskelfasern der motorischen Einheit aus. Das bedeutet: Je kleiner die motorische Einheit, desto feiner abstufbar ist die Kontraktion und desto geringer ihre Kraft. Die Größe der motorische Einheiten ist sehr variabel, so haben z. B. die äußeren Augenmuskeln ca. 6 Muskelfasern pro motorische Einheit, der M. biceps brachii dagegen ca. 750 Fasern.

Die Abstufung der Kontraktion im Alltag und die Ausbildung des Muskeltonus erfolgen durch Tetanisierung und Rekrutierung; Messung durch Elektromyogramm, EMG

Tetanische Aktivierung (s. auch S. 31)	Die Abstufung der Kontraktionskraft von einer Einzelzuckung über einen teilfusionierten bis zum vollkommenen Tetanus ist für jede motorische Einheit möglich. Der Übergangsbereich vom teilfusionierten zum vollkommenen Tetanus liegt bei einer Erregungsrate von $8-30\,s^{-1}$. Die entwickelte Kraft steigt dabei auf das 10fache der Einzelzuckung an. Erregungsraten zwischen 30 und $120\,s^{-1}$ dienen zur Variation der Verkürzungsgeschwindigkeit (80-120 m/s nur für rund 100 ms bei Beginn ballistischer Bewegungen). Unsere Finger können mit maximal 8 Hz hin- und herbewegt werden
Rekrutierung	Die Abstufung der Anzahl der aktivierten motorischen Einheiten spielt physiologisch eine größere Rolle als die Tetanisierung (s.o.). Zunahme der Zahl der aktivierten motorischen Einheiten erhöht auch die Geschwindigkeit der Kontraktion, da jede motorische Einheit eine geringere Last zu beschleunigen hat (s.o.). Innerhalb eines Muskels werden kleine motorischen Einheiten häufiger aktiviert als große (s. auch S. 22)
Muskeltonus	Die aufrechte Körperhaltung erfordert eine dauernde leichte Muskelanspannung ohne Längenänderung (s. Stützmotorik S. 44). Dies wird durch die asynchrone Aktivierung von motorischen Einheiten erreicht. Die resultierende aktive Grundspannung des Muskels wird Tonus (Muskeltonus) genannt. Seine Höhe wechselt ständig, z. B. deutliche Abnahme im Tiefschlaf, Zunahme bei Aufregung, geistiger Anspannung und zur Wärmeproduktion (extrem: Kältezittern)
Elektromyogramm, EMG	Extrazelluläre Ableitung der Aktionspotentiale der einzelnen motorischen Einheiten. Die Elektroden werden entweder über dem Muskel auf der Haut befestigt oder als Nadeln (elektrisch isoliert bis auf die Spitze) in den Muskel eingestochen. Anwendung als diagnostisches Hilfsmittel bei Muskelerkrankungen (Myasthenien, Myotonien, Muskeldystrophien), bei Messungen des Muskeltonus in der Psychophysiologie (vor allem Stirn- und Oberarmmuskeln) und in der Verhaltensmedizin und Rehabilitation zur Rückmeldung der Muskelaktivität (EMG-Feedback) bei der psychologischen Behandlung von spannungsbedingten Schmerzen sowie bei schlaffen und spastischen Lähmungen

Muskelenergetik

ATP ist der unmittelbare Energielieferant der Muskelkontraktion (s.o.); Wirkungsgrad bei Muskelarbeit; Formen der Muskelwärme

4

- Die nachgeschalteten Reaktionen dienen der Resynthese von ATP (Tabelle). Beständige Muskeltätigkeit erfordert aerobe (d.h. unter Sauerstoffverbrauch) ablaufende oxidative Phosphorylierung. Kurzfristige (etwa 30 s) Höchstleistungen sind auch anaerob (ohne Sauerstoffverbrauch) über Glykolyse möglich (z.B. Sprint mit 10 m/s).
- Die Sarkomere haben einen hohen mechanischen Wirkungsgrad von 40–50 %, der Rest verpufft als Wärme (genutzt für Erhalt der Körpertemperatur, s. S. 257). Der Gesamtwirkungsgrad der Muskeln nach außen beträgt 20-25 %, da zusätzlich zu den Verlusten beim Kontraktionsvorgang auch solche bei den rein chemischen Vorgängen der Erholung auftreten. Kältezittern ist Leerarbeit des Muskels ausschließlich zur Wärmeproduktion.
- Die Ruhewärme des Ruheumsatzes stammt ausschließlich aus oxidativen Prozessen. Bei Arbeit kommen hinzu: 1. Initialwärme während der Kontraktion und 2. Erholungswärme nach der Kontraktion; kann bei kräftiger Muskelarbeit viele Minuten andauern.

Die unmittelbare und die mittelbaren Energiequellen im Skelettmuskel des Menschen. [Aus Peachey LD et al. (eds) (1983) Handbook of physiology section 10: Skeletal muscle. American Physiological Society, Bethesda]

Energiequelle	Gehalt (µmol/g Muskel)	Energieliefernde Reaktion
Adenosintriphosphat (ATP)	5	ATP → ADP + P_i
Kreatinphosphat (PC)	11	PC + ADP ↔ ATP + Kreatin
Glukoseeinheiten im Glykogen	84	**anaerob:** Abbau über Pyruvat zu Laktat (Glykolyse)
		aerob: Abbau über Pyruvat zu CO_2 und H_2O
Triglyzeride	10	Oxidation zu CO_2 und H_2O

Energiebedarf in Ruhe und bei stationärer Arbeit wird zu 75 % aus Fettsäuren gedeckt, der Rest aus Kohlenhydraten

Wie obige Tabelle zeigt, ist ATP nur in geringer Konzentration im Muskel vorrätig, es muß daher schnell nachgeliefert werden. Der Kreatinphosphatspeicher reicht für rund 100 Zuckungen. Er wird bei mäßiger Arbeit durch den Abbau von aus dem Blut aufgenommenen freien Fettsäuren (zu 75 %) und Glukose nachgefüllt. Nur bei kurzdauernden Hoch- und Höchstleistungen dreht sich dieses Verhältnis um. Die Glykogenspeicher in den Muskelzellen werden nur bei Extremleistungen in Anspruch genommen. Weitere Hinweise zum Muskelstoffwechsel und zu körperlichen Umstellungsreaktionen bei Muskelarbeit s. S. 266.

Ermüdung und Erschöpfung sind teils peripher, teils zentral bedingt

Definition der Begriffe Ermüdung und Erschöpfung s. S. 265. Je nach den Umständen kommt es bei Muskelarbeit mehr zur psychischen oder mehr zur physischen Ermüdung. Die Übergänge sind fließend, die Ursachen der psychischen Ermüdung (Ermüdung im ZNS) sind noch wenig bekannt.

Glatte Muskulatur

Kurzcharakterisierung der glatten Muskulatur

- Es handelt sich um die gesamte Muskulatur der Eingeweide und aller Gefäßwände (bis auf die Kapillaren, die keine Muskelschicht haben).
- Die spindelförmigen Einzelzellen sind über Nexus (gap junctions) zu einem Synzytium verknüpft (genau wie die Herzmuskelzellen).
- Im Lichtmikroskop ist keine Querstreifung zu sehen, da die Aktin- und Myosinfilamente nicht regelmäßig angeordnet sind (daher „glatter" Muskel).
- Die Gleitfilamenttheorie (s.o.) ist auch hier gültig, der einzelne Ruderschlag läuft aber 100–1000mal langsamer ab als im Skelettmuskel; sehr energiesparend bei Haltearbeit, aber keine schnellen Bewegungen möglich.
- Die Innervation erfolgt durch das autonome Nervensystem. Viele glatte Muskeln sind auch spontan aktiv (myogene Aktivität).

Wichtige Eigenschaften glatter Muskeln, Unterschiede zum Skelettmuskel

Begriff	Definition/Bemerkung/Kommentar
Tetanus	Da Einzelzuckung sehr lang (oft viele s), wird vollkommener Tetanus schon bei sehr niedriger Erregungfrequenz erreicht (< 1 Hz)
Myogene Erregung	Besondere Schrittmacherzellen bilden spontane Aktionspotentiale aus, die sich über die gap junctions ausbreiten und ohne nervösen Zustrom den Tonus aufrechterhalten. Azetylcholin erhöht die Spontanfrequenz, Noradrenalin verringert sie. Auch Hormone nehmen Einfluß, z. B. Östrogene auf die Uterusmuskulatur, Angiotensin II auf die Gefäßmuskulatur; für Eingeweidemuskulatur s. S. 303
Myogener Rhythmus	Organspezifische, periodische Schwankungen des myogenen Tonus, veranwortlich z. B. für peristaltische Wellen der Eingeweide, dort basaler organspezifischer Eigenrhythmus (BOR) genannt (s. S. 303)
Dehnungsverhalten	Plastisch (viskoelastisch), d. h. bei Dehnung gibt der Muskel im Anschluß an eine elastischen Periode plastisch nach. Der glatte Muskel kann daher im verkürzten wie gedehnten Zustand entspannt sein (z. B. Harnblase). Eine stärkere Dehnung löst reaktiv eine vermehrte Aktivität der Schrittmacherzellen und damit Kontraktionen aus (Harnblasenentleerung, Autoregulation des Arteriolendurchmessers etc.)
Neurogene Erregung	Diese überwiegt bei glatten Muskeln von Arterie, Samenleiter, Iris, Ziliarmuskel, da Schrittmacherzellen fehlen; hemmende Beeinflussung über das autonome Nervensystem ist ebenfalls häufig
Elektromechanische Kopplung	T-System (s.o.) fehlt, spärliches sarkoplasmatisches Retikulum zur Kalziumspeicherung vorhanden. Die Zellmembran enthält zusätzlich aktionspotentialgesteuerte Kalziumkanäle. Kontraktion daher teils durch Einstrom extrazellulärer, teils durch Freisetzung sarkoplasmatischer Ca^{++}-Ionen auszulösen. Beteiligt sind Regulatorproteine (Calmodulin, Caldesmon, Calponin). Rück- bzw. Auspumpen der Ca^{++}-Ionen benötigt viel Zeit: Kontraktion geht nur langsam zurück

Für die Besonderheiten der glatten Muskulatur des Gastrointestinaltrakts vom tonischen und phasischen Typ s. die Tabelle auf S. 303.

Pathophysiologische Aspekte

Als neurogene Muskelkrankheiten werden Erkrankungen des peripheren Neurons und der neuromuskulären Endplatte zusammengefaßt, in deren Folge die Funktion des Skelettmuskels beeinträchtigt wird

4

Schädigung	Erkrankungen
Degenerativ	z. B. Amyotrophe Lateralskerose (erblich und nicht erblich); spinale Muskelatrophien (erblich); hereditäre motosensorische Neuropathien (erblich)
Entzündlich	z. B. Poliomyelitis (Poliovireninfektion), Borreliose (Infektion mit Borreliabakterien), akute Polyneurits (Guillain-Barré-Syndrom), HIV-Infektion
Toxisch	z. B. Erkrankungen verursacht durch Tetanustoxin, Botulinustoxin, Diphterietoxin, Metalle
Neuroimmunologisch	z. B. Myasthenia gravis: Bildung von Autoantikörpern gegen den Azetylcholinrezeptor, dadurch Verkleinerung des Endplattenpotentials bis zum Ausfall der neuromuskulären Übertragung; klinisch ähnlich ist das Lambert-Eaton-Syndrom, bei dem Autoantikörper gegen den präsynaptischen Kalziumkanal gebildet werden

Erkrankungen der Skelettmuskulatur selbst werden Myopathien genannt; es gibt viele erbliche und erworbene Formen. Wichtige Myopathien sind:

Muskeldystrophien	Heterogene Gruppe erblicher Krankheiten mit chronischer, fortschreitender (progressiver) Degeneration der Muskelfasern und daraus resultierender zunehmender Muskelschwäche. Die verschiedenen Formen unterscheiden sich durch Erbmodus, Manifestationsalter, Verlaufsintensität, Verteilung der Muskelschwäche am Körper und Lebenserwartung
Nicht-dystrophische Myotonien	Hauptsymptom ist eine Übererregbarkeit der Muskelzellen, die nach Willküraktivität bewirkt, daß sich die Muskeln nur langsam entspannen, was die Patienten als Muskelsteifigkeit (Myotonie) empfinden. Zugrunde liegen Störungen der Membranionenkanäle, z. B. bei der Myotonia congenita eine verringerte Chloridleitfähigkeit
Periodische Paralysen	Hauptsymptom ist eine Untererregbarkeit der Nervenzellen, die in unregelmässigen Zeitabständen zu Attacken von Muskelschwäche bis zur vollständigen Lähmung führen können. Es gibt genetische (primäre) und erworbene (sekundäre) Formen. Zugrunde liegen Defekte entweder an den Natrium- oder den Kalzium- oder den Chloridionenkanälen
Metabolische Muskelkrankheiten	Es sind mehr als 9 verschiedene Enzymdefekte im Sarkoplasma und in den Lysosomen bekannt, die zu Störungen des Glykogenstoffwechsels und der Glykolyse führen. Die erste exakt definierte metabolische Myopathie war das McArdle-Syndrom, bei dem die Phosphorylase im Zytosol fehlt. Die Folge sind Muskelschwäche, Schmerzen, Kontrakturen und Myoglobinurie
Myositiden	Die beiden Hauptvertreter der entzündlichen Muskelerkrankungen sind die Autoimmunkrankheiten Polymyositis und Dermatomyositis. Vollständig geklärt ist ihre Ätiologie nicht. Es gibt auch durch Virusinfektionen bedingte Myositiden. Bekannt sind akute, subakute, remittierend-schubweise und chronische Verläufe.

II
Integrative Leistungen des Nervensystems

5 Motorisches Nervensystem

Anteile und Aufgaben des motorischen Systems

Definition der motorischen Zentren des Zentralnervensystems (ZNS)

Zum motorischen Nervensystem zählen alle nervösen Strukturen, deren ausschließliche oder überwiegende Aufgabe die Kontrolle von Haltung und Bewegung ist. Solche Strukturen nennen wir motorische Zentren. Diese liegen, kaskadenförmig aufgebaut, in den verschiedensten Abschnitten des ZNS. Sie sind auf bestimmte motorische Aufgaben spezialisiert und damit auf Zusammenarbeit angewiesen. Stichworte also: Hierarchie und Partnerschaft. Die wichtigsten supraspinalen motorischen Zentren sind:

- **Motorkortex** (Abb. S. 47): Dazu gehören der Gyrus praecentralis (Area 4) und seine Umgebung (Area 6 mit supplementär motorischem Areal, SMA, und prämotorischem Kortex, PMC). Der gesamte Motorkortex ist Ausgangspunkt der Pyramidenbahn (Tractus corticospinalis). Hauptaufgabe: Zielmotorikprogramme, dabei insbes. Area 4: Steuerung der Feinmotorik, Area 6: zusätzlich Teilnahme an Bewegungsplanung
- **Motorischer Thalamus** (Abb. S. 48): Wichtigster motorischer Kern des Thalamus ist der Nucleus ventralis lateralis (VLund die Basalganglien mit dem Motorkortex. Hauptaufgabe: Einbindung der Sensorik (s. nächste Seite) in die Motorik
- **Kleinhirn** (Abb. S. 49): Die Hauptanteile (jeweils mit Rinden- und Kerngebieten) und die Hauptaufgaben sind: 1. Vermis: Steuerung der Stützmotorik; 2. Partes intermediae: Koordination von Stützmotorik und Zielmotorik; 3. Hemisphären: Steuerung schneller (gelernter, ballistischer) Zielmotorik. Zusätzlich 1 und 2: Mitkontrolle der Okulomotorik
- **Basalganglien**: Wichtigste Anteile: Striatum (Eingang, besteht aus Putamen und Nucl. caudatus), Pallidum, Substantia nigra. Hauptaufgabe: Ausarbeitung von Bewegungsprogrammen (Generierung zeitlich-räumlicher Impulsmuster zur Steuerung von Amplitude, Richtung, Geschwindigkeit und Kraft einer Bewegung)

Die subkortikalen Motivationsareale (z. B. „Hungerzentrum" oder „Durstzentrum" im Hypothalamus) und die kortikalen Motivationsareale (assoziativer Kortex mit Eingang in Kleinhirn und Basalganglien) Motivationsareale, die für die inneren Handlungsantriebe und den Enwurf von Bewegungsstrategien verantwortlich sind, können im weiteren Sinne ebenfalls zu den motorischen Zentren gezählt werden (s. unten).

Bewegung entsteht aus einer Folge von Verarbeitungsschritten, die in den verschiedenen Anteilen des motorischen Systems teils sequentiell, teils parallel ablaufen [Aus Illert M (1998) Motorische Systeme. In: Schmidt RF (Hrsg) Neuro- und Sinnespysiologie, 3. Aufl., Springer, Heidelberg]

Entschluß		Programmierung		Durchführung
Handlungs-antrieb	Strategie	Bewegungs-programm	Selektion	Bewegung
Ich will dorthin	*Nimm diese Lösung*	*Mach es auf diese Weise*	*Tue es jetzt*	*Ich bewege mich*
kortikale und subkortikale Motivations-areale	Assoziations-cortices, sensorische Cortices	motorische Cortices, Kleinhirn, Basalganglien	motorische Cortices, deszendierende Projektions-systeme, Reflexsysteme	motorische Einheiten, Muskeln

Die Motorik des Menschen umfaßt sowohl instinktives (angeborenes) als auch geplantes (erlerntes) Verhalten. Willkürbewegung entwickelt sich aus einem mehrstufigen zentralnervösen Plan (oben in der Abb.), dessen einzelne Stufen (Mitte in der Abb.) in den verschiedensten neuronalen Gebieten und Systemen realisiert werden (unten in der Abb.)

5

Somatosensorische Zuflüsse des motorischen Systems

Muskelspindeln, (Golgi-)Sehnenorgane und Hautafferenzen sind die wichtigsten Sensoren der Motorik

Aufbau und Funktion der Muskelspindeln	
Intrafusale Muskelfasern	Sind dünner und kürzer als normale (extrafusale) Muskelfasern, von Bindegewebe spindelförmig eingescheidet; liegen parallel zur extrafusalen Muskulatur im Muskel verstreut; besonders zahlreich in Muskeln der Feinmotorik (z.B. Fingermuskeln); werden bei Dehnung des Muskels gedehnt, bei seiner Kontraktion entspannt
Primär sensible Endigungen	Wickeln sich um das Zentrum jeder intrafusalen Muskelfaser („anulospirale" Endigung). Afferente Nervenfasern werden Ia-Fasern (Tabelle S. 18) genannt (jede Spindel hat nur eine). Erregung durch Dehnung der Zentralregion, mißt also Muskellänge. Achtung: auch intrafusale Kontraktion dehnt Zentralregion (s. unten)
Sekundär sensible Endigungen	Wickeln sich beidseitig neben der primären Endigung um die intrafusale Muskelfaser; ihre afferenten Fasern werden Gruppe-II-Fasern (Tabelle S. 18) genannt; sind ebenfalls dehnungsempfindlich
Motorische Innervation	Durch γ-Motoneurone (kleiner als α-Motoneurone). Endplatten der (dünnen) γ-Motoaxone enden polwärts von der afferenten Innervation. Aktivierung führt zur dortigen Kontraktion mit Dehnung der Zentralregion (also Erregung der primären Afferenzen)
Aufbau und Funktion der (Golgi-)Sehnenorgane	
Sehnengewebe	Sehnenfaszikel von ca. 10 extrafusalen Muskelfasern werden durch eine bindegewebige Hülle eingescheidet, kommen in den Sehnen aller Muskeln vor; liegen „in Serie" mit der extrafusalen Muskulatur, werden daher bei Muskeldehnung und -kontraktion gedehnt
Afferente Innervation	Durch 1–2 Ib-Nervenfasern (Tabelle S. 18), deren Enden sich zwischen den Sehnenfaszikeln verzweigen. Sie werden bei Dehnung des Sehnenorgans erregt, d.h. sie messen die Muskelspannung
Hautsensoren: Auf die Hautsensoren und ihre rezeptiven Eigenschaften wird in den Kap. 12 und 13 eingegangen. Wichtig für Fluchtreflexe (Flexorreflex, gekreuzter Extensorreflex) sind die Nozisensoren, die durch noxische („schmerzhafte") Reize erregt werden	

Entladungsmuster der Muskelspindeln und Sehnenorgane

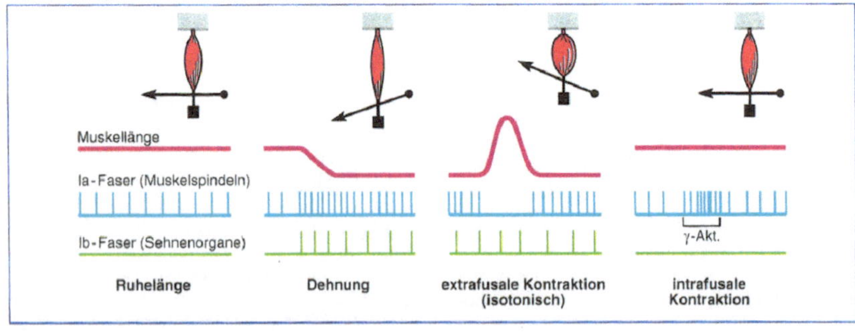

Motorische Funktionen des Rückenmarks, Reflexe

Jeder Reflexbogen besteht aus den gleichen 5 Anteilen, die in den nachfolgenden Tabellen nur numeriert sind

1. Sensor	Alle Sensoren (Sinnesrezeptoren) aus Muskeln, Haut, Eingeweiden und den speziellen Sinnesorganen (z.B. Auge) sind an Reflexen der einen oder anderen Art beteiligt
2. Afferenz	Die afferenten Nervenfasern der Sensoren bilden die afferenten Schenkel jedes Reflexbogens
3. Zentrale Neurone	Ihre Zahl ist mit Ausnahme des monosynaptischen Dehnungsreflexes (s. u.) immer > 1. Erregende und hemmende Zuflüsse zu diesen Neuronen sind die Grundlage der Plastizität der Reflexe
4. Efferenz	Bei motorischen Reflexen die α-Motoaxone, bei vegetativen Reflexen die postganglionären Nervenfasern des autonomen Nervensystems
5. Effektor	Bei motorischen Reflexen die Skelettmuskulatur, bei vegetativen Reflexen die glatte Muskulatur, das Herz oder die Drüsen

5

Der monosynaptische Dehnungsreflex (Eigenreflex) ist das einfachste Beispiel eines kompletten motorischen Reflexbogens (Abb. auf der folgenden Seite)

1 u. 2	Primäre Muskelspindelendigungen und Ia-Fasern des homonymen Muskels. Die Aktivierung des Reflexbogens erfolgt durch Muskeldehnung, daher der Name Dehnungsreflex
3	α-Motoneurone des homonymen Muskels (also desjenigen, aus dem die Ia-Fasern kommen). Der Reflexbogen hat nur eine zentrale Synapse (Ia-Afferenz auf Motoneuron), daher der Name monosynaptischer Dehnungsreflex
4	α-Motoaxone des homonymen Muskels
5	Extrafusale Muskelfasern; da diese in demselben Muskel liegen wie die Muskelspindeln (homonym!), wird der Reflex auch Eigenreflex genannt. Weiteres Synonym: myotatischer Reflex

Sehr kurze Reflexzeit (Zeit von Beginn des Reizes bis Aktion des Effektors 20–30 ms). Bekanntestes Beispiel ist Patellarsehnenreflex: Dehnung des M. quadriceps femoris durch Schlag auf Kniesehne. Oberbegriff: T-Reflex (engl. tendon reflex). Bei Auslösung durch elektrische Reizung der Ia-Fasern (z. B. N. tibialis in Kniekehle) H-Reflex genannt (nach P. Hoffmann); elektromyographische Registrierung als H-Welle. Bei höherer Reizstärke zusätzliche M-Welle durch Reizung der Motoaxone. Hauptreflexfunktion: reflektorische Konstanthaltung der Muskellänge (Haltetonus).

Allgemeine Bezeichnungen der Anteile eines Reflexbogens *(links)* und die Anteile des monosynaptischen Dehnungsreflexes *(rechts)*

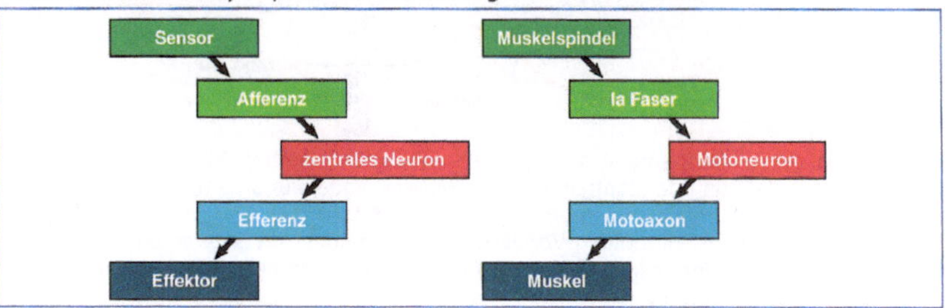

Die reziproke antagonistische Hemmung durch Ia-Afferenzen ist der einfachste hemmende Reflexbogen

1 u. 2	Primäre Muskelspindelendigungen und Ia-Fasern des antagonistischen (!) Muskels. Aktivierung gleichzeitig mit monosynaptischem Dehnungsreflex (auf der agonistischen Seite!)
3	Spinales Interneuron mit hemmender Synapse auf antagonistischem Motoneuron, also 2 zentrale Synapsen (disynaptischer Reflexbogen)
4 u. 5	Antagonistische motorische Einheiten, die gehemmt werden (Abnahme des Tonus), wegen des kurzen Weges auch direkte Hemmung genannt. Hauptfunktion: unterstützt monosynaptischen Dehnungsreflex bei Konstanthaltung von Muskellänge und Gelenkstellung

Reflexwege des Dehnungsreflexes und der reziproken antagonistischen Hemmung an einem Scharniergelenk mit Flexor- (F) und Extensormotoneuronen (E)

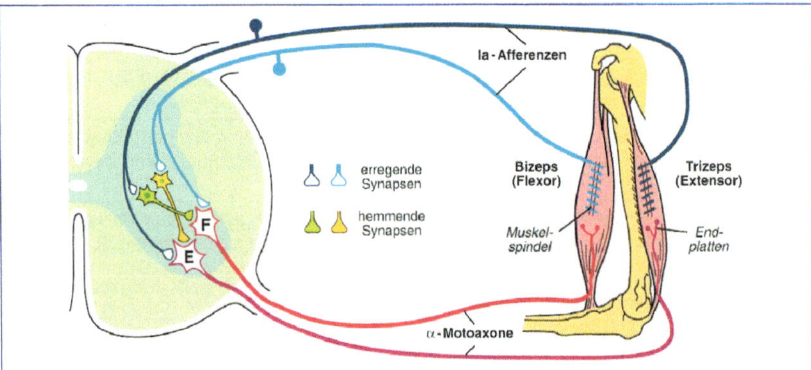

Der monosynaptische Dehnungsreflex kann auch durch intrafusale Kontraktion ausgelöst werden: γ-Spindel-Schleife

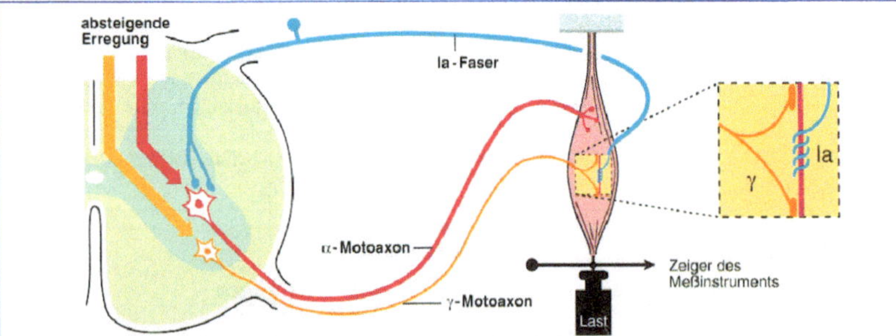

Die Erregung der α-Motoneurone durch höhere motorische Zentren führt zu intrafusaler Kontraktion mit Dehnung der Zentralregion der Muskelspindeln und damit zur Aktivierung des monosynaptischen Reflexbogens: γ-Spindel-Schleife. Meist werden gleichzeitig α- und γ-Motoneurone erregt: α-γ-Kopplung. Vorteil: die Muskelspindel wird nicht durch Stauchung oder Überdehnung aus ihrem Meßbereich gebracht, sondern in ihrer Empfindlichkeit auf die neue Muskellänge eingestellt.

Die Sehnenorgane wirken spiegelbildlich zu den primären Muskelspindelafferenzen: autogene Hemmung und antagonistische Erregung

1 u. 2	Sehnenorgane und Ib-Fasern des homonymen Muskels. Aktivierung der Reflexbögen durch Spannungszunahme (Dehnung oder isometrische Kontraktion)
3	Homonym und agonistisch: 1–2 Interneurone, die hemmend auf Motoneuron wirken. Antagonistisch: Interneuron mit erregender Synapse auf Motoneuron (di- und trisynaptische Reflexbögen)
4 u. 5	Homonyme und agonistische motorische Einheiten werden gehemmt: autogene Hemmung. Nimmt die Muskelspannung ab, nimmt auch die autogene Hemmung ab: Disinhibition. Antagonistische motorische Einheiten: Erregung (Zunahme des Muskeltonus). Hauptfunktion beider Reflexbögen: Spannungskonstanthaltung

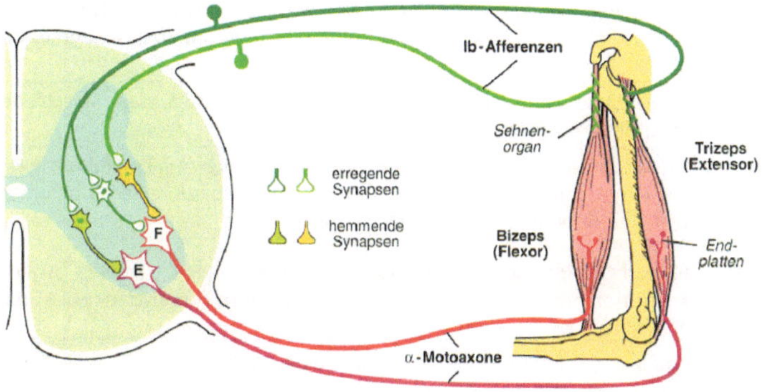

5

Flexorreflex und gekreuzter Extensorreflex sind Prototypen polysynaptischer motorischer Reflexe

1 u. 2	Nozisensoren (hochschwellige Mechano-, Thermo-, und Chemosensoren) mit Gruppe-III- und Gruppe-IV-Afferenzen (Aδ und C); Erregung durch gewebsschädigende oder potentiell gewebsschädigende Reize (Noxen)
3	Spinale Interneuronenketten (polysynaptische Reflexbögen) mit erregender Wirkung auf ipsilaterale Flexormotoneurone und kontralaterale Extensormotoneurone; hemmende Wirkung auf die jeweiligen Antagonisten
4 u. 5	Motorische Einheiten ipsilateraler Flexoren werden stark erregt, Antagonisten gehemmt: Es resultiert schnelle Beugung (Wegziehen aus Gefahrenbereich). Kontralateral kommt es zur Erregung von Extensoren (Tonuserhöhung) bei Hemmung der Flexoren (Standbeinwirkung wird verstärkt, da gebeugtes Bein dafür ausfällt)

Da 1 häufig nicht in 5 liegt, nennt man diese Reflexe auch Fremdreflexe. 3 gibt zahlreiche Modifikationsmöglichkeiten, z.B.: Summation unterschwelliger Reize bis zur Reflexauslösung; Habituation, d.h. Gewöhnung an wiederholte Reize u. Dishabituation bei Reizwechsel; Sensitivierung auf schmerzhafte Reize, Konditionierung, d.h. Langzeitänderungen der Reflexantwort durch Lernprozesse etc.

Motorik des Stehens und Gehens; Stütz- und Haltemotorik

Posturale Synergien sichern in Ruhe und bei Bewegung die Haltung des Körpers gegen die Schwerkraft; die wichtigsten Begriffe dazu sind:

Posturale Synergien	Zentralnervöse motorische Programme, mit denen die Körperhaltung gegen die Schwerkraft aufrechterhalten wird. Reaktive posturale Synergien werden bei externen Störungen des Gleichgewichts durch sensorische Meldungen aus den Vestibularorgan und den Propriozeptoren ausgelöst; proaktive posturale Synergien kompensieren die bei Bewegungen auftretenden Haltungsänderungen, und zwar z. T. schon vor Bewegungsbeginn.
Muskeltonus	Zur Definition s. S. 33. Der Muskeltonus wirkt beim aufrechten Stehen der Schwerkraft entgegen. Er muß häufig über längere Zeit aufrecht erhalten werden, daher dazu vorwiegend Einsatz von (langsamen) „roten" motorischen Einheiten, die bei tetanischer Kontraktion weniger ermüden als die weißen.
Stellreflexe	Posturale Synergien, die den Körper gegen die Schwerkraft in die Normalstellung aufrichten; beispielsweise wird der Kopf bei Lageänderungen des Rumpfes immer senkrecht gegen die Schwerkraft gestellt.
Haltereflexe	Posturale Synergien, die der Tonusverteilung zwischen den verschiedenen Muskelgruppen dienen.
Tonogene Zentren	Strukturen im Hirnstamm, die die posturalen Synergien aufeinander abstimmen. Es gibt ein pontines, extensorförderndes und ein bulbäres, extensorhemmendes System, ihre Koordination geschieht im Kleinhirn.

Der Generator für die Fortbewegung ist im Rückenmark lokalisiert (spinaler Rhythmusgenerator der Lokomotion); er unterliegt der Kontrolle aus dem Hirnstamm [Aus Illert M (1998) Motorische Systeme, a.o.a.O.]

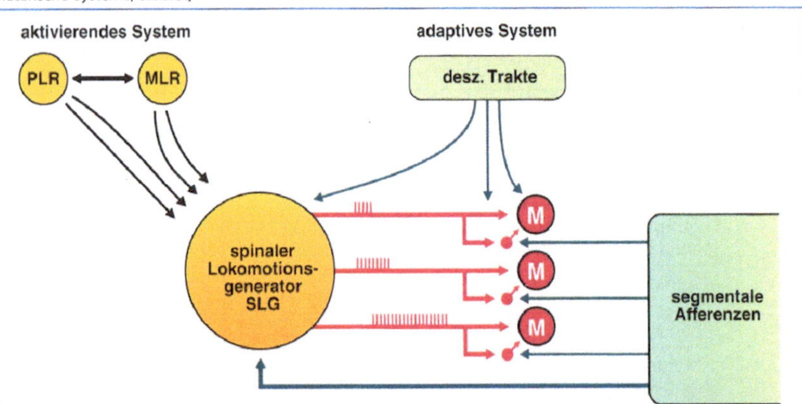

Der spinale Lokomotionsgenerator (SLG) generiert beim Gehen die alternierende und synchronisierte Aktivierung der Motoneurone (M) der Extremitäten- und Rumpfmuskulatur. Er wird von pontinen (PLR) und mesenzephalen (MLR) lokomotorischen Regionen tonisch aktiviert. Adaptive Systeme passen über deszendierende Trakte (v. a. retikulo-, vestibulo- und kortikospinale Trakte) die Lokomotion an das intendierte Verhalten und an externe Störungen an. Segmentale Afferenzen (s. S. 41) melden periphere Störungen (z. B. Berühren eines Steines bei der Schwungphase eines Schrittes); sie sind mit den Motoneuronen (s. S. 42), den Interneuronen der spinalen Reflexe (s. S. 42 und 43) und dem SLG selbst verknüpft.

Motorik der Zielbewegungen des Armes und des Greifens

Die Grundformen des Greifens sind der Kraftgriff und der Präzisionsgriff [Nach Zeichnungen von Boesch und Boesch aus Wiesendanger M (1997) Motorische Systeme. In: Schmidt RF, Thews G (Hrsg) Physiologie des Menschen, 27. Aufl. Springer, Heidelberg]

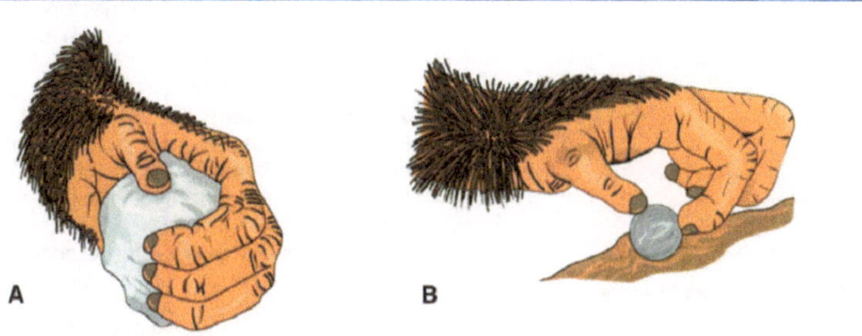

Beim Kraftgriff (A) für schwere und größere Objekte kommt es zum globalen Fingerschluß. Durch Opposition von Daumen und Zeigefinger wird der Präzisionsgriff (B) für delikate Arbeiten mit kleinen Objekten und feinen Instrumenten eingesetzt. Der Präzisionsgriff ist nur Primaten und den Menschen möglich; er benötigt eine ausgereifte und intakte Pyramidenbahn (Tractus corticospinalis, s. unten).

Die Ziel- und Greifbewegungen lassen bestimmte Gesetzmäßigkeiten bei der Durchführung erkennen; die wesentlichen Begriffe dabei sind:

Visuomotorische Übersetzung	Dem Greifakt geht häufig die visuelle Erfassung des zu greifenden Objekts voraus, das auf die Fovea der Retina fixiert wird. Anschließend erfolgt eine „Übersetzung" vom retinalen in das körperbezogene Koordinatensystem.
Vororientierung („Shaping")	Vor der Berührung beginnen die Hand- und die Fingerstellung sich optimal auf den zu greifenden Gegenstand einzustellen. Diese Vororientierung der Hand wird Shaping genannt; sie richtet sich nach der Lage, Größe und Form des Objekts.
Zielinvarianz bei variablen Trajektoren	Die Arm- und Handbewegungen (Trajektoren) zu einem Ziel können im „Fühlraum" (hemisphärischer Raum, der bei ausgestrecktem Arm zu erreichen ist) unterschiedlich sein, ohne daß das Ziel verfehlt wird. Beispiel: Konstanz des persönlichen Schriftbildes, unabhängig davon, ob mehr mit der Hand, dem Arm oder aus der Schulter heraus geschrieben wird. Dies wird als „Prinzip der motorischen Äquivalenz" bezeichnet.
Abhängigkeit der Zielgenauigkeit von der Bewegungsgeschwindigkeit	Je schneller eine Armbewegung erfolgt, desto schlechter ist die Treffsicherheit. Zielgerichtete Armbewegungen haben meist ein glockenförmiges Geschwindigkeitsprofil, d. h. sie fangen langsam an, werden zunächst schneller und dann vor Erreichen des Ziels wieder langsamer, dies um so mehr, je mehr Präzision beim anschließenden Greifen erforderlich ist. In der Zielphase findet auch das Shaping (s. oben) statt.
Synergie der Muskelaktivierung	Bei einer Armbewegung werden meist mehrere Muskeln aktiviert, wobei die einzelnen Muskeln in wechselnder Konstellation und zeitlicher Folge in ihrer Aktivität moduliert werden. Andererseits nimmt jeder einzelne Muskel an unterschiedlichsten Bewegungen mit dem jeweils notwendigen Bewegungsprofil teil.

Neben der visuellen ist die propriozeptive Kontrolle für die Greiffunktion unentbehrlich [Aus Wiesendanger M (1997) a. o. a. O. nach Untersuchungen von Westling et al (1991)]

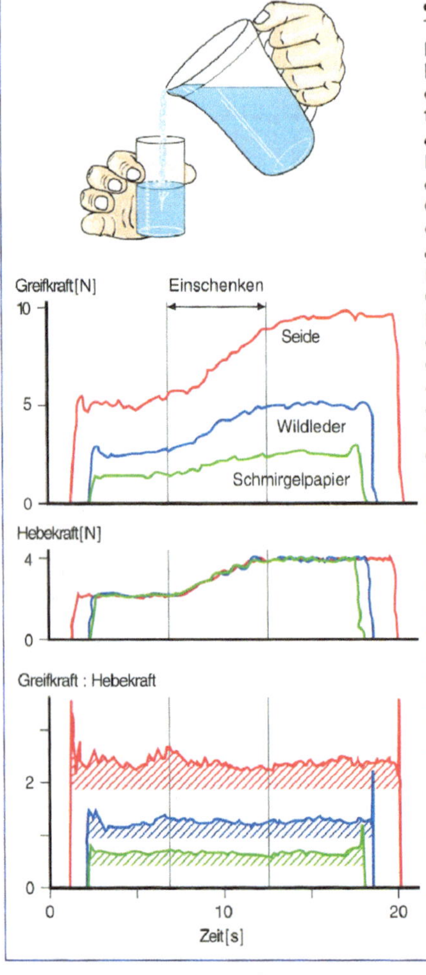

- **Die Hand als Sinnesorgan:** Mechano- und Temperatursensoren sind in der Haut der Hand besonders dicht angeordnet. Dazu kommt, daß die kleinen Handmuskeln besonders viele Muskelspindeln besitzen. Es resultiert daraus ein großes „Fingerspitzengefühl".
- **Aktives Tasten:** Die Hand dient beim Halten und Greifen als Sinnesorgan mit dessen Hilfe beim Betasten Form, Gewicht, Oberfläche und Temperatur eines Objekts exploriert werden können.
- **Einstellen der Greifkraft:** Besonders beim Präzisionsgriff ist das exakte Einstellen der Greifkraft notwendig, sonst wird z. B. beim Beerenpflücken die Frucht entweder zerdrückt oder sie entgleitet. Die Abbildung zeigt im oberen Diagramm das Anpassen der Greifkraft an das zunehmende Gewicht des Glases und an die unterschiedliche Rauhigkeit des Glasüberzugs.
- **Einstellen der Hebekraft:** Die Hebe- oder Haltekraft wird durch die Armmuskel gegen die Schwerkraft ausgeübt. Sie steigt beim Füllen des Glases unabhängig von der Rauhigkeit des Glasüberzugs gleichmäßig an (mittleres Diagram). Dadurch bleibt das Verhältnis Greifkraft zu Hebekraft stabil (unterstes Diagramm). Schraffiert ist die Sicherheitsmarge, die verhindert, daß das Glas abrutscht.
- **Proaktives und retroaktives Einstellen der Greif- und der Hebekraft:** Mit Hilfe des sensomotorischen Gedächtnisses erfolgt das Einstellen überwiegend proaktiv, also vor Beginn der Bewegung. Retroaktive Korrekturen erfolgen durch sensomotorische Rückmeldung bei Änderungen der Reibung oder der Last.
- **Rolle der schnell und langsam adaptierenden Mechanosensoren:** Erstere erfassen winzige Ruschtbewegungen und leiten reflektorisch die notwendigen Korrekturen ein; die langsam adaptierenden Sensoren tragen zum tonischen Einstellen der Greifkraft bei.

Gezielte Arm- und Handbewegungen werden im motorischen Kortex kodiert

Die Aktivität der „Armneurone" des motorischen Kortex erhöht sich etwa 100–200 ms vor Bewegungsbeginn. Diese erhöhte Aktivität klingt im Laufe der Bewegung wieder ab. Für den Präzisionsgriff sind insbesondere diejenigen Neurone der Pyramidenbahn wichtig, die monosynaptisch mit den Motoneuronen der Arm- und Handmuskeln verbunden sind (dieses System wird kortikomotoneuronales System oder CM-System genannt, s. dazu auch S. 47, 48). An der Kontrolle der Handbewegungen sind auch subkortikale Strukturen (Kleinhirn, Basalganglien und andere) beteiligt. Ein Ausfall des CM-System (z. B. bei einem Schlaganfall) führt zum Verlust der Handgeschicklichkeit, insbesondere des Präzisionsgriffs.

Organisation und Funktion der motorischen Kortexareale

Es gibt mehrere motorische Kortexareale; sie sind somatotopisch organisiert und ihre Bahnsysteme projizieren in den Hirnstamm und das Rückenmark [Die Abbildungen sind den Beiträgen von Illert M (1998) und Wiesendanger M (1997) a. o. a. O. entnommen]

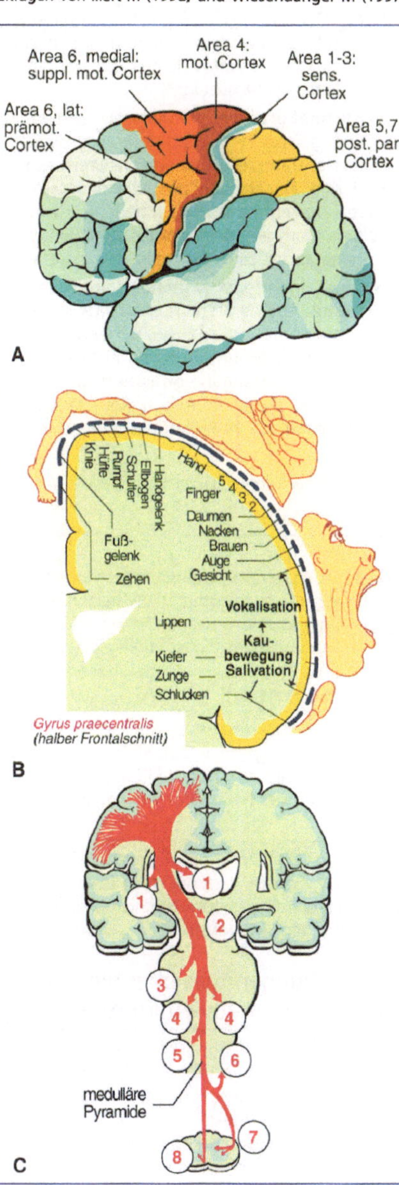

- **Definition eines motorischen Kortexareals:** Kortikales Feld, von dem bei elektrischer Reizung (während Operationen oder im Tierversuch) motorische Effekte (z. B. Muskelzuckungen) auf der Körpergegenseite ausgelöst werden können.
- **Motorische Kortexareale** (s. A in der Abb.):
  - das primär motorische Areal M I (M eins), die Area 4 von Brodmann, die direkt vor und in der Zentralfurche liegt
  - der supplementär-motorische Kortex im medialen Teil der Area 6
  - der prämotorische Kortex im lateralen Teil der Area 6

Weitere motorische Kortexareale, die nicht eingezeichnet sind, sind das frontale Augenfeld (Area 8), ein okulomotorisches Feld, von dem auch Kopfbewegungen gesteuert werden und (nur auf der sprachdominanten, d. h. meist linken Seite) das motorische (expressive) Sprachzentrum von Broca (Area 44).

- **Somatotopie** (s. B in der Abb.): Der Körper ist landkartenförmig auf dem motorischem Kortex abgebildet, insbesondere auf dem Gyrus praecentralis und zwar mit überproportionaler Repräsentation der Körperteile mit hohem motorischem Freiheitsgrad, beim Menschen vor allem Hände und Gesicht. Bildliche Darstellung als motorischer Homunculus.
- **Efferenzen der motorischen Kortexareale** (s. C in der Abb.): Diese ziehen als dicke Faserbündel durch die Capsula interna in die subkortikalen Gebiete des Hirnstamms und in das Rückenmark. Dabei nimmt die Zahl der Axone ab. Die Abbildung zeigt **1** kortikostriatale und kortikothalamische Trakte; **2** kortikorubrale Trakte; **3** kortikopontine Trakte; **4** kortikoretikuläre Trakte; **5** kortikooliväre Trakte; **6** Tractus corticocuneatus und -gracilis: **7** Tractus corticospinalis lateralis; **8** Tractus corticospinalis ventralis.
- Der Teil der kortikalen Efferenz, der durch die medulläre Pyramide verläuft, wird Pyramidenbahn genannt (ca. 1 Million Fasern). Er enthält den kortikospinalen Trakt sowie einen Teil der kortikobulbären Projektion. Die Axone des kortikospinalen Trakts enden teils an Interneuronen, teils monosynaptisch an Motoneuronen (CM-System, s. vorige Seite).

5

Die afferenten Zuflüsse zu den motorischen Kortexarealen stammen aus drei Hauptquellen [Modifiziert aus Wiesendanger M (1997) Motorische Systeme, a. o. a. O.]

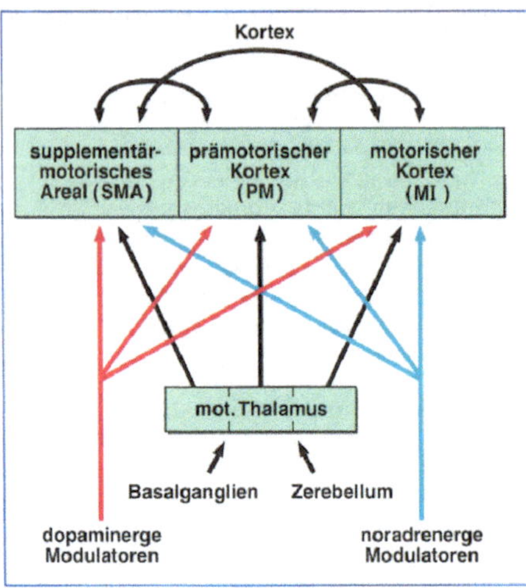

- **Thalamokortikaler Eingang** (s. auch S. 47): Der motorische Thalamus vermittelt die Zuflüsse aus dem Kleinhirn und den Basalganglien, sowie z.T. aus der Körperperipherie (nicht gezeigt).
- **Kortikokortikale Eingänge:** Zahlenmäßig größter Anteil an Afferenzen; die Zuflüsse stammen aus den sensorischen und den assoziativen posterior-parietalen Kortexarealen. Dazu kommen wechselseitige Zuflüsse der motorischen Areale untereinander, teils ipsi-, teils kontralateral.
- **Aufsteigende extrathalamische Fasersysteme:** Aus dem Locus coeruleus innervieren noradrenerge Fasern, ferner aus der Substantia nigra und anderen Kernen des Hirnstamms dopaminerge Fasern breit divergierend die motorischen Kortexareale; die Funktion dieser Systeme ist unbekannt.

Die verschiedenen motorischen Kortexareale entwickeln und steuern unterschiedliche Aspekte der Bewegung

Primär motorischer Kortex (MI)	Der M I stellt die Kontraktionskraft und die Bewegungsrichtung ein. Wie für die „Armneurone" des M I auf S. 46 bereits beschrieben, erhöht sich dazu die Aktivität der an der Bewegung beteiligten MI Neuronen etwa 100–200 ms vor Bewegungsbeginn und zwar um so mehr, je stärker die Kontraktion ausfallen soll. Die Bewegungsrichtung ist im Erregungsmuster der beteiligten Neurone kodiert (die Bewegungsgeschwindigkeit wird mehr im rubrospinalen System generiert).
Supplementär-motorischer Kortex (SMK)	Der SMK ist an der Programmierung differenzierter manipulatorischer Bewegungen beteiligt. Entsprechend steigt beim Durchführen und Erlernen schwieriger Aufgaben die Durchblutung des SMK an. Bei Läsionen des SMK kommt es zu Störungen der Feinmotorik der Hände und der bimanuellen Koordination.
Prämotorischer Kortex (PMK)	Der PMK organisiert die Einbindung taktiler und propriozeptiver Reafferenzen (s. unten) in die Steuerung einer Bewegung. Nach Läsionen in diesem Areal führt die Erregung taktiler und propriozeptiver Afferenzen häufig zu unkontrollierten motorischen Antworten.

Die sensorische Rückkopplung erfolgt bei Bewegungen teils über die primär sensorischen, teils über die posterior-parietalen (assoziativen) Kortexareale

Sensorische Rückmeldungen sind integraler Teil der motorischen Bewegungskommandos. Diese Rückmeldungen oder Reafferenzen werden z.T. über den motorischen Thalamus (s. oben), z.T. über die primär sensorischen Kortexareale (v.a. über die somatosensorischen und visuellen) und zum größten Teil in schon aufgearbeiteter Form über die posterior-parietalen Kortexareale übermittelt. Bewegungsstörungen werden so erkannt und reflektorisch korrigiert. Neben den spinalen Reflexen sind daran auch transkortikale Reflexe („long-loop reflexes") beteiligt.

Aufgaben des Kleinhirns (Zerebellum)

Das Kleinhirn ist aus 3 funktionell unterschiedlichen Anteilen aufgebaut; Feinbau und Schaltplan sind jedoch für alle Anteile einheitlich organisiert
[Modifiziert aus Illert M (1998), a. o. a. O.]

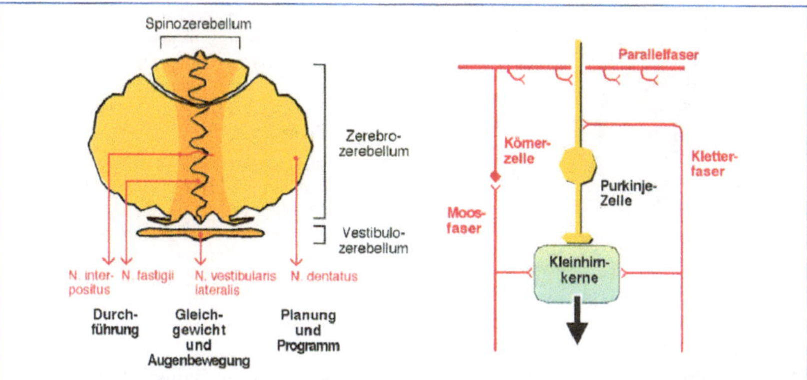

Vestibulozerebellum	Dieses besteht v. a. aus dem Lobus flocculonodularis. Dieser wird über die vestibulären und visuellen Systeme über die Stellung des Körpers im Raum informiert. Das Vestibulocerebellum projiziert zu den Vestibulariskernen. Es beteiligt sich an der Kontrolle der Stützmotorik (Erhalt des Gleichgewichts) und an der Okulomotorik.
Spinozerebellum	Dieses besteht aus dem Vermis und den medialen Anteilen der Hemisphären. Seine Zuflüsse sind v. a. Kopien der motorischen Programme (Efferenzkopie) und der sensorischen Afferenzen (Afferenzkopie, s. nächste Abbildung, dort auch Beschreibung des Modells zur Arbeitsweise des Spinozerebellums bei der Kontrolle ablaufender Bewegungen).
Zerebrozerebellum	Dieses besteht aus den lateralen Anteilen der beiden Hemisphären. Seine Zuflüße kommen aus den weiten Arealen des Kortex, die für den Handlungsantrieb und die Bewegungsstrategie verantwortlich sind. Seine Ausgänge projizieren über den motorischen Thalamus zu den motorischen Kortexarealen (s. auch S. 48 u. 50). Die Hemisphären sind also an der Planung und Programmierung von Bewegungen beteiligt.
Feinbau und Schaltplan	Für das gesamte Kleinhirn gilt (rechter Bildteil oben): Alle Eingänge gehen zur Kleinhirnrinde. Sie sind immer als Moos- und als Kletterfasern angelegt (zur Funktion s. unten). Einziger Ausgang aus der Kleinhirnrinde sind die Axone der Purkinje-Zellen, die ausschließlich hemmende Synapsen (Transmitter: GABA) auf Neuronen der Kleinhirnkerne bilden. Die Beeinflussung der Motorik durch das Kleinhirn erfolgt also ausschließlich über eine Zu- und Abnahme der Hemmung dieser Kerne.
Rolle der Moos- und der Kletterfasern	Das Moosfasersystem unterhält eine tonische Aktivierung der Purkinje-Zellen und generiert in ihnen eine Aktivität von 50–100 Impulsen/s, die bei Bewegungen deutlich moduliert wird (bewegungsabhängige Aktivierung der Purkinje-Zellen). Das Kletterfasersystem ist am motorischen Lernen beteiligt und arbeitet als Fehlererkennungssystem (s. nächste Abb.). Motorisches Lernen ist eine der Hauptfunktionen des Kleinhirns.

Funktionsschema der spinozerebellären Anteile des Kleinhirns. [Nach Schmidt RF, Wiesendanger M (1990) Motorische Systeme. In: Schmidt RF, Thews G (Hrsg) Physiologie des Menschen, 24. Aufl. Springer, Heidelberg]

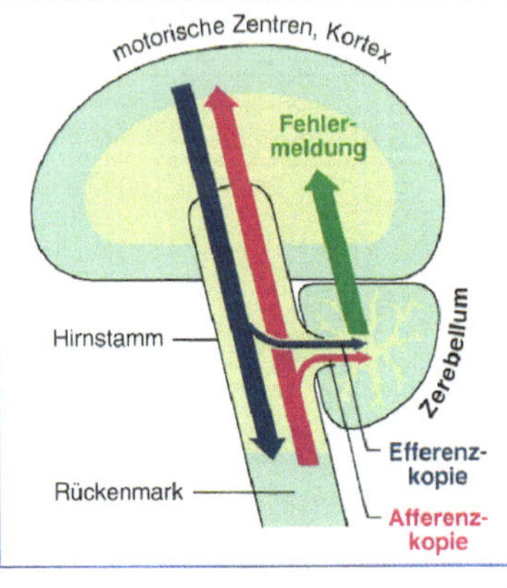

- Das Spinozerebellum erhält über kollaterale Verschaltungen Efferenzkopien von Kommandosignalen, die von den motorischen Kortexarealen über absteigende motorische Bahnen zum Rückenmark übermittelt werden. Andererseits erhält das Spinozerebellum auch sensorische Afferenzkopien über Kollateralen von aufsteigenden Bahnen.
- Die Abbildung illustriert die Hypothese, daß das Spinozerebellum aus dem Vergleich der 2 Eingänge Abweichungen vom Sollwert (Fehler) berechnen kann. Über rückläufige Verbindungen zu den motorischen Zentren können somit laufend Korrekturen am motorischen Programm vorgenommen werden, wenn eine Bewegung einmal in Gang gesetzt ist.

Die durch klinische und experimentelle Läsionen verursachten Störungen und Ausfälle der Motorik unterstreichen die Aufgaben des Kleinhirns

Mittelständige Anteile	
• Vestibulozerebellum: Läsionen führen zu Gleichgewichtsstörungen, Schwindel, Übelkeit, Erbrechen. Störungen der Okulomotorik, z. B. Pendelnystagmus. • Spinozerebellum: Läsionen führen zu Rumpf- und Gangataxie (ähnlich wie bei Trunkenheit), besonders im Dunkeln, wenn visuelle Kontrolle fehlt.	
Hemisphären	
1. Asynergie	d. h. Unfähigkeit, Muskulatur korrekt dosiert zu innervieren. Folgende Teilsymptome:
a) Bewegungs-dekomposition	Anteile einer Bewegung werden nicht gleichzeitig, sondern hintereinander ausgeführt
b) Dysmetrie	Bewegungen geraten zu kurz (Hypometrie) oder zu lang (Hypermetrie) und werden anschließend überkompensiert
c) Zerebelläre Ataxie	Breitbeiniger, unsicherer, überschießender Gang, ähnlich wie bei Trunkenheit (s. oben)
d) Adiadocho-kinese	Unfähigkeit, rasch aufeinanderfolgende Bewegungen auszuführen (z. B. Klavierspielen), Synonym: Dysdiadochokinese
2. Tremor	Tritt nur bei Bewegungen auf: Intentionstremor; kann vor Erreichen des Ziels crescendoartig so stark werden, daß dieses verfehlt wird (z. B. beim Versuch, ein Glas zu ergreifen)
3. Hypotonus	Zu niedriger Muskeltonus, oft verbunden mit Muskelschwäche und rascher Ermüdbarkeit der Muskulatur
• Nystagmus und • Sprachstörungen sind weitere beobachtbare Symptome. Als • Charcot-Trias bei zerebellären Läsionen bezeichnet man die Symptome 1. Nystagmus, 2. skandierende Sprache, 3. Intentionstremor. Die Unfähigkeit, eine rasche Bewegung unvermittelt abzubremsen, wird als • pathologisches Rebound-Phänomen bezeichnet. Läsionen der Kleinhirnkerne erzeugen insgesamt schwerere Symptome als solche in der Kleinhirnrinde.	

Aufgaben der Basalganglien (Stammganglien)

Afferenzen und Efferenzen der Basalganglien

Die erregenden afferenten Zuflüsse ziehen vor allem aus dem gesamtem Kortex (motorische, sensorische, limbische und assoziative Kortexareale) und der Sensorik ins Striatum (bestehend aus Putamen und Caudatum, Transmitter Glutamat, Kotransmitter Substanz P und/oder Enkephalin); von dort hemmend weiter zu Subst. nigra und Pallidum (Transmitter: GABA). Ausgänge teils direkt zum Hirnstamm, vor allem aber zum motorischen Thalamus (hemmend: GABA) und von dort zum Motorkortex (wie bei Kleinhirn; betont parallele Stellung beider Strukturen in der Motorik, s. Abb. S. 48). Intern starke rückläufige Bahn zwischen Subst. nigra und Striatum (dopaminerg, klinisch wichtig, denn bei Unterfunktion kommt es zum Parkinson-Syndrom, s. u.).

Rolle der Basalganglien in der Motorik und bei mentalen Prozessen

Hauptaufgabe ist die Beteiligung an der Umsetzung der Bewegungsplanung in Bewegungsprogramme der Extremitäten- und Augenmotorik, also an der Ausarbeitung zeitlich-räumlicher Impulsmuster, die die ausführenden motorischen Zentren steuern; dazu gehört die Festlegung der Bewegungsparameter wie Kraft, Richtung, Geschwindigkeit und Amplitude einer Bewegung. Daneben sind die Basalganglien beim Menschen auch an komplexen mentalen Prozessen beteiligt, wie kognitive Wahrnehmung, Langzeitplanung, Motivation und Denken.

Ein- und Ausgänge der Basalganglien sind getrennten, parallel verlaufenden kortikosubkortikalen, transstriatalen (Putamen bzw. Caudatum) Funktionsschleifen zugeordnet, die jeweils zur Durchführung von Teilaufgaben in ähnlicher Form organisiert sind

Skeletomotorische Schleife	Die Schleife ist durchgehend somatotopisch organisiert. Sie beginnt in den prämotorischen, motorischen und somatosensorischen Rindenarealen und tritt über das Putamen in die Basalganglien ein. Sie dient der Bewegungsvorbereitung sowie der Kontrolle motorischer Bewegungsparameter (z. B. Richtung, Amplitude, Geschwindigkeit, Belastung); Betonung auf Mund- und Gesichtsmotorik.
Okulomotorische Schleife	Die Schleife beginnt in den frontalen und parietalen Augenfeldern des Kortex und zieht zu einem okulomotorischen Abschnitt des Caudatum. Sie dient der Kontrolle der Augenbewegungen, z. B. zeitliche Steuerung der Sakkaden.
Komplexe (assoziative) Schleifen	Derzeit sind 3 Schleifen bekannt mit Ursprung 1. im dorsolateralen Präfrontalkortex, 2. im orbitofrontalen Kortex und 3. im limbischen Kortex. Alle diese Areale sind beim Menschen stark entwickelt. Sie spielen eine Rolle für langfristige Aktionsplanung, Motivation, Bewegungsantrieb und kognitive Leistungen.

Das dopaminerge „Berieselungssystem" im Striatum aus den Neuronen der Substantia nigra, pars compacta (SNc) ist für die normale Funktion der Basalganglien unentbehrlich

Die dopaminerge nigrostriatale Bahn endet mit vielen Verzweigungen diffus im gesamten Striatum. Die dopaminergen Neurone haben einen tonischen Entladungsrhythmus von 1–2 Hz; jedesmal wird an unzähligen Synapsen bzw. Varikositäten der SNc-Neurone etwas Dopamin freigesetzt, das modulierend auf die glutaminerge kortikostriatale Übertragung der verschiedenen Funktionsschleifen einwirkt (es ist allerdings noch unklar, ob hemmend, bahnend oder beides). Ein Untergang der SNc-Neurone bewirkt eine massive Verarmung des Striatum an Dopamin; dies führt zur Parkinson-Symptomatik (s. nächste Seite).

Läsionen der Basalganglien verursachen Bewegungsstörungen, die klinisch als Plus- und Minussymptome klassifiziert werden. Pathophysiologisch wird versucht, die jeweilige Symptomatik als Über- bzw. Unterfunktion von Transmittersystemen zu verstehen

Klassifikation nach Plus- und Minussymptomen	
Plussymptome	Hyperkinesen (abnorme, unwillkürliche Bewegungen). Dazu gehören: ∗ Athetose (langsam drehende Extremitätenbewegungen) ∗ Chorea (rasche, kurze, irreguläre Bewegungen) ∗ Dystonien (langsame Bewegungen, die zu abnormen Haltungen führen) ∗ Ballismus (heftige proximale Schleuderbewegungen) ∗ Tremor (unwillkürliche, streng rhythmische, oszillatorische Bewegungen einzelner Körperteile) ∗ Rigor (abnormer Muskeltonus bei passiver Bewegung, Synonym: *Rigidität*)
Minussymptome	Bewegungsstörungen und -verlangsamungen. *Termini technici* mit weitgehend synonymer Verwendung sind: ∗ Akinese ∗ Hypokinese ∗ Bradykinese (Beschreibung der Symptomatik s. u.)
Klassifikation nach Transmittersystemen	
Dopamin	Unterfunktion der nigrostriatalen Bahn führt zum Parkinson-Syndrom (s. unten). Substitutionstherapie: Applikation der Vorstufe L-Dopa. Zusätzlich Hemmung des dopaminabbauenden Enzyms Monoaminooxidase B (MAO-B); neuerdings auch Einsatz von Dopaminagonisten (Bromocriptin, Lisurid). Der durch Dopaminmangel bedingten Enthemmung (Überfunktion) des cholinergen Systems wird durch Gabe von Anticholinergika (Atropinderivate) entgegengewirkt.
GABA, Azetylcholin	Chorea Huntington: vererbte degenerative Erkrankung der Basalganglien (unwillkürliche, ticartige Zuckungen). Die GABAergen striatopallidalen und -nigralen Bahnen degenerieren, ebenso die cholinergen Interneurone. Eine Substitutionstherapie ist bisher nicht bekannt; ebenso nicht bei Hemiballismus (einseitige unwillkürliche Schleuderbewegungen).

Das Parkinson-Syndrom ist die häufigste Erkrankung der Basalganglien. Es zeigt in wechselnder Ausprägung die Symptome Akinese, Rigor, Ruhetremor

Symptom	Definition/Beschreibung/Kommentar
Akinese (Synonyme s. o.)	Schwierigkeiten, eine Bewegung in Gang zu bringen und zu Ende zu führen („Einfrieren" von Willkürbewegungen); Gesicht maskenhaft, ausdruckslos; Sprache wenig moduliert. Mitbewegungen der Arme fehlen; kleine Schritte in vorgebeugter Haltung
Rigor	Muskuläre Hypertonie mit Erhöhung der tonischen (nicht der phasischen!) Dehnungsreflexe; bei passiver Bewegung wächserner Widerstand, der periodisch nachgibt („Zahnradphänomen")
Ruhetremor	Vor allem an den Händen (4–7 Hz), manchmal auch an den Lippen und anderen Körperteilen; läßt bei zielmotorischen Bewegungen nach und setzt anschließend wieder ein (vgl. Intentionstremor bei Kleinhirnläsionen S. 50)

6 Allgemeine Physiologie der Großhirnrinde

Aufbau des Kortex, Funktionsweise kortikaler Neurone

Die 4 Anteile der Hirnrinde (frontaler, temporaler, parietaler und okzipitaler Kortex) aus lateraler Sicht. [Aus Schmidt RF (1990) Integrative Leistungen des Zentralnervensystems. In: Schmidt RF, Thews G (Hrsg) Physiologie des Menschen, 24. Aufl. Springer, Heidelberg]

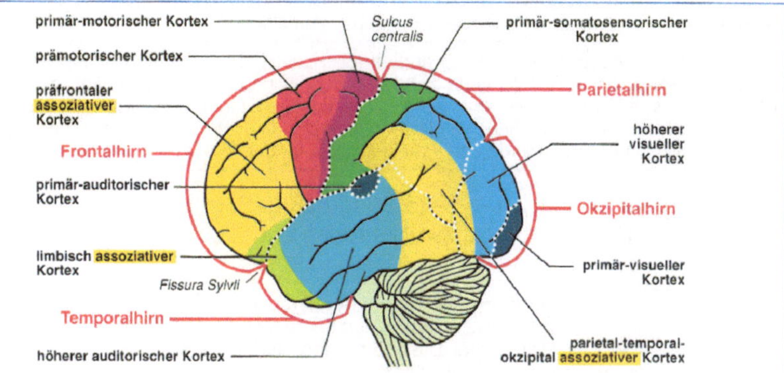

Die Abbildung zeigt die übliche Einteilung der Hirnrinde in sensorische, motorische und assoziative Areale. Neben den primär sensorischen bzw. motorischen Arealen sind auch z. T. die Areale höherer Ordnung zu sehen. Als assoziative oder unspezifische Areale werden diejenigen Areale bezeichnet, denen keine überwiegend sensorische oder motorische Funktion zugeordnet werden kann. Heute werden nur noch die in der Abbildung genannten 3 Areale als assoziativ angesehen (parietal-temporal-okzipitaler, präfrontaler und limbischer assoziativer Kortex).

Unterschiede der Zytoarchitektonik (Dichte, Anordnung und Form der Neurone) lassen sich in Hirnkarten darstellen. [Aus Schmidt RF (Hrsg) Neuro- und Sinnesphysiologie, 3. Aufl. Heidelberg, Springer 1998]

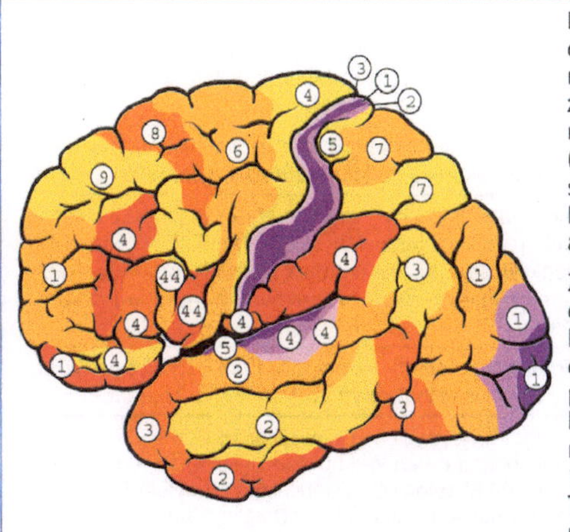

Die meist verbreitete Hirnkarte ist die der zytoarchitektonischen Felder nach Brodman (1909). Die Abbildung zeigt die Seitenansicht der linken Hemisphäre. Die verschiedenen Felder (Areale oder Areas) sind durch unterschiedliche Farben gekennzeichnet. Die Numerierung von Brodman ist angegeben.

Zytoarchitektonik und Funktion sind eng verknüpft: Area 17, der Hinterhauptspol, ist z. B. die primäre Sehrinde. Der Sulcus centralis trennt den primär motorischen Gyrus präcentralis (Area 4) vom primär somatosensorischen Gyrus postcentralis (Areae 3, 1, 2). Area 41 am oberen Rand des Temporallappens ist die primäre Hörrinde (Heschl Windung).

Den 3 großen assoziativen Kortexarealen des Menschen (s. die Abbildung auf der vorigen Seite) lassen sich folgende integrative Leistungen zuordnen:

Parietal-temporal-okzipitaler Kortex	Sensorische Sprachleistungen, höhere sensorische Aufgaben, z. B. Verbindung akustischer mit visueller Information
Präfrontaler Kortex	Höhere motorische Aufgaben, z. B. Bewegungsstrategien, erlernte Kontrolle angeborener Verhaltensweisen
Limbischer Kortex	Emotional-affektive Aspekte des Verhaltens

Insgesamt fassen wir heute den Kortex als großen assoziativen Speicher auf, d. h. dort ist das Wissen niedergelegt, das im Laufe eines Lebens erworben und z. B. beim Denken genutzt wird. Der „Ort" des Lernens sind die Synapsen der Dornfortsätze (Spines) der apikalen Dendriten der Pyramidenzellen, die zum großen Teil plastisch, d. h. modifizierbar sind (s. Kap. 3). Jede Pyramidenzelle ist mit Tausenden anderen Pyramidenzellen verbunden.

6

Die Abbildung auf der nächsten Seite zeigt, daß der Kortex aus 6 Schichten aufgebaut ist und 2 Haupttypen von Neuronen enthält, nämlich Pyramidenzellen und Sternzellen.

Die Pyramidenzellen tragen ihren Namen wegen der pyramidalen Form ihres Zellkörpers (A in Abb.). Ihre Axone ziehen zu anderen kortikalen (B) oder nichtkortikalen Strukturen (C, D). Sie sind also kortikale Efferenzen. Die Sternzellen sind ebenfalls nach ihrer Form benannt (A). Ihre Axone enden innerhalb des Kortex. Sie sind also kortikale Interneurone. Es gibt viele Spezialformen der Sternzellen, z. B. Armleuchterzellen, Korbzellen (hemmend) etc. (E). Es überwiegen die Pyramidenzellen, die 80 % aller Neurone ausmachen.

Den Schichten I-VI (von der Kortexoberfläche nach innen gezählt) lassen sich bestimmte Funktionen bei der Informationsverarbeitung im Kortex zuordnen (s. auch nebenstehende Abbildung)

I. Schicht	Enthält apikale Dendriten der Pyramidenzellen und tangential ziehende Sternzellaxone, die der lokalen Verknüpfung kortikaler Neurone in der unmittelbaren Nachbarschaft dienen
II. und III. Schicht	Enthalten kleine Pyramidenzellen, deren Axone zu anderen Kortexarealen ziehen (liegen diese ipsilateral, spricht man von Assoziationsfasern; liegen sie kontralateral, von Kommissurenfasern) und von dort Axone empfangen; dienen der interkortikalen Informationsvermittlung
IV. Schicht	Enthält Sternzellen, die die Anlaufstationen für spezifische thalamische Afferenzen sind; dient der thalamokortikalen Informationsaufnahme
V. Schicht	Enthält besonders große Pyramidenzellen (im Motorkortex Betz-Riesenzellen genannt). Die Axone ziehen als Projektionsfasern zu subthalamischen Strukturen, z. B. Basalganglien, Hirnstamm, Rückenmark (vom Motorkortex: Tractus corticospinalis [Pyramidenbahn]); dient Informationsübertragung zu subthalamischen Hirngebieten
VI. Schicht	Enthält kleine Pyramidenzellen, deren Axone als Projektionsfasern zum Thalamus ziehen; dient der kortikothalamischen Informationsausgabe

Die Informationsverarbeitung im Kortex erfolgt im wesentlichen senkrecht zur Kortexoberfläche (s. neuronale Ein- und Ausgänge in B-D der Abb. und deren Verknüpfungen in E). Dieser Befund führte zu der Auffassung, daß der Kortex sowohl histologisch als auch funktionell in Einheiten von vertikal zur Oberfläche angeordneten Neuronenkolumnen oder kortikalen Säulen gegliedert ist. Diese werden auch kortikale Module genannt.

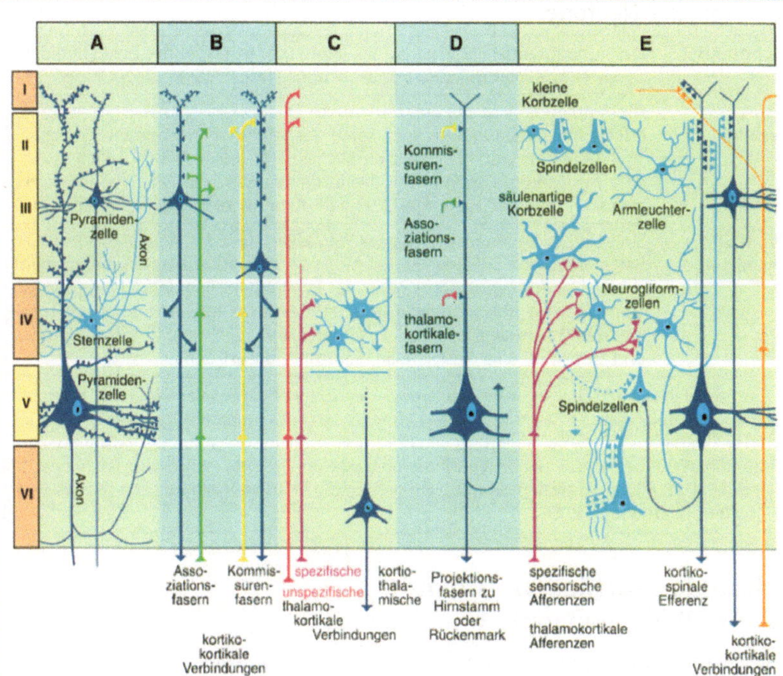

Vereinfachte, schematisierte Darstellung der kortikalen Neurone, ihrer Schaltkreise und ihrer afferenten und efferenten Verbindungen auf dem Hintergrund der Schichtenstruktur der Hirnrinde.

A Lage und Aussehen der 2 Haupttypen kortikaler Neurone.

B Eingangs-Ausgangs-Beziehungen kortikokortikaler Verbindungen.

C Thalamokortikale und kortikothalamische Verbindungen.

D Synaptische Eingangszonen einer Pyramidenzelle.

E Zusammenschau der Verknüpfung kortikaler Neurone (nach J. Szentágothai, umgezeichnet und stark vereinfacht nach mehreren seiner Veröffentlichungen; **B-D** nach den Untersuchungsergebnissen zahlreicher Autoren).

Sind alle 6 Schichten vorhanden, nennt man den Kortex homotyp; sind nicht alle Schichten klar nachweisbar, heißt der Kortex heterotyp. Fehlen die kleinzelligen Schichten II und IV heißt der heterotype Kortex agranulär; sind diese jedoch betont und die Pyramidenzellschichten III und V schwach, heißt er granulär.

Der Motorkortex ist agranulär, die sensorischen Kortexareale sind granulär, die assoziativen Areale sind homotyp.

Die biophysikalischen Eigenschaften kortikaler Neurone ähneln denen anderer, z. B. spinaler Neurone

Ruhepotential	Das Ruhepotential liegt bei -50 bis -80 mV; es ist bisher nur bei Pyramidenzellen intrazellulär registriert (gilt auch für andere Werte dieser Tabelle)
Aktions-potential, AP	Die Amplitude liegt bei 60–100 mV, die Dauer bei 0,5-2 ms. Die Auslösung erfolgt am Axonhügel; es gibt keine ausgeprägten Nachpotentiale, daher sind AP-Frequenzen bis 100 Hz möglich (z. B. im epileptischen Anfall); sekundäre Auslöseorte liegen in den Dendritenbäumen; die AP dienen dort der aktiven (!) Weiterleitung von EPSP zum Axonhügel (Verstärkerfunktion)
EPSP, IPSP, Transmitter	Sind durchweg länger als spinale PSP: EPSP 10-30 ms, IPSP 70-150 ms. Die Entladefrequenz EPSP-evozierter AP ist im gesunden Kortex niedrig, meist <10 Hz. Der erregende Transmitter der Pyramidenzellen und der erregenden Sternzellen ist überwiegend Glutamat; GABA ist der Transmitter der hemmenden Sternzellen. Afferente Nervenfasern benutzen teils Noradrenalin und Dopamin, teils Azetylcholin, Serotonin und Histamin

6

Die extrazelluläre, uni- oder bipolare Ableitung der Aktivität kortikaler Neurone wird bei Registrierung direkt von der Kortexoberfläche (Tierexperiment, neurochirurgischer Eingriff) als Elektrokortikogramm, ECoG, bei Ableitung von der Kopfhaut (klinische Routine) als Elektroenzephalogramm, EEG, bezeichnet. Beide Verfahren spiegeln im wesentlichen die postsynaptische Aktivität (EPSP, IPSP) der kortikalen Neurone wieder; für die Phänomenologie s. die nachstehenden Ausführungen über das EEG

Analyse der kortikalen Aktivität mit dem Elektroenzephalogramm, EEG

Die Hauptformen des EEG und ihre diagnostische Bedeutung

Physiologische Wellenformen (s. Abb. nächste Seite)	
α-Welle (alpha)	8–13 Hz, durchschnittlich 10 Hz; EEG-Grundrhythmus in Ruhe, v. a. bei geschlossenen Augen, besonders deutlich okzipital: synchronisiertes EEG. Rhythmische Aktivität geht von thalamischen Schrittmacherzellen aus; Rhythmusmodifikation besonders durch retikuläre Strukturen, z. B. schnelles, desynchronisiertes EEG beim Wachsein (s. u.), langsames, synchronisiertes im Schlaf (s. dort)
β-Welle (beta)	14–30 Hz, durchschnittlich 20 Hz; treten beim Öffnen der Augen und anderen Sinnesreizen auf, ebenso bei emotionaler Erregung (α-Blockade): EEG wird hochfrequenter und dadurch desynchronisiert; damit wird auch Amplitude kleiner
ϑ-Welle (theta)	4–7 Hz, durchschnittlich 6 Hz; beim gesunden Erwachsenen im Schlaf zu beobachten, s. dort; im Kindes- und Jugendalter treten solche Wellen auch normalerweise auf
δ-Welle (delta)	0,5–3,5 Hz, durchschnittlich 3 Hz; beim Gesunden nur im Tiefschlaf zu beobachten, s. dort
Pathophysiologische Wellenformen (s. Abb. nächste Seite)	
Krampf-wellen	Niederfrequent (2–3 Hz), oft mit charakteristischer Abfolge spitzer und langsamer Wellen (Spike-and-wave-Komplex, s. Abb.) EEG nach wie vor wichtigstes Verfahren zur Diagnose und Verlaufskontrolle von Anfallsleiden
Nullini-en-EEG	Generalisiertes Erlöschen des EEG, auch isoelektrisches EEG genannt; wird zusammen mit anderen Parametern als Todeskriterium („*Hirntod*") benutzt; oft geht ein Komastadium mit sehr langsamen, unregelmäßigen Wellen voraus

Ableitetechnik und normale und pathologische EEG-Formen. [Mod. aus Schmidt RF (1990) a. o. a. O. nach Registrierungen des Neurologen Richard Jung, Freiburg]

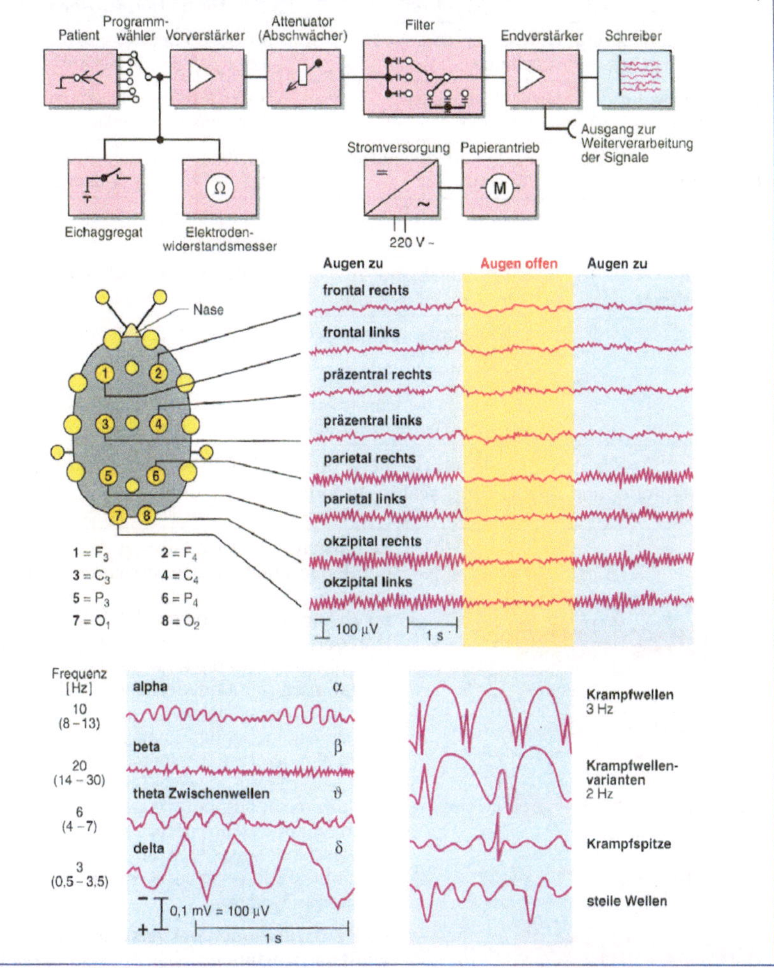

6

Magnetenzephalographie, MEG; kortikale Gleichspannungspotentiale

Die Bewegung elektrischer Ladung (hier: synaptische Ströme) ruft neben elektrischen Feldänderungen (registrierbar als EEG) auch Magnetfeldänderungen hervor. Diese können als Magnetenzephalogramm, MEG, registriert werden; das Verfahren ist extrem aufwendig, da Magnetfelder sehr klein; für Routine nicht einsetzbar; Vorteil: bessere räumliche Auflösung als EEG. Die Ableitung kortikaler Gleichspannungspotentiale (Bestandspotentiale) ist ebenfalls aus technischen Gründen routinemäßig nicht einsetzbar; Kortexoberfläche normalerweise mehrere mV negativ gegenüber weißer Substanz darunter oder indifferenter Referenzelektrode; Schwankungen bei Wechsel der Aufmerksamkeit und unter pathophysiologischen Bedingungen.

Zuordnung von Aktivation (Bewußtseinszustand) und EEG-Frequenz. [Nach Birbaumer N, Schmidt, RF (1996) Biologische Psychologie, 3. Aufl. Springer, Heidelberg]

Verhaltenskontinuum	EEG-Frequenz	Verhaltenseffizienz
Sehr starke Aktivierung (emotionale Erregung)	Desynchronisiert, niedrige Amplitude	Schlecht; Kontrollverlust; desorganisiert; Schreckreflex
Mäßige Aktivierung (wache Aufmerksamkeit)	Gemisch schneller Frequenzen	Gut; effektiv; selektive, schnelle Reaktionen (kontrolliert)
Entspannter Wachzustand	Synchronisation, deutlicher α-Rhythmus	Gut für automatische Reaktionen (z. T. für kreative Gedanken)
Dösen, schläfrig	α-Wellen, ϑ-Wellen	Schlecht; unkoordiniert; sporadisch
Leichter SWS (Slow-wave-sleep)	ϑ-Wellen, Schlafspindeln, Vertexwellen, K-Komplexe	Reaktionen nur auf sehr starke oder bestimmten Einstellungen entsprechenden Reizen
Tiefer SWS	δ, große, langsame Wellen	
Koma	Isoelektrisch und große, langsame Wellen	
Tod	Zunehmendes Verschwinden jeglicher elektrischer Aktivität; schließlich völlig isoelektrisch	

Kohärente, hochfrequente Oszillationen des EEGs und MEGs von etwa 40 Hz verschlüsseln die Bedeutung und Gestalt von Wahrnehmungsinhalten und Verhaltensweisen [Modifiziert aus Schmidt RF,Thews G, Hrs (1997) Physiologie des Menschen, 27. Aufl. Heidelberg: Springer]

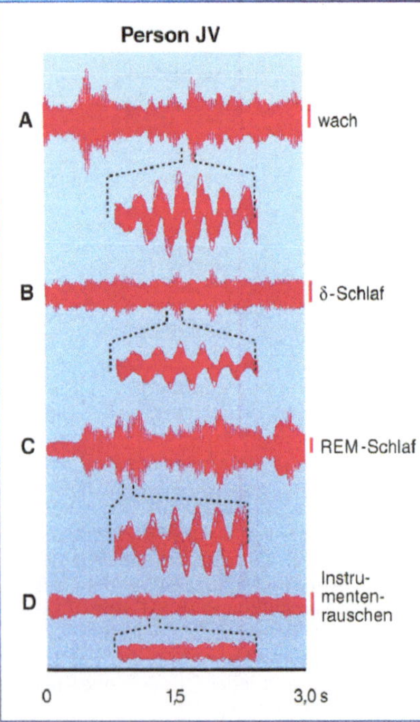

Zellensembles. Der Kortex hat das Problem der Repräsentation von bedeutungsvollen Inhalten über das Prinzip der „Verbindung durch Konvergenz" und durch lokale Schwellenregulationen gelöst: Einem bestimmten Erlebnisinhalt liegt die Aktivität einer Gruppe exzitatorisch verbundener Nervenzellen zugrunde, deren synaptische Stärke größer als die der umgebenden Synapsen ist. Man nennt eine solche Repräsentation ein Zellensemble. Die Erregung eines Teils eines Zellensembles reicht aus, um das gesamte Ensemble zu zünden. Jedes kortikale Neuron kann zu verschiedenen Zeiten an verschiedenen Ensembles, also verschiedenen Bewußtseinsinhalten mitwirken.

40 Hz-Oszillationen bei verschiedenen Bewußtseinszuständen. Die Abbildung zeigt MEG-Aufzeichnungen im Wachzustand (A), Tiefschlaf (B), Traumschlaf (C) und das Hintergrundrauschen des Geräts (D). Es sind in A-C die summierten Oszillationen von 37 Sensoren auf der Schädeloberfläche gezeigt, unter jeder Ableitung sind vergrößerte Ausschnitte mit einer Zeitachse von 3 s zu sehen. Die 40 Hz-Oszillationen sind im Wach- und im Traumzustand deutlich, während des Tiefschlafs dagegen stark abgeschwächt.

EEG und MEG entstehen in der Hirnrinde überwiegend durch extrazelluläre erregende synaptische Ströme v. a. der apikalen Dendriten der Pyramidenzellen. Die nachfolgende Tabelle zeigt die Richtungen der Potentialschwankungen erregender und hemmender synaptischer Potentiale. [Aus Schmidt RF, Thews G, Hrs (1997) a. o. a. O.]

			Extrazelluläre Oberflächenableitung (EEG, Negativität aufwärts)	
Postsynaptisches Potential	**Zelluläre Antwort**	**Intrazelluläre Ableitung**	**Synapse in oberflächlicher Schicht**	**Synapse in tiefer Schicht**
Erregend	Depolarisation	aufwärts	aufwärts	abwärts
Hemmend	Hyperpolarisation	abwärts	abwärts	aufwärts

Da die Ableitelektroden des EEG von den Quellen der EEG-Ströme relativ weit entfernt sind, sind die Amplituden der im EEG registrierten Potentiale 100 bis 1000mal kleiner als die der an den Zellen selbst auftretenden Potentiale.

6

Analyse der kortikalen Aktivität mit ereigniskorrelierten Hirnpotentialen, EKP

Ereigniskorrelierte Potentiale, EKP, treten im EEG im Zusammenhang mit psychologischen, motorischen und sensorischen Vorgängen auf. Eine Sonderform sind die bei sensorischer Reizung auftretenden evozierten Potentiale, EP. [Abb. aus Picton et al. (1974) J Electroenceph Clin Neurophysiol 36: 179]

SEP	Somatisch evoziertes Potential; tritt nach Reizung peripher somatischer Nerven oder Sensoren auf; die erste positive Komponente, primär evoziertes Potential genannt, ist nur in dem topografisch zugehörigem Areal des *Gyrus postcentralis* nachweisbar; das spätere, langsamere sekundär evozierte Potential tritt in ausgedehnteren Kortexgebieten auf
VEP	Visuell evoziertes Potential; ebenso komplex wie das SEP, das VEP ist stark von der Reizform (Lichtblitze, Schachbrettmuster, Farbe, etc) abhängig; gleichermaßen wichtig in Diagnose und Forschung
AEP	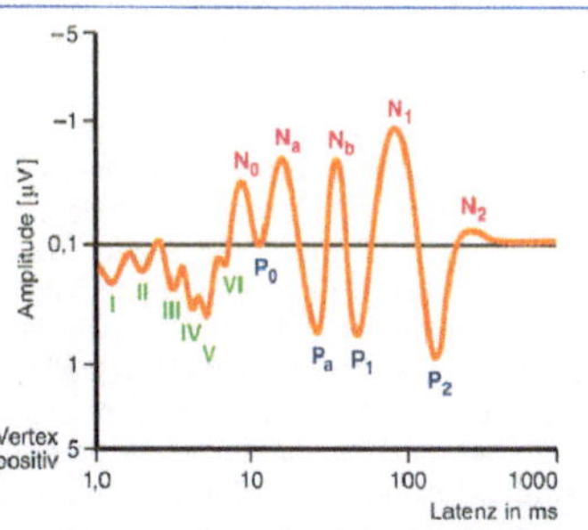 **Akustisch evoziertes Potential;** komplexe Abfolge von Potentialwellen, die Eintreffen und Umschalten der durch einen Klick induzierten afferenten Salve in den verschiedenen Stationen der Hörbahn wiederspiegeln. Gipfel I-VI werden far-field-potentials genannt; N- und P-Gipfel stammen aus Thalamus und Kortex; AEP ist wichtiges diagnostisches Hilfsmittel, z. B. bei fraglichen Hörschäden von Kleinstkindern, die noch nicht sprechen können

EKP einschließlich EP sind von so kleiner Amplitude, daß sie durch Mittelungstechniken aus dem Hintergrundrauschen und den anderen EEG-Wellen heraussummiert werden müssen; erfordert zahlreiche Wiederholungen des EKP-evozierenden Vorgangs mit exakter Synchronisation des Rechnerprozesses. Als komplexe, mit willkürlicher Zielmotorik verknüpfte EKP seien Erwartungspotential, Bereitschaftspotential und prämotorische Positivierung genannt.

Bildgebende Methoden zur Darstellung von Hirnaktivität, Hirnstoffwechsel und Hirndurchblutung

Neben einfachen Röntgenaufnahmen werden derzeit hauptsächlich 4 bildgebende Verfahren in Forschung und Klinik zur Untersuchung des Gehirns angewandt, nämlich:

rCBF	Messung der regionalen Hirndurchblutung (**rCBF**: regional cerebral blood flow) mit radioaktivem Xenon[133]; bis zu 300 Detektoren über einer Kortexhemisphäre messen die Gammastrahlung, die um so höher ist, je mehr Blut durch das Kortexareal unter dem Detektor fließt. Die Durchblutung schwankt unmittelbar mit dem lokalen Energieverbrauch, dieser mit dem Aktivitätsniveau der Neurone. Die resultierenden Durchblutungslandkarten spiegeln also die Aktivität der Kortexneurone wider
CT, CAT-Scan	**Röntgencomputertomographie** (CAT-Scan: computerisierte Axial-Tomographie). Rechnergestützte Röntgenuntersuchung des Gehirns mit feinem Röntgenstrahl, der kreisförmig um den Kopf geführt wird. Liefert kontrastreiche Schnittbilder einer Ebene mit einer Auflösung von 0,5–1 mm bei einer Schichtdicke von 2–13 mm. Strahlenbelastung nicht größer als bei normaler Röntgenaufnahme
PET	**Positronemissionstomographie; mißt Freisetzung von Positronen (bzw.** Strahlen, die nach deren Kollision mit Elektronen entstehen) aus Radioisotopen, die in biologisch wichtige Moleküle (z. B. Glukose) eingebaut und dann injiziert wurden; mißt daher die Verteilung dieser Isotope im Gehirn, die z. B. bei der Glukose von momentanem Stoffwechsel abhängt; Auflösungsvermögen 4–8 mm, Zeitauflösung 1 s. Die benötigten Isotope haben eine kurze Halbwertszeit, das Verfahren ist daher nur in Nachbarschaft eines Zyklotrons durchführbar; teuer
MRT	**Magnetresonanztomographie** (engl.:: nuclear magnetic resonance imaging, MRI); von außen angelegte Magnetfelder regen die Kernspinresonanzstrahlung der Wasserstoffatome (Protonen) an; die ausgesandte Strahlung wird gemessen und computergestützt ausgewertet. Die resultierenden Hirnschnittbilder haben eine Schichtdicke von 5–10 mm; räumliche Auflösung 1 mm, Zeitauflösung 10–20 s

Bei Messungen der menschlichen Hirnaktivität zeigt sich während Denken, Fühlen und Handeln eine enge Verknüpfung zwischen psychischer und neuronaler Aktivität. [Messungen von INGVAR DH, LASSEN N u. Mitarbeitern, aus Schmidt RF, Thews G Hrsg (1997) a. o. a. O.]

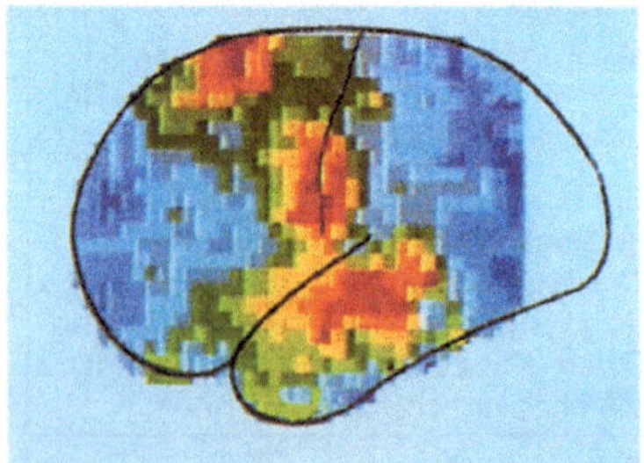

Die Arbeitsweise des menschlichen Gehirns beim Denken, Fühlen und Handeln kann auch durch bildgebende Verfahren beobachtet werden. Nebenstehend ist die Messung der regionalen Hirndurchblutung mit radioaktivem [133]Xenon während lautem Zählen zu sehen (die Durchblutung ist in Pseudofarben dargestellt, die bei zunehmender Durchblutung von blau nach rot wechseln). Beim lautem Sprechen ergibt sich eine Z-förmige Verteilung der Durchblutungsmaxima in den motorischen, primär sensorischen und primär auditorischen Arealen.

Das ruhende Gehirn verbraucht etwa 50 ml O_2/min, das sind 20 % des Gesamtverbrauchs. Der Kortex hat dabei den höchsten Bedarf (etwa 8 ml O_2/100 g/min). Jede zusätzliche Aktivität einer Hirnregion führt dort innerhalb weniger Sekunden zu einem erhöhten Stoffwechsel, damit zum Anfall von Metaboliten, die eine lokale Vasodilation und damit eine Mehrdurchblutung bewirken.

7 Wachen, Aufmerksamkeit und Schlafen

Neurobiologie der Aufmerksamkeit

Es gibt 2 Formen von Aufmerksamkeit: automatisierte (unbewußte oder vorbewußte) und selektive (kontrollierte, bewußte); sie spielen sich in unterschiedlichen Hirnstrukturen ab; ihre wesentlichen Merkmale und die beteiligten Hirnstrukturen sind:

Automatisierte (unbewußte) Aufmerksamkeit	Sie spielt sich im sensorischen und im Langzeitgedächtnis ab. Für jede eingehende Information wird im sensorischen Gedächtnis eine Mustererkennung und eine Vergleichs- und Bewertungsprüfung mit den im Langzeitgedächtnis abgespeicherten Reiz-Reaktions-Mustern durchgeführt. Ist die eingegangene Information „vertraut", bleibt die resultierende Reaktion „automatisch" und unbewußt. Dies ist im Alltag die weitaus überwiegende Reaktion mit der Umwelt, bei der gleichzeitig auch andere Reaktionssysteme ohne gegenseitige Behinderung arbeiten können (geteilte Aufmerksamkeit).
Selektive (kontrollierte, bewußte) Aufmerksamkeit	Ist die eingehende Information „unvertraut" (neu, komplex, nicht eindeutig) wird sie an das in der nächsten Zeile zusammengestellte limitierte Kapazitätskontrollsystem, LCCS, weitergegeben. Diese Aufmerksamkeitszuwendung wird gleichzeitig oder mit geringer Verzögerung bewußt. Die Produktion von Bewußtsein geschieht dabei im Kurzzeitgedächtnis, KZG (Arbeitsgedächtnis). Bewußte Aufmerksamkeit ist selektiv, da sie immer nur einer oder sehr wenigen Reizsituationen zugewandt sein kann; sie kontrolliert die Auswahl des jeweiligen Sinneskanals und der motorischen Reaktion.
Anteile des limitierten Kapazitätskontroll-systems, LCCS (limited capacity control system)	**Präfrontaler Kortex** (Teil des KZG, s. S. 70, Aufgaben: Zielsetzung, Aufbau einer Zielhierarchie); **Parietaler Kortex** (Teil des KZG, Aufgaben: Aufgeben irrelevanter Ziele; **Basalganglien, insb. Striatum** (Aufgabe: Hemmung irrelevanter Ziele); **Retikulärer Thalamus** (Aufgaben: Selektion der sensorischen Kanäle und der motorischer Effektoren, siehe auch unten); Basales Vorderhirn (Aufgabe siehe unten); Retikulärformation des Mittelhirns (Aufgabe siehe unten).

Kontrollierte Aufmerksamkeit und Bewußtsein erfordern die Erregung des Neokortex durch das von der Retikulärformation des Mittelhirns ausgehende aufsteigende retikuläre aktivierende System, ARAS; dieses wird über eine negative Rückkopplung vom Kortex gehemmt und damit die Weckwirkung begrenzt

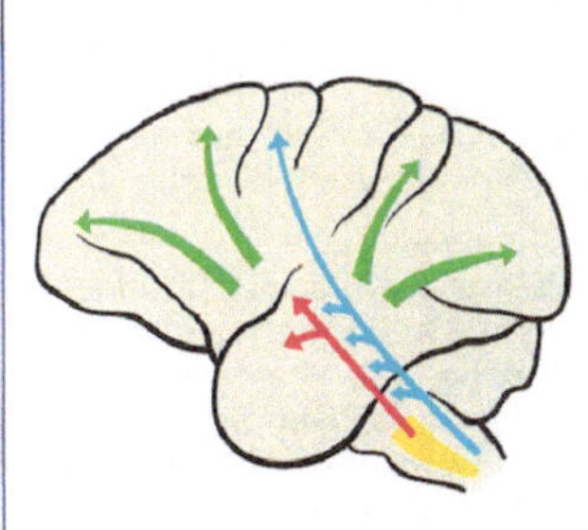

Ein anatomisch und neurochemisch heterogenes System des medialen Hirnstamms ist für die Steuerung tonischer (länger anhaltender) Wachheit verantwortlich. Dieses System wird aufsteigendes retikuläres Aktivierungssystem, ARAS, genannt (Lage gelb, Ausbreitung rot in der Abb., blau sind die spezifischen Bahnen mit ihren Kollateralen eingezeichnet). Das ARAS setzt sich im retikulären Thalamus fort, über den die Aktivierung des Neokortex erfolgt (grüne Pfeile, für seine anderen Aufgaben s. oben). Aktivierung des Kortex führt negativ rückkoppelnd über das Striatum zur Hemmung im Thalamus und damit zur Begrenzung der kortikalen Aktivierung

7

Zirkadiane Periodik

Die tagesperiodischen Schwankungen der Organfunktionen werden von synchronisierten inneren Uhren gesteuert

- Der Mensch (wie praktisch alle Lebewesen) besitzt eine nicht genau bekannte Anzahl endogener Oszillatoren (innere Uhren), mindestens aber 2. Mit diesen angeborenen Rhythmusgebern werden nahezu alle Organfunktionen an den 24stündigen Tag-Nacht-Rhythmus angepaßt.
- Die Oszillatoren haben nur etwa (circa) die Periodendauer eines 24h-Tages (lateinisch dies), daher zirkadiane Periodik. Die exakte Synchronisation auf 24 h erfolgt durch äußere Zeitgeber, v. a. durch den Hell- Dunkel-Wechsel und durch soziale Faktoren. Beispiele für tagesperiodische Verläufe sind die Körpertemperatur (Minimum morgens, Maximum abends) und der Wach-Schlaf-Rhythmus.
- Obwohl sicher angeboren, entwickelt sich beim Menschen eine zirkadiane Rhythmik erst etwa 15 Wochen nach der Geburt; nach den „chaotischen" ersten Wochen mit kurzen, unregelmäßigen Schlaf-Wach-Perioden bilden sich zunächst freilaufende Schlafphasen aus, die dann ab der 20. Woche mit dem Rhythmus der Eltern synchronisierbar sind

7

Die zirkadiane Periodik des Menschen stellt sich unter Abschluß von der Umwelt (Bunker, Höhlen) ein [Messungen von Prof. J. Aschoff, Seewiesen, und Mitarbeitern]

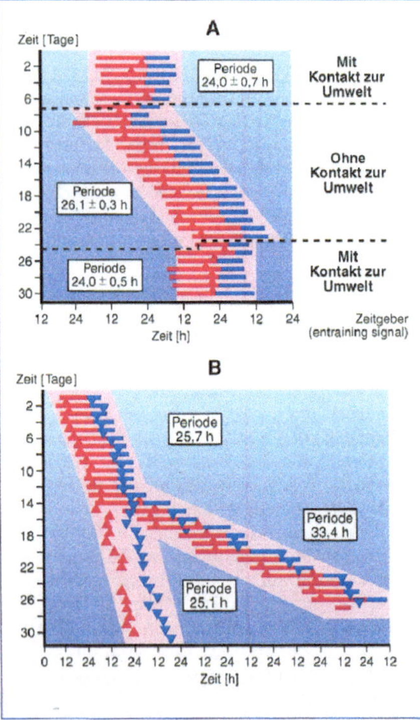

Die Abbildung zeigt in **A** den Rhythmus des Wachens *(rote Balkenabschnitte)* und Schlafens *(blaue Balkenabschnitte)* einer Versuchsperson in der Isolierkammer bei offener Tür (also mit sozialem Zeitgeber) und in Isolation (ohne Zeitgeber). Die Dreiecke geben den Zeitpunkt der höchsten Körpertemperatur an. Bei offener Tür betrug die Periodendauer jeweils genau 24 h (mittlere tägliche Abweichungen ± 0,7 bzw. ± 0,5 h) in der Isolation aber 26,1 ± 0,3 h.

B Aktivitätsrhythmus einer im Bunker isolierten Versuchsperson, bei der sich am 15. Tag der Temperaturrhythmus (Maxima = *rote Dreiecke nach oben,* Minima = *blaue Dreiecke nach unten)* vom Wach-Schlaf-Rhythmus abgekoppelt hat und mit einer Periode von 25,1 h weiterläuft. Der Wach-Schlaf-Rhythmus (Aktivitätsrhythmus) sprang zu dieser Zeit aus unbekannten Gründen auf eine Periode von 33,4 h.

Diese Ergebnisse zeigen u. a., daß die inneren Uhren normalerweise miteinander gekoppelt sind, wobei ihre Phasenverschiebungen von den jeweiligen Umständen abhängen. Evtl. werden die vegetativen Funktionen (z. B. die Temperaturregulation) von der Tagesperiodik völlig abgekoppelt.

Die nachfolgenden Stichworte kennzeichnen wichtige Eigenschaften der menschlichen zirkadianen Periodik

Zirkadian	Die nicht völlig starre 24h-Periodik hat den Vorteil, daß die Tagesperiodik in gewissen Grenzen, genannt Mitnahmebereich, an veränderte Zeitgeber (z. B. Außentemperatur) angepaßt werden kann, z. B. Mitnahmebereich für Körpertemperatur 23–27 h, für motorische Aktivität 20-32 h)
Freilaufend	Bei Wegfall aller Zeitgeber (z. B. Abschluß von Außenwelt in Bunker oder Höhle, s. die Abbildung gegenüber) läuft die zirkadiane Periodik mit Eigenrhythmus; beim Menschen meist >24 h; die inneren Uhren bleiben dabei meist untereinander synchronisiert, können sich aber auch spontan entkoppeln (z. B. Temperaturrhythmus bleibt bei 25 h, Schlaf-Wach-Rhythmus geht auf 33 h, s. die Abbildung)
Zeitgeber	So werden die Umweltfaktoren genannt, die die inneren Uhren auf den exakten Tagesablauf synchronisieren; beim Menschen hauptsächlich Hell-Dunkel-Wechsel und soziale Faktoren (Kenntnis der Uhrzeit, Verhalten der Umgebung) . Einmaliges Verschieben der Zeitgeber, z. B. durch Flug nach Osten oder Westen, führt zu vorübergehenden Störungen (jet-lag); pro Zeitzone (1 h) werden etwa 24 h Anpassung benötigt. Nacht- und Schichtarbeit führen zur Dauerkonfliktsituation zwischen persönlichen und Umgebungszeitgebern
Lokalisation	Die inneren Uhren liegen im ventralen Hypothalamus, insbesondere im Nucleus suprachiasmaticus, und im ventromedialen Kern, möglicherweise aber auch an noch unbekannten Stellen

Neben der zirkadianen existieren zahlreiche Rhythmen, die deutlich kürzer oder länger als der 24 h Rhythmus sind, also ultradiane (z. B. Atmung, Herzschlag, EEG) bzw. infradiane Rhythmen. Von den infradianen (z. B. im Tierreich Winterschlaf, Zugvogelaktivität) ist bei der Frau vor allem der Menstruationszyklus zu erwähnen

7

Schlafen und Träumen

Vier zeitliche Ebenen für die Beschreibung normaler und pathologischer Phänomene des Schlafs. [Mod. nach Schulz H, Pollmächer T, Zulley J (1991) Schlaf und Traum. In: Hierholzer K, Schmidt RF (Hrsg) Pathophysiologie des Menschen. VCH, Weinheim]

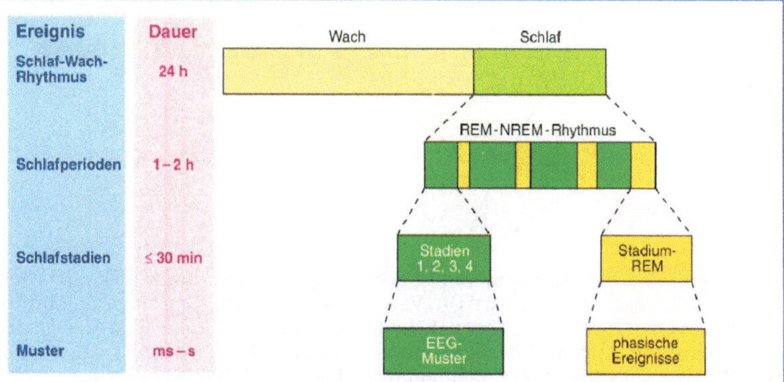

Höchste zeitliche Integrationsebene ist der zirkadiane Schlaf-Wach-Rhythmus; die nächste Integrationsebene bilden die Schlafperioden mit ihrem NREM-REM-Rhythmus (Details s. nächste Abbildung); es folgt die Ebene der Schlafstadien und schließlich die der EEG-Muster und der phasischen Ereignisse (Details s. unten).

7

Verlauf der Schlafperioden des Menschen während einer Nacht. [Aus Jovanovic UJ (1971) Normal sleep in man. Hippokrates, Stuttgart]

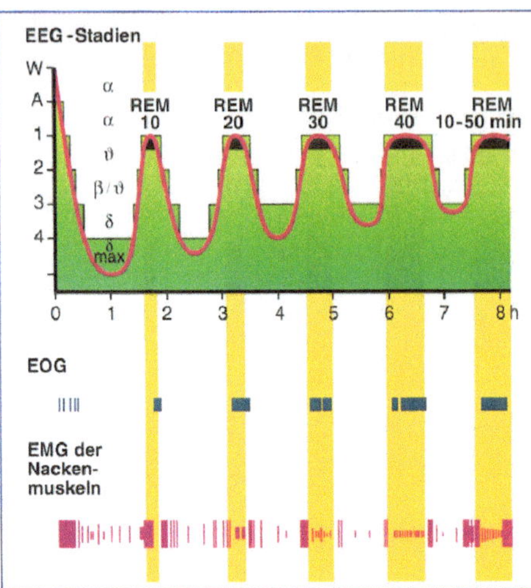

Grundstruktur des Schlafs ist ein ultradianer Rhythmus von Schlafperioden, zusammengesetzt aus 4 NREM-Stadien und 1 REM-Stadium; die durchschnittliche Periodendauer beträgt 100 min, es gibt 3–5 Perioden pro Nacht.

Die 5 Schlafstadien werden mit dem EEG voneinander abgegrenzt. In jeder Schlafperiode nimmt die Schlaftiefe zunächst zu (NREM-Stadien 1–4), dann wieder ab.

Am Ende jeder Schlafperiode tritt ein 5. Stadium mit schnellen Augenbewegungen auf (rapid eye movements, REM-Stadium, Registrierung mit Elektrookulogramm, EOG); Träume treten besonders während der REM-Stadien auf.

Nach dem reziproken Interaktionsmodell der ultradianen Schlafperioden sind im Hirnstamm aminerge Neurone für den NREM-Schlaf und cholinerge Neurone für den REM-Schlaf verantwortlich. [Mod. nach Hobson JA et al. (1986) Evolving concepts of sleep cycle generation: From brain centers to neuronal populations. Behav Brain Sci 9: 371-448]

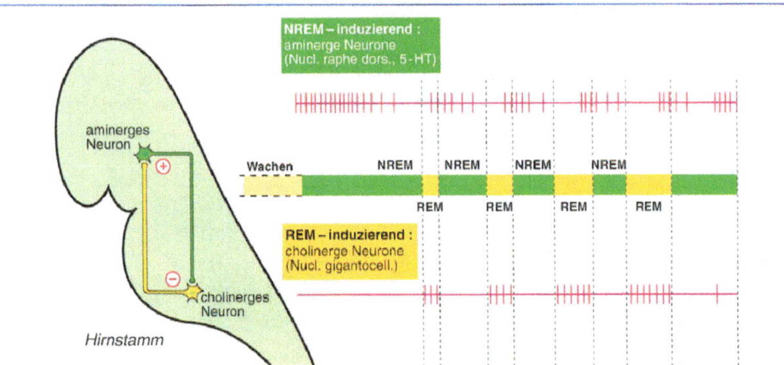

Auf welche Weise der Übergang vom Wachen zum Schlafen und zurück zum Wachen erfolgt, ist noch nicht endgültig geklärt. Verschiedene Theorien (Deafferenzierungstheorie, Retikularistheorie, serotonerge Theorie) stehen zur Diskussion. Der NREM-REM-Rhythmus wird, wie die Abb. zeigt, anscheinend von Kerngebieten des Hirnstamms generiert; auch hier steht eine vollbefriedigende Deutung der zahlreichen Befunde noch aus.

Endogene Schlaffaktoren sind Stoffe, die Schlaf einleiten oder unterhalten: Faktor S ist ein kleines Glukopeptid, dessen Konzentration in der Zerebrospinalflüssigkeit während des Wachseins ansteigt und dessen Injektion NREM-Schlaf auslöst. DSIP, delta sleep inducing peptide, ist ein Nonapeptid, das Tiefschlaf (SS4, s. Stadieneinteilung S. 65) auslöst.

Charakterisierung der einzelnen Schlafstadien (*SS*, Stadien 1–4 werden als NREM-Stadien zusammengefaßt)

W	Entspanntes Wachsein mit vorherrschendem α-Rhythmus; Übergang zum Schlaf wird teilweise als Stadium A zusätzlich genannt
SS 1	Fehlen von α-Wellen, niedrige schnelle β-Aktivität und niedrige ϑ-Aktivität; Einschlafstadium und leichtester Schlaf
SS 2	Niedrige schnelle Aktivität mit β-Spindeln (Hemmung sensomotorischer Areale), später K-Komplexe (interne Entladungen sensorischer Systeme); leichter Schlaf; mehr als 50 % des Schlafs werden in diesem Stadium verbracht
SS 3	10–50 % der Zeit δ-Wellen; mittlerer Schlaf. In den morgendlichen Schlafperioden werden dieses Stadium und das Tiefschlafstadium (SS 4) häufig nicht mehr erreicht; der Schlaf geht dann von SS 2 in den REM-Schlaf über (Abb. S. 64)
SS 4	$>$ 50 % der Zeit δ-Wellen ($> 100\,\mu$V, $<$ 3 Hz); Tiefschlaf; zusammen mit SS 3: synchronisierter Schlaf oder SW-Schlaf (slow-wave-sleep); Muskulatur atonisch, Weckschwelle sehr hoch
SS REM	Niederamplitudiges EEG mit niederen -Wellen; ansonsten ähnelt das EEG dem aufmerksamen Wachstadium (keine α-Wellen), daher der Name desynchronisierter Schlaf; begleitet von REM-Salven (s. Abb.), übrige Muskulatur praktisch atonisch, Weckschwelle sehr hoch. Wegen Gegensatz zu Wach-EEG: paradoxer Schlaf; NREM: orthodox. REM-Dauer in ersten Periode 5–10 min, später länger, in letzter Periode bis 22 min (danach: Aufwachen)

Altersentwicklung von NREM- und REM-Schlaf: Gesamtschlafzeit sinkt im Verlauf des Lebens ab („senile Bettflucht"), relativer Anteil des REM-Schlafs wird außerdem erheblich kürzer. [Modifiziert aus Roffwarg HP, Muzio JN, Dement WC (1966) Ontogenetic development of the human sleep-dream cycle. Science 152: 604]

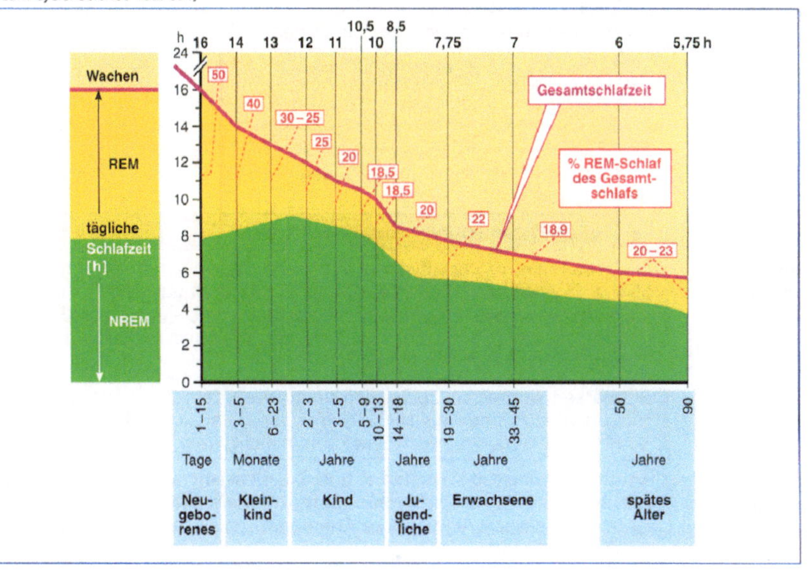

Träume treten meistens im REM-Schlaf auf; aber auch im NREM-Schlaf ist das Gehirn psychisch aktiv; folgendes ist festzuhalten:

- Bei Wecken aus REM-Schlaf werden in 80–90 % Träume berichtet; der Trauminhalt ist real mit Bildern, Gerüchen, Tönen
- Bei Wecken aus NREM-Schlaf werden in ca. 70 % Träume berichtet; der Trauminhalt ist aber mehr „gedankenartig" (kognitiv) als bei REM-Träumen
- Die REM-Träume der ersten Nachthälfte sind mehr realitätsbezogen und haben das Vortageserleben zum Inhalt, die morgendlichen werden zunehmend bizarrer und emotional intensiver
- Erinnert werden nur jene Träume, bei denen innerhalb von 5 min nach einer REM-Periode geweckt wird, oder der letzte Traum vor dem Aufwachen; da daher besonders die morgendlichen Träume erinnert werden, erscheint uns das Traumerleben so irreal
- Die psychobiologische Bedeutung der Träume ist noch ungeklärt; selektiver „Traumentzug" (Wecken zu Beginn jeder REM-Phase) führt lediglich psychologisch zu erhöhter Reizbarkeit und physiologisch zu verlängerten REM-Perioden in den Erholungsnächten

7

Schlafstörungen, die nicht die Folge von organischen, insbesondere neurologischen Erkrankungen darstellen, werden als primäre bezeichnet; einige häufige Störungen sind in der Tabelle zusammengestellt

Insomnia (Ein- und Durchschlafstörungen)	
Pseudo-insomnia	Es werden *subjektiv* Störungen des Ein- und Durchschlafens berichtet, das Schlafprofil ist aber altersgerecht; meist liegen psychologische Störungen vor, z. B. Partnerschafts- und Sexualstörungen
Idiopathische Insomnia	*Subjektiv erlebtes* und *objektiv verifizierbares* gestörtes Schlafprofil; zahlreiche Ursachen, z. B. zuviel oder zuwenig körperliche Aktivität, chronischer Streß, Reisen, extreme Diäten
Hypersomnia	
Narkolepsie	Gesteigerte Tagesmüdigkeit mit häufigen Schlafattacken während des Tages; Dauer wenige Sekunden bis 30 min; können als „Eindringen" von REM-Episoden in den Wachzustand aufgefaßt werden; die Attacken sind mit Muskelrelaxation und Tonusverlust (evtl. Hinstürzen) verbunden (Kataplexie)
Schlafstadiengebundene Störungen	
Somnambulismus	Schlafwandeln; motorischer Automatismus, der beim Übergang von SS 4 in SS 2 auftritt; kommt besonders bei Kindern und Jugendlichen, sowie bei Erwachsenen unter Streßbelastung vor. Die Augen sind weit geöffnet, die Person nicht ansprechbar, nach Aufwecken desorientiert, Träume werden nicht erinnert
Enuresis nocturna	Bettnässen kommt bei 10 % aller Kinder nach dem 2. Lebensjahr vor; tritt praktisch immer aus NREM-Schlaf auf. Nach Aufwecken sind die Kinder desorientiert, verwirrt und können nichts über Träume berichten
Pavor nocturnus	Kommt vorwiegend zwischen 3. und 8. Lebensjahr vor; Kind setzt sich auf und fängt an zu schreien; starrt mit weitaufgerissenen Augen; Gesicht bleich, schweißbedeckt; Atem geht schwer; ähnlich Alpträume beim Erwachsenen

8 Lernen und Gedächtnis

Plastizität des Gehirns und Lernen; Gedächtnissysteme

Im Laufe des Lebens verändert sich das Gehirn ununterbrochen. Dies wird als seine Plastizität bezeichnet. Folgende Prozesse sind bei den plastischen Veränderungen des wachsenden und des erwachsenen Gehirns zu unterscheiden:

Lernen	Lernen ist der Erwerb eines neuen Verhaltens, das bisher im Verhaltensrepertoire des Organismus nicht vorkam. Die Anpassung des Organismus an die sich ständig verändernde Umwelt setzt voraus, daß dieser lernt, potentiell gefährdende Situationen schon vorweg zu vermeiden und potentiell nützliche aufzusuchen. Letztere werden meist auch als lustvoll erlebt und deswegen wiederholt aufgesucht.
Reifung	Reifung ist der Ablauf der genetisch programmierten neuronalen Wachstumsprozesse, die als unspezifische Voraussetzung für Lernen fungieren. Bei der Reifung kommt es zum Teil zur Ausbildung und v. a. zur Verstärkung von Synapsen und neuronaler Verbindungen, teils zum Abbau ursprünglich im Überfluß angelegter Synapsen und Verbindungen.
Deprivation	Zu einer optimalen Reifung des wachsenden Gehirns sind frühe Erfahrungen und Auseinandersetzungen mit der Umwelt unabdingbar. Werden sensorische Kanäle oder motorische Aktivitäten zu bestimmten, kritischen Zeiten vor oder nach der Geburt depriviert, d.h. von jedem äußeren Einfluß isoliert, so bilden sich die synaptischen Verbindungen für eine bestimmte Funktion nicht aus, und das zugehörige Verhalten kann auch später nicht mehr erlernt werden.

Der Mensch besitzt zwei unterschiedliche Gedächtnissysteme, nämlich:

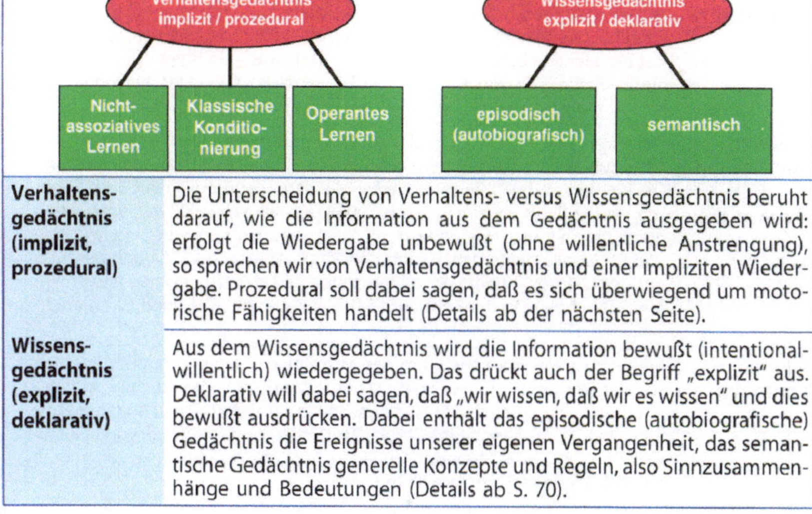

Verhaltensgedächtnis (implizit, prozedural)	Die Unterscheidung von Verhaltens- versus Wissensgedächtnis beruht darauf, wie die Information aus dem Gedächtnis ausgegeben wird: erfolgt die Wiedergabe unbewußt (ohne willentliche Anstrengung), so sprechen wir von Verhaltensgedächtnis und einer impliziten Wiedergabe. Prozedural soll dabei sagen, daß es sich überwiegend um motorische Fähigkeiten handelt (Details ab der nächsten Seite).
Wissensgedächtnis (explizit, deklarativ)	Aus dem Wissensgedächtnis wird die Information bewußt (intentional-willentlich) wiedergegeben. Das drückt auch der Begriff „explizit" aus. Deklarativ will dabei sagen, daß „wir wissen, daß wir es wissen" und dies bewußt ausdrücken. Dabei enthält das episodische (autobiografische) Gedächtnis die Ereignisse unserer eigenen Vergangenheit, das semantische Gedächtnis generelle Konzepte und Regeln, also Sinnzusammenhänge und Bedeutungen (Details ab S. 70).

Psychophysiologie des Verhaltensgedächtnisses

Die enge zeitliche Paarung von Reiz und Reaktion, genannt Kontiguität, ist das Kennzeichen assoziativen Lernens; nichtassoziatives Lernen erfolgt ohne Kontiguität. Beide Lernformen gelten universell für Tiere und Menschen

Nichtassoziatives Lernen	Bei nichtassoziativen Lernprozessen ändert sich Verhalten als Konsequenz der Wiederholung der Reizsituation, nicht als Folge der engen zeitlichen Paarung (Kontiguität) von Reizen und Reaktionen. Zwei wichtige Formen: **Habituation:** Der interne Vergleich eines aktuellen Reizes mit dem „erwarteten" Modell des Reizes führt bei Abweichung zu einer Orientierungsreaktion, OR (Hinblicken, Arousal etc); die Intensität der OR ist proportional dem „mismatch" zwischen Reiz und Modell; Habituation ist Verringerung der OR bei wiederholtem Reiz; beim Mensch entscheidet nicht die Reizintensität, sondern die subjektive Signifikanz über OR und Zeitverlauf der Habituation. **Sensitivierung:** Spiegelbildlicher Vorgang zur Habituation, nämlich Zunahme einer physiologischen Reaktion oder eines Verhaltens bei besonders intensiver, insbesondere noxischer Reizung (hohe negative Signifikanz).
Assoziatives Lernen	Lernen durch **Konditionierung** wird so bezeichnet, da der zentralnervöse Lernprozeß in der Herstellung einer Assoziation zwischen Reizen (S = Stimulus) und Reaktionen (R) besteht. Um diese Assoziation zu erreichen, muß zwischen Reiz und Reaktion die eben genannte Kontiguität herrschen. Es ändert sich das Verhalten(sgedächtnis). Wir kennen 2 Formen des assoziativen Lernens: klassische Konditionierung und operante (instrumentelle) Konditionierung.

Bei der klassischen Konditionierung nach Pavlov wird ein neutraler Reiz mit einem unkonditionierten Reiz solange zeitlich eng gepaart, bis ersterer alleine die konditionierte Reaktion auslöst; die wichtigsten Aspekte klassischer Konditionierung sind:

Akquisition (Aneignung)	Vor einem unbedingten Reiz (US, z. B. Anbieten von Nahrung), der zu einem unbedingten Reflex führt (UR, hier Speichelfluß), wird ein bedingter oder konditionierender Reiz (CS, z. B. eine Glocke) wiederholt gegeben; schließlich löst die alleinige Gabe von CS den Reflexerfolg aus (bedingter oder konditionierter Reflex, CR). Aus CS → US → UR wird also CS → CR. Für optimales Lernen muß der Zeitabstand zwischen CS und US <1 s sein
Extinktion, Generalisation und Diskrimination	Die wiederholte Darbietung des CS allein nach erfolgter Konditionierung führt zur Abschwächung der CR und wird Extinktion (Löschung) genannt. CRs werden auch auf Reize ausgelöst, die dem ursprünglichen CS sehr ähnlich sind (z. B. als CS ein Ton von 700 Hz anstatt von 1000 Hz), auch wenn diese nie mit dem CS gepaart wurden; dies nennen wir Generalisation (die CR ist allerdings dabei abgeschwächt). Werden 2 CS dargeboten und nur der CS1 von einem US gefolgt, so reagiert der Organismus nach mehreren Durchgängen nurmehr auf CS1. Er hat gelernt, CS1 von CS2 zu unterscheiden. Dies nennt man Diskrimination.
Prägung (Imprinting)	Prägung ist eine spezielle Form des assoziativen Lernens, nämlich Erlernen sozialer Bindungen auf ein spezifisches Reizmuster während einer angeborenen zeitlich begrenzten Entwicklungsperiode; äußert sich in Annäherungsverhalten an das „geprägte" Objekt (Muttertier) und in Abwehr- und Fluchtverhalten gegenüber fremden Objekten; bei Vögeln (Graugänse von Konrad Lorenz) häufig, bei Säugern selten

Bei der instrumentellen (operanten) Konditionierung nach Skinner folgt unmittelbar auf die zu lernende Reaktion ein belohnender oder bestrafender Reiz; dies führt zu vermehrtem bzw. reduziertem Auftreten des Verhaltens. Die wichtigsten Aspekte sind:

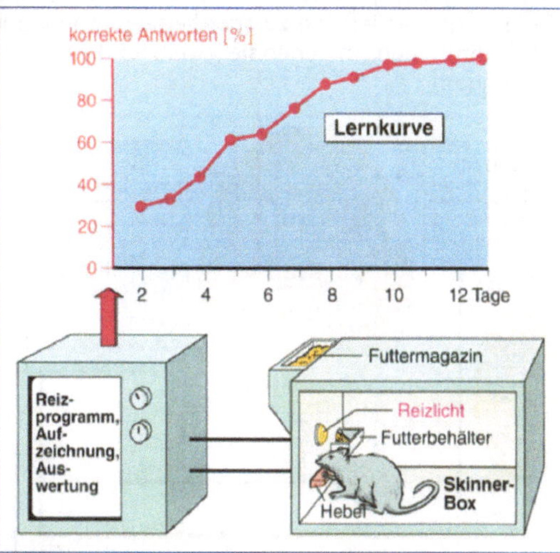

Ablauf der instrumentellen Konditionierung: Wenn auf eine motorische Aktion, z.B. einen Tastendruck in der abbgebildeten „Skinner-Box", unmittelbar eine positive (z.B. Futter) oder negative Konsequenz folgt, führt dies zu positiver bzw. negativer Verstärkung des Verhaltens, d.h. dieses wird häufiger (s. die Lernkurve in der Abb.) bzw. seltener ausgeübt. Diese Form des Lernens heißt instrumentell, weil das Verhalten als „Instrument" für die Konsequenz (Belohnung bzw. Bestrafung) benutzt wird (engl.: „operates on", daher auch „operantes Konditionieren").

Primäre positive und negative Verstärker	Primäre positive Verstärker sind Reize, die angeboren oder sehr früh in der ontogenetischen Entwicklung die Wahrscheinlichkeit für das Wiederauftreten einer Reaktion verstärken, z.B. Nahrung, Flüssigkeit, sexuelle Aktivität, soziale Zu- und Abwendung, Temperaturänderungen etc. Strafreize, unmittelbar nach einer Reaktion verabreicht, reduzieren die Auftrittswahrscheinlichkeit einer Reaktion. Ein negativer Verstärker ist ein Reiz, dessen Beendigung oder Vermeidung zum Anstieg der Auftrittswahrscheinlichkeit der vorangegangenen Reaktion führt.
Sekundäre Verstärker	Dies sind verstärkende Reize, die erst durch die zeitliche Paarung mit primären Verstärkern die Wahrscheinlichkeit von Verhalten verändern; z.B. kann ein neutraler Lichtreiz, wenn er mit Futtergabe gepaart wurde, danach selbständig Verhalten beeinflussen.
Generalisierte Verstärker	So werden verstärkende Reize bezeichnet, die auf eine Vielzahl von Verhaltensklassen modifizierend einwirken (z.B. Geld, soziales Prestige etc.). Bei allen Verstärkern muß die Konsequenz im Sekundenabstand auf die Reaktion folgen, sonst wird nicht gelernt. Ausnahmen sind hier wie beim klassischen Konditionieren angeborene Reiz-Reaktionsverbindungen; z.B. können Geruchs- und Geschmacksreize zu lebenslangen Präferenzen führen, auch wenn CS und US (s. dazu S. 68), bzw. Reaktion und Konsequenz Stunden auseinanderliegen.
Extinktion	Bleibt ein positiver Verstärker bzw. ein Strafreiz aus, so sinkt die Verhaltenswahrscheinlichkeit, es kommt schließlich zur Extinktion. Im übrigen gelten die Prinzipien operanten Lernens für Mensch und Tier gleichermaßen.
Biofeedback	Operantes Konditionieren wird in der Verhaltensmedizin eingesetzt, um auf nichtmedikamentösem Wege krankhafte Prozesse im Organismus (z.B. einen zu hohen Blutdruck oder Kopfschmerzen) zu bessern. Beispiele sind in Kap. 13 auf S. 110 beschrieben.

Psychophysiologie des Wissensgedächtnisses

Das Wissensgedächtnis (explizites Lernen) erlaubt Behalten und Wiedergabe v. a. sprachlich verschlüsselten Materials und des Umgebungskontextes, in dem dieses Material dargeboten wurde. Wie die Abbildung zeigt, passiert die zu speichernde Information drei Gedächtnisebenen (rechteckige Einrahmungen), in denen sie jeweils für die nächste Ebene aufbereitet wird (ovale Einrahmungen)

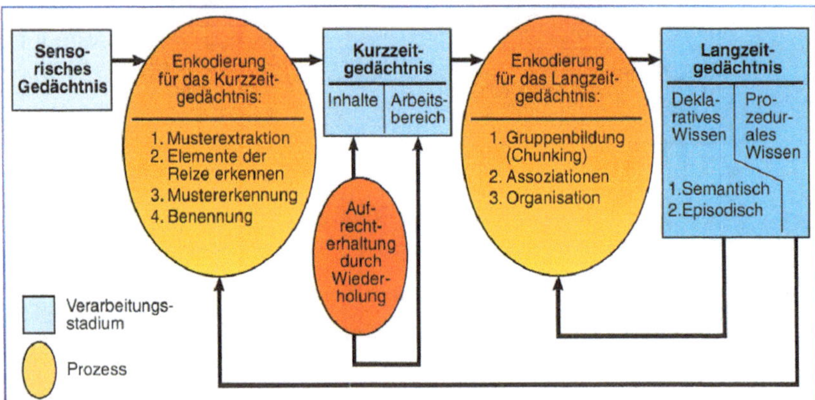

Sensorisches Gedächtnis	Speicher mit großer Kapazität in den primären Sinnessystemen, der die sensorischen Reize für Sekundenbruchteile bis Sekunden stabil hält, um die Kodierung und Merkmalsextraktion sowie die Anregung von Aufmerksamkeitssystemen zu ermöglichen. Die Kodierung zur Weitergabe an das Kurzzeitgedächtnis erfolgt hauptsächlich verbal; Vergessen durch passives Auslöschen oder aktives Überschreiben mit neuer Information. Im akustischen Bereich echoisches, im visuellen ikonisches Gedächtnis genannt.
Kurzzeit-gedächtnis, KZG	Häufig auch Arbeitsgedächtnis und primäres Gedächtnis genannt. Es besteht aus einem Arbeitsbereich und seinen Inhalten; kleine Speicherkapazität, aber eine Erhöhung des Fassungsvermögens ist möglich durch die Organisation der Information in Chunks (Verhaftungen, Gruppierungen, Superzeichen, z. B. Buchstaben zu Wörtern, Wörter zu Sätzen und Bedeutungen); Erhalt der Information im KZG und Übertragung ins Langzeitgedächtnis durch Üben (Memorieren). Vergessen erfolgt innerhalb von s bis min durch Ersetzen der eingespeicherten Information mit neuer.
Langzeit-gedächtnis, LZG	Auch sekundäres Gedächtnis genannt; großes, dauerhaftes (Tage bis Jahre) Speichersystem mit zwei Anteilen: Prozedurales (s. S. 67) LZG: das erlernte Wissen selbst (z. B. Klavierspielen nach Noten). Deklaratives LZG: Wissen, daß man „vom Blatt" Klavierspielen kann und wann und wie das Wissen bzw. die Fähigkeit erworben wurde. Zur Wiedergabe muß die gespeicherte Information aus dem LZG zurück in das KZG übertragen werden; dies braucht Zeit. Vergessen erfolgt durch Störung des Lernmaterials durch vorher (proaktive Hemmung) oder nachher Gelerntes (retroaktive Hemmung).
Tertiäres Gedächtnis	Eigenständiger Teil des LZG, in dem praktisch unvergeßliches Wissen gespeichert ist, z. B. der eigener Name und andere persönliche Daten, die Fähigkeit zu lesen und zu schreiben etc.; im Gegensatz zum übrigen LZG ist ein sehr schneller Zugriff zum Speicher möglich.

Hirnschädigungen, v.a. des medialen Temporallappens und des Hippokampus, können zum Ausfall des expliziten Gedächtnisses ohne notwendige Beeinträchtigung des impliziten Gedächtnisses führen; diese Ausfälle werden Amnesien genannt. Folgende Formen sind zu unterscheiden:

Anterograde Amnesie	Bei dieser Amnesieform ist das KZG meist intakt, die Übertragung in das LZG, also der Konsolidierungsprozeß, aber defekt; daher kann Neues nicht gelernt, behalten und wiedergegeben werden; das LZG für die Zeit vor der Erkrankung ist dabei weitgehend normal; eine beidseitige Schädigung des Hippokampus scheint die Hauptursache für den Ausfall der Konsolidierung zu sein
Retrograde Amnesie	Verlust von Erinnerung an die Zeit vor Störung der Hirnfunktion, z. B. durch Gehirnerschütterung, Hirnschlag, Elektroschock; Inhalt des KZG wird ausgelöscht, der des LZG geht um so mehr in die Vergangenheit verloren, je stärker die Hirnschädigung war; der Zeitraum des Vergessens kann in Erholungsphase aber wieder schrumpfen, anscheinend ist mehr der Zugriff als der Inhalt gestört; das tertiäres Gedächtnis bleibt intakt; der pathophysiologische Mechanismus der retrograden Amnesie ist nicht bekannt
Hysterische Amnesie	Sehr seltener kompletter Gedächtnisverlust, einschließlich tertiärem Gedächtnis (eigener Name etc.); ausschließlich funktionelle, psychische Störung; keine Wirkung von Schlüsselreizen (frühere Umgebung, Familienangehörige, Freunde), gutes KZG und LZG für neue Information
Korsakoff-Syndrom	Gedächtnisdefekt bei Alkoholikern mit anterograder und retrograder Amnesie; Gedächtnisverlust wird mit erfundenen Geschichten überdeckt: Konfabulation; keine Krankheitseinsicht, Apathie

8

Zelluläre und molekulare Mechanismen von Lernen und Gedächtnis

Neuronale Mechanismen der Engramme (Gedächtnisinhalte) bei den verschiedenen Gedächtnisformen im Überblick

Habituation und Sensitivierung	Die Engramme sind weitgehend niedergelegt als synaptische Depression bzw. Bahnung (tetanische bzw. posttetanische Depression und Potenzierung, S. 26). Kurzfristig: reduzierte bzw. gesteigerte präsynaptische Transmitterfreisetzung. Langfristig: strukturelle Änderungen, z. B. Zunahme der Größe und Zahl der präsynaptischen aktiven Zonen.
Verhaltensgedächtnis	Die vorläufige Speicherung erfolgt durch kreisende (reverberatorische) Erregung als dynamisches Engramm in einem Zellverband (Zellensemble). In dieser Zeit der Erregungszirkulation, die Konsolidierungsphase genannt wird, werden zunächst schwache synaptische Verbindungen mächtiger. Dies führt schließlich zu einem strukturellen Engramm. Später, nach Stabilisierung der Verbindung, genügt bereits die Aktivität in einem Teil des Ensembles, um das gesamte Ensemble zu aktivieren.
Wissensgedächtnis	Das KZG besteht aus einem dynamischen Engramm in Form kreisender Erregung in einem Zellensemble aus subkortikalen und kortikalen Neuronen, das in der Konsolidierungsphase durch Üben (fortgesetztes Kreisen) in das strukturelle Engramm des LZG überführt wird; dabei kommt es zu erhöhter synaptischer Effizienz besonders an den Synapsen der Spines der apikalen Dendriten der neokortikalen Neurone. Für diese strukturellen synaptischen Veränderungen ist eine Zunahme der Proteinsynthese erforderlich.

Kortikale Plastizität und Lernen beruhen auf der Veränderbarkeit von Hebb-Synapsen; dies sind Synapsen, die durch simultane Aktivität prä- oder postsynaptisch die Stärke ihrer Verbindungen erhöhen; Hebb-Synapsen (genaue Zahl im Gehirn nicht bekannt) werden besonders durch gleichzeitige (assoziierte) Erregung benachbarter Synapsen zur verstärkten Aktivität angeregt [Abb. basiert auf Versuchsergebnissen von E. Kandel u. Mitarb.]

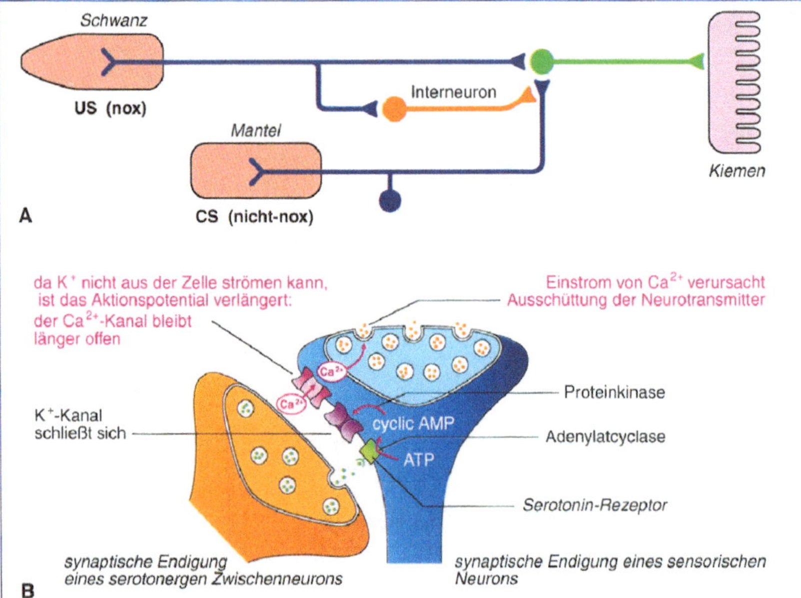

Die Mechanismen assoziativen Lernens sind in einfachen Lebewesen, wie der Meeresschnecke Aplysia, bisher am besten erforscht. Die Abbildung zeigt in **A** das Zellensemble, das bei dieser Schnecke bei der klassischen Konditionierung einer Abwehrreaktion beteiligt ist: Noxische Reizung des Schwanzes (US, s. S. 68) führt zum Kiemenrückziehreflex. Die sensorischen Axone des Schwanzes aktivieren auch serotonerge Interneurone, die ihrerseits axoaxonische Synapsen an anderen sensorischen Afferenzen, z. B. des Siphons oder des Mantelgerüsts bilden, die an den Motoneuronen der Kiemenmuskeln enden. Ein Berührungsreiz des Mantels löst keinen Kiemenrückziehreflex aus. Wird dieser taktile Reiz aber als CS kurz vor dem US gegeben, kommt es zur klassischen Konditionierung, die dazu führt, daß schließlich der CS alleine den Kiemenrückziehreflex auslöst.

Bildteil **B** zeigt die Kaskade von Prozessen an der serotonergen axoaxonischen Synapse, die bei der Konditionierung ablaufen. Es kommt im Endeffekt über ein Schließung von Kaliumkanälen zu einer Verlängerung des Aktionspotentials in der sensorischen Endigung, dadurch zu einem vermehrten Einstrom von Ca^{2+}-Ionen und dadurch wiederum zu einer vermehrten Transmitterfreisetzung (s. dazu auch S. 20). Das erhöhte intrazelluläre Kalzium führt seinerseits zu einer Verstärkung dieser Antwortkaskade bei einer erneuten Aktivierung der axoaxonischen Synapse, bis schließlich die Erregung des sensorischen Neurons alleine zur Aktivierung des Motoneurons führt.

Es gibt zweifellos weitere zelluläre bzw. molekulare Mechanismen, die am Lernen und der Bildung von Engrammen beteiligt sind. Dazu zählt z. B. beim Säugetier die Langzeitpotenzierung am NMDA-Rezeptorkomplex (s. S. 27) im Hippokampus und im Kortex.

9 Motivation und Emotion

Grundbegriffe der Motivation

Definition des Begriffs Motivation

Motivation bedeutet, daß die Frequenz und Intensität eines Verhaltens in Abhängigkeit von Zuständen innerhalb des Organismus variiert, also nicht in allen Parametern von Reiz, Reizort oder genetischer Variation abhängig ist.

Beispiele für variable Zustände innerhalb des Organismus sind Abweichungen von homöostatischen Gleichgewichten (z. B. Absinken des Glukoseniveaus im Blut, Wassermangel) oder Schwankungen von Hormonkonzentrationen (z. B. von Sexualhormonen).

Motiviertes Verhalten tritt in Form von Trieben auf, also von abgrenzbaren Verhaltensweisen (z. B. Nahrungssuche und -aufnahme, Sexualverhalten); die Analyse von Trieben führte zu folgenden Begriffen:

Homöostatische Triebe	Triebe, deren Stärke v. a. vom Ausmaß der Abweichung einer körperinternen Homöostase (z. B. Glukosekonzentration im Blut) abhängt. Diese Triebe weisen stabile Sollwerte auf, deren Unter- oder Überschreiten zu einer Sequenz von Verhaltensweisen bis zur Wiederherstellung des Sollwerts führen
Nichthomöostatische Triebe	Diese Triebe haben keine eindeutigen körperinternen Sollwerte. Sie hängen daher stark von den Umgebungsbedingen (Verfügbarkeit, Anreize) und von der Lerngeschichte des Individuums ab (z. B. Sexualität, Explorationstrieb, Bindungsbedürfnis, Emotion)
Triebhierarchie	Diejenigen Mechanismen, die die aktuelle Auswahl eines Triebverhaltens bestimmen; die Triebhierarchie ist das Endresultat der Triebkonkurrenz (drive competition) von Trieben unterschiedlicher Stärke (s. u.)
Triebstärke	Ergibt sich bei homöostatischen Trieben aus dem Ausmaß der Abweichung vom Sollwert (s.o.), was wiederum hauptsächlich von der Zeitspanne seit dem letzten Ausgleich des Ungleichgewichts abhängt, also von der Deprivationszeit
Verstärkung	Verstärken eines Triebs durch Reize, die zu einem Anstieg der Auftrittswahrscheinlichkeit des vorausgegangenen Verhaltens führen, also durch instrumentelles Lernen (s. S. 69); ein typischer verstärkender Reiz ist z. B. der Geschmack guten Essens bei der Nahrungsaufnahme
Incentive („Anreiz")	Fachausdruck für den (erlernten) „Anreizwert" eines Reizes; z. B. stellt das Monatsgehalt keinen positiven Verstärker dar (weil es zu spät nach der aktuellen Arbeit gezahlt wird), aber es bildet ein Incentive oder Anreiz, der das Verhalten „in Gang" hält

Definition des Begriffs Instinktverhalten

Instinkte benötigen angeborene Auslöse- oder Schlüsselreize (z. B. den Elternschnabel); zusätzlich benötigt werden endogene Reize (z. B. Hungerkontraktionen des Magens), damit ein Schlüsselreiz überhaupt erkannt werden kann. Instinkte sind einfacher organisiert als Triebe, speziesspezifisch, affektiv neutral und blind gegenüber Konsequenzen; unter bestimmten Bedingungen zeigen sich Teile von Instinktverhalten als Leerlaufverhalten und Übersprungshandlungen.

Homöostatische Triebe I: Durst und Durststillung

Für die folgende Übersicht über Durst und Durststillung sind folgende Querverweise zu weiteren Aspekten des Wasser- und Elektrolythaushalts wichtig:

- **Wasser- und Elektrolythaushalt** ab S. 58; die adäquaten Reize für die Regulation des Wasserhaushalts, die intra- und extrazellulären Sensoren und die beteiligten neuronalen und hormonalen Systeme sind dieselben, die hier besprochen werden
- **Hypophysenhinterlappensystem** ab S. 58; dort Besprechung bestimmter Aspekte des ADH (antidiuretisches Hormon, Adiuretin, Vasopressin)
- **Langfristregulation des Kreislaufs** ab S. 257; Übersicht über die Mechanismen, die das extrazelluläre Volumen und damit die Füllung des Gefäßsystems regulieren
- **Thermoregulation** ab S. 257; insbesondere Wärmeabgabe durch Schweißverdunstung, Hitzeakklimatisation in tropischem Klima

Durst ist ein Triebzustand, der die Bereitschaft erzeugt, trinkbare Flüssigkeiten zu beschaffen und zu konsumieren. Es gibt 3 Wege der Durstentstehung. [Aus Schmidt RF, Thews G (Hrsg) (1997) Physiologie des Menschen, 27. Aufl. Springer, Heidelberg]

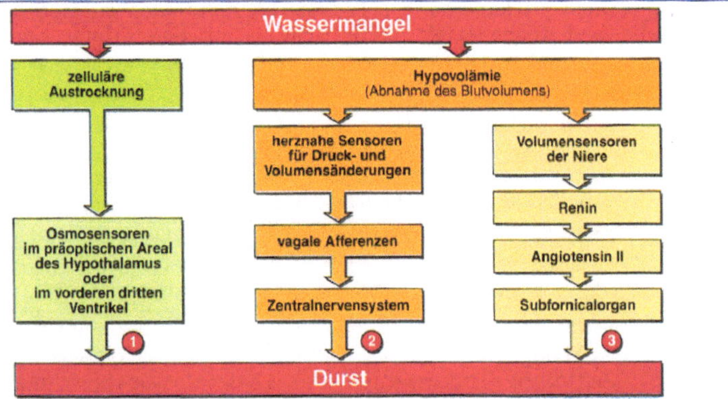

1. Osmotischer Durst	Im Hypothalamus und im 3. Ventrikel gibt es Neurone, die auf eine (geringfügige) Erhöhung ihrer intrazellulären Salzkonzentration bei Wasserverlust vermehrt entladen. Diese Neurone werden Osmosensoren genannt. Ihre Aktionspotentiale lösen über eine Reihe von Zwischenschritten „osmotischen" Durst aus.
2. Hypovolämischer Durst I	Bei Abnahme des Blutvolumens melden die Barosensoren der herznahen Gefäße den Abfall des venösen Gefäßdrucks an den Hypothalamus. Dies führt zur Freisetzung von antidiuretischem Hormon (ADH, Adiuretin) aus dem Hypophysenhinterlappen und u.a. zu Durst.
3. Hypovolämischer Durst II	Verminderter arterieller Druck und damit verminderte Durchblutung der Nieren setzt dort Renin frei. Dies führt über die S. 220 beschriebene Reaktionskette zur Bildung von Angiotensin II, das ebenfalls u.a. über Neurone im Subfornicalorgan Durst auslöst

Die Mundtrockenheit bei Wassermangel ist durch die Abnahme der Speichelsekretion bedingt; sie ist lediglich Begleitsymptom (z.B. Befeuchten des Mundes stillt Durst nicht. Bei Mundtrockenheit ohne Wassermangel (z.B. durch Sprechen, Rauchen) kommt es zu falschem Durst, der durch Befeuchten der Mundschleimhaut beseitigt werden kann.

9

Wie alle homöostatischen Triebe besitzt der Durst einen antizipatorischen Sättigungsmechanismus, der das Trinken lange vor Erreichen des Sollwertes beendet; es ist also zwischen einer präresorptiven und einer resorptiven Durststillung zu unterscheiden. [Aus Schmidt RF, Thews G (Hrsg) (1997) Physiologie des Menschen, 27. Aufl. Springer, Heidelberg]

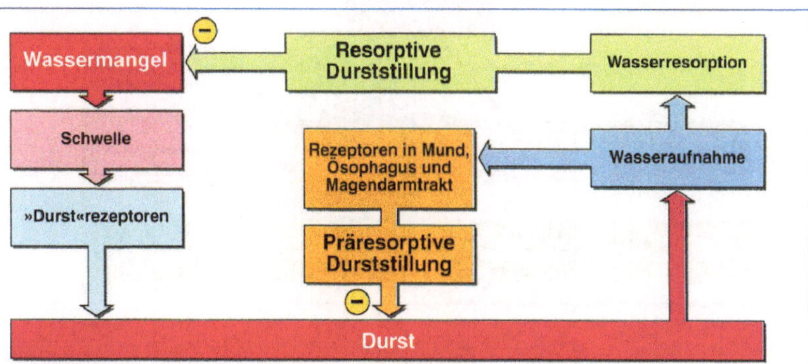

Präresorptive Durststillung	Durst adaptiert nicht; Durststillung ist daher in der Regel nur durch Wasseraufnahme möglich. Präresorptive Durststillung besagt, daß i. a. das Trinken antizipatorisch aufhört, bevor durch Wasserresorption im Dünndarm der extra- und intrazelluläre Wassermangel beseitigt ist; damit wird eine übermäßige Wasseraufnahme verhindert, denn die getrunkene Menge entspricht praktisch genau der benötigten; dabei sind Lernprozesse und Sensoren im Rachenraum und Duodenum beteiligt.
Resorptive Durststillung	Die resorptive Durststillung ist abgeschlossen, sobald ein relatives (bei Aufnahme von zuviel Kochsalz) oder absolutes Wasserdefizit beseitigt ist; die beteiligten Sensoren („Durstrezeptoren" in der Abb.) sind die gleichen, die intra- oder extrazellulären Wassermangel melden (s. vorhergehende Abb.).

Die Durstschwelle verhindert, daß geringfügige Wassserverluste schon zum Durst führen

Der Wassergehalt des Menschen beträgt 70–75 % seines Gewichts (Fettdepots unberücksichtigt). Dieser schwankt langfristig nur um ± 0,22 % des Körpergewichts, bei einem Mann von 70 kg also nur um rund ± 150 ml. Verliert der Körper mehr als 0,5 % seines Gewichts an Wasser, also etwa 350 ml bei 70 kg Körpergewicht, so ist die Durstschwelle erreicht und es treten Durstempfindungen auf. Nach der resorptiven Durststillung vergeht also trotz stetiger physiologischer Wasserverluste eine gewisse Zeit bis wieder Durst auftritt.

Primäres und sekundäres Trinken

Trinken als Folge von Durst nennt man primäres Trinken; alles Trinken ohne offensichtliche Notwendigkeit der Wasserzufuhr nennen wir sekundäres Trinken. Letzteres ist normalerweise die übliche Form der Flüssigkeitszufuhr, d. h. im allgemeinen nehmen wir schon im voraus (z. B. bei der Mahlzeit) das physiologischerweise benötigte Wasser auf, wobei durch vorangegangenes Lernen und evtl. andere, unbekannte Mechanismen der Bedarf sehr präzise abgeschätzt wird. Aus dieser Sicht ist primäres Trinken eine Notfallreaktion, die im Alltagsleben nur selten auftritt.

9

Homöostatische Triebe II: Hunger und Sättigung

Physiologische Faktoren, die bei Nahrungsmangel zur Hungerempfindung führen.

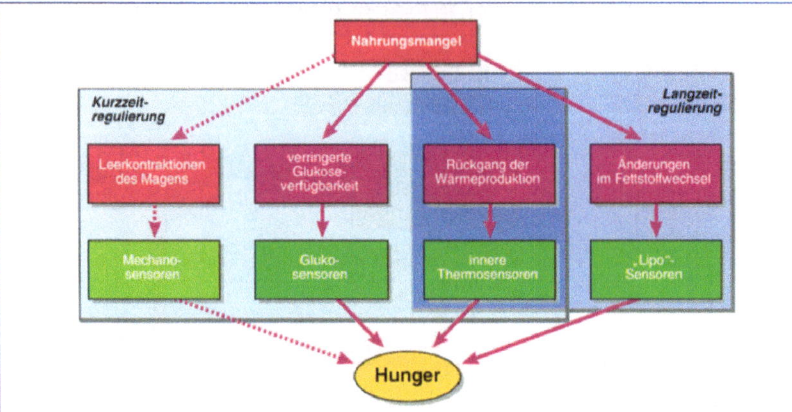

Der täglich regelmäßig wiederkehrende Hunger ist im wesentlichen mit der Kurzzeitregulierung der Nahrungsaufnahme befaßt; daneben gibt es eine Langzeitregulierung (s. die unterschiedlichen Grauunterlegungen in der Abb.), die Diätfehler nach beiden Seiten ausgleicht.

Physiologische und psychologische Mechanismen, die an der Auslösung von Hungerempfindungen beteiligt sind, schließen ein:

Leerkontraktionen des Magens	Anders als früher angenommen spielen Hungerkontraktionen der Magenwand („Magenknurren") eine geringe Rolle bei der Kurzzeitregulation des Hungers: nach Magenentfernung ist die Hungerentstehung kaum beeinflußt.
Glukostatische Hypothese	Abnehmende Verfügbarkeit von Glukose (nicht die Höhe des Blutzuckerspiegels selbst) ist sehr gut korreliert mit dem Auftreten von Hunger; Glukosensoren finden sich im Zwischenhirn, aber auch in Leber, Magen und Dünndarm; Kurzzeitmechanismus.
Thermostatische Hypothese	Geht davon aus, daß innere Thermosensoren (z. B. im Hypothalamus) als Meßfühler zur Erstellung einer Energiebilanz dienen, wobei Rückgang der Gesamtwärmeproduktion Hunger auslöst; möglicherweise an Kurz- und Langzeitregulierung beteiligt; experimentell nicht eindeutig gestützt.
Lipostatische Hypothese	Postuliert, daß Liposensoren Zwischenprodukte des Fettstoffwechsels registrieren und als Hunger- bzw. Sättigungssignale verwerten (bei Auflösen bzw. Anlegen von Fettdepots); nur für Langzeitregulierung geeignet. Das von Adipozyten freigesetzte Polypeptid Leptin ist anscheinend ein solches Sättigungssignal. Seine Produktion wird durch Nahrungsaufnahme induziert und durch Hunger supprimiert. Primärer Wirkort ist der ventrale Hypothalamus.
Konditionierte Nahrungsaufnahme	In Kulturen, die über ein ausreichendes Nahrungsangebot verfügen, wird Essen in der Regel durch klassische Konditionierung ausgelöst. Soziale und Umgebungsreize, wie Essenszeit, Geschmack und Aussehen von Speisen und die beim Essen anwesenden Personen bestimmen Zeitpunkt und aufgenommene Nahrungsmenge mehr als physiologische Faktoren. Es handelt sich hier um eine vorausplanende Nahrungsaufnahme, bei der nicht ein entstandenes Defizit ausgeglichen, sondern der erwartete Energiebedarf vorwegnehmend abgedeckt wird (entspricht dem sekundären Trinken, s. S. 75).

Präresorptive und resorptive physiologische und psychologische Sättigungsmechanismen führen zum Gefühl der Sattheit.

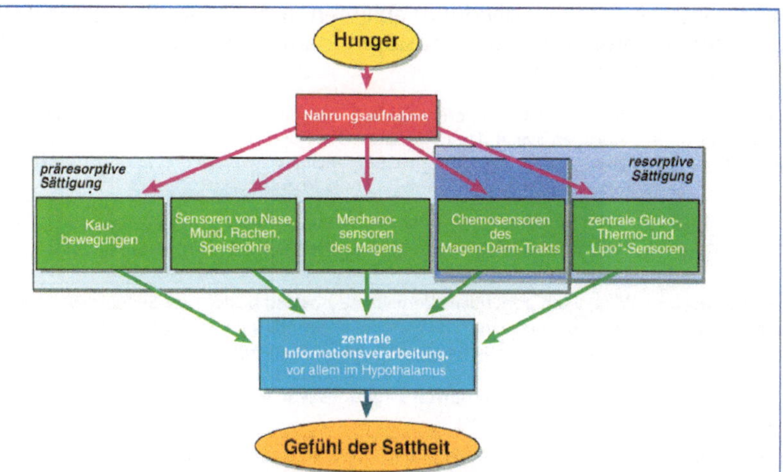

Präresorptive Sättigung: Absicherung über zahlreiche Mechanismen, s. Abb; neben dem Kauakt und sensorischen Reizen bei der Nahrungsaufnahme tragen die Dehnung des Magens sowie der Glukose- und Aminosäuregehalt der Nahrung über rein sensorische oder zwischengeschaltete humorale Schritte (z. B. Ausschüttung von Cholezystokinin, CCK) zur präresorptiven Sättigung bei (bzgl. der psychologischen Faktoren s. vorhergehende Seite).
Resorptive Sättigung: alle 3 enterozeptiven sensorischen Prozesse des Hungers tragen mit umgekehrtem Vorzeichen zur resorptiven Sättigung bei (vgl. obige Abb. mit der vorhergehenden); zusätzlich die bei der präresorptiven Sättigung beteiligten enterozeptiven Chemosensoren (s. oben). Auch das von den Adipozyten freigesetzte Leptin beteiligt sich wahrscheinlich an der Langfristregulation der Nahrungsaufnahme (s. auch vorhergehende Seite und unten).

Zentrale Mechanismen der Nahrungsaufnahme und deren Störungen

„Hunger-zentrum"	Beidseitige Zerstörung des lateralen Hypothalamus (LH) führt zur Nahrungsverweigerung, seine elektrische Reizung zur Freßsucht; der LH kann daher als „Hungerzentrum" aufgefaßt werden. Der LH fungiert in der glukostatischen Theorie als Glukostat, der bei Abfall der Blutglukoseverfügbarkeit mit Aktivitätsanstieg reagiert.
„Sättigungs-zentrum"	Beidseitige Zerstörung des ventromedialen Hypothalamus (VMH) löst Hyperphagie (Freßsucht) aus, führt zu Adipositas (Fettsucht); elektrische Reizung des VMH (über eingepflanzte Elektroden) führt umgekehrt zur Aphagie (Nahrungsverweigerung); der VMH kann daher als „Sättigungszentrum" aufgefaßt werden.
Adipositas	Fettsucht ist die häufigste Ernährungsstörung der westlichen Gesellschaft. Als Ursachen werden genetische, kulturelle, sozioökonomische und psychologische Faktoren diskutiert. Was die genetische Komponente angeht, so könnte ein Übergewicht einerseits durch eine mangelnde oder fehlerhafte Produktion von Leptin, andererseits durch einen Defekt der Leptinrezeptoren im Hypothalamus bedingt sein. Für letzteres spricht, daß bei Adipösen erhöhte Leptinspiegel vorliegen.
Anorexia nervosa und Bulimie	Diese Eßstörungen sind v. a. bei jüngeren Frauen der Mittel- und Oberschicht anzutreffen. Ihre Entstehung ist mit Angst vor Übergewicht und Verlust des Schlankheitsideals korreliert. Beide Störungen werden stets von einer Diät ausgelöst. In beiden Fällen sind die vielfältigen körperlichen Störungen nicht Ursache, sondern Folge der Verhaltensstörungen, die einer Verhaltenstherapie bedürfen.

Nichthomöostatische Triebe: Sexualverhalten

Vier Phasen bilden die Grundstruktur reproduktiven Verhaltens; sie müssen hintereinander in einem Individuum ablaufen und die jeweils entsprechende Phase beim anderen Individuum auslösen, damit eine Paarung Erfolg haben kann; es handelt sich um:

1. Sexuelle Anziehung (attraction)	Wird wie alle weiteren Stadien bei den meisten Tierarten durch das Androgenniveau des männlichen Tiers und das Östrogenniveau des weiblichen positiv beeinflußt; weitere wichtige Reize sind u.a. der Geruch der Sexualorgane sowie Haltungs- und Farbänderungen.
2. Appetitives Verhalten	Hält die Partner zusammen; zu den appetitiven Reaktionen gehören Haltungsänderungen, die „Einladungen" zur Annäherung und zum Besteigen zum Ausdruck bringen, Erektion, Lautäußerungen etc.
3. Kopulatorisches Verhalten	Wird durch appetitives Verhalten ausgelöst; besteht auf Seiten des männlichen Partners in Intromission und Orgasmus mit Ejakulation und Kontraktion der Beckenmuskulatur und des Penis; beim weiblichen Organismus kommt es zu Uteruskontraktionen und ebenfalls zu Kontraktionen der Beckenmuskulatur; die positiven Orgasmusgefühle korrelieren mit den Beckenmuskelkontraktionen.
4. Postkopulatorisches Verhalten	Samenerguß beim Mann und Uteruskontraktionen bei der Frau gehen mit Nachlassen der sexuellen Erregung einher; der Mann weist eine absolute Refraktärperiode nach dem Orgasmus auf; bei der Frau sind multiple Orgasmen möglich (s. Abb. S. 154).

9

Die Genitalreflexe und die sexuellen Reaktionszyklen bei Mann und Frau sind auf den S. 153–155 dargestellt. Die Physiologie der Fortpflanzung und Schwangerschaft findet sich ab S. 169.

Das Sexualverhalten ist an die Integration von neuronalen und hormonalen Mechanismen im Rückenmark und im Hypothalamus gebunden; dabei koordiniert der vordere Hypothalamus die verschiedenen Sexualreflexe zu einem geordnet-zielgerichteten Verhalten [Nach Hart BL, Leedy MG (1985) aus Birbaumer N, Schmidt RF (1996) Biologische Psychologie, 3. Aufl. Heidelberg: Springer]

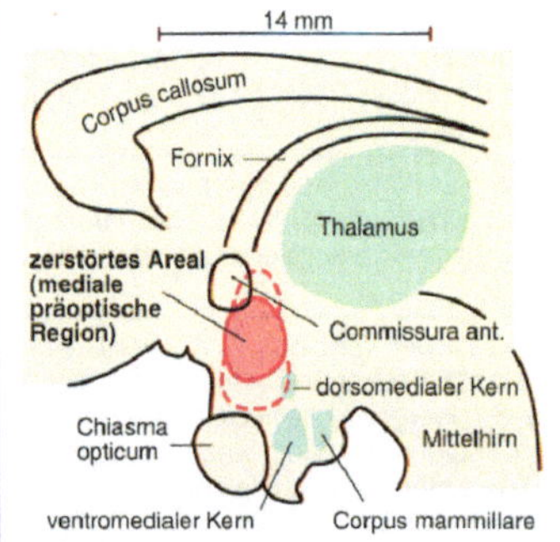

Die präoptische Region des Hypothalamus, der laterale Hypothalamus und der dorsomediale Kern des Hypothalamus spielen die Hauptrolle in der Steuerung sexueller Reaktionen. Bei männlichen Säugetieren ist die mediale präoptische Region (MPOR) des Hypothalamus für koordiniertes Kopulationsverhalten verantwortlich. Innerhalb der MPOR ist v.a. der sexuell dimorphe Nucleus (SDM) reich an Testosteron und Testosteronrezeptoren. Die MPOR ist während der Ontogenese auch für die Maskulinisierung verantwortlich und beim männlichen Geschlecht vergrößert. Beim Rhesusaffen führt Zerstörung der MPOR (s. die Abb. links) zu Störung und Ausfall der Kopulation.

Das weibliche Pendant zur MPOR liegt im ventromedialen Kern des Hypothalamus. Teile dieser Kerne sind reich an Östradiol-Progesteron und steuern die Koordination der Körperposition (z. B. die Lordose bei Ratten) bei Kopulation. Diese Regionen sind beim Weibchen größer und mehr als doppelt so reich an Sexualhormonen als beim Männchen.

Gelernte Motivation und Sucht

WHO-Definition der Drogenabhängigkeit; Sucht als extreme Form positiver Motivation über eine Aktivierung des mesolimbischen Verstärkungssystems

„Abhängigkeit ist ein Syndrom, das sich in einem Verhaltensmuster äußert, bei dem die Aufnahme der Droge Priorität gegenüber anderen Verhaltensweisen erlangt, die früher einen höheren Stellenwert hatten. ...es muß nicht dauernd vorhanden sein... . Abhängigkeit ist nicht absolut, sondern existiert in unterschiedlicher Stärke. Die Intensität des Syndroms wird an den Verhaltensweisen gemessen, die im Zusammenhang mit der Drogensuche und -aufnahme gezeigt werden und an anderen Verhaltensweisen, die daraus resultieren."

Süchtiges Verhalten ist also eine extreme Form positiver Motivation; sie ist zwar biologisch nicht verschieden von anderem positiv motivierten Verhalten, wie Freude, Bindung, Appetit etc, aber sie kann in ihren biologischen Grundlagen ohne Berücksichtigung der Umgebung, in der sie entsteht und aufrecht erhalten wird, nicht verstanden werden (Lerngeschichte des Individuums). Alle süchtig machenden Substanzen scheinen das mesolimbische Verstärkungssystem (Abb. S. 81) anzuregen und die meisten führen zu Toleranz und Abhängigkeit. Für die bei Entzug auftretenden Erscheinungen scheint das in der nachfolgenden Abbildung gezeigte Phänomen der Neuroadaptation verantwortlich zu sein. Suchtverhalten ist unauflöslich mit den Situationen verbunden, in denen die Substanz eingenommen wird (Kontingenz-Abhängigkeit). Diese gelernten Anreizwerte sind wahrscheinlich an der hohen Rückfallquote von Süchtigen wesentlich beteiligt.

Neurobiologie der Sucht: Beispiel Opioidneuroadaptation (Hypersensitivitätstheorie der Sucht). [Nach Birbaumer N, Schmidt RF (1996) a. o. a. O.]

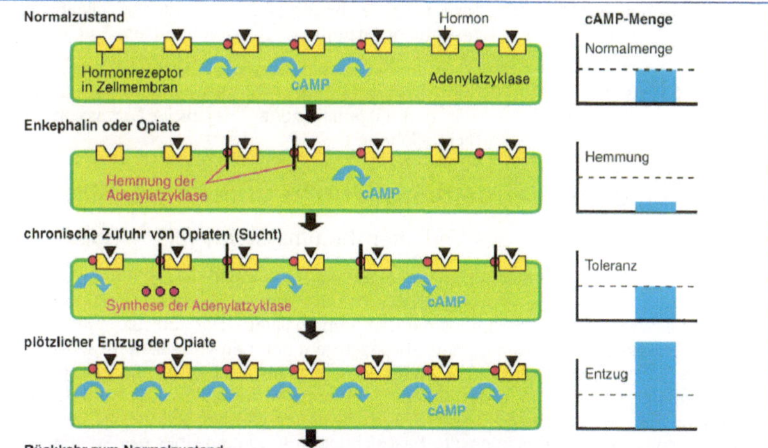

An verschiedenen Neuronen des schmerzverarbeitenden Systems führen (primäre) Botenstoffe (Transmitter/Hormone) mit Hilfe des Enzyms Adenylatzyklase (AC) zur Aktivierung des sekundären Botenstoffes cAMP, der für die Zellreaktionen auf die Rezeptoraktivierung verantwortlich ist; endogene (z.B. Enkephalin) oder exogene Opiate (z.B. Heroin) hemmen die AC, reduzieren damit das cAMP-Niveau und führen im Endeffekt zur kurzzeitigen Schmerzhemmung. Chronische Zufuhr von Opiaten hat vermehrte AC-Synthese solange zur Folge, bis ein normales cAMP-Niveau wieder erreicht ist (Entwicklung von Toleranz). Bei abruptem Entzug werden alle AC-Moleküle aktiv, es entsteht ein Überschuß an cAMP, der über eine Reihe von Zwischenschritten die Entzugssymptome verursacht.

Grundbegriffe der Emotion

Definition der Begriffe Emotion (Gefühl) und Stimmung

Emotionen (Gefühle)	sind Reaktionsmuster auf körperinterne und externe Reize, die stets in den Dimensionen 1. angenehm/unangenehm (Annäherung/Vermeidung) und 2. erregend/deaktivierend erlebt werden; Emotionen sind nur graduell von Motivationen abgrenzbar.
Primäre Emotionen	sind angeborene Reaktionsmuster, die in allen Kulturen gleich ablaufen; zu ihnen zählt man Glück/Freude, Trauer, Furcht, Wut, Überraschung und Ekel; ihre Dauer überschreitet selten Sekunden. Gefühle des Menschen sind meist Gefühlsgemische primärer Emotionen.
Stimmungen	sind länger anhaltende (Stunden, Tage) Reaktionstendenzen, die das Auftreten einer bestimmten Emotion wahrscheinlich machen.

Es gibt 3 primäre Emotionssysteme; jedes System wird von unterschiedlichen Umweltreizen aktiviert und steuert entsprechende Verhaltensweisen. [Nach Gray G (1982) Neuropsychology of anxiety. Oxford Univ Press, Oxford]

Emotionssystem	Verstärkende Reize	Verhalten
Verhaltenshemmung Behavioral inhibition system (BIS)	Konditionierte Reize für Bestrafung und konditionierte Nichtbelohnung	Passive Vermeidung, Löschung
Annäherung Behavioral activation system (BAS)	Konditionierte Reize für Bestrafung, Belohnung und Bestrafungsentzug	Annäherungslernen, aktive Vermeidung; zielgerichtete, konditionierte Flucht; Beuteaggression
Kampf-Flucht-System	Unkonditionierte Bestrafung und unkonditionierte Nichtbelohnung	Unkonditionierte Flucht, defensive Aggression

9

Neurobiologie der Vermeidung (Furcht und Angst, BIS)

Anatomie und Physiologie des Verhaltenshemmsystems (BIS, s. oben)

Das BIS besteht aus Hippokampus, Subiculum, entorhinalem Kortex (EC) und Septum; 3 davon sind zu einer Kreisschaltung (EC → Hippokampus → Subiculum → EC) zusammengeschlossen, das Septum verbindet den Hippokampus mit dem Hypothalamus. Der Subiculum-Kreis erfüllt eine Vergleichsfunktion: Die ankommende, als bedeutsam und neu vorselektierte sensorische Information wird mit gespeicherten (erwarteten) sensorischen Reizmustern und intendierten Bewegungsabfolgen verglichen; diese Erwartungen und Vorhersagen stammen aus dem frontothalamischen System (Papez-Kreis, s. S. 82); läßt das Vergleichsergebnis eine Bestrafung erwarten, erfolgt eine Unterbrechung der beabsichtigten Bewegung über das Septum (zum Hypothalamus) und über das Subiculum (zum striatothalamischen System).

Pharmakologie des Verhaltenshemmsystems (BIS, s. oben)

Das BIS wird von Barbituraten, Benzodiazepinen (z. B. Valium) und Alkohol spezifisch gehemmt. Diese senken damit von den möglichen Angstphänomenen nur die Reaktionen in passiven Vermeidungssituationen, z. B. Frustrationen, Furcht vor angeborenen Fluchtreizen (prepared-Reizen, z. B. Schlangenphobie); sie haben keinen Einfluß auf unkonditionierte Furcht- und Aggressionssituationen (z. B. Lärm) und auf aktives Vermeiden (Zwangsverhalten, z. B. zwanghaftes Händewaschen).

Neurobiologie der Annäherung (BAS) und der Aggression

Anatomie der intrakraniellen Selbstreizung (ICSS, intracranial selfstimulation, derzeit einziges ausentwickeltes Modell positiver Zustände im Gehirn)

Gibt man Ratten Gelegenheit, sich über ins Gehirn implantierte Elektroden durch Tastendruck selbst zu reizen, finden sich viele subkortikale und kortikale Areale im Gehirn („pleasure centers"), deren Reizung die Tiere zu andauernder Selbstreizung veranlassen (bis zu 5000 und mehr Hebeldrücke/h bis zur völligen Erschöpfung); optimale Orte sind das deszendierende mediale Vorderhornbündel (MFB, medial forebrain bundle) und der laterale Hypothalamus, LH; am Neokortex ist der frontale Kortex besonders gut geeignet. Die Reizung tiefergelegener Strukturen des Mittelhirns hat den gegenteiligen Effekt: Die Tiere versuchen, elektrische Reizung dieser Hirnteile zu verhindern („Bestrafungs"- und „Aversionszentren").

Modell der Aktivierung des dopaminergen mesolimbischen Verstärkungssystems durch intrakraniale Selbstreizung (ICSS) im lateralen Hypothalamus. [Mod. aus Stellar JR, Stellar E (1985) The neurobiology of motivation and reward. Springer, Heidelberg]

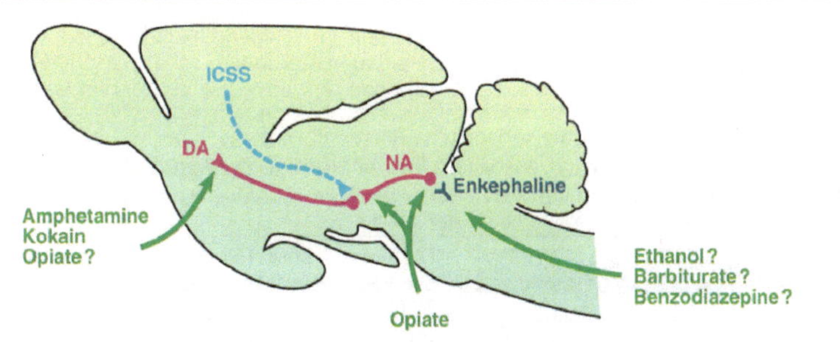

ICSS führt zur Erregung der dopaminergen aszendierenden Systeme, die als gemeinsame Endstrecke eines deszendierenden MFB-LH-Systems (blau gestrichelt) und von endogenen Opiatneuronen fungieren; pharmakologische Einflüsse auf das Verstärkungssystem sind eingezeichnet (grüne Pfeile).

Elektrische Reizung des Kampf-Flucht-Systems im Hypothalamus führt im Tierversuch je nach Reizort zu 3 Arten von Angriffsverhalten:

Affektive Aggression	Auslösbar durch Reizung des medialen Hypothalamus; führt zu extremen Attacken gegen jedes nächste erreichbare, bewegte oder unbewegte Ziel; die Reize sind aversiv, die Tiere lernen rasch Hebeldruckreaktionen, um sie zu vermeiden.
Beuteagression	Der Beuteangriff ist nicht aversiv, hat wenig vegetative Begleiterscheinungen, er besteht in geordneten „kaltblütigen" Verhaltenssequenzen und er ist von der Umgebung (z. B. Opferverhalten abhängig); der Beuteangriff kann unabhängig von Hunger erfolgen, z. B. töten Katzen Mäuse nur für die positiv verstärkende Wirkung der Beuteaggression.
Flucht und Flucht-aggression	Reizung des dorsalen Hypothalamus führt zu Flucht und Fluchtattacken; letztere treten nur auf, wenn dem Tier bei der Flucht ein Hindernis entgegentritt; insgesamt hat dieses Verhalten mehr mit Angst und Furcht als mit Aggression zu tun (Überlappung mit dem BIS).

Die Rolle des limbischen Systems bei Motivation und Emotion

Das limbische System stellt eine Gruppe heterogener Kerne dar, die man entwicklungsgeschichtlich und funktionell als Verbindungsglieder zwischen neokortikalen und Stammhirnfunktionen deuten kann. [Modifiziert nach Nieuwenhuys R (1985) Chemoarchitecture of the Brain, Heidelberg: Springer]

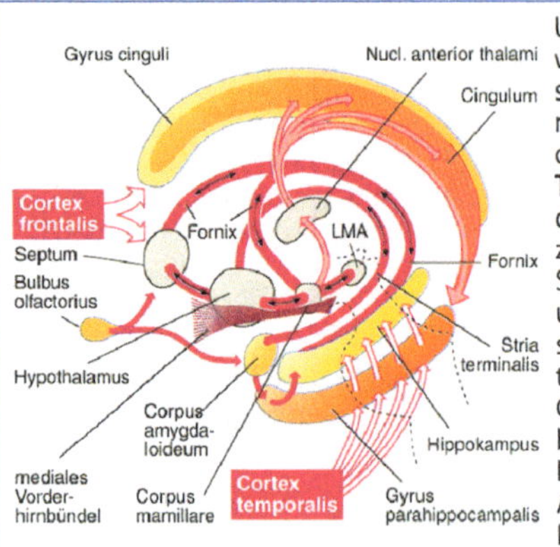

Unter dem limbischen System (LS) verstehen wir die in der Abbildung wiedergegebenen Abschnitte. Teile des Hypothalamus sind so eng mit dem LS verbunden, daß sie diesem zugeordnet werden müssen. Mit den rot unterlegten Teilen des Neokortex bestehen so enge Verbindungen, daß man diese Kortexanteile oft auch zum limbischen System rechnet. (Papez-Kreis, S. 80). Reiz- und Ausschaltversuche bei Tieren und krankheitsbedingte Läsionen bei Menschen haben gezeigt, daß die auf S. 80 genannten primären Emotionen ihre neuronalen Grundlagen (Repräsentationen) v. a. im limbischen System haben. Dazu kommt es bei Läsionen im LS Mensch und Tier zu sozialen Anpassungsstörungen, die besonders bei Läsionen der Amygdala beobachtet werden.

9

In der Amygdala werden neutrale sensorische Reize mit biologisch bedeutsamen Reizen, wie z. B. Geschmack und Geruch, assoziiert; ihre beidseitige Zerstörung führt zu Störungen des sozialen und emotionalen Verhaltens. [Modifiziert nach LeDoux JE (1994) Emotion, memory and the brain. Scientific American 271:32–39, mit freundlicher Erlaubnis]

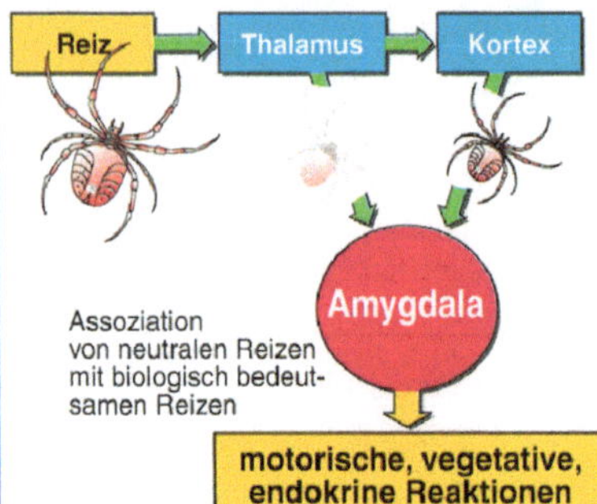

Die Amygdala ist Teil des limbischen Systems. Sie liegt als subkortikales Kerngebiet in der Tiefe des Temporallappens (s. obige Abbildung). In der Amygdala werden komplexe sensorische Informationen und Gedächtnisinhalte mit Informationen aus dem Körperinneren assoziiert. Die sensorischen Informationen bekommen motivationale Bedeutung und führen dann zur Aktivierung jener affektiven Verhaltensmuster, die sich in der Vergangenheit bei entsprechenden Umweltkonstellationen als zweckmäßig erwiesen haben, d. h. verstärkt wurden. Dieser Sachverhalt ist in der nebenstehenden Abbildung beispielhaft erläutert:

Erlernte oder angeborene Aversionen gegen Schlangen, Spinnen, Hunde etc. führen dazu, daß die bloße Ansicht dieser Tiere sowohl Furcht als auch gezielter motorische, vegetative und endokrine Reaktionen erzeugt. Die Reaktionen werden schnell und stereotyp über die thalamo-amygdalären Verbindungen und langsamer über die kortikalen Verbindungen zur Amygdala erzeugt. Die sensorische Information vom Thalamus zur Amygdala ist schemenhaft und auf den biologischen Sachverhalt reduziert, die vom Kortex ist präzise.

Bilaterale Zerstörung der Amygdala beim Tier führt zu Verhaltensstörungen. Die Tiere werden unfähig, die soziale Bedeutung sensorischer Signale in Beziehung zu den eigenen affektiven Zuständen zu setzen, die die Annäherung und Meidung anderer Mitglieder der Gruppe regulieren. Sie meiden die Mitglieder ihrer Gruppe und werden ängstlich und unsicher. Die im Hypothalamus integrierten homöostatischen Funktionen sind dabei nicht ernsthaft gestört.

10 Kognitive Funktionen und Denken

Zerebrale Asymmetrie

Die beiden Hemisphären des Neokortex verarbeiten unterschiedliche Informationen; dies ist besonders deutlich bei Patienten mit gespaltenem Bewußtsein auf Grund einer Split-brain-Operation (Durchschneidung des Balkens und der Commissura anterior) [Modifiziert nach Levy J, Trevarthen C (1976) J Exp Psychol 2: 299–312, mit freundlicher Erlaubnis]

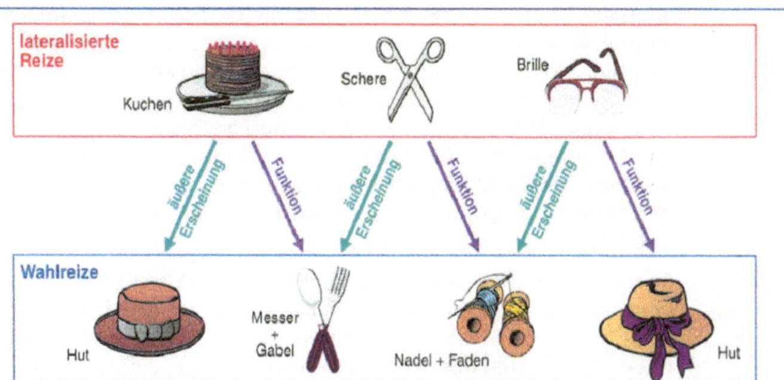

Bevorzugte Denkstrategien der rechten und linken Hemisphäre. Werden Split-brain-Patienten die Figuren der oberen Reihe über das linke Gesichtsfeld nur der rechten Hemisphäre angeboten und die Patienten aufgefordert, aus den in der unteren Bildreihe angebotenen Auswahl jene auszusuchen, die am besten zum oberen Objekt passen, so werden die äußerlich ähnlichen Gegenstände ausgewählt (grüne Pfeile). Diese Hemisphäre denkt also „gestalthaft" in Ähnlichkeitsbeziehungen. Bei Projektion der Gegenstände in die linke Hemisphäre werden funktionell zugehörige Gegenstände ausgewählt (lila Pfeile). Links ist also die Informationsverarbeitung auf kausale Interferenzen, Ursache-Wirkungsbeziehungen und das Ausgleichen logischer Widersprüche konzentriert. Man spricht auch von analoger (re.) versus sequentieller (li.) Informationsverarbeitung.

Zerebrale Lateralisation: Funktionen der jeweiligen Hemisphären, die überwiegend von der einen Hemisphäre bei Rechtshändern gesteuert werden [Aus Schmidt RF (Hrsg) (1998) Neuro- und Sinnesphysiologie, 3. Aufl., Heidelberg: Springer]

Funktion	Linke Hemisphäre	Rechte Hemisphäre
Visuelles System	Buchstaben, Wörter	Komplexe geometrische Muster, Gesichter
Auditorisches System	Sprachbezogene Laute	Nichtsprachbezogene externe Geräusche, Musik
Somatosensorisches System	?	Taktiles Wiedererkennen von komplexen Mustern, Braille
Bewegung	Komplexe Willkürbewegung	Bewegungen in räumlichen Mustern
Gedächtnis	Verbales Gedächtnis	Nonverbales Gedächtnis
Sprache	Sprechen, Lesen, Schreiben, Rechnen	Prosodie (Satzmelodie, Betonung)
Räumliche Prozesse		Geometrie, Richtungssinn, mentale Rotation von Formen
Emotion	neutral-positiv	negativ-depressiv

10

Neuronale Grundlagen von Kommunikation und Sprache

Kommunikation im Tierreich zeigt eine große Vielfalt und Komplexität bis hin zu sprachlichen Leistungen; alle komplexen Kommunikationsformen benutzen Verknüpfungsregeln (Syntax) von bedeutungstragenden Zeichen (Semantik). [In Anlehnung an Kolb B, Winshaw IQ (1995) Fundamentals of Human Neuropsychology, 4th edition. Freeman, New York]

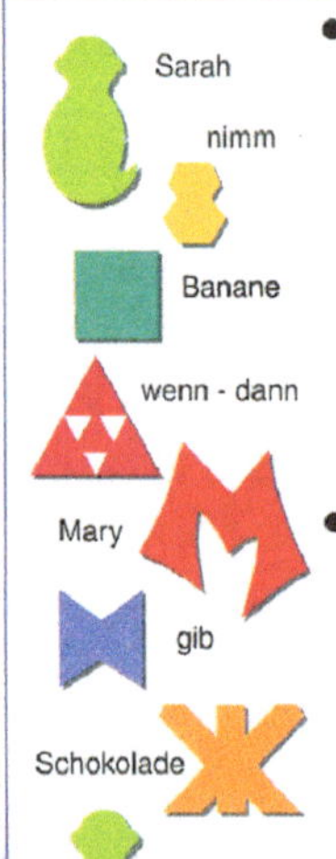

- **Sprache bei Tieren.** Bei sozial lebenden Tieren haben sich z. T. hochdifferenzierte Kommunikationsformen entwickelt (z. B. bei Menschenaffen ein Repertoire von 30–40 Lautäußerungen mit emotionaler und kognitiver Bedeutung). Der vokale Apparat läßt bei Menschenaffen und Delphinen kein Sprechen zu. Diese Tiere können aber bis zu 200 Wörter einer nichtverbalen Kunstsprache (z. B. Taubstummenzeichensprache) oder einer Symbolsprache erwerben und auch spontan nutzen wie in der Abbildung links: In diesen Versuchen von D. Premack mußte die Schimpansin Sarah die Sprachsymbole (Worte) aus einer Vorratsbox mit anderen „Worten" auszusuchen und auf einer Magnettafel von oben nach unten anordnen.
- **Sprache beim Menschen.** Die anatomischen Voraussetzung für Sprechen (niedrig gelegener Kehlkopf und relativ großer Schlund) scheinen frühestens vor 100 000 Jahren entstanden zu sein, also etwa zeitgleich mit dem Auftreten des Homo sapiens vor 50–100 000 Jahren. Die Sprachen der Erde scheinen sich aus einer gemeinsamen Sprache mit universeller Grammatik entwickelt zu haben. Dies geschah vermutlich, als für effektives Jagen und Sammeln die gestisch-mimische Kommunikation nicht mehr ausreichte. Auch der zunehmende Werkzeuggebrauch wird mit der Sprachentstehung in Verbindung gebracht. Wie die hirnpathologischen Befunde bei Sprachstörungen zeigen, sind expressive Sprache und Syntax bei den meisten Menschen links lokalisiert (s. a. unten und S. 85).

10

Eine Einordnung der an der Sprache beteiligten Hirnareale erlaubt das Modell von Geschwind; es basiert v. a. auf der Auswertung von Sprachstörungen bei Hirnläsionen (in der Abb. fehlen die subkortikalen Verbindungen). [Nach Kolb & Whishaw (1995) a.o.a.O.]

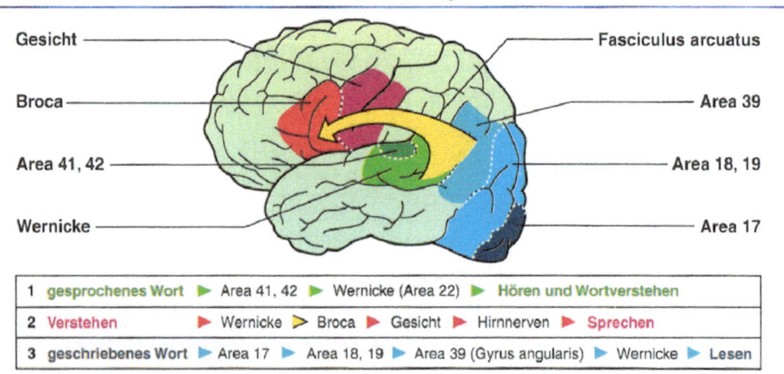

1	gesprochenes Wort	▶ Area 41, 42 ▶ Wernicke (Area 22) ▶ Hören und Wortverstehen
2	Verstehen	▶ Wernicke ▶ Broca ▶ Gesicht ▶ Hirnnerven ▶ Sprechen
3	geschriebenes Wort	▶ Area 17 ▶ Area 18, 19 ▶ Area 39 (Gyrus angularis) ▶ Wernicke ▶ Lesen

Dargestellt ist der postulierte Ablauf der Informationsverarbeitung und -weiterleitung für Wortverstehen (1), Sprechen (2) und Lesen (3). Beim Menschen sind syntaktische Regeln und Funktionswörter primär links in der perisylvischen Region lokalisiert (sprachdominante Hemisphäre). Sprachverständnis findet sich aber auch rechts.

Sprachstörungen

Zur Sprachproduktion ebenso wie zum Sprachverständnis müssen in der linken Hemisphäre mehrere informationsverarbeitende Prozesse hintereinander (seriell) und zeitlich nebeneinander (parallel) ablaufen; die hauptsächlichsten Sprachstörungen bei Schädigungen der beteiligten Hirnstrukturen sind:

Broca-Aphasie

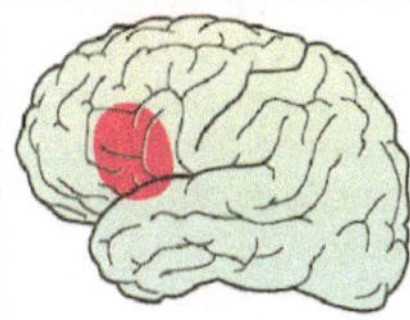

Motorisches (expressives) Sprachversagen bei Läsionen der 3. Stirnhirnwindung links (Broca-Areal, s. Abb.); hierbei wird kaum gesprochen, nur „Schlüsselwörter" (Telegrammstil); die Patienten strengen sich dabei stark an; Artikulation und Prosodie (Sprachmelodie) sind schlecht; das Sprachverständnis ist gut

Wernicke-Aphasie

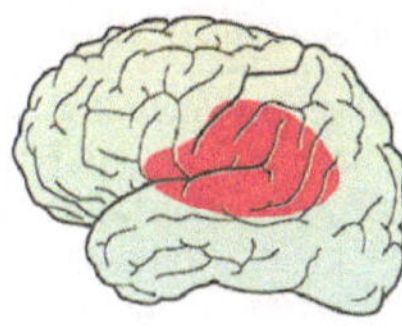

Sensorisches (rezeptives) Sprachversagen bei Läsionen im Schläfenlappen (Wernicke-Areal s. Abb.); Patienten sprechen flüssig mit vielen phonematischen (lautlichen, z. B. Spille statt Spinne) und semantischen (z. B. Mutter statt Frau) Paraphasien sowie Neologismen (Neubildungen); das Sprachverständnis ist stark gestört

Leitungsaphasie

Unterbrechung des Fasciculus arcuatus, also der Verbindung zwischen Wernicke- und Broca-Areal; sprachliche Kommunikation ist möglich; der Patient kann aber nicht wiederholen und nachsprechen

Globale Aphasie

Schwere Störung der expressiven wie der rezeptiven Sprachleistungen bei gleichzeitiger Läsion der Wernicke- und Broca-Areale

Anomische Aphasie

Auch amnestische oder semantische genannt; Wortfindungsstörungen bei guter Wortflüssigkeit und erhaltenem Verständnis; meist Läsionen im temporal-parietalen Kortex

Subkortikale Aphasie

Nach anfänglichem Mutismus (Stummheit) entstehen Paraphasien, die verschwinden, wenn Gesprochenes wiederholt werden soll; geringe Sprachproduktion, gutes Sprachverständnis, meist rasche Erholung

Alexie, Agraphie, Acalculie

Störungen des Lesens, bzw. Schreibens, bzw. Rechnens, die als Begleitsymptome von Aphasien auftreten und gelegentlich auch im Vordergrund des Krankheitsbilds stehen können

Hauptsymptome der Aphasien (Aus Birbaumer N, Schmidt RF (1996) Biologische Psychologie, 3. Aufl. Heidelberg: Springer)

Aphasietyp	Spontanes Sprechen	Paraphasien	Verstehen	Wiedergabe	Benennen
Broca-Aphasie	stockend	selten	gut	schlecht	schlecht
Wernicke-Aphasie	flüssig	häufig	schlecht	schlecht	schlecht
Leitungsaphasie	flüssig	häufig	gut	schlecht	schlecht
Global	stockend	variabel	schlecht	schlecht	schlecht
Anomie	flüssig	fehlen	gut	gut	schlecht
Subkortikale Aphasie	flüssig oder stockend	häufig	variabel	gut	variabel

Die Funktionen der Assoziationsareale des Neokortex

Überblick über die Aufgaben der Assoziationskortizes

In der Hirnrinde lassen sich, wie in der Abbildung S. 53 zu sehen, 3 Areale als assoziativ ansehen, nämlich der limbische, der parietal-temporal-okzipitale und der präfrontale assoziative Kortex. Von diesen ist der limbische assoziative Kortex an Motivation und Emotion beteiligt (s. Kap. 9) und die midtemporalen Anteile des parietal-temporal-okzipitalen Kortex an Gedächtnisfunktionen (s. Kap. 8). Den parietalen Assoziationskortex darf man als die Basis sensorisch-kognitiver Funktionen ansehen (wobei die Unterschiede zwischen der sprachdominanten und der nichtsprachdominanten Hemisphäre zu beachten sind, s. die beiden vorhergehenden Seiten und unten) und der präfrontale Kortex steuert motorisch-motivationale Verhaltensweisen (s. unten).

Die zielorientierte Planung des Verhaltens und das Ausüben von Selbstkontrolle sind an die päfrontalen assoziativen Kortexregionen gebunden

Läsionen des präfrontalen Kortex führen je nach Lokalisation und Ausmaß zu Störungen des zeitlichen Ablaufs von Verhalten (Zerfall von Verhaltensplänen und Erwartungen). Die zur Ausübung von Selbstkontrolle notwendigen Integrationsleistungen sind ebenfalls nicht mehr möglich. Es kommt deshalb sekundär zu sozialen Auffälligkeiten, zu pseudopsychopathischen Zustandsbildern und pseudodepressiven Zuständen.

10

Der Parietallappen stellt anatomisch und physiologisch den zentralen Kreuzungspunkt zwischen den Sinnesmodalitäten dar; bei Läsionen kommt es neben den schon beschriebenen Aphasien (s. vorige Seite) zu Apraxien, Agnosien und kontralateralem Neglekt; letzterer tritt v. a. nach Läsionen des rechten unteren Temporallappens auf. [Porträts aus Birbaumer N, Schmidt RF (1996) Biologische Psychologie, 3. Auflage, Heidelberg: Springer]

Linksneglekt. Die beiden Selbstporträts des Malers Anton Räderscheidt illustrieren die partielle Erholung von einem kontralateralen Neglekt nach einem rechts-parietalen Infarkt. Zwei Monate nach dem Infarkt (links) ist der Linksneglekt noch vollständig. Der Künstler kann seine Aufmerksamkeit nicht auf die linke Hälfte seiner Welt richten. Das rechte Porträt zeigt eine teilweise Erholung 5 Monate nach dem Insult, die einige Monate später nahezu vollständig war.

Apraxie	Unfähigkeit zu Willkürbewegungen bei erhaltener Funktion des motorischen Apparats, also eine Störung der Bewegungsplanung und des Bewegungsablaufs, die nicht auf Schwäche, Deafferenzierung, Bewegungsstörungen wie Tremor, Chorea oder auf intellektuelle Störungen rückführbar ist.
Agnosie	Bei intaktem visuellen Apparat ist das Erkennen von Objekten, Landmarken, die eigene Position darin und die Orientierung gestört oder werden nicht erinnert. Besonders eindrücklich sind Störungen des Gesichtserkennens, die Prosopagnosie genannt werden.

III
Allgemeine und spezielle Sinnesphysiologie

11 Allgemeine Sinnesphysiologie

Grundbegriffe in der Sinnesphysiologie

Die Sinne werden mit 4 methodische Ansätzen erforscht; diese sind:

- **Objektive Sinnesphysiologie:** Die Untersuchung von Sinnessystemen mit physikalisch-chemischen Meßmethoden (z. B. elektrophysiologische Ableitungen von Sensoren).
- **Wahrnehmungspsychologie** (subjektive Sinnesphysiologie): Das Studium der Empfindungen und Wahrnehmungen mit psychologischen Methoden.
- **Psychophysik:** Quantitative Messungen zwischen (objektiver) Reizgröße und (subjektiver) Empfindungsgröße (einfachster Fall: Messen einer Sinnesschwelle).
- **Psychophysiologie:** Gleichzeitiges Messen und Verknüpfen objektiver Ereignisse an Sinnesorganen oder in zentralnervösen Strukturen einerseits (meist mit nichtinvasiven Methoden, z. B. EEG) und subjektiver Wahrnehmungen und Verhaltensweisen andererseits.

Unsere Sinnesorgane übermitteln uns nur einen winzigen Ausschnitt aller in unserer Umwelt und in uns ablaufenden Vorgänge [Mod. nach Dudel J (1985) Allg. Sinnesphysiologie, Psychophysik. In: Schmidt RF (Hrsg.) Grundriß der Sinnesphysiologie, 5. Aufl. Springer, Heidelberg]

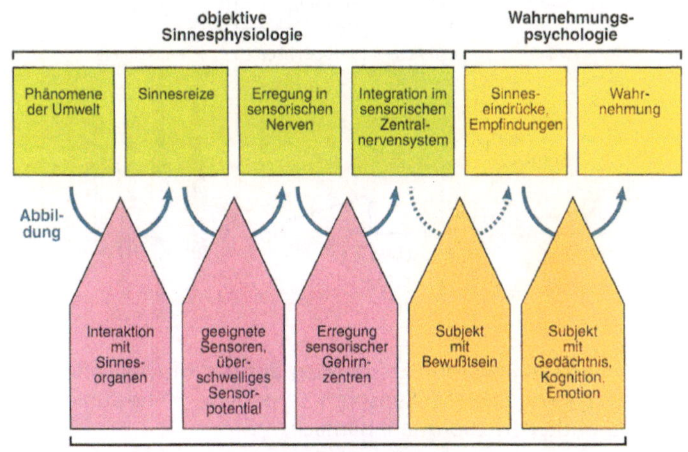

Mangels geeigneter Sensoren sind die meisten physikalischen und chemischen Vorgänge in der Umwelt und in uns selbst keine Sinnesreize, sondern nur solche, für die ein geeignetes Sinnesorgan vorhanden ist (z. B. Ohr für Schallwellen, Auge für Licht etc.).

Die bei Erregung eines Sinnesorgans ablaufenden Vorgänge zeigt die Abbildung: in den Kästchen Grundphänomene der Sinnesphysiologie, die Pfeile dazwischen bedeuten „führt zu" oder „induziert" (Entsprechung oder Abbildung, nicht Kausalität); der Übergang von physiologischen zu psychologischen Prozessen ist durch einen gestrichelten Pfeil gekennzeichnet.

Sinneseindrücke sind die einfachsten Elemente der Sinneserfahrung, mehrere gleichzeitig auftretende führen zu einer Sinnesempfindung. Ihre Interpretation mit Hilfe unseres Gedächtnisses macht sie zur Wahrnehmung.

11

Alle Sinneseindrücke, die durch ein Sinnesorgan (z. B. Auge, Ohr, Getast, Geruch und Geschmack) übermittelt werden, nennt man eine Sinnesmodalität (synonym: Sinn, Modalität); jeder Sinn hat 4 Grunddimensionen, nämlich:

Qualität	Gruppierungen verwandter oder ähnlicher Sinneseindrücke, z. B. beim Gesichtssinn der Grauwert (Schwarzweißwert) und die Farbe
Quantität	Intensität einer Empfindung, z. B. beim Gesichtssinn die Stärke der Helligkeitsempfindung oder die Sättigung der Farben
Räumlichkeit	Einordnung der Empfindung in die Raumstruktur der Umwelt und unseres Körpers; unterschiedlich gut bei den verschiedenen Sinnen
Zeitlichkeit	Einordnung der Empfindung in die Zeitstruktur der Umwelt; das zeitliche Auflösungsvermögen der verschiedenen Sinne ist sehr unterschiedlich (z. B. beim Gesichtssinn sehr präzise, beim Temperatursinn ungenau)

Modalität, Quantität, Qualität und ihre organischen Substrate am Beispiel des Sehsystems [Mod. nach Dudel J (1985) a. o. a. O.]

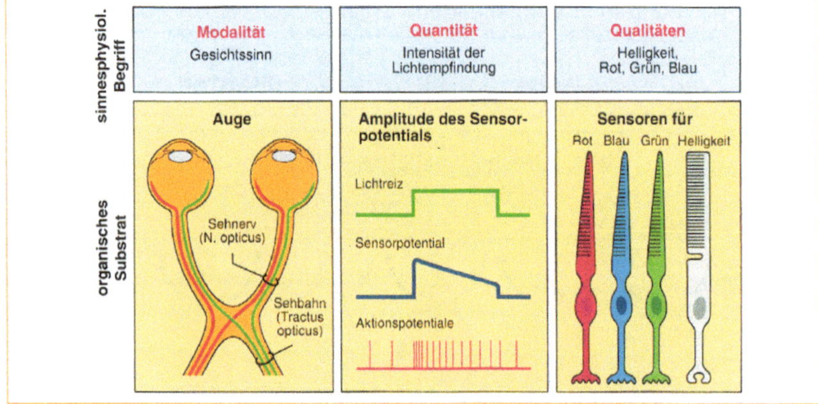

Nach den von ihnen registrierten Ereignissen aus der Umwelt oder aus den Körpergeweben lassen sich die Sensoren (synonym: Sinnesfühler, Sinnesrezeptoren) 3 Grundtypen zuordnen, nämlich:

Exterosensoren	Sensoren, die Reize aus der Umwelt aufnehmen, z. B. die Zapfen und Stäbchen des Auges. Die 5 „klassischen" Sinne Gesicht, Gehör, Geruch, Geschmack, Getast besitzen Exterosensoren (Exterozeptoren)
Propriosensoren	Sensoren, die Lage und Bewegung unseres Körpers registrieren, z. B. Muskelspindeln und Sehnenorgane (s. Motorik); ferner die Sensoren des Gleichgewichtsorgans; bilden zusammen Tiefensensibilität (Propriozeption, s. S. 97)
Enterosensoren	Sensoren, die mechanische und chemische Ereignisse in den Eingeweiden registrieren, z. B. im Karotissinus Barosensoren (messen Blutdruck) und Chemosensoren (messen Kohlensäure- und Sauerstoffspannung); bilden viszerale Sensibilität oder Viszerozeption. Erregung von Enterosensoren (Enterozeptoren) führt zu Allgemeingefühlen (z. B. Hunger, Durst), z. T. mit Notfallcharakter (z. B. Atemnot), wird aber häufig auch nicht bewußt

Allgemeine objektive Sinnesphysiologie

Die Spezifität der Sinnesorgane zeigt sich in ihren adäquaten Reizen und spiegelt sich im „Gesetz der spezifischen Sinnesenergien" (J. Müller) wider

Die Sensoren reagieren mit nur einer physikalisch-chemischen Reizform optimal (meist der Reiz, der mit minimaler Energie erregt). Dieser wird adäquater Reiz genannt (z. B. Auge: elektromagnetische Wellen mit Längen von 400–800 nm [blau – rot], Ohr: Schallwellen von 20–16 000 Hz). Aber auch andere Reize, z. B. elektrische, können Sensoren erregen, sie werden als nichtadäquate Reize zusammengefaßt. Beide Reizformen lösen jedoch subjektiv immer die für das Sinnesorgan spezifischen Empfindungen aus (z. B. am Auge Lichtempfindungen). Diese Tatsache ist der wesentliche Inhalt des 150 Jahre alten „Gesetzes der spezifischen Sinnesenergien".

Die Einteilung der Sensoren nach ihren adäquaten Reizen ist folgende:

Mechanosensoren	Registrieren mechanische Deformation, z. B. in Haut, Muskel, Ohr und Gleichgewichtsorgan; z. T. sehr niedrige Schwelle (z. B. kleinste Ziliendeformation)
Thermosensoren	Registrieren Abkühlen oder Erwärmen, v. a. in der Haut, aber auch im Hypothalamus und in anderen zentralnervösen Strukturen
Chemosensoren	Reagieren auf chemische Reize, z. B. die Geruchs- und Geschmackssensoren und die vielen Enterosensoren in den Eingeweiden (s. auch vorige Seite)
Photosensoren	Reagieren auf Photonen, also auf sichtbares Licht; die Stäbchen und Zapfen der Retina sind beim Menschen die einzigen Photosensoren
Nozisensoren	Sind darauf spezialisiert, (potentiell) gewebsschädigende physikalische oder chemische Reize zu registrieren; Nozisensoren kommen in praktisch allen Geweben vor, ihre Erregung führt häufig zu Schmerzen (Nozizeptorschmerz)

Das Auftreffen eines Reizes auf einen Sensor löst nacheinander die Vorgänge der Transduktion, Transformation und Konduktion aus

11

Transduktion	Sensoren haben ein normales Ruhepotential. Das Auftreffen des Reizes führt zu Permeabilitätsänderungen der Sensormembran (vor allem Öffnen von Na^+-Kanälen) und damit zu depolarisierenden Ionenströmen. Die resultierende Depolarisation wird als Sensorpotential (auch Generatorpotential oder Rezeptorpotential) bezeichnet. Dieses dauert so lange wie der Reiz, und seine Amplitude wächst mit der Reizstärke: es ist reizabbildend. Der gesamte Umwandlungsprozeß des Reizes in ein Sensorpotential wird Transduktion genannt. Es gibt auch hyperpolarisierende Sensorpotentiale (s. S. 134).
Transformation	Als Transformation bezeichnet man den Prozeß der Auslösung von Aktionspotentialen durch das Sensorpotential in den benachbarten Abschnitten des Axons der afferenten Nervenfaser. Das Sensorpotential breitet sich elektrotonisch in die benachbarten Axonabschnitte aus und depolarisiert dort das Ruhepotential zur Schwelle für die Entstehung von Aktionspotentialen. Es resultieren Salven von Aktionspotentialen, deren Frequenz von der Amplitude des Sensorpotentials abhängt (in der Retina ist das etwas komplexer, s. S. 134).
Konduktion	Dies ist die Weiterleitung der afferenten Salven mit der von der Nervenfaser abhängenden Geschwindigkeit (Tabelle S. 18) an die erste Synapse in Rückenmark oder Hirnstamm (je nach Sinnesmodalität); dort erfolgt dann die Umkodierung des Reizes in synaptische Potentiale des sekundären Neurons.

Es gibt primäre und sekundäre Sensoren, die teils phasische, teils tonische Sensorpotentiale bilden; für die Kodierung der Reizdauer und -intensität in Sensoren sind folgende Begriffe und Gesichtspunkte wichtig:

Primäre und sekundäre Sensoren	Bei primären Sensoren (den meisten) findet die Transformation im Anfangsabschnitt des Axons der Sensorzelle statt. Bei sekundären Sensoren liegt eine Synapse zwischen Sensor und Axon, z. B. bei den Schmeckzellen der Zunge, den Sehzellen (Zapfen und Stäbchen der Netzhaut) und den Hörzellen (Haarzellen) im Innenohr. Letztere (und z.T. auch andere sekundäre Sensoren) haben zusätzlich eine efferente Innervation, mit der ihre Empfindlichkeit verstellt werden kann.
Tonische Sensoren	Tonische Sensoren bilden besonders die Amplitude eines Reizes ab, daher auch ihre Bezeichnung als statische oder proportionale Sensoren; sie messen gleichzeitig genau die Dauer des Reizes (ein gutes Beispiel sind die Golgi-Sehnenorgane, die eine sehr geringe phasische Komponente haben).
Phasische Sensoren	Phasische Sensoren reagieren überproportional auf Änderungen der Reizintensität, sie werden daher auch dynamische oder Differentialsensoren genannt; sie signalisieren die Geschwindigkeit der Reizänderung und damit auch recht genau die Dauer des Reizes. Extremes Beispiel ist das Pacini-Körperchen (ein Vibrationssensor ohne jede tonische Empfindlichkeit).
PD-Sensoren	So nennt man Sensoren mit Proportional- und Differentialempfindlichkeit; es ist der häufigste Sensortyp, wobei es viele Abstufungen und Kombinationen beider Eigenschaften gibt. Als Beispiel einer ausgewogenen Mischung kann die primäre Muskelspindelafferenz genannt werden.
Kodierung der Reizamplitude	Die quantitative Beziehung (Übertragungsfunktion) zwischen der Reizstärke S und der tonischen Entladungsfrequenz F der afferenten Salve ist meist eine Potenzfunktion der Form $$F = k \cdot (S - S_0)^n ,$$ wobei k eine Konstante ist und S_0 für die Schwellenreizstärke steht. Der Exponent n hat für jeden Sensortyp einen charakteristischen positiven Wert; Beispiele: $n = 1$ bei Dehnungssensoren, $n < 1$ bei Photosensoren, $n > 1$ bei Nozisensoren.
Adaptation	Abnahme der afferenten Salve über die Zeit bei andauerndem, unverändertem Reiz. Phasische Sensoren sind per definitionem rasch adaptierend; aber auch tonische Sensoren adaptieren, wenn auch langsam. Ausnahmen sind z.B. die Nozisensoren (dauernde Zahnschmerzen) und die Kaltsensoren (stundenlang kalte Füße). PD-Sensoren sind auch in ihrem Adaptationsverhalten Mischformen. Schwelle (s. oben) und Adaptation schützen vor Überflutung mit trivialen Reizen; die Adaptation ist ein Teilmechanismus der Habituation (s. S. 71).
Primäres rezeptives Feld	Dies ist das Areal, z. B. auf der Haut, von dem aus sich ein Sensor, z. B. ein Drucksensor in der Haut, erregen läßt. Viele afferente Axone verzweigen sich zu mehreren Sensoren, so daß das primäre rezeptive Feld aus einem größeren oder mehreren kleinen Arealen bestehen kann (s. die Abbildung auf der nächsten Seite). Bei vielen Sensoren läßt sich das primäre rezeptive Feld nicht eindeutig bestimmen, z. B. weil durch Erhöhung der Reizintensität auch „von fern" eine Erregung ausgelöst werden kann. Das (sekundäre) rezeptive Feld sensorischer Neurone (s. nächste Seite) ist dagegen sehr eindeutig definierbar, da zentrale Erregungs- und Hemmprozesse für seine Begrenzung verantwortlich sind.

11

Die Abbildung und Verarbeitung der Reizinformation in den sensorischen Bahnen folgt in allen Sinnessystemen sehr ähnlichen Prinzipien, nämlich:

Ein Reiz erregt normalerweise viele (tausend) Sensoren gleichzeitig. Die resultierende Impulsflut in den Afferenzen enthält die gesamte Information über räumliche Ausbreitung, Intensität und zeitliche Struktur des Reizes. Diese Information muß vom ZNS ausgewertet werden. Das geschieht bei allen Sinnen auf mehreren Stationen zwischen Sensor und Hirnrinde (z. B. Hinterhorn, Hirnstamm, Thalamus; Einzelheiten dazu später). Hier einige allgemeine Prinzipien:

Divergenz	Praktisch alle Afferenzen teilen sich nach Eintritt in Rückenmark oder Hirnstamm in Kollateralen auf; sie geben daher die afferenten Impulse an mehrere (oft zahlreiche) Neurone weiter; dies ist ein Verstärkungsmechanismus.
Konvergenz	Praktisch alle sensorischen Neurone im ZNS erhalten Zuflüsse von mehreren (oft zahlreichen) Sensoren. Divergenz und Konvergenz erhöhen die „Betriebssicherheit" sensorischer Systeme; damit bleibt der Ausfall einiger Sensoren und Neurone praktisch folgenlos.
Hemmung	Wird benötigt, um schrankenlose Ausbreitung der Erregung zu verhindern. Laterale Hemmung (Umfeldhemmung) durch negative Rückkopplung führt zu Kontrastverschärfung, absteigende Hemmung zur Ausblendung unerwünschter Information (z. B. bei der Aufmerksamkeitsfokussierung).
Rezeptives Feld (sekundäres)	Gesamtheit der Körperperipherie, von der ein sensorisches Neuron durch Reize erregt oder gehemmt (!) werden kann. Oft ist das erregende rezeptive Feld von einem hemmenden umgeben und umgekehrt (Kontrastverschärfungsmechanismus). Die Größe rezeptiver Felder ist sehr unterschiedlich und durch Hemmprozesse variabel; pathophysiologische Veränderungen (z. B. bei Entzündung) kommen häufig vor.
Amplitudenkodierung	Die Übertragungsfunktion für die Kodierung der Reizamplitude ist meist eine Potenzfunktion, analog der bei Sensoren (s. vorige Seite).
Schwellen	Absolutschwelle: kleinste Reizstärke, für die sich eine Änderung der Impulsfrequenz des Neurons feststellen läßt; Unterschiedsschwellen: kleinste Änderungen eines Reizparameters, die Änderung der Entladungsfrequenz bewirken, z. B. Intensitäts-, Orts-, Zeit-, Tonhöhen- oder Farbunterschiedsschwellen.

11

Schematische Darstellung der peripheren und der ersten zentralen Ebene eines Sinnessystems [Mod. nach Shepherd GM (1983) Neurobiology. Oxford University Press, New York]

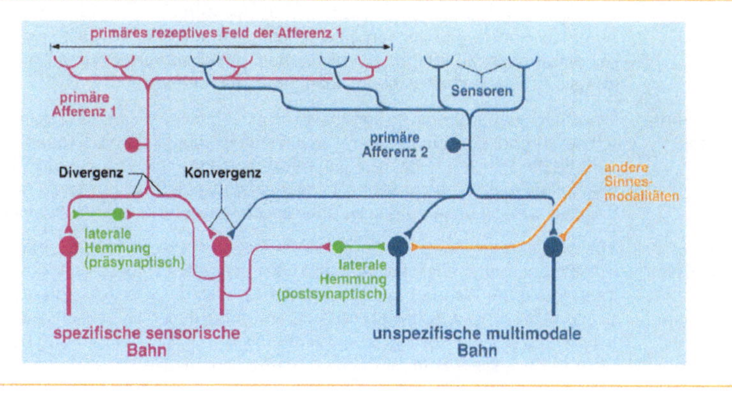

Allgemeine Wahrnehmungspsychologie (subjektive Sinnesphysiologie)

Bewußte Wahrnehmungen von Sinnesreizen folgen meist den gleichen Spielregeln wie die Informationsverarbeitung in Sensoren und sensorischen Neuronen

Bei allen Sinnen lassen sich *Schwellen, Unterschiedsschwellen, Empfindungsstärken, Raum-* und *Zeitdimensionen* sowie das *Adaptationsverhalten* der subjektiven Empfindungen und Wahrnehmungen mit der Versuchsperson als „Meßgerät" austesten. Die Versuchsperson zeigt verbal oder nichtverbal (z. B. Bewegen eines Hebels, intermodaler Intensitätsvergleich etc.) ihre Empfindungen an. Solche Messungen sind auch bei Tieren möglich, sobald durch entsprechendes Konditionieren der Reiz eine Verhaltensänderung induziert. Die nachfolgende Tabelle faßt die wichtigsten Begriffe zusammen:

Absolutschwelle	So heißt der kleinste Reiz, der gerade eine Empfindung hervorruft, auch Reizlimen, RL, genannt. Messung entweder mit der Grenzmethode, oder mit dem Kontrastverfahren, oder mit dem Signal-detection-theory-Ansatz.
Unterschiedsschwelle (Weber-Quotient, jnd)	Synonym: Differenzlimen, DL; engl. just noticeable difference, jnd. Der Betrag, um den ein Reiz größer oder kleiner sein muß als ein Vergleichsreiz, um gerade als stärker bzw. schwächer empfunden zu werden; ist nach der Weber-Regel meist ein fester Prozentsatz (Weber-Quotient) des Vergleichsreizes, z. B. 3 % (jnd für Raum und Zeit s. unten).
Weber-Fechner-Gesetz	Beschreibt die Empfindungsstärke E als dem Logarithmus der Reizstärke S proportional ($E \sim \log S$); galt lange als psychophysisches Grundgesetz, „stimmt" aber bei den meisten Sinnen nur für einen mittleren Intensitätsbereich, nicht jedoch bei sehr kleinen und sehr großen Reizen.
Stevens-Potenzfunktion	Beschreibt die Abhängigkeit der Empfindungsstärke E von der Reizstärke S als Potenzfunktion $E\ (S - S_0)^n$, genau wie die Kodierung der Reizintensität in Sensoren (s. S. 92); „stimmt" bei den meisten Sinnen für einen breiten Intensitätsbereich. Ist der Exponent $n < 1$ (Normalfall), wächst E deutlich langsamer als S (genau wie bei logarithmischer Beziehung), z. B. wenn $n = 0{,}3$, verdoppelt sich E bei Verzehnfachung von S ($10^{0,3} = 1{,}99$).
Raumschwellen	Dies ist der kleinste Abstand (jnd, s. oben) zwischen 2 Reizpunkten, der als getrennt wahrgenommen werden kann, z. B. Raumschwellen beim Tastsinn, S. 95, Visus beim Gesichtssinn, S. 124 etc. Das räumliche Unterscheidungsvermögen wird unterstützt durch Kontrastüberhöhung. So wird z. B. beim Sehen der Kontrast an der Kante zwischen heller und dunkler Fläche als stärker empfunden als es der physikalischen Helligkeitsverteilung entspricht (diese „Sinnestäuschung" nennt man Simultankontrast).
Zeitschwellen, Adaptation	Das zeitliche Auflösungsvermögen wird durch Messen von Zeitunterschiedsschwellen (jnd, s. oben) bestimmt (z. B. Vergleich der Länge von Tönen). Bei periodischen Reizen mißt man die Verschmelzungsfrequenz, z. B. die Flimmerfusionsfrequenz beim Sehen. Länger einwirkende Reize führen zu Adaptation, d. h. zur Abnahme der Empfindungsintensität (Ausnahme: Schmerz).
Rolle des Gedächtnisses	Abschließend sei daran erinnert, daß die Deutung aller Sinneseindrücke im frühen Lebensalter erlernt werden muß, damit aus den Sinnesempfindungen interpretierbare Wahrnehmungen werden (s. auch die erste Seite dieses Kapitels). Bekannt ist z. B., daß von Geburt an Blinde, denen als Erwachsene das Sehen durch eine Hornhauttransplantation ermöglicht wurde, auf Dauer nicht in der Lage waren, normales Sehen zu erlernen.

12 Somatoviszerale Sensibilität

Anteile der somatoviszeralen Sensibilität, ihre Lokalisation im Körper und die Grundtypen somatoviszeraler Sensoren. [Nach Birbaumer N, Schmidt RF (1991) Biologische Psychologie, 2. Aufl. Springer, Heidelberg]

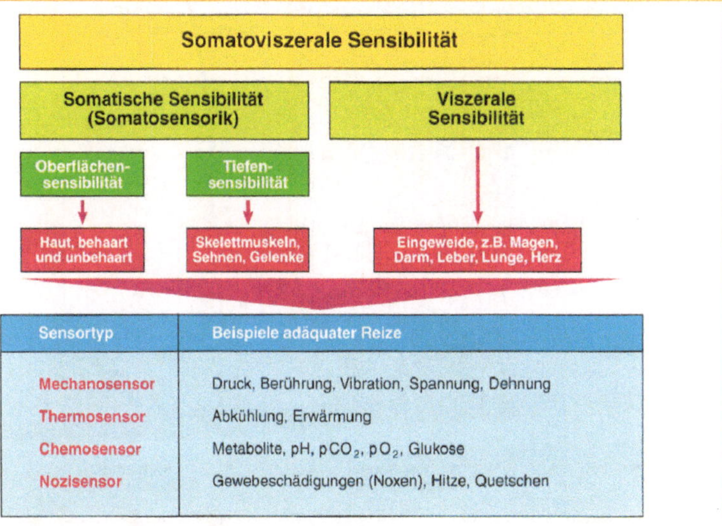

Mechanorezeption (Tastsinn, Getast)

Wahrnehmungspsychologisch erfaßbare Eigenschaften der Mechanorezeption 12

Die Mechanorezeption der Haut weist 4 Qualitäten auf, nämlich Druck-, Berührungs-, Vibrations- und Kitzelempfindungen. Jede Qualität wird von besonderen Mechanosensoren vermittelt (s. S. 96), die in unterschiedlicher Dichte über die Haut verteilt sind. Isolierte Reizung einzelner Mechanosensoren ist mit von-Frey-Haaren möglich. Solche Tastpunkte haben eine besonders hohe Dichte auf den Lippen und Fingerkuppen, eine besonders geringe u.a. auf dem Rücken. Praxisgerechte Messung des Tastsinns ergibt:

Schwellen des Tastsinns	Die minimale Eindrucktiefe der Haut für eine gerade wahrnehmbare Berührungsempfindung (taktile Empfindungsschwelle) liegt bei 0,01 mm, am niedrigsten ist sie an den Fingerspitzen
Intensitätsfunktion	Die Stevens-Potenzfunktion (s. S. 92 und 94) ist anwendbar: es gibt geringe interindividuelle Unterschiede des Exponenten n, der meist um $n = 1$ liegt. Intraindividuell ist n ziemlich konstant
Raumschwellen	Die simultane Raumschwelle (2-Punkt-Schwelle) ist mit ca. 1-3 mm optimal an Zungenspitze, Lippen, Fingerkuppen. Die sukzessive Raumschwelle (Prüfung mit nacheinander aufgesetzten Zirkelspitzen) ist deutlich besser als die simultane. Das räumliche Auflösungsvermögen des Tastsinns kann durch Üben verbessert werden (besonders ausgeprägt bei blinden Personen)
Schwellen für Vibration	Die absolute Schwelle ist bei Schwingfrequenzen von 150-300 Hz am niedrigsten, nämlich um 1 μm Schwingungsamplitude; die Unterschiedsschwelle für Änderungen der Vibrationsfrequenz ist am besten < 100 Hz

Struktur und Lage von Mechanosensoren in der menschlichen Haut.
[Nach Birbaumer N, Schmidt RF (1991) a. o. a. O.]

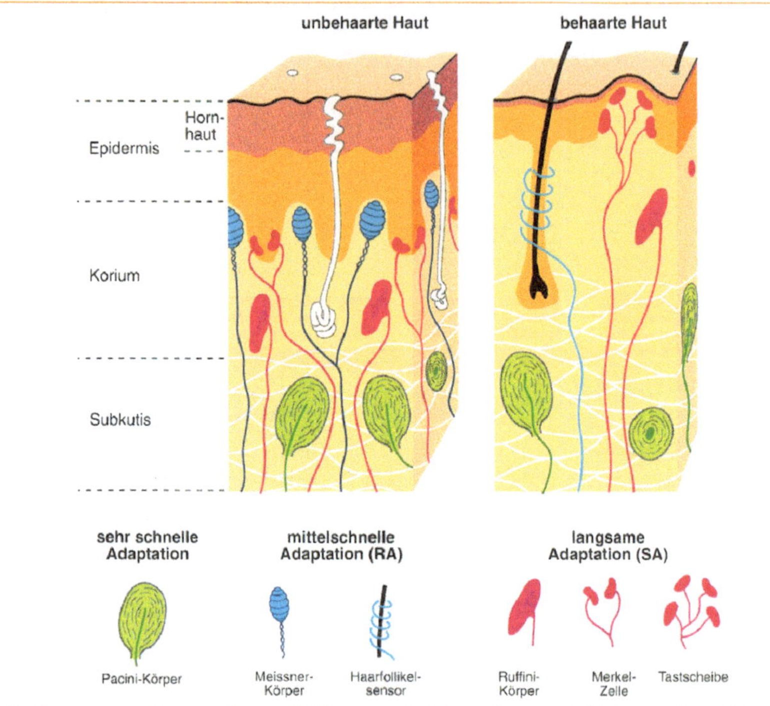

Alle Sensoren werden von Gruppe-II-Afferenzen (Aβ-Fasern) versorgt. Die Innervationsdichte ist für die Innenhandfläche bekannt, sie liegt bei 17 000 Afferenzen, davon 43 % mit Meissner-Körperchen (an den Fingerspitzen etwa 140 Meissner-Körperchen pro cm^2). Die Messung der rezeptiven Eigenschaften menschlicher Mechanosensoren ist mit transkutanen Metallmikroelektroden (transkutane Mikroneurographie) möglich. Solche Messungen werden normalerweise mit Feststellung der subjektiven Empfindungen gekoppelt (psychophysiologische Messung, S. 89).

Klassifikation kutaner Mechanosensoren nach ihrem Adaptationsverhalten (Säulenüberschriften, SA slowly adapting, RA rapidly adapting, PC Pacinian corpuscle) und ihrem adäquaten Reiz (Säulenunterschriften)

	Adaptation bei konstantem Druckreiz		
	langsam (SA)	mittelschnell (RA)	sehr schnell (PC)
Unbehaarte Haut	Merkel-Zelle (SA1), Ruffini-K. (SA2)	Meissner-Körperchen	Pacini-Körperchen
Behaarte Haut	Tastscheibe, Ruffini-Körperchen	Haarfollikelsensor	Pacini-Körperchen
	Intensitätsdetektor	Geschwindigkeits-detektor	Beschleunigungs-detektor
	Klassifikation nach adäquatem Reiz		

Propriozeption (Tiefensensibilität)

Bei der Tiefensensibilität lassen sich 3 Qualitäten voneinander abgrenzen:

Stellungssinn	Informiert über die Winkelstellung der Gelenke und damit über die Stellung der Glieder zueinander und zu Kopf und Körper (funktioniert ohne visuelle Kontrolle)
Bewegungssinn	Informiert (ebenfalls ohne visuelle Kontrolle) über Geschwindigkeit und Ausmaß von aktiven und passiven Gelenkbewegungen. Die Wahrnehmungsschwelle ist an proximalen Gelenken besser als an distalen
Kraftsinn	Informiert über das Ausmaß an Muskelkraft, das notwendig ist, um eine Bewegung durchzuführen oder eine Gelenkstellung beizubehalten; der Kraftsinn zeichnet sich durch große Genauigkeit und exakte Reproduzierbarkeit aus

Die Sensoren der Tiefensensibilität (Propriosensoren, s. auch S. 90) sind:

Gelenksensoren	Gelenkkapseln und -bänder enthalten mechanosensitive Sensorkörperchen ähnlich den Ruffini- und Pacini-Körperchen der Haut. Diese signalisieren vor allem Gelenkbewegungen (nicht die Gelenkstellung)
Muskelsensoren	Muskelspindeln sind an Stellungs- und Bewegungssinn beteiligt, ferner, zusammen mit Golgi-Sehnenorganen, am Kraftsinn
Hautsensoren	Die Haut um die Gelenke wird bei Bewegungen gestaucht und gedehnt. Entsprechend werden Mechanosensoren der Haut erregt. Sie könnten zur Propriozeption beitragen. Ihr Beitrag ist aber wahrscheinlich gering.

Für die Wahrnehmung der Tiefensensibilität ist eine integrative Verarbeitung der afferenten Zuflüsse notwendig [Nach Birbaumer N, Schmidt RF (1991) a. o. a. O.]

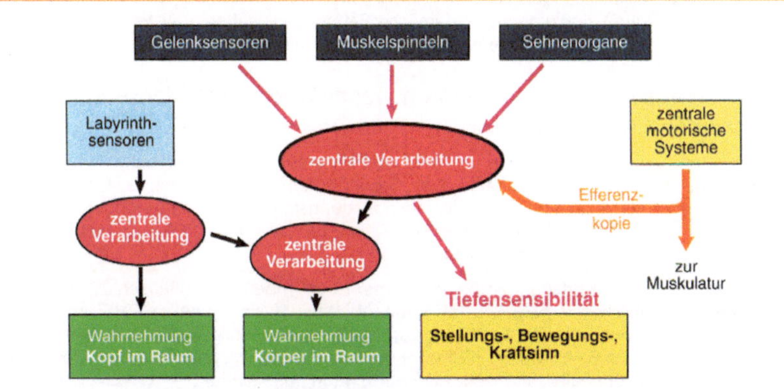

Keiner der obigen Sensoren kann für sich allein die Tiefensensibilität vermitteln. Die dafür notwendige zentrale Verarbeitung (s. Abb.) schließt auch Efferenzkopien ein, um die zwangsläufige Mehrdeutigkeit afferenter Information (z. B. durch die Aktivierung primärer Muskelspindelafferenzen entweder durch Dehnung oder intrafusale Kontraktion) zu beseitigen. Notwendig ist auch die Zusammenarbeit mit dem Gleichgewichtsorgan, um die Stellung von Kopf und Körper im Raum wahrzunehmen.

Thermorezeption (Temperatursinn)

Der Temperatursinn der Haut besitzt die Qualitäten Wärmesinn und Kältesinn, die folgende Empfindungen auslösen können:

Statische Temperaturempfindungen (bei konstanter Hauttemperatur)	
Bei mittlerer Hauttemperatur	Erwärmung oder Abkühlung in einem mittleren Temperaturbereich führt nur vorübergehend zu einer Warm- bzw. Kaltempfindung. Danach tritt vollständige Adaptation ein. Diese Zone der Indifferenztemperatur liegt zwischen 30 und 36 °C für kleine Hautareale und zwischen 33 und 35 °C für den ganzen, unbekleideten Körper
Bei hoher Hauttemperatur	Temperaturen ›36 °C führen zu dauernden Warmempfindungen (desto intensiver, je höher Hauttemperatur), ab 43–45 °C Übergang zu Hitzeschmerz; die intensivste Warmempfindung tritt direkt nach dem Temperatursprung auf, danach kommt es zu unvollständiger Adaptation auf Dauerempfindung
Bei niedriger Hauttemperatur	Temperaturen ‹30 °C führen zu dauernden Kaltempfindungen (desto intensiver, je kühler die Haut); Kälteschmerz setzt bei ≤17 °C ein, eine Dauerkaltempfindung hat aber schon ab 25 °C eine unangenehme Komponente
Dynamische Temperaturempfindungen (während Hauttemperaturänderungen)	
Ausgangstemperatur	Von großer Bedeutung für die resultierende Empfindung. Bei niedrigen Hauttemperaturen ist die Schwelle für Warmempfindung groß, die für Kaltempfindung (bzw. für die Empfindung „kälter geworden") gering; bei hohen Hauttemperaturen ist es umgekehrt
Geschwindigkeit der Temperaturänderung	Spielt keine große Rolle, solange die Temperaturänderungsgeschwindigkeit >0,1 °C/s (>6 °C/min). Bei langsameren Temperaturänderungen nehmen Warm- und Kaltschwellen kontinuierlich und deutlich zu (unbemerktes „Auskühlen" bei sehr langsamer Abkühlung, Erkältungsfaktor!?)
Rolle der Größe des Hautareals	Bei Reizung kleiner Hautflächen sind die Schwellen für Warm- und Kaltempfindungen höher als bei großflächiger Erwärmung bzw. Kühlung (bedingt durch zentrale räumliche Bahnung der afferenten Impulse von den Warm- bzw. Kaltsensoren bei großflächiger Reizung)

Die Thermosensoren der Haut sind entweder Warm- oder Kaltsensoren mit den folgenden Charakteristika:

Warmsensor (Wärmerezeptor)	Dauerentladungen bei konstanter Hauttemperatur im Bereich von 30–46 °C (tonisches Verhalten, s. Abb. gegenüber) mit Maximum bei ca. 42 °C, zusätzlich Ansteigen bzw. Fallen der Entladungsrate bei Temperaturänderung (phasisches Verhalten, PD-Sensor); kleine rezeptive Felder (Warmpunkte), Gruppe-IV-Afferenzen (C-Fasern, marklos)
Kaltsensor (Kaltrezeptor)	Dauerentladungen bei konstanter Hauttemperatur im Bereich 20-40 °C (tonisches Verhalten, s. Abb. gegenüber) mit Maximum bei ca. 30 °C. Ansteigen bzw. Fallen der Entladungsrate bei Temp.-Erniedrigung bzw. -Anstieg (phasisches Verhalten, PD-Sensor, s. Abb.); kleine rezeptive Felder (Kaltpunkte), Gruppe-III-Afferenzen (Aδ-Fasern, dünn, markhaltig)

Die Aktivitäten der Thermosensoren sind unmittelbar für die Temperaturempfindungen verantwortlich, allerdings erst nach erheblicher zentralnervöser Integration (Verarbeitung) der afferenten Zuflüsse (s. die komplexe Abhängigkeit der Warm- und Kaltschwellen von den Ausgangs- und Reizbedingungen). Es gibt auch Thermosensoren in tiefen Körpergeweben, z. B. im Rückenmark (innere Thermosensoren, s. S. 262). Hitzesensoren (sprechen erst auf Temperaturen >43 °C an) werden der Nozizeption zugerechnet (s. S. 107)

Abhängigkeit der Warm- und Kaltschwellen von der Ausgangstemperatur der menschlichen Haut. [Nach Kenshalo DR (1976). In Zotterman Y (ed.) Sensory Functions of the skin in primates, Pergamon, Oxford]

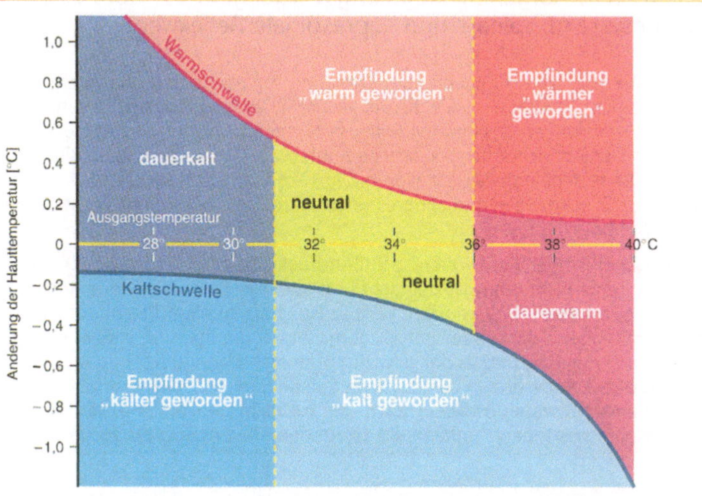

Ausgehend von den in der Abszisse angegebenen Temperaturen, auf die die Haut längere Zeit adaptiert wurde, muß sich die Hauttemperatur um den von 0 in der Ordinate ausgehenden Betrag ändern, bis eine Kalt- bzw. eine Warmempfindung auftritt (Voraussetzung: Geschwindigkeit der Temperaturänderung > 6 °C/min)

Antwortverhalten von Thermosensoren bei konstanter Hauttemperatur (A) und das Verhalten eines Kältesensors bei kurzen abkühlenden Temperatursprüngen (B). [A nach Kenshalo RD (1976) a. o. a. O., B aus Darian-Smith et al. (1973) J Neurophysiol 36: 325]

12

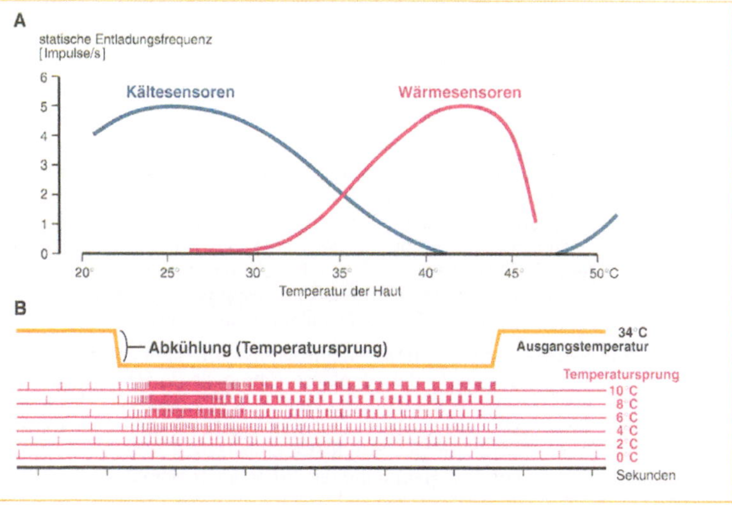

Viszerale Sensibilität

Eingeweidesensoren (Viszerosensoren) beteiligen sich hauptsächlich an homöostatischen Aufgaben (Regelungsvorgängen) u.z. über lokale (v.a. im Darmnervensystem), spinale und supraspinale Reflexwege

Eingeweide in Brustkorb und Bauchraum enthalten zahlreiche Sensoren, deren Impulsaktivität meist nicht bewußt wird. Sie dienen vielmehr dem autonomen Nervensystem als Fühler, um Abweichungen des inneren Milieus von seinen Sollwerten zu entdecken (z.B. zu hoher oder zu niedriger Blutdruck, falsche Kohlensäurekonzentration im Blut etc.): homöostatische Rolle der Eingeweidesensoren. Dabei können auch bewußte Wahrnehmungen auftreten, z.B. Schmerzen und andere benennbare Gefühle (Hunger, Durst, Sättigung, Harndrang, Atemnot etc).

Viszerale Parameter oder Funktionen, z.B. Blutdruck oder Durchblutung, können über technische Systeme wahrnehmbar gemacht und über die Technik der operanten Konditionierung (s. S. 69) beeinflußt werden. Wird beispielsweise einer Person ihr Herzschlag bzw. ihre Herzfrequenz sicht- oder hörbar gemacht, so genügen im allgemeinen kleine Änderungen der Herzfrequenz in der gewünschten Richtung als Belohnung und als Antrieb, noch größere Änderungen zu erreichen. Solche Biofeedbackanordnungen sind ein vielversprechender therapeutischer Ansatz, um auf nichtmedikamentösem Weg krankhafte Prozesse, insbesondere funktionelle Störungen, im Organismus zu bessern.

Viszerosensoren finden sich in allen Organsystemen; folgenden Besonderheiten der verschiedenen autonomen Systeme sind dabei zu beachten:

Kardiovaskuläres System	Drucksensoren in Aortenbogen und Karotissinus messen Blutdruck, Dehnungsensoren in Herzvorhöfen messen Füllung. Wahrnehmung des Herzschlags erfolgt aber über Mechanosensoren in somatischen Strukturen. Erregung kardialer Nozisensoren (meist durch Ischämie) löst Herzschmerzen aus (Angina pectoris)
Pulmonales System	Mechanosensoren in der Lunge sind an Atemreflexen beteiligt, ebenso Chemosensoren (Karotissinus, Hirnstamm), die Kohlensäure- und Sauerstoffspannung des Bluts messen. Übererregung der Chemosensoren führt zum Gefühl des Lufthungers und Erstickens. Erregung von Nozisensoren in den Atemwegen lösen Husten- und Niesreflexe aus
Gastrointestinales System	Der Magen-Darm-Trakt ist Teil der Körperoberfläche. Mechanosensoren lösen je nach Lokalisation unterschiedliche Empfindungen aus: Sättigung bei Dehnung des Magens, Stuhldrang bei Dehnung des Mastdarms. Die Tätigkeit von Chemosensoren in Darmwänden (z.B. Glukosensoren, Aminosäuresensoren) wird nicht unmittelbar bewußt (evtl. Rolle bei Sättigungsgefühl). Kalt- und Warmreize werden nur in der Speiseröhre und dem Analkanal wahrgenommen. Schmerzen können im gesamten Gastrointestinaltrakt auftreten
Renales System	Mechanosensoren in Nieren und Harnleitern führen nicht zu bewußten Empfindungen. In der Harnblase führen sie zu Harndrang (sehr aufmerksamskeitsabhängig). Harnstau in Nierenbecken und Ureter (Blokkade durch „Nierenstein") löst schwere Schmerzen aus (Nierensteinkolik). Entzündungen der Blasenschleimhaut führen zu Schmerzen und dauerndem Harndrang, auch bei leerer Harnblase

Zentrale Weiterleitung und Verarbeitung somatoviszeraler Information

Der Thalamus ist die ausschließliche „Eingangspforte“ zur Hirnrinde (Cortex cerebri). Er besteht aus zahlreichen Kernen, die nach ihren Aufgaben und ihren kortikalen Projektionsarealen in 4 Klassen zusammengefaßt werden

1. Sensorische Kerne	Kerne der Sinnesorgane (*rot* in Abb.). Auge: Corpus geniculatum lat.; Eingang: Tractus opticus, Ausgang: Radiatio optica zur Sehrinde. Ohr: Corpus geniculatum med.; Eingang: Colliculus inf., Ausgang: zur primären Hörrinde. Haut: Ventrobasalkern, VB; Eingang: lemniskale Bahnsysteme (s. S. 102). Ausgang: zum Gyrus postcentralis (primärer somatosensorischer Kortex, SI) und zum lateral davon gelegenen sekundären somatosensorischen Kortex, SII
Der Ventrobasalkern (VB) hat 2 Hauptanteile: Nucl. ventr. posterolateralis (VPL, erhält Projektionen aus dem Körper) und Nucl. ventr. posteromedialis (VPM, erhält Projektionen aus dem Gesicht). Eingänge sind die entsprechenden lemniskalen Bahnsysteme (s. S. 102)	
2. Unspezifische Kerne	Verschiedene, vorwiegend medial gelegene Kerne ohne klar abgrenzbare Kortexzuordnung (*blau* in der Abb. unten). Eingänge: aufsteigende extralemniskale Bahnsysteme (s. S. 102), Ausgänge: diffuse Projektionen zu praktisch allen Kortexarealen; Teil des ARAS (s. S. 61)
3. Motorische Kerne	Verschiedene Kerne mit überwiegend motorischer Funktion (*grün* in der Abb.), z. B. Nucl. ventr. lat. (VL), Eingänge: Basalganglien und Kleinhirn, Ausgang: zum primär motorischen Gyrus praecentralis
4. Assoziative Kerne	verschiedene Kerne mit integrativen Funktionen (*gelb, ocker und hellbraun* in der Abb.), z. B. Nucl. med. dors. (MD) projiziert zum frontalen assoziativen Kortex

Thalamus der rechten Gehirnhälfte mit seinen ipsilateralen Projektionen zur Hirnrinde. [Aus Zimmermann M (1990) Das somatoviszerale sensorische System. In: Schmidt RF, Thews G (Hrsg) Physiologie des Menschen, 24. Aufl. Springer, Heidelberg]

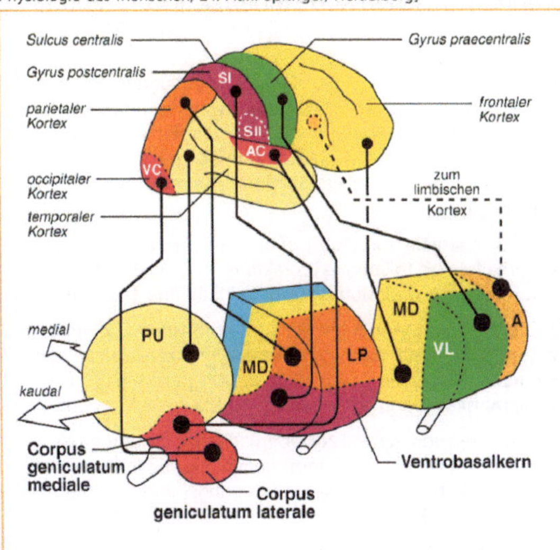

Spezifische sensorische Kerne *rot*

motorische Kerne *grün*

Assoziationskerne *gelb, ocker und hellbraun*

unspezifische Kerne *blau*

PU Nucl. pulvinaris

LP Nucl. lat. post.

MD Nucl. med. dors.

VL Nucl. ventr. lat.

A Nucl. ant

VC primär visueller Kortex (Sehrinde)

AC primär auditorischer Kortex (Hörrinde)

SI primär somatosens. Kortex

SII sekundar somatosens. Kortex

Aufsteigende spinale und supraspinale somatoviszerale Bahnsysteme

Spezifische lemniskale Bahnsysteme	
Hinterstrang	Besteht v. a. aus Gruppe-II-Afferenzen (s. S. 18) von Mechanosensoren des Rumpfes und der Extremitäten. Umschaltung in Hinterstrangkernen (Nuclei gracilis und cuneatus); von dort als Lemniscus medialis nach Kreuzen zur Gegenseite zum Ventrobasalkern des Thalamus und von dort zum Gyrus postcentralis
Tractus neospinothalamicus	Teil des Vorderseitenstrangs mit Afferenzen von Thermo- und Nozisensoren. Axone kreuzen bereits segmental, schließen sich im Hirnstamm dem Lemniscus medialis (mediale Schleifenbahn) an
Nervus trigeminus (V)	Besteht aus den Afferenzen der Gesichts- und Mundregion. Sein sensorischer Hauptkern ist die Umschaltstelle für Mechanosensoren. Die Axone kreuzen und schließen sich dem Lemniscus med. an, ebenso ein Teil der Axone aus spinalem Trigeminuskern mit Information aus Thermo- und Nozisensoren
Unspezifische extralemniskale Bahnsysteme	
Tractus spinoreticularis	Teil des Vorderseitenstrangs mit Afferenzen von Thermo- und Nozisensoren. Seine Axone kreuzen bereits segmental und enden in der Formatio reticularis; von dort Weiterleitung zu den medialen Thalamuskernen
Tractus palaeospinothalamicus	Teil des Vorderseitenstrangs mit Afferenzen von Thermo- und Nozisensoren. Seine Axone kreuzen bereits segmental und ziehen zu den medialen Thalamuskernen
Nervus trigeminus (V)	Hauptteil der Axone aus spinalem Trigeminuskern von Thermo- und Nozisensoren der Gesichts- und Mundregion; enden in Formatio reticularis; von dort Weiterleitung zu den medialen Thalamuskernen

12

Der primär sensorische Kortex, SI, ist somatotopisch organisiert, d. h. er zeigt eine geordnete räumliche Zuordnung zwischen Kortexoberfläche und (kontralateraler!) Körperoberfläche

✦ Die zeichnerische Darstellung der Somatotopie des SI-Kortex durch Penfield und Rasmussen ergab den sensorischen Homunculus. Aus ihm ist abzulesen, daß die für Tastempfindungen besonders wichtigen Körperareale (Mundgegend, Fingerspitzen) weit überproportionale Areale auf dem primär sensorischen Kortex (SI) einnehmen: Den dichten Sensorsystemen der Peripherie ist zur optimalen Auswertung der von dort kommenden Information ein besonders großer Anteil des zentralen Apparats zur Verfügung gestellt.

✦ Der sekundäre sensorische Kortex, SII, ist ebenfalls somatotopisch organisiert. Er bildet allerdings auf jeder Hemisphäre beide Körperhälften ab (bilaterale Projektion); er ist wahrscheinlich zuständig für bilaterale Koordination von Sensorik und Motorik (z. B. beidhändige Tätigkeiten).

✦ Räumlich und zeitlich geordnete bewußte Wahrnehmungen der Somatosensorik sind nur bei intakter Hirnrinde möglich. Zusätzlich müssen wir wach sein und unsere Aufmerksamkeit auf das wahrzunehmende Ereignis richten. An diesen Prozessen ist vor allem das unspezifische sensorische System beteiligt (Stichworte: extralemniskale Bahnen, Formatio reticularis, ARAS, Arousal).

✦ Der somatosensorische Kortex ist in Einheiten von vertikal zur Oberfläche angeordneten Neuronensäulen oder Neuronenkolumnen (Durchmesser 0,2–0,5 mm) gegliedert, die in Bezug auf ihre afferente Erregung orts- und sensorspezifisch sind. Nach ihren Erregungs- und Entladungsmustern lassen sich einfache („unten in der Hierarchie") von komplexen Neuronen („oben in der Hierarchie") unterscheiden.

Verlauf der somatosensorischen Bahnen samt den wichtigsten Schaltstationen. [Nach Schmidt RF (1983) Medizinische Biologie des Menschen. Piper, München]

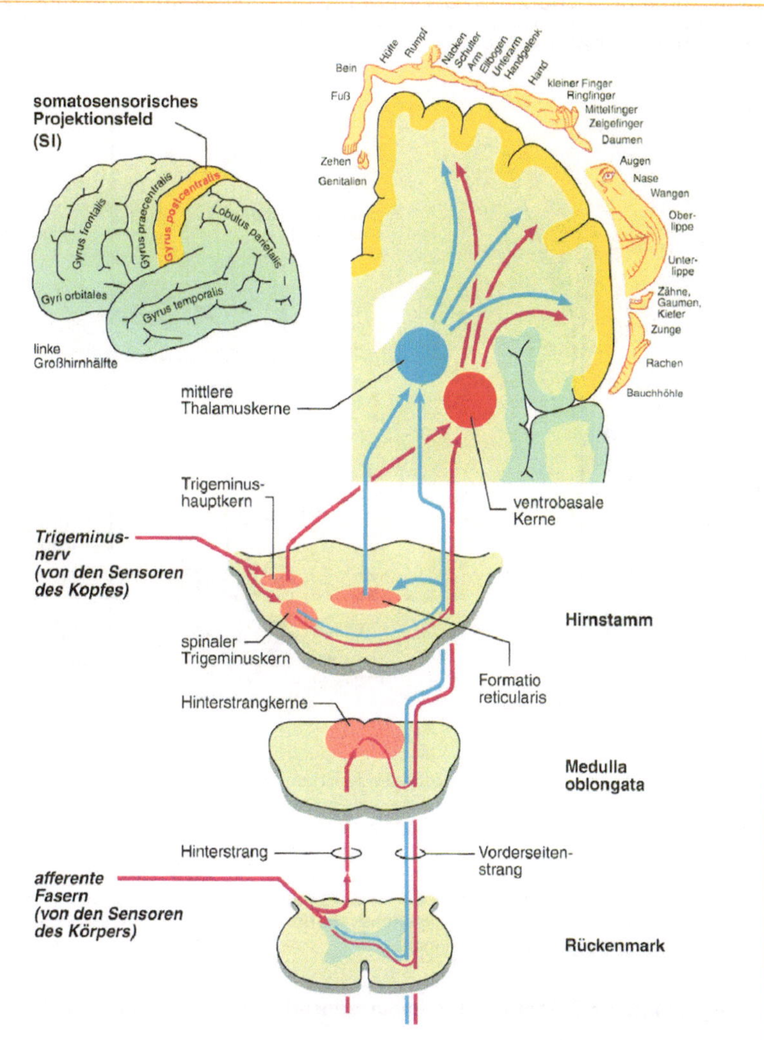

Spezifische Bahnen sind *rot*, unspezifische sind *blau* eingezeichnet. Die Lage des Gyrus postcentralis (somatosensorisches Projektionsfeld SI) ist der links oben gezeigten Seitenansicht des Gehirns zu entnehmen. Die zeichnerische Darstellung von Penfield und Rasmussen der topographisch geordneten Projektion der Körperperipherie auf den Gyrus postcentralis (sensorischer Homunculus) soll die Größenverhältnisse der Projektion der einzelnen Körpergebiete auf die Hirnrinde verdeutlichen.

12

Zentrifugale Kontrolle des afferenten Zustroms im somatosensorischen System ist Beispiel für absteigende Hemmung in allen sensorischen Systemen; wichtige Funktion: Schutz vor Überflutung mit unwichtigen Informationen.
[Nach Zimmermann M (1990) Das somatoviscerale sensorische System. In: Schmidt RF, Thews G (Hrsg) Physiologie des Menschen, 24. Aufl. Springer, Heidelberg]

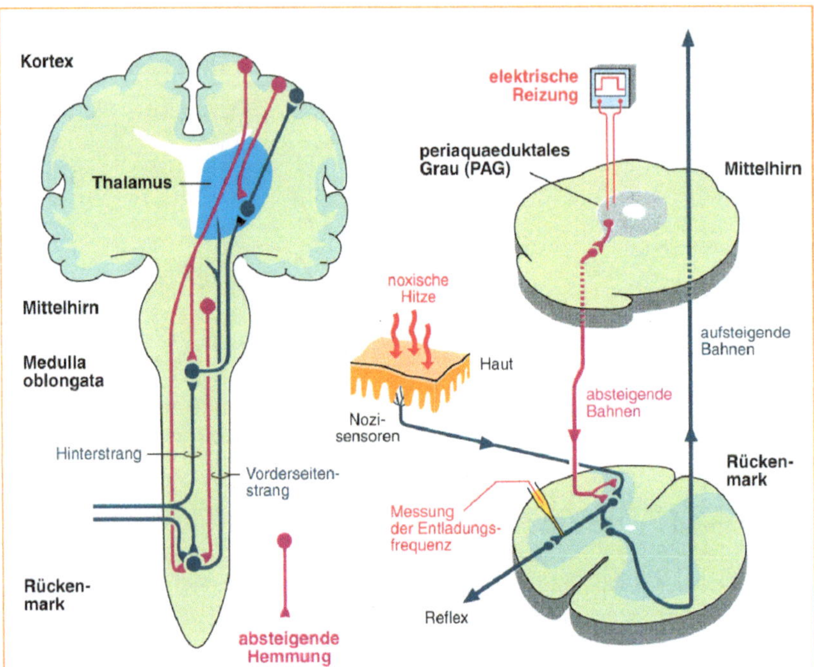

Die Abb. zeigt *links* in Übersicht die absteigenden Hemmsysteme *(rot eingezeichnet) der Somatosensorik. Rechts* ist dargestellt, wie die afferente Information aus den Hautsensoren im Rückenmark durch Aktivierung des PAG im Mittelhirn gehemmt werden kann (Teilmechanismus der Opiatwirkung, da Opiate PAG-Neurone erregen). Sowohl präsynaptische als auch postsynaptische Hemmung ist an der absteigenden Hemmung beteiligt. Teilweise wird die absteigende Hemmung durch die aufsteigende sensorische Information selbst aktiviert. Diese negative Rückkopplung (Feedback-Hemmung) bedeutet eine automatische Bereichseinstellung des sensorischen Kanals.

Pathophysiologische Störungen der Somatosensorik können sich äußern als

- sensible Ausfallerscheinungen (z. B. Hypästhesie oder Dysästhesie bei Schädigungen im Lemniskussystem)
- Reizerscheinungen (z. B. komplexe Parästhesien durch ektope Impulsentstehung bei Schädigung aufsteigender Bahnsysteme)
- Störungen der sensiblen Diskriminationsfunktionen (z. B. Astereognosis, Körperschemastörungen, Hemineglekt)

13 Nozizeption und Schmerz

Es gibt viele Schmerzdefinitionen; keine ist allgemein anerkannt; eine brauchbare lautet: [Erarbeitet von einer internationalen Kommission, zitiert aus PAIN (1979) 6: 248. Übersetzung aus dem Englischen vom Autor]

> Schmerz ist ein unangenehmes Sinnes- und Gefühlserlebnis, das mit aktueller oder potentieller Gewebsschädigung verknüpft ist oder mit Begriffen einer solchen Schädigung beschrieben wird.

Schmerzcharakterisierung

Der Schmerz hat verschiedene Qualitäten (*gelb* und *rot* unterlegt in der Abb.), die eng mit seinem Entstehungsort korrelieren (*hellblau* unterlegt, Beispiele von zugehörigen Schmerzformen *dunkelblau*). [Aus Schmidt RF (1990) Nociception und Schmerz. In: Schmidt RF, Thews G (Hrsg) Physiologie des Menschen, 24. Aufl. Springer, Heidelberg]

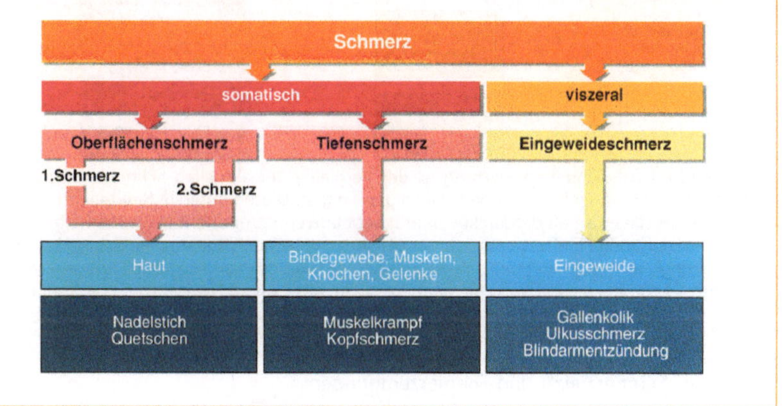

Nach der Dauer des Schmerzes unterscheidet man akute und chronische Schmerzen; sie weisen auch Unterschiede in ihrer Bedeutung auf 13

Akute Schmerzen	Organisch bedingter Schmerz kurzer Dauer; auf Ort der Schädigung begrenzt; eindeutig lokalisierbar; Schmerzintensität proportional Reizintensität, Schmerzende nach Reizende; klare Signal- und Warnfunktion, Aktivierung des vegetativen und des motorischen Systems (s. auch Abb. auf der nächsten Seite und zugehöriger Text).
Chronische Schmerzen	Schmerzzustände mit und ohne (!) medizinisch faßbarem Substrat, die länger als 6 Monate bestehen (z. B. Rückenschmerzen, Tumorschmerzen) oder regelmäßig wiederkehren (z. B. Migräne, Angina pectoris); sie stellen in der Regel eine Kombination aus psychologischen (sprich zentralnervösen) und peripher-physiologischen Ursachen dar. Die Schmerzintensität ist oft stärker oder geringer als Reizintensität, d. h. es kommt im Lauf der Zeit zu einer Lösung des Schmerzerlebnisses von der zugrundeliegenden Störung. Diese „Verselbständigung" läßt den chronischen Schmerz oft als eigenständiges Krankheitssyndrom erscheinen. Chronische Schmerzen haben oft keine physiologische Funktion, sie können aber eine soziale haben.

Sonderfall Jucken: Keine ausreichenden Kenntnisse gibt es über die mit dem Schmerz zumindest verwandte pathophysiologische Sinnesempfindung Jucken. Sie kommt nur in der Haut und den Übergangsschleimhäuten vor und wird dort durch die Freisetzung von Histamin ausgelöst. Offen ist vor allem, ob es eine eigenständige Sinnesempfindung (mit eigenen Sensoren etc.) oder eine Sonderform der Schmerzempfindung ist.

An der Bewertung eines Schmerzes (kognitive Komponente) und den daraus resultierenden Schmerzäußerungen (psychomotorische Komponente) sind sensorische, affektive, vegetative und motorische Komponenten beteiligt. [Nach Schmidt RF (1990) Nociception und Schmerz, a. o. a. O.]

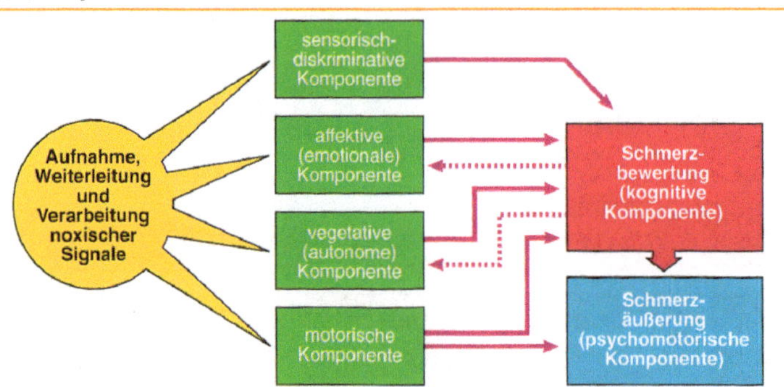

Entscheidend für die Schmerzbewertung ist der Vergleich der aktuellen Schmerzen mit den Schmerzen der Vergangenheit und den damaligen Folgen. Diese kognitive Beurteilung beeinflußt umgekehrt das Ausmaß der affektiven und vegetativen Komponenten (gestrichelte Pfeile in Abb.). Andere häufige Einflüsse auf Schmerzbewertung: soziale Situation, familiäres Herkommen (Erziehung), ethnische Herkunft, Anlaß der Schmerzauslösung (z. B. Unfall, Kriegsverwundung, Tumor). Das Schema gilt auch für Schmerzen, die nicht durch Nozizeptoren bedingt sind.

Experimentelle und klinische Algesimetrie (A.): psychophysische Messungen der Zusammenhänge zwischen noxischem Reiz (mechanischem, thermischem, elektrischem oder chemischem „Schmerzreiz") und Schmerzempfinden

13

Subjektive A.	Messung von Schmerzschwelle, Schmerzintensität (Anzeige verbal oder nichtverbal, z. B. auf einer 20 cm langen visuellen Analogskala, die von „keinem Schmerz" = 0, bis zu 20 cm = „unerträglichem Schmerz" reicht), Schmerztoleranzschwelle (Reizintensität, bei der die Versuchsperson Abbruch des Reizes verlangt), Schmerzadaptation (fehlt meist)
Objektive A.	Messung motorischer (z. B. Flexorreflex, EMG) und vegetativer (z. B. Pupillendurchmesser) Reaktionen, ereigniskorrelierter Potentiale (EKP), der Hirndurchblutung (PET, NMR) etc. vor, während und nach Schmerzreizen
Mehrdimensionale A.	Kombination von Methoden der subjektiven und der objektiven Algesimetrie, z. B. subjektiv: Schmerzintensität, objektiv: Pupillendurchmesser, Hautwiderstand (galvanic skin response)
Klinische A.	Anwenden der Methoden der experimentellen Algesimetrie am Patienten, also z. B. der visuellen Analogskala); zusätzlich: Verwendung von Schmerzfragebögen (z. B. McGill-Pain-Questionnaire von R. Melzack) und Intensitätsvergleich des klinischen mit experimentell gesetztem Schmerz (z. B. Tourniquet-Schmerzquotient, bei dem der Patient die Intensität eines experimentellen, ischämischen Muskelschmerzes zu seinem klinischen Schmerz abschätzt)

Neurophysiologie des Schmerzes (Nozizeption)

Definitionen:

Nozizeption	Transduktion, Transformation, Konduktion (s. S. 91) und zentralnervöse Verarbeitung noxischer (gewebsschädigender oder potentiell gewebsschädigender) Reize
Nozizeptives System	Die mit der Nozizeption befaßten peripheren und zentralen nervösen Strukturen. Die subjektive Empfindung Schmerz ist eine häufige, aber keine zwangsläufige Folge von Aktivität im nozizeptiven System
Spezifitätstheorie des Schmerzes	Darunter versteht man das Konzept, daß das nozizeptive System den funktionsspezifischen Sinneskanal (engl: labelled line) für den Schmerzsinn darstellt (analog visuelles System und Sehen, auditorisches System und Hören etc.). Das Konzept ist experimentell gut gestützt. Abweichende Vorstellungen, wie die Intensitätstheorie (postulierte: jeder somatoviszerale Sensor kann noxische Reize kodieren und zwar durch eine hohe Entladungsfrequenz) und die Mustertheorie des Schmerzes (postulierte: Kodierung noxischer Reiz durch besondere Entladungsmuster somatoviszeraler Sensoren), sind als obsolet anzusehen

Anteile, Eigenschaften und Aufgaben des nozizeptiven Systems

Nozisensor (Nozizeptor)	Sensor mit hoher Schwelle, meist sowohl auf intensive mechanische als auch chemische und thermische Reize (Noxen) empfindlich, d. h. polymodal; nichtkorpuskuläre („freie") Nervenendigung, in praktisch allen Körpergeweben vorkommend; in normalem Gewebe z. T. unerregbar („schlafend"). Aufgabe: Transduktion und Transformation (S. 91) noxischer Reize; Empfindlichkeitsverstellung durch Sensibilisierung (z. B. durch Entzündungsmediatoren) und Desensibilisierung (z. B. durch peripher angreifende Analgetika, s. S. 110)
Afferente Nervenfaser	Entweder dünn myelinisiert (Gruppe III, syn. Aδ-) oder unmyelinisiert (Gruppe IV, syn. C-Faser, S. 18). Aufgabe: Konduktion (S. 91). Deutlich mehr Gruppe-IV- als Gruppe-III-Fasern vorhanden. Übertragung des 1. Schmerzes von Gruppe-III-, des 2. von Gruppe-IV-Fasern. Lokalanästhetika (Wirkmechanismus S. 15) blockieren Weiterleitung nozizeptiver Impulse (z. B. in der Zahnmedizin), aber auch anderer sensorischer Information (Innervationsgebiet des blockierten Nervs ist daher nicht nur analgetisch, sondern anästhetisch)
Aufsteigende Bahnsysteme	Die nozizeptive Afferenzen enden im Hinterhorn des Rückenmarks bzw. im entsprechenden Trigeminuskern. Dort erfolgt die Umschaltung auf aszendierende Bahnsysteme, die die noxische Informationen zum Thalamus und Kortex weiterleiten (Beschreibung und Abbildung der Bahnen S. 102, 103, der thalamischen Kerne S. 101, des sensorischen Kortex S. 103). Aufgabe: zentrale Weiterleitung und Verarbeitung der noxischen Information. An der Enstehung bewußter Schmerzempfindungen sind der somatosensorische Kortex und assoziative Kortexareale beteiligt
Absteigende Bahnsysteme	Diese Bahnen (Abb. S. 104) üben vorwiegend hemmende Funktion im nozizeptiven System aus; ihre Beschreibung erfolgt daher unter den körpereigenen Schmerzkontrollsystemen auf S. 110

Transmitter und Modulatoren im zentralen nozizeptiven System

Glutamat	Auch im nozizeptiven System ist dies der wichtigste exzitatorische Transmitter, s. auch S. 7, 22. Die postsynaptischen Rezeptoren sind teils ionotrope NMDA- und non-NMDA-, teils metabotrope Rezeptoren; alle diese Rezeptoren sind wahrscheinlich an der Übererregbarkeit zentraler Neurone („zentrale Sensibilisierung") bei Gewebeschädigungen, z. B. bei Entzündungen, beteiligt
Serotonin (5-HT), Noradrenalin und Dopamin	Diese Amine vermitteln die deszendierende Hemmung auf Rückenmarksebene (s. Abb. S. 104). Nach dem Transmitter unterscheidet man serotoninerge und katecholaminerge Systeme der absteigenden Hemmung. Serotonin (5-Hydroxytryptamin) wird in Raphe magnus Neuronen gebildet, Noradrenalin in Locus coeruleus Neuronen und Dopamin in A_{11}-Neuronen des Diencephalons
GABA und Glyzin	Gamma-Amino-Buttersäure (GABA) und Glyzin werden von einer großen Zahl von Rückenmarksneuronen gebildet; sie wirken prä- (GABA) und postsynaptisch (GABA, Glyzin) hemmend auf viele nozizeptive Neurone
Neuropeptide	Neuropeptide mit exzitatorischer Wirkung sind die Tachykinine Substanz P und Neurokinin A. Ihre Wirkung wird verstärkt durch Calcitonin gene-related peptide (CGRP). Neuropeptide mit hemmender Wirkung sind v. a. die endogenen Opiate (s. S. 110), sowie Somatostatin und Bombesin

Pathophysiologie von Nozizeption und Schmerz

Definitionen pathophysiologischer Schmerzempfindungen

Allodynie	Schmerzen, die durch nichtnoxische Reizung normaler Haut verursacht werden. Mit diesem Ausdruck sollen Zustände bezeichnet werden, bei denen z. B. durch die Sensibilisierung von Nozisensoren eine normale (nichtnoxische) mechanische oder thermische Reizung der Haut zu Schmerzempfindungen führt (z. B. bei Sonnenbrand)
Anästhesie	Ausfall aller Hautsinnesmodalitäten, evtl. auch der übrigen Somatosensorik
Analgesie	Fehlen von Schmerzen bei noxischer Reizung
Dysästhesie	Unangenehme abnorme Empfindung, entweder spontan oder durch Reiz ausgelöst
Hypästhesie	Eine im Bereich der Somatosensorik verringerte Empfindlichkeit auf Reize. Es sollte angegeben werden, in welchem Bereich und für welche Modalitäten oder Reizformen eine Hypästhesie besteht
Hypalgesie	Verringerte Empfindlichkeit auf noxische Reize. Die Hypalgesie ist meist Teil einer Hypästhesie (s.o.)
Hyperästhesie	Erhöhte Empfindlichkeit auf nichtnoxische Reize. Es sollte angegeben werden, in welchem Bereich und für welche Reizformen eine Hyperästhesie besteht
Hyperalgesie	Erhöhte Empfindlichkeit auf noxische Reize. Es handelt sich hierbei um eine Senkung der Schwelle auf noxische Reize und nicht um eine verstärkte Antwort auf einen noxischen Reiz
Hyperpathie	Schmerzsyndrom, das sich durch verzögertes Einsetzen, verstärkte Antwort und eine reizüberdauernde Nachantwort auszeichnet. Es tritt besonders deutlich bei repetitiver Reizung auf. Eine Hyperpathie kann mit Hypo-, Hyper- oder Dysästhesie verbunden sein
Parästhesie	Abnorme, jedoch nicht notwendigerweise unangenehme Empfindung, entweder spontan oder reizinduziert (s. die nächste Abbildung)

Projizierte (neuralgische) Schmerzen entstehen durch pathophysiologische Impulsgeneration in den nozizeptiven afferenten Nervenfasern. [Nach Schmidt RF (1990) Nociception und Schmerz, a. o. a. O.]

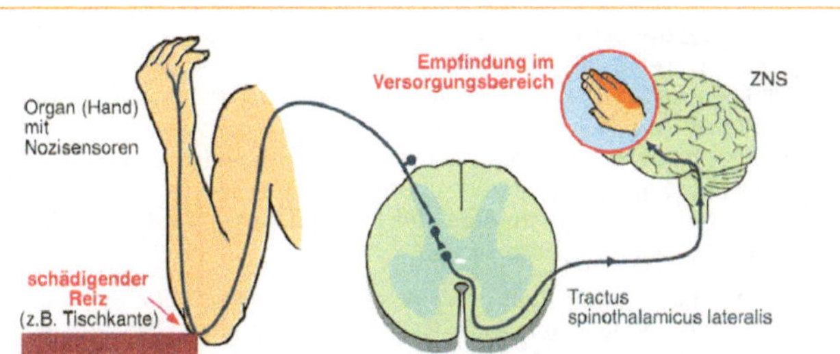

Akute Impulsgeneration in Afferenzen proximal von den Terminalstrukturen führt zu kurzzeitigen Parästhesien (z. B. heftige mechanische Reizung von Ulnarisafferenzen beim Anstoßen des Ellenbogens); chronische Impulsgeneration in nozizeptiven Afferenzen (nicht an den Nozizeptoren) führt zu neuralgischen Schmerzen, die auf das Versorgungsgebiet des betroffenen Nerven oder der betroffenen Hinterwurzel beschränkt bleiben (z. B. Kompression eines Spinalnerven beim Bandscheibensyndrom). Neuralgische Schmerzen treten häufig in Attacken (wellenförmig) auf. Solche Mechanismen werden auch für schmerzhafte Polyneuropathien diskutiert.

Als Kausalgie wird eine sehr schmerzhafte Sonderform neuralgischer Schmerzen bezeichnet, die besonders nach Schußverletzungen von Nerven auftritt. Sie ist von trophischen Störungen des betroffenen Gebietes begleitet, was auf die Beteiligung des sympathischen Nervensystems hinweist. Daher auch der Name sympathische Reflexdystrophie.

Zentrale Schmerzen

Schmerzen können als Folge von Übererregbarkeit oder pathologischer Spontanaktivität im nozizeptiven System auftreten. Beispiele: *Anaesthesia dolorosa* (nach Ausrissen von Hinterwurzeln), *Phantomschmerz* (nach Amputationen), *Thalamusschmerz* (bei Erkrankungen der sensiblen Ventralkerne des Thalamus).

Entstehungswege übertragener Schmerzen

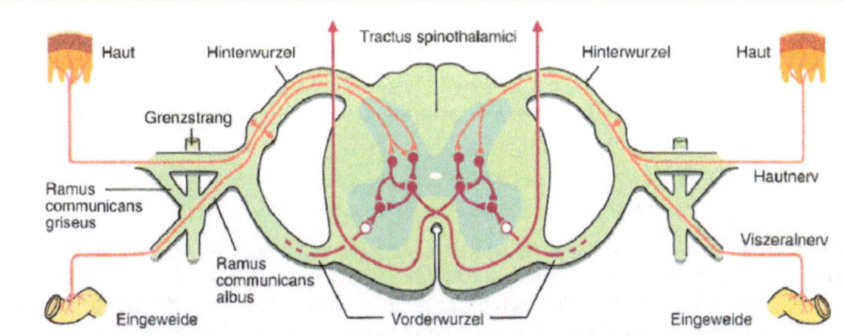

Erkrankungen innerer Organe führen häufig an der Körperoberfläche zu Schmerzempfindungen: übertragener Schmerz (für jedes Organ gibt es typische Areale an der Körperoberfläche: Head-Zonen, z. B. Innenseite linker Arm bei Ischämieschmerzen des Herzens). Entsteht hauptsächlich durch Konvergenz viszeraler und somatischer nozizeptiver Afferenzen auf Hinterhornneurone des nozizeptiven Systems (*links* im Bild); dazu kommt, daß dieselbe nozizeptive Afferenz gelegentlich sowohl oberflächliches wie tiefes Gewebe versorgt (*rechts* im Bild).

Endogene und exogene Schmerzhemmung

Körpereigene Schmerzkontrollsysteme (endogene Schmerzhemmung)

Endogene (körpereigene) Opiate	Das nozizeptive System besitzt an vielen Stellen Opiatrezeptoren. Drei Haupttypen sind nachgewiesen, μ-, δ- und κ-Rezeptoren (mü, delta, kappa). Neuroendokrine Zellen und verschiedene Neuronen setzen unter bestimmten Bedingungen (z. B. bei extremen Streßsituationen) endogene Opiate frei, die sich als Liganden mit diesen Opiatrezeptoren verbinden und eine mehr oder weniger ausgeprägte Analgesie auslösen. Wichtige Beispiele dieser Polypeptide mit den zugehörigen Rezeptoren sind: β-Endorphin (μ),Met-Enkephalin (μ), Leu-Enkephalin (δ) und Dynorphin (κ).
Deszendierende Hemmsysteme	Vom zentralem Höhlengrau, PAG (engl.: *periaquaeductual gray),* und der benachbarten Formatio reticularis lat. gehen deszendierende Bahnen aus, die nach Umschaltung im Nucl. raphe magnus, NRM, im Hinterhorn des Rückenmarks enden (Abb. S. 104). Die Bahnen haben *monoaminerge* Transmitter (Serotonin, Noradrenalin, Dopamin, s. oben) und üben hemmende Wirkungen aus; s. *Gate-Control-Theorie.* Das PAG besitzt sehr viele Opiatrezeptoren, es ist ein wichtiger Angriffspunkt des Morphins (s. unten)

Gate-Control-Theorie *(Kontrollschrankentheorie):* Diese postuliert, daß bereits im Hinterhorn nozizeptive Information durch afferente und deszendierende Hemmsysteme moduliert werden kann. Der genaue Mechanismus ist noch unbekannt. Therapeutische Ansätze, diesen Kontrollmechanismus zur Schmerzhemmung zu aktivieren (z. B. durch *Elektroakupunktur, Hinterstrangreizung* über implantierte Elektroden, *transkutane Nervenstimulation, TNS*) sind bisher nur bedingt erfolgreich.

Angriffspunkte der Schmerztherapie

Nichtnarkotische Schmerzmittel	Stoffe mit *schmerzhemmender Wirkung,* die keine Bewußtseinseinschränkung *(Narkose)* bewirken (zahlreiche Stoffgruppen und Präparate; Beispiel: *Azetylsalizylsäure* [Aspirin]); Diese Medikamente greifen überwiegend am peripheren Nozisensor an
Narkotische Schmerzmittel	Stark analgetisch wirkende Substanzen, die insbesondere bei höherer Dosierung auch das Bewußtsein einschränken (ältestes Beispiel: Morphin, im Opium enthalten; heute sind zahlreiche Opiate [syn: *Opioide*] im Gebrauch); sie aktivieren die *endogenen Schmerzkontrollsysteme* durch Bindung an Opiatrezeptoren. Morphin bindet an μ-Rezeptoren, der bekannteste Antagonist ist Naloxon
Psychopharmaka	Wirken nicht unmittelbar analgetisch, sie können aber die emotionale Komponente des Schmerzerlebens günstig beeinflussen. Hauptgruppen: Tranquilizer und Antidepressiva
Lokalanästhetika	Blockieren die Entstehung (Oberflächenanästhesie) bzw. Fortleitung von Impulsen in nozizeptiven (und anderen!) Afferenzen (Nervenblock)
Physikalische Maßnahmen	Je nach Schmerzursache werden sehr unterschiedliche Anwendungen gebraucht, die von Wärme- und Kälteapplikationen bis zur Anwendung elektrischer Reize und zur Neurochirurgie reichen. Dazu zählen auch *Krankengymnastik* und *Bewegungstherapie.* In der Neurochirurgie hat nur die *Chordotomie* (Durchschneidung des Vorderseitenstrangs des Rückenmarks) zur Unterbrechung der Weiterleitung nozizeptiver Signale aus der kontralateralen Körperhälfte (z. B. von Tumoren im kleinen Becken) gewisse Bedeutung
Psychologische Methoden	Einsatz besonders, aber nicht nur, bei Schmerzen ohne deutliche periphere Schmerzursache. Typische Methoden: *Biofeedback* (S. 69), *operante Konditionierung* (S. 69), *Entspannung, Meditation, Hypnose*

14 Der Gleichgewichtssinn und die Bewegungs- und Lageempfindung des Menschen

Die Gleichgewichtsorgane im Innenohr

Die Gleichgewichtsorgane vermitteln Bewegungs- und Lageempfindungen; für eine eindeutige Interpretation ist zusätzliche Information aus den visuellen und propriozeptiven Sinnessystemen notwendig. [Nach Zenner HP (1997) in Schmidt RF, Thews G (Hrsg.) Physiologie des Menschen 27. Aufl., Heidelberg: Springer]

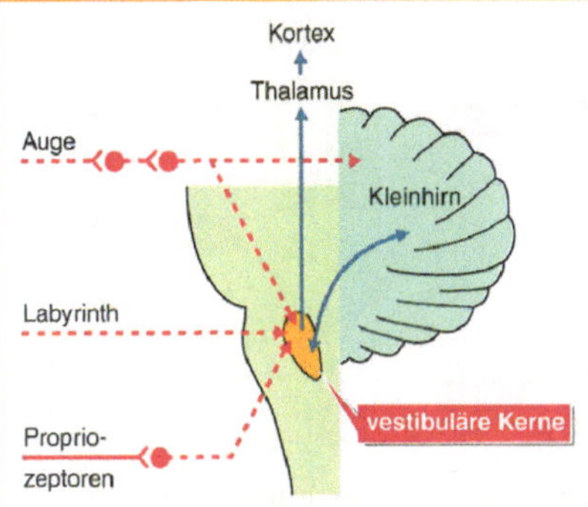

Mit geschlossenen Augen können wir die Richtung der Schwerkraft, also der Erdbeschleunigung angeben. Wir wissen auch, ob und wohin wir den Kopf gedreht haben und ob wir stehen oder liegen. Schließlich können wir auch spüren, in welche Richtung wir uns bewegen. Diese Informationen gewinnen wir von den Beschleunigungssensoren des Vestibularorgans im Innenohr (s. unten) in Zusammenarbeit mit den Muskel- und Gelenksensoren (Propriozeptoren). Im Alltag kommt zusätzliche Information vom Sehen. Die visuelle Information kann den Ausfall der Vestibularorgane z.T. kompensieren.

Der Vestibularapparat besteht beiderseits aus zwei Makulaorganen (Macula sacculi mit senkrechter und die Macula utriculi mit waagrechter Normallage) und aus drei Bogengängen (horizontaler, hinterer und vorderer). [Nach Zenner HP (1997) a.o.a.O.]

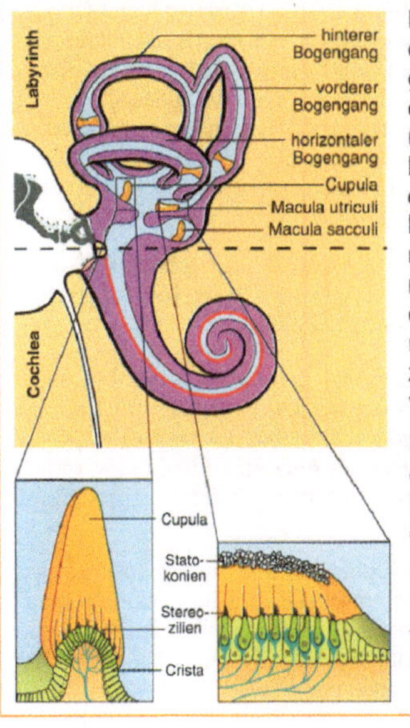

Die Makulaorgane sind auf Linear- (Translations-) und die Bogengangsorgane auf Winkel- (Dreh-)beschleunigungen spezialisiert. Die Sinneszellen sind Haarzellen, die auf Abbiegungen der Zilien (= Härchen) reagieren (s. nächste Seite). Die Sinneshärchen ragen in eine gallertige Masse (s. Abbildung), in den Bogengängen heißt diese Kupula, in den Makulaorganen Otolithenmembran (wegen der eingelagerten Kalzitkristalle, Statokonien genannt; Lithen = Steine). Jede Haarzelle hat 1 Kinozilium und 60–80 kleinere Stereozilien. Genau wie die Haarzellen der Cochlea sind die Stereozilien untereinander mit Tip links verbunden (s. S. 119). Die Stereozilien sind für die Rezeptoreigenschaften der Haarzellen verantwortlich.

Die Haarzellen sind sekundäre Sinneszellen, die von den afferenten Nervenfasern der Pars vestibularis des Nervus vestibulocochlearis (VIII. Hirnnerv) versorgt werden.

Die Funktion des Vestibularapparates läuft ohne primäre Beteiligung des Bewußtseins ab und wird daher vom Gesunden nicht bemerkt. Funktionsstörungen nimmt der Patient dagegen wahr, er empfindet nämlich Schwindel.

Gleichgewichtssinn durch Beschleunigungsmessung

Der adäquate Reiz für die Erregung der Haarzellen in den Makula- und Bogengangsorganen ist eine Abbiegung der Stereozilien in Richtung auf das Kinozilium. [Nach Zenner HP (1997) a.o.a.O.]

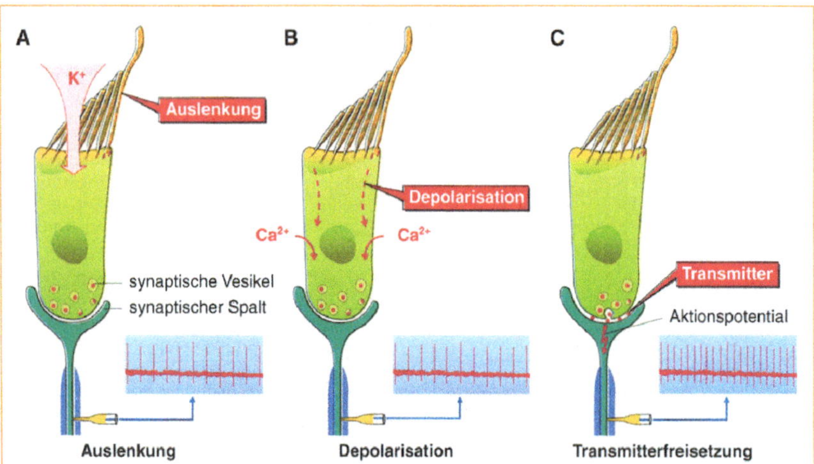

Die vestibulären Haarzellen sind von Endolymphe umgeben (s. Abb. S. 111 u. 113), die sehr viele Kalium- und wenige Natriumionen enthält. Schon in Ruhe setzen die Haarzellen ständig Transmittersubstanz frei, was in den afferenten Nervenfasern, wie in A zu sehen, zu einer hohen Spontanaktivität (Ruheaktivität) führt. Auslenkung der Stereozilien führt unter Mitwirkung der Tip links (Abbildung S. 119) zum Öffnen von Kaliumkanälen an der apikalen Oberfläche der Haarzellen und damit zum Einstrom endolymphatischen Kaliums. Der Kaliumeinstrom depolarisiert die Haarzellen und ermöglicht den Eintritt von Kalzium (B). Der intrazelluläre Kalziumanstieg führt zur erhöhten Transmitterfreisetzung in den synaptischen Spalt (C) und dadurch zu einer vermehrten Aktivierung der afferenten Nervenfasern. Eine Abscherung in Gegenrichtung (d. h. vom Kinozilium weg) reduziert die Zahl der neuronalen Entladungen. Bewegungen quer zu dieser Achse sind ohne Wirkung.

14

Bei den Makulaorganen verschieben Translationsbeschleunigungen die durch die Statokonien (Otolithen) spezifisch schwerere Gallerte über den Maculae und modulieren so die Spontanentladungen der Haarzellen

Maculae sacculi	Diese stehen bei aufrechter Stellung des Kopfes praktisch senkrecht (s. Abb. S. 111). Die Gravitationsbeschleunigung (Schwerkraft) verschiebt daher die Otolithenmembran nach unten und erregt dadurch die Haarzellen. Beschleunigungen in Richtung der Schwerkraft (z. B. im Aufzug) erhöhen bzw. reduzieren die Erdbeschleunigung und führen zu entsprechenden Veränderungen der afferenten Entladungen.
Maculae utriculli	Diese liegen bei aufrechter Stellung des Kopfes praktisch waagrecht; sie werden daher durch die Schwerkraft nicht erregt. Lineare Beschleunigungen senkrecht zur Körperoberfläche (z. B. im Auto) führen aber zu leichten Verschiebungen der Otolithenmembran und damit zur Zu- oder Abnahme der afferenten Aktivität. Kippbewegungen beeinflussen alle Maculae.

Die Bogengangsorgane (Cupulae) reagieren auf Drehbeschleunigungen und melden näherungsweise die Geschwindigkeit einer Kopfdrehung. [Nach Zenner HP (1997) a.o.a.O.]

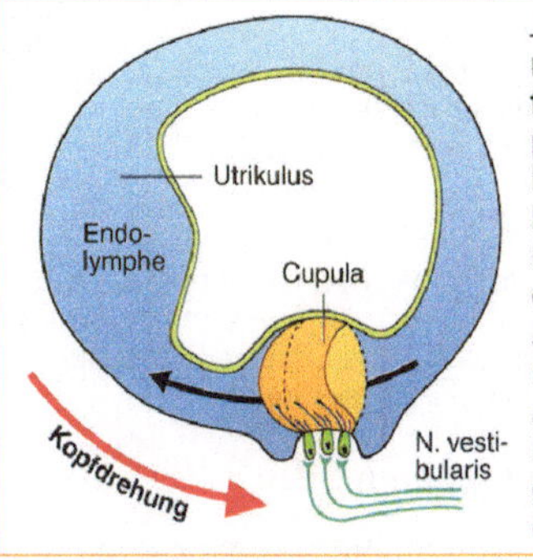

Jeder Bogengang besteht aus einem nahezu kreisförmigen, mit Endolymphe gefüllten Kanal, in dem die festangewachsene Kupula eine Trennwand bildet. Kupula und Endolymphe haben die gleiche spezifische Dichte. Bei Drehbewegungen in der Bogengangsebene bleibt die Endolymphe wegen ihrer Trägheit gegenüber den Wänden des Bogengangs zurück und lenkt dadurch die Kupula in der Gegenrichtung aus (s. Abb.). Diese Auslenkung schert die Stereozilien ab und bewirkt eine Zu- bzw. Abnahme der afferenten Aktivität über den oben geschilderten Mechanismus. Durch die dreidimensionale Anordnung der Bogengänge beider Seiten ergibt sich für jede Kopfdrehung ein eindeutiges Aktivitätsmuster.

Zentrales vestibuläres System

Die wichtigsten Anteile des zentralen vestibulären Systems und seine Hauptafferenzen und -efferenzen lassen sich wie folgt zusammenfassen:

Die afferenten Nervenfasern des Vestibularorgans haben ihre Somata im Ganglion vestibuli (Scarpae). Sie bilden den N. vestibularis, der sich noch im Innenohr mit dem N. cochlearis zum N. vestibulocochlearis, dem VIII. Hirnnerv, vereinigt; dieser tritt im Kleinhirnbrückenwinkel in den Hirnstamm ein; dort enden die Vestibularisafferenzen an den folgenden Vestibulariskernen

- Nucleus superior (Bechterew)
- Nucleus medialis (Schwalbe)
- Nucleus lateralis (Deiters)
- Nucleus inferior (Roller)

Die Vestibulariskerne erhalten zusätzliche Zuflüsse von den Sensoren der Tiefensensibilität (s. oben); sie haben v. a. folgende efferente Verbindungen:

- Tractus vestibulospinalis (vor allem zu den γ-Motoneuronen der Extensoren)
- Zu den Augenmuskelkernen (über das mediale Längsbündel)
- Zu den Vestibulariskernen der Gegenseite (gegenseitiger Informationsaustausch)
- Zum Archizerebellum und anderen Anteilen des Kleinhirns
- Zum Kern des Tractus reticulospinalis (von dort weiter zu γ- und α-Motoneuronen, s. auch S. 44)
- Zum Gyrus postcentralis (bewußte Raumorientierung)

14

Aufgabe des vestibulären Systems ist es, Information zu liefern für

1. bewußte Wahrnehmung der auf den Körper einwirkenden Beschleunigungen (s. o.)
2. Aufrechterhaltung des Körpergleichgewichts und des aufrechten Stands und Gangs (vor allem von den Makulaorganen)
3. Festhalten des Fixationspunkts bei Augenbewegungen
4. Bewegungsstabilität der Umwelt bei Augen-, Kopf- und Körperbewegungen (vor allem von den Bogengangsorganen, s. auch Okulomotorik S. 132, 133)

Die motorischen Aufgaben des vestibulären Systems werden u. a. mit Hilfe von Labyrinthreflexen ausgeführt; dazu zählen (s. auch die Definition der Halte- und Stellreflexe S. 44)

Statische Labyrinthreflexe	Diese sind teils Halte-, teils Stellreflexe. Sie gehen von den Makulaorganen aus und erhalten das Gleichgewicht beim ruhigen Stehen, Sitzen, Liegen. Das Gegenrollen der Augen beim Neigen des Kopfs in der Senkrechten ist ebenfalls ein statischer Reflex. Halte- und Stellreflexe nehmen auch von Sensoren des Halses ihren Ausgang (tonische Halsreflexe, Halsstellreflexe); daneben gibt es auch visuelle Stellreflexe
Statokinetische Labyrinthreflexe	Sie gehen von Makulaorganen und Bogengängen aus, treten während Bewegungen auf und stellen selbst Bewegungen dar. Das bekannteste Beispiel ist der vestibuläre Nystagmus (s. S. 133 und unten), weitere sind das reflektorische Umdrehen einer Katze im freien Fall und die Liftreaktion (adjustiert den Muskeltonus an Beschleunigungen in der Senkrechten)

Die Vestibularorgane können klinisch untersucht werden

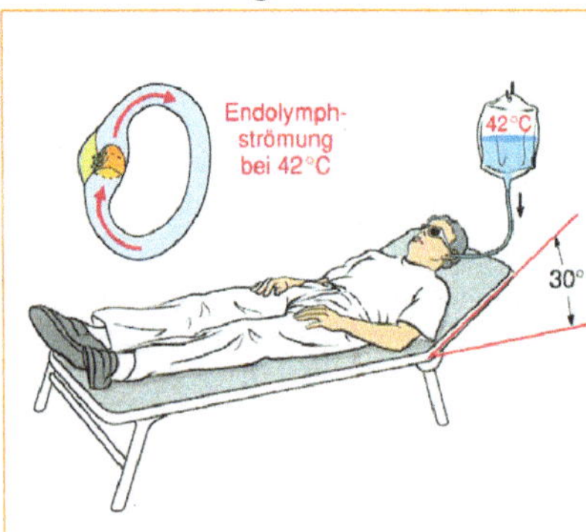

Die Prüfung der Vestibularorgane erfolgt mit Nystagmogrammen (s. S. 133). Bei Drehprüfungen werden beide Gleichgewichtsorgane gleichzeitig erregt (Beobachten des postrotatorischem Nystagmus). Die Einzelprüfung erfolgt mit kalorischer Labyrinthreizung jeweils eines Ohres durch Spülen des äußeren Gehörgangs mit 42 °C warmen oder 30 °C kaltem Wasser in Liegestellung mit einer Kopfanhebung von 30° (s. Abb.). Der horizontale Bogengang steht unter diesen Bedingungen senkrecht und Thermokonvektionsströme führen zur Auslenkung von Kupula und Stereozilien und lösen einen Nystagmus aus. Es wird gemessen, ob der Nystagmus symmetrisch von beiden Ohren ausgelöst werden kann.

Pathophysiologische Aspekte des Gleichgewichtssinns

14

Kinetosen	(Bewegungskrankheiten, motion sickness) Bekannteste Beispiele sind die See- und Reisekrankheiten; sie werden durch ungewohnt starke Erregungen des Gleichgewichtsorgans, besonders durch Coriolis-Beschleunigungen, zusammen mit ungewohnten Reizkonstellationen bei komplexen dreidimensionalen Fahrzeugbewegungen ausgelöst
Labyrinthausfälle	Der akute Ausfall eines Labyrinths führt zu Drehschwindel und Nystagmus zur gesunden Seite und zu Fallneigung zur kranken Seite. Chronischer Ausfall eines Labyrinths wird i. a. durch das visuelle System und die Tiefensensibilität gut kompensiert; doppelseitige Labyrinthausfälle kommen beim Menschen praktisch nicht vor
Schwerelosigkeit	Es entfällt die Gravitationsbeschleunigung bei Erhalt aller anderen Linear- und Rotationsbeschleunigungen; diese Erregungskonstellation kommt auf der Erde nicht vor; sie führt bei Raumflügen gelegentlich zu Kinetosen
Pathologische Nystagmen	(Definition und Beispiele physiologischer Nystagmen s. S. 133) Treten bei Erkrankungen im vestibulären (aber auch im optischen und okulomotorischen) System auf, z. B. als Spontannystagmus oder als Pendelnystagmus

15 Hören und Sprechen

Psychoakustik

Akustische und auditorische Begriffsbestimmungen

- **Ton**: Schallereignis, das nur eine Frequenz des Hörbereichs (zwischen 20 – 16 000 Hz) enthält; Tonhöhe nimmt mit steigender Frequenz zu
- **Oberton**: Ton, dessen Frequenz ein ganzzahliges Vielfaches des Grundtons ist
- **Klang**: Superposition endlich vieler Töne und deren Obertöne wie sie z. B. von einem Musikinstrument abgestrahlt werden
- **Geräusch**: Superposition unendlich vieler Töne
- **Effektiver Schalldruck** p_x in [N/m^2] bzw. [Pa], s. Kap. 1, S. 3; Effektivwert (Amplitude, Stärke) der periodischen Luftdruckschwankungen
- **Bezugsschalldruck**; willkürlich festgelegter Referenzdruck von $p_0 = 2 \cdot 10^{-5}$ N/m^2; dient zur Berechnung der Schalldruckpegel, s. u.; liegt in der Nähe der Hörschwelle
- **Schalldruckpegel** $L = 20 \cdot \log_{10} (p_x/p_0)$ in [dB SPL], s. Tabelle unten
- **Schallintensität** I (Schalleistungsdichte): Energiefluß pro Zeiteinheit durch eine Flächeneinheit, z. B. die Fläche des Trommelfells, in [W/cm^2]; ist proportional dem Quadrat des Schalldrucks, also bei Angabe in [dB] $I = 10 \log (I_x/I_0)$
- **Hörschwelle**: minimaler Schalldruckpegel zur Wahrnehmung eines Tons
- **Lautstärkepegel**: Schallpegel in Phon, der als gleich laut empfunden wird wie ein 1000 Hz-Ton in dB
- **Isophone**: Menge aller Töne, die als gleich laut empfunden werden

Messen und Hören des Schalls; für die Medizin ist das Dezibel die bedeutenste Maßeinheit des Schalls

Schallwellen	Winzige longitudinale Druckschwankungen der Luft, die vom Ohr wahrgenommen werden können; ihre Frequenz wird in Hertz (Hz) angegeben (s. Kap. 1, S. 3); die Ausbreitungsgeschwindigkeit beträgt ca. 340 m/s (1224 km/h, 1 Mach); der hörbare Frequenzbereich liegt zwischen 20 – 16 000 Hz ($<$ 20 Hz Infraschall, $>$ 16 000 Hz Ultraschall); die Tonhöhe nimmt mit steigender Frequenz zu
Schalldruckpegel	Die dynamische Breite des Ohrs umfaßt Schallintensitäten von 10^{-16} - 10^{-4} W/cm^2 (12 Zehnerpotenzen von der normalen Hörschwelle bis zu Geräuschen an der Schmerzgrenze); daher wäre die Angabe des Schalldrucks oder der Schallintensität sehr unpraktisch; vereinbart wurde daher die Angabe als Schalldruckpegel mit der Maßeinheit Dezibel (dB), Definition s. oben; ergibt handliche Zahlenwerte zwischen 0 und 120 dB SPL (sound pressure level)
Lautstärke	Schalldruck wird frequenzabhängig als Lautstärke empfunden (s. Abb. S. 116); bei gleichem Schalldruck werden Schallereignisse zwischen 2000 – 5000 Hz lauter wahrgenommen als höher- oder niederfrequente Töne; Messung der Hörschwelle bzw. der Lautstärke mit der Tonschwellen- bzw. Tonaudiometrie (Untersuchung jedes Ohrs getrennt über Kopfhörer mit reinen Tönen)
Lautstärkepegel	Definition s. Tabelle oben; bedeutet, daß bei 1000 Hz die Phon- und die dB-Werte übereinstimmen. Kurven gleicher Lautstärkepegel heißen Isophone (s. Abb. S. 116). Auch die Hörschwelle ist eine, nämlich die niedrigste Isophone; sie liegt bei 4 Phon. Die 60-Phon-Kurve läuft durch den Hauptsprachbereich, die 130-Phon-Kurve liegt an der Schmerzschwelle

Der Arbeitsbereich des menschlichen Hörsystems (Hörfläche) dargestellt in Kurven gleicher Lautstärkepegel (Isophone) nach DIN 45 630

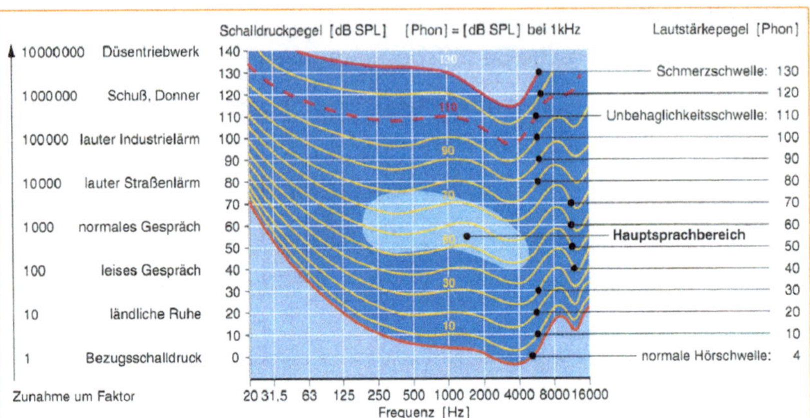

Isophone sind Kurven gleicher Lautstärkepegel in Phon. Per definitionem stimmen Phon und Schalldruckpegel nur bei 1 kHz überein. Wie links zu sehen, bedeuten 20 dB eine Verzehnfachung des Schalldrucks, 80 dB also eine Steigerung um $10^4 = 10\,000$ (s. auch S. 115). Da Töne zwischen 2000 und 5000 Hz lauter gehört werden als höher- oder niederfrequentere Schallsignale (d. h. die subjektive Lautstärke ist frequenzabhängig), verlaufen die Isophone gekrümmt. Der Hauptsprachbereich liegt mittig in der Hörfläche.

Klinische Prüfung des Hörvermögens

Die klinische Schwellenaudiometrie mißt die Hörschwelle des Ohres. [Nach Zenner HP (1997) in Schmidt RF, Thews G (Hrsgb.) Physiologie des Menschen, 27. Aufl., Heidelberg: Springer]

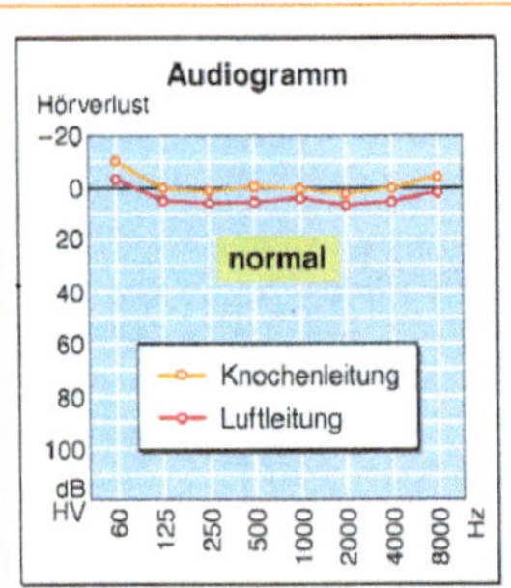

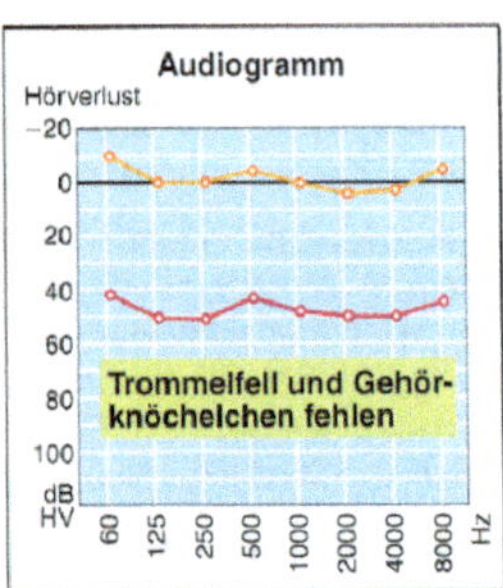

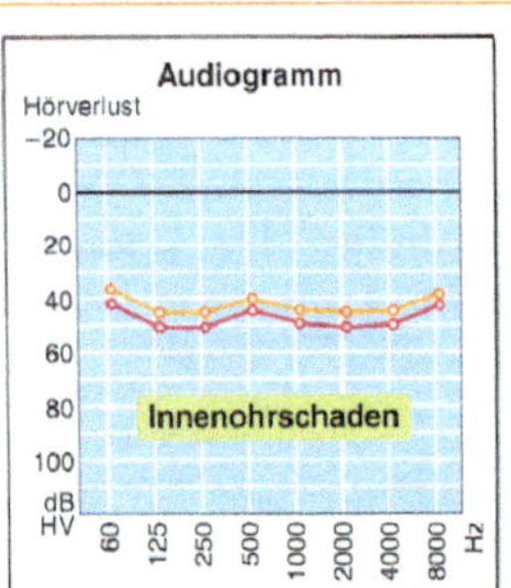

Im klinische Alltag wäre die Darstellung der gekrümmten Hörschwellenkurve in [dB SPL] unpraktisch; der Hörschwelle wurde daher der willkürliche praktische Pegelwert 0 dB HV (Hörverlust, engl. HL, hearing level) gegeben; damit wurde die klinische Hörschwellenkurve ein Gerade. Diese Darstellungsform heißt Tonaudiogramm. Es wurde ferner vereinbart, höhere Schwellenwerte als Hörverlust nach unten abzutragen. Die Luftleitung wird mit Kopfhörern, die Knochenleitung (s. S. 119) mit Schwingkörpern auf dem Warzenfortsatz überprüft. Verschließen („Zuhalten") der Ohren bringt einen Hörverlust von 20 dB HV. Fehlen Trommelfell und Gehörknöchelchen (Abb.) liegt der Hörverlust bei 40–50 dB HV.

Funktionen von Mittel- und Innenohr

Die Hauptaufgabe des Mittelohrs ist eine Impedanzanpassung bei der Übertragung des Luftschalls auf die Innenohrflüssigkeit

Die Schallübertragung erfolgt über den äußeren Gehörgang auf das Trommelfell und von dort über Hammer (Malleus), Amboß (Incus) und Steigbügel (Stapes) auf die Innenohrflüssigkeit der Scala vestibuli (s. Abbildung S. 118). Ohne das Mittelohr würde der Schall nur zu 2 % in das Innenohr eindringen und zu 98 % reflektiert werden, da Luft eine niedrigere Impedanz als Flüssigkeit hat; über die Gehörknöchelchenkette werden 60 % übertragen, also 30mal mehr. Die Impedanzanpassung erfolgt 1. über die Druckübersetzung von der großen Fläche des Trommelfells auf die kleine der Stapesfußplatte (Flächenverhältnis 35 : 1) und 2. über die Hebelwirkung der Gehörknöchelchenkette.

Der Ablauf der Schallübertragung im Innenohr ist wie folgt:

Druckübertragung auf das Innenohr	Die Stapesfußplatte überträgt die Schallschwingungen auf die Perilymphe der Scala vestibuli, von dort laufen die Schwingungen über das Helicotrema zur Scala tympani. Da Flüssigkeiten inkompressibel sind, erfolgt der Ausgleich der Volumenverschiebungen durch Bewegungen der Membran des runden Fensters (s. Abbildung S. 118)
Wanderwellenbildung	Die Druckschwankungen im Innenohr werden auch auf die cochleäre Trennwand (besteht aus Corti-Organ, Tektorialmembran, Scala media, Reissner-Membran, s. Abb. S. 118) übertragen. Die Schwingungen bilden Wellen aus, die vom Steigbügel zum Helicotrema wandern; dabei kommt es zu Schwingungsmaxima, die umso näher am Steigbügel liegen, je höher der Ton ist (s. Abb.)
Ortsprinzip (Ortstheorie, Tonotopie)	Dieses sagt aus, daß das gute Frequenzunterscheidungsvermögen des Ohrs (z. B. bei 1000 Hz 0,3 %, also 3 Hz) auf die Wanderwellenmaxima der cochleären Trennwand zurückgeht, da nur dort, am Ort der charakteristischen Frequenz CF einige wenige Haarzellen gereizt werden
Cochleärer Verstärker	Die passiven Schwingungsmaxima führen zu aktiven Kontraktionen der 3 Reihen von äußeren Haarzellen (> 100fache Verstärkung), dadurch entstehen besonders scharfe Wanderwellenmaxima, die die Grundlage des hohen Frequenzunterscheidungsvermögens des Ohrs sind (s. o.). Ein Verlust der äußeren Haarzellen flacht die Maxima stark ab, die mangelnde Frequenzselektivität (flache Tuningkurven, s. Kurve c in Abb. S. 120) führt zu Sprachverständnisstörungen (die äußeren Haarzellen haben kaum eine afferente Innervation und setzen wenig Transmitter frei, haben also überwiegend motorische Funktion)
Schwelle der inneren Haarzellen	Die Schwelle der inneren Haarzellen (nur 1 Reihe) ist 50–60 dB schlechter als die der äußeren Haarzellen, sie werden daher erst nach Formung der scharfen Wanderwellenspitzen durch die Kontraktionen der äußeren Haarzellen erregt
Adäquater Reiz der Haarzellen	Alle Haarzellen tragen Stereozilien (Sinneshärchen, daher ihr Name). Die längsten der äußeren Haarzellen berühren gerade die gallertige Tektorialmembran. Bei den Schwingungen der cochleären Trennwand werden diese Zilien durch die Relativbewegung zwischen Corti-Organ und Tektorialmembran nach außen und innen ausgelenkt, dies ist ihr adäquater Reiz. Über eine hydrodynamische Kopplung dieser Relativbewegung werden auch die inneren Haarzellen in ähnlicher Weise erregt

15

Schallaufnahme, seine Weiterleitung und Verarbeitung im Mittel- und im Innenohr. [Mod. nach Birbaumer N, Schmidt, RF (1991) Biologische Psychologie, Springer, Heidelberg]

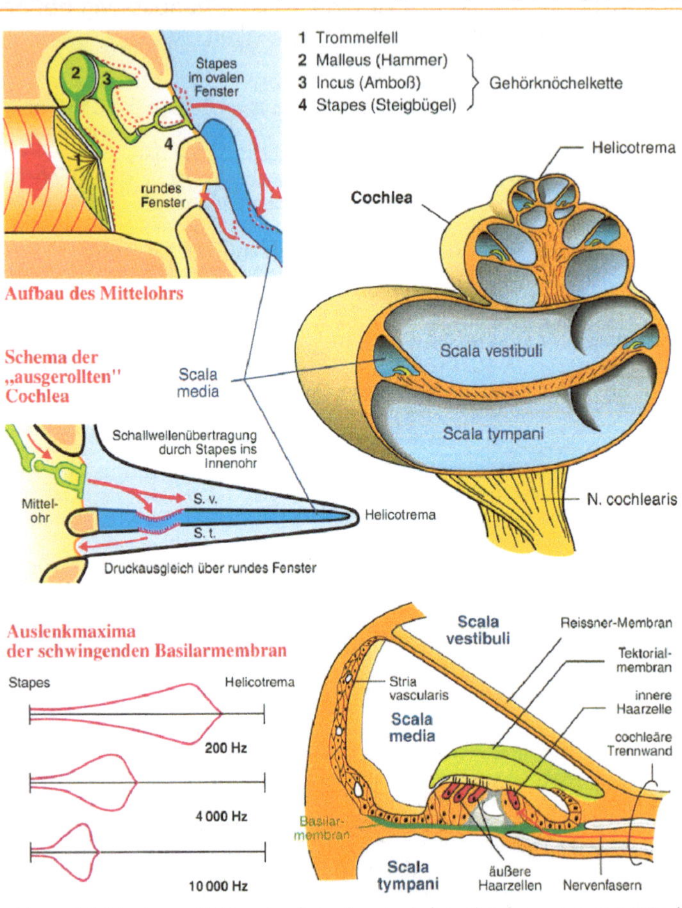

Die Cochlea gleicht einem Schlauch, der wie ein Schneckenhaus aus 2,5 Windungen besteht. Die cochleäre Trennwand teilt den Schlauch in die obere Scala vestibuli (beginnt am ovalen Fenster) und die untere Scala tympani (beginnt am runden Fenster), beide gehen am Helicotrema ineinander über; sie sind mit Perilymphe gefüllt. Die cochleäre Trennwand ist die eigentliche Funktionseinheit der Cochlea. Sie wird durch die Reissner-Membran von der Scala vestibuli und durch die Basilarmembran von der Scala tympani abgeschlossen. Die dazwischen liegende Scala media enthält Endolymphe (anders zusammengesetzt als die Perilymphe, s. u.). Auf der Basilarmembran sitzen Stützzellen und die Haarzellen, alle 3 Strukturen zusammen bilden das Corti-Organ. Der Mensch hat ca. 3500 innere und 12 000 äußere Haarzellen, sie sind von der Tektorialmembran bedeckt. Die Haarzellen sind sekundäre Sinneszellen, die von Nervenfasern aus dem Ganglion spirale innerviert werden. Es gibt auch eine efferente Innervation der Haarzellen. Jede Haarzelle besitzt 80–100 Sinneshärchen (Stereozilien, es gibt kein Kinozilium).

Das Innenohr kann auch durch Knochenleitung, d. h. Schwingungen der Schädeldecke, erregt werden; diese spielt für die Hörvorgänge des täglichen Lebens nur eine untergeordnete Rolle, sie läßt sich aber für diagnostische Maßnahmen nutzen

Weber-Versuch	Eine schwingende Stimmgabel wird auf die Schädelmitte aufgesetzt: bei Innenohrschwerhörigkeit (Schallempfindungsstörung) wird der Ton auf der gesunden Seite lauter gehört, bei Mittelohrschwerhörigkeit (Schalleitungsstörung) auf der erkrankten Seite
Rinne-Test	Vergleich von Luft- und Knochenleitung mit einer schwingenden Stimmgabel. Diese wird zunächst auf den Warzenfortsatz aufgesetzt; ist sie dort nicht mehr hörbar, wird sie vor das Ohr gehalten: der Ton wird vom Ohrgesunden und bei Schallempfindungsstörung wieder gehört (Rinne positiv), bei Schalleitungsstörung jedoch nicht (Rinne negativ)
Tonschwellenaudiometrie	Diese ist schon auf S. 116 beschrieben und es wurde erwähnt, daß die Knochenleitung mit Hilfe einer auf den Processus mastoideus aufgesetzten Stimmgabel überprüft wird. Normalerweise stimmen die Werte von Luft- und Knochenleitung überein. Bei einer Schalleitungstörung (z. B. Verlust von Trommelfell und Gehörknöchelchen in der Abb.) ist die Luftleitung verschlechtert, die Knochenleitung aber normal (air-bone gap)

Voraussetzungen und Mechanismen der Transduktion und Transformation in den inneren Haarzellen [Nach Zenner HP (1997) a.o.a.O.]

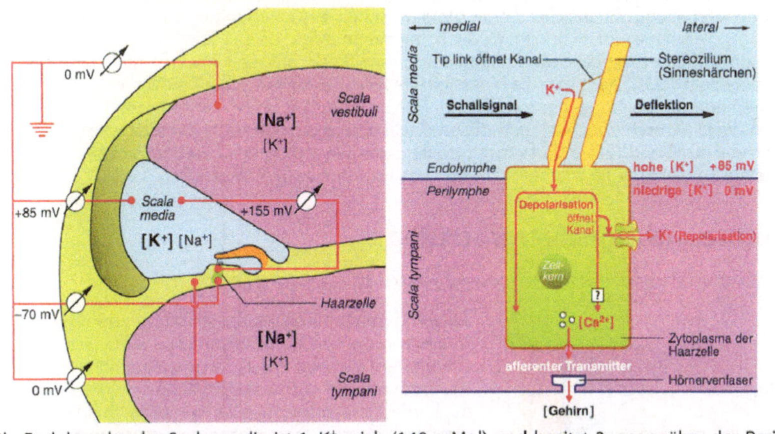

Die Endolymphe der Scala media ist 1. K^+-reich (140 mMol) und besitzt 2. gegenüber der Perilymphe ein positives Potential von +85 mV, das Bestandspotential oder endocochleäre Potential; 1 u. 2 werden durch Na^+-K^+-Pumpen der Stria vascularis erzeugt. Das Ruhepotential der inneren Haarzellen beträgt -40 mV, das der äußeren -70 mV; zwischen Haarzellinnerem und Endolymphe liegen also Potentialdifferenzen von -125 bzw. -155 mV. Auslenkung der Stereozilien öffnet über Tip links Ionenkanäle an ihren Spitzen, über die überwiegend K^+-Ionen in das Innere strömen und dabei die Zelle depolarisieren; diese Depolarisation stellt das Sensor(Rezeptor-)potential dar; die Depolarisation wiederum öffnet K^+-Kanäle an der Basolateralmembran, über die K^+-Ionen passiv in die Perilymphe der Scala tympani strömen. Dies beendet das Sensorpotential. Der gesamte Zyklus dauert kaum 1 ms. Jedes Sensorpotential setzt am basalen Ende der inneren Haarzellen Transmitter frei, der postsynaptisch in der Hörnervenfaser ein Aktionspotential auslöst (bzgl. der Funktion der äußeren Haarzellen s. S. 117).

Reizfolgepotentiale von Innenohr und Hörnerv (Mikrofonpotential und Summenaktionspotential). [Aus Zenner HP (1997) a.o.a.O.]

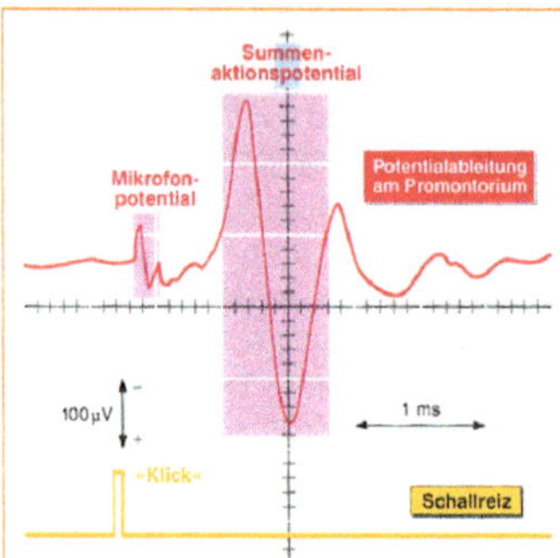

Durch das Trommelfell können auch beim Menschen feine Elektroden hindurchgeschoben und auf das Promontorium (knöcherne Wand zum Innenohr) bzw. das runde Fenster aufgesetzt werden. Wird anschließend beschallt, z. B. mit Sprache, lassen sich Mikrofonpotentiale (CM, cochlear microphonics) ableiten, die über einen Lautsprecher abgespielt die Sprache korrekt wiedergeben (daher ihr Name CM). Sie entstehen an oder in der Nähe der äußeren Haarzellen, der Mechanismus ist unbekannt. Reizt man das Ohr mit einem extrem kurzen Schallpuls („Klick"), kann zusätzlich das Summenaktionspotential (CAP, compound action potential) des Hörnervs abgeleitet werden.

Klinische Promontoriumstests werden durchgeführt, um bei Gehörlosen zu untersuchen, ob diese für ein elektronisches cochleäres Implantat geeignet sind (diese Implantate besitzen einen Sprachprozessor und Elektroden, die in die Cochlea geschoben werden, um den Hörnerv direkt zu reizen); manchmal ist sogar telefonieren möglich.

Otoakustische Emissionen

Das Innenohr erzeugt Geräusche, die als otoakustische Emissionen mit einem Mikrofon im Gehörgang gemessen werden können. Wird z. B. mit einem „Klick" gereizt, kann nach kurzer Latenz eine transitorisch evozierbare otoakustische Emission TEOAE aufgezeichnet werden; der Schalldruckpegel der TEOAE liegt unterhalb der Hörschwelle. Die Messung der TEOAE dient als Screeningmethode, um bei Neugeborenen, Säuglingen und Kleinkindern das Hörvermögen zu untersuchen. Viele Menschen haben auch dauernde spontane otoakustische Emissionen SOAE. Ursachen von SOAE und TEOAE sind vermutlich die Bewegungen der äußeren Haarzellen (s. S. 117), bei denen so viel Energie erzeugt wird, daß ein Teil nach außen abgegeben wird.

Auditorische Signalverarbeitung

Schallkodierung in den Hörnervenfasern. [Nach Klinke R (1990) a.o.a.O]

15

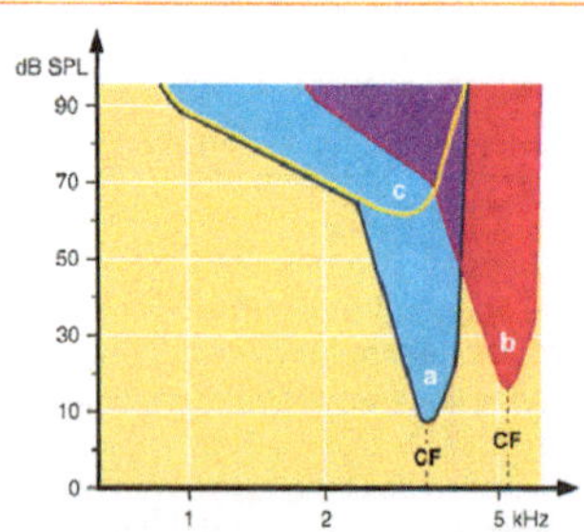

Jede von den inneren Haarzellen kommende Nervenfaser kann durch eine bestimmte Schallfrequenz optimal erregt werden; diese Frequenz nennt man ihre Bestfrequenz oder charakteristische Frequenz CF (s. auch die Darstellung des Ortsprinzips S. 117). Um mit benachbarten Frequenzen die Fasern zu erregen, müssen erheblich höhere Schallintensitäten aufgewandt werden, dies läßt sich als Tuningkurven (Schwellenkurven, Abstimmkurven, a und b in der Abb.) darstellen. Bei geschädigter Cochlea verschlechtert sich Schwelle und Frequenzselektivität (c in der Abb.)

Periodizitätsanalyse der Schallfrequenz: Neben der Wanderwelle kann das Corti-Organ zur Frequenzanalyse auch periodisch wiederkehrende Schalldruckspitzen erkennen (Periodizitätsanalyse). Dies muß insbesondere oberhalb von 5000 Hz eine Rolle spielen, da die Transmitterfreisetzungen aus den inneren Haarzellen und die Aktionspotentialsalven der Hörnervenfasern höheren Frequenzen nicht mehr folgen können.

Anteile der Hörbahn und deren Verlauf. [Mod. nach Klinke R (1990) a.o.a.O.]

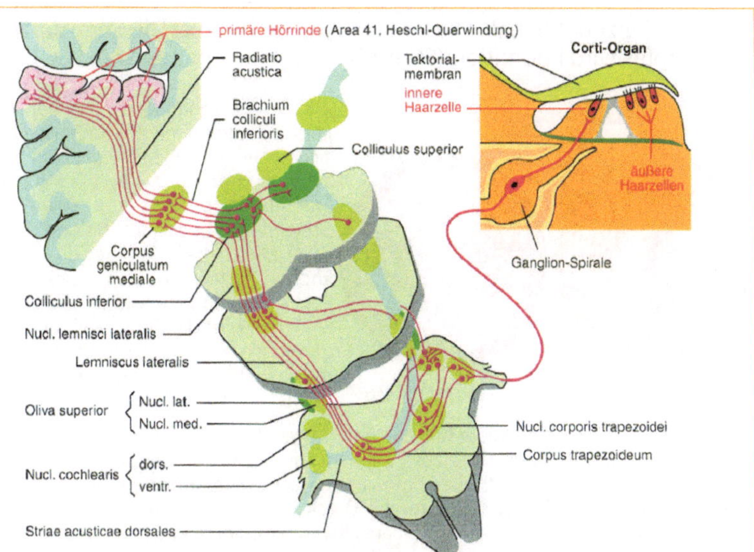

Nur die Bahnen von einem Ohr sind eingezeichnet, die anderen verlaufen spiegelbildlich; die deszendierenden Bahnen fehlen, ebenso die Projektionen zur ipsilateralen Hörrinde. Afferente Impulse aus dem Corti-Organ laufen über 5–6 Synapsen zur primären Hörrinde.

Signalverarbeitung in den Neuronen der Hörbahn

Schalldauer	Die Länge eines Schallreizes wird durch die Dauer der Aktivierung der afferenten Nervenfasern verschlüsselt
Schalldruckpegel	Die Kodierung unterschiedlicher Schalldruckpegel geschieht durch die Entladungsrate der erregten Neurone, je höher der Pegel, desto höher die Rate. Wird die höchstmögliche Rate erreicht, so werden bei weiter zunehmendem Pegel zusätzlich Nachbarfasern aktiviert (Rekrutierung)
Nutzschall	Der die Hörrinde erreichende (geringe) Teil der Schallinformation; wichtigster Nutzschall beim Menschen ist die Sprache; die Hintergrundgeräusche etc. (Störschall) werden auf den vorhergehenden Stationen der Hörbahn, die auf Schallmustererkennung spezialisiert sind, bereits weggefiltert
Efferente Nervenfasern	Die efferenten Nervenfasern des Hörnervs stammen zumeist aus der kontralateralen oberen Olive (olivocochleäres Bündel) und enden zu 90 % an den äußeren Haarzellen; Transmitter zu diesen sind Azetylcholin und GABA; die Efferenzen steuern bzw. modulieren wahrscheinlich die Motilität der äußeren Haarzellen, z. B. zum Schutz vor Schallschäden oder zur verbesserten Signaldetektion; Einzelheiten sind nicht bekannt
Räumliches Hören	Laufzeit- und Pegeldifferenzen des Schalls treten dadurch auf, daß ein Ohr meist weiter entfernt von der Schallquelle ist als das andere; diese Differenzen werden zum räumlichen Hören ausgewertet. Laufzeitunterschiede bis hinab zu $3 \cdot 10^{-5}$ s sind sicher zu beurteilen (Abweichung der Schallquelle von der Mittellinien $\alpha = 3°$); die Richtcharakteristik der Ohrmuschel wird ebenfalls zum räumlichen Hören (z. B. Schall von vorne oder hinten) eingesetzt.

Sprechen durch Phonation und Artikulation

Der Kehlkopf erzeugt Schall. Dieser Schall heißt Stimme. Die Stimmerzeugung des Kehlkopfes wird Phonation (Stimmbildung) genannt. [Nach Zenner HP (1997) a. o. a. O.]

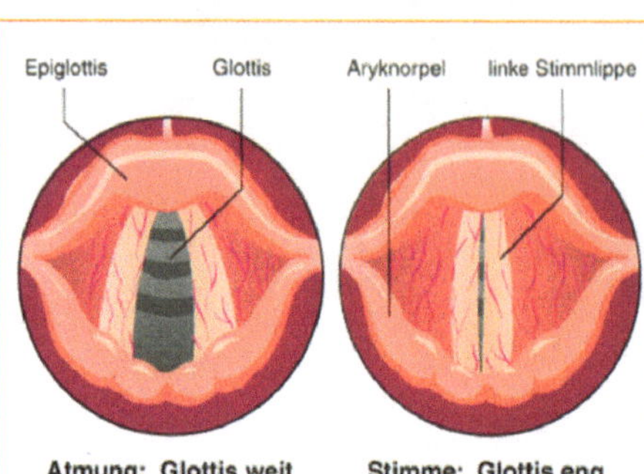

Zur Schallerzeugung besitzt der Kehlkopf 2 Stimmlippen (Stimmbänder), die sich mit einem Lupenlaryngoskop beobachten lassen (s. die Abbildung). Jede Stimmlippe besteht aus einem von Schleimhaut bedeckten Muskel (M. vocalis) zwischen Aryknorpel und Schildknorpel. Zwischen den Stimmlippen liegt die Stimmritze (Glottis). Bei normaler Atmung ist die Glottis weit offen. Zur Phonation wird sie durch die Kehlkopfmuskeln (hier im einzelnen nicht benannt) fast verschlossen.

Die durch die Verengung erzeugte hohe Strömungsgeschwindigkeit der Ausatmungsluft führt auf Grund des Bernoulli-Gesetzes zu einem Druckabfall im durch die Glottis strömenden Atemgas, wodurch sich die Stimmlippen noch weiter annähern und schließlich schließen. Dann preßt sie der subglottische Druck wieder auseinander und der Zyklus entsteht von neuem. Es resultiert ein hörbares Klanggemisch, das reich an Obertönen ist.

Der abgestrahlte Schalldruck der Stimme steigt mit dem subglottischen Druck. Die Frequenz der Stimme (Tonhöhe) ist abhängig von der Frequenz der Stimmlippenschwingungen. Die Grundfrequenz hängt von der Länge der Stimmlippen und von ihrer muskulär erzeugten Spannung ab, in geringerem Maße vom subglottischen Druck.

Der Mund-Rachenraum, Ansatzrohr genannt, formt aus dem Schallsignal des Kehlkopfs verständliche Laute, nämlich Vokale und Konsonanten; dies nennt man Artikulation. [Nach Zenner HP (1997) a. o. a. O.]

15

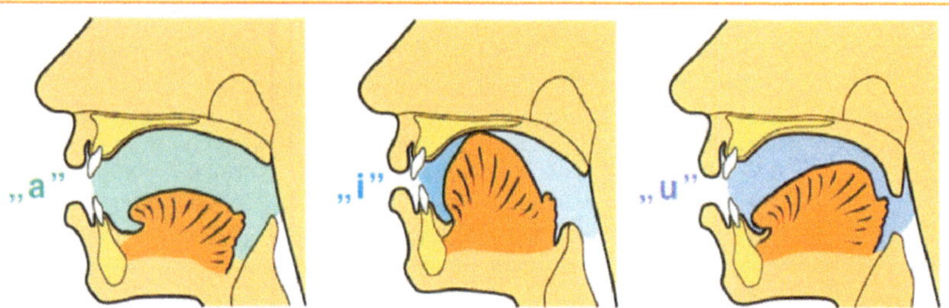

Als Ansatzraum gilt der Hohlraum zwischen Stimmlippenebene und Mund- bzw. Nasenöffnung. Die Form dieses Ansatzrohres kann durch die Rachen-, Gaumen-, Zungen-, Kau- und mimische Gesichtsmuskulatur willkürlich verändert werden. Dadurch ist eine physikalisch verstellbare Resonanz dieser Hohlräume möglich (s. die Beispiele in der Abbildung).

Vokale sind Klänge, die aus einem Grundton (Stimme) und bestimmten harmonischen Obertönen bestehen und einen periodischen Schwingungsverlauf besitzen. Stimmlose Konsonanten hingegen sind Geräusche.

16 Gesichtssinn und Okulomotorik

Das Auge und sein optisches System (dioptrischer Apparat)

Die Einheit der Brechkraft ist die Dioptrie, dpt, Dimension m^{-1}

Je kürzer die Brennweite f einer Sammellinse, desto höher ihre Brechkraft D. Daher wird als Dioptrie, dpt, der reziproke Wert von f in Metern als Einheit der Brechkraft D genutzt. Beispiele: f = 4 m ergibt D = 1/4 = 0,25 dpt; f = 0,5 m ergibt D = 1/0,5 = 2 dpt; f = 0,25 m ergibt D = 4 dpt etc. Zerstreuungslinsen haben negative Dioptrien, - dpt. Das Auge hat verschiedene brechende Flächen, die als reduziertes Auge zu einem einfachen optischen System zusammengefaßt werden können: vordere Brennweite in Luft 17 mm, hintere 23 mm; Gesamtbrechkraft des Auges in Ruhe (bei Fernakkommodation) nach Gullstrand-Formel 58,6 dpt.

Das optische System des Auges ist ein nicht exakt zentriertes zusammengesetztes Linsensystem, das auf der Netzhaut ein umgekehrtes und stark verkleinertes Bild der Umwelt entwirft. Die Lichteinfallstärke wird über die Pupillenweite kontrolliert, die Schärfe der Abbildung über die Akkommodation. Dabei beteiligt sind:

Kornea (Hornhaut)	Vorderer, durchsichtiger, von Blutgefäßen freier Teil der das Auge umhüllenden Sklera, ca. 1 mm stark, geht in weiß aussehende Konjunktiva (Bindehaut) über, die Blutgefäße enthält; wird außen von Tränenflüssigkeit feucht und steril gehalten; grenzt innen an vordere Augenkammer. Sensorische Innervation durch 1. Ast des N. trigeminus (Blinkreflex bei Berührung). Gesamtbrechkraft 43 dpt, nicht veränderbar. Abstand zwischen Hornhautvorderfläche und Retina: 24,4 mm
Augenlinse	Bikonvexer, elastischer und durchsichtiger Bindegewebskörper, von Linsenkapsel umgeben; von dieser über Zonulafasern mit Ziliarmuskel (s. u.) und Sklera verbunden. Augeninnendruck zieht Linse flach. Brechkraft in Ruhe 19,1 dpt (abgeflachter Zustand, Fernakkommodation). Linse bildet mit Hornhaut, Kammerwasser der vorderen Augenkammer und Glaskörper das zusammengesetzte optische System des Auges, genannt dioptrischer Apparat; Gesamtbrechkraft 58,6 dpt, s. o.
Iris mit Pupille	Flache Gewebsscheibe vor der Linse mit kreisrunder Öffnung in der Mitte: Pupille. Iris enthält die glatten Muskeln M. dilatator (sympathisch innerv.) u. M. sphincter pupillae (parasymp. innerv.), die die Pupillenweite und damit Größe des Lichteinfalls in das Auge regulieren (extreme Weitstellung: Mydriasis, extreme Engstellung: Miosis). Die Lichtreaktionen erfolgen immer in beiden Pupillen gleichzeitig („konsensuell"), auch bei einäugigem Lichteinfall. Die Pupille verengt sich auch bei Nahakkommodation: Naheinstellungsreaktion. Die Stärke der Irispigmentierung bestimmt die Augenfarbe von blau über grau nach braun
Ziliarmuskel	Ringförmig um die Linse liegender, parasympathisch (aus N. oculomotorius) innervierter glatter Muskel. Seine Kontraktion entspannt die Zonulafasern, wodurch die Linse, besonders ihre Vorderfläche, sich stärker krümmen kann: Nahakkommodation (vord. u. hint. Brennweite werden verkürzt). Akkommodationsbreite (maximale Zunahme der Brechkraft): 14 dpt mit 10 J. (Nahpunkt bei 7 cm), 2 dpt mit 50 J., 0,5 dpt mit 70 J. Alterssichtigkeit (Presbyopie) durch Elastizitätsverlust der Linse; Nahpunkt rückt vom Auge weg: verlorene Brechkraft muß durch Lesebrille kompensiert werden
Retina (Netzhaut)	Lichtempfindliche hintere innere Auskleidung des Auges; enthält als Photosensoren Zapfen (ca. 6 Millionen für Farbensehen) und Stäbchen (ca. 120 Millionen für Dämmerungssehen); dazu ein Netzwerk nachgeschalteter Nervenzellen, deren letzte Schicht die Ganglienzellen bilden (s. Abb. S. 135). In der Sehachse liegt die Fovea centralis. Sie enthält nur Zapfen, ist also auf Tageslichtsehen spezialisiert (nachts kann nicht auf die Fovea centralis fokussiert werden)

16

Subjektive und objektive Methoden zur Untersuchung des Auges

Visusbestimmung	Dient der subjektiven Bestimmung der Sehschärfe für die Stelle des schärfsten Sehens (fixierter Punkt liegt in Sehachse, wird auf Fovea centralis projiziert) mit Sehprobetafeln (Landolt-Ringe, Bildtafeln, Schrifttafeln, s. Abb.). Das Ergebnis wird als Visus, V, ausgedrückt, wobei $V = 1/\alpha$ (α ist die Lücke in Winkelminuten, die im Landolt-Ring gerade noch erkannt wird). Normal: $\alpha = 1$, damit $V = 1$. Bei $\alpha = 2$, $V = 1/2$ etc
Perimetrie	Die Ausmessung des Gesichtsfelds jedes Auges mit einer Perimeterapparatur; sie erfolgt mit weißen und farbigen Leuchtpunkten (für weiße ist das Gesichtsfeld größer als für farbige). Gesichtsfeldausfälle werden Skotome genannt. Ein physiologisches Skotom ist der blinde Fleck, nämlich die Eintrittsstelle des Sehnerven in die Retina. Dieses Skotom wird im Alltag durch Wahrnehmungsergänzung nicht bemerkt. Die Gesichtsfelder beider Augen überlappen nur zum Teil: das binokulare Gesichtsfeld ist daher größer als das monokulare. Das binokulare Gesichtsfeld erweitert sich beim Bewegen der Augen zum Blickfeld
Augenspiegeln	Studium des Augenhintergrunds über das von dort reflektierte Licht. Je nach angewandter Methodik (s. Abb.) im aufrechten oder umgekehrten Bild (16fach bzw. 4fach vergrößert). Refraktionsanomalien des untersuchten Auges müssen durch Linsen korrigiert werden (objektive Bestimmung der Brechungsanomalie)
Tonometrie	Messung des Augeninnendrucks (mit Stempeldruck auf Kornea); normal 15–16 (Grenzwerte 10–21) mm Hg; wird durch Ultrafiltration von Plasma aus Kapillaren des Ziliarmuskels als Kammerwasser (2 mm^3/min) erzeugt. Dieses fließt von hinterer zur vorderen Augenkammer und von dort über Schlemm-Kanal ins venöse System. Abflußbehinderung bewirkt Druckerhöhung, genannt Glaukom (grüner Star), schädigt die Retina, Erblindungsgefahr
Photopisches und skotopisches Sehen, Dunkel- und Helladaptation	Farbensehen des Tages: photopisches Sehen (über Zapfen); geht mit abnehmender Helligkeit und rascher Visusverschlechterung in Schwarzweißsehen der Dämmerung über: skotopisches Sehen (über Stäbchen). Fovea hat nur Zapfen, nachts kann daher nicht fixiert werden (skotopisches Sehen hat also 2 blinde Flecken!). Helladaptiertes Auge benötigt ca. 30 min zur Anpassung an Dämmerungslicht, dunkeladaptiertes Auge wird durch abrupte Helligkeit zunächst geblendet, paßt sich dann rasch an. Nachtblindheit (Hemeralopie) kann angeboren oder durch Vitamin-A-Mangel bedingt sein
Elektrotretinogramm, ERG	Ableitbar mit Makroelektroden vom äußeren Auge. Belichtung bzw. Verdunklung des Auges löst charakteristische Abfolge von Spannungsschwankungen aus (Wellen a, b, c, d), die durch die Erregungs- und synaptischen Übertragungsprozesse in der Retina verursacht sind. Ruhendes Auge zeigt korneales Bestandspotential: Kornea ist positiv gegenüber Retina
EOG	Elekrookulogramm, EOG, nutzt das eben genannte korneoretinale Bestandspotential (bildet elektrischen Dipol mit umgebendem elektrischen Feld) zur Messung der Augenbewegungen
VEP	Visuell evozierte Potentiale sind nach Lichtreizen über dem okzipitalen Kortex ableitbar; die komplexe Abfolge von Wellen ist stark von der Reizform (Lichtblitze, Schachbrettmuster, Farbe etc.) abhängig, s. S. 59

Aufbau des Auges, wichtige Untersuchungsmethoden

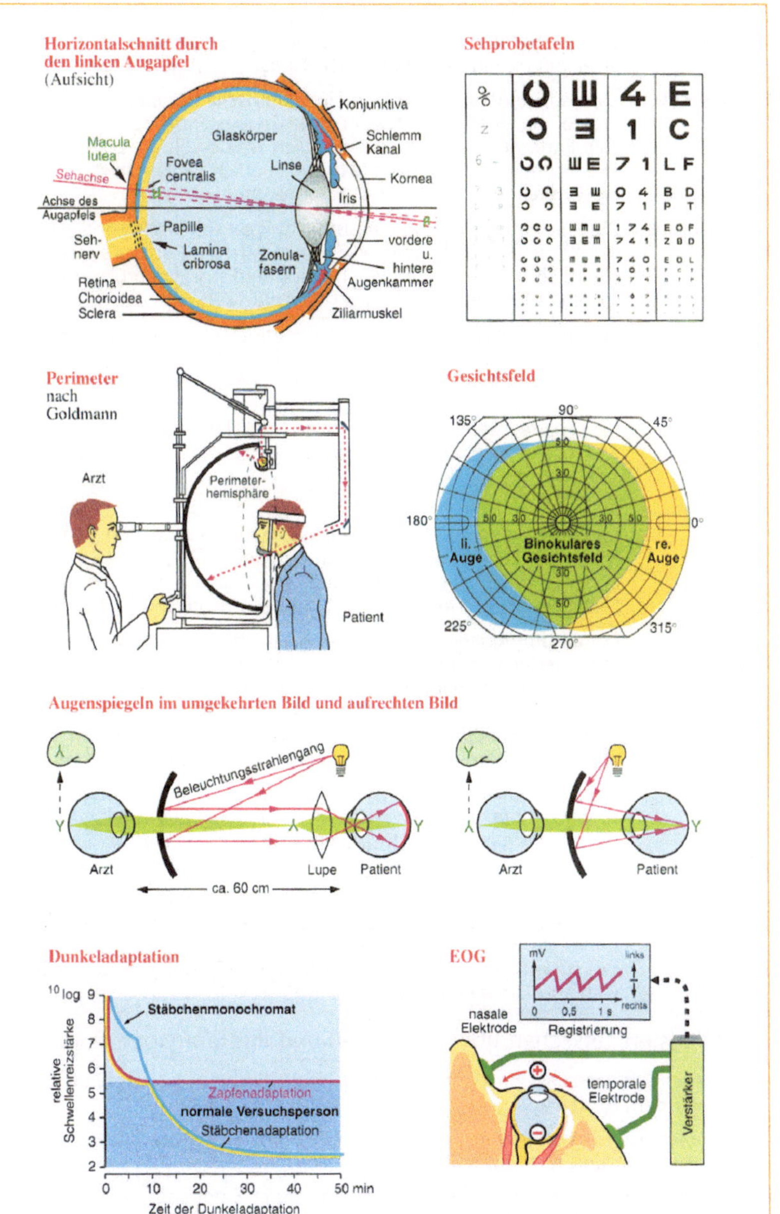

16

Optische Fehler des Auges, Brechungsanomalien, Brillen bzw. Kontaktlinsen

Sphärische Aberration	Im dioptrischen Apparat werden Randstrahlen stärker gebrochen als solche nahe der Sehachse. Die resultierende Unschärfe wird durch Pupillenverengung (Abblenden der Randstrahlen) gemindert
Chromatische Aberration	Kurzwelliges (blaues) Licht wird im dioptrischen Apparat stärker gebrochen als langwelliges (rotes). Auf rote Gegenstände muß daher bei gleicher Entfernung stärker akkommodiert werden als auf blaue, d. h. letztere erscheinen weiter weg (wird oft deutlich bei Betrachtung von farbigen Kirchenfenstern, z. B. in Chartres etc.)
Astigmatismus (Stabsichtigkeit)	Die Krümmung der Hornhaut ist nicht ideal sphärisch, sondern (meist) vertikal stärker als horizontal; dadurch wird ein Punkt als Strich abgebildet; bis 0,5 dpt physiologisch, wenn stärker: Zylindergläser bzw. entsprechend geschliffene Kontaklinsen zur Korrektur
Myopie (Kurzsichtigkeit)	Bulbus relativ zur Brechkraft des dioptrischen Apparats zu lang. Bildebene liegt vor Retina, daher bei fernen Gegenständen unscharfe Abbildung. Fernpunkt (Definition: scharfes Sehen ohne Akkommodation) liegt in der Nähe (daher: kurzsichtig). Nahpunkt (kürzester Abstand für scharfes Sehen bei maximaler Nahakkommodation) wenig verändert. Korrektur: Zerstreuungslinse (konkav, negative dpt) oder entsprechende Kontaktlinsen
Hypermetropie (Weit- oder Übersichtigkeit)	Bulbus relativ zur Brechkraft des dioptrischen Apparats zu kurz: Bildebene liegt hinter der Retina, daher ohne Akkommodation kein scharfes Sehen (kein Fernpunkt!). Da Nahakkommodation für Sehen in die Ferne benötigt, rückt Nahpunkt vom Auge weg (daher: weitsichtig). Korrektur: Sammellinse (konvex, positive dpt) oder entsprechende Kontaktlinsen
Schielen (Strabismus)	Nahakkommodation ist von Konvergenz der Sehachsen begleitet, damit fixierter Gegenstand immer auf Fovea centralis abgebildet wird; führt bei Hypermetropie zwangsläufig zum Schielen, da schon bei Sehen in die Ferne die Sehachsen konvergieren (statt parallel zu bleiben). Korrekte Brille (bzw. Kontaktlinsen) verhindert Schielen. Schielen auch aus anderen Gründen (z. B. angeboren) möglich; evtl. Operation
Presbyopie	Alterssichtigkeit. Elastizitätsverlust der Linse im Alter verringert Akkommodationsbreite (s. Ziliarmuskel in vorhergehender Tabelle). Fernpunkt unverändert. Nahpunkt rückt vom Auge weg. Korrektur: Sammellinse für Nahsehen (Lesebrille)
Grauer Star	Cataracta senilis. Eintrübung der Linse im Alter, vor allem durch Wassereinlagerung und Spaltbildung. Operative Entfernung (Staroperation) und Brille mit starker Sammellinse (ca. +13 dpt für Fernakkommodation) stellen Sehvermögen wieder her; auch Einsatz von Kunststofflinse während Operation möglich

16

Die wichtigsten Tatsachen über die Tränen und ihre Aufgaben sind:

- Die Tränen schützen zusammen mit dem Schleim der Becherzellen der Bindehaut das Auge vor dem Austrocknen
- Die Tränendrüsen produzieren pro Tag je Auge etwa 1 ml Tränenflüssigkeit; diese schmeckt salzig und ist leicht hyperton
- Die Tränensekretion kann durch Fremdkörper oder durch Emotionen vermehrt werden (parasympathische Innervation, kommt vom Ganglion pterygopalatinum)

Strahlengang bei Emmetropie (Normalsichtigkeit), Myopie und Hyperopie

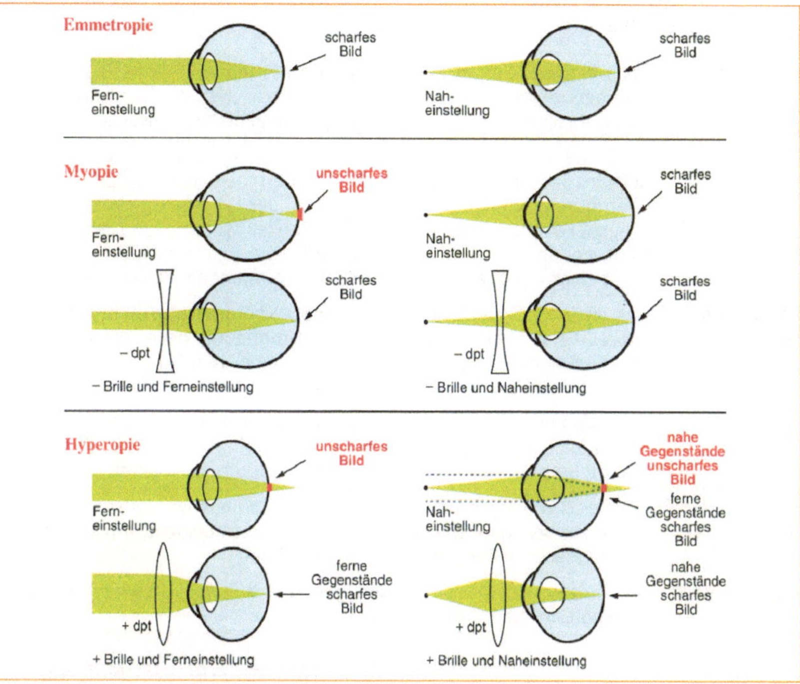

Psychophysiologie des Sehens

Das Auge liefert lediglich die Grundlage für die visuelle Wahrnehmung

Das Auge liefert kein eindeutiges Abbild der Umwelt an das Gehirn. Dieses muß vielmehr auf dem Hintergrund seiner Erfahrung eine Deutung der über die Sehnerven einströmenden Impulse vornehmen, damit wir nicht sinnlose visuelle Reizmuster sehen, sondern Objekte in der Umwelt wahrnnehmen. Folgende Aspekte sind dabei wichtig:

Größenkonstanz	Abbildungsgröße auf der Netzhaut halbiert sich bei jeder Verdopplung der Entfernung des betrachteten Gegenstands. Dennoch wird er immer in etwa der gleichen Größe gesehen
Formkonstanz	Uns bekannte Personen oder Gegenstände werden immer als dieselben erkannt, unabhängig von Sehbedingungen (Licht, perspektivische Verzerrung, Entfernung etc.). Das Gehirn nutzt zahlreiche Mechanismen und Informationen (z. B. Konturen, Konturüberschneidungen bzw. -unterbrechungen, Querdisparation), um zur Wahrnehmung einer geschlossenen Gestalt zu kommen
Optische Täuschung	Von der Retina gelieferte Informationen sind manchmal nicht eindeutig, z. B. bei Necker-Würfel und anderen „unmöglichen" Figuren. Die Deutung springt dann zwischen alternativen Lösungen hin und her. Manchmal kommt es auch zu Fehlinterpretationen, weil normalerweise zuverlässige Hinweise im speziellen Fall nicht stimmen. Es resultieren sog. optische Täuschungen, s. Abb. S. 129

16

Das Hell-Dunkel-Sehen weist einige funktionelle Besonderheiten auf, die die Arbeitsbereitschaft des Sehsystems sicherstellen und sowohl die Sehschärfe wie das Gestaltsehen verbessern; dazu zählen:

Eigengrau	Nach längerer Zeit in Dunkelheit wird ein mittleres Grau (Eigengrau) wahrgenommen, zusätzlich häufig hellere „Nebel", Lichtpünktchen etc., wahrscheinlich bedingt durch Spontanaktivität im visuellen System
Graustufen	Bei Tageslicht lassen sich 30–40 verschiedene Graustufen zwischen tiefstem Schwarz und hellstem Weiß unterscheiden. Die Interpretation (Wahrnehmung) hängt immer auch von der Umgebung ab: Schwarze Schachbrettfelder erscheinen sofort dunkel, wenn in dunklem Raum Licht angeht (obwohl die Netzhaut von den schwarzen Feldern mehr Licht erhält als unter Eigengraubedingungen im Dunkeln)
Simultankontrast	Das visuelles System betont (verstärkt) Konturen und Kontraste. Ein graues Feld wirkt daher in dunkler Umgebung heller als in heller etc.: Simultankontrast; dieser ist entlang einer Hell-Dunkel-Grenze besonders deutlich: simultaner Grenzkontrast (Mach-Bänder)
Nachbilder	Sind die Folge von Lokaladaptationen der Netzhaut durch vorhergehende Belichtung. Neben Hell-Dunkel-Nachbildern gibt es auch häufig farbige (in der jeweiligen Gegenfarbe (rot/grün, blau/gelb)
Flimmerfusionsfrequenz	Lichtreize können bis zu einer Wiederholfrequenz von 30/s noch aufgelöst werden, danach erscheint das Licht als Dauerlicht: kritische Flimmerfrequenz; höher bei hoher Lichtintensität
Phiphänomen	So werden Scheinbewegungen genannt, z. B. bei Lichterketten, die regelhaft an- und ausgeschaltet werden

Das Tiefensehen kommt durch monokulare Signale (z. B. Überlappungen, Schatten, perspektivische Verkürzungen) und durch das zweiäugige Sehen zustande; die Besonderheiten und Vorteile des zweiäugigen Sehens sind:

Gesichtsfeld	Definition s. S. 124 (Perimetrie). Bei zweiäugigem Sehen ebenso wie das Blickfeld größer als bei einäugigem. Beträchtlicher Überlappungsbereich in der Mitte, genannt binokulares Deckfeld. Seitliche Teile werden wegen des Nasenrückens jeweils nur von einem Auge gesehen
Konvergenz	Dient zur Entfernungsmessung. Je näher fixierter Punkt rückt, um so mehr konvergieren die Sehachsen. Konvergenzwinkel kann vom Gehirn festgestellt und als Maß für die Entfernung des fixierten Punkts ausgewertet werden (Prinzip des Schnittbildentfernungsmessers)
Querdisparation	Beide Augen betrachten jeden Gegenstand von seitlich etwas verschobener Position. Dies wird Querdisparation genannt. Sie bedingt, daß auf der Netzhaut die Gegenstände so abgebildet werden, daß alle Gegenstände, die näher als der fixierte Punkt liegen, als gekreuzte Doppelbilder erscheinen müßten, alle ferneren als ungekreuzte. Das Gehirn verrechnet diese Information zur binokularen Fusion, wobei ein räumlicher Tiefeneindruck aufgebaut wird; wirksam nur bis etwa 6 m Entfernung. Störung des komplexen Zusammenspiels von Konvergenz und Disparation (z. B. leichtes Verschieben eines Augapfels mit dem Finger, Augenmuskellähmung) führt zu Zerfall der binokularen Fusion und zum Auftreten von Doppelbildern

Sinnestäuschungen bei der Gestaltwahrnehmung, mehrdeutige und „unmögliche" Figuren, Beispiel für Simultankontrast

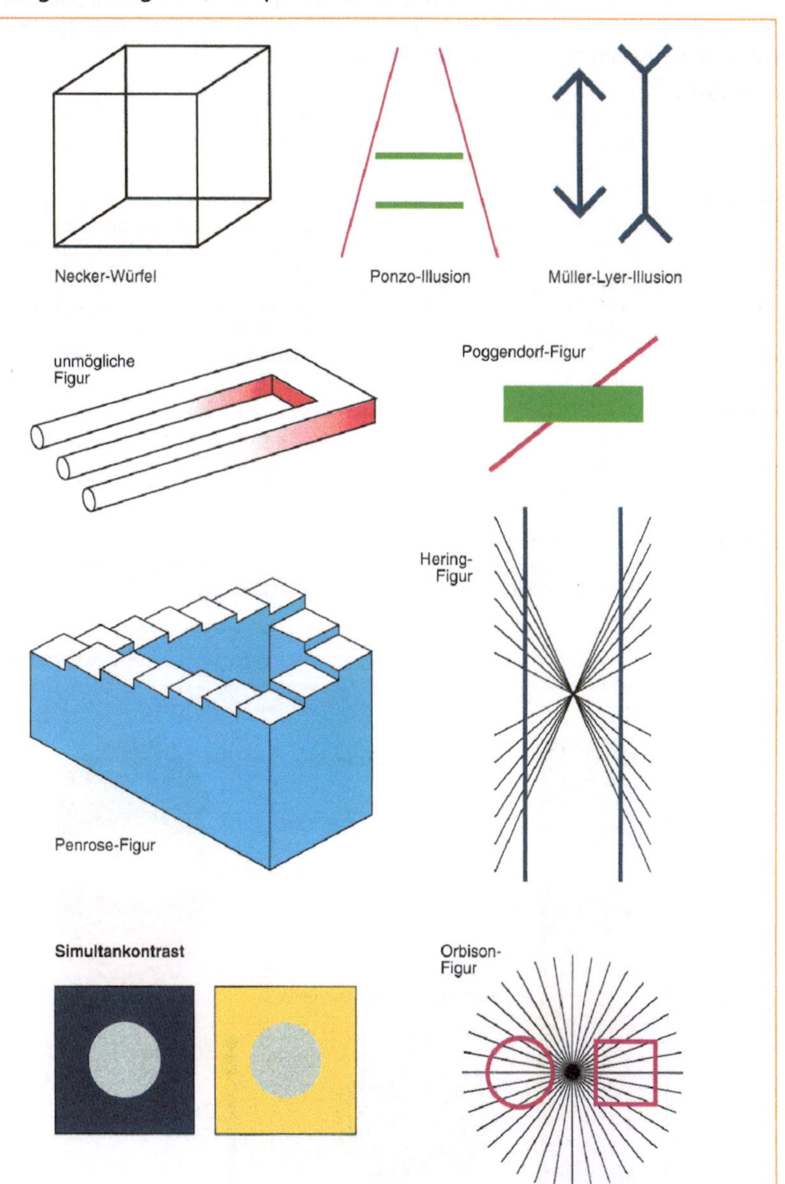

Farbensehen

Der Mensch kann etwa 7 Millionen Farbvalenzen wahrnehmen, die sich durch Farbton, Sättigung und Dunkelstufe unterscheiden; folgende physikalische Aspekte des Farbensehens und der Farbmetrik sind zu berücksichtigen:

Spektralfarbe	Ein Prisma zerlegt aufgrund chromatischer Aberration (s. S. 126) weißes Sonnenlicht in die monochromatischen Spektralfarben Rot, Orange, Gelb, Grün, Blau, Indigo und Violett mit elektromagnetischer Wellenlänge von 700–400 Nanometer (nm) s. Abb. unten
Mischfarbe	Oberbegriff für alle nicht monochromatischen Spektralfarben. Mischung von Rot und Blau ergibt Purpurtöne, die im Spektrum nicht vorkommen. Aber auch alle Spektralfarben können durch Mischung hergestellt werden (s. unten)
Unbunte Farben	Bestehen aus der Reihe der Graustufen vom strahlendsten Weiß bis zum tiefsten Schwarz. Die Sättigung eines Farbwerts wird durch den unbunten Anteil bestimmt. Zusätzlich ergeben sich Farbwerte, die durch Mischung von Spektralfarben nicht erzeugt werden können: Spektrales Rot ergibt mit Weiß Rosa, mit Schwarz Braun
Additive Farbmischung	Entsteht, wenn aus selbstleuchtenden Lichtquellen auf dieselbe Netzhautstelle Licht verschiedener Wellenlänge fällt: z. B. Grün und Rot mischen sich dann zu Gelb, s. Abb. (Gelb gibt es aber auch als Spektralfarbe, s. o.). Bei selbstleuchtenden Lichtquellen aus dem Farbenkreis findet sich für jede Farbe eine zweite, die bei additiver Mischung Weiß ergibt: Komplementärfarben
Subtraktive Farbmischung	Farben entstehen aus weißem Licht durch Benutzen von Farbfiltern: z. B. läßt ein breitbandiger Blaufilter (noch) Grün durch, aber kein Rot, ein breitbandiger Gelbfilter läßt (noch) Grün durch, aber kein Blau: es bleibt Grün übrig, s. Abb.

Spektralfarben nach Zerlegen des Sonnenlichts mit einem Prisma (s.o.) und Schema der additiven und der subtraktiven Farbmischung. [Farbmischbilder aus Grüsser O-J, Grüsser-Cornehls U (1990). In: Schmidt RF, Thews G (Hrsg) Physiologie des Menschen, 24. Aufl. Springer, Heidelberg]

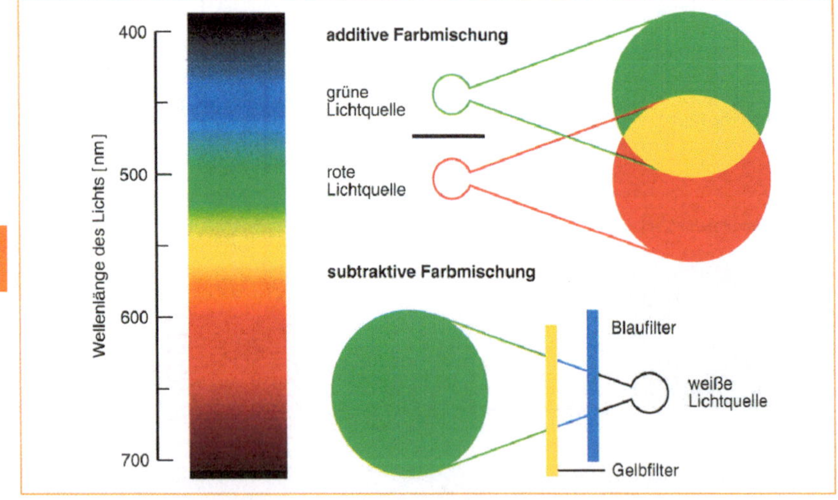

Die trichromatische Theorie des Farbensehens nimmt 3 Zapfensysteme an, die Gegenfarbentheorie drei antagonistische Prozesse; beide werden als Zonentheorie zusammengefaßt

Trichromatische Theorie	Befund: 3 Farbtöne genügen, um alle Farben zu mischen. Verschiedene Kombinationen von 3 Primärfarben können aus Spektralfarben ausgewählt werden. International vereinbart: 700 nm (rot), 546 nm (grün), 435 nm (blau). Theorie: Farbensehen beruht auf der unterschiedlichen Aktivierung und anschließenden gemeinsamen Verrechnung der Erregung dieser 3 Farbsysteme. Neurophysiologie: Retina enthält 3 Zapfentypen mit unterschiedlichen Absorptionsmaxima, d. h. auch unterschiedlichen Sehfarbstoffen
Gegenfarbentheorie	Befund: Intensiver Rotreiz führt zu grünem Nachbild (und umgekehrt), gleiches gilt für Blau/Gelb und Weiß/Schwarz. Theorie: Farbensehen beruht auf 4 Urfarben, geordnet in den antagonistisch wirkenden Gegenfarben Rot/Grün, Blau/Gelb. Neurophysiologie: an den den Zapfen nachgeschalteten Neuronen der Netzhaut lassen sich antagonistische Erregungs- und Hemmprozesse der Gegenfarben und eines zusätzlichen Schwarzweißsystems als Helligkeitssystem nachweisen. Beide Theorien sind also auf verschiedenen Ebenen („Zonen") des visuellen Systems „richtig", daher ihre Zusammenfassung als Zonentheorie

Die bisherigen Farbtheorien sind erste Annäherungen an die tatsächlichen Verhältnisse. Versuche von Edwin Land, dem Erfinder der Polaroidkamera, zeigen, daß auch bei nur 2 wirklich vorhandenen Farben ein starker Farbenreichtum existieren kann und daß u. U. Farben wahrgenommen werden, die überhaupt nicht angeboten wurden. Dabei kommt es bei bekannten Gegenständen, z. B. bei einer grünen Wiese, zu erstaunlicher Farbkonstanz (durch zentralnervöse Prozesse, Retinextheorie). Offen ist auch das Entstehen von Metallfarben (Gold, Silber), die sich nicht aus Spektralfarben mischen lassen.

Modell des Farbensystems in der Retina, das die trichromatische und die Gegenfarbentheorie einschließt. [Mod. nach De Valois RL (1969) aus Birbaumer N, Schmidt, RF (1996) Biologische Psychologie, 3. Aufl. Springer, Heidelberg]

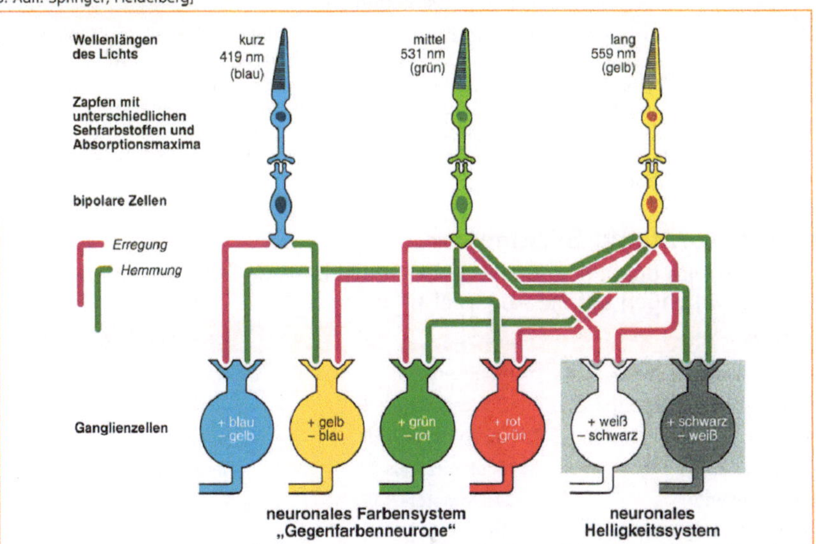

16

Farbsinnstörungen und Farbenblindheit

Untersuchung: Prüfmethode für alle Farbsinnstörungen sind die pseudoisochromatischen Tafeln. Sie zeigen Zahlen, die aus zahlreichen Farbtupfen so gedruckt sind, daß der Farbtüchtige die richtige Zahl erkennt, der Farbuntüchtige aber keine oder eine falsche Zahl (die auf Helligkeitsunterschieden beruht) liest. Anomaloskop: Farbmischgerät zur quantitativen Messung bei Rotgrünverwechslern. Farbeindruck eines monochromatischen (Natrium-)Gelbfelds wird in benachbartem Mischfeld aus (Lithium-)Rot und (Quecksilber-)Grün gemischt. Bei Rotschwäche wird mehr Rot benötigt etc.

Rotgrünverwechslung	
Protanomalie, und Protanopie	Verwechslung von Rot und Grün wegen einer Schwäche (Protanomalie) bzw. eines Ausfalls (Protanopie) der Rotempfindlichkeit. Farbspektrum am langen Ende verkürzt: Rotblindheit: Verwechslung von Rot mit Schwarz, Dunkelgrau, Braun und eben auch Grün
Deuteranomalie und Deuteranopie	Verwechslung von Rot und Grün wegen Schwäche bzw. Ausfalls der Grünempfindlichkeit. Prot- und Deuteranomalien sind häufige Farbsinnstörungen: etwa 8 % aller Männer, 0,4 % aller Frauen sind betroffen (X-chromosomal rezessiv vererbte Anlage)

Gelbblauverwechslung	
Tritanomalie und Tritanopie	Äußerst selten, Verwechslung von Gelb und Blau. Blauviolettes Ende des Farbenspektrums verkürzt, dort Grau- und Schwarztöne.
	Die verschiedenen „-opien" werden auch als Dichromasien zusammengefaßt, da bei diesen Menschen jeweils 2 Farben genügen, um alle Farben des Farbraums zu beschreiben

Totale Farbenblindheit	
Achromasie	Auch (ungenau) Monochromasie genannt. Völliger Ausfall des Zapfenapparats, daher nur skotopisches Schwarzweißsehen vorhanden (s. S. 124), d.h. normales Sehen bei Dämmerung, bei Tag jedoch eine herabgesetzte Sehschärfe auf 1/10 durch Zentralskotom; dazu pendelndes Augenzittern (Nystagmus), weil nicht fixiert werden kann. Es besteht eine Lichtscheu wegen der Blendung durch das helle Tageslicht

Okulomotorik und Blickmotorik

Jedes Auge wird durch 6 äußere Augenmuskeln bewegt; ihre Innervation und die Hauptwirkungen auf die Augäpfel sind:

Musculus	Nervus	Hauptwirkung
Rectus externus (lateralis)	Abducens (VI)	Abduktion
Rectus internus (medialis)	Oculomotorius (III)	Adduktion
Rectus superior	Oculomotorius (III)	Heben
Rectus inferior	Oculomotorius (III)	Senken
Obliquus inferior	Oculomotorius (III)	Auswärtsrollen
Obliquus superior	Trochlearis (IV)	Einwärtsrollen

Die Augen führen Vergenzbewegungen und konjugierte Augenbewegungen aus

Vergenzbewegungen	
Konvergenz	Die Sehachsen laufen parallel, solange in große Ferne fixiert wird. Zur Fixation in die Nähe müssen die Sehachsen konvergieren. Diese Konvergenz ist fest gekoppelt mit Kontraktion des Ziliarmuskels zur Nahakkommodation und mit Pupillenverengung (S. 123). Diese 3 Vorgänge zusammen nennt man Konvergenztrias
Divergenz	Umgekehrte Bewegung der Augenachsen bei Änderung der Fixation von der Nähe in die Ferne. Vergenzbewegungen haben Amplituden bis zu 5 Grad und dauern etwa 1 s

Konjugierte Augenbewegungen	
Sakkade	Ruckartige Augenbewegungen von Fixationspunkt zu Fixationspunkt beim freien Umherblicken; Dauer der sakkadischen Bewegung 10–80 ms, dazwischen Fixationsperioden von 0,15–2 s. Große Sakkaden werden in der Regel von Kopfbewegungen begleitet. Die Sehschärfe ist während einer Sakkade gering (sakkadische Suppression); die visuelle Wahrnehmung ist unterdrückt
Gleitende Augenfolgebewegung	Tritt bei Fixation eines bewegten Objekts auf (Vorteil: Abbildung bleibt auf der Stelle des schärfsten Sehens, der Fovea zentralis); häufig mit Folgebewegungen des Kopfes kombiniert
Zyklorotatorische Bewegung	Gleichsinnige Bewegungen in der frontoparallelen Ebene bei Neigung des Kopfs; bei starker Nahakkommodation kommt es zusätzlich zur Konvergenz auch zu leichten, symmetrischen, zyklorotatorischen Bewegungen
Die Augen sind also in ständiger Bewegung. Selbst die Fixationsperioden sind von leichtem Zittern oder Mikrotremor überlagert (Amplitude 1–3 Winkelminuten, Frequenz 20–150 Hz). Dies ist anscheinend fürs Sehen unbedingt erforderlich: ein experimentell auf der Retina „stabilisiertes" Bild verschwindet nach wenigen Sekunden (komplette Adaptation der Photosensoren). Die Umweltstabilität trotz Augenbewegungen ist ein wichtiges Beispiel sensomotorischer Integration, die hauptsächlich in den blickmotorischen Zentren des Hirnstamms stattfindet (Steuerzentrum für alle Augenwegungen)	

Nystagmus

- Definition: Rhythmische Augenbewegung bestehend aus periodischem Wechsel zwischen langsamer Augenfolgebewegung und Sakkade. Richtung des Nystagmus wird nach der Bewegungsrichtung der Sakkade angegeben.
- Beispiel 1: optokinetischer Nystagmus (Eisenbahnnystagmus): Solange es geht, hält das Auge einen fixierten Punkt in Landschaft fest und springt dann mit einer Sakkade („Rückstellsakkade") in Fahrtrichtung zum nächsten.
- Beispiel 2: Vestibulärer Nystagmus: Nach Ausschalten der Fixation mit einer Frenzel-Leuchtbrille läßt sich auf Drehstuhl ein durch die horizontalen Bogengänge ausgelöster Nystagmus in Drehrichtung nachweisen, der nach Anhalten des Drehstuhls in einen entgegengesetzten postrotatorischen Nystagmus umschlägt. Im Alltag dient dieser vestibulookuläre Reflex zur Stabilisierung der Augen gegenüber Kopfbewegungen
- Nystagmogramm: elektrookulographische Registrierung (S. 124) eines Nystagmus

Signalverarbeitung im visuellen System

Die Signalverarbeitung in der Netzhaut (Retina) beginnt mit 2 Klassen von Photosensoren mit unterschiedlichen Absolutschwellen (Duplizitätstheorie); durch die retinalen Verarbeitungsprozesse wird das Bild auf der Netzhaut in die Erregungsmuster von mindestens 10 Neuronenklassen umgesetzt; wichtige Aspekte sind:

Transduktion	Als Photosensoren dienen 120 Mio Stäbchen (skotopisches Sehen) und 6 Mio Zapfen (photopisches Sehen). Beide Typen enthalten in ihren Außengliedern Sehfarbstoffe. Bei den Stäbchen Rhodopsin („Sehpurpur"), bei den Zapfen 3 weitere Jodopsine (Zapfenopsine). Absorption von Licht durch die Sehfarbstoffe führt zu deren Konformationsänderung und Zerfall in Vorstufen und über intrazelluläre Botenkette zu Auslösung hyperpolarisierender Sensorpotentiale
Lokale retinale Neurone	Die Photosensoren bilden den „Eingang" in das retinale Neuronennetzwerk, die Ganglienzellen bilden mit ihren Axonen den Sehnerv und damit den „Ausgang". Dazwischen liegen Horizontalzellen, Bipolarzellen und Amakrine. Der Signalfluß läuft einerseits von den Photosensoren über die Bipolarzellen zu den Ganglienzellen, andererseits quer dazu in den Horizontalzellen und Amakrinen. Die gesamte Signalverarbeitung in diesen Zellen läuft über langsame synaptische Potentiale (also nicht über Aktionspotentiale!)
Retinale Ganglienzellen	Je Auge gibt es ca. 1 Mio, d. h. es liegt eine erhebliche Signalkonvergenz von den 126 Mio Photosensoren vor. Die Ganglienzellen bilden Aktionspotentiale aus, die über den Sehnerv zum Gehirn laufen. Sie haben runde rezeptive Felder mit innerem rezeptivem Feldzentrum (RF-Z) und äußerer, antagonistisch verschalteter RF-Peripherie. Es gibt 2 Haupttypen für Schwarzweißsehen: ON-Zentrum-Neurone (Zunahme der Entladungen bei Lichtreiz im RF-Z, Abnahme bei Lichtreiz in RF-Peripherie) und OFF- Zentrum-Neurone mit spiegelbildlichem Verhalten. Bei Helladaptation ist das Zentrum klein, die Peripherie groß, bei Dunkeladaptation umgekehrt, evtl. völliges Verschwinden der Peripherie. Die Verarbeitung von Farbreizen geschieht in Neuronen zum einen mit Rotgrünantagonismus und zum anderen mit Gelbblauantagonismus, s. Abb. S. 131

Die Signalverarbeitung in den subkortikalen visuellen Zentren findet hauptsächlich im Corpus geniculatum laterale statt; die anderen subkortikalen visuellen Zentren sind an der Blickmotorik beteiligt (s. S. 133)

Sehbahn	Gebildet von den Axonen der retinalen Ganglienzellen (s.o.). Ab jedem Auge N. opticus (Sehnerv, II. Hirnnerv) bis zum Chiasma opticum (Sehkreuzung) an der Schädelbasis. Axone aus nasalen Retinahälften kreuzen nach kontralateral und bilden mit ipsilateralen Axonen den Tractus opticus, der in seinem Verlauf Kollateralen zur prätektalen Region und den vorderen vier Hügeln abgibt und im Corpus geniculatum laterale (seitlicher Kniehöcker, thalamisches Kerngebiet) endet. Von dort läuft die Radiatio optica (Sehstrahlung) zum primärem visuellen Kortex
Corpus geniculatum laterale (CGL)	Aus 6 Schichten aufgebaut, die teils ipsilateralem (2, 3, 5), teils kontralateralem Auge (1, 4, 6) zugeordnet sind. Rezeptive Felder sind wie bei Ganglienzellen der Retina organisiert (s. oben)
Vordere vier Hügel	Dienen der Steuerung der reflektorischen Blickmotorik, vor allem der Sakkaden. Neurone antworten bevorzugt auf bewegte Reize, z. T. richtungsspezifisch
Prätektale Region	Ebenfalls an der Steuerung der Blickmotorik beteiligt, vor allem an der der Vergenzbewegungen

Signalverarbeitung durch die Photosensoren und Neuronen der Retina

[Nach Angaben und Zusammenstellungen von Grüsser O-J, Grüsser-Cornehls U (1990) a. o. a. O.]

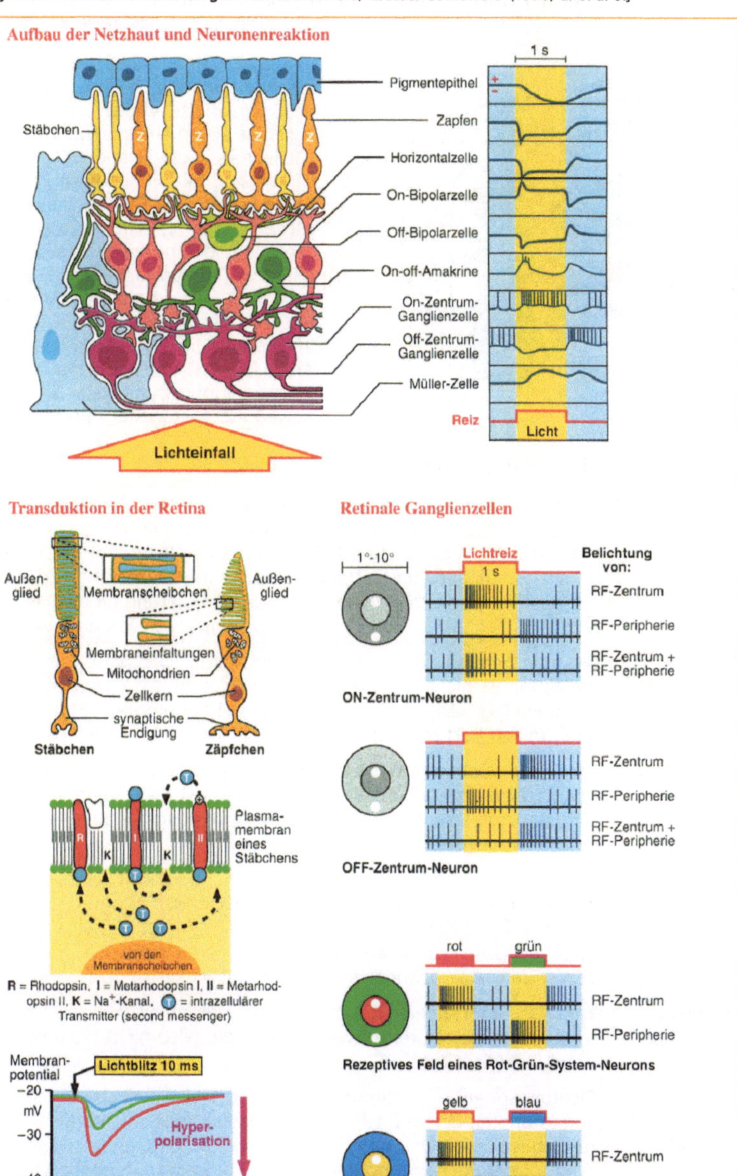

Die visuelle Signalverarbeitung erfolgt kortikal in der primären Sehrinde (Area V1, „Area striata") und in zahlreichen „extrastriären" Arealen [Nach Grüsser & Grüsser-Cornehls (1997) in Schmidt/Thews (Hrs.) Physiologie des Menschen, 27. Aufl., Heidelberg, Springer]

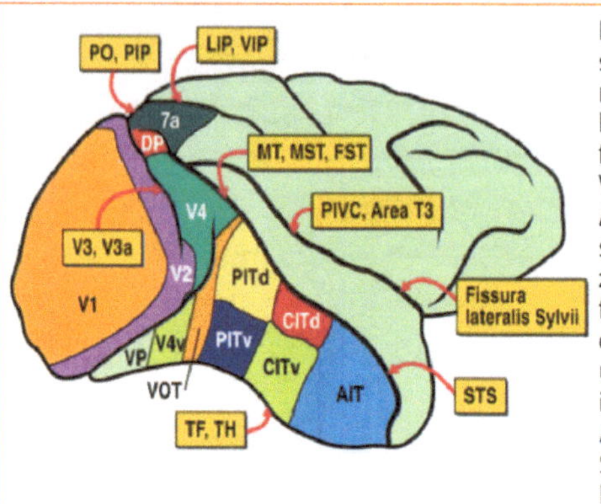

Bei tagaktiven Primaten wie dem Rhesusaffen sind rund 60 % des Kortex retinop organsierte visuelle Areale (Abb. links). Sie liegen teils an der Kortexoberfläche, teils in der Tiefe der Sulci. Areae V1–V4 sind okzipitale Sehrindenfelder, Areae PO, PIT und DP sind parietale visuelle Felder, PIT sind posteriore, CIT zentrale und AIT anteriore Teile des inferioren Temporallappens (v, ventral; d, dorsal). Die vestibuläre Area PIVC und eine optokinetische Area T3 liegen im Fundus der Fissura lateralis Sylvii, die Areae MT, MST und FST in der Tiefe des Sulcus temporalis superior. STS ist ein bewegungsspezifischer Hirnrindenfeld

Physiologie der Signalverarbeitung im visuellen Kortex

Visueller Kortex (Abb. s. oben)	Oberbegriff für kortikale Areale, die der visuellen Signalverarbeitung dienen. Sehstrahlung (s.o.) endet in okzipitalem, primär visuellen Kortex (syn.: Area 17, Area striata oder V1). Von dort Weitergabe der Informationen nach parietal und temporal zu den extrastriären Arealen V2 (Area 18), V3, V3a, V4, V5 mit zunehmender Spezialisierung für diverse Qualitäten des Sehens (z. B. V2 Konturen, V3 und V5 Bewegung, V4 Farbe)
Retinotope Organisation	Gesamte Sehbahn und visuelle Kortizes sind topologisch organisiert. Projektion ist nicht linear: Fovea centralis nimmt bei weitem größten Raum ein (vgl. sens. u. mot. Homunculus). Retinotopie nimmt in höheren visuellen Kortizes zugunsten anderer Parameter (s. o.) ab
Okuläre Dominanzsäulen	Die Informationsverarbeitung im Kortex erfolgt senkrecht zur Kortexoberfläche (Konzept kortikaler Säulen S. 54). In V1 wechseln sich okuläre Dominanzsäulen mit vorwiegender Verarbeitung aus dem linken und dem rechten Auge regelmäßig ab
Orientierungssäulen	Die rezeptive Felder in V1 sind länglich orientiert. Als Orientierungssäulen bezeichnet man „Untersäulen" innerhalb der okulären Dominanzsäulen mit Neuronen, deren rezeptive Felder in dieselbe Richtung orientiert bzw. organisiert sind. Benachbarte Orientierungssäulen haben stufenweise geänderte Orientierungswinkel
Farbsäulen	Weitere „Untersäulen" in den okulären Dominanzsäulen mit konzentrisch organisierten rezeptiven Feldern, die (also nicht richtungs- sondern) farborientiert sind
Formen der rezeptiven Felder (RF)	Richtungsorientierte Neurone haben entweder einfache RF mit längs angeordneten On- und Off-Zonen (reagieren gut auf Hell-Dunkel-Konturen bestimmter Orientierung), komplexe RF (reagieren am besten auf Konturunterbrechungen, besonders bei bewegten Reizen) oder hyperkomplexe RF (reagieren am besten bei senkrecht aufeinanderstoßenden Kontrastgrenzen in Bewegung)

17 Geschmack und Geruch

Geschmackssinn

Charakteristische Eigenschaften des Geschmackssinns

Sensoren	Dies sind sekundäre Sinneszellen (Schmeckzellen, Lebensdauer ca. 7 d, Erneuerung aus Basalzellen) in den Geschmacksknospen; der Mensch hat in der Jugend ca. 2000 Geschmacksknospen mit je 40–60 Schmeckzellen, im Alter nur noch 1/3 davon
Lage in den Zungenpapillen	Die Geschmacksknospen liegen in den Wänden von 3 verschiedenen Zungenpapillen, nämlich den Pilz- (gesamte Oberfläche der Zunge), den Blätter- (hinterer Zungenseitenrand) und den Wallpapillen (7–12, V-förmig am Zungengrund angeordnet)
Innervation, gustatorische Bahnen	Pilzpapillen: Chorda tympani (aus N. VII); Blätter- und Wallpapillen: N. IX; ZNS-Stationen: 1. Tractus solitarius; 2. Nucl. tractus solitarii; 3. Aufzweigung in (a) Lemniscus medialis → ventraler Thalamus → Gyrus postcentralis, und in (b) Hypothalamus → Amygdala → Stria terminalis
Adäquater Reiz	Organische und anorganische, meist nichtflüchtige Stoffe. Die Reizquelle muß in die Nähe oder in direkten Kontakt zur Geschmacksknospe kommen
Qualitativ unterscheidbare Reize	Es gibt lediglich 4 Grundqualitäten (primäre Geschmacksempfindungen): süß, sauer, salzig, bitter; daneben gibt es Mischqualitäten, z. B. süßsauer; in der Diskussion: alkalischer und metallischer Geschmack
Topographie	Bisherige Annahme: Süßgeschmack an der Zungenspitze, sauer und salzig am Rand, bitter am Zungengrund, neuerer Befund: Jede Papille ist für mehrere, meist alle 4 Geschmacksqualitäten empfindlich
Empfindlichkeit; Adaptation	Absolute Empfindlichkeit des Geschmacks ist gering; zur überschwelligen Reizung sind 10^{16} und mehr Moleküle pro ml Lösung notwendig (dennoch: 0,005 g/l Chininsulfat schmecken bitter). Geschmacksinn weist ausgeprägte Adaptation auf
Biologische Aufgabe	Nahsinn; Prüfen der Nahrung auf evtl. unverdauliche oder giftige Stoffe; Beteiligung an der reflektorischen Steuerung der Sekretion (Menge und Zusammensetzung) der Verdauungsdrüsen

Die Qualitätsdiskriminierung beruht auf abgestuft spezifischen Entladungen der Geschmacksnervenfasern, den Geschmacksprofilen, die im ZNS dekodiert werden. [Abb. nach Altner H (1985) Physiologie des Geschmacks. In: Schmidt RF (Hrs) Grundriß der Sinnesphysiologie, 5. Aufl. Springer, Heidelberg]

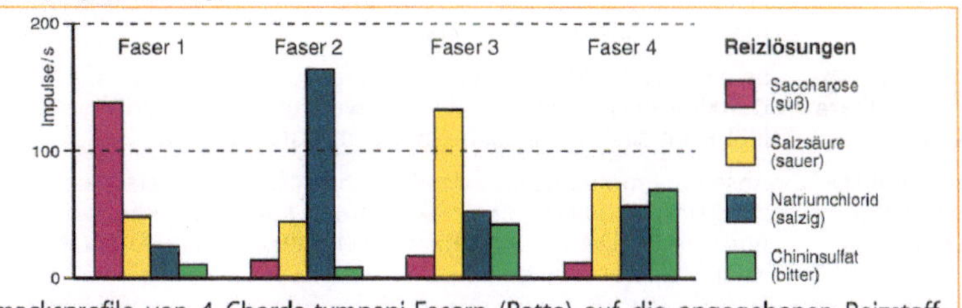

Geschmacksprofile von 4 Chorda-tympani-Fasern (Ratte) auf die angegebenen Reizstofflösungen. Die entscheidende Information über die Geschmacksqualität und -intensität ist also im afferenten Impulsmuster der Faserpopulation enthalten.

17

Transduktionsmechanismen in den Schmeckzellmembranen

Sauer	Adäquater Reiz: H^+-Ionen; diese blockieren spezifischen K^+-Kanal in der Mikrovillimembran der Schmeckzellen; das führt aufgrund der Konzentrations- und elektrischen Gradienten (s. Tabelle S. 12 zur Depolarisation, d. h. zu Generatorpotentialen
Salzig	Salzhaltige Kost führt zu vermehrtem Einstrom von Na^+-Ionen durch den in der Membran vorhandenen Kanal für kleine Kationen und damit zum Generatorpotential. Na^+ wird anschließend durch Na^+-K^+-ATPase-Pumpe (s. S. 291, 292) wieder entfernt
Bitter	Es gibt spezifische Rezeptorproteine für Bitterstoffe. Deren Aktivierung setzt eine Second-messenger-Kette in Gang, die zum Anstieg des intrazellulären Ca^{++} führt. Dieses wiederum öffnet Kationenkanäle, über die Na^+-Einstrom die Zelle depolarisiert
Süß	Die verschiedenen Süßstoffe interagieren alle mit einem spezifischen Rezeptorprotein, dessen Aktivierung cAMP als second messenger erzeugt (Wirkkette s. S. 10). Dieses blockiert K^+-Kanäle und führt damit zum Generatorpotential (s. o.)

Geruchssinn

Charakteristische Eigenschaften des Geruchssinns

Sensor	Primäre Sinneszellen, genannt Riechzellen (Bestand ca. 10 Millionen, Lebensdauer ca. 30 d, Erneuerung aus den Basalzellen); tragen apikal Zilien, die sich in der Schleimhaut ausbreiten
Lage	Die Riechzellen bilden mit Stütz- und Basalzellen das Riechepithel, das beim Menschen je ca. 5 cm^2 auf den obersten Konchen beider Nasenhöhlen bedeckt
Innervation, gustatorische Bahnen	Die marklosen Axone der Riechzellen bilden beim Austritt aus dem Riechepithel die Fila olfactoria, die nach Durchtritt durch die Lamina cribrosa den N. olfactorius (I. Hirnnerv) bilden, der im Bulbus olfactorius (Riechkolben) endet. ZNS-Stationen: 1. Traktus olfactorius; 2. a) in der vorderen Kommissur zum kontralateralen Bulbus; b) zum Riechhirn (Tuberculum olfactorium, Area praepirifomis, Amygdala, Regio entorhinalis); von dort 3. a) → Thalamus → orbitofrontaler Neokortex; b) → limbisches System → Hypothalamus → Formatio reticularis
Adäquater Reiz	Moleküle organischer Verbindungen in Gasform, die erst direkt an den Riechzellen in flüssiger Phase gelöst werden. Die Reizquellen liegen meist in größerer Entfernung
Qualitativ unterscheidbare Reize	Es gibt etwa 10 000 unterscheidbare Düfte; grobe Klassifikation in 7 Duftklassen (s. Tabelle S. 140) mit jeweils typischen Leitdüften; Duftqualität kann sich mit ansteigender Konzentration ändern
Empfindlichkeit; Adaptation	Absolute Empfindlichkeit des Geruchs ist gut; zur überschwelligen Reizung sind 10^7 und mehr Moleküle pro ml Luft notwendig (bei Tieren oft nur 10^2-10^3). Der Geruchssinn weist eine ausgeprägte Adaptation sowie Kreuzadaptationen auf
Biologische Aufgabe	Dient als Fern- und Nahsinn; wichtige Rolle bei der sozialen Kommunikation (Stichworte: Duftabzeichen, Duftmarken, Eigengeruch, Pheromone). Der Geruchssinn besitzt eine starke emotionale Komponente

Transduktionsmechanismen in den Riechzellmembranen. [Abb. nach Hatt H (1993) Physiologie des Geruchs. In: Schmidt RF (Hrsg) Neuro- und Sinnesphysiologie, Springer, Heidelberg]

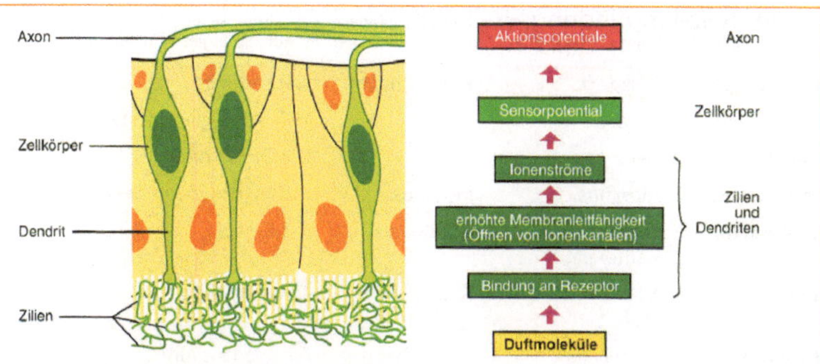

In den Zilienmembranen gibt es eine große Zahl von Rezeptorproteinen, die bei Wechselwirkung mit dem „passenden" Duftmolekül über den cAMP-second-messenger-Mechanismus (s. S. 10) Kationenkanäle öffnen. Die Aktivierung eines einzigen Rezeptorproteins kann Tausende von cAMP-Molekülen freisetzen (daher die niedrige Schwelle des Geruchssinns). Die Öffnungswahrscheinlichkeit dieser Kanäle nimmt mit der intrazellulären Ca^{++}-Konzentration ab. Das nach Öffnen einströmende Ca^{++} schaltet also den Kanal wieder ab: wahrscheinlich ein peripherer Teilmechanismus der Adaptation an Gerüche. Summenableitungen der elektrischen Aktivität der Riechschleimhaut heißen Elektroolfaktogramm (vergleichbar Elektroretinogramm etc.).

Informationsverarbeitung im Bulbus olfactorius. [Nach Altner H (1985) a. o. a. O.]

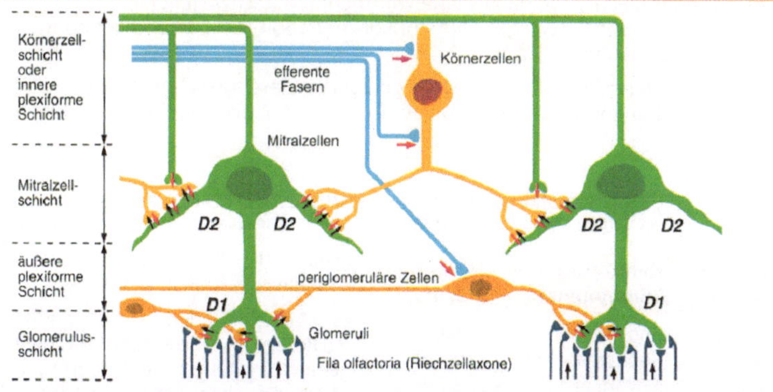

Der Bulbus olfactorius ist aus 4 Schichten aufgebaut (links in der Abb.). In den Glomeruli enden die Riechzellaxone an den primären (D1) Dendriten der Mitralzellen (ca. 50 000, ihre Axone bilden den Tractus olfactorius, s. o.). Die periglomerulären Zellen (enden auch an D1) und die Körnerzellen, die an den sekundären Dendriten (D2) der Mitralzellen enden, vermitteln die efferenten Zuflüsse und ermöglichen eine laterale Modulation. Die Richtung der synaptischen Übertragung ist durch Pfeile angegeben (Erregung schwarz, Hemmung rot). Die wesentlichen Merkmale der Informationsverarbeitung sind hier: 1. starke Konvergenz (ca. 1000 Riechzellaxone auf eine Mitralzelle), 2. ausgeprägte Hemmechanismen (Transmitter: GABA) und 3. efferente Kontrolle.

Merkmale zur Kennzeichnung der 7 Duftklassen nach J. E. Amoore et al.; Beiträge des Nervus V (trigeminus); Wahrnehmungsschwelle, Erkennungsschwelle, Reiz-Empfindungs-Relation. [Tabelle aus Altner H, Boeckh J (1990) Geschmack und Geruch. In: Schmidt RF, Thews G (Hrsg) Physiologie des Menschen, 24. Aufl. Springer, Heidelberg]

Duftklasse	Leitduft	Riecht nach	„Standard"
Blumig	Geraniol	Rosen	d-1-β-Phenyl-ethylmethyl-carbinol
Ätherisch	Benzylazetat	Birnen	1,2-Dichlorethan
Moschusartig	Moschus	Moschus	1,5-Hydroxypentadekansäurelakton
Kampferartig	Cineol, Kampfer	Eukalyptus	1,8-Cineol
Faulig	Schwefelwasserstoff	faulen Eiern	Dimethylsulfid
Schweißig	Buttersäure	Schweiß	Isovaleriansäure
Stechend	Ameisensäure, Essigsäure	Essig	Ameisensäure

Den Duftklassen fehlt nach wie vor eine solide neurobiologische Basis; für die einzelnen Riechzellen ist nicht bekannt, ob sie jeweils nur Rezeptoren für einen einzigen Duftstoff (Spezialisten) oder für mehrere (Generalisten) haben; die hier gegebene Einteilung von Duftklassen erfolgte aufgrund angeborener partieller Anosmien, s. unten.

Zusätzlich führen manche Stoffe zu stechenden, beißenden oder brenzligen (in der Nase) und brennend scharfen Geruchsempfindungen (im Mund). Diese werden von freien Nervenendigungen des N. trigeminus (V. Hirnnerv) aufgenommen, der die gesamte Nasen- und Mundhöhlenschleimhaut innerviert.

Typisch für das Riechen ist, daß es eine Wahrnehmungsschwelle (unspezifische Geruchsempfindung bei sehr niedriger Duftstoffkonzentration) und eine Erkennungsschwelle (Duftstoff wird erkannt) gibt.

Bei überschwelligen Duftreizen (gleiches gilt für den Geschmack) steigt die Empfindungsstärke mit der Zunahme Konzentration des Duftstoffes gemäß der Stevens Potenzfunktion an (s. S. 94).

Häufigkeit (% der Bevölkerung) partieller Anosmien beim Menschen. [Nach Hatt H (1998) Physiologie des Geruchs. In: Schmidt RF (Hrsg) Neuro- und Sinnesphysiologie, 3. Aufl. Springer, Heidelberg]

Anosmie für:	Hauptduftstoff-komponente	Häufigkeit
Urin	Androstenon	40 %
Malz	Isobutanal	35 %
Kampfer	1,8-Cineol	33 %
Sperma	1-Pyrrolin	20 %
Moschus	Pentadecanolid	7 %
Fisch	Trimethylamin	7 %
Fleisch	Isovaleriansäure	2 %

Erstaunlich ist die weite Verbreitung der partiellen Anosmien (s. Tabelle).

Es scheinen bei den betroffenen Menschen die Rezeptormoleküle für die Erkennung der genannten Düfte zu fehlen. Im Hinblick auf diese klinischen Beobachtungen, gibt es eher mehr als 7, vielleicht 10 Duftklassen.

Die partiellen Anosmien werden autosomal rezessiv vererbt. Angeborene komplette Anosmien sind selten.

Ist die Riechschwelle gegenüber der Norm erhöht, spricht man von Hyposmie, ist sie vermindert, von Hyperosmie. Anosmie besteht, wenn Riechstoffe überhaupt nicht wahrgenommen werden. Parosmie bezeichnet eine qualitativ falsche, Kakosmie eine üble (und falsche) Geruchsempfindung.

IV
Neuronale und humorale Steuerungs- und Regelprozesse

18 Grundlagen physiologischer Regelungsprozesse

Arbeitsweise technischer Regelkreise. [Mod. nach Schmidt RF (1983) Medizinische Biologie des Menschen. Piper, München]

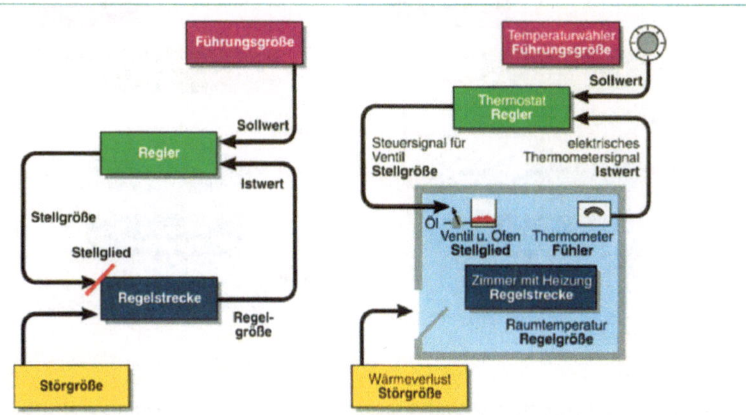

Links Blockschaltbild eines einfachen Regelkreises mit den üblichen Bezeichnungen (Definitionen s. unten); *rechts* Veranschaulichung der Anteile eines Regelkreises am Beispiel einer Heizungsanlage; jedem Bestandteil des konkreten Temperaturregelkreises ist der jeweilige allgemeine regelungstechnische Name beigegeben.

Regelungstechnische Grundbegriffe

Regelgröße	Zustand der konstant gehalten werden soll (z. B. Raumtemperatur, Blutdruck, Blutglukosespiegel)
Regelstrecke	Einrichtung, an der dies geschieht (z. B. Wohnzimmer, Herzkreislaufsystem, Glukosestoffwechsel)
Fühler (Sensor):	Dient zur Messung des Istwerts (z. B. Thermometer, Pressosensor, Glukosensor)
Regler	Gerät, das den Istwert mit dem vom Fühler gemessenen Sollwert (Führungsgröße) vergleicht und bei einer Differenz zwischen den beiden, einer Regelabweichung, das Steuersignal oder die Stellgröße (z. B. Steuersignal für Brennstoffzufuhr, Impulse in vegetativen Nerven) berechnet
Stellglied	Vorrichtung zum Ausgleich der Regelabweichung (z. B. Ofen mit veränderlicher Brennstoffzufuhr, Herzzeitvolumen)
Störgröße	Einfluß auf die Regelstrecke bzw. die Regelgröße, der zu einer Abweichung des Istwerts vom Sollwert führt

Hauptunterschied zwischen Regelung und Steuerung

Charakteristisches Kennzeichen der Regelung ist der geschlossene Wirkungskreis, bei dem jede Störung durch negative Rückkopplung automatisch ausgeglichen wird. Bei der ansonsten vergleichbaren Steuerung fehlt die negative Rückkopplung zur automatischen Fehlerkorrektur. Durch Steuerung kann eine im voraus bekannte Störung ausgeglichen werden, z. B. Wärmeverlust durch konstante Außentemperatur, nicht jedoch unvorhersehbare Störungen wechselnden Ausmaßes.

Arbeitsweise biologischer Regelkreise. [Aus Schmidt RF (1983) Medizinische Biologie des Menschen. Piper, München]

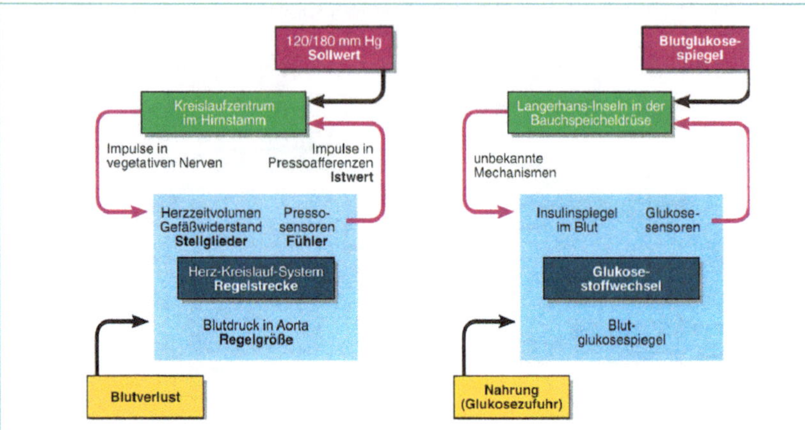

Links Regelkreis zur Konstanthaltung des arteriellen Blutdrucks (s. dazu auch S. 219); als Störgröße ist ein Blutverlust angenommen; *rechts* Regelkreis zur Konstanthaltung des Blutzuckerspiegels (s. dazu auch S. 164). Als Störgröße ist die Nahrungszufuhr angenommen

Dynamische und statische Eigenschaften von Regelkreisen

Übergangsfunktion	Zeitverlauf der Antwort des Regelkreises auf eine plötzliche Störgröße, also sein dynamisches Verhalten; manche Regelkreise reagieren schnell, oft sogar überschießend und können ins Schwingen kommen (z. B. in der Motorik das Auftreten von Tremor und Klonus), andere sind sehr träge; die dabei wichtigste Eigenschaft ist die Verstärkung im Regelkreis
Kennlinien	Stationäre Eigenschaften des Regelkreises, also Zusammenhang zwischen Eingangs- und Ausgangsgrößen im stationären Zustand (z. B. Beziehung zwischen mittlerem Blutdruck und mittlerer Entladungsrate von Pressosensoren für verschiedene statische Druckwerte)
Halteregler und Folgeregler	Wird, wie in den Abbildungsbeispielen, die Regelgröße auf einem konstanten Sollwert gehalten, spricht man von einem Halteregler; es ist aber auch möglich, den Sollwert zu verstellen, z. B. die Körpertemperatur bei Fieber; bei dieser Änderung der Führungsgröße muß die Regelgröße nicht der Störgröße, sondern dem neuen Sollwert folgen bzw. „dienen", daher Folgeregler oder Servoregler
Störgrößenaufschaltung	Zusätzliche Meldung der Störgröße direkt an den Regler, z. B. Verwendung eines Außenfühlers bei der Zentralheizung mit Anschluß an Thermostat, um Auskühlung bzw. Überwärmung von vorneherein klein zu halten oder zu vermeiden; ähnlich wirken Thermosensoren der Haut bei der Regelung der Körpertemperatur (s. dort)
Variable Regelverstärkung	Anpassung des Regelkreises an unterschiedliche Arbeitsbedingungen. Eine große Regelverstärkung hält die Abweichungen vom Sollwert klein, kann aber zu Überschwingen führen (s.o.); eine kleine Regelverstärkung ist stabiler, aber träger und ungenauer

19 Vegetatives Nervensystem (VNS)

Peripheres vegetatives Nervensystem

Die Anteile des VNS sind: Sympathikus (thorakolumbales System), Parasympathikus (kraniosakrales Sytem) und Darmnervensystem

Sympathikus	Seine präganglionären Neurone liegen alle im Brust- und oberen Lendenmark (rot in Abb. unten); die präganglionären Axone (B- und C-Fasern, s. Tabelle S. 18) enden entweder in den paravertebralen Ganglien der Grenzstränge oder in unpaaren Bauchganglien; die langen postganglionären Axone (C-Fasern) ziehen zu den Effektororganen (s. Tabelle S. 146)
Parasympathikus	Seine präganglionären Neurone liegen im Hirnstamm und im Kreuzmark (grün in Abb. unten); die präganglionären Axone (B- und C-Fasern) enden in parasympathischen Ganglien in der Nähe der Effektororgane, zu denen die kurzen postganglionären Axone (C-Fasern) ziehen
Darmnervensystem	Hauptanteile sind der Plexus myentericus (Auerbach) und der Plexus submucosus (Meissner, s. Abb. S. 303); beide enthalten sensorische, motorische und Interneurone, Gesamtzahl etwa 10^8 Neurone; Hauptaufgabe ist die Kontrolle des GIT (Kap. 38); ist autonom, kann aber über sympathische und parasympathische Einflüsse moduliert werden (Einzelheiten dazu S. 149)

Ursprung, Aufbau und Innervationsgebiete des peripheren VNS. [Mod. aus Jänig W (1987) Vegetatives Nervensystem. In: Schmidt RF (Hrsg) Grundriß der Neurophysiologie, 6. Aufl. Springer, Heidelberg]

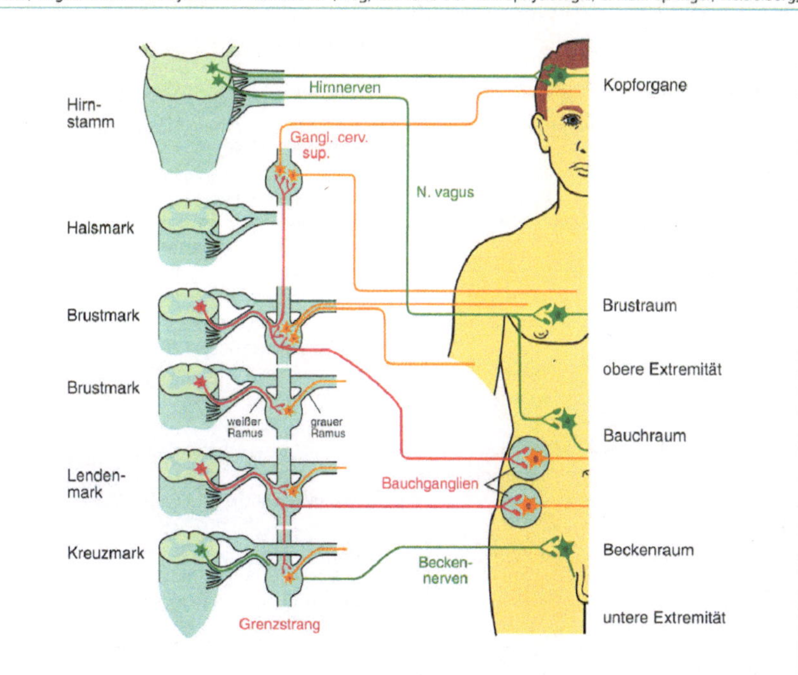

19

Wirkungen von Sympathikus und Parasympathikus auf ihre Effektororgane. [Nach Jänig W (1990) Vegetatives Nervensystem. In: Schmidt RF, Thews G (Hrsg) Physiologie des Menschen, 24. Aufl. Springer, Heidelberg]

Organ oder Organsystem	Reizung des Parasympathikus	Reizung des Sympathikus	Adrenerge Rezeptoren
Herzmuskel	Abnahme der Herzfrequenz	Zunahme der Herzfrequenz Zunahme der Kontraktionskraft	β_1 β_1
Blutgefäße:			
Arterien in Haut und Mucosa	0	Vasokonstriktion	α_1
– Abdominalbereich	0	Vasokonstriktion	α_1
– Skelettmuskel	0	Vasokonstriktion	α_1
		Vasodilatation (nur durch Adrenalin)	β_2
		Vasodilatation (cholinerg)	
– Herz (Koronarien)	0	Vasokonstriktion	α_1
		Vasodilatation (nur durch Adrenalin)	β_2
– Genitalorgane	Vasodilatation	Vasokonstriktion	α_1
– Venen	0	Vasokonstriktion	α_1
Gastrointestinaltrakt:			
– Motilität	Zunahme	Abnahme	α_1 und β_1
– Sphinkteren	Erschlaffung	Kontraktion	α_1
Milzkapsel	0	Kontraktion	α_1
Harnblase:			
– Detrusor vesicae	Kontraktion	Erschlaffung	β_2
– Trigonum vesicae (Sphincter internus)	0	Kontraktion	α_1
Innere Genitalorgane	0	Kontraktion	α_1
Auge:			
– M. dilatator pupillae	0	Kontraktion (Mydriasis)	α_1
– M. sphincter pupillae	Kontraktion (Miosis)	0	
– M. ciliaris	Kontraktion	Leichte Erschlaffung	β_2
Tracheal-/Bronchialmuskulatur	Kontraktion	Erschlaffung (vorwiegend durch Adrenalin)	β_2
Mm. arrectores pilorum	0	Kontraktion	α_1
Exokrine Drüsen:			
– Speicheldrüsen	Starke seröse Sekretion	Schwache seröse Sekretion (Glandula submandibularis)	α_1
– Tränendrüsen	Sekretion	0	
– Verdauungsdrüsen	Sekretion	Abnahme der Sekretion oder 0	α_1
– Drüsen im Nasen-Rachen-Raum	Sekretion	0	
– Bronchialdrüsen	Sekretion	?	
– Schweißdrüsen	0	Sekretion (cholinerg)	
Stoffwechsel:			
– Leber	0	Glykogenolyse Glukoneogenese	β_2
– Fettzellen	0	Lipolysis (freie Fettsäuren im Blut erhöht)	β_1
– Insulinsekretion (aus β-Zellen der Langerhans-Inseln)	Zunahme	Abnahme	α_2

Charakteristika der Arbeitsweise des VNS

Spezifische motorische Endstrecken	Das prä- und postganglionäre VNS ist in seinen sympathischen und parasympathischen Anteilen funktionell spezifisch organisiert; wichtige Beispiele sind die Systeme der Muskelvasokonstriktorneurone, der Hautvasokonstriktorneurone, der Sudomotorneurone (zu den Schweißdrüsen) und der Pilomotorneurone (zur Haarbalgmuskulatur).
Divergenz	Innerhalb jedes funktionellen Systems verzweigt sich jedes präganglionäre Axon zu zahlreichen postganglionären Neuronen; wenige präganglionäre Axone können auf diese Weise viele postganglionäre Axone beeinflussen (Verteiler- und Verstärkerfunktion).
Konvergenz	Innerhalb jedes funktionellen Systems konvergieren zahlreiche präganglionäre Axone auf ein postganglionäres Neuron; gewährleistet einen hohen Sicherheitsgrad der synaptischen Übertragung.
Parallele Innervation	durch Sympathikus und Parasympathikus (s. nebenstehende Tabelle): Alle parasympathisch innervierten Organe werden auch sympathisch innerviert, umgekehrt stimmt das aber nicht (v. a. keine parasympathische Innervation der Gefäße!).
Zusammen-wirken	von Sympathikus und Parasympathikus: Bei paralleler Organinnervation meist in der Wirkung antagonistisch (s. Tabelle); allerdings steht bei manchen Organen die Wirkung des Parasympathikus völlig im Vordergrund (z. B. Harnblase, Speicheldrüsen).
Rolle viszeraler Afferenzen	Etwa 80 % aller Axone in den Nn. vagi und 50 % aller Axone in den Nn. splanchnici sind afferent; sie innervieren mit Mechano- und Chemosensoren den Brust- und Bauchraum; ihre Informationen werden zusammen mit somatosensorischen Informationen vom VNS genutzt (z. B. viszeroviszerale und somatoviszerale Reflexe).

Synaptische und humorale Übertragung im VNS

Transmitter und Rezeptoren bei der präganglionären und postganglionären synaptischen Übertragung. [Nach Jänig W (1990) Vegetatives Nervensystem; a.o.a.O.]

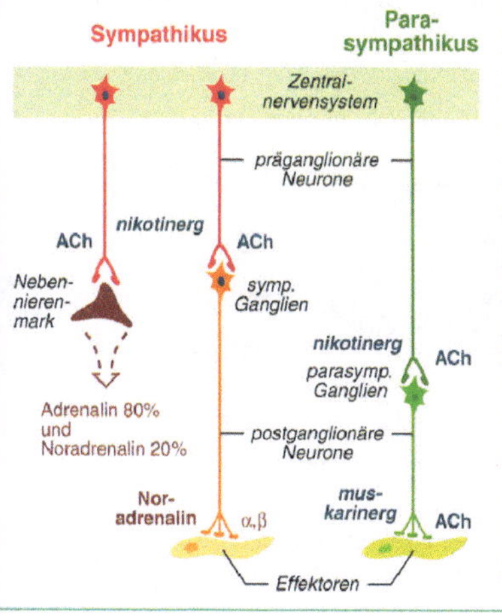

Azetylcholin (ACh) ist der Transmitter an allen präganglionären Synapsen (nikotinerge Rezeptoren, Block durch quaternäre Ammoniumbasen [Ganglienblocker]) und an allen postganglionären parasympathischen sowie einigen (z. B. Schweißdrüsen) sympathischen Synapsen (muskarinerge Rezeptoren, Block durch Atropin, s. Tabellen S. 7, 9)

Noradrenalin (NA) ist der Transmitter an den meisten postganglionären sympathischen Synapsen; postsynaptisch teils α-, teils β-Rezeptoren (jeweils diverse selektive Agonisten und Blokker), s. die nebenstehende und die eben genannten Tabellen S. 7 und 9.

Neben ACh und NA sind im peripheren VNS auch Adenosintriphosphat (ATP), Stickoxyd (NO) und, in Kolokalisation mit Ach und NA, diverse Neuropeptide beteiligt (s. Abbildung S. 148 und die Tabelle S. 8).

Besonderheiten der Neurotransmission im VNS; Rolle des Adrenalins (A) aus dem Nebennierenmark (NNM)

α-Rezeptor	(syn. α-Adrenozeptor): Pharmakologisch definiert durch die abnehmende Wirksamkeit äquimolarer Dosen der Katecholamine NA > A > I (I Isoproterenol, ein synthetisches Katecholamin) und durch die Wirksamkeit spezifischer α-adrenerger Blocker. Es gibt 2 Familien von α-Rezeptoren (α_1- und α_2-), s. Tabelle S. 9. In jeder Familie gibt es 3 oder mehr Untertypen.
β-Rezeptor	(syn. β-Adrenozeptor): Wirksamkeit der Katecholamine ist hier I > A > NA, es gibt ebenfalls spezifische β-adrenerge Blocker und Familien von β_1- und β_2-Rezeptoren, s. Tabelle S. 9. Die weitere Untertypisierung ist im Gange.
Wirkung von α- und β-Rezeptor-aktivierung	Die meisten Effektoren des VNS enthalten sowohl α- wie β-Rezeptoren; deren Wirkung ist meist antagonistisch; welche Wirkung aktuell im Vordergrund steht, hängt von der relativen Anzahl der vorhandenen Adrenozeptoren und davon ab, ob mehr NA oder mehr A (aus dem NNM) wirksam ist.
Freisetzung von Katecholaminen aus dem NNM	Erfolgt im Verhältnis 80 % A zu 20 % NA (Abb. S. 147). Nur geringe Ruhefreisetzung, die unter Streßbedingungen, in Notfallsituationen und bei emotionalen Belastungen durch präganglionäre cholinerge Aktivierung gesteigert wird; β-adrenerge Wirkung des A vorwiegend als Stoffwechselhormon (Glykogenolyse, Glukoneogenese, s. Tabelle S. 146 unten).
Präsynaptische Kontrolle der Transmitter-freisetzung	Erfolgt rückkoppelnd über präsynaptische α- und β-Adrenozeptoren teils fördernd, teils hemmend; ferner wechselseitige Hemmung zwischen adrenergen und cholinergen postganglionären Axonen (NA bindet an präsynaptische α-Rezeptoren cholinerger Neurone, ACh an präsynaptische muskarinerge Rezeptoren adrenerger Neurone).
Kolokalisation von Neuropeptiden mit NA und ACh	kommt regelmäßig vor, wobei bestimmte Kombinationen bevorzugt gefunden werden (s. Tabelle S. 8, Beispiel in der Abb. unten); klassische Transmitter und Neuropeptide werden in den Vesikeln der Varikositäten gespeichert und von dort freigesetzt. Die Freisetzung der Peptide erfolgt verstärkt bei hochfrequenter und bei gruppierten Entladungen der Neurone.

Kolokalisation von ACh und VIP (vasoactive intestinal peptide) in einem postganglionären Axon der Speicheldrüse.

[Mod. nach Lundberg JM (1981) Acta physiol scand 112 (Supp 496): 1–57. Aus Birbaumer N, Schmidt, RF (1991) Biologische Psychologie, 2. Aufl. Springer, Heidelberg]

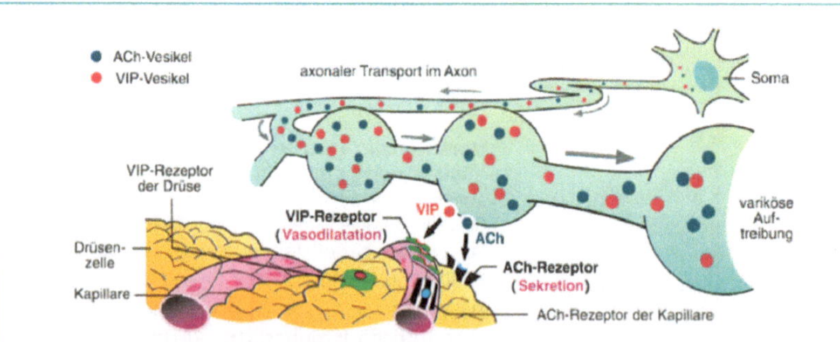

Die Freisetzung von ACh aktiviert in erster Linie die Speichelsekretion und führt in geringem Maße zur Vasodilatation, während bei VIP-Freisetzung die Vasodilatation überwiegt.

Das Darmnervensystem

Organisation der propulsiven peristaltischen Reflexe des Darmnervensystems samt der übergeordneten Kontrolle durch Parasympathikus und Sympathikus.

[Mod. nach W. Jänig aus Schmidt/Thews, Hrs. (1997) Physiologie des Menschen, 27. Aufl. Springer, Heidelberg]

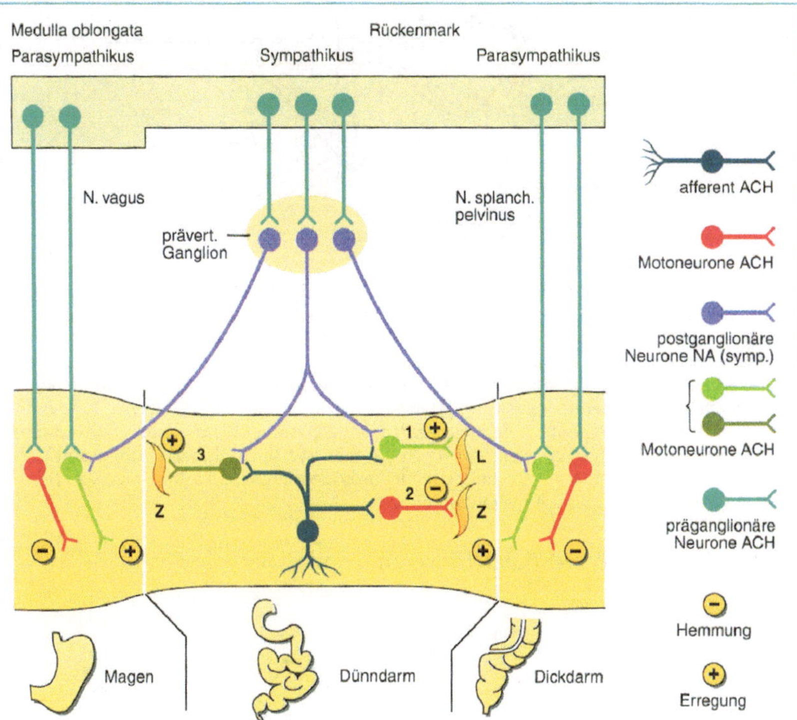

Im Dünndarm werden afferente Neurone (Sensoren, blau in der Abb.) durch den Speisebrei mechanisch gereizt. Sie erregen daraufhin die aborale longitudinale (L) Muskulatur (Reflexweg 1) und hemmen die aborale zirkuläre (Z, Reflexweg 2). Gleichzeitig wird die orale zirkuläre erregt (Reflexweg 3). Dadurch wird der Speisebrei zum Dickdarm hin verschoben.

Diese drei koordinierten Reflexe sind ein Beispiel der zahlreichen sensomotorischen Programme des Darmnervensystems, die Transport, Resorption und Sekretion im Gastrointestinaltrakt regulieren und koordinieren.

Wie in der Abbildung skizziert, greifen Sympathikus und Parasympathikus modulierend in die Tätigkeit des Darmnervensystems ein, wobei festzuhalten ist, daß Durchtrennung der sympathischen und parasympathischen Innervation die meisten elementaren Funktionen des Magen-Darm-Trakts nicht beeinträchtigt.

Die afferenten Neurone und die meisten an der Peristaltik beteiligten Neurone sind cholinerg (ACh in der Abb.). Jedoch können andere Transmitter, wie z. B. Serotonin, VIP (vasoactive intestinal peptide) und andere Neuropeptide, in der Modulation der Peristaltik eine Rolle spielen. Insgesamt sind im Darmnervensystem etwa 10 Transmitter- bzw. Modulatorsubstanzen wahrscheinlich gemacht worden, darunter auch das Radikal Stickoxid (NO).

Spinale und supraspinale Organisation des VNS

Aufbau des spinalen vegetativen Reflexbogens. [Aus Jänig W (1990) Vegetatives Nervensystem in Anlehnung an Ranson and Clark und an Petras and Cummings, a.o.a.O.]

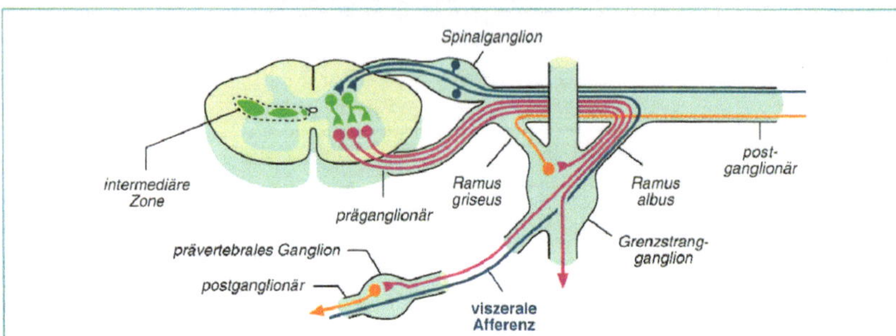

Die synaptische Verschaltung zwischen Afferenzen und dem VNS auf segmentaler Ebene des Rückenmarks wird • spinaler vegetativer Reflexbogen genannt; dieser hat mindestens 3 Synapsen, 2 im Rückenmarksgrau und 1 im vegetativen Ganglion; es bestehen rückkoppelnde Verknüpfungen zwischen den Sensoren eines Effektors und dem effektorspezifischen Anteil des VNS, z. B. • kardiokardiale und • intestinointestinale Reflexbögen; auch somatische Afferenzen bilden die afferenten Schenkel spinaler vegetativer Reflexe (z. B. • kutaneoviszerale Reflexbögen. Letztere können therapeutisch genutzt werden, um bspw. über Wärmeapplikation auf der Haut die Darmdurchblutung zu verbessern). Umgekehrt sind auch viszerale Afferenzen mit Motoneuronen verschaltet (• viszerosomatische Reflexbögen; sind z. B. für Muskelverspannungen bei intestinalen Erkrankungen verantwortlich).

Kontrolle des spinalen VNS durch Hirnstamm und Hypothalamus. [Aus Jänig W (1990) Vegetatives Nervensystem; a.o.a.O.]

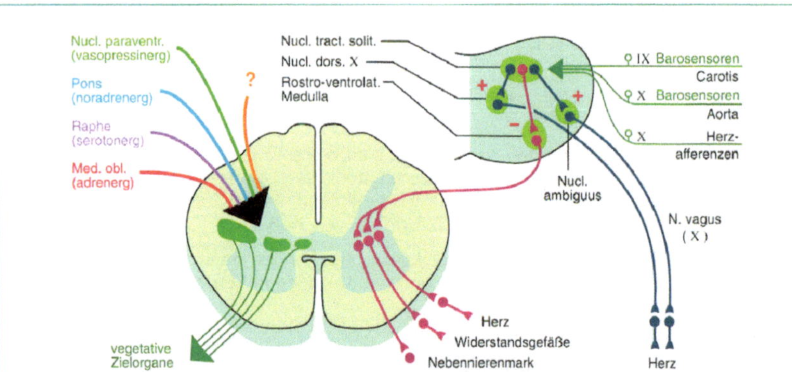

Große Teile des Hirnstamms (Medulla oblongata, Pons, Mesenzephalon) und des Hypothalamus nehmen an der Regelung und Steuerung vegetativer Effektororgane teil; die diese Kontrolle übermittelten deszendierenden Bahnen und ihre Transmitter sind *links* angegeben; die *rechte* Bildhälfte zeigt beispielhaft die an der Regelung des arteriellen Systemblutdrucks beteiligten Strukturen (Kreislaufzentren) und ihre Verknüpfungen; Sympathikus und Parasympathikus wirken dabei funktionell synergistisch zusammen (bei Antagonismus der Einzelwirkungen).

19

Miktion und Defäkation

Reflexbögen und Mechanismen der Blasenkontinenz und der Miktion mit Druck-Volumen-Diagramm (Zystometrogramm) der menschlichen Harnblase.
[Mod. nach de Groat (1975) Brain Res 87: 201–213 und nach Simeone, Lampson (1937) Ann Surg 106: 413]

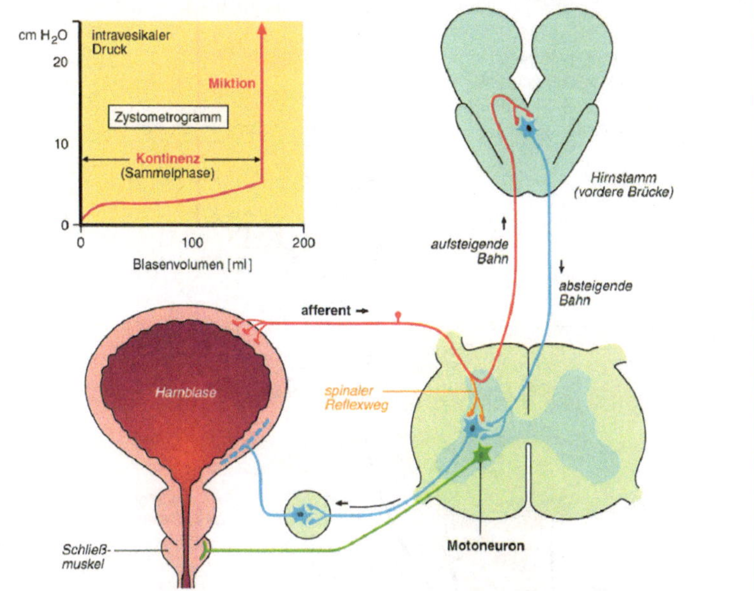

Innervation der Harnblase

- Parasympathisch: Über den Nervus splanchnicus pelvinus mit Fasern aus den 2.–4. Sakralsegmenten; wirkt erregend auf die glatte Muskulatur der Blasenwand. Eine intakte parasympathische Innervation ist Voraussetzung für die normale Blasenentleerung.
- Sympathisch: Kommt aus dem oberen Lumbalmark über das Ganglion mesentericum inferius (nicht eingezeichnet); hemmt Blasenwandmuskulatur; dadurch möglicher Beitrag zur Kontinenz.
- Afferent: Dehnungssensoren in der Blasenwand, ferner Nozisensoren; Afferenzen verlaufen im N. splanchnicus pelvinus. Die Dehnungssensoren werden bei Füllung der Blase zunehmend erregt; sie aktivieren den Blasenentleerungsreflex.
- Somatomotorisch: Motoaxone aus sakralen Motoneuronen versorgen über den N. pudendus den äußeren Schließmuskel (M. spincter externus); dieser steht also unter Willkürkontrolle.

Kontinenz: bezeichnet die Fähigkeit der Blase, Urin zu speichern (Sammelphase); Füllmenge ca. 50 ml/h; Harndrang tritt etwa ab Füllung von 250 ml auf; kann etwa bis 500 ml wieder abklingen oder willkürlich unterdrückt werden.

Miktion: bezeichnet die aktive Entleerungsphase, die sich durch Harndrang als Folge von deutlichem Druckanstieg (s. Abb. links oben) ankündigt; einmal eingeleitet kommt es über den pontinen Reflexweg zur völligen Blasenentleerung; der spinale Reflexweg ist physiologischerweise nicht wichtig (anders z. B. bei Querschnittslähmung). Die Willkürkontrolle der Miktion erfolgt durch suprapontine, einschließlich kortikaler Strukturen.

Neuronale Kontrolle der Darmkontinenz und Defäkation; hieran sind sakrale Afferenzen, parasympathische und somatische Efferenzen und besonders spinale Reflexkreise beteiligt. [Nach Birbaumer N, Schmidt, RF (1991) a. o. a. O.]

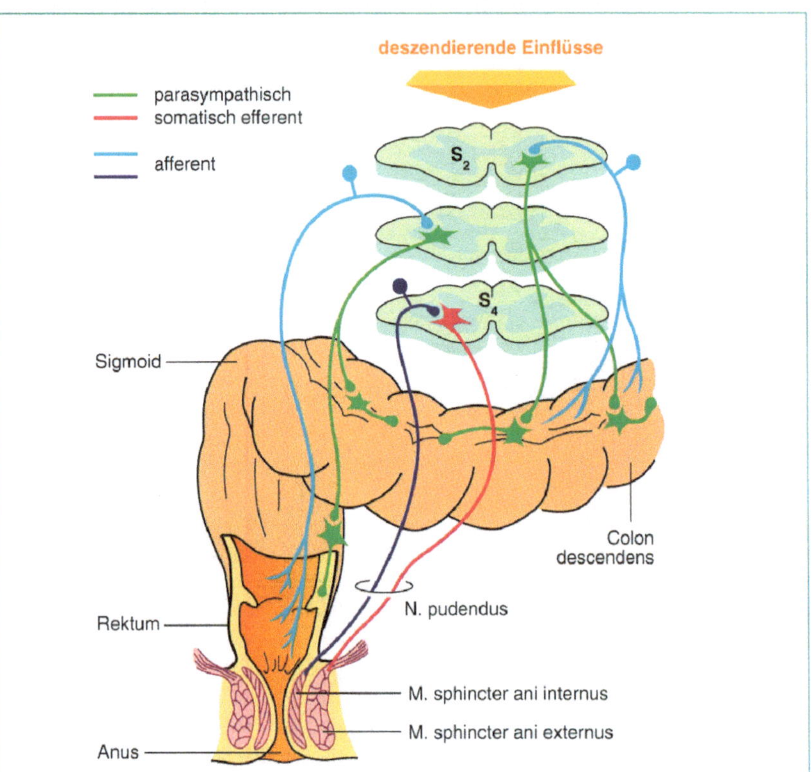

Darmkontinenz und Defäkation sind die wichtigsten Aufgaben des Rektums und des Anus. Die Abbildung gibt einen Überblick über die beteiligten Strukturen und Schaltkreise.

Kontinenz. Das Rektum wird durch 2 Ringmuskeln (Mm. sphincter ani int. et ext.) verschlossen. Der innere besteht aus glatter Muskulatur (keine willkürliche Kontrolle möglich), der äußere ist quergestreift (willkürliche Kontrolle möglich).

Die Füllung des Rektums mit Darminhalt führt reflektorisch zur Erschlaffung des inneren Schließmuskels bei gleichzeitig verstärkter Kontraktion des äußeren. Gleichzeitig kommt es zu Stuhldrang. Erfolgt keine Defäkation, paßt sich das Rektum an den vermehrten Inhalt an und die Erschlaffung des inneren Schließmuskels nimmt wieder ab (Füllkapazität des Rektums ca. 2 l).

Defäkation. Sie erfolgt über eine reflektorische Kontraktion der Endabschnitte des Kolons bei gleichzeitiger Erschlaffung beider Schließmuskeln, normalerweise mit willkürlicher Unterstützung (Anspannung der Bauchmuskulatur, Senkung des Zwerchfells durch Kontraktion der Brustmuskulatur in Inspiration bei geschlossener Glottis).

Genitalreflexe

Innervation der männlichen Geschlechtsorgane; die zentralen Verschaltungen sind ohne Interneurone dargestellt.

[Mod. nach Jänig W (1990) Vegetatives Nervensystem. In: Schmidt RF, Thews G (Hrsg) Physiologie des Menschen, 24. Aufl. Springer, Heidelberg]

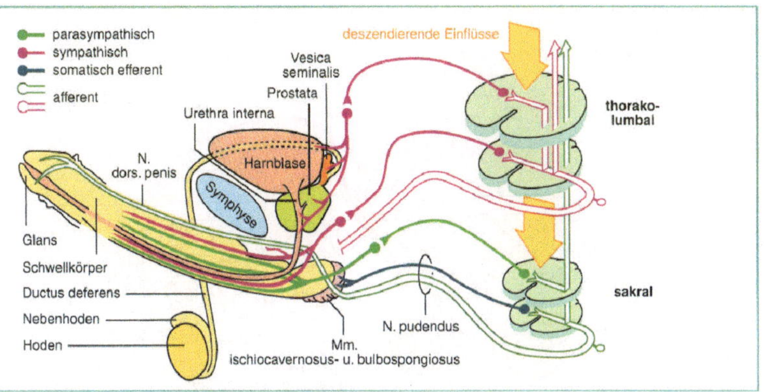

Männliche Genitalreflexe bei der Kohabitation (Koitus); bezüglich des Zeitverlaufs und der extragenitalen Reaktionen s. Abb. und Text S. 154

Erektion	Gliedversteifung durch pralle Füllung der venösen Sinus in den Schwellkörpern (Corpora cavernosa, Corpus spongiosum urethrae) als Folge parasympathisch induzierter Dilatation der zuführenden Arteriolen
Emission	Transport von Samen und Drüsensekreten in die Urethra interna durch sympathisch induzierte Kontraktion von Epididymis, Ductus deferens, Vesicula seminalis und Prostata. Ein Rückfluß des Ejakulats in die Harnblase wird durch Kontraktion der Sphincter vesicae int. verhindert
Ejakulation	Tonisch-klonische Kontraktionen der Mm. bulbo- und ischiocavernosi und der Beckenbodenmuskulatur schleudern das Ejakulat aus der Urethra interna durch die Urethra externa nach außen. Das Gefühl des Orgasmus ist an die Kontraktionen der Beckenbodenmuskulatur gebunden
Rückbildungsphase	Nach der Ejakulation bildet sich die Erektion zurück; eine neue Erektion ist erst nach Ablauf von mehreren min bis vielen h möglich

Reflektorische Veränderungen an den weiblichen Genitalien bei sexueller Erregung schließen ein (Zeitverlauf und extragenitale Reaktionen s. Abb. und Text auf S. 154):

Äußere Geschlechtsorgane	Auseinanderweichen und Verschieben der Labia majora, Anschwellen der Klitoris und der Labia minora durch parasympathisch induzierte Vasokongestion; Farbveränderungen der Labia minora (Sexualhaut, „sex skin") von rosa zu hellrot
Innere Geschlechtsorgane	In der Vagina Transsudation mukoider Flüssigkeit zur Gleitfähigkeitsverbesserung, Ausbildung der orgiastischen Manschette im äußeren Drittel der Vagina durch venöse Stauung, Aufrichten des Uterus mit Bildung des Receptaculum seminis im letzten Drittel der Vagina. Auf dem Höhepunkt der sexuellen Erregung kommt es zu rhythmischen Kontraktionen des Beckenbodens und des Uterus verbunden mit dem Gefühl des Orgasmus

Innervation der weiblichen Geschlechtsorgane; die zentralen Verschaltungen sind ohne Interneurone dargestellt. [Mod. nach Jänig W (1990) Vegetatives Nervensystem. In: Schmidt RF, Thews G (Hrsg) Physiologie des Menschen, 24. Aufl. Springer, Heidelberg]

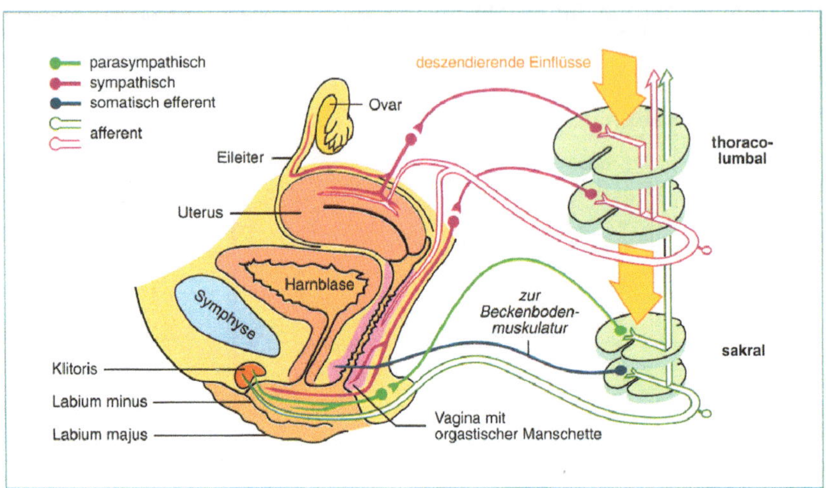

Sexuelle Reaktionszyklen bei Mann und Frau bei physischer (Reizung der Genitalorgane und der erogenen Zonen) und psychischer sexueller Stimulation. [Mod. nach Masters WH, Johnson VE (1970) Die sexuelle Reaktion. Rowohlt, Reinbeck]

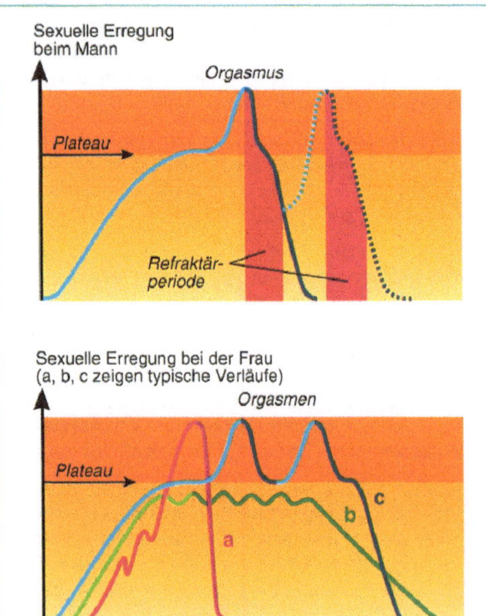

Die Abb. zeigt durchschnittliche Verlaufskurven der kopulatorischen und postkopulatorichen Stadien beim Menschen; Masters und Johnson haben den Ablauf in 4 Phasen eingeteilt:

1. Erregungsphase
2. Plateauphase
3. Orgasmusphase
4. Rückbildungsphase

Die physiologischen Mechanismen sind bei den Geschlechtern weitgehend identisch, die Plateauphase muß aber bei der Frau meist länger anhalten um einen Orgasmus auszulösen; dafür sind multiple Orgasmen möglich; die Refraktärzeit ist nur beim Mann absolut (s. o.).

Die neuronalen Schaltkreise des sexuellen Reaktionszyklus des Mannes mit einer Übersicht über die bei spinalen Läsionen ausfallenden und verbleibenden Genitalreflexe [Zusammenstellung von W. Jänig (1997) a.o.a.O.]

Aufgaben ⇒ Anteile ⇓	**Erektion**	**Emission und Ejakulation**	**Orgasmus**
Afferenzen	Von Glans penis und umliegendem Gewebe zu Sakralmark (im N. pudendus)	Von äußeren und inneren Geschlechtsorganen zum Sakralmark (N. pudendus u. splanchnicus pelvinus) und zum Thorakolumbalmark (Plexus hypogastricus), Afferenzen von Skelettmuskulatur	Vorhanden, wenn mindestens ein afferenter Eingang intakt (von Genitalien zu Sakral- oder Thorakolumbalmark, von Skelettmuskulatur zu Sakralmark)
Vegetative Efferenzen	1. Parasympathisch sakral 2. Sympathisch thorakolumbal (psychogen)	Sympathisch thorakolumbal (reflektorisch und psychogen)	
Somatische Efferenzen	Nicht beteiligt	Zu Mm. bulbospongiosus u. ischiocavernosus; Beckenbodenmuskulatur	
Sakralmark zerstört	Vorhanden bei 25 % der Patienten (psychogen), thorakolumbal	Emission vorhanden, wenn Erektion auslösbar (psychogen)	Vorhanden
Oberes Thorakal- oder Zervikalmark zerstört	Fast immer vorhanden (reflektorisch)	Fast nie vorhanden	Fehlt immer

Anteile und Aufgaben des Hypothalamus

Schematische Darstellung der Kerngebiete des Hypothalamus. Sagittalschnitt durch den dritten Ventrikel [Modifiziert nach Benninghoff-Goerttler (1977) und Jänig (1997) a.a.O.]

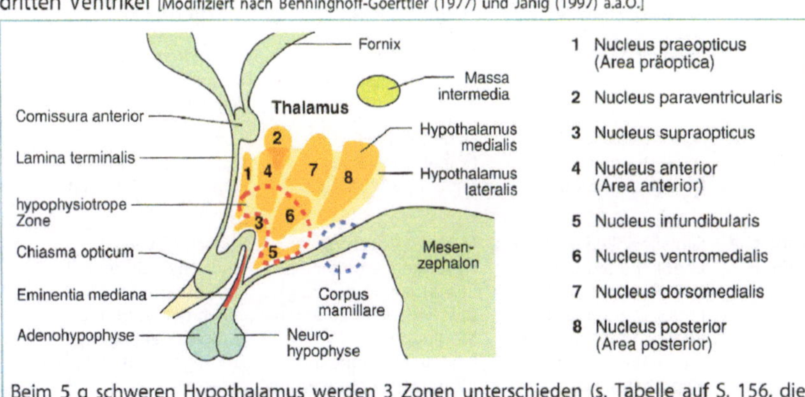

Beim 5 g schweren Hypothalamus werden 3 Zonen unterschieden (s. Tabelle auf S. 156, die Kerngebiete der medialen sind hier gezeigt). Er ist das wichtigste Integrationszentrum für somatische, vegetative und endokrine Funktionen (s. Kap. 20 und das Stichwortverzeichnis).

19

Der Hypothalamus enthält zahlreiche Verhaltensprogramme, die aus der Peripherie oder vom Telenzephalon abgerufen werden können; tierexperimentell lassen sich diese durch elektrische Reizung im Hypothalamus auslösen [Nach W. Jänig (1997) a.o.a.O.]

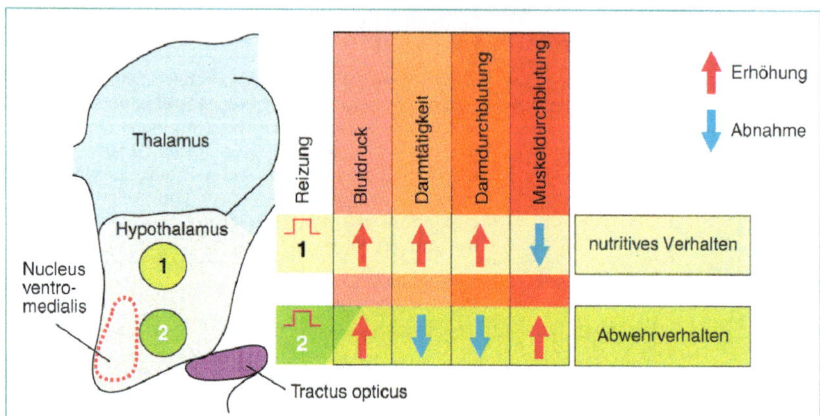

Die Abbildung zeigt beispielhaft die vegetativen Reaktionen bei der Erzeugung von nutritivem Verhalten (Nahrungssuche, Fressen, Trinken) und von Abwehrverhalten der Katze bei elektrischer Reizung im Hypothalamus. Weitere Beispiele (Angriffsverhalten) enthält das Kapitel 9.

Im Rahmen des VNS organisiert der Hypothalamus vegetative Regulationen höherer Ordnung sowie neuroendokrine Regulationen und elementare Verhaltensweisen; entsprechend vielfältig sind die Funktionsstörungen beim Menschen durch Schädigungen des Hypothalamus. [Mod. nach Reichlin S, Baldessarini RJ, Martin JB (1978) The hypothalamus. Raven, New York]

	Vorderer Hypothalamus mit Regio präoptica	Intermediärer Hypothalamus	Hinterer Hypothalamus
Funktion	Schlaf-Wach-Rhythmus, Thermoregulation, Endokrine Regulation	Wahrnehmung, kalorischer Haushalt, Flüssigkeitshaushalt, endokrine Regulationen	Wahrnehmung, Bewußtsein, Thermoregulation, komplexe endokrine Regulationen
Akute Läsionen	Schlaflosigkeit, Hyperthermie, Diabetes insipidus	Hyperthermie, Diabetes insipidus, endokrine Störungen	Schlafsucht, emotionale Störungen, vegetative Störungen, Poikilothermie
Chronische Läsionen	Schlaflosigkeit, komplexe endokrine Störungen (z. B. Pubertas praecox), endokrine Störungen infolge Schädigung der Eminentia mediana, Hypothermie, kein Durstgefühl	Medial: Gedächtnisstörungen, emotionale Störungen, Hyperphagie und Fettsucht, endokrine Störungen. Lateral: emotionale Störungen, Abmagerung und Appetitlosigkeit, kein Durstgefühl	Gedächtnisverlust, emotionale Störungen, Poikilothermie, vegetative Störungen, komplexe endokrine Störungen (z. B. Pubertas praecox)

20 Endokrinologie

Allgemeine Endokrinologie

Einteilung der Hormone nach chemischer Struktur, Wirkort (Lokalisation des Rezeptors) und Wirkart an der Zielzelle

Struktur	Wirkort	Beispiele/Wirkart/Kommentar
Peptide	**Zellmembran**	Insulin, ADH, zahlreiche weitere s. S. 8; nicht oder nicht sehr lipophil, daher keine Passage durch die zelluläre Lipidmembran; Interaktion mit dem Membranrezeptor löst eine Second-messenger-Kaskade aus, s. S. 10
Glykoproteine	**Zellmembran**	FSH, LH, TSH, Erythropoetin; ebenfalls nicht sehr lipophil; Interaktion mit dem Membranrezeptor führt zur Auslösung einer Second-messenger-Kaskade, s. S. 10
Katecholamine	**Zellmembran**	(aus 1 Molekül Tyrosin gebildet) Dopamin, Adrenalin, Noradrenalin; sind auch neuronale Transmitter, s. S. 7 u. 148; lösen je nach Zielzelle entweder Second-messenger-Kaskaden aus oder öffnen Ionenkanäle
Tyrosinderivate	**Zellkern**	(aus 2 Molekülen) Thyroxin (T_4) und Trijodtyronin (T_3); beeinflussen unmittelbar die DNA-Synthese des Zellkerns und damit die Transkriptionsrate der genetischen Information zu mRNA (Transkriptionsverstärkung)
Steroide	**Zytosol**	(Cholesterinabkömmlinge) z. B. Kortikosteroide; da fettlöslich passieren sie die Zellmembran, binden an zytoplasmatische Rezeptoren und wandern mit diesen zum Zellkern; Wirkung als Transkriptionsverstärker, s.o.

Autokrine und parakrine Hormonwirkung: wirkt das Hormon auf seine eigene Erzeugerzelle zurück, handelt es sich um eine autokrine Wirkung; wirkt es in der unmittelbaren Nachbarschaft seiner Freisetzung (ohne Bluttransport) nennt man es parakrine Wirkung. Typische parakrine oder Gewebshormone sind die Eicosanoide (Prostaglandine, Thromboxane, Leukotriene; aus Arachidonat, einer mehrfach ungesättigten C_{20}–Fettsäure); aber auch klassische Hormone und Neurotransmitter können parakrine Wirkungen entfalten.

Gemeinsamkeiten der Hormone und ihrer Aufgaben

Funktion	Einteilung nach überwiegend metabolischen, kinetischen (auf Drüsensekretion oder Pigmentwanderung), morphogenetischen oder Verhaltenswirkungen ist möglich; Funktion als Nachrichtenübermittler ist meist eingebunden in rückgekoppelte Regelkreise (s. S. 144), die häufig zentralnervöse Strukturen einbeziehen (Arbeitsfeld der Neuroendokrinologie)
Bildung, Sekretion, Transport	Entsprechen bei den meisten Hormonen denen bei exokrinen Drüsen (Synthese, Verpackung in Vesikel, Exozytose); Ausnahme sind die Steroidhormone, die ohne in Vesikel verpackt zu sein durch die Zellmembran diffundieren; Speicherung erfolgt intrazellulär; Ausnahme ist die extrazelluläre Speicherung der Schilddrüsenhormone, s. u.; Bluttransport der Hormone erfolgt häufig mit Hilfe von Trägerproteinen
Hormontiter im Blut	Wird durch Regulationsprozesse auf äußerst niedrigen Werten (ca. 10^{-12} mol/l) gehalten; Vorteil ist, daß bei Bedarf kleine Absolutänderungen große Relativänderungen zur Folge haben; Freisetzungskaskaden können erhebliche Verstärkungen auslösen (z. B. 0,1 µg CRH setzen 1,0 µg ACTH und dieses 50 µg Kortikosteroide frei, also Verstärkungsfaktor 500)

20

Hypophysenhinterlappen (HHL), Neurohypophyse

Bildungs- und Speicherorte von ADH und Oxytozin. [Mod. nach Wuttke K (1997) Endokrinologie. In: Schmidt RF, Thews G (Hrsg) Physiologie des Menschen, 27. Aufl. Springer, Heidelberg]

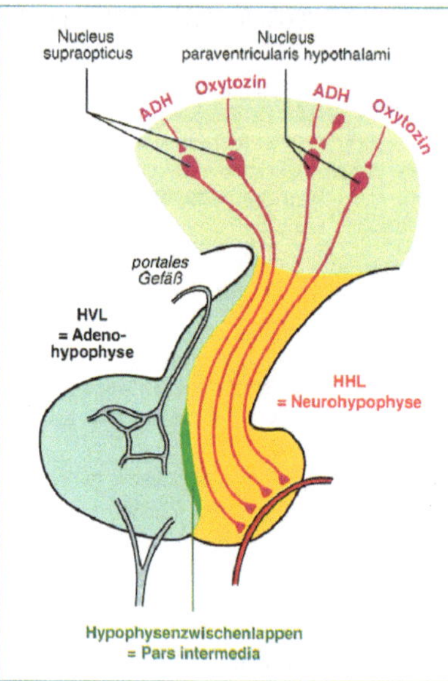

Die Bildungsorte der hochmolekularen Vorstufen der Peptidhormone ADH (antidiuretisches Hormon, Adiuretin, Vasopressin) und Oxytozin (je 9 Aminosäuren) sind die magnozellulären Kerngebiete Nucleus supraopticus und Nucleus paraventricularis hypothalami. Von dort erfolgt der anschließende axonale Transport der Hormonvorstufen in Transportgranula zu den Axonterminalen, die in ihrer Gesamtheit den Hypophysenhinterlapen (HHL) bilden; unterwegs, spätestens im HHL, erfolgt die enzymatische Abspaltung von ADH und Oxytozin aus ihren jeweiligen Vorstufen.

In den Axonterminalen werden die beiden Hormone solange gespeichert bis sie exozytotisch per Elektrosekretionskopplung, d. h. durch Aktionspotentiale entlang der Axone, in das Blut freigesetzt werden. Beide Hormone werden in beiden Nuclei gebildet, aber jede neurosekretorische Zelle produziert und speichert jeweils nur ADH oder Oxytozin.

Die Wirkungen von ADH und Oxytozin sind folgende:

ADH	• **Antidiuretische Wirkung:** Die Aktivität der ADH-Neurone wird durch Hyperosmolarität des Bluts gesteigert, durch Hypoosmolarität gehemmt (möglicherweise sind die ADH-produzierenden Zellen selbst osmorezeptiv, ansonsten gibt es weitere Omosensoren im Zwischenhirn und im GIT, Rolle beim Durst s. S. 74); Freisetzung von ADH erhöht die Permeabilität der Sammelrohre und distalen Konvolute für Wasser und führt damit zur Antidiurese (Normalzustand der Niere, s. S. 289, 295; dort auch Mechanismus der diuretischen Wirkung des Alkohols und Pathomechanismus des Diabetes insipidus) • **Vasopressorische Wirkung:** Injektion größerer Mengen von ADH führt zur arteriellen Vasokonstriktion und damit zur Blutdruckerhöhung; pathophysiologisch kommt es bei starkem Blutdruckabfall (Schock, starker Blutverlust) zur vermehrten Freisetzung von ADH mit resultierendem Druckanstieg
Oxytozin	• **Milchejektionsreflex:** Beim Stillen führt mechanische Reizung der Brustwarzen (Saugen) zur bolusartigen Freisetzung von Oxytozin aus dem HHL; das Oxytozin bewirkt Kontraktionen des die Milchdrüsenalveolen umspannenden Myoepithels, erhöht dadurch den intramammären Druck und unterstützt damit die Saugtätigkeit des Säuglings • **Ferguson-Reflex:** Die Freisetzung von Oxytozin durch mechanische Reizung von Uterus und Vagina; wirkt am Ende der Schwangerschaft wehenanregend, da in dieser Zeit der Uterus durch Östrogene für Oxytozin sensibilisiert ist

Hyophysenvorderlappen (HVL), Adenohypophyse

20

Die 4 glandotropen und 2 nichtglandotropen Hormone des HVL. [Mod. nach Wuttke K 1997) Endokrinologie a.o.a.O.]

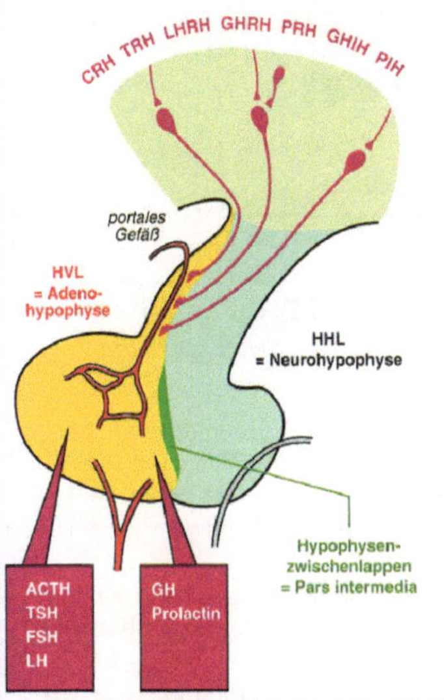

Der HVL ist Bildungs- und Speicherort für 6 Hormone; von diesen wirken 4 auf andere Drüsen, sind also glandotrope Hormone:

- ACTH (auf Nebennierenrinde, S. 162)
- TSH (auf Schilddrüse, S. 161)
- FSH (auf Gonaden, S. 168)
- LH (auf Gonaden, S. 168)

die 2 anderen wirken auf andere Organsysteme bzw. den Gesamtorganismus, d.h. sie sind nichtglandotrop:

✦ GH (auf alle Körperzellen, S. 160)
✦ Prolaktin (auf viele Zellen, S. 160)

Die Steuerung der Freisetzung aller HVL-Hormone erfolgt ausschließlich humoral, nämlich durch 6 Neurohormone aus dem Hypothalamus

4 Relasinghormone (RH)
2 Inhibitinghormone (IH)

Ihre Namen und ihre Aufgaben faßt die nachfolgende Tabelle zusammen

ACTH adrenokortikotropes Hormon (Kortikotropin); TSH thyreoideastimulierendes Hormon (Thyreotropin); FSH follikelstimulierendes Hormon; LH luteinisierendes Hormon (FSH und LH sind die beiden Gonadotropine); GH Wachstumshormon (growth hormone, auch STH somatotropes Hormon oder Somatotropin genannt)

Hypothalamische Releasing- (RH) und Inhibitinghormone (IH), die die Freisetzung der oben genannten 6 Hormone des HVL steuern

Abkürzung	Name	Zielhormon
Releasinghormone		
CRH	Kortikotropin-RH	ACTH
TRH	Thyreotropin-RH	TSH
LHRH	Luteinisierendes Hormon-RH	FSH, LH
GHRH	Growth hormone-RH	GH
PRH	Prolaktin-RH	Prolaktin
Inhibitinghormone		
GHIH	Growth hormone-IH (Somatostatin, SOM)	GH
PIH	Prolaktin-IH	Prolaktin

Es gibt noch keine einheitliche Nomenklatur; die RH werden auch als Liberine (z. B. Kortikoliberin), die IH als Statine (Somatostatin, Prolaktostatin) bezeichnet; die ursprüngliche Bezeichnung mit Faktor kommt noch in den alternativen Kurzformen, wie CRF (statt CRH), PIF (statt PIH) zum Ausdruck.
Die hypothalamischen Neurone, die die RH und IH produzieren, erhalten erregende und hemmende synaptische Zuflüsse aus vielen Hirnanteilen, besonders aus dem Mesenzephalon, aus limbischen Strukturen und aus dem Hippokampus.

20

Wirkungen und Regulation des GH. [Mod. aus Wuttke K (1997) Endokrinologie, a.o.a.O.]

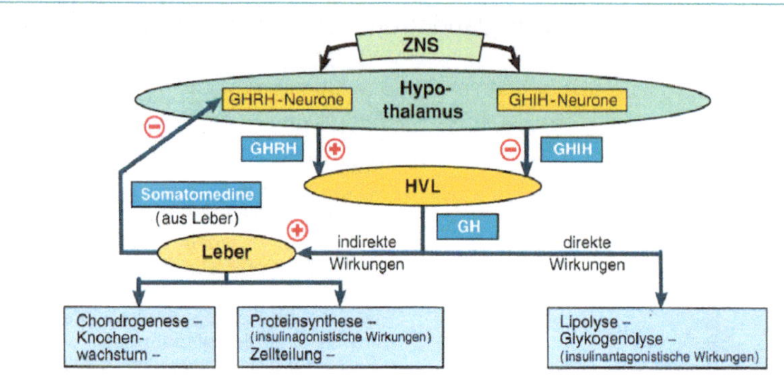

- GH wird in 3–4 Pulsen/Tag, ferner im Tiefschlaf (Schlafstadien 3, 4) freigesetzt; es hat vielfältige Wirkungen auf Körperwachstum und -stoffwechsel (s. Abb.), teils direkt, teils über Somatomedine (Wachstumsfaktoren aus der Leber), z. B. Somatomedin C, das Eiweißsynthese und Zellteilung anregt; die Ausschüttungen sind bei Kindern deutlich höher als bei Erwachsenen
- Die Freisetzung von GH wird über GHRH ausgelöst und über GHIH gehemmt; die vom GH gebildeten Somatomedine wirken negativ rückkoppelnd auf den Hypothalamus zurück und schließen so den Regelkreis (s. Abb.)
- Die pulsierende Freisetzung hat einen Doppeleffekt auf den Blutglukosespiegel; zunächst sinkt dieser durch die Wirkung des Somatomedin C (früher auch IGF insulin like growth factor genannt); etwa 1 h nach GH-Freisetzung setzt sich die direkte insulinantagonistische Wirkung durch
- Mangel an GH führt bei Kindern zu proportioniertem Zwergwuchs; Überschuß zu Gigantismus (Riesenwuchs), bei Erwachsenen zur Akromegalie

Wirkungen und Regulation des Prolaktin. [Mod. aus Wuttke K (1997) Endokrinologie, a.o.a.O.]

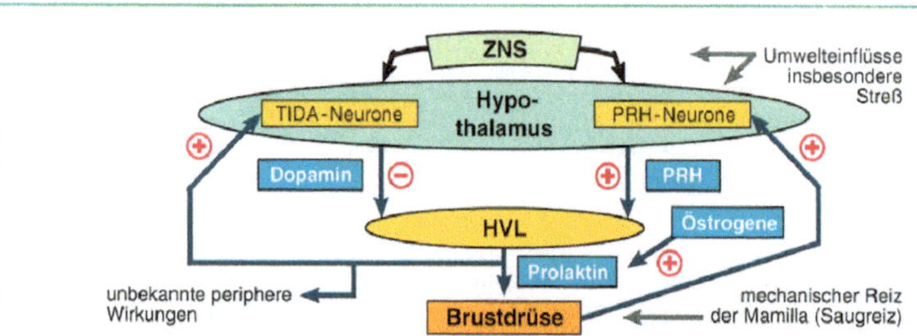

Prolaktin steuert die Ingangsetzung und Aufrechterhaltung der Milchsynthese in der Brustdrüse; als RH dient PRH, als IH dient Dopamin aus den hypothalamischen tuberoinfundibulären TIDA-Neuronen; das Prolaktin koppelt zu den TIDA-Neuronen zurück und schließt so den Regelkreis; andere wichtige Reize sind in der Abb. angegeben (z. B. Saugreiz, Östrogene, Umwelteinflüsse); als PRH dienen möglicherweise mehrere Peptide (TRH, s. Abb. gegenüber, VIP, Angiotensin II, β-Endorphin).

Schilddrüsensystem

Hypothalamo-hypophysio-thyreoidaler Regelkreis. [Mod. aus Wuttke K (1997) a.o.a.O.]

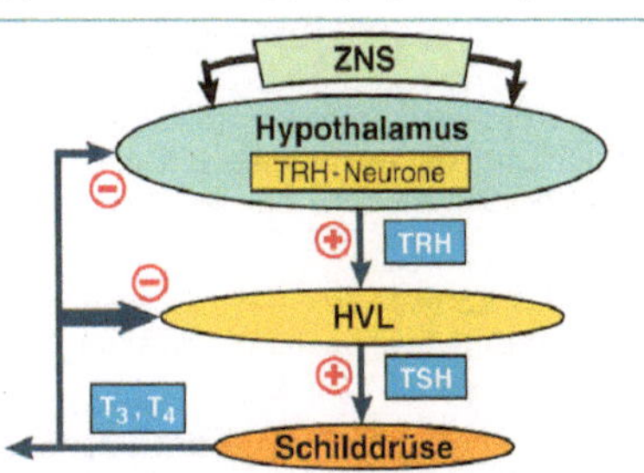

Thyreotropin-releasing-Hormon (TRH), das in Neuronen des Hypothalamus gebildet und aus ihnen freigesetzt wird, setzt seinerseits im HVL Thyreoidea-stimulierendes Hormon (TSH, Thyreotropin) frei, dieses stimuliert die Schilddrüsenzellen zur Produktion und Freisetzung von T_3 und T_4; diese koppeln negativ auf Hypothalamus und HVL zurück; damit ist der Regelkreis geschlossen

Produktion (Synthese), Speicherung und Freisetzung (Sekretion) von T_3 und T_4 erfolgen in einer Sequenz von 7 Schritten:

1. Die Schilddrüsenzellen produzieren Thyreoglobulin; dieses hochmolekulare Protein enthält zahlreiche Tyrosinmoleküle
2. An jedes Tyrosinmolekül lagern sich innerhalb des Thyreoglobulin 1–2 Jodatome an (notwendige Jodaufnahme in der Nahrung 150 µg/d)
3. Je 2 jodierte Tyrosinmoleküle verbinden sich entweder zu T_3 Trijodthyronin oder zu T_4 Tetrajodthyronin (Thyroxin, Hauptmenge)
4. Das Thyreoglobulin samt den in ihm eingebauten T_3 und T_4 wird extrazellulär in den Schilddrüsenfollikeln zwischengelagert (mehrmonatiger Vorrat)
5. Zur Freisetzung von T_3 und T_4 wird Thyreoglobulin per Pinozytose wieder in die Drüsenzellen aufgenommen und abgebaut
6. T_3 und T_4 diffundieren unter TSH-Einfluß (s.o.) ins Blut und werden zum größten Teil in nichtkovalenter Form von Plasmaproteinen gebunden
7. Im Blut werden ca. 30 % des T_4 durch Dejodierung zu T_3 (bedeutet, daß 80–90 % des T_3 extrathyreoidal gebildet werden)

Hormonelle Wirksamkeit von T_3, T_4 und rT_3

- T_3 (Trijodthyronin) ist die an den Körperzellen metabolisch wirksame Form der Schilddrüsenhormone
- T_4 (Tetrajodthyronin, Thyroxin) ist metabolisch weitgehend unwirksam, nimmt aber an der negativen Rückkopplung des Regelkreises teil (s. Abb. oben)
- rT_3 (reversed T_3) entsteht v. a. extrathyreoidal durch Dejodierung „an der falschen Stelle", d. h. am Phenol- statt am Tyrosinring; ist biologisch unwirksam

Zellbiologische und systemische Wirkungen von T_3 (und T_4)

Wie auf S. 157 gesagt, haben T_3 und T_4 ihre Rezeptoren im Zellkern und sind Translationsverstärker; dadurch wird die Synthese von Proteinen (z. B. Enzymen) in allen Körperzellen stimuliert; zusätzliche Wirkungen sind die Erhöhung von Enzymaktivitäten und die Anregung der Na-K-Pumpaktivität; führt alles zu einer erheblichen

✦ **Erhöhung des Energieumsatzes** (Umsatzgrößen und ihre Messung s. S. 253)

- Hypothyreose: Unterfunktion der Schilddrüse; Grundumsatz vermindert
- Hyperthyreose: Überfunktion der Schilddrüse; Grundumsatz gesteigert

20

Nebennierenrindensysteme

Schichten der Nebennierenrinde (NNR) und ihre Hormone

Schicht	Hormone	Kommentar
Zona glomerulosa (äußere Schicht)	Mineralo-kortikoide	Hauptvertreter ist das Aldosteron; seine Hauptwirkung ist die Steigerung der Na^+-Rückresorption in distalem Tubulus und Sammelrohr der Niere, s. folgende Seite
Zona fasciculata (mittlere Schicht)	Gluko-kortikoide	Hauptvertreter ist das Kortisol; seine Hauptwirkung ist die Glukoneogenese (eiweißkatabole Wirkung), s. unten.
Zona reticularis (innere Schicht)	Androgene	Hauptandrogenquelle bei der Frau, beim Mann stammen 1/3 der Androgene von hier, 2/3 aus den Testes; Hauptvertreter hier ist das DHEA Dehydroepiandrostereon, s. S. 168

Hypothalamo-hypophysio-adrenaler Regelkreis. [Mod. aus Wuttke K (1997), a.o.a.O.]

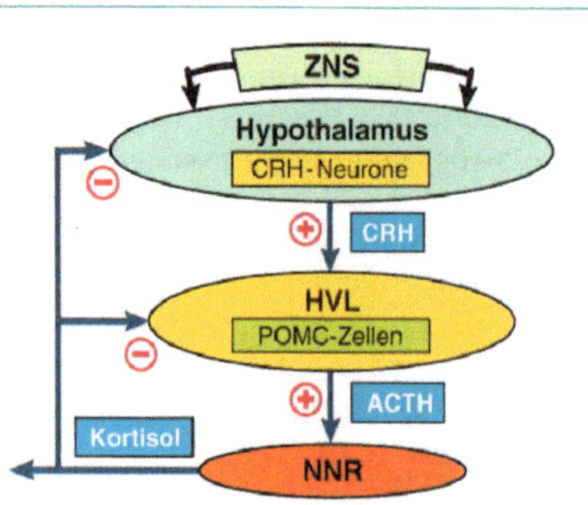

Kortikotropin-RH (CRH) aus Neuronen des Hypothalamus setzt im HVL adrenokortikotropes Hormon (ACTH) frei, das die Zellen der NNR zur Produktion und Freisetzung von Kortisol stimuliert; dieses koppelt negativ auf Hypothalamus und HVL zurück: Damit ist der Regelkreis geschlossen.

Der Regelkreis unterliegt einer deutlichen zirkadianen Periodik (maximale Kortisolspiegel morgens, minimale nachts; die Freisetzung ist episodenhaft (pulsierend).

- Streßsituationen können den Regelkreis durch vermehrte Freisetzung von CRH erheblich verstellen; der ACTH-Spiegel kann dadurch höher werden, als für eine maximale Kortisolsekretion erforderlich ist
- ACTH wird im HVL in Zellen produziert, die aus demselben Präkursor auch β-Endorphin und α-Melanozyten-stimulierendes Hormon (MSH) herstellen; die Zellen werden daher Proopiomelanocortinzellen, POMC-Zellen, genannt

Wirkungen des Kortisols (und der anderen Glukokortikoide)

- **Metabolische Wirkungen:** Stimulation der Glukoneogenese in der Leber durch Abbau von Muskelproteinen (eiweißkatabole Wirkung); gleichzeitig werden Muskelproteine vermindert synthetisiert (antianabole Wirkung); Glukosetransport in die Zellen und die Glukoseutilisation werden erschwert; Fettsäurespiegel im Blut werden durch Spaltung von Triglyzeriden erhöht
- **Permissive Wirkung:** Sensibilisierung der Gefäßmuskulatur für Katecholamine; führt bei Streß zur Umverteilung des Bluts zur Arbeitsmuskulatur
- **Antiphlogistische (immunologische) Wirkungen:** Entzündungshemmung und Immunsuppression nur in höheren (pharmakologischen) Konzentrationen
- **Psychische Wirkungen:** Verhaltens- und andere Störungen (Euphorie, Schlaflosigkeit, depressive Zustände) treten sowohl bei Mangel wie bei Überschuß auf

Mineralokortikoidsystem, besonders Steuerung und Wirkungen des Aldosteron

Biochemie	Die Biosynthese geht vom Cholesterin aus (stammt v. a. aus dem Blutplasma, wird aber auch in der NNR gebildet, dies gilt für alle Kortikosteroide, s. Abb. S. 168); ACTH stimuliert die Biosynthese des Aldosteron; Ausscheidung in Galle und Urin nach Bindung an Glukuronsäure in der Leber
Steuerung der Freisetzung	Vor allem durch 1. Hyponatriämie, 2. Hyperkaliämie und 3. Verminderung des Blutvolumens; 1 und 2 wirken direkt auf die Zona-glomerulosa-Zellen; 3 (und z.T. auch 1) führen zur Bildung von Angiotensin II (nach Freisetzung von Renin aus den Epitheloidzellen der Vasa afferentia in der Niere, s. S. 163), das die Aldosteronfreisetzung stimuliert; auch ACTH fördert die Freisetzung
Wirkungen	Stimuliert an den Zellen der Pars convoluta des distalen Tubulus und des Sammelrohrs 1. Na^+-Resorption und 2. K^+-Ausscheidung (s. S. 288, 291); sekundär (passiv/osmotisch) dabei wird 3. Wasser resorbiert bzw. in den Tubuli zurückgehalten; damit wird den Freisetzungsreizen entgegengewirkt; der Regelkreis ist geschlossen

Der Wirkungseintritt des Translationsverstärkers Aldosteron ist langsam (0,5–1 h nach Freisetzung bzw. Injektion) und das Wirkmaximum ist erst nach mehreren h erreicht, da zahlreiche Zwischenschritte auf dem Weg von der Bindung an seinen zytosolischen Rezeptor (s. S. 157) bis zur Synthese derjenigen Proteine liegen, die seine zellulären Wirkungen vermitteln (gilt ähnlich für alle Kortikosteroide).

Hormone des Nebennierenmarks (NNM)

Syntheseweg der Katecholamine, Speicherung im NNM, peptiderge Kotransmitter, Innervation des NNM, Freisetzung, Wirkorte und -arten

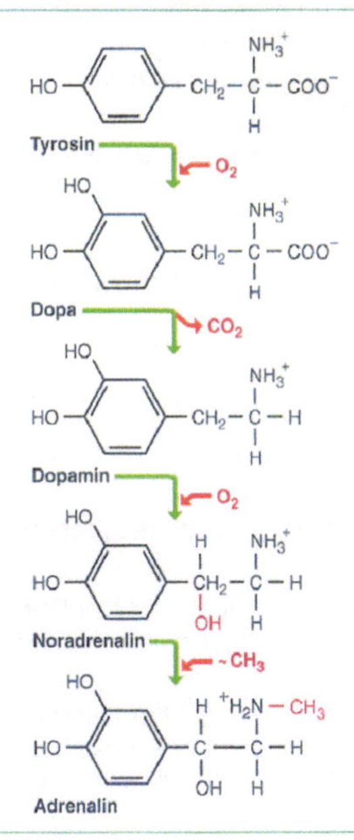

- **Biochemie:** Die Zellen des NNM produzieren aus der Aminosäure Tyrosin die Katecholamine Adrenalin (A, 80 %) und Noradrenalin (NA, 20 %); A und NA werden in verschiedenen NNM-Zellen gespeichert; Kotransmitter in den NNM-Zellen sind Substanz P, VIP, Somatostatin, CCK, Met-Enkephalin (s. auch S. 8)
- **Innervation:** NNM-Zellen sind entwicklungsgeschichtliche Homologe postganglionärer Neurone; sie haben daher eine präganglionäre cholinerge Innervation, s. Abb. S. 147
- **Freisetzung von A und NA** ausschließlich neuronal; Bedingungen erhöhter Freisetzung s. S. 148
- **Wirkorte:** im Prinzip dieselben Erfolgsorgane wie die der postganglionären sympathischen Neurone (s. S. 146), v.a. Effektoren, die wenig oder nicht postganglionär innerviert sind (z.B. Media von Arterien, Leber-, Fettzellen)
- **Stoffwechselwirkung:** Hauptwirkung von A und NA aus NNM auf Leber-, Fett- und Muskelzellen (s. S. 146); Bereitstellung von Glukose durch Glykogenabbau und Glukoneogenese, Lipolyse

20

Pankreashormone

Zelltypen der Langerhans-Inseln und die von ihnen produzierten Hormone

Zelltyp	Hormon	Kommentar
A-Zelle	Glukagon	Etwa 25 % der Inselzellen; Glukagon ist ein Peptid aus 28 Aminosäuren; vgl. S. 157: Peptide reagieren mit Membranrezeptoren und über Second messengers; hier ist es cAMP
B-Zelle	Insulin	Etwa 60 % der Inselzellen; Insulin ist ein Peptid, bei dem eine A-Kette mit 21 Aminosäuren und eine B-Kette mit 30 Aminosäuren über Disulfidbrücken verknüpft sind
D-Zelle	Somatostatin	Etwa 15 % der Inselzellen; Somatostatin ist ein Peptid aus 14 Aminosäuren; zuerst im Hypothalamus entdeckt, daher die Namensgebung; Aufgaben dort s. S. 159, 160

Sekretionsreize für Insulin. [Mod. aus Wuttke K (1997) Endokrinologie, a.o.a.O.]

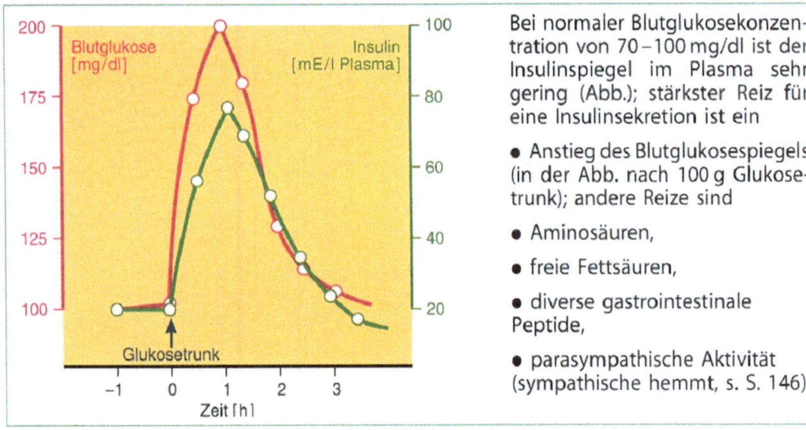

Bei normaler Blutglukosekonzentration von 70–100 mg/dl ist der Insulinspiegel im Plasma sehr gering (Abb.); stärkster Reiz für eine Insulinsekretion ist ein

- Anstieg des Blutglukosespiegels (in der Abb. nach 100 g Glukosetrunk); andere Reize sind
- Aminosäuren,
- freie Fettsäuren,
- diverse gastrointestinale Peptide,
- parasympathische Aktivität (sympathische hemmt, s. S. 146)

Hauptwirkungen des Insulins (etwa in der Reihenfolge ihrer physiologischen Bedeutung)

- Steigerung der Aufnahme und des Verbrauchs von Glukose in praktisch allen Körperzellen
- Umbau von Glukose zu Glykogen in den Leberzellen verbunden dort mit Hemmung der Glykogenolyse
- Förderung der Aufnahme von Aminosäuren in die Körperzellen und damit der Proteinsynthese (Wirkung vergleichbar der des GH, s. S. 160)
- Umbau von Glukose zu Fett in den Leberzellen, z. T. auch in Fettzellen; erfolgt sobald die Glykogenspeichermöglichkeiten ausgeschöpft sind, bei gleichzeitiger Hemmung der Lipolyse
- Erhöhung der Membranpermeabilität der Muskelzellen für Glukose; die Muskelzellen bilden dann geringe Mengen von Glykogen; die Zellmembran von stark beanspruchten Muskelzellen kann auch insulinunabhängig durchlässig für Glukose werden (Mechanismus ungeklärt)

Wirkungen des Glukagon. [Aus Wuttke K (1990) Endokrinologie, a.o.a.O.]

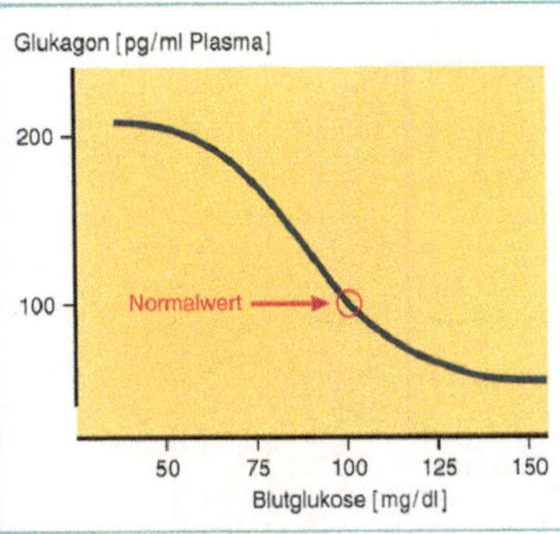

Unter Normalbedingungen und bei Hyperglykämie ist die Glukagonkonzentration im Blut niedrig, bei Hypoglykämie steigt sie deutlich an (Abb.); weitere Reize sind Katecholamine und Aminosäuren.

Die wesentliche Wirkung von Glukagon ist antagonistisch zum Insulin und besteht v.a. in einer Förderung des Abbaus des Leberglykogens (Glykogenolyse) in der Leber und damit einer Erhöhung des Blutzuckerspiegels. Dadurch wird dem Körper bei zu niedrigen Blutzuckerspiegeln (Hypoglykämie) rasch Glukose zur Verfügung gestellt.

Wirkungen des Somatostatin der D-Zellen (für die GHIH-Wirkungen s. S. 160)

Somatostatin hat in den Langerhans-Inseln ausschließlich parakrine Wirkung, nämlich eine Hemmung der Sekretion von Insulin und Glukagon; endokrin hemmt es die Motilität und die Verdauungssaftsekretion des GIT; dadurch verlangsamt sich die Verdauung und Resorption der Nahrungsmittel; dies verhindert im Effekt zu große Schwankungen des Blutglukosespiegels.

Reize für die pankreatische Somatostatinausschüttung sind hohe Plasmakonzentrationen von Aminosäuren, Fettsäuren und Glukose.

(Für die indirekten Wirkungen des Gegenspielers GHRH auf den Blutglukosespiegel s. S. 160; Wirkungen der Glukokortikoide, v.a. des Kortisols, s. S. 162).

Hauptsymptome der Zuckerkrankheit (Diabetes mellitus) sind Hyperglykämie und Glykosurie; zugrunde liegt ein Mangel an Insulinwirkung; pathogenetisch kommen als Ursachen in Frage: [Gekürzt aus Söling H (1991) Stoffwechselerkrankungen. In: Hierholzer K, Schmidt RF (Hrsg) Pathophysiologie des Menschen. VCH, Weinheim]

I. Primäre (idiopathische) Diabetesformen

- A. Insulinabhängige Form (Typ I)* „Jugendlicher Diabetes"
- B. Nichtinsulinabhängige Form
  1. Typ II: MOD („maturity-onset diabetes mellitus") „Alters-(Erwachsenen-)Diabetes"
  2. Typ III: MODY („maturity-onset diabetes of the young")

II. Sekundäre Diabetesformen

- A. Pankreatopriver Diabetes
- B. Kontrainsulinäre „endokrine" Diabetesformen
- C. Medikamentös induzierte Diabetesform
- D. Diabetes bei chronischen Krankheiten

III. Diabetes durch Insulinrezeptorstörung

- A. Insulinresistenter Diabetes durch Rezeptorautoantikörper*
- B. Lipodystrophischer Diabetes

IV. Diabetes bei Insulinautoimmunosyndrom[a] (Hirata-Syndrom)

* Autoimmunmechanismen in der Pathogenese vermutet.

20

Homöostase des Kalzium- und Phosphathaushalts

Schema der Kalziumhomöostase. [Aus Ziegler R, Minne HW (1991) Hormone der Kalziumhomöostase. In: Hierholzer K, Schmidt RF (Hrsg) Pathophysiologie des Menschen. VCH, Weinheim]

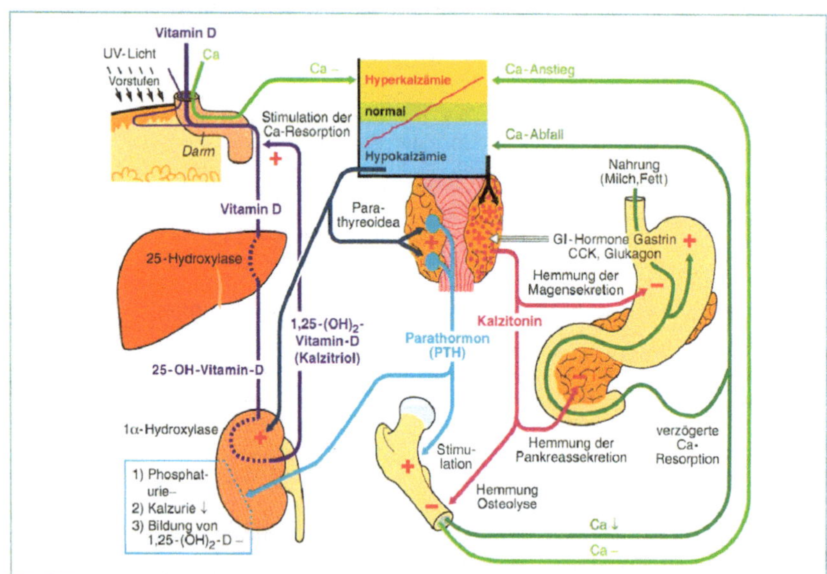

Drei Hormone kooperieren, um mit der Nahrung angebotenes Kalzium optimal zu nutzen; bei Überangebot schalten die Systeme ab

Hormon	Wirkweise/Kommentar
PTH	Ein erniedrigter Blut-Ca-Spiegel stimuliert die Sekretion des Parathormons (PTH) aus den Epithelkörperchen (Nebenschilddrüsen) und damit die Osteolyse (vermehrte Freisetzung von Ca und Phosphat durch die Osteoklasten aus den Knochen). Gleichzeitig wird in der Niere die Ca-Ausscheidung gehemmt, die von Phosphat erhöht. Ebenfalls in der Niere wird die Bildung von Kalzitriol stimuliert (s. u.).
Kalzitonin	Wird bei erhöhtem Blut-Ca-Spiegel aus den C-Zellen der Schilddrüse freigesetzt. Die Osteolyse durch die Osteoklasten wird gehemmt, Ca und Phosphat vermehrt in Knochen eingebaut, durch Verlangsamung des Verdauungsprozesses wird die Ca-Resorption aus dem Darm vermindert. Nur wirksam bei akuten, nicht bei chronischen Änderungen des Blut-Ca-Spiegels („Akuthormon")
Kalzitriol	Vitamin-D-Hormon, 1,25-Dihydroxycholekalziferol; entsteht in der Niere aus Vitamin D. Bildung wird von PTH gefördert (s. o.); unterstützt dessen Wirkungen durch Erhöhung der Ca-Resorption im Darm (durch Induktion des Ca-bindenden Proteins)
Der Organismus benötigt alle 3 Hormonsysteme nur bei Unterversorgung mit Ca; bei Überversorgung schalten sie ab. Sie wirken synergistisch und nur in Einzelsystemen kurzfristig antagonistisch (z. B. an Osteoklasten). Die Regelung des Phosphathaushalts ist viel unpräziser als die des Kalziums.	

Sexualdifferenzierung

Fetale Sexualdifferenzierung bei der Frau (XX-Chromosome)

- Oozyten entwickeln sich aus dem primordialen (primären) Keimgewebe
- Gonaden entwickeln sich aus dem Mesenchym
- Primärfollikel (primordiale Follikel) bestehen aus Oozyten (Eizellen) umgeben von Granulosazellen (aus dem Mesenchym, produzieren später Hormone)
- Interne Genitalien (Eileiter, Uterus, Zervix, obere Vagina) entwickeln sich aus dem Müller-Gang (Ductus paramesonephricus); der Wolff-Gang (Ductus mesonephricus) geht zugrunde; Hormone spielen dabei keine Rolle
- Externe Genitalien: 1. Urethralfalte wird zu Labia minora, 2. Genitalschwellungen zu Labia maiora; 3. Genitalhügel formt die Klitoris; Hormone spielen dabei keine Rolle
- Gonaden, paranephral angelegt, wandern im Lauf der Embryogenese kaudalwärts; die Ovarien bleiben dabei im kleinen Becken liegen

Differenzierung der Gangsysteme und die Entwickung der äußeren und inneren Genitalien bei der Frau *(links)* und beim Mann *(rechts)*. [Mod. nach Rabe T (1992) Memorix Spezial Gynäkologie, VCH, Weinheim]

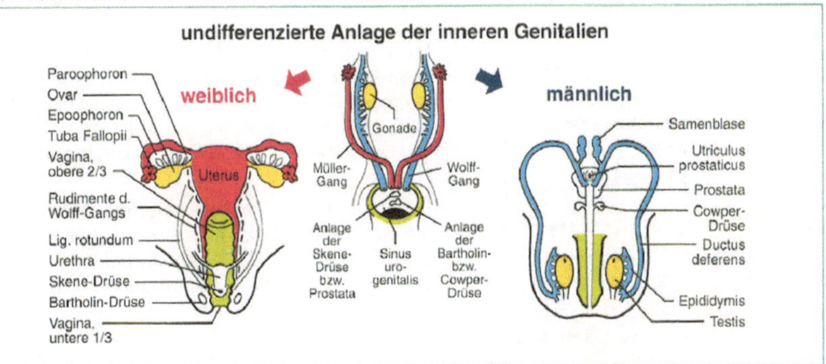

Fetale Sexualdifferenzierung beim Mann (XY-Chromosome)

- Spermatozoen entwickeln sich aus dem primordialen Keimgewebe
- Gonaden entwickeln sich aus dem Mesenchym
- Hormonproduzierende Sertoli- und interstitielle Leydig-Zellen des Hodens stammen also aus dem Mesenchym
- Innere Genitalien (Epididymes, Vas deferens, Samenblasen) entwickeln sich aus dem Wolff-Gang unter dem Einfluß der von den Leydig-Zellen produzierten Androgene; das von den Sertoli-Zellen produzierte Müller-inhibierende-Hormon bewirkt die Regression des Müller-Gangs
- Externe Genitalien nehmen unter Androgeneinfluß folgende Entwicklung: 1. Urethralfalte schließt sich um die Urethra, 2. Genitale Schwellungen bilden sich nach Zusammenschluß in das Skrotum um, 3. Genitalhügel wächst und bildet den Penis
- Gonaden, paranephral angelegt, wandern im Lauf der Embryogenese kaudalwärts; die Testes wandern dabei in einer Bauchfellduplikatur in das Skrotum

20

Synthesewege der gonadalen Steroidhormone bei Frau und Mann. [Mod. nach Wuttke W (1990). In: Schmidt RF, Thews G (Hrsg) Physiologie des Menschen, 24. Aufl. Springer, Heidelberg]

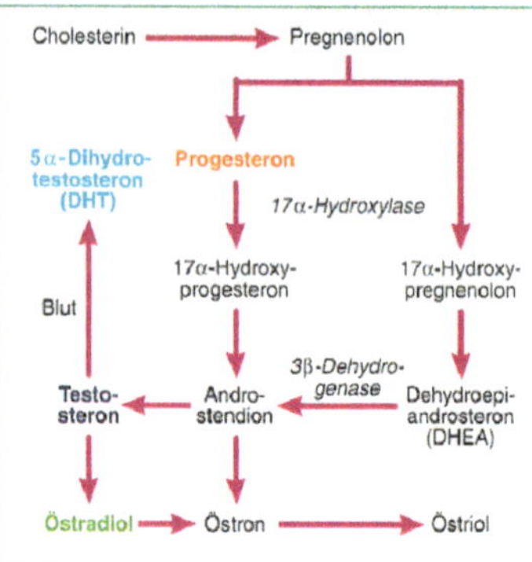

Die Geschlechtshormone sind Steroide (s. S. 168); alle haben einen gemeinsamen Syntheseweg, kommen also bei Frau und Mann vor, allerdings in z.T. sehr unterschiedlichen Mengen.

Corpus luteum und Plazenta produzieren hauptsächlich das Gestagen Progesteron, die Ovarien produzieren Östrogene (vor allem Östradiol).

Die Leydig-Zwischenzellen produzieren Androgene (v.a. Testosteron); letzteres wird z.T. erst in den Zielorganen zum wirksamen 5α-Dihydrotestosteron, DHT, umgewandelt (z.B. in der Prostata und in der Samenblase).

Hormonale Regulation der männlichen Sexualfunktionen

Hypothalamo-hypophysio-testikulärer Regelkreis. [Mod. aus Wuttke (1990) Sexualfunktionen, a.o.a.O.]

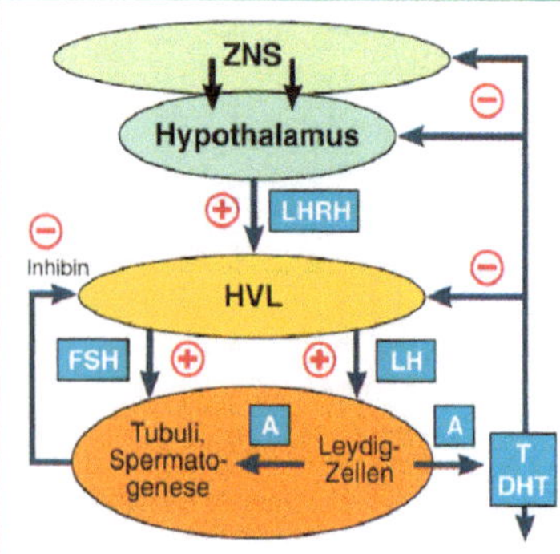

Im Hypothalamus wird Luteinisierendes-Hormon-Releasing-Hormon (LHRH, syn. Gonadotropin-Releasing-Hormon, GnRH) gebildet (s. S. 159) und alle 2–4 h pulsatil ausgeschüttet; es setzt im Hypophysenvorderlappen, HVL, sowohl LH wie FSH frei (s. S. 159)

LH stimuliert die Leydig-Zwischenzellen zur vermehrten Produktion von Androgenen, A, v.a. Testosteron, T; diese koppeln negativ zum HVL und zum Hypothalamus zurück (Schließen des Regelkreises; das DHT [s.o.] hat keine Rückkopplungsfunktion); die Androgene, v. a.Testosteron wirken auf die Spermatogenese und auf viele Zielorgane (s. u.)

FSH wirkt ebenfalls auf die Spermatogenese in den Samenkanälchen (Tubuli contorti, s. u.), gleichzeitig regt es in den Sertoli-Zellen die Produktion des Peptidhormons Inhibin an, das negativ auf die FSH-Sekretion rückkoppelt

Bildungsorte und Transport der Androgene, v. a. des Testosterons; Wirkungen auf außergenitale Zielorgane

- Bildung in Leydig-Zwischenzellen (s.o.), in NNR (s. S. 162) und bei Frauen im Ovar; Trägerprotein im Blut (s. S. 157) ist das sexualhormonbindende Globulin, SHBG
- Biochemische Hauptwirkung extragenital ist die Anregung der Eiweißsynthese, also eiweißanabol; dazu gehört über ein Stimulation der Eiweißmatrix eine verstärkte Knochenbildung, ferner eine, besonders unter Training, deutliche Stimulation der Muskelmasse (alle Anabolika sind Androgenderivate)
- Einfluß auf Sexualverhalten ist beim erwachsenen Mann relativ gering, sofern Mindestmenge (350–1000 ng/l Blut) vorhanden (meist auch im hohen Alter o.k.)

Die Spermatogenese (Dauer ca. 70 d) in den Samenkanälchen (Tubuli seminiferi contorti) des Hodens und die Reifung der Spermien in den Nebenhoden steht unter der Kontrolle von FSH und Testosteron und nimmt folgenden Verlauf:

- Aus den Keimzellen der Tubuluswand bilden sich fortlaufend Spermatogonien, die sich mitotisch in eine inaktive Reservezelle (für eine spätere Teilung in je eine aktive und eine inaktive Zelle) und eine aktive Spermatogonie teilen
- Die aktive Spermatogonie teilt sich meiotisch in 2 primäre Spermatozyten, jede davon wieder meiotisch in je 2 sekundäre Spermatozyten
- Die sekundären Spermatozyten teilen sich wiederum meiotisch unter Halbierung des Chromosomensatzes zu runden Spermatiden
- Die Spermatiden reifen ohne weitere Teilung zu den elongierten Spermatozoen (syn. Spermien) heran; dieser Prozeß heißt Spermiogenese
- Die unbeweglichen Spermien werden in die ca. 5 m langen Nebenhodengänge gespült und erfahren dort in 5–12 d ihre Endreifung, v. a. ihre Beweglichkeit
- Die Speicherung der Spermien (evtl. über Monate) erfolgt zum geringsten Teil in den Nebenhoden, zum größeren in den Vasa deferentia und in den Ampullen; die um 2 °C unter der Körperkerntemperatur liegende Temperatur der Skrotalorgane ist Voraussetzung für den optimalen Ablauf der Spermatogenese

Die Spermien sind in leicht alkalischem Milieu am besten beweglich, entsprechend ist die Samenflüssigkeit (Ejakulat) zusammengesetzt, die aus den Vasa deferentia, den Samenblasen und der Prostata stammt; erst bei der Ejakulation wird das Ejakulat (2–6 ml, 40–250 Mio Spermien/ml, pH 7,3–7,8) aus diesen Quellen und den urethralen und bulbourethralen Drüsen zusammengesetzt; es existiert in dieser Mischung nur außerhalb des Organismus

Hormonale Regulation der weiblichen Sexualfunktionen

Hypothalamo-hypophysio-ovarieller Regelkreis. [Mod. aus Wuttke (1997) a.o.a.O.]

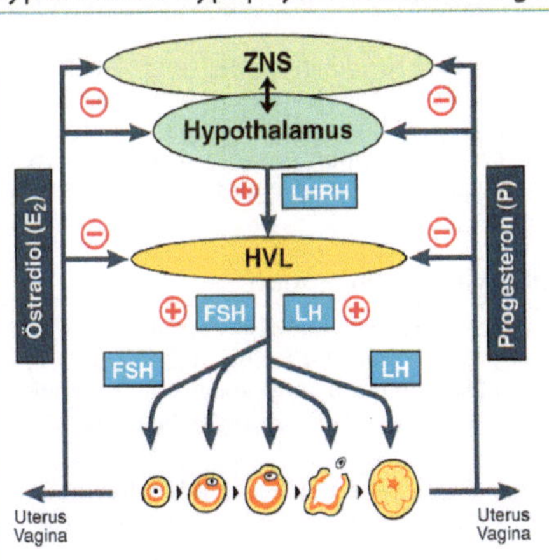

Luteinisierendes-Hormon-Releasing-Hormon, LHRH wird wie beim Mann (s. oben) im Hypothalamus gebildet und pulsatil ausgeschüttet; der Unterschied zur männlichen LHRH-Freisetzung liegt darin, daß beim Mann die Pulsationen gleichmäßig erfolgen, bei der Frau aber einem Monatsrhythmus unterworfen sind: in der ersten Hälfte des Menstruationszyklus treten die Pulse etwa alle 90 min auf, nach der Ovulation alle 3–4 h (wie beim Mann).

LHRH setzt, ebenfalls wie beim Mann, im Hypophysenvorderlappen, HVL, follikelstimulierendes Hormon, FSH, und luteinisierendes Hormon, LH frei, die auf das Ovar einwirken.

Die Rückkopplung der im Ovar produzierten Hormone, vor allem des Östradiols E_2 und des Progesterons, auf die LHRH-Neurone der Hypophyse und die FSH- und LH-Zellen des Hypophysenvorderlappens, HVL, ist aber, anders als bei den bisher betrachteten Regelkreisen, durch die rhythmische Bildung der beteiligten Hormone nicht konstant, sondern einem 28tägigen Rhythmus unterworfen, der nachfolgend erläutert wird

20

Hormonelle, ovarielle und uterine Veränderungen im Verlauf eines Menstruationszyklus. [Mod. aus Wuttke (1990) Sexualfunktionen, a.o.a.O.]

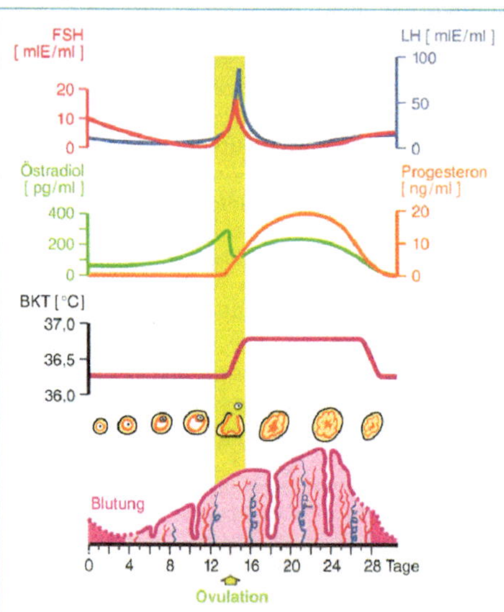

Drei-Phasen-Einteilung des Zyklus

1. Follikelphase (1.–12. d, Zählung beginnend mit dem 1. Blutungstag);

2. Ovulationsphase (13.–15. d)

3. Lutermalphase (16.–28. d)

ad 1: Mit Beginn der Blutung stimulieren FSH und LH die Reifung einer Kohorte von Follikeln (mehrere 1000). Zur Mitte der Follikelphase wird einer der Follikel aus dieser Kohorte dominant, unterdrückt alle anderen und produziert unter FSH-Einfluß zunehmende Mengen von Östradiol E_2, welches

a) das Endometrium zur Proliferation bringt,

b) die hypophysären FSH- und LH-Zellen für LHRH sensibilisiert und

c) hemmend auf die FSH-Freisetzung wirkt

ad 2: In der Mitte des Zyklus kommt es auf dem Hintergrund der o.g. Rezeptorsensibilisierung durch vermehrte Freisetzung von LHRH zum abrupten Anstieg der LH- und FSH-Freisetzung; jetzt erfolgt unter LH-Einfluß 1. die Ovulation, 2. die Umwandlung des Follikels zum Gelbkörper und 3. die Produktion und Sekretion von Progesteron, P (Rolle des FSH zu diesem Zeitpunkt ist unklar)

ad 3: E_2 und v. a. P koppeln negativ zum HVL zurück, wodurch die LH- und FSH-Produktion wieder zurückgeht; P wandelt das proliferierende Endometrium in ein sekretorisches um und erhöht die basale Körpertemperatur, BKT, um ca. 0,5 °C; der Gelbkörper hat eine vorgegebene Lebensdauer von 14 d, die P-Produktion sinkt, das Endometrium wird regressiv verändert und die Menstruationsblutung setzt ein (sie ist also eine P-Entzugsblutung); der Zyklus ist geschlossen

Zusätzliche Aspekte beim Menstruationszyklus; Konzeption

- Zweizellentheorie der ovariellen Steroidgenese: In der Follikelphase synthetisieren die Thekazellen (stammen aus dem Stroma des Ovars) unter LH-Einfluß Androgene, v. a. Testosteron, die in den Granulosazellen unter FSH-Einfluß zu Östrogenen, v. a. Östradiol, umgewandelt werden; nach Luteinisierung synthetisieren die Granulosazellen unter LH-Einfluß große Mengen Progesteron
- Weibliche Fertilität: Nach der Ovulation (Eisprung) bleibt das Ei für ca. 24 h befruchtbar; die Befruchtung erfolgt i. a. in den Tuben; Kohabitation bis zu 48 h vor der Ovulation kann daher zur Befruchtung führen, kaum aber Kohabitation > 24 h danach
- Oogenese: Die Prophase der 1. Reifeteilung läuft in der Fetalzeit ab und wird dann für 12–50 J unterbrochen; nach der Pubertät (s. u.) wird in jeder Follikelphase eine Kohorte Eizellen weiterentwickelt (s.o.) und im Ei des dominanten Follikels bis in die Metaphase der 2. Reifeteilung weitergeführt; nur bei Befruchtung wird in diesem Ei die 2. Teilung abgeschlossen

Männliche und weibliche Pubertät, Menopause

Pubertät ist die Reifung zur Fortpflanzungsfähigkeit; sie geht von der Aufnahme pulsatiler LHRH-Ausschüttungen aus; Beginn beim Knaben mit 11 – 13 J; dabei kommt es zu:

- Deutlichem Anstieg der FSH- und LH-Sekretion; durch FSH wird die Spermatogenese (s. S. 169), durch LH die Produktion der Androgene stimuliert (Bildungsorte, Trägerproteine, extragenitale Wirkungen s. S. 168)
- Physische und psychische Maskulinisierung; ist vor allem Folge der erhöhten Androgenspiegel; schließt u. a. ein: Schub des Längenwachstums, anschließende Verknöcherung der Epiphysenfugen; Tieferwerden der Stimme durch Kehlkopfwachstum; männlichen Behaarungstyp (durch DHT, s. S. 168)

Bei Mädchen liegt der Pubertätsbeginn zwischen 9 und 11 Jahren; dabei kommt es zu:

- Anreifung von Follikelkohorten durch die zunehmende Freisetzung von FSH und LH als Folge der beginnenden pulsatilen LHRH-Ausschüttungen; diese Follikel produzieren Östrogene, v. a. Östradiol
- Anovulatorischen Zyklen in der frühpubertären Phase (aus unbekannten Gründen); die frühen Menstruationsblutungen sind daher reine Östrogenentzugsblutungen; regelrechte Zyklen beginnen in der spätpubertären Phase
- Ausbildung der sekundären Geschlechtsmerkmale mit physischer und psychischer Feminisierung v. a. unter dem Einfluß der Östrogene (sind deutlich weniger eiweißanabol als die Androgene)

Menopause nennt man den Zeitpunkt des letzten normalen Menstruationszyklus; danach setzt das Klimakterium ein (etwa ab 45.–55. Lebensjahr)

Hauptursache ist die Erschöpfung des Follikelvorrates in den Ovarien, es sistiert dadurch dort die Östrogenproduktion (Quasikastration); die endokrinen Funktionen von Hypothalamus und HVL bleiben erhalten, so daß wegen mangelnder Rückkopplung die FSH- und LH-Spiegel im Blut stark ansteigen (z. T. für die typischen klimakterischen Beschwerden verantwortlich); die fehlende eiweißkatabole Östrogenwirkung kann zum Abbau von Knochenmatrix und damit zu Osteoporose führen.

Schwangerschaft, Geburt, Laktation

Faktoren, die am Zustandekommen einer Schwangerschaft beteiligt sind. [Mod. nach Rabe T. (1990) Gynäkologie und Geburtshilfe. VCH, Weinheim]

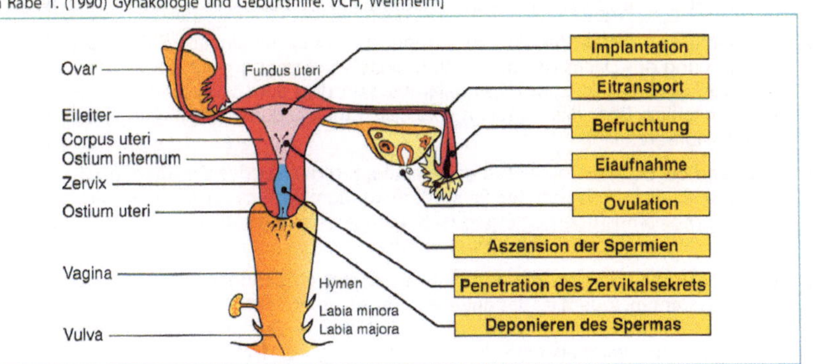

20

Bei der hormonalen Steuerung des Schwangerschaftsablaufs (Dauer 280 d, 40 Wochen) stehen folgende Aspekte im Vordergrund:

- **Erhalt des Endometriums:** Trophoblast (Außenwand der Blastozyste) produziert humanes Choriongonadotropin, HCG, das wie LH wirkt und Corpus luteum zu vermehrter Synthese und Sekretion von Progesteron anregt; damit bleibt die Menses aus (oft 1. Zeichen einer Schwangerschaft)
- **Nidation und Plazentation:** Bei Ankunft im Uterus (6–8 d nach Befruchtung in einer Tube) produziert der Trophoblast proteolytische Enzyme zur Einnistung (Nidation) in das Endometrium; gleichzeitig kommt es zur weiteren Zunahme der HCG-Produktion und damit von Progesteron; nach Ausbildung der Plazenta übernimmt diese die Produktion von Progesteron (etwa ab 8.–10. Woche)
- **Hormonproduktion des Fetus:** Ab dem 3. Monat produziert die fetale NNR zunehmende Mengen von DHEA, das in der Plazenta zu Östriol umgewandelt wird; dieses wird im mütterlichen Urin ausgeschieden und dient als Indikator (Normgrenzen) für einen normalen Schwangerschaftsverlauf; die Rolle des ebenfalls gebildeten humanen plazentaren laktogenen Hormons, HPL, ist noch unklar (antiinsuläre Wirkung, Lipolyse, keine Beeinflussung der Milchbildung)
- **Vorbereitung der Laktation:** Das fetale Östrogen stimuliert die Sekretion von Prolaktin aus dem HVL der Mutter; damit wird die Brustdrüse auf die kommende Laktation (s. unten) vorbereitet; vor der Geburt hat das Östrogen eine prolaktinantagonistische Wirkung direkt in den Mammae

Hormonale Steuerung des Geburtsablaufs und des Stillens

- **Auslösung der Wehen:** Oxytozinwirkung auf den sensibilisierten Uterus (Ferguson-Reflex, s. S. 158); Prostaglandine erweichen den Muttermund
- **Austreibung der Frucht:** Ebenfalls Ferguson-Reflex, also Uteruskontraktion, angeregt durch vermehrte Ausschüttung von Oxytozin
- **Hormonale Steuerung der Laktation:** Siehe S. 160 (Wirkungen und Regulation des Prolaktin) und S. 158 (Milchejektionsreflex)

Pinealorgan und zirkadiane Rhythmik

Im Pinealorgan wird die Melatoninsynthese und -ausschüttung durch Licht gehemmt und im Dunkeln angeregt; Melatonin scheint an der Regelung der zirkadianen Periodik beteiligt, deren Schrittmacher im Nucleus suprachiasmaticus des Hypothalamus liegt

- Lichteinfall auf die Retina führt zur Erregung des Corpus pineale (Zirbeldrüse, einer Ausstülpung des Dachs des dritten Ventrikels. Die Erregung läuf über den retinohypothalamischen Trakt zum Hypothalamus, von dort zum sympathischen Halsmark und schließlich über das Ganglion cervicale superius zum Pinealorgan (Transmitter ist das Noradrenalin).
- Während bei einigen Vogelarten das Pinealorgan der Sitz des zirkadianen Schrittmachers ist, ist diese Rolle bei den Säugetiern auf den Nuclens suprachiasmaticus (SCN) des Hypothalamus übergegangen (s. S. 63), der ebenfalls über den retinohypothalamischen Trakt Lichtinformation empfängt.
- Das Pinealorgan arbeitet mit dem SCN als photoneuroendokrines Organ modulatorisch zusammen, indem es das äußere Lichtprogramm mit Melatonin (einem Derivat des Serotonins) in ein Hormonsignal umsetzt, das bei Dunkelheit hoch ist und durch Licht gehemmt wird, also ein „internes Dunkelsignal" darstellt.

V
Blut- und Blutkreislauf

21 Funktionen des Blutes

Blutzusammensetzung

Normalwerte des Bluts beim Erwachsenen

Begriff	Wert	Kommentar
Gesamtvolumen	4–6l	Etwa 6–8% des Körpergewichts; Bestimmung mit Indikatoren s. S. 293; Verteilung auf die verschiedenen Kreislaufabschnitte s. S. 206
Hämatokrit	♂ 0,42–0,52 ♀ 0,37–0,47	Anteil der Erythrozyten am Blutvolumen; Angabe auch in Vol.-% (ml Zellen /dl Blut); Bestimmung durch Zentrifugieren ungerinnbar gemachten Bluts
Erythrozyten	♂ 4,5–6 ♀ 4,0–5,2	(Anzahl in Mio/μl Blut) Bestimmung durch Auszählen in einem vorgegebenen Volumen von 100–200fach verdünntem Blut; Eigenschaften und Aufgaben s. S. 178
Retikulozyten	5–10‰	(‰ der Erythrozyten) Maß für die Aktivität der Erythropoese, s. S. 178
Leukozyten	4000–10000	(Anzahl im μl Blut) Bestimmung wie oben; uneinheitliche Zellgruppe; Eigenschaften und Aufgaben ab S. 180
Thrombozyten	150000–400000	(Anzahl im μl Blut) Kleine Zellen; enthalten wichtige Substanzen für die Blutstillung, s. S. 183
Blutplasma	≈ 56 Vol. % (2,25–3,35 l)	Blutvolumen abzüglich Hämatokrit (alle anderen Zellbestandteile haben ein vernachlässigbar kleines Volumen); Gesamtkörperwasser s. S. 293
Blutserum	wie Plasma	Plasma ohne Fibrinogen (wird bei Gerinnung verbraucht, s. dort)
Gesamteiweiß	65–80 g/l	(Proteingehalt des Plasmas) Normangaben schwanken in der Literatur beträchtlich, 60–87 g/l Plasma werden noch als normal angegeben
Albumin	35–45 g/l	(ca. 60% des Gesamteiweißes) Hauptverantwortlich für den kalloidosmotischen Druck (MG 69 000), Transportprotein für zahlreiche Stoffe, z. B. T_3, T_4
Globuline	30–35 g/l	(ca. 40% des Gesamteiweißes), elektrophoretisch gibt es 4 Unterfraktionen, s. unten immunelektrophoretisch läßt sich jede Fraktion weiter auftrennen
Viskosität (H_2O = 1)	Blut 4,5 Plasma 2,2	Die Viskosität des Bluts nimmt mit steigendem Hämatokrit zu, Bedeutung für Strömungwiderstand s. S. 208; Plasmaviskosität hauptsächlich Folge des Proteingehalts
Osmolalität	290	[mosm/kg H_2O]; Maß für die Zahl der im Plasma gelösten Teilchen (zu 96% Elektrolyte); Bestimmung über Messen der Gefrierpunktserniedrigung
Osmotischer Druck	745 kPa (7,3 atm)	(5600 mm Hg) Druckdifferenz des Plasmas gegenüber H_2O an einer ideal semipermeablen Membran; direkte Folge der oben genannten Osmolalität
Tonizität	1 (relativ zu Plasma)	Osmotischer Druck einer Lösung relativ zum Plasma; isoton = 1, hyperton >1, hypoton <1; eine Lösung von 9 g NaCl in 1 l H_2O ist z. B. isoton
Onkotischer Druck	25 mm Hg (3,3 kPa)	(Syn. kolloidosmotischer Druck) Wird durch die Plasmaproteine gegenüber dem Interstitium erzeugt, da die Kapillarwände für Proteine undurchlässig sind

21

Anteile des Blutplasmas und seine Aufgaben

Mittlere Konzentrationen der Elektrolyte und Nichtelektrolyte im menschlischen Plasma. **[Nach Weiss C, Jelkmann W (1997) Funktionen des Bluts. In: Schmidt RF, Thews G (Hrsg) Physiologie des Menschen, 27. Aufl. Springer, Heidelberg]**

Teilchenart	g/l	mval/l	mmol/kg Plasmawasser
Elektrolyte			
Kationen			
Natrium	3,28	143	153
Kalium	0,18	5	5
Kalzium	0,10	5	3
Magnesium	0,02	2	1
Insgesamt		155	
Anionen			
Chlorid	3,65	103	110
Bicarbonat	0,61	27	28
Phosphat	0,04	2	1
Sulfat	0,02	1	1
Organische Säuren		6	
Eiweiß	65–80	16	≅1
Insgesamt		155	
Nichtelektrolyte			
Glukose	0,9–1,0		5
Harnstoff	0,40		7

Eiweißelektrophorese des menschlichen Serums. [Mod. nach Weiss C, Jelkmann W. (1997) Funktionen des Bluts, a.o.a.O.]

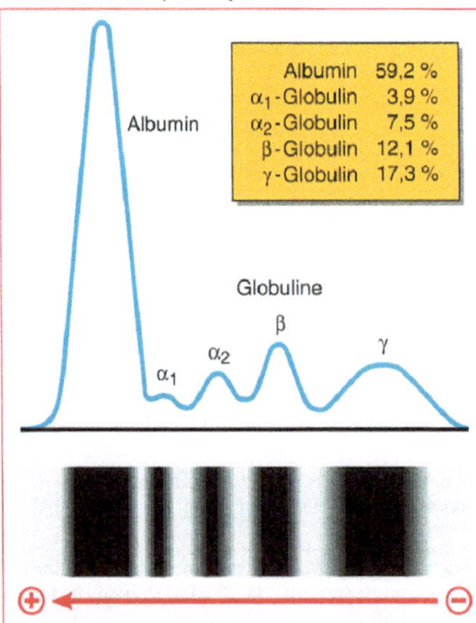

Unter Elektrophorese versteht man die Wanderung gelöster, elektrisch geladener Teilchen im elektrischen Gleichspannungsfeld.

Serumeiweißelektrophorese ist ein wichtiges diagnostisches Hilfsmittel, da viele Erkrankungen (z.B. Entzündungen, Malignome, Nephrosen) charakteristische Veränderungen bewirken.

Kombiniert mit Immunpräzipitation (Immunelektrophorese) ist eine noch weitergehende Auftrennung möglich.

Normalwerte und funktionelle Bedeutung der einzelnen Fraktionen s. die gegenüberliegende Seite und S. 185.

Normalerweise werden in 24 h etwa 17 g Albumin und 5 g Globulin in der Leber neu gebildet; die Halbwertszeit für Albumin beträgt 10–15 d, die für Globulin etwa 5 d.

Proteinfraktionen des menschlichen Blutplasmas; MG Molekulargewicht in kDa; IP isoelektrischer Punkt.
[Nach Angaben mehrerer Autoren zusammengestellt von Weiss C, Jelkmann W (1997) a.o.a.O.]

Proteinfraktion		Mittlere Konzentration		MG [kDa]	IP	Physiologische Bedeutung
Elektrophoretisch	Immunelektrophoretisch	g/l	µmol/l			
Albumin	Präalbumin Albumin	0,3 40,0	4,9 579,0	61 69	4,7 4,9	Bindung von Thyroxin; kolloidosmotischer Druck, Vehikelfunktion; Reserveeiweiß
α_1-Globuline	Saures α_1-Glykoprotein α_1-Lipoprotein („high density lipoproteins")	0,8 3,5	18,2 17,5	44 200	2,7 5,1	Gewebeabbauprodukt?; Lipidtransport
α_2-Globuline	Coeruloplasmin α_2-Makroglobulin α_2-Haptoglobin	0,3 2,5 1,0	1,9 3,1 11,8	160 820 85	4,4 5,4 4,1	Oxydaseaktivität; Bindung von Kupfer; Plasmin- und Proteinaseinhibition; Nichtharnfähige Hämoglobinbindung
β-Globuline	Transferrin β-Lipoprotein („low density lipoproteins")	3,0 5,5	33,3 0,3 bis 1,8	90 3000 bis 20000	5,8 –	Eisentransport; Transport von Lipiden (bevorzugt Cholesterin)
	Fibrinogen	3,0	8,8	340	5,8	Blutgerinnung
γ-Globuline (s. auch S. 187)	IgG IgA IgM IgE	12,0 2,4 1,2 0,0003	76,9 16,0 1,3 0,002	156 150 960 190	5,8 7,3 –	Immunglobuline Antikörper gegen bakterielle Antigene und körperfremdes Protein; Ischämagglutinine Antikörper (Reagine)

Eigenschaften und Aufgaben der Erythrozyten

Hauptaufgabe der Erythrozyten

21

Die Hauptaufgabe besteht im Transport von O_2 und CO_2 zwischen Lungen und Gewebe, s. dazu das Kap. 27 Atemgastransport und Säuren-Basen-Status des Bluts ab S. 239

Form und Größe der Erythrozyten (Anzahl der Erythrozyten s. S. xxx) [Nach Price-Jones C (1910) The variation in the size of red blood cells. Brit med J II: 1418]

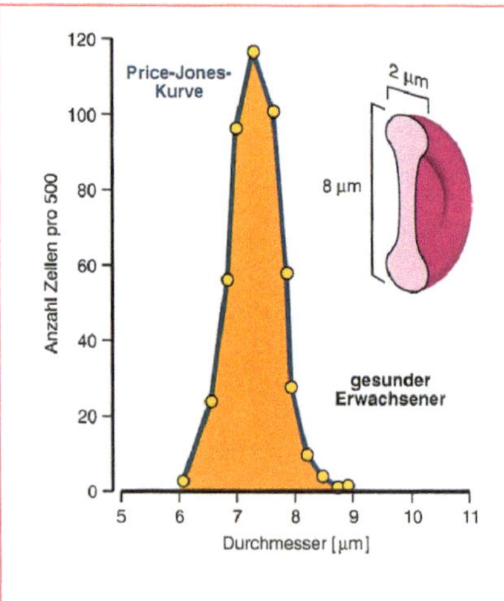

Für die Größe und Form der kernlosen Erythrozyten s. Einsatzfigur, für die Größenverteilung die blaue Price-Jones-Kurve; die abgeflachte Form ergibt eine große Oberfläche im Verhältnis zum Volumen von 85–95 μm^3.

Die Erythrozyten sind extrem verformbar; diese Deformierbarkeit ist Grundlage der relativ geringen Viskosität fließenden Bluts in kleinen Gefäßen; bei langsamer Strömung erfolgt dagegen eine Aggregation (Geldrollenbildung, s S. 208).

Die mittlere Lebensdauer der Erythroyten beträgt 110–120 d. Die Aussonderung und der Abbau überalterter Erythryzyten erfolgt v. a. in der Milz.

Blutkörperchensenkungsgeschwindigkeit (BKS) (Messung nach Westergren)

Da Erythrozyten schwerer als Plasma sind (spezifisches Gewicht 1,096 bzw. 1,027), sinken sie in ungerinnbar gemachtem, stehenden Blut (Meßröhrchen) langsam ab; Normwerte nach 1 h beim Mann 3–6 mm, bei der Frau 8–10 mm; die BKS nimmt bei erhöhter Aggregation zu; diese wiederum wird durch krankheitsbedingte Globulinveränderungen gefördert (z.B. bei Entzündungen); eine erhöhte BKS weist also auf ein pathologisches Plasmaproteinspektrum hin.

Erythropoese (Bildung neuer Erythrozyten)

- Erfolgt beim Erwachsenen ausschließlich im roten Knochenmark aus der pluripotenten Stammzelle, zunächst über etwa 5 Zwischenstufen im Knochenmark; letzte kernhaltige Vorstufe ist der Normoblast; nach Enukleation und damit Umwandlung zum Retikulozyten Austritt durch die Schlitze des Marksinus in das Blut
- Im Blut sind 0,5–1 ‰ der Erythrozyten Retikulozyten (s. S. 175); sie verlieren dort innerhalb 1 d Mitochondrien und Ribosomen und reifen damit endgültig aus; nach Blutverlust oder bei krankhaft verkürzter Lebensdauer der Erythrozyten kann die Erythropoeserate auf das Mehrfache ansteigen; entsprechend erhöht sich die Retikulozytenzahl im Blut
- Gesteuert wird die Erythropoese vom dem Hormon Erythropoetin (Struktur s. S. 157), das in der Niere (10 % auch in der Leber) beim Absinken des O_2-Partialdrucks freigesetzt wird; vermehrte Freisetzung z. B. bei Höhenakklimatisation (s. S. 272) und nach Blutverlusten

Blutgruppen des Menschen

AB0-System

Blutgruppe (Phänotyp)	Genotyp	Antigene an Erythrozyten	Antikörper im Plasma	Häufigkeit in Mitteleuropa
0	00	Keine	Anti-A Anti-B	40 %
A	AA A0	A	Anti-B	43 %
B	BB B0	B	Anti-A	12 %
AB	AB	A und B	Keine	5 %

Erläuterungen zum AB0-System

- Die Blutgruppenzugehörigkeit richtet sich nach den Antigenen A und B (Agglutinogene, chemisch Glykoproteine) in der Erythrozytenmembran, s. Tabelle; die Antikörper im Plasma werden im 1. Lebensjahr gebildet, u.z. gegen diejenigen Antigene, die die eigenen Erythrozyten nicht besitzen
- Die Blutgruppeneigenschaften A und B werden gegenüber 0 dominant vererbt, so daß 0 nur in homozygoter Form (Genotyp 00) auftritt, Eltern mit Blutgruppen A und B (bei Genotypen A0 und B0) aber Kinder mit der Blutgruppe 0 zeugen können; für A und B gilt das Prinzip der Kodominanz (Phänotyp AB)
- Anti-A und Anti-B sind IgM-Antikörper (Isoagglutinine der γ-Globulinfraktion); bei Kontakt mit ihren Antigenen kommt es unter Aktivierung des Komplementsystem zur Agglutination (Bildung starrer Erythrozytenketten bzw. -netze) und/oder zur Hämolyse der Erythrozyten, evtl. mit tödlichen Folgen

Blutgruppenbestimmung im AB0-System mit Hilfe von Testseren.

[Nach Wintrobe MM (1981) Clinical Hematology, 8th ed., Lea & Febiger, Philadelphia]

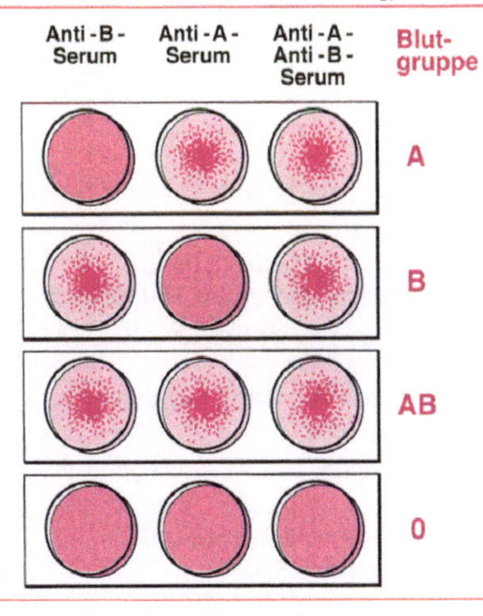

Die zu testenden Erythrozyten werden auf einem Objektträger mit den in der Abb. angegebenen käuflichen 3 Antiseren gemischt; die resultierenden Agglutinationen (Zusammenklumpen der Erythrozyten) ergeben in ihrem Muster jeweils eindeutig die Blutgruppe.

Bei der Gegenprobe wird das zu testenden Serum mit Erythrozyten bekannter Blutgruppe gemischt.

Vor Transfusionen sind zusätzlich Kreuzproben von Spendererythrozyten mit Empfängerserum (Majortest) und von Empfängererythrozyten mit Spenderserum (Minortest) üblich, um Verwechslungen, Fehlbestimmungen und seltene Unverträglichkeiten auszuschließen.

21

Rhesussystem

- Es gibt 6 Rh-Antigene in der Erythrozytenmembran, nämlich C, D, E, c, d, e. Davon ist nur D so stark antigen wirksam, daß es klinisch eine Rolle spielt; 85 % der Menschen haben D, werden daher Rh-positiv, Rh genannt; die anderen 15 % sind Rh-negativ, rh; beim Phänotyp Rh liegen genotypisch DD oder Dd vor, beim Phänotyp rh stets dd
- Anti-D-Antikörper werden von rh-Menschen erst nach Exposition mit D gebildet (dauert einige Monate); kommt nur vor 1. nach Transfusion von Rh-Blut auf rh-Menschen, 2. bei Durchtritt kindlicher D-Erythrozyten durch die Plazenta einer rh-Mutter (kommt v. a. unter der Geburt vor)
- Die 1. Fehltransfusion und die 1. Schwangerschaft einer rh-Mutter mit einem Rh-Fetus verlaufen daher problemlos, bei den folgenden kommt es beim Patienten bzw. beim Fetus zur Agglutination (Morbus haemolyticus neonatorum)
- Anti-D-Prophylaxe: Durch Injektion eines Anti-D-γ-Globulins in die rh-Mutter unmittelbar nach (Fehl)Geburt werden die übergetretenen kindlichen Rh-Erythrozyten zerstört; die Anti-D-Antikörperbildung der Mutter bleibt dann aus

Weitere Erythrozytenantigene

Es sind mehr als 400 Merkmale der Erythrozytenmembran bekannt, von denen rund 30 deutliche Antigen-Antikörper-Reaktionen auslösen können; auf diesem Hintergrund sind neben den obigen rund 1 Dutzend weitere Blutgruppensysteme beschrieben (z. B. Kell, Duffy, MNSs etc.), die aber nur gelegentlich klinisch relevant werden.

Eigenschaften und Aufgaben der Leukozyten

Differentialblutbild bei Gesunden (Leukozytenzahlen pro µl Blut und in % der Gesamtzahl). [Nach Keßler S (1991) Memorix Spezial Labordiagnostik, VCH, Weinheim]

Zellart	Erwachsene Absolut	%	Kinder %	Säuglinge %
Jugendliche Formen beim Gesunden	0	0	0	0
Granulozyten				
Neutrophile segmentiert	2000–7000	40–70	25–60	17–60
stabkernig	200–800	bis 5	bis 6	bis 8
Eosinophile	100–600	2–10	1–5	1–5
Basophile	0–100	0–1	0–1	0–1
Lymphozyten	1500–5000	20–40	25–50	20–70
Monozyten	100–800	2–10	1–6	1–6
Leukozyten insgesamt	4000–10000	100	100	100

- Absolute Leukozytenzahlen liegen bei Kindern und Jugendlichen bis 14 J deutlich über denen von Erwachsenen, z. B. Neugeborene 9 000–30 000/µl, 1 Mon–3 J 5 500–18 000, 4–7 J 5 500–15 500/µl, 8–13 J 4 500–13 500/µl
- Leukozytose: > 10 000 Leukozyten/µl Blut bei Erwachsenen, kommt bei zahlreichen, v. a. entzündlichen Erkrankungen vor; extrem bei Leukämien
- Leukopenie: < 4 000 Leukozyten/µl Blut bei Erwachsenen, betrifft vorwiegend die Neutrophilen, Extremform ist die Agranulozytose
- Linksverschiebung: Auftreten jugendlicher und vermehrtes Auftreten stabkerniger Formen bei vielen Erkrankungen, s. Abb. auf der folgenden Seite

Verteilung der Neutrophilen beim Gesunden und bei verschiedenen Krankheiten. [Mod. nach Haden RL (1935) Am J Clin Path 5:354]

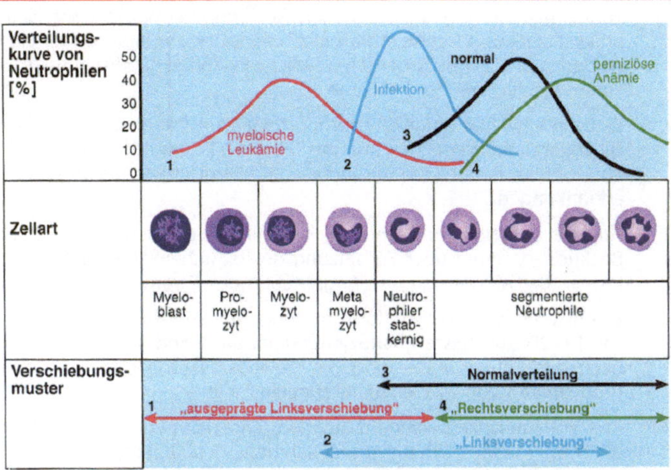

Von links nach rechts zunehmende Reifung und schließlich Alterung der Neutrophilen; Abb. veranschaulicht die Begriffe Links- und Rechtsverschiebung und zeigt deren Vorkommen bei 3 charakteristischen Krankheitsbildern

Gemeinsame Eigenschaften und Aufgaben von Leukozyten

Myelopoese	Alle Leukozyten stammen gemeinsam mit den Ery- und Thrombozyten von den gleichen pluripotenten hämopoetischen Stammzellen ab; Differenzierung wird durch Wachstumsfaktoren gesteuert (z.B. CSF, colony stimulating factors für Granulozyten, Interleukin-2 für Lymphozyten)
Lebensdauer	Uneinheitlich, von wenigen h bis 100–300 d; Verweilzeit im Blut dagegen oft nur 1–2 h, selten mehr als 24 h, d.h. dauernder Wechsel aus dem Blut in die verschiedenen Gewebe und zurück (s. Emigration)
Margination	Ein Teil der Leukozyten (marginierter Pool) haftet anscheinend reversibel am Gefäßendothel, der andere kreist schnell (zirkulierender Pool); ersterer kann z.B. durch Kortisol und Katecholamine (Arbeit, Stress) aktiviert werden und ergibt das Bild einer Pseudoleukozytose
Emigration	Für die Granulo- und Lymphozyten ist das Blut Transportorgan von den Bildungsstätten zu den Einsatzorten; > 50 % der Leukozyten halten sich im extravasalen interstitiellen Raum auf, > 30 % im Knochenmark; Austritt aus den Kapillaren wird Leukodiapedese genannt
Phagozytose	Fremdsubstanzen (z.B. Bakterientoxine) „locken" chemotaktisch vermehrt Leukozyten, insbesondere Neutrophile an, die sich mit Hilfe von Pseudopodien amöboid zu den Fremdstoffen hinbewegen und diese aufnehmen und abbauen; Eiter (Pus) ist ein Gemisch aus toten Leukozyten, Gewebsabfällen, Bakterien etc.

Spezielle Eigenschaften und Aufgaben einzelner Leukozytenformen

Neutrophile	Zelldurchmesser (auch der anderen Granulozyten) 10–17 µm; wichtigste Funktionsträger des unspezifischen Abwehrsystems; aktivierte Neutrophile setzen aus ihrer Membran Arachidonsäure zur Bildung von Eikosanoiden (s. S. 217) frei; genetisch weibliche Personen haben Drumsticks an einem kleinen Teil der Zellkerne
Eosinophile	Zellzahl schwankt umgekehrt proportional zur zirkadianen Periodik des Glukokortikoidspiegels, ist also um Mitternacht am höchsten (s. S. 162); Eosinophilie findet sich besonders bei allergischen, v.a. Autoimmunerkrankungen
Basophile	Granula enthalten Heparin und Histamin; Beteiligung an allergischen Reaktionen; ferner über Freisetzung des plättchenaktiviernden Faktors PAF an der Aktivierung und Aggregation der Thrombozyten
Monozyten	Eigenständige Leukozytenform mit ungranuliertem Plasma; Durchmesser 12–20 µm; beste Phagozytosekapazität; wandern aus und bilden nach endgültiger Ausreifung die Gewebsmakrophagen (Histiozyten); Produzenten von Zytokinen, Interleukin-1 etc.
Lymphozyten	Ihre Vorläuferzellen wandern aus dem Knochenmark zur Ausreifung in die lymphatischen Organe aus; Zunahmen > 5 000/µl beim Erwachsenen werden als Lymphozytose, Unterschreiten der Normalwerte als Lymphopenie bezeichnet; Funktionsträger des spezifischen Abwehrsystems, s. u.

Blutstillung (Hämostase), Blutgerinnung, Fibrinolyse

Übersicht über die bei der Blutstillung (Hämostase) und der Blutgerinnung ablaufenden Prozesse. [Nach Schmidt RF (1983) Medizinische Biologie des Menschen. Piper, München]

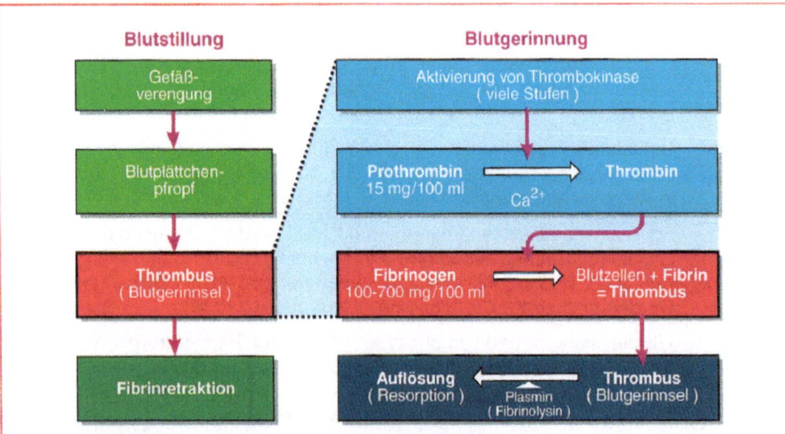

Die Abb. ist stark schematisiert; sie verdeutlicht, daß die Blutgerinnung ein Teilprozeß der Blutstillung ist (s. die gestrichelten Linien); der Thrombus (Blutgerinnsel) besteht aus einem Netzwerk geronnenen Fibrins samt den darin eingeschlossenen Blutzellen; dieses Grundschema der Blutgerinnung geht auf Morawitz (1905) zurück; für eine detailliertere Übersicht s. die folgende Seite.

Schema der Blutgerinnung und Fibrinolyse. [Mod. nach Weiss C, Jelkmann W (1997) a.o.a. O., von diesen zusammengestellt nach den Angaben mehrerer Arbeitsgruppen]

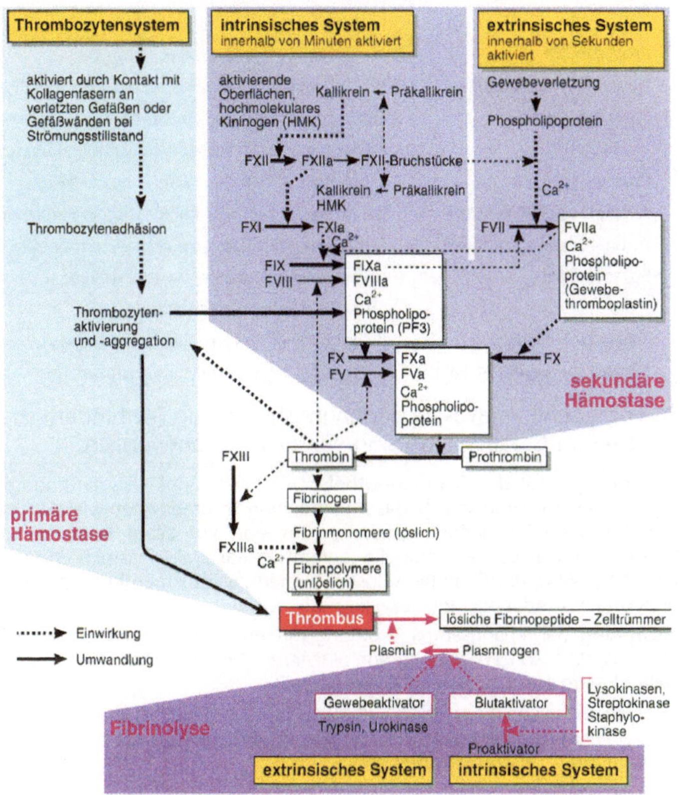

- Thrombozyten: Nach Aktivierung aus dem Ruhezustand (v.a. durch Oberflächenkontakt und einige Gerinnungsfaktoren) an mehreren, v.a. den initialen Stadien der Hämostase durch Freisetzung ihrer Inhaltsstoffe und Membrankomponenten (z.B. Plättchenfaktor 3, PF3) entscheidend beteiligt
- Primäre Hämostase (links): vorläufige Blutstillung (s. S. 182), vornehmlich durch Vasokonstriktion und Thrombozytenpfropf
- Sekundäre Hämostase (Mitte und rechts): Kaskade der zur Thrombusbildung führenden Prozesse; hat die folgenden 2 Ausgangspunkte:
- Intrinsisches System (Mitte): Prozeß der Gerinnung nimmt seinen Ausgang von plasmatischen Gerinnungsfaktoren
- Extrinsisches System (rechts): Prozeß der Gerinnung nimmt seinen Ausgang von Phospholipoproteinen, die aus verletzten Zellen freigesetzt werden
- Gerinnungsfaktoren (Tabelle S. 184): an der Blutgerinnung beteiligte Stoffe, meist Proenzyme; die aktivierten proteolytischen Enzyme werden durch den Zusatz a gekennzeichnet (z.B. II Prothrombin, IIa Thrombin)

21

Gerinnungsfaktoren

Faktor	Synonym	Kommentar
I	Fibrinogen	Lösliches Eiweiß, Fibrinvorstufe
II	Prothrombin	α_1-Globulin, Proenzym des Thrombins
III	Gewebsthromboplastin	Phospholipoprotein, wirkt im extrinsischen System
IV	Kalziumionen	Benötigt für Aktivierung der meisten Faktoren
V	Proakzelerin	β-Globulin, Va ist Teil d. Prothrombinaktivators
VII	Prokonvertin	α-Globulin, Proenzym, VIIa ist Protease
VIII	Antihämophiler Faktor A	Bei angeborenem Ausfall klassische Hämophilie
IX	Antihämophiler Faktor B	(Christmas-F.) bei angeb. Ausfall Hämophilie B
X	Stuart-Faktor	α_1-Globulin, Proenzym, Xa ist Protease
XI	PTA	(Plasmathromboplastinvorläufer)
XII	Hagemann-Faktor	β-Globulin, Proenzym, XIIa ist Protease
XIII	Fibrinstabilisierender Fakt.	β-Globulin, XIIIa bewirkt Fibrinvernetzung

Für die physiologische intravasale Gerinnungshemmung (Verhindern spontaner Thrombosen im Gefäßsystem) sind vor allem verantwortlich:

1. **Antithrombogenität des Gefäßendothels:** Oberflächenmoleküle der endothelialen Glykokalix verhindern sowohl das Anheften von Thrombozyten wie die Aktivierung kontaktsensibler Gerinnungsfaktoren; es sind vor allem Antithrombin III (hemmt IIa, IXa-XIIa), α_2-Makroglobulin (hemmt IIa, Kallikrein, Plasmin) und Protein C (hemmt Va, VIIIa); das Endothel selbst sezerniert zusätzlich antithrombogen wirkende Stoffe, v. a. Adenosin, Prostazyklin (PGI_2), EDRF (s. S. 217)
2. **Blutströmung:** Bei verlangsamter Strömung können an intravasalen Gefäßdefekten leichter wirksame Konzentrationen von aktivierten Gerinnungsfaktoren entstehen; schnelle Blutströmung ist also antithrombogen
3. **Fibrinolyse**, die auch im normalen Gefäßsystem ständig abläuft und der ständigen geringfügigen Umwandlung von Fibrinogen in Fibrin die Waage hält (Ablauf der Plasminbildung s. unteren Teil der Abb. S. 183)

Zur therapeutischen Gerinnungshemmung eignen sich besonders die folgenden Antikoagulanzien:

- Heparin; kommt auch im Körper selbst vor; verstärkt die Wirkung von Antithrombin III, inaktiviert IIa, IX, X, hemmt also insgesamt die Bildung und Wirkung von Thrombin; muß parenteral zugeführt werden und hat nur kurze Wirkzeit (4–6 h); Anitdot: Protamin
- Kumarine wirken als Vitamin-K-Antagonisten in der Leber; hemmen dadurch dort die Synthese der Gerinnungsfaktoren II (Prothrombin), VII, IX, X; oral zuführbar; langanhaltend wirksam; Antidot: Gerinnungsfaktoren, langfristig Vitamin K

Zur therapeutischen Fibrinolyse eignen sich folgende Fibrinolytika:

- Urokinase; kommt auch im Urin vor; fördert die Umwandlung von Plasminogen zu Plasmin, s. Abb. S. 183; Antifibrinolytika wirken umgekehrt
- Streptokinase; stammt von hämolytischen Streptokokken; Wirkung wie Urokinase; wie diese zur Behandlung von Thrombosen nützlich

Gerinnungstests

Test	Norm	Testfunktion/Kommentar
Thrombozytenzählung	150 000–400 000/µl	Pathologisches Resultat bei Thrombozytose oder Thrombozytopenie
Thromboplastinzeit, TPZ, Quick	14 s = 100 %, normal 70–120 %	Globaltest des extrinsischen Systems, Überwachung der Kumarintherapie
Partielle Thromboplastinzeit, PTT	40–50 s	Globaltest des intrinsischen Systems, Überwachung der Kumarintherapie
Thrombinzeit, TZ	17–25 s	Überwachung der Heparintherapie

Abwehrfunktionen des Bluts

Unspezifische (angeborene) humorale Abwehrmechanismen. [Mod. nach Chapel H, Haeney M (Eds.) (1984) Essentials of clinical immunology. Blackwell, Oxford]

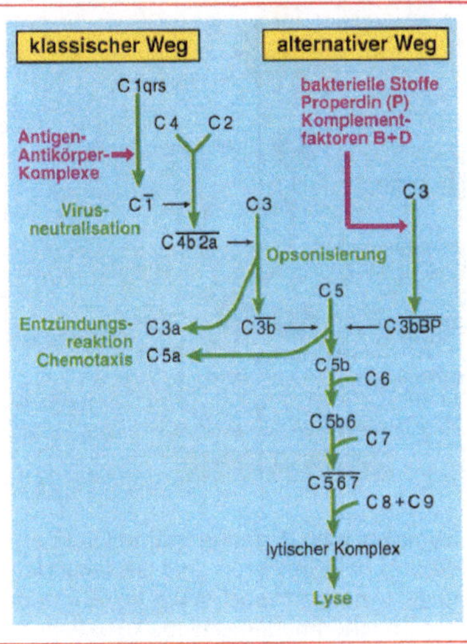

Die Reaktionskaskade der 9 Plasmafaktoren C1-C9 der Komplementbindungsreaktion kann in Anwesenheit des Plasmaproteins Properdin durch Bakterien unspezifisch aktiviert werden (alternativer Weg); die resultierenden Spaltprodukte (mit a und b bezeichnet)

- binden an Zellmembranen (Opsonierung)
- aktivieren die nächste Kaskadenstufe
- wirken chemotaktisch
- wirken permeabilitätssteigernd
- aktivieren Granulozyten und Makrophagen
- lösen Entzündungsreaktionen aus und haben damit insgesamt zytolytische, bakteriolysierende und virolytische Wirkungen.

An der unspezifischen humoralen Abwehr sind ferner u. a. beteiligt:

- **Lysozym**; mukolytisches Enzym hemmt Vermehrung und Wachstum von Bakterien und Viren; vorrätig in den Granula der Granulozyten und der Makrophagen in der Lunge; wird bei deren Zerfall freigesetzt
- **C-reaktives Protein**; tritt bei bakteriellen Infektionen vermehrt im Plasma auf; aktiviert Komplement, fördert Konglutination, Präzipitation, Opsonisation und Phagozytose
- **Interferon**; Gruppe von speziesspezifischen antiviral wirkenden Glykoproteinen; Produktion und Ausschüttung erfolgt innerhalb weniger h nach Infektion; verhindert Virusvermehrung in der Zeit bis zur Entwicklung der spezifischen Abwehr; greifen Viren nicht direkt an, sondern agieren mit deren Wirtszellen

Als **Akut-Phase-Proteine** werden einige an der unspezifischen humoralen Abwehr beteiligten Proteine (Komplementproteine, C-reaktives Protein, Fibrinogen, α_2-Makroglobulin) zusammengefaßt, die bei ausgeprägten unspezifischen Abwehrreaktionen vermehrt im Plasma auftreten.

21

Unspezifische (angeborene) zelluläre Abwehrmechanismen

Im Mittelpunkt steht die S. 181 bereits erwähnte Phagozytose insbesondere durch die Neutrophilen und die Monozyten samt den aus ihnen hervorgegangenen Gewebsmakrophagen (s. S. 182); das in die Zelle aufgenommene Phagosom verschmilzt mit intrazellulären Lysosomen zum Phagolysosom, das anschließt enzymatisch abgebaut wird.

Überblick über die Entwicklung der B- und T-Lymphozyten und ihre Rolle bei der spezifischen (erworbenen) humoralen und zellulären Immunität.

[Mod. nach Weiss C, Jelkmann W (1997) Funktionen des Bluts, a.o.a.O.]

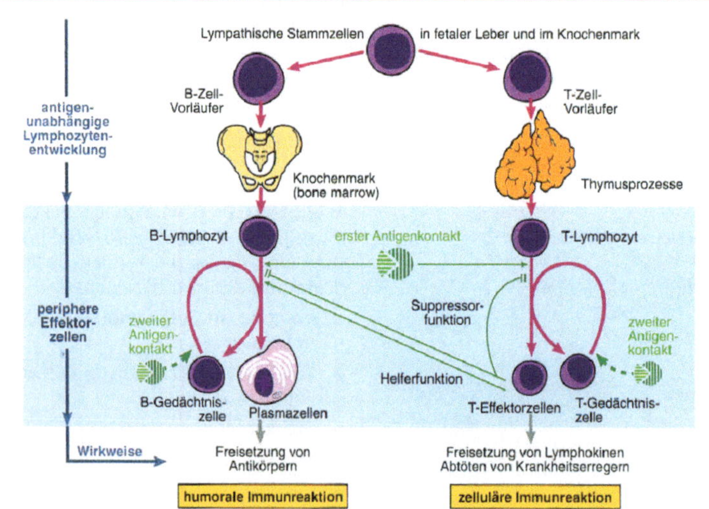

Während der Embryogenese entwickeln sich die Lymphozyten in den primären Organen (Leber, Knochenmark, Thymus) des Immunsystems und besiedeln von dort die sekundären Organe (Milz, Lymphknoten, mukosaassoziiertes Lymphgewebe MALT im GIT und Urogenitaltrakt); B-Lymphozyten (15 %) wachsen im Knochenmark (bone marrow) heran, T-Lymphozyten (70–80 %) entwickeln sich im Thymus; die Einleitung der Abwehrreaktionen wird anschließend diskutiert.

B-Lymphozyten bewirken die spezifische humorale Immunität; der Ablauf ist:

- Bei Erstkontakt mit einem Antigen (wird von den Immunglobulinen der Zellmembran erkannt) wandelt sich ein Teil der B-Lymphozyten in Plasmazellen um; diese bilden die spezifischen monoklonalen Antikörper und setzen sie frei; Plasmazellen bleiben gewebeständig; sie leben für 2-3 d
- Ein anderer Teil der B-Lymphozyten wandelt sich bei Erstkontakt in teilungsfähige, langlebige B-Gedächtniszellen um; ihre Antikörper bleiben membrangebunden
- Bei Zweitkontakt mit dem gleichen Antigen kommt es zur Proliferation der B-Gedächtniszellen, Umwandlung in Plasmazellen und rascher Produktion großer Mengen monoklonaler Antikörper

Die Antikörper werden auch als Immunglobuline bezeichnet (Ig). Nachfolgend die Klassifizierung und die Struktur der menschlichen Immunoglobuline (s. auch S. 177) [Nach Weiss C, Jelkmann W (1997) a.o.a.O.]

Ig-Klasse	Konfiguration	MG	Schwer-ketten-typ	Antikörperfunktion	Komplementaktivierung klassisch	Komplementaktivierung alternativ	Plazentargängigkeit
IgG	Monomer	150 000	γ	Opsonisierung	+	+	+
IgM	Pentamer	800 000	μ	Neutralisation Agglutination	+	+	–
IgA	Monomer im Plasma; Dimer in Sekreten	160 000 320 000	α	Neutralisation	–	+	–
IgE	Monomer	170 000	ε	Bindung an Mastzellen und basophile Granulozyten	–	–	–
IgD	Monomer	160 000	δ	Bestandteil der B-Lymphozytenmembran	–	–	–

Zusätzliche Aspekte bei der Bildung humoraler Antikörper

- Bei den membrangebundenen Rezeptoren der B-Lymphozyten zur Erkennung von Antigenen handelt es sich um Immunglobuline vom Typ IgD und monomeres IgM
- Die Antikörperproduktion erfolgt nur unter der parakrinen Einwirkung von Lymphokinen aus T-Helferzellen (s. Abb. links) und Monokinen (z. B. IL-1) aus Makrophagen
- Der Prozeß des Erstkontakts wird Sensibilisierung genannt (auch bei der zellulären Immunität)
- Da die humorale Immunantwort schneller als die zelluläre abläuft, wird sie auch Immunreaktion vom Soforttyp genannt, die zelluläre dagegen Immunreaktion vom verzögerten Typ

T-Lymphozyten bewirken die spezifische zelluläre Immunität; der Ablauf ist:

- Bei Erstkontakt mit einem Antigen auf der Membran einer anderen Zelle (wird vom membranständigen T-Zellrezeptor, einem Heterodimer erkannt) wandelt sich ein Teil der T-Lymphozyten in zytotoxische T-Effektorzellen um (s. Abb. S. 186)
  - ⋆ Nach Bindung an die Zielzelle setzen die T-Effektorzellen tunnelbildende Moleküle (Perforine) frei, die in der Zielzellmembran weite Poren bilden, durch die Wasser und Natrium-Ionen eindringen und die Zelle osmotisch zum Platzen bringen
  - ⋆ Gleichzeitig wird bei genügender Anbindung von Antikörper an die Zielzelle, der klassische Weg der Komplementaktivierung ausgelöst (s. Abb. S. 185, linker Bildteil); auch dies führt letztendlich zur Tunnelbildung in der Membran mit osmotischer Zerstörung der Zielzelle
- Ein anderer Teil der T-Lymphozyten wandelt sich bei Erstkontakt in langlebige T-Gedächtniszellen um, die im Blut kreisen und darauf spezialisiert bleiben, das Antigen des Erstkontakts wiederzuerkennen
- Beim Zweitkontakt mit dem gleichen Antigen lösen die T-Gedächtniszellen eine Sekundärreaktion aus, d. h. sie proliferieren noch lebhafter als bei der Primärreaktion und bilden rasch eine große Zahl von T-Effektorzellen

21

Zusätzliche Aspekte bei der Ausbildung der zellulären Immunität

- Zielzellen der T-Lymphozyten sind meist Makrophagen (antigenpräsentierende Zellen), die das Antigen nach vorheriger Phagozytose aus dem Phagolysosom (s.o.) auf die Zelloberfläche gebracht haben
- T-Effektorzellen können das körperfremde Antigen nur binden, wenn auf der Zielzellmembran auch körpereigene Histokompatibilitätsantigene (HLA-Antigene, human leukocyte antigen) erkennbar sind
- Die verschieden Formen von T-Effektorzellen sind
  - ⋆ T-Killerzellen, eigentliche Träger der Zytotoxizität
  - ⋆ T-Helferzellen, kooperieren mit den B-Lymphozyten und den Makrophagen (z. B. bei der Bildung von Plasmazellen, s. Abb.)
  - ⋆ T-Suppressorzellen, die das Ausmaß der Immunantwort durch Hemmung der Antikörperproduktion begrenzen
- NK-Zellen, natürliche Killerzellen, sind große, granulierte Lymphozyten (2–5 % der Blutlymphozyten), die ebenfalls die Fähigkeit zur zytotoxischen Lyse haben; Herkunft und Aufgaben (virus- und tumorinfizierte Zellen?) nicht klar

Synopsis wichtiger physiologischer Abwehrleistungen des Bluts. [Nach Weiss C, Jelkmann W (1990) Funktionen des Bluts, a.o.a.O.]

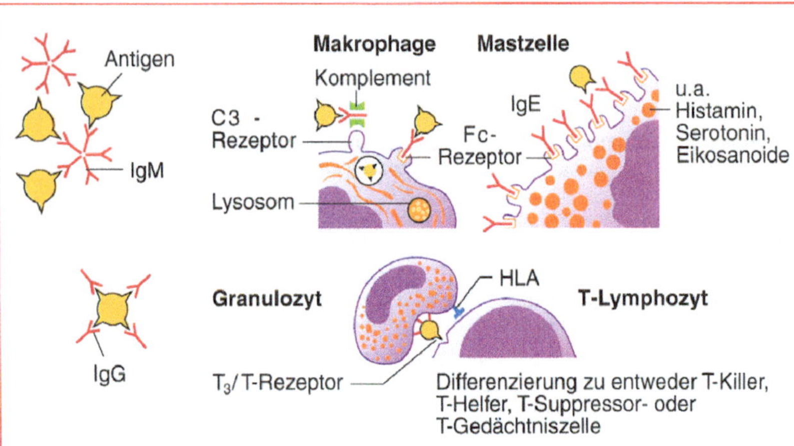

Links: Spezifische humorale Abwehr durch Antikörper (Immunglobuline IgM, IgG), die Antigene (*gelb*) neutralisieren und agglutinieren (klumpen zusammen). *Rechts oben:* Aspekt der unspezifischen zellulären Abwehr durch Makrophagen, die zur anschließenden Phagozytose über ihre Rezeptoren (C3, Fc) Antigen-Antikörper-Komplexe binden. *Rechts daneben:* Anaphylaktische Reaktion, ausgelöst durch die Bindung von Antigen an Mastzellreagine (IgE) (im Text nicht behandelt). *Rechts unten:* Aspekt der spezifischen zellulären Abwehr durch T-Lymphozyten: Sensibilisierung bei Erstkontakt mit einem Antigen (Erkennen durch T_3/T-Rezeptor) in Gegenwart des Histokompatibilitätsantigens HLA (s.o.)

22 Mechanik der Herzaktion

Das Herz als Pumpe

Zeitliche Zuordnung der verschiedenen physiologischen Parameter, die mit der Herztätigkeit unmittelbar verknüpft sind. [Aus Gauer OH (1972)]

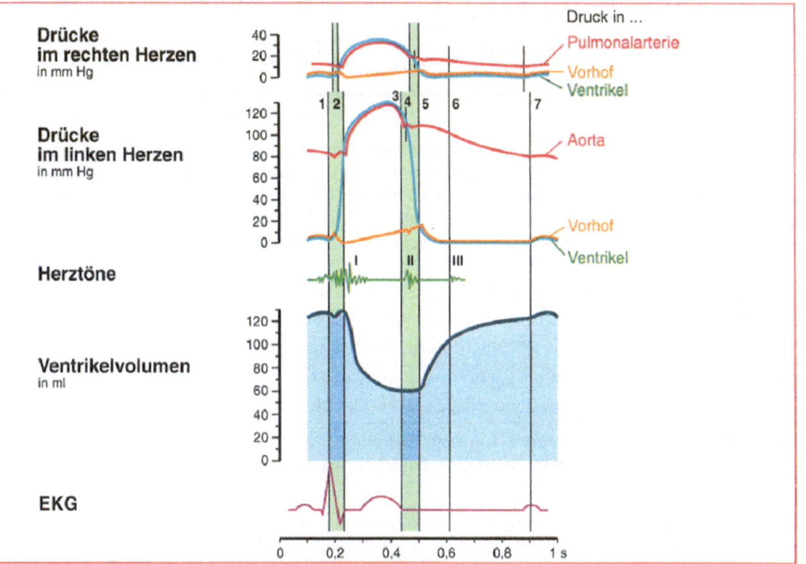

Aktionsphasen des linken Ventrikels (Frequenz 70/min). Die Zahlen in Klammern geben den Wert im rechten Ventrikel an. [Aus Gauer OH (1972)]

Nr. in Abb.	Aktionsphase	Zeit [s]	Kommentar
1–2	Isometrische Kontraktion	0,06 (0,02)	Isovolumetrische Anspannung der Ventrikelwände, bis bei 2 die Aortenklappen aufgedrückt werden
2–4	Austreibungsperiode	0,21	Zunächst schnelle Austreibung, Druckverlauf in Ventrikel und Aorta identisch. Ende der Systole nicht scharf definierbar
	Ventrikelsystole	**0,27**	
3–4	Protodiastole	0,02	Kurze Übergangszeit, in der die Fasern ihre Spannung verlieren
4–5	Isometrische Erschlaffung	0,05 (0,02)	Beginn mit Schluß der Aorten- bzw. Pulmonalklappen
5–6	Rasche Füllungsperiode	0,16	Bei 5 fällt Ventrikeldruck unter Vorhofdruck, Mitralklappen öffnen sich, Ventrikel füllt sich zu 80 %
6–7	Diastase	0,23	Langsame Füllung der restlichen 20 %
7–1	Vorhofsystole	0,10	Beitrag zur Füllung hier gering, jedoch wichtig bei hoher Herzfrequenz
	Ventrikeldiastole	**0,56**	

22

Die Herzfrequenz bestimmt die Dauer von Systole und Diastole

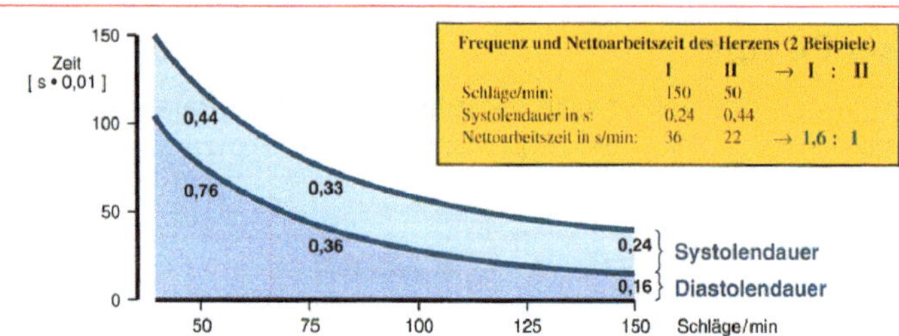

Fazit: Die Verkürzung des Herzzyklus bei Zunahme der Frequenz erfolgt vorwiegend auf Kosten der Diastolendauer. Bei 90–100 Schlägen pro min sind Diastole und Systole ungefähr gleich lang, danach wird die Diastole proportional immer kürzer. Ab 150 Schlägen/min besteht die Gefahr der Beschneidung der Ventrikelfüllung und damit der Abnahme des Schlagvolumens. Bei sehr hohen Frequenzen („Kammerflattern") pumpt das Herz praktisch leer

Die Herzklappen liegen in der Bindegewebsplatte zwischen Vorhof und Kammer, genannt Ventilebene. Wie Ventile einer Kolbenpumpe haben die Herzklappen die Aufgabe, den Blutstrom zu richten. Wir unterscheiden nach Bauart und Lokalisation:

1. Segelklappen	a) Mitralklappe = Atrioventrikularklappe, AV-Klappe, links b) Trikuspidalklappe = AV-Klappe rechts
2. Taschenklappen (Semilunarklappen)	a) Aortenklappe am Aortenostium b) Pulmonalklappe am Pulmonalostium

Es gibt 2 Arten von Herzklappenfehlern (Vitien): Bei Mißbildungen oder chronisch entzündlichen Veränderungen beobachtet man Stenose (Verengung) oder Insuffizienz (Verschlußunfähigkeit) einzelner Klappen (auch in Kombination); es ist Mehrleistung des Herzens erforderlich, um den Körper ausreichend mit Blut zu versorgen. Es kommt langfristig zur Überlastung des Herzmuskels: Klappenersatz erwägen. Bei Klappenvitien treten typische Herzgeräusche auf (s. u.)

Ventilebenenmechanismus zur diastolischen Kammerfüllung

Mit jeder Systole wird der größte Teil des Schlagvolumens der nächsten Systole durch das Tiefertreten der Ventilebene angesaugt und innerhalb der Herzhöhle bereitgestellt. Dies nennt man den Ventilebenenmechanismus. Seinetwegen ist die Dauer der Diastole für die Füllung der Ventrikel weniger wichtig, als man erwartet. Die Vorhöfe sind am Ende der Systole groß und prall gefüllt. Mit Öffnung der Segelklappen entleert sich dieses Volumen im Schwall in die Ventrikelhöhle, die sich quasi über diese Flüssigkeitssäule stülpt

An der Körperoberfläche registrierbare Signale der Herztätigkeit (ohne EKG)

Herzspitzenstoß	Signal für den Anfang der mechanischen Systole. Mit jeder Kontraktion kommt es zu einer Erschütterung im 5. Interkostalraum (ICR) links, bei mageren Personen als rasche Vorwölbung bzw. Einziehung sichtbar
Herztöne	Signalisieren Anfang und Ende der Systole; keine Verspätung. Details s. u.
Venenpuls	Entsteht in den herznahen Venen durch retrograde Druckübertragungen bei der Herzkontraktion, s. S. 213. Verspätung gegenüber Auslöseereignissen
Arterieller Puls	Signal für den Beginn der Austreibungszeit, evtl. endsystolischer Klappenschluß; Verspätung gegenüber auslösendem Ereignis

Herzschall (Herztöne und -geräusche), Aufzeichnung: Phonokardiographie

1. Herzton	Entsteht bei der isometrischen Kontraktion der Kammern, also in der Anspannungszeit (Zeit 1–2 in Abb.), „Muskelton"
2. Herzton	Entsteht beim Schluß der Semilunarklappen (Zeit 4 in Abb.), „Klappenton"
3. Herzton	Entsteht fakultativ bei der schnellen Beendigung der raschen Füllungsphase (Zeit 6 in Abb.)
Herzgeräusche	Entstehen vorwiegend durch Turbulenzen an stenotischen und insuffizienten Klappen. Lage im Kontraktionszyklus, Dauer und Geräuschcharakter sind wichtige diagnostische Kriterien

Laplace-Gesetz: Zusammenhang zwischen Wandspannung K und Innendruck p bei der Kugel (annähernd: linker Ventrikel) und dem Zylinder (annähernd: Blutgefäße)

	Kugel	**Zylinder (Querdehnung)**
1. Spannung $= \frac{\text{Kraft}}{\text{Strukturelement}}$	$K = \pi \frac{r^2}{n} \cdot p$	$K = \pi \frac{2r \cdot l}{n} \cdot p$
2. Spannung $= \frac{\text{Kraft}}{\text{Strukturelement}}$	$K = \frac{r}{2d} \cdot p$	$K = \frac{r \cdot p}{d}$

r Radius der Kugel oder des Zylinders, n Anzahl der Muskelfaser (bzw. Strukturelemente), d Wanddicke, l Länge des Zylinders. In beiden Fällen ist die sprengende Kraft gegeben durch das Produkt Hohlraumquerschnitt mal Druck, d.h. $\pi \cdot r^2 \cdot p$ für die Kugel bzw. $2r \cdot l \cdot p$ für den Zylinder (s. die obigen Formeln). Alle anderen Beziehungen lassen sich durch Umformen ableiten. Ausgangspunkt ist die Überlegung, daß $K \cdot n = p \cdot$ Fläche, d.h. bei konstantem intraventrikulären Druck hängt die Belastung der einzelnen Muskelfaser vom Quadrat des Radius ab. Dies hat u.a. die unter „Fazit" genannten Konsequenzen

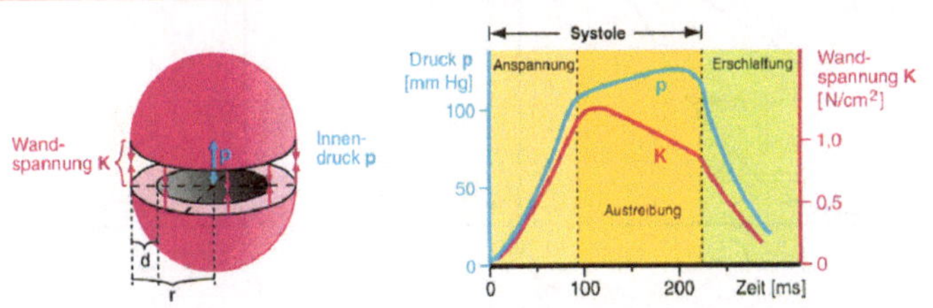

Fazit für Herz: (a) Im Verlauf der Systole nimmt die Spannung der einzelnen Herzmuskelfaser im Laufe der Austreibung erheblich ab, obwohl der Druck gleichbleibt oder auxotonisch mäßig zunimmt und zwar weil (1) der Ventrikelradius sich verkleinert und (2) der Querschnitt der Ventrikelwand größer wird; (b) Kleine Herzen können hohe Drücke mit einer relativ geringen Kraftentwicklung der einzelnen Muskelfaser erzeugen.

Fazit für Gefäße: Bei kleinem Gefäßdurchmesser sind auch bei hohen Innendrücken die Wandspannungen klein. Arteriolen und Kapillaren können daher leicht hohe Drücke (z.B. 100 mmHg) aushalten.

Pathophysiologischer Hinweis: Bei Wandüberdehnungen (z.B. Herzdilatation, Aortenaneurysma) entwickelt sich ein Circulus vitiosus, da jede weitere Dehnung die Wandspannung (bei konstantem Innendruck!) weiter und weiter ansteigen läßt (Gefahr des Herzversagens bzw. der Aortenwandruptur).

22

Die elementaren Kontraktionsformen des Herzmuskels entsprechen denen des Skelettmuskels; die Unterschiede sind durch die Hohlraumform des Herzens bedingt

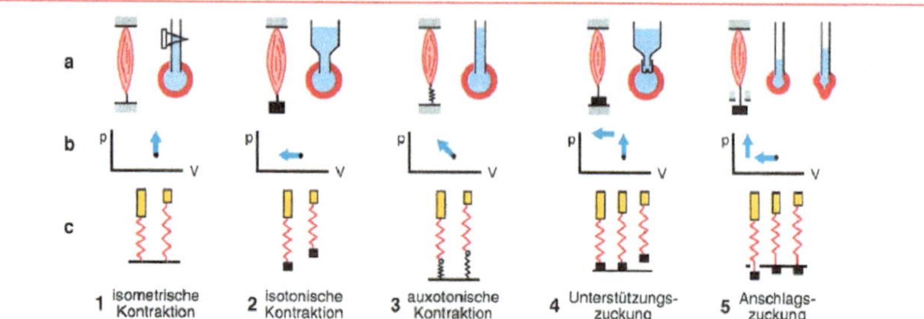

a Mechanische Bedingungen; **b** Druck-Volumen-Diagramm (bzw. Längen-Spannungs-Diagramm); **c** Verhalten der passiv elastischen und der kontraktilen Funktionselemente. Beispiel 4 kommt den natürlichen Verhältnissen am nächsten. Das Gewicht ist von einem Tisch unterstützt; der hydrostatische Druck der Flüssigkeit ruht auf den Klappen. Bei Kontraktion Spannungszunahme, bis das Gewicht sich gerade abhebt bzw. die Klappen sich öffnen, dann bei konstanter Spannung Verkürzung bzw. bei konstantem Druck Volumentransport. Die durch die passive Füllung des Herzens entstehende (diastolische) Faserspannung wird Vorlast (engl. preload) genannt, die (systolische) Faserspannung im Moment der Klappenöffnung Nachlast (engl. afterload). Beide sind nach Laplace von Kammerdruck, -radius und -wanddicke bestimmt, die Nachlast auch vom enddiastolischen Druck (s. Frank-Starling-Gesetz)

Die Steuerung des Schlagvolumens erfolgt teilweise durch das Herz selbst: diese Anpassung an die Kreislaufbedingungen heißt Frank-Starling-Mechanismus (-Gesetz)

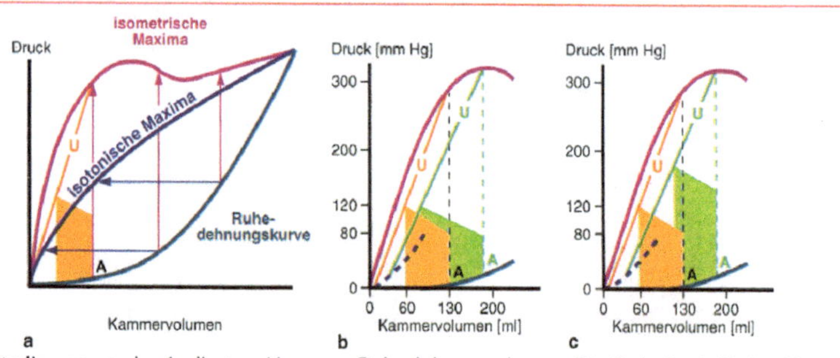

a Arbeitsdiagramm des isolierten Herzens. Ruhedehnungskurve: Die Dehnbarkeit des Herzens nimmt mit zunehmender Füllung ab; von verschiedenen Füllungszuständen ausgelöste isometrische (verschlossene Aorta) bzw. isotonische Kontraktionen ergeben die maximal erreichbaren Druck- bzw. Volumenwerte, deren Verbindungen die Kurven der isometrischen bzw. isotonischen Maxima. Bei den Unterstützungszuckungen (erst isovolumetrische Anspannung, dann Verkürzung/Austreibung) können die Maxima nicht erreicht werden (Kurve U, s. auch b, c). **b** Abhängigkeit des Schlagvolumens von der enddiastolischen Füllung. Enddiastolisch 130 ml: oranges Arbeitsdiagramm, enddiastolisch 180 ml: grünes Diagramm (Schlagvolumen nahezu verdoppelt, unwesentliche Zunahme des endsystolischen Volumens). c Arbeitsdiagrammverschiebung bei Aortendruckerhöhung. Bei zunächst verkleinertem Schlagvolumen (nicht abgebildet) bleibt ein endsystolischer Volumenrest, zu dem normales venöses Angebot hinzukommt (Arbeitspunkt A rückt nach rechts). Es resultieren zunehmende Schlagvolumina, bis bei stark erhöhtem enddiastolischen und -systolischen Volumen das ursprüngliche Schlagvolumen gegen den höheren Aortendruck ausgeworfen wird

Einfluß der Inotropie auf die Herzarbeit

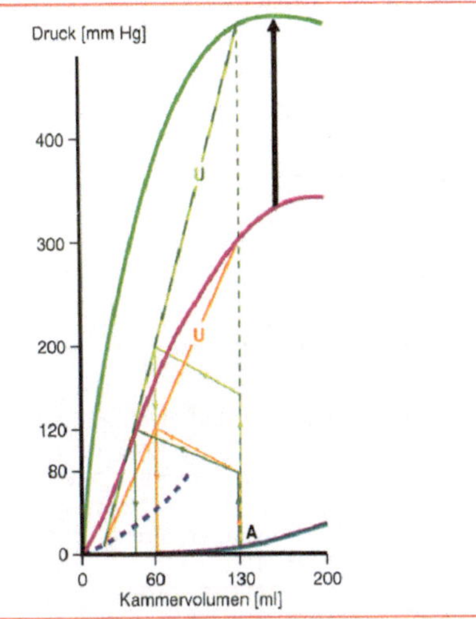

Sympathikusaktivität (oder Adrenalin/Noradernalin) rückt die Kurve der isometrischen Maxima nach oben (schwarzer Pfeil). Entsprechend wird die Kurve der Unterstützungszuckungen versteilert. Mit anderen Worten: Von einem vorgegebenem enddiastolischen Volumen kann entweder ein gleiches Schlagvolumen gegen einen höheren Druck oder ein größeres Schlagvolumen gegen den gleichen Druck (d.h. den gleichen peripheren Widerstand) ausgeworfen werden. Solche Änderungen der Inotropie über den Sympathikustonus sind die normale Form der Anpassung des Herzens an wechselnde Belastungen. Der Frank-Starling-Mechanismus ist aber auch wichtig, z.B. für Abstimmung der Auswurfleistung der beiden Ventrikel aufeinander: er verhindert in den Lungen Blutleere bzw. -stauung (letztere mit der Gefahr eines Lungenödems)

22

Kontraktionsgeschwindigkeit und Kontraktilität (syn.: Inotropie)

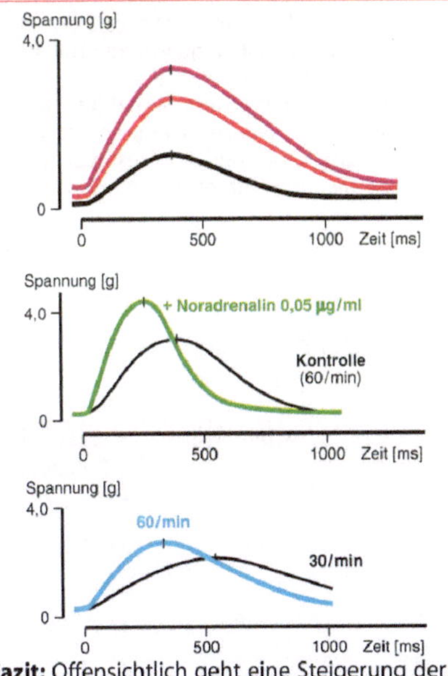

Veränderung der isometrischen Kontraktion eines Katzenpapillarmuskels bei zunehmender Ruhedehnung: Sowohl die maximale Spannung als auch die Kontraktionsgeschwindigkeit nehmen zu, die Gipfelzeit ändert sich aber nicht.

Zugabe von Noradrenalin in die Badelösung erhöht die isometrische Spannung bei gleichzeitigem Anstieg der Kontraktions- und der Erschlaffungsgeschwindigkeit.

Die Erhöhung der Kontraktionsfrequenz von 30/min auf 60/min erhöht geringfügig die Spannung und deutlich die Kontraktionsgeschwindigkeit. [Nach Sonnenblick EH (1962) Fed Proc 21: 975]

Fazit: Offensichtlich geht eine Steigerung der Kraft der Kontraktion durch Noradrenalin mit paralleler Erhöhung der Kontraktionsgeschwindigkeit einher. Die Kontraktilität (Inotropie) läßt sich daher am Menschen ausreichend gut durch Messung der maximalen Druckanstiegsgeschwindigkeit in der isovolumetrischen Anspannungsphase (mittels Katheter im linken Venrikel) beurteilen (Normwerte 1500–2000 mm Hg/s = 200-333 kPa/s)

22

Normale Herzgröße, Herzhypertrophie bei Ausdauertraining. [Nach Reindell H, König K, Roskamm H (1967) Funktionsdiagnostik des gesunden und kranken Herzens. Thieme, Stuttgart]

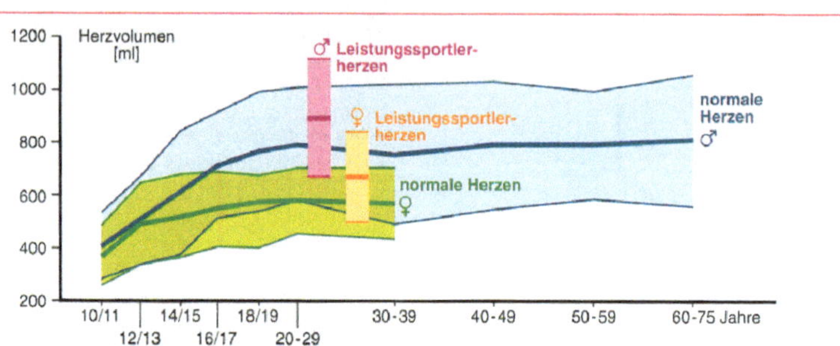

Abhängigkeit der Herzgröße von Geschlecht und Alter (Mittelwerte und Streubreite im Liegen nach mehr als 400 Messungen). Zusätzlich sind die Herzgrößen von männlichen und weiblichen Hochleistungssportlern eingtragen. Subtrahiert man vom Herzvolumen (800 ml beim Mann) das Volumen des Herzmuskels (entspricht etwa dem Herzgewicht von 300 g), so ergibt sich das Blutvolumen in den Herzhöhlen. Ausdauertraining erhöht Länge und Dicke der einzelnen Muskelfasern (nicht deren Anzahl!)

Bestimmung des Herzminutenvolumens, HMV (allgemein: Herzzeitvolumen, HZV), nach dem Fick-Prinzip

Das HMV ist das Produkt aus Schlagvolumen (ca. 70 ml) und Herzfrequenz (ca. 70/min), also rund 5 l. Adolf Fick erkannte 1870 in Würzburg, daß das HMV quantitativ mit der O_2-Aufnahme in der Lunge verknüpft ist und aus der O_2-Aufnahme in der Lunge und der O_2-Konzentrationsdifferenz zwischen arteriellem Blut und venösem Mischblut (Herzkatheter in rechtem Ventrikel oder A. pulmonalis) bestimmt werden kann; also z.B. in Ruhe: O_2-Aufnahme 300 ml/min, O_2-Konzentration arteriell 200 ml/l, venöses Mischblut 150 ml/l; jeder Liter Blut hat also beim Durchfluß durch die Lunge 50 ml O_2 aufgenommen, und es müssen 6 l Blut durchgeflossen sein. Also:

$$\text{HMV} = \frac{O_2\text{-Aufnahme}}{O_2\text{-Konzentrations-Differenz}} = \frac{300\ \text{ml/min}}{50\ \text{ml/l}} = 6\ \text{l/min}$$

Kreislaufwerte in Ruhe und bei schwerer Muskelarbeit (1260 mkg/min). Leistungsfähige, aber nicht speziell trainierte Versuchsperson. [Nach Asmussen E, Nielsen M (1955) Physiol Rev 35: 778]

Meßgröße	Ruhewert	Arbeitswert	Arbeitswert zu Ruhewert
O_2-Verbrauch [ml/min]	260	3 120	12,0 : 1
Herzzeitvolumen, HZV [ml/min]	5 800	22 300	3,8 : 1
Arteriovenöse O_2-Differenz [ml/l Blut]	45	140	3,1 : 1
Schlagvolumen [ml]	91	128	1,4 : 1
Pulsfrequenz pro min	64	174	2,7 : 1

Fazit: Die Zunahme des O_2-Verbrauchs auf das 12fache wird durch eine Zunahme des HZV auf das 3,8fache und eine um das 3,1fache erhöhte O_2-Ausschöpfung des Blutes bewerkstelligt. Da das Schlagvolumen konstruktionsbedingt nur auf das knapp 1,5fache zunehmen kann muß das erhöhte HZV hauptsächlich über eine erhöhte Herzfrequenz gefördert werden

Herzenergetik

Berechnung der Herzarbeit und -leistung

Das Herz als Pumpe leistet in erster Linie Druck-Volumen-Arbeit, indem es ein Volumen (V) unter Druck (p) gegen einen Strömungswiderstand verschiebt. Dazu kommt die normalerweise kleine Beschleunigungsarbeit, um die Schlagvolumina mit der Masse m (2 · 70 ml) auf die Auswurfgeschwindigkeit v (0,5 m/s) zu beschleunigen.

Druck-Volumen-Arbeit: p · V (Ruhewerte)

linker Ventrikel		
p = 100 mmHg	= 100 · 133 N/m^2	p · V = 0,931 Nm
V = 70 ml	= 70 · 10^{-6} m^3	
rechter Ventrikel		
p = 15 mmHg	= 15 · 133 N/m^2	p · V = 0,140 Nm
V = 70 ml	= 70 · 10^{-6} m3	
Beschleunigungsarbeit:	m = 2 · 70 g	2 · 1/2 mv^2 = 0,018 Nm
A = 1/2 mv^2	v = 0,5 m/s	
Gesamtarbeit in Ruhe:		A = 1,089 Nm

Herzleistung und Leistungsgewicht

Herzleistung (Arbeit pro Zeit) liegt für eine Herzfrequenz von 1 Systole/s (60/min) bei 1 Nm/s = 1 W (0,1 kpm/s). Das Leistungsgewicht beträgt bei einem Gewicht des Herzens von 3 N (300 g) 3N/W = 3000 N/kW. Automotoren liegen mit nur 40–70 N/kW wesentlich günstiger. Bei körperlicher Arbeit erhöht sich die Herzleistung und dabei verbessert sich das Leistungsgewicht bis zu Werten technischer Pumpen

O_2-Verbrauch und Wirkungsgrad der Herzmuskulatur

Das Herz verbraucht in Ruhe 24–30 ml O_2/min, d. h. 10 % der Gesamtaufnahme (s. auch Tabelle S. 194). Dies bei 300 g Herzgewicht (0,5 % des Körpergesamtgewichts). Bei Arbeit Steigerung des O_2-Bedarfs des Herzens bis auf das 4fache. Der Wirkungsgrad oder Nutzeffekt (Bruchteil des in mechanische Energie umgewandelten Gesamtenergieaufwands) liegt bei 30 %. Er ist stark abhängig von der Art der Herzarbeit: Volumenarbeit (höherer venöser Zufluß) hat besseren Wirkungsgrad als Druckarbeit (höherer peripherer Widerstand). Ein trainiertes Herz hat einen besseren Wirkungsgrad als ein untrainiertes.

Substrate des oxidativen Herzstoffwechsels in Ruhe und bei körperlicher Arbeit [Nach Keul et al (1965) Pflügers Arch ges Physiol 282: 1]

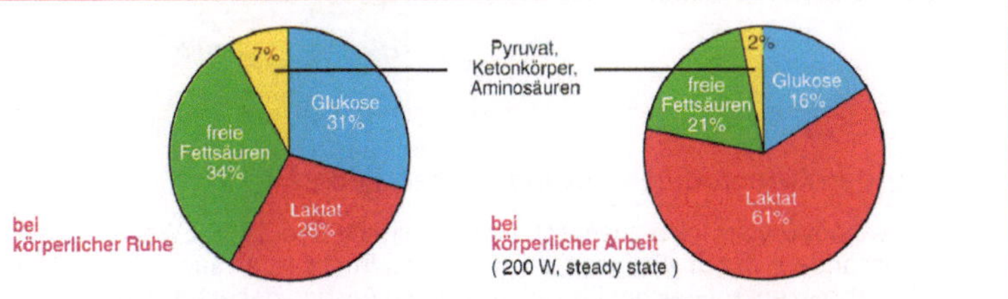

Fazit: Das Herz ist ein „Allesfresser"; es verbrennt vor allem auch Laktat, das bei der Muskelarbeit reichlich anfällt (im Skelettmuskel aber nicht verbrannt wird)

22

Koronarkreislauf

Blutversorgung des Herzens durch rechte und linke Kranzarterien.

[Nach Töndury G (1969) Angewandte und topographische Anatomie, 2. Aufl. Thieme, Stuttgart]

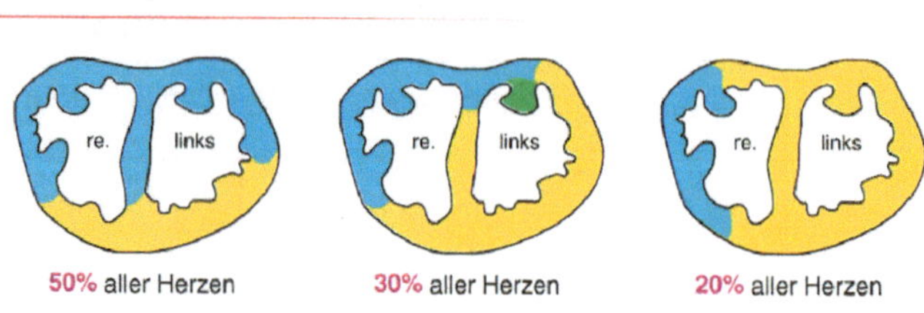

Richtwerte der Herzdurchblutung beim Menschen

Ruhewert	80 ml/100g/min (also insges. 240 ml/min, ca. 5 % des HMV)
Maximale Arbeit	Anstieg auf das 4–5fache (genannt Koronarreserve)

Schwankung der Koronardurchblutung im Verlauf des Herzzyklus.

[Nach Antoni H (1990). In: Schmidt RF, Thews G (Hrsg) Physiologie des Menschen, 24. Aufl. Springer, Heidelberg]

Die kleinen Herzgefäße laufen v.a. in den mittleren und inneren Wandschichten des Kammermyokards und sind dort den Myokardkontraktionen ausgesetzt. Dadurch wird besonders links zu Beginn der Systole der Bluteinstrom praktisch vollständig unterdrückt und das Maximum erst zu Beginn der Erschlaffung erreicht. Rechts dominiert dagegen mehr der Aortendruck, weil die Anspannungskontraktion schwächer ist. Während der Systole wird venöses Blut aus den Koronarsinus wie aus einem Schwamm herausgedrückt

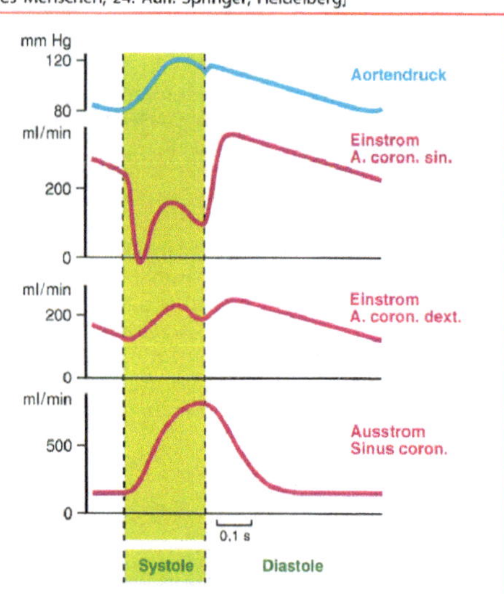

Anpassung der Koronardurchblutung an den Bedarf

Erfolgt überwiegend über lokal-chemische, metabolische Regulation: Weiterstellung der Gefäße insbesondere durch Absinken des O_2-Partialdrucks, aber auch durch Adenosin (entsteht bei Abbau energiereicher Phosphate), durch Anstieg der extrazellulären K^+-Konzentration und durch Endothelfaktoren. Zusätzlich scheinen der Sympathikus gefäßverengend, der Vagus (Parasympathikus) gefäßerweiternd zu wirken

23 Erregungsphysiologie des Herzens

Grundlagen der Herzerregung

Alle Herzmuskelzellen sind zu einem funktionellen Synzytium verknüpft

Der Herzmuskel besteht aus einem Geflecht von Herzmuskelzellen, deren Zellgrenzen als Glanzstreifen (Disci intercalares) miteinander verbunden sind. Diese Glanzstreifen sind kein Hindernis für die Erregungsfortleitung. Die Herzmuskelzellen bilden also ein funktionelles Synzytium. Eine irgendwo im Herzen entstehende Erregung breitet sich daher in der Regel über das gesamte Herz aus (Einschränkung: Der AV-Knoten leitet eine Kammerextrasystole meist nicht zum Vorhof zurück, s. u.)

Herzmuskelzellen gehören überwiegend zum Arbeitsmyokard, eine geringe Zahl bildet das spezifische Erregungsbildungs- und Erregungsleitungssystem

1) Die mechanische Pumparbeit des Herzens wird von der Arbeitsmuskulatur (dem Arbeitsmyokard) der Vorhöfe und Kammern geleistet.

2) Die Erregungsbildung und die rasche Ausbreitung der Erregung sind Aufgaben der Zellen des entsprechend genannten Systems. Zu diesem gehören a) Sinusknoten, b) Atrioventrikularknoten (AV-Knoten), c) His-Bündel, d) rechter und linker Kammerschenkel, e) Purkinje-Fäden.

Die Muskelfasern des Erregungsleitungssystems sind im Vergleich zu denen des Arbeitsmyokards fibrillenärmer und sarkoplasmareicher. Ihr Mitochondrienbestand ist ebenfalls geringer. Der Durchmesser der Fasern in den Kammerschenkeln und die der Purkinje-Fäden sind besonders hoch (daher hohe Leitungsgeschwindigkeit, s. u.)

Ionenmechanismen von Ruhepotential (RP) und Aktionspotential (AP) der Arbeitsmuskulatur (Vorhof- und Kammermyokard)

Ruhepotential	Vorwiegend ein K^+-Potential, liegt bei etwa –90 mV. Ein kleiner Teil davon, etwa 10 mV, wird durch die elektrogene Na^+-K^+-ATPase-Austauschpumpe beigetragen (aktiver Transport von Na^+-Ionen und damit positiver Ladung aus der Zelle, s, S. 12). Ohne zugeleitete Erregung verharrt das Membranpotential des Arbeitsmyokards auf seinem Ruhewert
Form und Verlauf des AP (Abb. S. 199)	Das AP beginnt mit dem Aufstrich, d. h. mit einer Membranumladung in 1–2 ms von –90 mV auf ca. +30 mV (initiale Spitze, positiver Wert wird Overshoot genannt), gefolgt von einem Plateau. Anschließend Repolarisation zum Ruhepotential. Gesamtdauer in Abhängigkeit von der Herzfrequenz 200–400 ms (je höher die Frequenz, desto kürzer das AP)
Ionenmechanismus des AP (Abb. S. 199)	Aufstrich: Folge einer raschen, massiven, nur kurz dauernden Zunahme der Na^+-Leitfähigkeit gNa (Schwelle zur Kanalaktivierung -60 mV, Block dieses Kanals durch TTX, s. S. 15). Plateau: bedingt durch (a) zunächst rasche Zunahme, dann langsamer Abfall der Ca^{++}-Leitfähigkeit g_{Ca} (Aktivierungsschwelle ca -30 mV; Block durch Ca^{++}-Antagonisten, z. B. Verapamil, Nifedipin) zusammen mit (b) paralleler Verminderung der K^+-Leitfähigkeit g_K. Repolarisation: zügige Rückkehr von g_{Ca} und g_K zu den Kontrollwerten. Kurzfristig erhöht sich g_K über den Ruhewert hinaus; dies ist die Ursache für die beschleunigte Repolarisation, d. h. zunehmende Verkürzung des AP bei zunehmender Herzfrequenz

Während des AP-Plateaus ist das Herz unerregbar: dies wird absolute Refraktärzeit genannt. Mit zunehmender Repolarisation normalisiert sich die Erregbarkeit: dies ist die relative Refraktärzeit

Ursache der Refraktärität ist die Inaktivierung des schnellen Na-Systems durch die anhaltende Depolarisation während des Plateaus. Erholung setzt ein, sobald während der Repolarisation das Membranpotential etwa -40 mV erreicht hat. Die Refraktärzeit korreliert also mit der Dauer des AP. Die Refraktärperiode schützt das Herz vor zu früher Wiedererregung, z. B. durch Kreisen der Erregung (Wiedereintritt, re-entry) und damit vor Leerkontraktionen, die zu Blutdruckabfall und Schock führen würden

23

Die Zellen des Erregungsbildungs- und -leitungssystems lösen durch spontane, langsame, nicht fortgeleitete diastolische Depolarisationen selbsttätig Erregungen aus. Der jeweils aktuelle Schrittmacher sind die Zellen mit der schnellsten Depolarisation, die anderen sind potentielle Schrittmacher. Folgendes ist zu beachten:

Sinusknoten	Dieser liegt im rechten Vorhof an der Einmündung der V. cava sup.; er ist im normalen Herzen lebenslänglich der aktuelle Schrittmacher. Ruhefrequenz beim Erwachsen etwa 70 Impulse/min. Die Erregung breitet sich von dort über das Arbeitsmyokard beider Vorhöfe aus. Das AP der Sinusknotenzellen hat einen trägen Aufstrich, eine kleine Amplitude und nur kurze Dauer. Der Aufstrich ist weitgehend ein Ca^{++}-Ionen-Strom
AV-Knoten	(Atrioventrikularknoten) ist die einzige Übergangsstelle der Erregung von den Vorhöfen auf die Kammern; wegen dünner Fasern nur langsame Erregungsleitung; dies gibt der Vorhofkontraktion Zeit, Blut in die Kammern zu schieben, bevor diese sich kontrahieren. Der AV-Knoten ist ein sekundärer Schrittmacher, Eigenfrequenz bei 40–60 Impulse/min
His-Bündel, Schenkel, Purkinje-Fäden	Bilden zusammen das Erregungsleitungssystem in der Kammerscheidewand und von dort in das Ventrikelmyokard. Die Erregung wird hier schnell geleitet (etwa 2 m/s), erreicht damit überall etwa gleichzeitig das Myokard; dort erfolgt die Endausbreitung der Erregung mit etwa 1 m/s. Das Erregungsleitungssystem ist der tertiäre Schrittmacher, seine Eigenfrequenz liegt bei 30–40 Impulsen/min (Kammereigenrhythmus)
Ionen-Mechanismus	Das maximale diastolische Potential des Sinusknoten unmittelbar nach Repolarisation des vorhergehenden AP liegt bei etwa -60 mV. Von dort sofort Übergang ins Schrittmacherpotential, das bei -40 mV in das nächste AP übergeht. Die Hauptursache der spontanen Depolarisation ist die Abnahme der K^+-Leitfähigkeit g_K, wodurch der Einwärtsstrom von Na^+-Ionen die Zelle depolarisiert (positiviert)

Die elektromechanische Kopplung wird durch Ca^{++}-Ionen bewerkstelligt

Jedes AP erhöht die Ca^{++}-Konzentration im Zellplasma von 0,1 µM auf 5 µM. Die Ca^{++}-Ionen stammen dabei aus 2 Quellen: 1. wie beim Skelettmuskel (S. 30) aus dem sarkoplasmatischen Retikulum, 2. zusätzlich aus extrazellulären Ca^{++}-Ionen, die während der Plateauphase des AP einströmen (s.o.) und den intrazellulären Vorrat ergänzen. Das AP hat also Trigger-(Auslöse-) und Auffülleffekt; eine Verkürzung des AP reduziert daher die Kraft der Kontraktion und vice versa. Die Beendigung der Kontraktion erfolgt wie beim Skelettmuskel durch Rückpumpen der Ca^{++}-Ionen in das sarkoplasmatische Retikulum. Eine Hemmung des Ca^{++}-Einwärtsstroms durch Ca^{++}-Antagonisten (z. B. Verapamil, Nifedipin) schwächt die Kontraktion ebenfalls (wird zur Hochdrucktherapie angewandt)

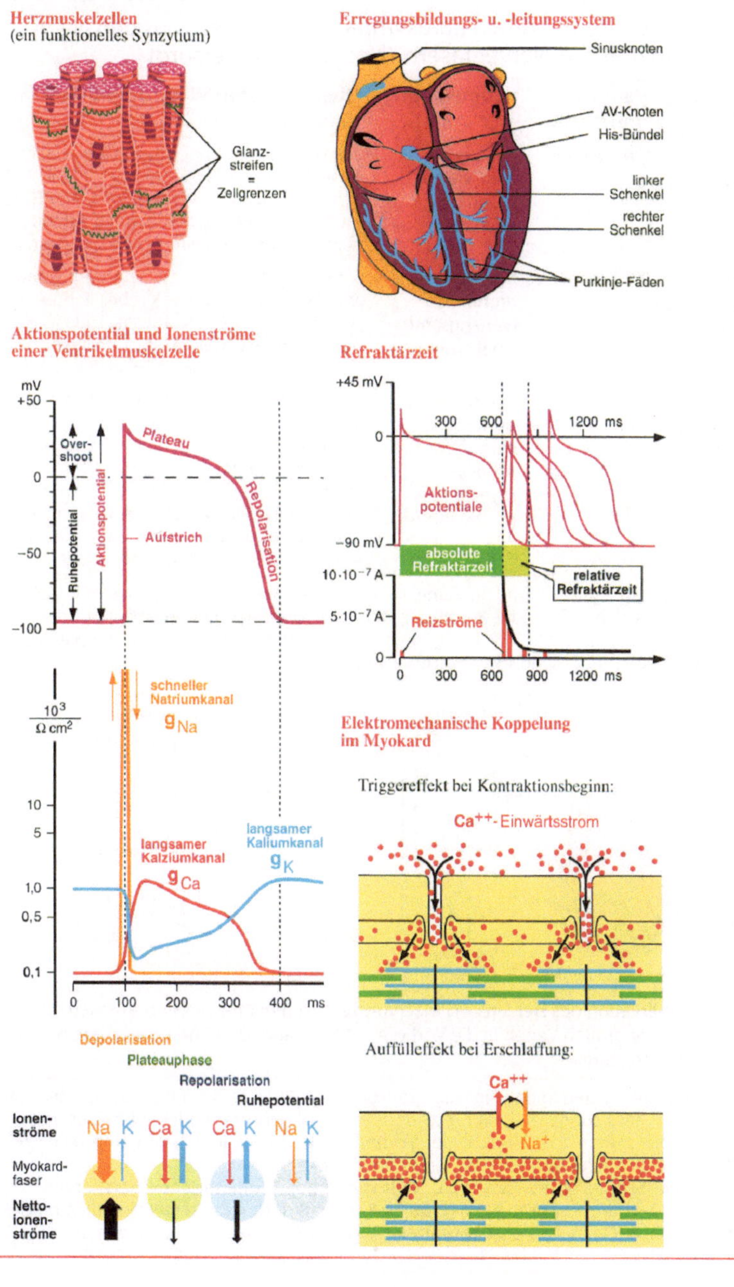
Herzmuskelzellen
(ein funktionelles Synzytium)
Glanz-
streifen
=
Zellgrenzen
Erregungsbildungs- u. -leitungssystem
Sinusknoten
AV-Knoten
His-Bündel
linker
Schenkel
rechter
Schenkel
Purkinje-Fäden
Aktionspotential und Ionenströme
einer Ventrikelmuskelzelle
mV
+50
0
-50
-100
Over-
shoot
Ruhepotential
Aktionspotential
Plateau
Aufstrich
Repolarisation
$\frac{10^3}{\Omega\,cm^2}$
schneller
Natriumkanal
g_{Na}
langsamer
Kalziumkanal
g_{Ca}
langsamer
Kaliumkanal
g_K
10
5
1,0
0,5
0,1
0
100
200
300
400
ms
Depolarisation
Plateauphase
Repolarisation
Ruhepotential
Ionen-
ströme
Na K Ca K Ca K Na K
Myokard-
faser
Netto-
ionen-
ströme
Refraktärzeit
+45 mV
0
-90 mV
300
600
1200 ms
Aktions-
potentiale
absolute
Refraktärzeit
relative
Refraktärzeit
$10 \cdot 10^{-7}$ A
$5 \cdot 10^{-7}$ A
Reizströme
0
0
300
600
900
1200 ms
Elektromechanische Koppelung
im Myokard
Triggereffekt bei Kontraktionsbeginn:
Ca^{++}- Einwärtsstrom
Auffülleffekt bei Erschlaffung:
Ca^{++}
Na^+

23

Autonome (vegetative) und afferente Innervation des Herzens

Das Herz wird efferent durch parasympathische Fasern aus den Nervi vagi und durch sympathische Nervenfasern (Nn. cardiaci) versorgt

Efferenz	Hauptangriffspunkt	Hauptwirkung	Überträgerstoff/Wirkmechanismus/ Kommentar
Rechter Vagus	Sinusknoten	negativ chronotrop (frequenzsenkend)	Transmitter (auch bei linkem Vagus): Azetylcholin (ACh). Flacht Schrittmacherpotential durch Erhöhung der K^+-Leitfähigkeit ab. ACh-Rezeptor ist muskarinerg, Blockade durch Atropin. Langsamer Herzschlag wird Bradykardie genannt
Linker Vagus	AV-Knoten	negativ dromotrop (verlangsamt Überleitung)	Verlangsamung der Leitungsgeschwindigkeit im AV-Knoten ebenfalls über Erhöhung der K^+-Leitfähigkeit (Öffnen zusätzlicher K^+-Kanäle). Second messenger ist ein G-Protein, das den ACh-Rezeptor mit den K^+-Kanälen koppelt
Sympathikus (rechts und links)	Gesamtes Herz	Sinusknoten: positiv chronotrop Arbeitsmyokard: positiv inotrop	Transmitter: Noradrenalin, bindet an β_1-Adrenorezeptoren. Vergleichbare Wirkung hat Adrenalin (aus Nebennierenmark). Beide versteilern Schrittmacherpotential durch Öffnen zusätzlicher Na^+- und Ca^{2+}-Kanäle. Schneller Herzschlag: Tachykardie. Inotrope Wirkung ebenfalls über zusätzliches Öffnen von Ca^{2+}-Kanälen während der Plateau des AP

Beide efferenten Systeme sind in Ruhe tonisch tätig, aber im allgemeinen überwiegt der Vagustonus: Blockierung beider Systeme erhöht bei einem jungen Erwachsenen die Herzfrequenz von etwa 70 auf etwa 105 Schläge/min. Körperliche Arbeit erhöht den Sympathikustonus bei gleichzeitigem Rückgang des Vagustonus und vice versa

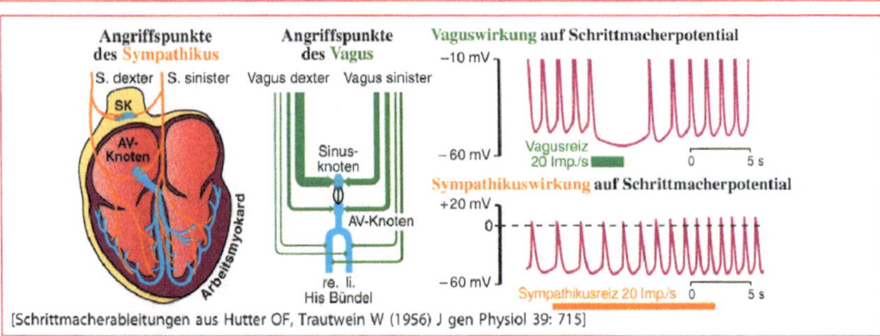

[Schrittmacherableitungen aus Hutter OF, Trautwein W (1956) J gen Physiol 39: 715]

Afferente Innervation des Herzens: (1) Mechanosensoren mit myelinisierten Fasern an den Einmündungen der großen Venen in die Vorhöfe, (2) Mechano- und Chemosensoren mit C-Fasern im gesamten Herzen

Zu 1: Afferenzen laufen in den Nn. vagi. Sensoren reagieren teils auf Kontraktion der Vorhöfe (A-Sensoren), teils auf deren Füllung, also Dehnung (B-Sensoren) oder auf beides (Mischtyp). Alle Sensoren zeigen das Ausmaß der Vorhoffüllung an, sie induzieren eine reflektorische Tachykardie und eine geringe Zunahme der Diurese
Zu 2: Afferenzen laufen sowohl in Nn. vagi wie in den sympathischen Herznerven. Niederschwellige Mechanosensoren werden durch Kammerkontraktion aktiviert, wirken bradykard. Chemosensitive Nozisensoren übermitteln Angina pectoris- und Infarktschmerz

Elektrokardiogramm, EKG

Elektrokardiographie ist das Aufzeichnen von elektrischen Potentialdifferenzen von der Hautoberfläche, die durch die Depolarisation und Repolarisation des Herzmuskels entstehen; die Aufzeichnung heißt Elektrokardiogramm, EKG

Die Erregungsausbreitung im Herzen bringt extrazelluläre Ströme mit sich. Diese führen zu kleinen Potentialdifferenzen an der Körperoberfläche, da die extrazelluläre Flüssigkeit eine elektrisch leitende Verbindung zwischen Herz und Haut bildet. Die Potentialdifferenzen (Größenordnung 1 mV) werden über Metallkontaktelektroden aufgenommen, von einem Millivoltverstärker gemessen und auf einem Papierstreifen aufgezeichnet.

Die Größe der Potentialdifferenzen hängt von der Größe der extrazellulären Ströme ab, diese wiederum von der Zahl der gleichzeitig erregten Herzmuskelzellen. Da das Erregungsleitungssystem nur vergleichsweise wenige Zellen hat, wird dessen Erregung im EKG nicht angezeigt, sondern nur die des Vorhof- und Kammerarbeitsmyokards.

Die Methode wurde um die Jahrhundertwende von Willem Einthoven in Leyden und Augustus Waller in London entwickelt. Sie erlaubt Aussagen über die Erregungs-, nicht aber über die Kontraktionsvorgänge des Herzens. Die Ableitung des EKG hat keinerlei physikalische Rückwirkungen auf den Patienten

Die Ableiteorte und -bedingungen des EKG sind international standardisiert. Am gebräuchlichsten sind die bipolaren Ableitungen nach Einthoven:

Extremitätenableitungen

Anschlüsse:
rechter Arm: rot (oder 1 Ring)
linker Arm: gelb (oder 2 Ringe)
linkes Bein: grün (oder 3 Ringe)
rechtes Bein: schwarz (Erde)

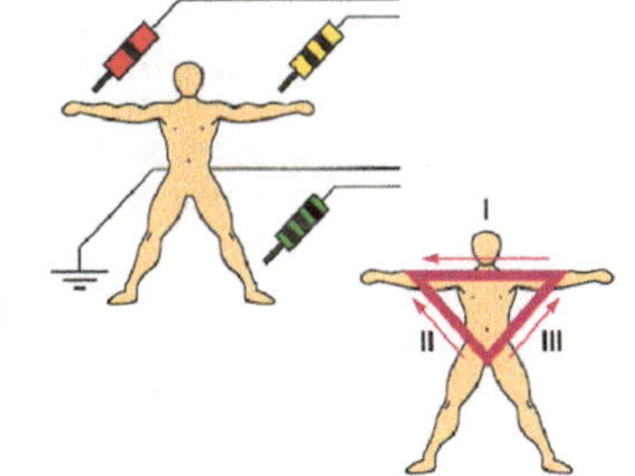

Bipolare Extremitätenableitungen nach Einthoven:

Ableitung I	linker Arm	→	rechter Arm
Ableitung II	linkes Bein	→	rechter Arm
Ableitung III	linkes Bein	→	linker Arm

Unipolare Ableitungen nach Goldberger (a augmented: verstärkt)
aVR Potential rechter Arm
aVL Potential linker Arm
aVF Potential linker Fuß

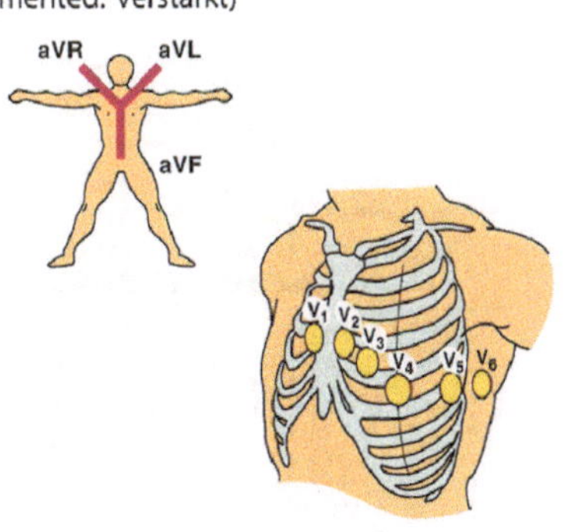

Brustwandableitungen

Unipolar nach Wilson:
V_1 4. ICR parasternal re.
V_2 4. ICR parasternal li.
V_3 zwischen V_1 und V_4
V_4 5. ICR in der Medioklavikularlinie li. (normalerweise Herzspitze)
V_5 vordere Axillarlinie in Höhe von V_4 li.
V_6 mittlere Axillarlinie in Höhe von V_4 li.

23

Beziehungen des EKG zum Erregungsablauf im Herzen (Standardableitung nach Einthoven)

<table>
<tr><td colspan="2">Nomenklatur: Als Strecken (oder Segmente) bezeichnet man die zwischen 2 Zacken oder Wellen gelegenen Abschnitte, ein Intervall umfaßt Zacken bzw. Wellen und Strecken. Das RR-Intervall entspricht der Dauer einer Herzperiode (dieses Intervall dient zur Bestimmung der Herzfrequenz). Positive Ausschläge werden nach oben abgebildet, im QRS-Komplex wird der positive Ausschlag R-Zacke genannt</td></tr>
<tr><td>P-Welle</td><td>Ist durch den Aufstrich der Vorhofaktionspotentiale bedingt, d. h. sie signalisiert die Erregungsausbreitung in den Vorhöfen. Die Kontraktion der Vorhöfe folgt anschließend im PQ-Intervall. Die Erregungsrückbildung der Vorhöfe wird wegen der geringen Zellmasse und des langsamen Verlaufs im EKG nicht sichtbar</td></tr>
<tr><td>PQ-Intervall, Überleitungszeit</td><td>In dieser Zeit breitet sich die Erregung in den Vorhöfen aus (P-Welle, s.o.) und durchquert den AV-Knoten bis in das His-Bündel und die Kammerschenkel; die normale Dauer beträgt 0,18–0,20 s. Die meiste Zeit davon wird im AV-Knoten benötigt</td></tr>
<tr><td>QRS-Gruppe oder -Komplex</td><td>Spiegelt die Erregungsausbreitung im Kammermyokard wider. Die Gesamtdauer beträgt 0,1 s; je nach Ableitung und Herzlage manchmal nur als QR- oder RS-Komplex zu registrieren</td></tr>
<tr><td>ST-Strecke</td><td>Entspricht der Plateauphase der Aktionspotentiale des ventrikulären Arbeitsmyokards (gesamtes Myokard erregt, daher keine Potentialdifferenzen abzuleiten); Dauer sehr stark frequenzabhängig (s. o.)</td></tr>
<tr><td>T-Welle</td><td>Spiegelt die Erregungsrückbildung (Repolarisation) im Kammermyokard wider; hat gleiche Polarität wie R-Zacke, da die Erregungsrückbildung nicht symmetrisch zur Ausbreitung (Depolarisation), sondern (1) an der Herzspitze schneller als an der Basis („apikobasaler Erregungsrückgang") und (2) an der Herzaußenwand schneller als an der Herzinnenwand verläuft</td></tr>
</table>

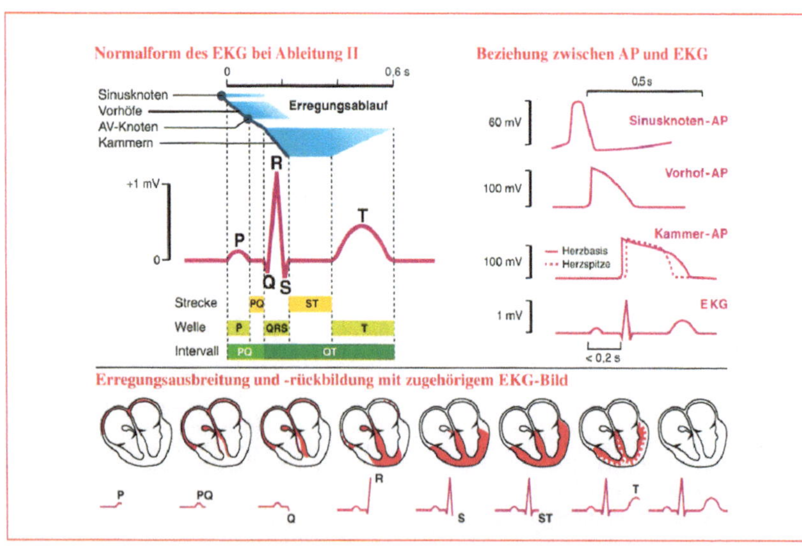

Die Zacken und Wellen des EKG lassen sich als Projektionen des resultierenden elektrischen Dipols (Integralvektor genannt) auf die Verbindungslinie zwischen den Ableitestellen in jedem Moment des Erregungszyklus auffassen. Vektorkardiographie ist die Darstellung des Kreisens der Dipolspitze im Verlauf des Herzzyklus

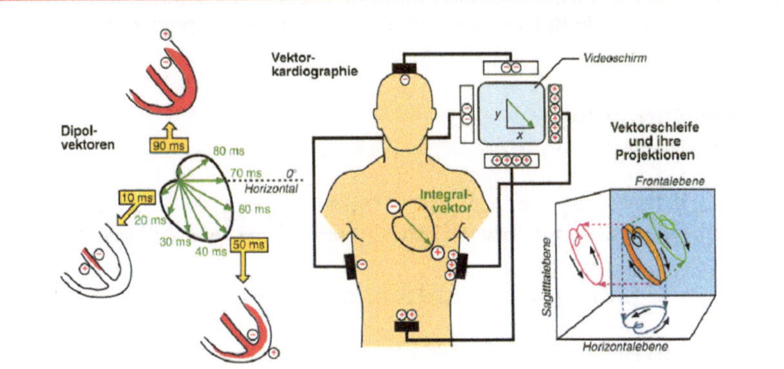

Unerregte Stellen des Herzens sind außen positiv gegenüber erregten. Jede erregte Zelle wirkt dabei als gerichteter elektrischer Dipol, also als Dipolvektor, dessen Ladungsgröße und Richtung sich mit allen anderen Dipolvektoren zu einem Integralvektor summieren. Dieser Integralvektor kreist im Verlauf der Kammererregung im Gegenuhrzeigersinn in der Frontalebene. Die Aufzeichnung der Bewegung seiner Spitze ergibt die Vektorschleife

Die vektorielle Interpretation des EKG erlaubt die annähernde Bestimmung der Herzlage im Thorax über die graphische Darstellung der elektrischen Herzachse mit Hilfe des Einthoven-Dreiecks

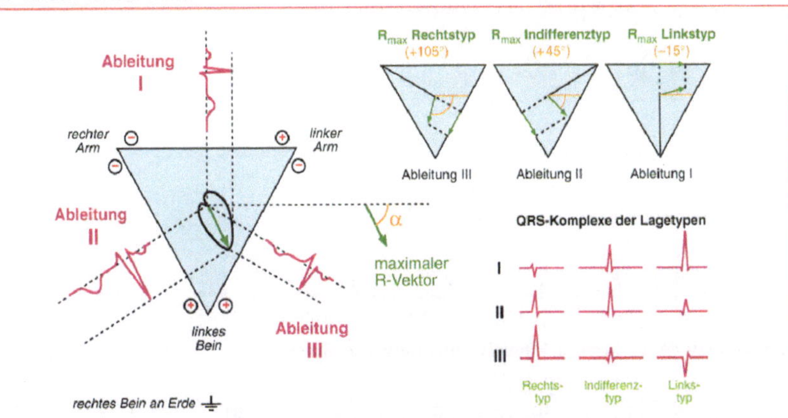

Die Richtung des Integralvektors zum Zeitpunkt R wird als elektrische Herzachse bezeichnet. Sie läßt sich aus 2 beliebigen Standardextremitätenableitungen zeichnerisch ermitteln. Es wird dabei vereinfacht angenommen, daß die Ableitepunkte ein gleichseitiges Dreieck bilden, auf dessen Schenkel sich die elektrische Herzachse projiziert. Diese stimmt nach vielfältiger Erfahrung gut mit der anatomische Lage des Herzens im Thorax überein

Mit dem EKG lassen sich Störungen der Erregungsbildung, der Erregungsausbreitung und der Erregungsrückbildung diagnostizieren. Herzschläge, die vereinzelt nicht vom Sinusknoten ausgehen, werden Extrasystolen genannt. Gehen diese von den Ventrikeln aus (Kammerextrasystolen), werden die Erregungen in der Regel nicht über den AV-Knoten in die Vorhöfe zurück geleitet (s. Abb.). Störungen der Erregungsausbreitung treten in vielfältiger Form auf, ein Beispiel ist gezeigt, ebenso 2 weitere typische Störungen der Herzerregbarkeit

Formen von Extrasystolen:

1. Vorhofextrasystole: Rhythmusverschiebung

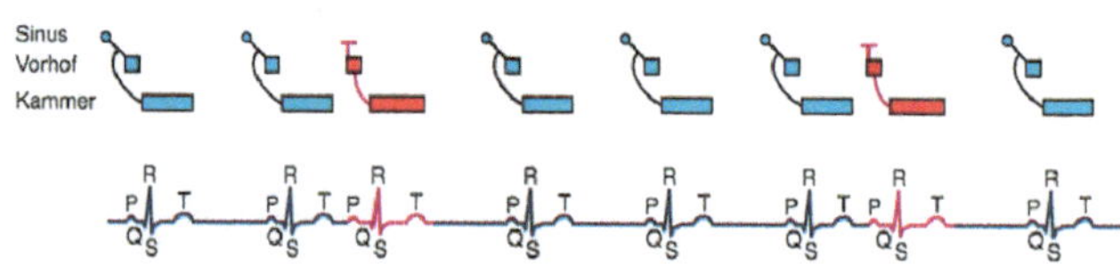

2. Kammerextrasystolen (ventrikuläre Extrasystolen)

a) interponiert

b) mit kompensatorischer Pause

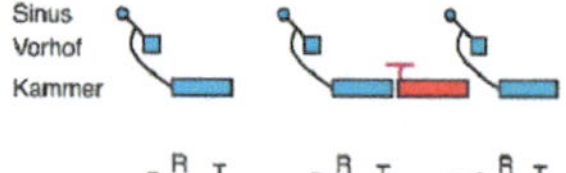

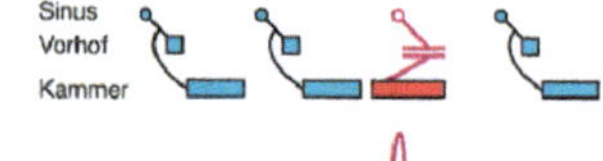

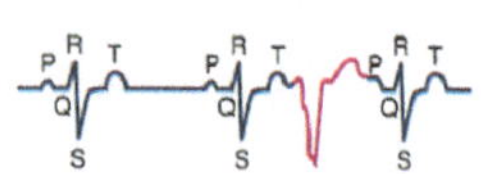

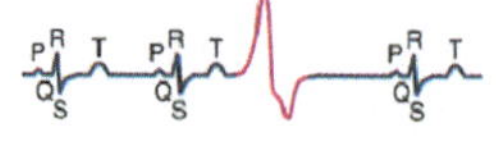

Störungen der Erregungsausbreitung

vollkommener AV-Block (AV-Block 3.Grades) mit Kammereigenrhythmus

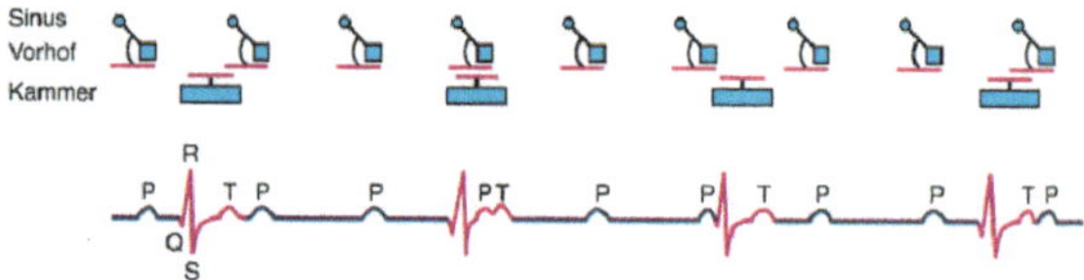

Vorhofflimmern mit absoluter Arrhythmie

Senkungen der ST-Strecke: Hinweise auf Infarkt/Ischämie

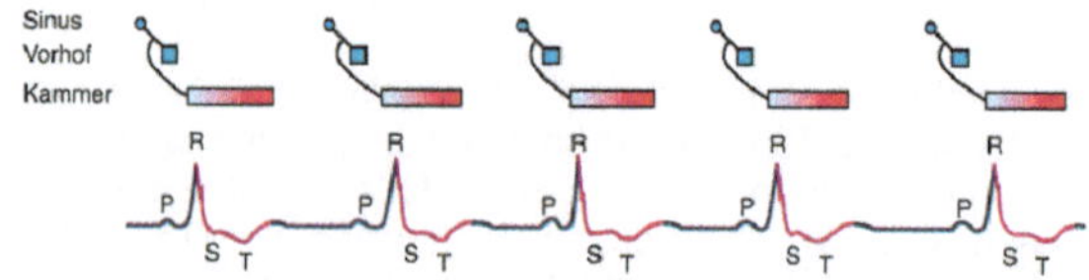

24 Gefäßsystem und Kreislaufregulation

Arterieller und venöser Kreislauf im Überblick

Herz- und Gefäßsystem im Überblick und die Verteilung des Herzzeitvolumens auf die Teilkreisläufe in Ruhe. [Nach Witzleb E (1990). In: Schmidt RF, Thews G (Hrsg) Physiologie des Menschen, 24. Aufl. Springer, Heidelberg. Und nach Rein H, Schneider M (1971) Einführung in die Physiologie des Menschen, 16. Aufl. Springer, Heidelberg]

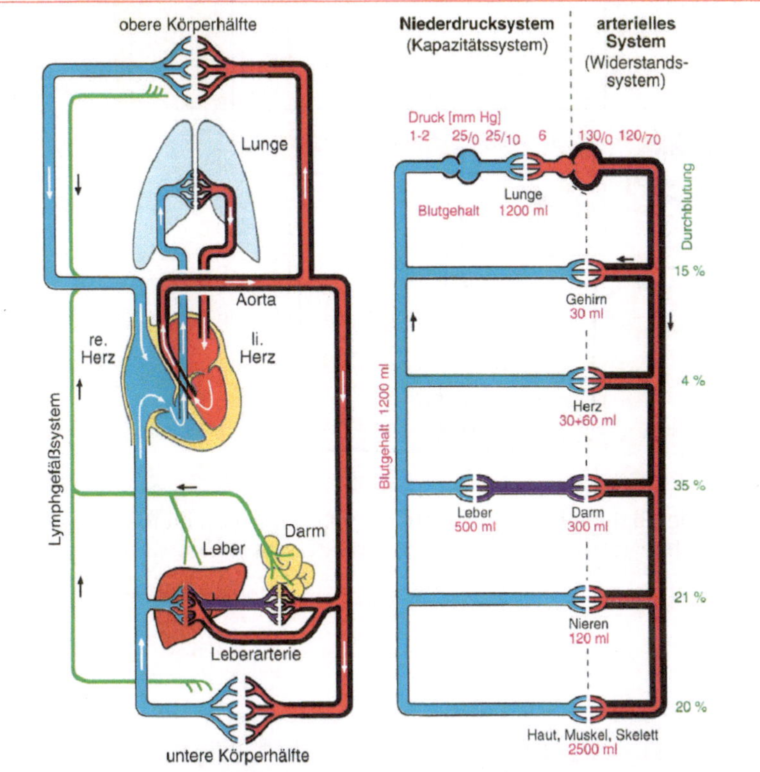

Links: Teilkreisläufe schematisiert. Abschnitte mit O_2-gesättigtem, „arteriellen" Blut sind rot, die mit teilweise entsättigtem, „venösen" Blut blau gezeichnet. Lymphgefäßsystem grün (zusätzliches Transportsystem des Körpers). *Rechts:* Prozentualer Anteil der Organkreisläufe am Herzzeitvolumen von 5–6 l/min unter Ruhebedingungen. Genauere Daten s. Tabellen und nachfolgende Abbildungen.

Fazit: Lungenkreislauf mit rechtem Ventrikel als Pumpe liegt als kleiner Kreislauf in Serie (hintereinander) mit Körper-(Organ-)Kreislauf (großer Kreislauf) mit linkem Ventrikel als Pumpe. Das arterielle System mit seiner relativ starken und relativ starren Wand und mit seinem größeren Widerstand reicht vom linken Ventrikel bis zum Kapillarsystem, das übrige Gefäßsystem mit seiner relativ schwachen und stark dehnbaren Wand wird als Niederdruck- oder Kapazitätssystem zusammengefaßt. Der zwischen rechtem und linkem Herzen liegende Lungenkreislauf gehört ebenfalls zum Niederdrucksystem.

Verteilung von Drucken, Volumina, Gefäßquerschnitten und Strömungsgeschwindigkeiten im Blutkreislauf. [Modifiziert nach Gauer OH (1972) und Witzleb E (1990)]

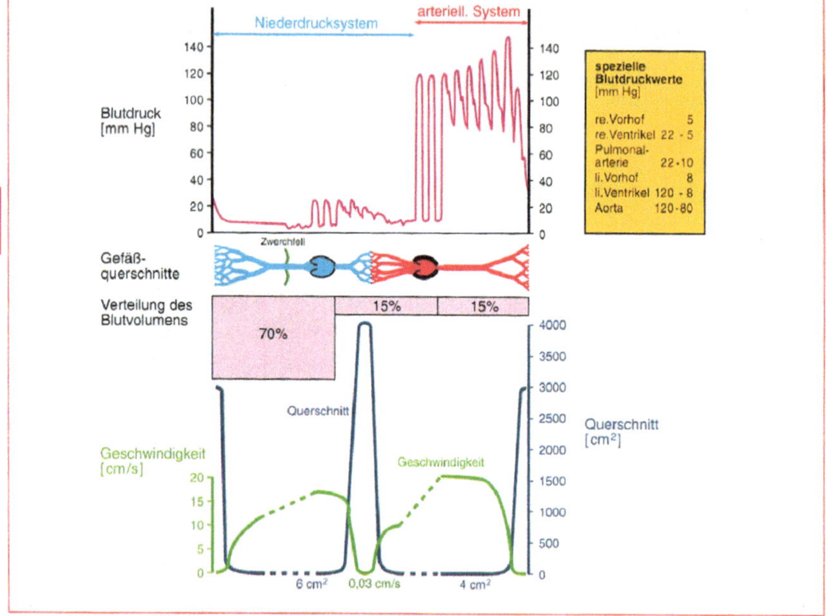

Verteilung der Blutvolumina (in ml) auf die verschiedenen Kreislaufabschnitte beim Menschen. [Durchschnittswerte für ca. 40jährigen Mann von 75 kg. Nach W.R. Milnor in Mountcastle, V.B.: Medical Physiology, 13th. Ed. Saint Louis: Mosby 1974]

Region	ml	ml	%		%
Herz (Diastole)		360	7,2		7,2
Pulmonalkreislauf					
Arterien	130		2,6		
Kapillaren	110	440	2,2		8,8
Venen	200		4,0		
Körperkreislauf					
Aorta, große Arterien	300		6,0	14	
Kleine Arterien	400		8,0		
Kapillaren	300	4200	6,0		84,0
Kleine Venen	2300		46,0	64	
Große Venen	900		18,0		
Insgesamt:		5000			100,0

Fazit: Das meiste Blut findet sich im Körperkreislauf (84 %), dort vor allem in den Venen (3200 von 4200 ml). In ihnen und den Pulmonalvenen sind rund 70 % des Blutes deponiert (Venen sind Kapazitätsgefäße). Kapillaren enthalten trotz ihres großen Gesamtquerschnittes wegen ihrer geringen Länge relativ wenig Blut (410 ml insgesamt). Wenig Blut enthalten auch die kleinen Arterien, insbesondere die zu ihnen gehörenden Arteriolen, in denen der Hauptwiderstand des Kreislaufs lokalisiert ist (Arteriolen sind Widerstandsgefäße).

Mittlere Strömungsgeschwindigkeiten und mittlere Drücke im Körpergefäßsystem des Menschen. [Nach Witzleb E (1990). In: Schmidt RF, Thews G (Hrsg) Physiologie des Menschen, 24. Aufl. Springer, Heidelberg]

	Durchmesser (mm)	Mittlere Geschwindigkeit (cm/s)	Mittlerer Druck (mm Hg)
Aorta	20–25	20	100
Mittlere Arterien		10–5	95
Sehr kleine Arterien		2	80–70
Arteriolen	0,06–0,02	0,3–0,2	70–35
Kapillaren			
arterielles Ende	0,006	0,03	35–30
Mitte			25–20
venöses Ende			20–15
Sehr kleine Venen		0,5–1,0	15–10
Kleine bis mittlere Venen		1–5	10
Große Venen	5–15	5–10	und
Vv. cavae	30–35	10–16	weniger

Durchblutung, Stromstärken in ml/s, Strömungswiderstände (R) und O_2-Aufnahme in den einzelnen Organkreisläufen des Menschen unter Ruhebedingungen samt den Organgewichten. Körpergewicht 70 kg. Körperoberfläche 1,7 m². [Nach O. L. Wade und M. Bishop: Cardiac output and regional bloodflow. Oxford: Blackwell 1962 und E. Witzleb 1990]

Gefäßgebiet	Durchblutung ml/min	%	ml/s	R Pa · ml^{-1} · s	O_2-Aufnahme ml/min	%	Gewicht g	%
Splanchnikus	1400	24	23	580	58	25	2800	4,0
Nieren	1100	19	18	740	16	7	300	0,4
Gehirn	750	13	13	1025	46	20	1500	2,0
Herz (Koronargf.)	250	4	14	3330	27	11	300	0,4
Skelettmuskel	1200	21	20	670	70	30	30000	43,0
Haut	500	9	8	1670	5	2	5000	7,0
Übrige Organe	600	10	10	1330	12	5	30100	43,2
Körpergefäßsystem insgesamt	5800	100	96	140	234	100	70000	100,0
Lungengefäßsystem	5800	100	96	11				

Gesamtdurchblutung, spezifische Durchblutung und AVD_{O_2} der Organkreisläufe des Menschen unter Ruhebedingungen und bei maximaler Vasodilatation. [Nach Golenhofen 1981 modifiziert aus K. Golenhofen: GK1 Physiologie, 9. A. Weinheim: VCH 1991. Ruhedurchblutungswerte weichen z. T. etwas von denen obiger Tabelle und der Abb. S. 206 ab]

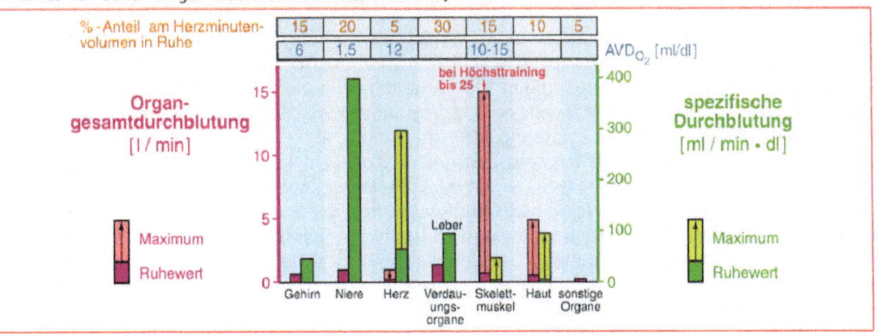

24

Hämodynamik

Strömung im starren Rohr: Abhängigkeit von Druck und Widerstand. [Abb. nach M. v. Frey, mod. aus Rein H, Schneider M (1971) Einführung in die Physiologie des Menschen. Heidelberg, Springer]

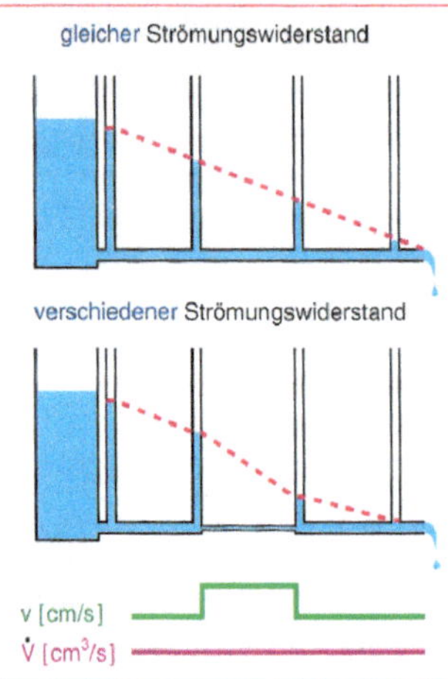

Flüssigkeit strömt aufgrund der Druckdifferenz $\Delta p = p_1 - p_2$ zwischen den Enden der Röhre. Diese Druckdifferenz liefert die Kraft zur Überwindung des Strömungswiderstandes. Ist dieser verschieden, so ist auch der Druckabfall verschieden, sichtbar am Anstieg der Flüssigkeit in den senkrechten Röhren an den einzelnen Rohrpunkten. Zwischen der Stromstärke $\dot{V}$ (Stromvolumen pro Zeit), dem Druckgefälle Δp und dem Strömungswiderstand R besteht in Analogie zum Ohm-Gesetz die einfache Beziehung

$$\dot{V} = \frac{\Delta p}{R} \qquad (1).$$

$\dot{V}$ ist dabei in allen Abschnitten gleich (Kontinuitätsgesetz), daher muß sich die lineare Strömungsgeschwindigkeit v umgekehrt proportional zum Querschnitt der einzelnen Teilabschnitte ändern.

Strömungswiderstand R und Stromstärke $\dot{V}$ im starren Rohr: Gesetz von Hagen-Poiseuille

R hängt von der „Reibung" des strömenden Materials ab. Diese ist bestimmt durch die Viskosität η der Flüssigkeit und die Maße der Röhre, nämlich Länge L und Radius r. Was diesen angeht, so zeigte sich, daß der Energieverlust durch Reibung umgekehrt proportional der 4. Potenz des Röhrenradius ist. Zusammengefaßt ergibt sich für R

$$R = \frac{\eta \cdot L}{r^4 \cdot \pi} \cdot 8 \qquad (2).$$

Wird dieser Wert in Gleichung (1) eingefügt, so ergibt sich für $\dot{V}$

$$\dot{V} = \frac{\Delta p \cdot r^4 \cdot \pi}{\eta \cdot L} \cdot \frac{1}{8} \text{ (Hagen-Poiseuille)} \qquad (3).$$

Fazit: Kleinste Änderungen des Rohrdurchmessers bringen stärkste Änderungen des Strömungswiderstands mit sich. Änderungen von r sind also für die Stromstärke $\dot{V}$ wesentlich wirkungsvoller als Änderungen von Δp.

Anmerkungen zum Gesetz von Hagen-Poiseuille

Das Gesetz gilt nur für laminare Strömungen (Schichtenströmungen), wie sie im Kreislauf aber praktisch immer vorkommen (Axialstrom ist schneller als Randstrom, der sich an der Wand reibt). Gegensatz ist turbulente Strömung, die in allen Anteilen etwa gleich schnell ist und durch ihre inneren Wirbel einen höheren Widerstand hat. Von einer kritischen Geschwindigkeit an geht die laminare in eine turbulente Strömung über (hängt u. a. ab von Rohrweite und Viskosität). Grenzwert wird ausgedrückt als Reynold-Zahl. Die Viskosität η liegt beim Menschen für Blut bei 3–5 rel. Einheiten, für Plasma bei 1,9–2,3 rel. Einheiten. Diese Werte gelten nur bei relativ schneller Strömung und normaler Blutzusammensetzung. Bei langsamer Strömung nimmt η u. a. durch Geldrollenbildung der Erythrozyten zu (pathophysiologisch wichtig z. B. bei Schock: Strömungsstillstand wegen zu hohem R). Andererseits nimmt die effektive Viskosität η in engen Gefäßen ($< 500\,\mu m$) ab: Sigma- oder Fahraeus-Lindqvist-Effekt (Plasma bildet reibungsarme Randschicht, da die Erythrozyten sich im Axialstrom ansammeln).

Strömung im elastischen Gefäß: Druck, Gefäßweite, Wandspannung, Elastizität

Die Gefäßwände verfügen über erhebliche Elastizität. Daher werden mit steigendem Druck die Gefäße zunehmend gedehnt, so daß dadurch der Strömungswiderstand absinkt und das Stromvolumen steiler als linear ansteigt. Der dehnende (transmurale) Druck p_t ist die Druckdifferenz zwischen Innenseite und Außenseite der Gefäßwand ($p_t = p_i - p_a$, wobei p_a meist sehr klein, so daß $p_t \cong p_i$ ist). p_t erzeugt in den Gefäßwänden eine dem Druck entgegenwirkende Tangentialspannung T, die nach dem Laplace Gesetz (s. S. 191) auch vom inneren Radius r_i und der Wanddicke h abhängt. Dies ist in der nachfolgenden Abbildung und in der Tabelle illustriert.

Als anschauliches Maß für die Elastizität der Gefäßwand gibt der Volumenelastizitätskoeffizient E′ Auskunft darüber, wie leicht oder schwer – gemessen am damit verbundenen Druckanstieg – ein Gefäßabschnitt ein bestimmtes zusätzliches Volumen aufnehmen kann. Er ist definiert als

$E' = \frac{\Delta p}{\Delta V}$ (4), sein Kehrwert wird als Weitbarkeit oder Compliance $= \frac{\Delta V}{\Delta p}$ (5) angegeben.

Bei großer elastischer Dehnbarkeit ist E′ klein und umgekehrt. Das elastische Verhalten einer Volumeneinheit, z. B. der Aorta, wird durch den Volumenelastizitätsmodul

$\kappa = \frac{\Delta p}{\Delta V} \cdot V = E' \cdot V$ (6) beschrieben (Maß für die spezifische Dehnbarkeit).

Transmurale Drücke p und tangentiale Wandspannungen T in verschiedenen Gefäßen mit dem Innenradius r und der Wandstärke h. [Aus Witzleb (1980) nach Daten von Burton (1969)]. Bezüglich p und r vergleiche auch Tabelle S. 207.

Gefäße	r [mm]	h [mm]	p [mm Hg]	T [N/ml]
Aorta	12	2	100	173
Arterien	0,5–3	0,3	90	24
Arteriolen	0,01–0,1	0,03	60	0,48
Kapillaren	0,003	0,001	30	0,016
Venolen	0,01–0,025	0,002	20	0,027
Venen	0,75–7,5	0,5	15	1
V. cava	17	1,5	10	21

Fazit: Die tangentiale Wandspannung (Zugbelastung) nimmt „dank Laplace" bei den dünnen Gefäßen wesentlich deutlicher ab als der Blutdruck. Daher können auch die dünnen Gefäßwände der Arteriolen und Kapillaren den noch relativ großen Blutdruck gut aushalten. In der Abbildung würde bei longitudinaler Trennung L der Gefäßwand die Schnittränder mit der Kraft K auseinanderstreben.

Autoregulation der Gefäße kann den Kontraktionszustand der Gefäßwände erhöhen und dadurch der elastischen Gefäßerweiterung entgegenwirken

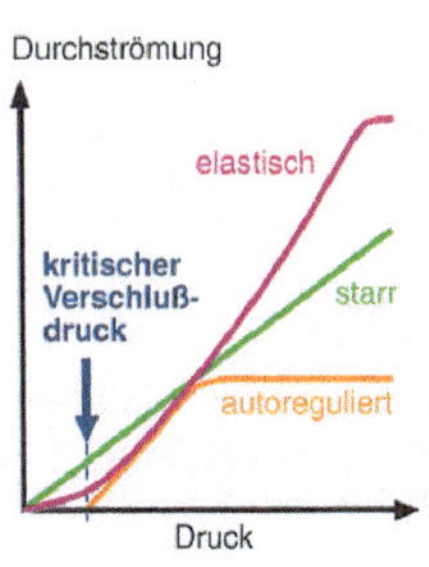

Die glatte Muskulatur der Gefäßwände besitzt eine gewisse Autonomie (Fähigkeit zur Kontraktion/Tonuserhöhung), die durch Dehnung angeregt bzw. verstärkt werden kann. Bei Drucksteigerungen kann dieser Bayliss-Effekt so stark angeregt werden, daß der weiteren Dehnung durch eine zunehmende Kontraktion entgegengewirkt wird. Entsprechend steigt trotz Druckzunahme die Durchströmung nicht mehr deutlich sondern nur noch wenig an oder bleibt sogar gleich. Dieses Verhalten, ist z. B. für Nieren- und Hirnarterien typisch. Es ist weiter zu berücksichtigen, daß das Kapillarbett erst durch einen gewissen Mindestdruck von etwa 20 mm Hg, den kritischen Verschlußdruck, eröffnet werden kann (Bestimmung in der Abb. durch Verlängerung des steilen Kurventeils auf die Abszisse). Dieser Verschlußdruck reduziert das wirksame Druckgefälle.

Die Windkesselfunktion des arteriellen Systems

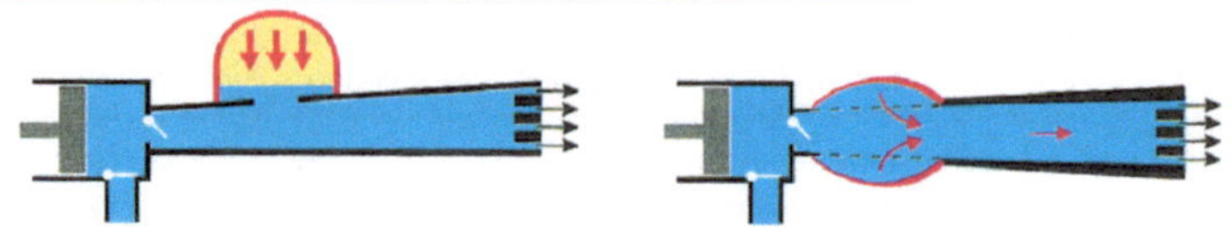

Der Einbau eines luftgefüllten Behälters in Feuerspritzen (Windkessel, links) wandelt diskontinuierliche Strömung in kontinuierliche: Nach Klappenschluß der Pumpe dient die im Windkessel gespeicherte Energie dazu, die Strömung während der Pumpendiastole zu unterhalten. Im Gefäßsystem rechts übernehmen die elastischen Rückstellkräfte der gedehnten Gefäßwände die Rolle des Luftpolsters. Die variable Strichdicke symbolisiert, daß die Dehnbarkeit des Windkessels herznah am größten ist (Aorta, s.unten) und peripher sehr stark abnimmt.

Druck-Volumen-(pV-)Diagramm der menschlichen Aorta, Elastizität und Gesamtkapazität des arteriellen Windkessels. [Nach Werten von Simon E, Meyer WW (1958) Klin. Wochenschr. 36: 424]

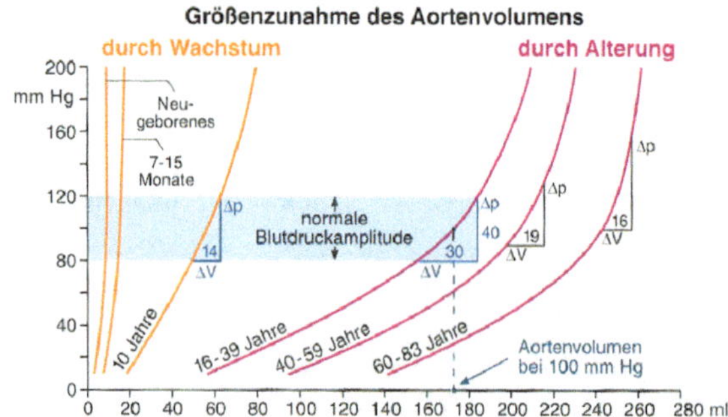

Aortenvolumen und Dehnbarkeit ändern sich durch Wachstum und Alter. Alle Aorten haben die zur Druckachse hin gekrümmte Form, d. h. die Weitbarkeit (compliance) nimmt mit höherem Druck ab, während bei Senkung des Blutdruck der Windkessel weicher wird. Die Steilheit des pV-Diagramms, gegeben durch $E' = \Delta p/\Delta V$, beschreibt die Härte des Windkessels: Minimum (d.h. größte elastische Dehnbarkeit, s. vorhergehende Seite oben) liegt im frühen Erwachsenenalter. Durchschnittliche Kapazität der Aorta bei 100 mm Hg liegt bei 170 ml, dies sind etwa 20 % der Totalkapazität des arteriellen Systems von $170 \cdot 5 = 850$ ml (15 % des Blutvolumens). E' der Aorta läßt sich aus der Abbildung entnehmen als

$$E' = \frac{\Delta p}{\Delta V} = \frac{40 \text{ mm Hg}}{30 \text{ ml}} = 1{,}3 \text{ mm Hg pro 1 ml } (= 177 \text{ pa} \cdot \text{ml}^{-1})$$

Die Aorta ist etwa 3mal dehnbarer als das übrige arterielle System, das daher bei einer Drucksteigerung von 40 mm Hg (der normalen Blutdruckamplitude) nur 10 ml aufnimmt. Der Gesamtwindkessel hat also ein E'

$$E'_{\text{Gesamtwindkessel}} = \frac{40 \text{ mm Hg}}{30 \text{ ml} + 10 \text{ ml}} = 1 \text{ mm Hg pro 1 ml } (= 133 \text{ pa} \cdot \text{ml}^{-1})$$

Fazit: Durch Zunahme des arteriellen Drucks um 1 mm Hg nimmt das arterielle Volumen um etwa 1 ml zu und umgekehrt. Im Alter nimmt die Dehnbarkeit der Wandelemente der Aorta ab. Gleichzeitig nimmt der mittlere Druck zu. Beides bedingt eine erhöhte Arbeitsleistung des alternden Herzens.

Der arterielle Puls

Form des Druckpulses und seine Geschwindigkeit in verschiedenen Arterien

[Messungen von O. H. Gauer mit intraarteriellem Katheter, beginnend im linkem Ventrikel]

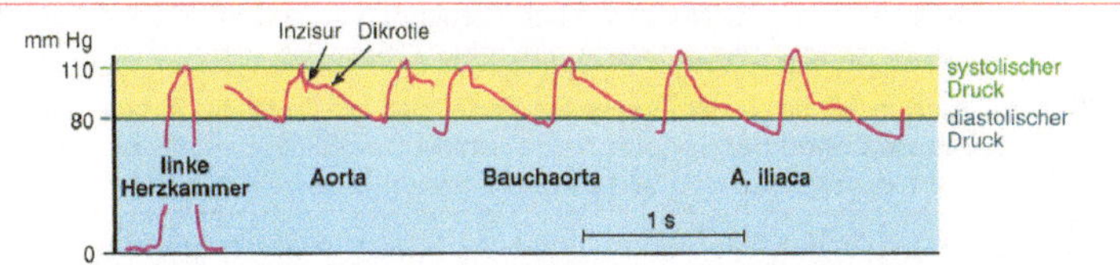

Der Schluß der Aortenklappen spiegelt sich in der Inzisur wider. Die Erhebung der Pulskurve in der Diastole (Dikrotie oder dikrote Welle) ebenso wie die Überhöhung der Pulsamplitude in der Peripherie sind durch Reflexionen und die Ausbildung von stehenden Wellen in den Arterien bedingt. Für die Strömung des Blutes ist der arterielle Mitteldruck entscheidend, für dessen Werte s. Tabelle S. 207. Die Pulswellengeschwindigkeit liegt in der Aorta bei 4–6 m/s, sie nimmt zur Peripherie hin zu, da die Gefäßwände starrer werden (z. B. A. radialis 10–12 m/s). Daher auch Anstieg der Pulswellengeschwindigkeit bei Zunahme des arteriellen Mitteldrucks und im Alter (jeweils durch starrere Gefäßwand, s. Abb. S. 210).

Die Pulsqualitäten (linke Kolumne) sind mit den Fingerspitzen ertastbar, sowie mit Drucktransducern oder i. a. Katheter meßbar; die lateinischen Bezeichnungen der Pulsqualitäten stehen in der mittleren Kolumne

1) Frequenz	Pulsus frequens, Pulsus rarus	Einfachste Methode, die Herzfrequenz zu messen. Normalwert 60–80/min, beim Kind höher, beim Trainierten niedriger
2) Regelmäßigkeit	Pulsus regularis, Pulsus irregularis	Physiologisch: respiratorische Arrhythmie (Zunahme der Frequenz beim Einatmen, besonders bei Jugendlichen)
3) Härte	Pulsus durus, Pulsus mollis	Grobe Abschätzung des systolischen Drucks durch Prüfen der Unterdrückbarkeit des Pulses (Druck auf die Arterie gegen eine harte Unterlage)
4) Größe	Pulsus altus (bzw. magnus), Pulsus parvus	Blutdruckamplitude erlaubt grobe Abschätzung des Schlagvolumens, da dieses ceteris paribus im wesentlichen für die Druckamplitude verantwortlich ist. Pulsus altus auch im Alter wegen zunehmender Wandstarre
5) Steilheit	Pulsus celer, Pulsus tardus	Pulsus altus ist meist auch celer oder schnellend, da die Druckveränderungen pro Zeiteinheit schneller verlaufen. Pulsus parvus ist entsprechend meist tardus

Volumenpuls, Strompuls, Strömungsgeschwindigkeit

Bei der Austreibung des Schlagvolumens wird die Wand der Aorta entsprechend ihrer Elastizität gedehnt (Querschnitt nimmt zu), und zwar um etwa 30 ml (s. Abb. auf der vorhergehenden Seite). Im Verlauf der Diastole nimmt der Querschnitt wieder ab (Windkesselfunktion). Den Zeitverlauf dieser Volumenänderungen der Aorta nennt man Querschnitt- bzw. Volumenpuls. Er entspricht weitgehend dem Druckverlauf in der Aorta (Abb. oben). Die Austreibung des Schlagvolumens führt auch zu einer Strömung des Blutes in der Aorta. Dieser Strompuls hat Spitzengeschwindigkeiten von etwa 150 cm/s (Durchschnitt während der Austreibung 70 cm/s). Nach Ende der Austreibung kommt die Blutsäule in der Aorta ascendens praktisch zum Stillstand. Über den Gesamtzyklus liegt die durchschnittliche Strömungsgeschwindigkeit daher nur bei 20 cm/s (Tabelle S. 207, Abb. S. 206, dort auch Werte für das übrige arterielle System).

24

Der Blutdruck und seine Messung

Nomenklatur, Normwerte

Systolischer Druck	Maximaler arterieller Druck auf der Höhe der Austreibungsperiode (s. Abb. S. 189, 206, 211). Der Normwert beim liegenden jugendlichen Erwachsenen in der Aorta und den großen Arterien bei 120 mm Hg
Diastolischer Druck	Niedrigster arterieller Druckwert, findet sich am Ende der Anspannungszeit (also während Herzsystole), bevor sich die Aortenklappen öffnen. Der Normwert in der Aorta und den großen Arterien liegt bei 80 mm Hg
Mitteldruck	Durchschnittlicher Druck während des Herzzyklus (Integral des Druckverlaufs über die Zeit), liegt etwa um 43 % (aufgerundet 50 %) über dem diastolischem Wert, also in der Aorta bei rund 100 mm Hg. Weitere Mitteldrucke im Gefäßssystem s. Tabelle S. 207

24

Indirekte Blutdruckmessung nach Riva-Rocci und Korotkow

Aufblasbare, mit Druckanzeige verbundene Manschette (Standardbreite 12 cm, bei Kindern schmaler) wird um den Oberarm gelegt. Nach Riva-Rocci wird Puls an der A. radialis gefühlt. Steigt Manschettendruck über systolischen Blutdruck, verschwindet Puls, bei Ablassen des Manschettendrucks taucht Puls nach Unterschreiten des systolischen Drucks wieder auf. Diastolischer Druck ist auf diese Weise nicht meßbar, jedoch nach Korotkow: Manschettendruck über systolischen Blutdruck aufblasen und langsam ablassen: sobald Manschettendruck unter systolischen Blutdruck fällt, wird kurzzeitig Blut in turbulenter Strömung unter der Manschette durchgedrückt. Turbulenz verursacht scharfes Korotkow-Geräusch, das über A. cubitalis mit Stethoskop abgehört werden kann und systolischen Wert anzeigt. Bei weiterem Senken des Manschettendrucks nimmt Geräusch erst zu, dann rasch ab. Sobald Manschettendruck unter den diastolischen Druck fällt, verschwindet es ganz, da Arterie dann dauernd offen. Verschwinden des Korotkow-Geräuschs signalisiert also den diastolischen Wert.

Altersabhängigkeit des menschlichen Blutdrucks (Daten aus US National Health Survey 1960–1962, umfangreiche statistische Erhebung an der gesamten weißen Bevölkerung)

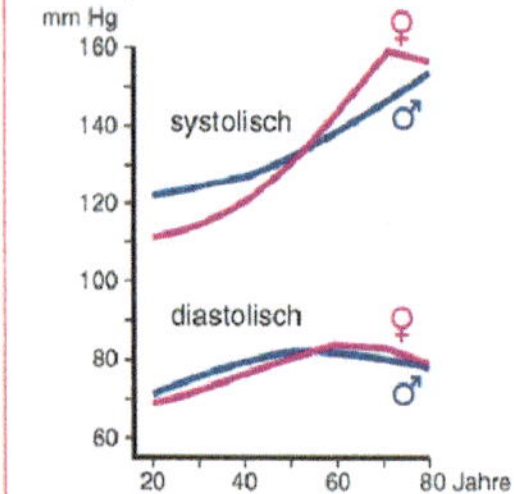

Obere Normgrenzen (nach „Deutsche Liga zur Bekämpfung des hohen Blutdrucks" 1981):

Systolischer Blutdruck (Faustregel: 100 + Alter):
- 140 mm Hg bis zum 40. Lebensjahr,
- 150 mm Hg vom 40.–60. Lebensjahr,
- 160 mm Hg ab dem 60. Lebensjahr.

Diastolischer Blutdruck:
- 90 mm Hg für alle Lebensalter.

Deutlich ist die Zunahme der Blutdruckamplitude (Folge der abnehmenden Elastizität der Aorta, s. S. 210). Mittelwert zeigt nicht, daß 1/3 bis 1/4 der alten Menschen niedrigen Blutdruck behalten.

Blutdruckschwankungen höherer Ordnung

Puls gilt als die Schwankung 1. Ordnung. Schwankungen 2. Ordnung sind atemsynchron: Mit jeder Inspiration nimmt der Blutdruck geringfügig ab, und der Puls wird beschleunigt; vice versa bei der Exspiration (überwiegend bedingt durch zentralnervöse Kopplung von Atmung und Kreislauf, auch mechanische Komponente). Hering-Traube-Meyer-Wellen sind mit Perioden von 10 s und länger die Schwankungen 3. Ordnung (langsame Schwankungen des Gefäßtonus um einen Mittelwert). Zirkadianer Rhythmus verursacht 24h-Schwankungen 4. Ordnung mit Minimum in den frühen Morgenstunden.

Venöses System (Niederdrucksystem)

Der statische Blutdruck (mittlerer Füllungsdruck) ist ein Maß für den Füllungszustand des Gesamtgefäßsystems. [Abbildung mod. aus Broemser Ph (1938) Kurzgefaßtes Lehrbuch der Physiologie. Thieme, Leipzig]

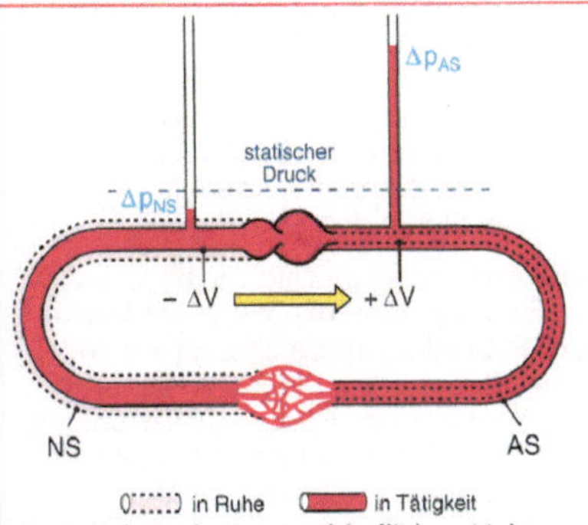

Nach Herzstillstand und Druckausgleich (Tierexpt., Leiche) herrscht im Gesamtgefäßsystem ein mittlerer Füllungsdruck oder statischer Blutdruck vor, der von der Kapazität des Schlauchsystems und vom Blutvolumen abhängt. Er beträgt etwa 6 mm Hg. Durch die Herztätigkeit wird die Blutmenge ΔV aus dem Niederdrucksystem NS (einschl. Lungenkreislauf) in das arterielle System AS gepumpt. Folglich nimmt der Druck im AS auf die Höhe des arteriellen Blutdrucks zu, der Druck im NS sinkt auf die Höhe des zentralen Venendrucks (Druck im rechten Vorhof) ab.

Wegen der sehr unterschiedlichen Volumenelastizität der beiden Systeme steht der starken Zunahme des arteriellen Drucks (Δp_{AS} auf 120/80 mm Hg) nur ein geringer Abfall des zentralen Venendrucks Δp_{NS} von 6 auf 2–4 mm Hg gegenüber. Dieser ist dennoch als Druckgradient für den venösen Rückstrom entscheidend für die Größe des Herzschlagvolumens (venöse Drücke und Strömungsgeschwindigkeiten s. Tabellen S. 207, 209).

Wichtig: Die Tätigkeit des Herzens kann den statischen Blutdruck (mittleren Füllungsdruck) nicht erhöhen, sondern nur ungleich machen.

24

Mechanismen zur Förderung des venösen Rückstroms: Der zentrale Venendruck wird durch mehrere Faktoren bei der Förderung des venösen Rückstroms unterstützt. Dies sind vor allem:

Muskelvenenpumpe	Beruht auf Kompression der Muskelvenen bei Muskelkontraktion. Ventilwirkung der Venenklappen verhindert Rückstrom. Abb. S. 221
Saug-Druck-Pumpen-Effekte der Atmung	Negativer intrathorakaler Druck bei Inspiration hat Saugwirkung auf angrenzende Gefäße und senkt Gefäßwiderstand. Gleichzeitig erhöht sich Druck im Bauchraum und preßt venöses Blut herzwärts
Ventilebenenmechanismus	Besprechung S. 190.

Venenpuls in V. jugularis samt zeitlicher Zuordnung zu Herztönen und EKG. [Mod. nach Wiggers CJ (1954) Physiology in Health and Disease. Lea & Febiger, Philadelphia]

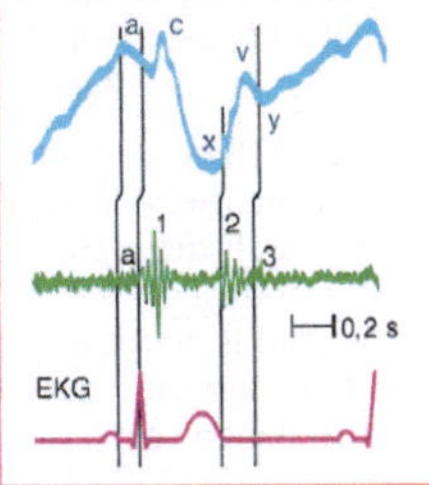

Der Venenpuls entsteht in den herznahen großen Venen durch die retrograden Druckübertragungen bei der Herzkontraktion. Ausbreitungsgeschwindigkeit ca. 1,5 m/s. Folgende Wellen lassen sich abgrenzen:

a-Welle: ausgelöst durch Vorhofkontraktion
c-Welle: durch Vorwölbung der AV-Klappe
x-Senkung: durch Senkung der Ventilebene
v-Welle: Druckanstieg vor Öffnen der AV-Klappe
y-Senkung: Abfall nach Öffnen der AV-Klappe, danach stetiger Anstieg zur a-Welle

Einfluß des hydrostatischen Drucks auf die arteriellen und venösen Drücke bei Orthostase; Lage der Indifferenzebene. [Modifiziert nach Guyton (1976) aus Witzleb (1990)]

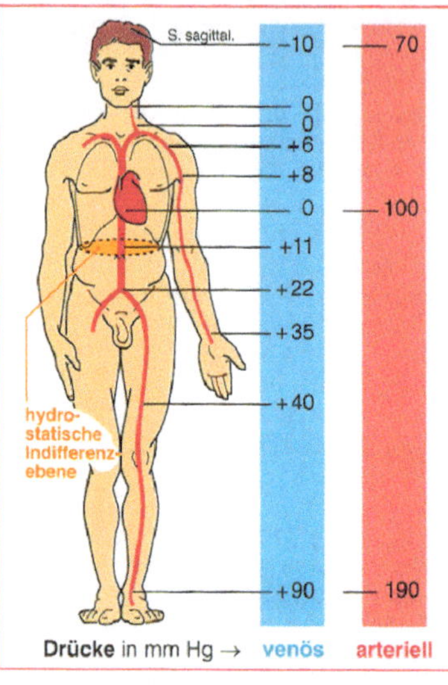

Durch die Erdgravitation treten im Kreislaufsystem hydrostatische Drücke auf, die im Liegen vernachlässigbar, und bei Orthostase (also bei aufrechtem Stehen) am höchsten sind. Arterien und Venen sind gleich betroffen, so daß sich die Druckdifferenz zwischen beiden nicht ändert. Der transmurale Druck nimmt aber zu, daher „versacken" im Stehen 400–600 ml Blut in den Beinvenen.

Da das Gefäßsystem geschlossen ist, sind die in den Füßen gemessenen Werte des hydrostatischen Drucks geringer als in einem oben offenen Röhrensystem. Dafür sinkt der Druck in den Kopfgefäßen. Etwa 5–10 cm unterhalb des Zwerchfells liegt die hydrostatische Indifferenzebene, in der sich der Druck bei Lagewechsel nicht ändert. Oberhalb dieser Indifferenzebene ist der Druck im Stehen niedriger als im Liegen. Im Thorax wirkt der subatmosphärische Druck dem Venenkollaps entgegen.

Veränderung der wichtigsten Kreislaufparameter bei Lagewechsel (orthostatische Regulation). [Mod nach Bevegard S et al (1960) Acta physiol scand 49: 279]

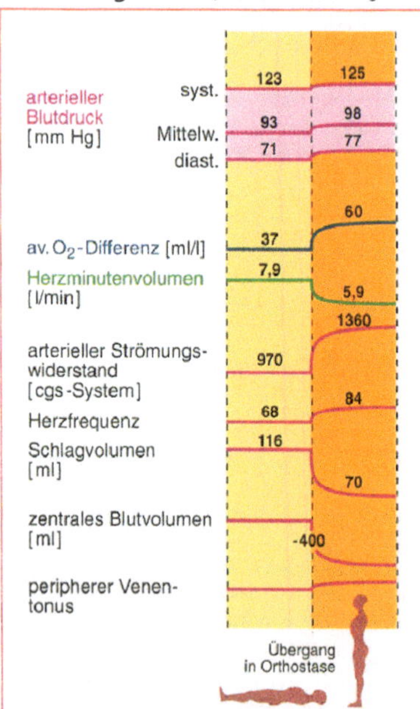

Da sich beim Übergang vom Liegen in Orthostase, d. h. aufrechtes Stehen, die Beinvenen nicht entsprechend der hydrostatischen Druckzunahme kontrahieren, „versackt" Blut in ihnen (s. oben). Dieses Blutvolumen wird vorwiegend dem intrathorakalen Volumen entnommen. Die geringere Herzfüllung verursacht ein verkleinertes Schlagvolumen (Frank-Starling, S. 192). Über den Baro-(Presso-)sensorenreflex (S. 219) wird darauf eine periphere Vasokonstriktion (Widerstandserhöhung) eingeleitet und die Herzfrequenz gesteigert. Letzteres macht aber die starke Abnahme des Schlagvolumens nicht wett: das Herzminutenvolumen nimmt ab. Der dadurch drohende Blutdruckabfall wird durch die arterielle Vasokonstriktion verhindert oder sogar überkompensiert.

Versackt beim Aufstehen zuviel Blut in den Beinvenen, wird das Herz nicht mehr adäquat gefüllt, und es kommt durch die resultierende Minderdurchblutung des Gehirns zum orthostatischen Kollaps mit vorübergehender Bewußtlosigkeit (übrigens: der Kollaps „behebt sich beim Umfallen selbst").

Mikrozirkulation und Lymphsystem

Austauschprozesse und die sie treibenden Kräfte in der terminalen Strombahn

Prozeß	Kräfte	Beschreibung/Kommentar
Diffusion	Konzentrationsdifferenz	Diffusion von Wasser und wasserlöslichen Substanzen erfolgt durch Membranporen, von lipidlöslichen Stoffen (O_2, CO_2, Alkohol) durch die gesamte Kapillarmembran; wichtigster Prozeß des Wasser- und Stoffaustauschs in den Kapillaren. Wasser wird z. B. pro Kapillarpassage ca. 40mal zwischen Plasma und Interstitium ausgetauscht. Tageswerte s. Abb. S. 216
Permeation	Konzentrationsdifferenz	Durchtritt großer Moleküle (Eiweiß) durch Kapillarmembran über sehr große Poren; kommt nur in geringem Umfang vor (und regional sehr unterschiedlich). Austretendes Eiweiß wird über Lymphe abgeführt
Filtration	Hydrostatische und kolloidosmotische Drücke	Der effektive Filtrationsdruck errechnet sich unter Berücksichtigung der Vorzeichen als algebraische Summe aus den hydrostatischen Drücken der Kapillaren p_K (Blutdruck) und der interstitiellen Flüssigkeit p_{IF} und den entsprechenden kolloidosmotischen Drücken π_K und π_{IF}. Da p_K am Anfang der Kapillare hoch, am Ende gering ist (Werte in Tabelle S. 207), wird am Anfang filtriert, am Ende resorbiert (Abb. und Gleichung unten)

Aufbau der terminalen Strombahn und Bilanz der Flüssigkeitsbewegung durch die Kapillarmembran. [Mod aus Gauer (1972) und Witzleb (1990) nach Daten vieler Autoren]

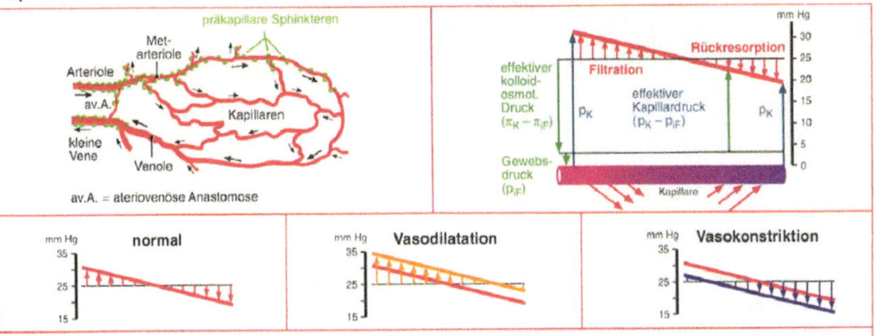

Das filtrierte Volumen $\dot{V}$ ist laut obiger Tabelle unter Berücksichtigung des Filtrationskoeffizienten K

$$\dot{V} = K \cdot (p_K - \pi_K + \pi_{IF} - p_{IF})$$

Bei Auswärtsfiltration ist $\dot{V}$ positiv, bei Einwärtsfiltration (Reabsorption) negativ. π_K liegt bei 25 mm Hg, π_{IF} bei 5 mm Hg, p_{IF} bei 3 mm Hg. Vasodilatation bzw. -konstriktion (der Arteriolen!) erhöht bzw. vermindert p_K. Im Schnitt werden 90 % der filtrierten Flüssigkeit rückresorbiert, 10 % über den Lymphweg abgeleitet

Gesamtzahl der Kapillaren, Größe der Austauschfläche, Filtrationsvolumen

Der Mensch hat etwa 40 Milliarden Kapillaren mit einer Gesamtaustauschfläche von rund 1000 m^2. Die Durchblutung der einzelnen Organe in Ruhe und bei Arbeit ist allerdings sehr unterschiedlich (s. Tabelle und Abb. S. 207). Unter Ruhebedingungen sind nur 25–35 % der vorhandenen Kapillaren durchblutet. Auch die Venolen sind z. T. in den Flüssigkeitsaustausch einbezogen (in obiger Abschätzung enthalten). Die Tagesfiltration (20 l) ist im Vergleich zur Diffusion gering (s. Abb. S. 216)

24

Stofftransport durch Diffusion und Filtration im Bereich der Mikrozirkulation und des Lymphsystems im Vergleich zum Herzzeitvolumen. [Mod nach Landis EM, Pappenheimer JR (1963) Handbook of Physiology, Sect. 2: Circulation II, p 961. American Physiological Society, Washington DC]

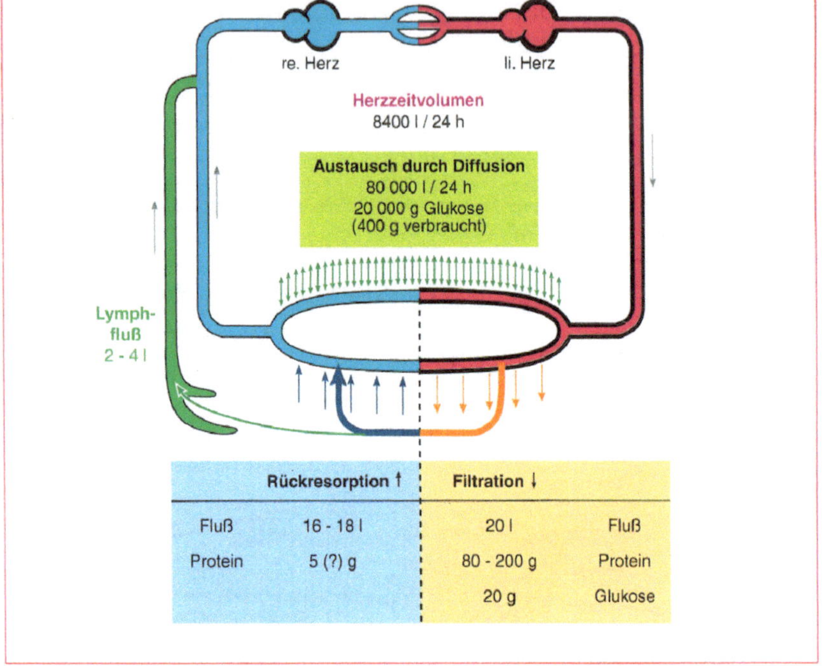

Die Lymphe und ihre Bedeutung

Lymphkapillaren sind ähnlich zahlreich wie Blutkapillaren (Ausnahmen: Oberhaut, ZNS, Knochen). Sie beginnen im Gewebe, vereinigen sich zu größeren Lymphgefäßen und münden nach Filtrierung in mindestens einem Lymphknoten hauptsächlich über Ductus thoracicus und Ductus lymphaticus dexter ins Venensystem. Ihre epithelialen Wände sind für Eiweiß, Fett, Zucker und Elektrolytlösungen durchlässig. Die Strömungsgeschwindigkeit in den Lymphgefäßen ist langsam, denn die Lymphmenge macht unter normalen Bedingungen nur ca. 2 l pro 24 h aus; sie entspricht dem nicht rückresorbierten Teil des kapillären Filtrats (s. Abb.). Sie besteht daher aus interstitieller Flüssigkeit. Der durchschnittliche Eiweißgehalt beträgt ca. 20 g/l mit großen regionalen Unterschieden (z. B. Leber 60 g/l, Herz 30 g/l, Muskulatur 20 g/l). Im Magen-Darm-Kanal werden über die Lymphe Fette und andere resorbierte Stoffe abtransportiert. Neben der Transport- hat die Lymphe auch eine sehr wichtige Drainagefunktion. Diese Drainage hält das Gewebe auch dann „trocken", wenn beim Flüssigkeitsaustausch durch die Blutkapillaren die Filtrationsgeschwindigkeit ins Gewebe die Rückresorption übertrifft. Wird der Lymphabfluß jedoch behindert (Entzündung, Operationen), können erhebliche regionale interstitielle Lymphödeme entstehen (z. B. im Armbereich nach Ausräumen der axillaren Lymphknoten bei Brusttumoroperationen), die sich durch Fingerdruck und Gravitation leicht verschieben lassen (Gegensatz zu zellulären Ödemen).

Regulation der regionalen (lokalen) Durchblutung

Der Gefäßtonus wird durch zahlreiche lokale Faktoren beeinflußt

Die gesamte aktive Spannung der glatten Muskulatur eines Gefäßes heißt Gefäßtonus. Dank der Autonomie der glatten Muskelfasern (s. auch S. 35) behalten die Arteriolen und einige größere Arterien auch nach Denervation einen gewissen Basistonus (d. h. sie bleiben teilweise kontrahiert). Dies gilt besonders für die Arteriolen von Organen mit stark wechselnden Durchblutungsanforderungen (Skelettmuskel, Parotis), denn Vasodilatation ist nichts anderes als eine Abnahme des Tonus. Der Gefäßtonus wird durch intrinsische (lokale) und extrinsische Faktoren (autonome Innervation, Hormone) reguliert. Zu den lokalen Faktoren zählen:

Lokale Temperatur	Die lokale Temperatur ist beim Menschen besonders wichtig in der Haut. Hohe Umwelttemperaturen führen zur Vasodilatation der Arteriolen und Venen, sichtbar an der Hautrötung. Kalte Umgebung führt zur Vasokonstriktion, sehr kalte zur paradoxen Vasodilatation
Transmuraler Druck	Hoher externer Druck komprimiert die Gefäße (z. B. bei Muskelkontraktionen, bei Druck auf die Haut). Anstieg des Gefäßinnendrucks (Blutdrucks) erweitert sie entsprechend ihrem Volumenelastizitätskoeffizienten (S. 209), führt aber bei einem Teil der Gefäße zur reaktiven Tonuserhöhung (myogene Autoregulation, Bayliss-Effekt, S. 209)
Lokale Metaboliten	Für die metabolische Vasodilatation sind zahlreiche Faktoren verantwortlich gemacht worden. Dazu zählen Hypoxie, Azidose (durch Milchsäure und CO_2), ATP, ADP, AMP, Adenosin und Kaliumionen. Die relative Bedeutung der einzelnen Faktoren ist von Organ zu Organ unterschiedlich. Unterbrechung der Durchblutung führt zur lokalen Anhäufung von Metaboliten, so daß es nach Freigabe der Durchblutung zu einer überschießenden Mehrdurchblutung kommt: reaktive Hyperämie
Lokalhormone (Autakoide)	Dies sind vasoaktive Stoffe, die lokal produziert und freigesetzt werden und lokal ihre Wirkung entfalten. Zu ihnen zählen Histamin (erweitert Arteriolen, verengt Venen), Bradykinin (erweitert Arteriolen), Serotonin, 5-HT, (verengt Arterien) und die Eikosanoide (Prostaglandine, Thromboxane und Leukotriene). Die F-Serie der Prostaglandine (PGF) wirkt hauptsächlich vasokonstriktorisch, die E-Serie (PKE) und das Prostazyklin (PGI_2) vasodilatatorisch. Thromboxan A_2 wirkt stark vasokonstriktorisch, gleiches gilt für die Leukotriene. Auch der Platelet-activating factor, PAF, der plättchenaktivierende Faktor, ist ein Autakoid; wahrscheinlich nur unter pathophysiologischen Bedingungen gefäßaktiv.
EDRF, EDHF	**E**ndothelium-**d**erived **r**elaxing **f**actor, ein Lokalhormon, das aus dem Gefäßendothel freigesetzt wird und dilatierend wirkt. Synthese und Freisetzung wird von Azetylcholin, Bradykinin, ADP, Substanz P, induziert. Diffundiert aus dem Endothel direkt in die darunter liegenden Muskelzellen. Chemisch ist EDRF Stickoxid (NO). Entsprechend kurz ist die Wirkzeit (biologische Halbwertszeit 10–40 s). Auch Nitroglyzerin und andere therapeutisch eingesetzte Nitrovasodilatatoren wirken über die Freisetzung von NO. **E**ndothelium-**d**erived **h**yperpolarizing **f**actor löst besonders in Koronargefäßen, aber auch im Mesenterium, starke Dilatationen aus.
Endothelin	Potenter, langanhaltender (2–3 h) Vasokonstriktor, ebenfalls ein Lokalhormon aus dem Endothel. Der physiologische Reiz für die Freisetzung ist noch nicht bekannt

Nervale Regulation des Gefäßtonus

Die nervale Regulation des Gefäßtonus dient anders als die lokale Regulation (vorhergehende Seite) vor allem überregionalen, gesamtregulatorischen Aufgaben, z. B. der Regulation von Blutdruck oder Körpertemperatur. Die regulatorischen Aufgaben werden von den *links* genannten autonomen Nervenfasern vermittelt.	
Sympathisch vasokonstriktorisch	Überträgerstoff ist das Noradrenalin (NA); postsynaptisch: α-Rezeptoren. Häufige Kotransmitter: ATP, Neuropeptid Y. Praktisch universeller, wichtigster Typ der Gefäßinnervation, vor allem der kleinen Arterien und der großen Arteriolen. Dicht innerviert sind Haut, Nieren und Splanchnikusgebiet. Dünn innerviert sind Skelettmuskel und Gehirn. Die spontane Entladungsfrequenz von 1–3 Imp/s führt zum über den Basistonus (vorhergehende Seite) hinausgehenden Ruhetonus der Gefäße. Eine maximale Vasokonstriktion wird bei ca. 8-10 Imp./s erreicht
Sympathisch vasodilatatorisch	Überträgerstoff ist das Azetylcholin (ACh); postsynaptisch: muskarinerge Rezeptoren (blockiert durch Atropin); bisher nur im Skelettmuskel von Karnivoren (Hund, Katze) bekannt. Aktivierung hemmt Basistonus. Wird fast ausschließlich bei Streßsituationen (Abwehrverhalten) aktiviert
Parasympathisch vasodilatatorisch	Überträgerstoff ACh; muskarinerge Rezeptoren. Häufiger Kotransmitter: vasoaktives intestinales Peptid, VIP. Innerviert nicht alle Organe; bekannt ist die Innervation von Speicheldrüsen, exokrinem Pankreas, Magen- und Dickdarmmukosa, genitalem erektilem Gewebe, zerebralen und koronaren Arterien/Arteriolen. Keine Spontanaktivität (Ruhetonus)
Sensorisch-efferent	Freisetzung von Substanz P aus aktivierten C-Afferenzen wirkt vasodilatatorisch (Axonreflex); physiologische Rolle noch offen

Hormonelle Regulation des Gefäßtonus

Mehrere Hormone haben Herz- und Gefäßwirkungen. Ihre Bedeutung liegt aber weniger in der kurz- als in der langfristigen Anpassung. Auch bei Wegfall der neuralen Kontrolle (z. B. bei einem Herztransplantat) oder bei pathophysiologischen Ereignissen (z. B. starke Blutung) kommen sie ins Spiel. Es handelt sich um folgende Hormone:	
Adrenalin (A)	Stammt wesentlich aus Nebennierenmark (dort Freisetzung von 80 % A, 20 % NA). Wirkung insgesamt ähnlich wie die der Vasokonstriktorfasern, aber deutlich schwächer. Allerdings: in Herz- und Skelettmuskel sowie Leber wirkt A in physiologischer Konzentration vasodilatatorisch, da dort (neben den α-Rezeptoren) zahlreiche β-Rezeptoren mit hoher Affinität für A vorkommen, deren Aktivierung den Gefäßtonus senkt. Bei hoher Konzentration von A überwiegt konstriktorische α-Wirkung
Vasopressin (ADH)	Syn: antidiuretisches Hormon, ADH.; spielt eine Rolle bei der Regulation des Wasserhaushalts und damit der langfristigen Anpassung des Blutvolumens an die Gefäßkapazität (S. 220). Bei hohen Konzentrationen ist ADH in den meisten Gefäßgebieten stark vasokonstriktorisch wirksam; im Hirn- und Herzkreislauf jedoch Vasodilatation über lokale Freisetzung von EDRF (Notfallumverteilung z. B. bei starker Blutung)
Angiotensin II	Extrem stark vasokonstriktorisch wirksam. Seine Hauptrolle spielt es bei der mittelfristigen Regulation, s. S. 220
ANF	Atrial natriuretischer Faktor, ANF, oder Atriopeptin. Freisetzung aus Herzvorhofmuskulatur. Steigert die renale Ausscheidung von Salz und Wasser; damit Teilnahme an der langfristigen Blutdruckregulation

Kreislaufregulation 1: kurzfristige Mechanismen

Blutdruckregulation im Sekundenbereich erfolgt durch Kreislaufreflexe, die als Regelkreise verschaltet sind. Folgende Sensoren lösen Kreislaufreflexe aus:

Pressosensoren in Aortenbogen und Karotissinus	Fühler des Pressosensorenreflexes: entsprechend Blockschema unten. Die Pressosensoren sind PD-Sensoren, sie liefern Information über Herzfrequenz, Höhe des Blutdrucks, Blutdruckamplitude. Ihre Erregung führt in den Kreislaufzentren der Medulla oblongata zur Hemmung des Sympathikus und zur Aktivierung des Vagus
Volumen(Dehnungs-)sensoren in Vorhöfen, großen Venen, S. 200)	Volumensensoren messen Änderungen des zentralen Venendrucks; Korrektur desselben erfolgt über Vasodilatation bzw. -konstriktion der Skelettmuskelgefäße (z. B. bei orthostatischen Anpassungen, Blutverlust). Dieselben Sensoren sind auch an langfristigen Volumenanpassungen beteiligt. **Bainbridge-Reflex**: Tachykardie ausgelöst durch extreme experimenteller Steigerung des Vorhofdrucks durch Infusion
Dehnungssensoren in Ventrikeln (S. 200)	Sie wirken reflektorisch über den N. vagus negativ inotrop. **Bezold-Jarisch-Reflex**: extreme Bradykardie, Vasodilatation und Apnoe nach chemischer Reizung dieser Sensoren durch i. v. Injektion von z. B. Veratrin, Nikotin (koronarer Chemoreflex)
Chemosensoren in Glomera aortica et carotica	Messung von Hypoxie, Hyperkapnie, Azidose; hauptsächlich an Atemregulation beteiligt; führen bei Extremerregung (Atemnotbedingungen) zu peripherer Vasokonstriktion (außer bei der Haut)
Chemosensoren in Medulla oblongata	Bei extremer zentraler Hypoxie, Hyperkapnie und Azidose führt Erregung dieser Sensoren zur Ischämiereaktion: extreme Sympathikuserregung mit Vasokonstriktion, starkem Blutdruckanstieg (Notfallreaktion, um Blutversorgung des Gehirns zu verbessern)

24

Pressosensorenreflex als Beispiel der kurzfristig wirkenden Regelkreise

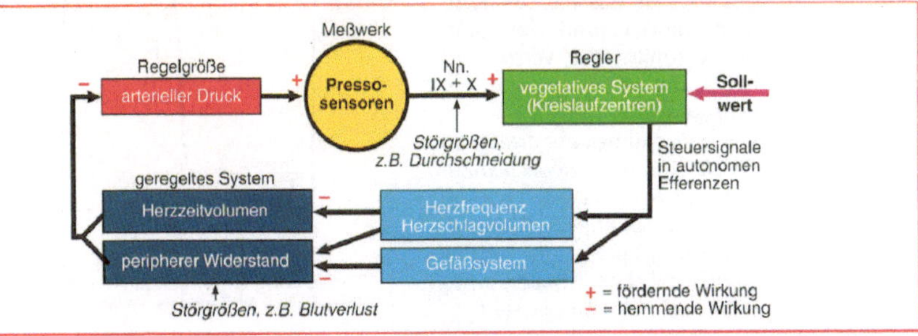

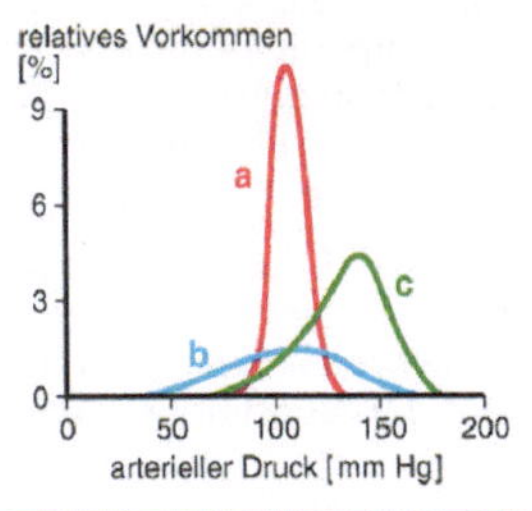

Häufigkeitsverteilung des mittleren Blutdrucks beim Hund unter Normalbedingungen (Kurve **a**) und einige Tage nach Denervierung der arteriellen Pressosensoren (**b**) und außerdem der kardiopulmonalen Dehnungs- bzw. Volumensensoren (**c**). Im ersteren Fall nehmen nur die Blutdruckschwankungen zu, im letzteren kommt es auch zur Erhöhung des Mitteldrucks (man spricht von Entzügelungshochdruck).

[Schematisiert nach Daten von Cowley et al. und Persson et al. (1989) NIPS 4: 56]

Kreislaufregulation 2: mittelfristige Mechanismen

Wirkungseintritt im Verlauf von Minuten, volle Ausbildung nach Stunden; folgende Mechanismen sind beteiligt:

Transkapilläre Volumenverschiebung	Verschiebung von Volumen aus bzw. in das Gefäßsystem über Änderungen des effektiven Filtrationsdrucks im Kapillarbereich (Mechanismen S. 215)
Streßrelaxation der Gefäße	Langsame Änderung der Dehnbarkeit (*delayed compliance*) von venösen Gefäßen nach rascher Füllung bzw. Entleerung, so daß intravasaler Druck trotz großer Volumenänderung wieder in die Nähe des Ausgangsdrucks zurückkehrt
Renin-Angiotensin-System (RAS)	Bei renaler Minderdurchblutung wird *Renin* freigesetzt (S. 163). Dieses wandelt *Angiotensinogen* in *Angiotensin I* um, das durch *converting enzyme* in *Angiotensin II* überführt wird. Angiotensin II wirkt lokal stark vasokonstriktorisch, erregt sympathisches System, stimuliert Sekretion von Aldosteron (s. unten), löst Durst aus (S. 74)

Kreislaufregulation 3: langfristige Mechanismen

Diese Mechanismen regeln das extrazelluläre Volumen und damit die Füllung des Gefäßsystems (d. h. vor allem den zentralen Venendruck, s. S. 213

Renales Volumenregulationssystem	Wie die Abb. zeigt, führt erhöhter arterieller Druck zu vermehrter Harnausscheidung und damit zur Senkung des zentralen Venendrucks (d. h. zu vermindertem venösen Angebot), was das Herzzeitvolumen mindert und den Blutdruck senkt. *Vice versa* wird bei Abfall des Blutdrucks die Diurese reduziert etc. *Kleine Zunahmen des arteriellen Drucks* sind mit *erheblichen Zunahmen der renalen Ausscheidung* verbunden (Urinausscheidungskurve in Abb.). Überreichliches Trinken wird daher schnell kompensiert 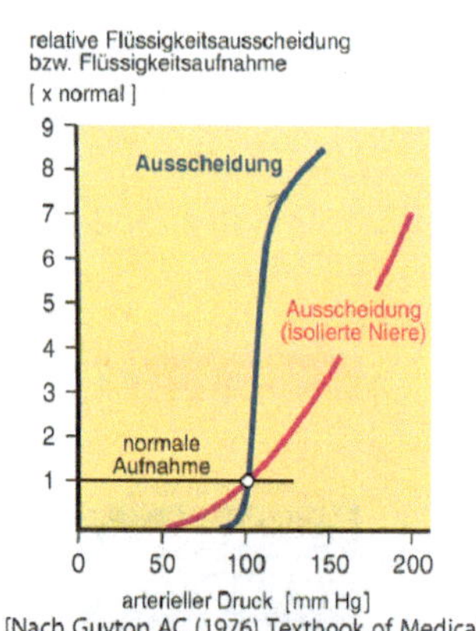 [Nach Guyton AC (1976) Textbook of Medical Physiology. 5 Ed. Saunders, Philadelphia]
Adiuretinsystem	Wirkweise von Adiuretin (antidiuretisches Hormon, ADH, Vasopressin) s. S. 158. Es kontrolliert hauptsächlich Wasserresorption im distalen Tubulus (S. 289); ist insoweit Anteil des obigen Volumenregulationssystems. **Gauer-Henry-Reflex:** ADH-Freisetzung bei akutem Absinken des zentralen Venendrucks und damit verminderter Erregung der Vorhofsensoren
Aldosteronsystem	Aldosteron erhöht Kochsalz- und Flüssigkeitsbestand durch Steigerung der tubulären Resorption von Na^+ und Wasser bei gleichzeitiger Sekretion von H^+ und K^+ (S. 163); ist insoweit ebenfalls Anteil des obigen Volumenregulationssystems. Stärkster Stimulator der Aldosteronsekretion ist Angiotensin II (s. oben)

Besonderheiten von Teilkreisläufen

Die Unterschiede in der Durchblutung und im Sauerstoffverbrauch der Organkreisläufe sind S. 207 zu entnehmen. Hier sind andere wichtige Kreislaufaspekte zusammengestellt (alphabetische Reihenfolge der Organe):

Gehirn	Besitzt eine ausgeprägte lokal-metabolische Durchblutungsregulation bei weitgehend konstanter Gesamtdurchblutung, s. auch Abb. S. 60.
Haut	Hauptaufgabe der Hautzirkulation ist Teilnahme an der Thermoregulation (neben Änderungen der Durchblutung dient dazu auch die *cholinerge sudomotorische Innervation);* unter thermoindifferenten Bedingungen hoher Vasokonstriktorentonus. Thermisch bedingte Durchblutungssteigerung öffnet zahlreiche arteriovenöse Anastomosen. Subpapillärer Venenplexus dient auch als Blutdepot (Kapazität 1500 ml)
Leber, Pfortader	Das Blut aus Darm, Pankreas und Milz (zugeführt von *A. mesenterica sup., A. lienalis*) fließt über die V. portae zur Leber. Die Leber erhält zusätzlich Blut über die A. hepatica (Abb. S. 205); gemeinsamer Abfluß über *Vv. hepaticae*. Die sympathischen *Nn. splanchnici* versorgen Mesenterial-, Pankreas-, Milz- und Lebergefäße, daher Zusammenfassung als Splanchnikusgebiet (S. 207). Ausgeprägte lokal-metabolische Regulation, die den Vasokonstriktorentonus durchbrechen kann *(autoregulatory escape)*. Die Leber dient auch als Blutdepot: Eine Vasokonstriktion kann 50 % des Leberblutvolumens (700 ml) kurzfristig freisetzen
Lunge	(Drücke, Volumina, etc. S. 206, 207). Lungengefäße unterliegen wegen der geringen arteriellen Drucke stark *hydrostatischen Einflüssen:* im Stehen sind apikale Gebiete kaum durchblutet, Gefäße an der Lungenbasis um so stärker. „Sofortdepot" zentrales Blutvolumen besteht aus Blut in Lunge (440 ml, S. 206 und diastolischem Volumen des *linken* Ventrikels (zusammen 600–650 ml). Davon können 50 % akut mobilisiert werden
Niere	Ausgeprägte Autoregulation hält Durchblutung über weite Druckbereiche praktisch konstant; Rindendurchblutung sehr hoch, Markdurchblutung gering. Zwei hintereinandergeschaltete Kapillargebiete: afferente Arteriole → glomuläres Kapillarbett (60 mm Hg) → efferente Arteriole → peritubuläres Kapillarbett (13 mm Hg)

24

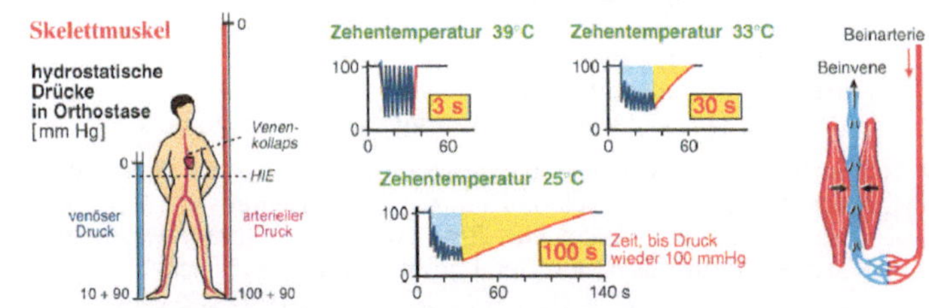

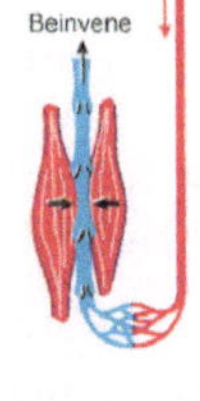

Die Durchblutung der Skelettmuskeln hängt stark von Muskelarbeit ab; neben lokal-metabolischer und nervöser Vasodilatation beeinflußt auch Art der Kontraktion die Durchblutung: Haltearbeit (isometrische Kontraktion) reduziert sie, rhythmische Kontraktion fördert sie über die Muskelpumpe. Abbildung zeigt Zusammenspiel von hydrostatischem Druck, Muskelpumpe und temperaturabhängiger Arteriolenweite auf Beinmuskeldurchblutung beim Gehen. [Nach Henry JP, Gauer OH (1950) J clin Invest 29: 855]

24

Fetaler Kreislauf

Schema des fetalen Kreislaufs (links) und des Blutkreislaufs nach der Geburt (rechts). Das O_2-haltige Blut ist rot dargestellt, das venöse blau; zunehmende Blaufärbung signalisiert abnehmenden O_2-Gehalt des Blutes

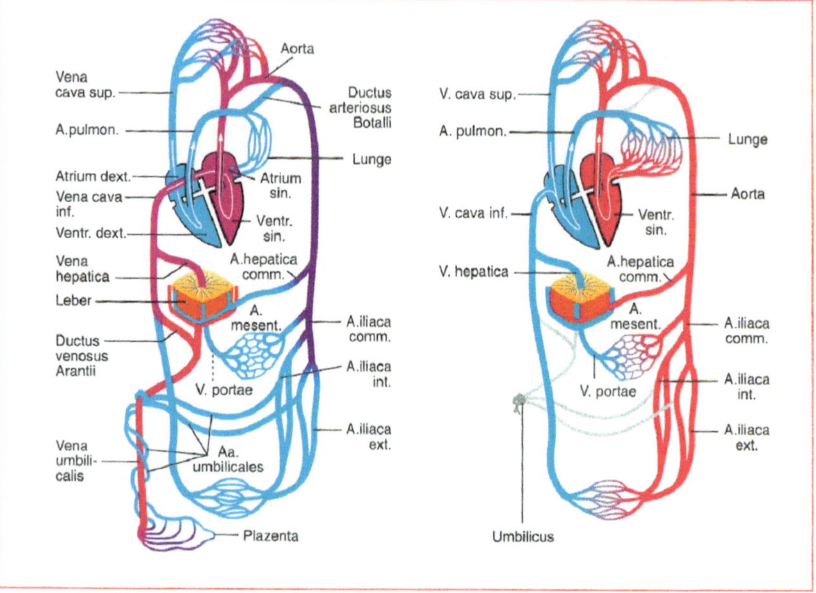

Besonderheiten des Fetalkreislaufs

Ductus venosus Arantii	Leitet Großteil des arterialisierten Blutes der Nabelvene in *V. cava inf.* Der Rest fließt über die Leber in diese. Die Leber ist damit das bestversorgte Organ des Fetus mit dem höchsten Stoffwechsel
Foramen ovale	Über diese Öffnung zwischen den Vorhöfen wird das venöse Mischblut aus *V. cava inf.* überwiegend in den linken Vorhof geleitet. Das Blut aus der *oberen Hohlvene* gelangt dagegen überwiegend in die rechte Kammer. Im rechten Vorhof des Fetus besteht also eine *gekreuzte Blutströmung* (bedingt durch die Wandgestaltung des Vorhofs)
Ductus arteriosus Botalli	Verbindung zwischen A. pulmonalis und Aorta, über die der größte Teil des rechten Herzzeitvolumens in die Aorta geleitet wird. Der kleinere versorgt die noch nicht entfaltete Lunge (die Druckentwicklung des rechten Ventrikels ist also fetal größer als die des linken)
Nabelarterien	Entstammen Aa. ilicae int. beider Seiten. Es gibt also 2 Nabelarterien, aber nur 1 Nabelvene
Geburtsumstellung	Lungenentfaltung erhöht Lungendurchblutung und damit venösen Rückstrom zum linken Vorhof. Gleichzeitig sinkt Druck im rechten Vorhof wegen Ausbleibens des Plazentarbluts. Dadurch ventilartiger Verschluß des Foramen ovale. Der Duct. art. Bot. obliteriert langsam

VI
Atmung

25 Lungenatmung

Synopsis wichtiger Funktionsdaten der Atmung

Durchschnittswerte für einen gesunden jungen Mann (Körperoberfläche 1,7 m^2) in Körperruhe. [Nach Angaben von Thews G (1997) Lungenatmung. In: Schmidt RF, Thews G (Hrsg) Physiologie des Menschen, 27. Aufl. Springer, Heidelberg]

Lungen- und Atemvolumina	
Totalkapazität	6 l
Vitalkapazität	4,5 l
Funkt. Residualkapaz.	2,4 l
Atemzugvolumen	0,5 l
Totraumvolumen	0,15 l
Ventilation	
Atemfrequenz	14 min^{-1}
Atemzeitvolumen	7 l (7 Liter)
Alveoläre Ventilation	5 l (5 Liter)
Totraumventilation	2 l (2 Liter)
Gasaustausch	
O_2-Aufnahme	280 ml/min
CO_2-Abgabe	230 ml/min
Respiratorischer Quotient	0,82
O_2-Diffusionskap.	30 ml · min^{-1} · mm Hg^{-1} (230 ml · min^{-1} · kPa^{-1})
Kontaktzeit	0,3 s

Atemtechnik	
Intrapleurale Drücke am:	
Ende der Exspiration	–5 cm H_2O (–0,5 kPa)
Ende der Inspiration	–8 cm H_2O (–0,8 kPa)
Compliance der Lunge	0,2 l/cm H_2O (2 l/kPa)
Compliance des Thorax	0,2 l/cm H_2O (2 l/kPa)
Compliance von Lunge und Thorax	0,1 l/cm H_2O (1 l/kPa)
Resistance (0,2 kPa · s · l^{-1})	2 cm H_2O · s · l^{-1}
Funktionsprüfungen	
Relative Sekundenkapazität	75 %
Max. exsp. Atemstromstärke	10 l/s
Atemgrenzwert	150 l/min
Perfusionsbeziehungen	
Alveol. Ventilation/Perfusion	0,9
Shuntperfusion/Gesamtperfus.	0,02

Spirometrische Messung der Lungenvolumina und -kapazitäten (zusammengesetzte Volumina). Das Residualvolumen und (bei normaler Ausatmung) die funktionelle Residualkapazität müssen anders bestimmt werden (s. S. 228)

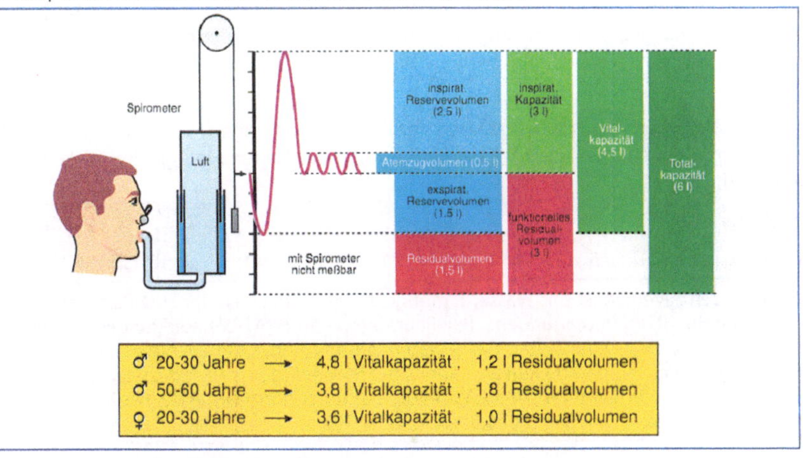

25

Physikalische Grundlagen

Bedingungen für die Bestimmung von Gasvolumina

Name	Definition/Kommentar	T (K)	p (mm Hg)
STPD	**S**tandard **t**emperature, **p**ressure, **d**ry: 0 °C (273 K), Druck 760 mm Hg (101 kPa), trocken (Wasserdampfdruck Null). Dies sind die physikalischen Standardbedingungen.	273	760
BTPS	**B**ody **t**emperature, **p**ressure, **s**aturated: 37 °C, aktueller Luftdruck (Barometerdruck) p_B, volle Wasserdampfsättigung (also 47 mm Hg bei 37 °C, s. unten).	310	$p_B - 47$
ATPS	**A**mbient **t**emperature, **p**ressure, **s**aturated: Umgebungstemperatur T_a, aktueller Luftdruck p_B, volle Wasserdampfsättigung p_{H_2O} (Wert hängt von T_a ab). Dies sind die „Spirometerbedingungen".	T_a	$p_B - p_{H2O}$

Die Gasgesetze beschreiben das Verhalten idealer Gase bei Änderungen der Umgebungsbedingungen. Dabei bedeuten: p Druck; V Volumen; M Masse; R Gaskonstante; T absolute Temperatur (t °C + 273)

$\mathbf{p \cdot V = M \cdot R \cdot T}$	**Ideale Gasgleichung**, kann auf reine Gase (z. B. O_2) und Gasgemische (z. B. Luft) angewandt werden.
$\mathbf{p \cdot V = konst.}$	**Boyle-Mariotte-Gesetz** (bei T und M konstant). Sonderfall der idealen Gasgleichung.
$\mathbf{V = konst \cdot T}$	**Gay-Lussac-Gesetz** (bei p und M konstant). Sonderfall der idealen Gasgleichung. Bei T = 0 (-273 °C) ist also V = 0. Von dort lineare Zunahme um 1/273 pro °C.
$\mathbf{p = p_1 + p_2 + .. + p_n}$	**Dalton-Gesetz** : Gesetz der Additivität der Partialdrucke p_1 bis p_n. Die Gültigkeit des Getzes erstreckt sich auch auf Gasgemische, die nichtideale Gase enthalten, z. B. Alveolarluft.

Praktisch alle physiologisch wichtigen Gase, auch das Kohlendioxyd, folgen der idealen Gasgleichung mit guter Annäherung. Die einzige wichtige Ausnahme ist der Wasserdampf, s. unten.

Der Wasserdampfpartialdruck hat seinen temperaturabhängigen Sättigungswert als oberen Grenzwert (Gegensatz zu idealen Gasen!). Nachfolgend einige Beispiele für Sättigungsdrücke:

Temperatur (°C)	0	15	20	25	30	34	37	40	100
H_2O-Druck (mm Hg)	5	13	18	24	32	40	47	55	760

Die Luft in den Alveolen ist mit Wasserdampf gesättigt. Folglich ist der H_2O-Partialdruck dort 47 mm Hg (BTPS-Bedingungen). Bei Raumtemperatur (ATPS-Bedingungen) ist er wesentlich geringer, was nach den Gasgesetzen zur Verminderung des Volumens führt. Wasserentzug und Temperatursenkung auf °C (STPD-Bedingungen) reduzieren das Volumen weiter. Das Verhältnis von V_{STPD} zu V_{ATPS} liegt unter normalen ATPS-Bedingungen bei 0,89, das von V_{STPD} zu V_{BTPS} bei 0,81.

Ventilation (Lungenbelüftung)

Atemfrequenz f und Atemzugvolumen V_E sind alters- und größenabhängig. In Ruhe gelten folgende Richtwerte: [Aus Müller S (1991) Memorix Spezial Notfallmedizin. VCH, Weinheim]

Faustregel für V_E	Altersstufe	Atemfrequenz/min	V_E [ml]
V_E [ml] =	Neugeborene	40–50	20– 35
	Säuglinge	30–40	40– 100
bei Kindern:	Kleinkinder	20–30	150– 200
Gewicht [kg] · 10	Schulkinder	16–20	300– 400
bei Erwachsenen:	Jugendliche	14–16	300– 500
Gewicht [kg] · 10–15	Erwachsene	10–14	500–1000

Atemzeitvolumen $\dot{V}_E$ (Atemminutenvolumen), alveoläre Ventilation $\dot{V}_A$ und Totraumventilation $\dot{V}_D$ (s. auch S. 232 für Atem-, O_2- und CO_2-Werte in Ruhe und bei schwerer Arbeit)

Das Atemzeitvolumen ist das Produkt aus Atemzugvolumen und Atemfrequenz (Werte s. oben und Tabelle S. 225). Der Richtwert beim Erwachsenen in Ruhe ist also $\dot{V}_E = V_E \cdot f = 0{,}5 \cdot 14 = 7$ l/min. Bei extremer Belastung werden Werte von 120 l/min erreicht. Der Anteil von $\dot{V}_E$, der der Belüftung der Alveolen zugute kommt, wird alveoläre Ventilation genannt, der Rest heißt Totraumventilation. Also $\dot{V}_E = \dot{V}_A + \dot{V}_D$. Der Totraum V_D hat etwa ein Volumen von 150 ml, also 30 % des Ruhe-V_E (s. S. 228).

Lungenvolumina und Kapazitäten: Definitionen bzw. Kommentare (spirometrische Messung und Normalwerte s. S. 225)

1. Atemzugvolumen: Normales In- bzw. Exspirationsvolumen; Werte s. oben. Normalerweise ist das ausgeatmete Volumen etwas kleiner als das eingeatmete, da mehr O_2 aufgenommen als CO_2 abgegeben wird (respiratorischer Quotient, RQ <1). Die angegebenen Werte beziehen sich vereinbarungsgemäß auf das Exspirationsvolumen, gekennzeichnet durch den Index E.

2. Inspiratorisches Reservevolumen: Dasjenige Volumen, das nach normaler Inspiration noch zusätzlich eingeatmet werden kann; Richtwert 2,5 l.

3. Exspiratorisches Reservevolumen: Dasjenige Volumen, das nach normaler Exspiration noch zusätzlich ausgeatment werden kann; Richtwert 1,5 l. (Die „Atemmittellage" der Normalatmung liegt also nicht strikt „in der Mitte".

4. Residualvolumen: Dasjenige Volumen, das nach maximaler Exspiration noch in der Lunge zurückbleibt; Richtwert 1,5 l. Nimmt im Alter zu, da (a) die Lunge unelastischer wird und (b) der Thorax versteift und damit die Vitalkapazität (s. 5.) abnimmt.

5. Vitalkapazität, VK: Dasjenige Volumen, das nach maximaler Inspiration maximal ausgeatmet werden kann, also die Summe aus 1, 2 und 3. Richtwerte (alters- und geschlechtsabhängig) s. Abb. S. 225. Die VK wird aber selbst bei maximaler Atmung nicht ausgenutzt. Ausdauertraining (Schwimmen, Rudern) erhöht die Vitalkapazität.

6. Inspirationskapazität: Dasjenige Volumen, das nach normaler Exspiration maximal eingeatmet werden kann, also die Summe aus 1 und 2.

7. Funktionelle Residualkapazität, FRC: Dasjenige Volumen, das nach normaler Exspiration noch in der Lunge enthalten ist, also die Summe aus 3 und 4. Die FRC „puffert" die Schwankungen der O_2- und CO_2-Partialdrücke im Verlauf des Atemzyklus, da ihr Volumen von etwa 3 l mehrfach größer ist als das Atemzugvolumen.

8. Totalkapazität: Dasjenige Volumen, das nach maximaler Inspiration in der Lunge enthalten ist, also die Summe aus 4 und 5.

Anatomischer und funktioneller Totraum V_D ($V_E = V_A + V_D$; s. S. 227)

Definitionen:	Berechnung:
Anatomischer V_D: Atemwegsanteile, in denen kein Gasaustausch stattfindet (Nase, Mund, Pharynx, Larynx, Trachea, Bronchien, Bronchiolen). Etwa 150 ml. **Funktioneller** (physiologischer) **V_D**: Anatomischer V_D plus Alveolen, die belüftet, aber nicht durchblutet sind. Beim Gesunden vernachlässigbar.	Erfolgt mit Bohr-Formel nach Bestimmung der CO_2-Fraktionen in der Ausatmungsluft ($F_{E_{CO_2}}$) und in der Alveolarluft ($F_{A_{CO_2}}$): $\frac{V_D}{V_E} = \frac{F_{A_{CO_2}} - F_{E_{CO_2}}}{F_{A_{CO_2}}}$

Messung der funktionellen Residualkapazität, FRC, bzw. des Residualvolumens

FRC bzw. Residualvolumen können nur indirekt ermittelt werden. Meistens werden sie über Verdünnung von wenig löslichen inerten Testgasen bestimmt, wobei oft das Fremdgas Helium (Heliumeinwaschmethode) oder der in der Lunge vorhandene Stickstoff bestimmt wird (Stickstoffauswaschmethode), der Stickstoff wird dabei durch Sauerstoffatmung „ausgewaschen". Eine 3. Methode ist die Benutzung des Körperplethysmographen. In einer starren Kammer werden die Druckänderungen in Kammer und Mundraum gemessen, die bei verschlossenen Atemwegen bei versuchtem Ein- und Ausatmen auftreten, das Lungenvolumen wird dann nach dem Boyle-Marriotte-Gesetz (s. S. 226) berechnet ($p \cdot V = \text{konst.}$).

Atmungs-(Ventilations)-formen 1: Orientierung am alveolären p_{CO_2}

Normoventilation	Normale Atmung, bei der in den Alveolen (und Kapillaren) ein CO_2-Partialdruck von nahe 40 mm Hg aufrechterhalten wird (Normalbereich 35–45 mm Hg)
Hyperventilation	Über die Stoffwechselbedürfnisse gesteigerte Atmung. Führt zum Absinken des alveolären und arteriellen p_{CO_2} (Hypokapnie)
Hypoventilation	Unter die Stoffwechselbedürfnisse abgesunkene Atmung. Führt zum Ansteigen des alveolären und arteriellen p_{CO_2} (Hyperkapnie)
Mehrventilation	Atmungssteigerung über den Ruhewert hinaus bei normalem p_{CO_2}, z. B. bei Arbeit. Synonym: Polypnoe, Hyperpnoe, s. u.

Atmungs-(Ventilations-)formen 2: Orientierung an Atemzeitvolumen, Atemfrequenz, und klinischem Eindruck

Eupnoe	Normale Ruheatmung
Hyperpnoe oder Polypnoe	Vertiefte Atmung (gesteigertes Atemminutenvolumen) mit oder ohne Zunahme der Atemfrequenz (Mehrventilation, s. oben)
Hypopnoe	Reduziertes Atemminutenvolumen
Tachypnoe	Zunahme der Atemfrequenz gegenüber der Normalfrequenz von 14–18/min
Bradypnoe	Abnahme der Atemfrequenz
Apnoe	Zeitweiliger Atemstillstand, hauptsächlich bedingt durch Abnahme des arteriellen p_{CO_2} (z. B. nach willkürlicher Hyperventilation)
Dyspnoe	Erschwerte Atmung mit subjektivem Gefühl der Atemnot
Orthopnoe	Starke Dyspnoe bei Stauung des Blutes in den Lungenkapillaren (z. B. bei Linksherzinsuffizienz), zwingt Patienten zum Aufsetzen
Asphyxie	Atmungsstillstand oder Minderatmung bei Schädigung der Atemzentren, führt zu Hypoxie und Hyperkapnie

Atemmechanik

Lungenelastizität, intrapleuraler (intrathorakaler) Druck, Pneumothorax

Zwei Kräfte ziehen die Lunge in Richtung Hilus zusammen: (1) die Elastizität des Lungengewebes und (2) die Oberflächenspannung der Flüssigkeitsschicht in den Alveolen (letztere gemildert durch die Gegenwart von Surfactants, Weichmachern vom Spülmitteltyp). Diese Zugspannungen erzeugen im Pleuralspalt gegenüber dem äußeren Luftdruck einen Unterdruck, den intrapleuralen (syn.: intrathorakalen) Druck, der am Ende der Inspiration am größten ist, da die Lunge dann am meisten gedehnt ist (Werte s. Tabelle S. 225). Er kann mit ausreichender Genauigkeit als Ösophagusdruck (mit dorthin eingeführter Sonde) gemessen werden. Wird der Pleuralspalt eröffnet (Sonde, Verletzung), so zieht sich die Lunge in Richtung Hilus zusammen, es entsteht ein Pneumothorax. Der betroffene Lungenflügel nimmt an den Atembewegungen nicht mehr teil.

Elastische Atemwiderstände

Beim Einatmen muß in den Atemwegen und den Alveolen ein Unterdruck gegenüber dem äußeren Luftdruck (bzw. mit Atempumpe ein äußerer Überdruck, s. Abb.) geschaffen werden, damit Luft in die Lunge strömt. Umgekehrt muß ein intrapulmonaler Überdruck geschaffen werden, damit Luft aus der Lunge strömt. Die Beziehungen zwischen intrapulmonalem Druck p_{Pul} und dem verschobenen Lungenvolumen ΔV können mit einer Atempumpe als Ruhedehnungskurve (Relaxationskurve) des Atemapparates bestimmt werden (s. Abb.). Die Steilheit dieser Kurve wird Volumendehnbarkeit oder Compliance C_{L+Th} des Atemapparates genannt, wobei der Index L+Th andeutet, daß die Dehnbarkeit gemeinsam von Thorax und Lunge bestimmt wird. Sie liegt für normale Atembewegungen bei 0,1 l/cm H_2O (s. auch Tabelle S. 225). Um das Atemzugvolumen von 0,5 l einzuatmen, muß also eine Druckdifferenz von etwa 5 cm H_2O erzeugt werden.

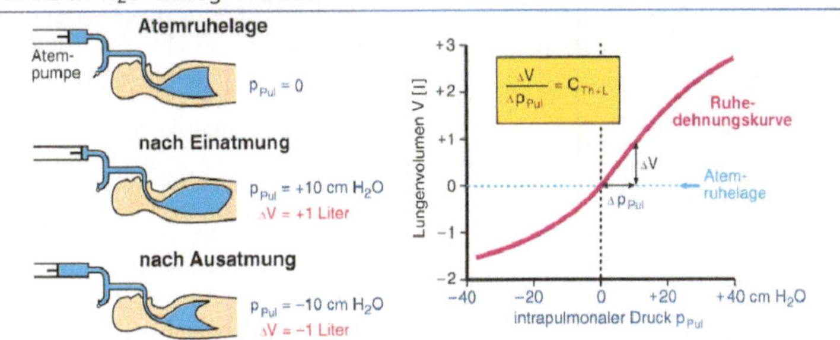

Die Ruhedehnungskurven von Lunge und Thorax lassen sich experimentell auch getrennt bestimmen und daraus die jeweilige Compliance berechnen. Sie sind etwa gleich groß (s. Tabelle S. 225). Es gelten folgende Zusammenhänge zwischen C_{L+Th}, der Compliance des Thorax C_{Th} und der der Lunge C_L (wobei p_{Pul} der intrapulmonale Druck und p_{Pleu} der intrapleurale Druck ist):

$$C_{Th+L} = \frac{\Delta V}{\Delta p_{Pul}} \qquad C_{Th} = \frac{\Delta V}{\Delta p_{Pleu}} \qquad C_L = \frac{\Delta V}{\Delta(p_{Pul} - p_{Pleu})}$$

Zwischen diesen 3 Gleichungen besteht die Beziehung

$$\frac{1}{C_{Th+L}} = \frac{1}{C_{Th}} + \frac{1}{C_L}$$

Da die Compliance C ein Maß für die Dehnbarkeit ist, ist $\frac{1}{C}$ ein Maß für die Steifheit oder den elastischen Widerstand des gesamten Atemapparates, der sich aus den Widerständen von Thorax und Lunge additiv zusammensetzt.

Visköse Atemwiderstände

Die viskösen Atemwiderstände bestehen zu 90 % aus dem Atemwegswiderstand (Resistance, R) für die Luftströmung in und aus der Lunge und zu 10 % aus dem Gewebewiderstand (Gewebereibung und nichtelastische Deformation der Gewebe in Brust- und Bauchraum). In erster Annäherung gilt für die Luftströmung, daß die Stromstärke $\dot{V}$ der treibenden Druckdifferenz Δp proportional ist (Hagen-Poiseuille-Gesetz), also

$$\dot{V} = \frac{\Delta p}{R} = \frac{p_{Pul}}{R}$$

wobei R der von Querschnitt, Länge des Rohres und Viskosität abhängige Strömungswiderstand ist. Umformung ergibt

$$R = \frac{\Delta p}{\dot{V}} = \frac{p_{Pul}}{\dot{V}}$$

(Wert s. S. 225, Messung mit Körperplethysmographie)

Druck-Volumen-Beziehung im Atemzyklus

Am Übergang von der vorhergehenden Exspiration in die nächste Inspiration ist der Thorax kurzzeitig in Ruhe. Der intrapleurale Druck ist negativ (s. oben), der intrapulmonale Druck gleich Null. Bei der Einatmung (Inspiration) wird der Brustkorb durch die Atemmuskeln erweitert. Dadurch wird der intrapleurale Druck noch negativer (Werte s. S. 225). Die Aufdehnung der Alveolen läßt auch dort den intrapulmonalen Druck sinken, so daß Außenluft entlang dem Druckgefälle solange in die Lunge strömt, bis diese Druckdifferenz wieder ausgeglichen ist. Damit ist die Einatmung beendet.

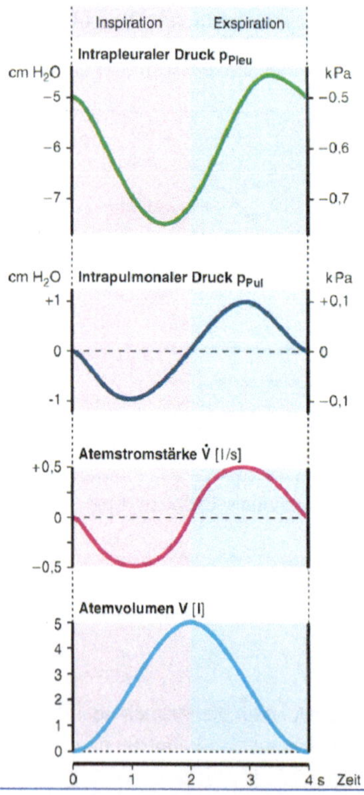

Bei der Ausatmung (Exspiration) führen die elastischen Kräfte des Thorax und der Lunge, evtl. zusammen mit den Exspirationsmuskeln, den Thorax wieder in die Ausgangsstellung zurück. Dabei erhöht sich zunächst der intrapulmonale Druck, d. h. es baut sich ein Druckgefälle von innen nach außen auf. Entsprechend entweicht jetzt so lange Luft aus der Lunge, bis auch dieses Druckgefälle wieder ausgeglichen ist. Parallel damit wird auch der intrapleurale Druck wieder weniger negativ. Damit ist ein Atemzyklus vollendet.

Bei unendlich langsamem Ein- und Ausatmen (statischen Atembedingungen) würde der intrapulmonale Druck unverändert bleiben (da jede Druckänderung sofort ausgeglichen würde). Ebenso bliebe $\dot{V}$ unendlich klein, also Null. Auch der intrapleurale Druck würde nicht zunächst jeweils ein wenig über den Wert am Ende des Ein- und Ausatmens „hinausschießen" (es wären nur die elastischen, keine viskösen Atemwiderstände zu überwinden).

Realistisch sind aber nur die links in der Abbildung gezeigten dynamischen Atembedingungen.

Druck-Volumen-Diagramm und Atemarbeit

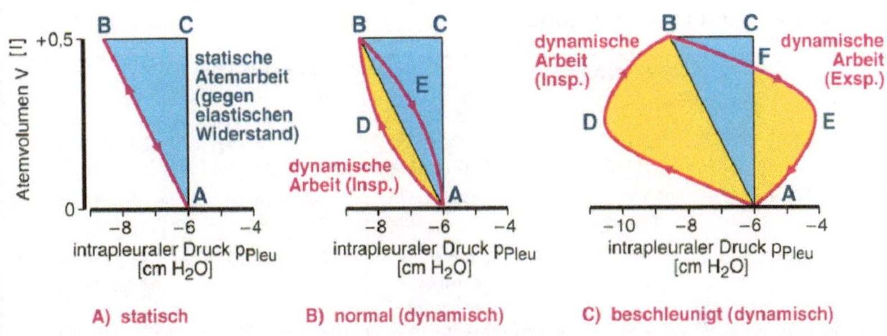

Die Aufzeichnung der Atemvolumina in Abhängigkeit von den intrapleuralen (intrathorakalen) Drücken wird als Druck-Volumen-Diagramm der Lunge bezeichnet (vergleichbar Frank-Starling-Diagramm des Herzens, s. S. 192). Die Atemarbeit ergibt sich (völlig analog zur Herzarbeit, S. 195) als Produkt aus Druck und Atemzugvolumen. Bei Aufzeichnung in rechtwinkligen Koordinaten tritt die Arbeit als Fläche auf (**A**: ABCA; **B**: ADBCA; **C**: ADBCFEA). Unter (rein theoretischen) statischen Bedingungen muß nur gegen die elastischen Kräfte bei der Inspiration Arbeit geleistet werden (Ausatmung durch passive elastische Rückstellung). Auch bei normaler Atmung wird für die Exspiration keine aktive Arbeitsleistung benötigt. In Ruhe werden 2 % des aufgenommenen O_2 für die Kontraktionsarbeit der Atemmuskeln benötigt, bei schwerer Arbeit kann der Wert auf 20 % ansteigen.

Dynamische Atemfunktionsprüfungen (Normwerte s. Tabelle S. 225)

Tiffeneau-Test	Messen des nach maximaler Einatmung in 1 s ausatembaren Volumens (1-s-Ausatmungskapazität). Wird meist angegeben als relative Sekundenkapazität, d. h. als prozentualer Anteil der Vitalkapazität.
Atemstoß	Messen der maximalen exspiratorischen Atemstromstärke (mit Pneumotachograph), die aus der maximalen Inspirationsstellung kurzfristig erreicht werden kann.
Atemgrenzwert	Messen des Atemzeitvolumens bei willkürlich maximal forcierter Hyperventilation. Test nur für ca. 10 s durchführen, um Alkalose zu vermeiden. Meßwert auf 1 min hochrechnen.

Restriktive und obstruktive Atemfunktionsstörungen und ihre Diagnose

Restriktive Störung	Alle Störungen, bei denen die Ausdehnungsfähigkeit der Lunge eingeschränkt ist, z. B. Lungenfibrose, Verwachsungen der Pleurablätter. Compliance und Vitalkapazität sind verkleinert. Der Atemgrenzwert nimmt ab (allerdings auch bei obstruktiver Störung, daher ist der Atemgrenzwert differentialdiagnostisch unbrauchbar).
Obstruktive Störung	Einengung der zuleitenden Atemwege, d. h. Zunahme der Resistance (des Strömungswiderstandes), z. B. bei Schleim in den Bronchiolen, Asthma bronchiale (Spasmen der Bronchialmuskulatur). Diagnose mit Tiffeneau-Test: Fällt bei obstruktiver Störung wegen des erhöhten Strömungswiderstandes unter die Norm. Auch der Normwert für den Atemstoß wird stark unterschritten.

25

Gasaustausch in der Lunge

Inspiratorische, alveoläre und exspiratorische Fraktionen bzw. Partialdrücke der Atemgase bei Ruheatmung in Meereshöhe

	Fraktionen		Partialdrücke	
	O_2	CO_2	O_2	CO_2
Inspirationsluft	0,209 (20,9 Vol.%)	0,0003 (0,03 Vol.%)	150 mm Hg (20 kPa)	0,2 mm Hg (0,03 kPa)
Alveoläres Gasgemisch	0,14 (14 Vol.%)	0,056 (5,6 Vol.%)	100 mm Hg (13,3 kPa)	40 mm Hg (5,3 kPa)
Exspirationsgemisch	0,16 (16 Vol.%)	0,04 (4 Vol.%)	114 mm Hg (15,2 kPa)	29 mm Hg (3,9 kPa)

Die Messung des alveolären und des Exspirationsgemisches erfolgt mit der volumetrischen Gasanalyse nach Scholander (Absorption von CO_2 durch KOH, Reduktion von O_2 zu H_2O durch Natriumdithionit) oder durch fortlaufende Messung mit modernen Analysemethoden (z. B. CO_2 über Infrarotabsorptionsmessung). Alle Partialdrücke werden unter Abzug des Wasserdampfdrucks (47 mm Hg in den Alveolen, s. S. 226) errechnet, da dieser in der Außenluft sehr schwankt. Eine Hyperventilation läßt den alveolären p_{O_2} ansteigen und den p_{CO_2} absinken (letzteres ist wichtig wegen der Gefahr der respiratorischen Alkalose!), bei einer Hypoventilation ist es umgekehrt (Gefahr der Hypoxie und Atemnot durch Anstieg des p_{CO_2}).

Zeitliche Variationen der Atemgas-Partialdruckwerte in der Alveolarluft während eines Atemzyklus. [Modifiziert nach Piiper J (1975) in Gauer OH, Kramer K, Jung R (Hrsg) Physiologie des Menschen, Bd. 6, 2. Aufl. Urban & Schwarzenberg, München]

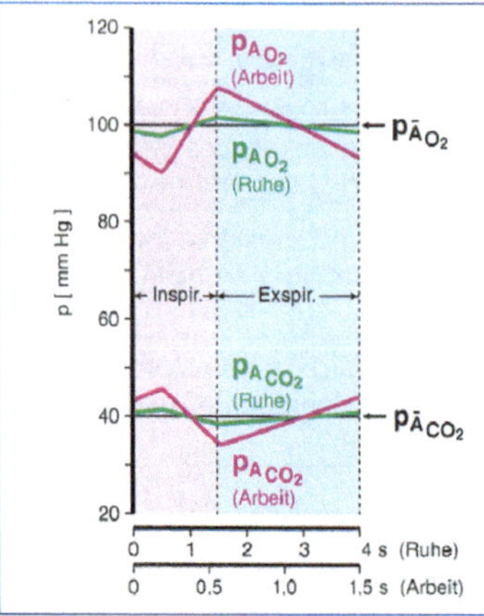

Die Atemgaspartialdrucke p_A von O_2 und CO_2 schwanken nur geringfügig um die zeitlichen Mittelwerte $p_{\bar{A}}$, da der Ventilationskoeffizient (Verhältnis von frischer Alveolarluft [in Ruhe 350 ml] zur in der Lunge verbliebenen Luft, also der funktionellen Residualkapazität [in Ruhe 2,4 l, s. S. 227]) bei rund 14 % liegt (ausreichend guter Merkwert: 10 %).

Bei Arbeit schwanken die Werte in kürzerem Rhythmus etwas stärker. Bei Beginn der Inspiration wird zunächst aus dem Totraum „alte" Alveolarluft reinspiriert, daher fällt $p_{A_{O_2}}$ (bzw. steigt $p_{A_{CO_2}}$) zunächst weiter, bis Frischluft in die Alveolen gelangt. Die Änderungen während der Exspiration sind durch die fortwährende O_2-Abgabe an das Blut bzw. CO_2-Aufnahme aus dem Blut bedingt.

Atemwerte, O_2-Aufnahme und CO_2-Abgabe aus den bzw. in die Alveolen in Ruhe (Werte s. auch S. 225) und bei schwerer Arbeit

	Wert	Ruhe	Schwere Arbeit
a	O_2-Aufnahme	280 ml/min	3 000 ml/min
b	CO_2-Abgabe	230 ml/min	2 850 ml/min
c	Respiratorischer Quotient (b / a)	0,82	0,95
d	Atemfrequenz	14/min	40/min
e	Atemzugvolumen	0,5 l	2 l
f	Atemzeitvolumen (d · e)	7 l/min	80 l/min

Diffusion der Atemgase in das Blut und aus dem Blut, O_2-Diffusionskapazität

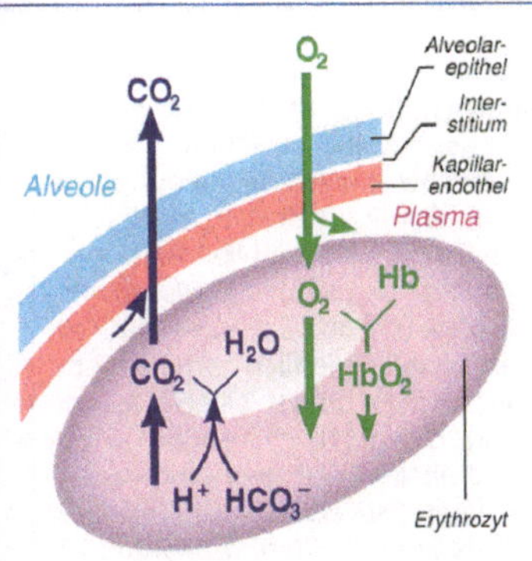

O_2 und CO_2 haben in der Lunge eine große Austauschfläche (alveoläre Gesamtoberfläche 80 m²) und einen kleinen Diffusionsweg (1 µm, s. Abb.), nämlich 2 dünne Schichten, Kapillarendothel und Alveolarepithel. Venöses Blut hat p_{O2} von 40 mm Hg, p_{CO2} von 46 mm Hg. Die Partialdruckdifferenzen (60 mm Hg bei O_2, 6 mm Hg bei CO_2) zu den Alveolardrücken (100 bzw. 40 mm Hg, s. oben) sind die treibenden Kräfte für den pulmonalen Gasaustausch. Da die Diffusionsleitfähigkeit (Krogh-Diffusionskoeffizient) für CO_2 23mal größer ist als für O_2, genügt die kleine Partialdruckdifferenz von 6 mm Hg für ausreichende CO_2-Diffusion.

Vom arteriellen zum venösen Ende der Kapillare nehmen die Partialdruckdifferenzen laufend ab, am Ende sind sie Null, d. h. das arterielle Lungenblut hat dieselben Partialdrücke wie die Alveolen. Die mittlere (durchschnittliche) O_2-Partialdruckdifferenz beträgt 10 mm Hg. Aus ihr errechnet sich bei einer O_2-Aufnahme von rund 300 ml/min eine O_2-Diffusionskapazität von 30 ml/min/mm Hg (s. Tabelle S. 225).

25

Lungenperfusion (Lungendurchblutung) und Kontaktzeit; Zunahme des O_2-Partialdrucks im Erythrozyten während der Passage durch die Lungenkapillare; Ventilations-Perfusions-Verhältnis; Shuntperfusion (für alle Normwerte s. Tabelle S. 225) [Aus Thews G (1997) Lungenatmung. In Schmidt RF, Thews G (Hrsg) Physiologie des Menschen, 27. Aufl. Springer, Heidelberg]

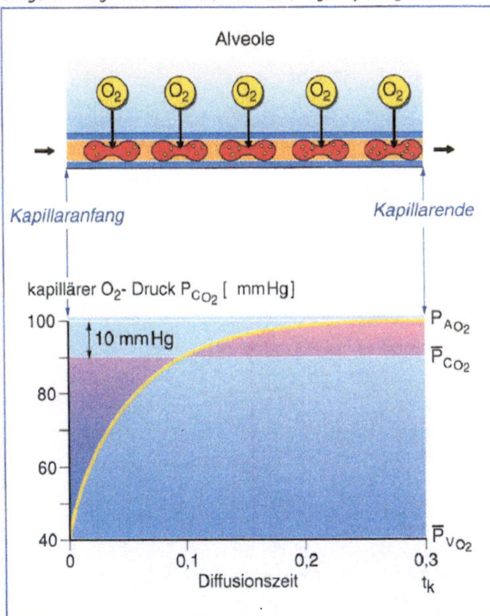

Die Durchflußdauer eines Erythrozyten durch eine Lungenkapillare, d. h. seine Kontaktzeit t_K mit den Alveolengasen, beträgt 0,3 s (s. die Abszisse in der Abbildung). Alle Lungenkapillaren gemeinsam haben in Ruhe ein Volumen von rund 100 ml. Dabei sind rund 50 % der vorhandenen Kapillaren durchblutet. Bei schwerer Arbeit eröffnen sich die übrigen Kapillaren und alle zusammen erweitern ihren Durchmesser; das Kapillarvolumen und die alveoläre Austauschfläche nehmen entsprechend zu. Das Verhältnis der alveolären Ventilation $\dot{V}_A$ (in Ruhe etwa 5 l) zur Lungenperfusion $\dot{Q}$ (Lungendurchblutung, in Ruhe etwas über 5 l) liegt in Ruhe bei rund $\dot{V}_A/\dot{Q}$ = 0,9 (regionale Unterschiede s. S. 234). Nur 2 % des Blutes fließen in der Lunge durch arteriovenöse Kurzschlüsse (Shuntperfusion).

Auswirkungen regionaler Inhomogenitäten der Lunge auf die Arterialisierung des Blutes. [Abbildung nach Thews G (1990) Lungenatmung. In: Schmidt RF, Thews G (Hrsg) Physiologie des Menschen, 24. Aufl. Springer, Heidelberg]

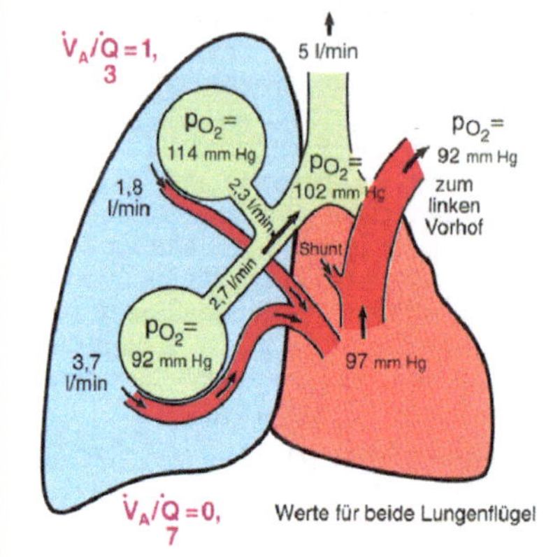

In Aufrechtstellung ist die Lungenbasis wegen des hydrostatischen Druckes stärker durchblutet als die Lungenspitze (s. S. 214). Damit ist dort $\dot{V}_A/\dot{Q} < 1$; Und somit wird das arterielle Blut dort weniger mit O_2 gesättigt als in der Lungenspitze (s. Abb.). Das in beiden Teilgebieten unterschiedlich arterialisierte Blut mischt sich bis zu einen p_{O_2} von 97 mm Hg, der durch das Shuntblut auf 92 mm Hg absinkt. Der endgültige arterielle p_{O_2} liegt also etwa 10 mm Hg unter dem alveolären (weitere Abnahme im Alter, mit 70 J. nur noch 70 mm Hg). Aus den gleichen Gründen kommt es zu einem (vernachlässigbaren) p_{CO_2}-Anstieg im arteriellen Blut.

26 Rhythmogenese und Regulation der Atmung

Entstehung des Atemrhythmus (Rhythmogenese)

Lokalisation der respiratorischen Neurone („Atemzentren") im Hirnstamm der Katze nach elektrophysiologischen Ableitungen. [Nach Richter DW (1986) Zur Rhythmogenese der Atmung. Physiologie aktuell Bd. 1. Fischer, Stuttgart]

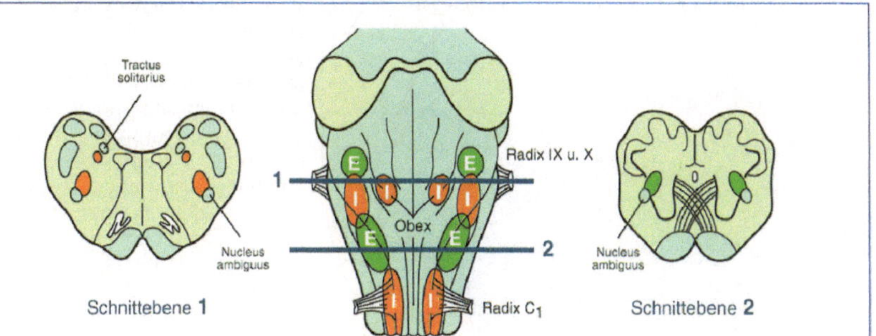

Inspiratorische Neurone (I): dorsale Gruppe am Kerngebiet des Tractus solitarius, ventrale Gruppe in der Nähe des Nucleus ambiguus sowie zervikal (C_{1-2}).

Exspiratorische Neurone (E): dorsale Gruppe neben dem Nucleus ambiguus, ventrale Gruppe am Nucleus retrofacialis.

Netzwerkorganisation (synaptische Verknüpfungen) der verschiedenen Klassen von respiratorischen Neuronen nach Versuchsergebnissen an der Katze. [Nach Richter DW (1997). In: Schmidt RF, Thews G (Hrsg) Physiologie des Menschen. 27. Aufl. Springer, Heidelberg]

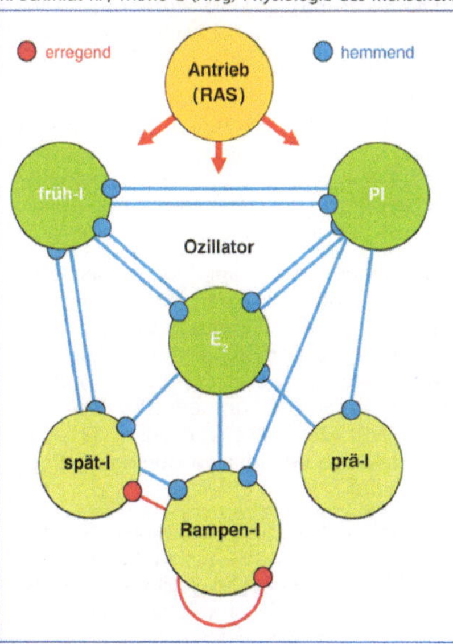

Es gibt 3 Haupttypen von medullären respiratorischen Neuronen: 1. inspiratorische (I-Neurone), die während der Einatmung entladen, 2. postinspiratorische (PI-Neurone), die während der ersten passiven Ausatmungsphase entladen und 3. exspiratorische (E_2-Neurone), die während der zweiten aktiven Ausatmungsphase entladen (s. auch die nachfolgende Abb.). Die I-Neurone lassen sich je nach Dauer und Zeitpunkt ihrer Entladungen als Rampen-I-Neurone, prä-I-Neurone, früh-I-Neurone und spät-I-Neurone klassifizieren, so daß derzeit 6 Klassen respiratorischer Neurone unterschieden werden. Diese sind untereinander zu dem in der Abb. gezeigten Netzwerk synaptisch verschaltet und erhalten ihren Grundantrieb aus dem retikulären aktivierenden System, RAS. Diesem primären Netzwerk nachgeschaltet (nicht gezeigt in der Abb.) sind retikulospinale Neurone, die die spinalen Motoneurone der Atemmuskulatur rhythmisch erregen und hemmen.

Sequenzen der Rhythmogenese im Verlauf eines Atemzyklus. [Nach Richter DW (1997). In: Schmidt RF, Thews G (Hrsg) Physiologie des Menschen. 27. Aufl. Springer, Heidelberg]

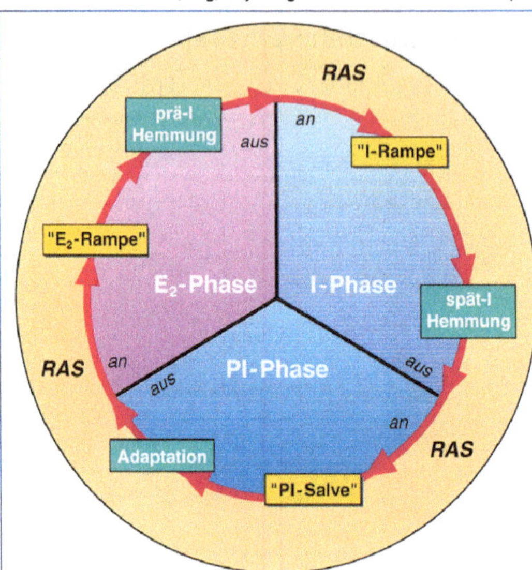

Der Atemrhythmus läuft autonom ab. Die Grundaktivität wird von der spontan aktiven Formatio reticularis, d. h. dem retikulären aktivierende System (RAS in der Abb.) geliefert. Die Mechanik der Lungenventilation läuft in 2 Phasen ab, nämlich der Einatmung und der Ausatmung (s. Kap. 25). Der neuronale Atemrhythmus besteht dagegen aus einem dreiphasigen Zyklus, nämlich der Inspiration (I-Phase, Einatmung), der Postinspiration (PI-Phase, „passive Ausatmung") und der Exspiration (E_2-Phase, aktive Ausatmung). Je nach Atemfrequenz (in Ruhe 10–20/min) werden für die Einatmung 1–2,5 s, für die Ausatmung 2–3,5 s benötigt.

Inspirations-phase (I-Phase)	Die Einatmung wird durch eine mit zunehmender Frequenz („rampenförmig") anwachsende Aktivität (inspiratorische Rampe, „I-Rampe" in der Abb.) in den Nerven der inspiratorischen Muskeln gesteuert. Diese Aktivität stammt zunächst aus den früh-I-Neuronen, dann zunehmend aus den Rampen-I-Neuronen und zuletzt aus den spät-I-Neuronen. Die PI- und E_2-Neurone werden dabei gleichzeitig synaptisch gehemmt.
Postinspirationsphase (PI-Phase	Die passive Ausatmung beginnt sobald die Kontraktionen des Zwerchfells und der anderen Inspirationsmuskeln anfangen nachzulassen. Während dieser Phase verengt sich auch die Stimmritze, was den exspiratorischen Luftstrom abbremst und zur Phonation genutzt werden kann (s. auch S. 122). Die Aktivität der PI-Neurone („PI-Salve", angeregt u. a. von den Lungendehnungssensoren, s. S. 238) hemmt jetzt alle I-Neurone und die anderen Neurone des Netzwerks (s. vorige Abb.)
Aktive Exspirationsphase (E_2-Phase)	Diese Phase läuft durch die Kontraktion der Exspirationsmuskulatur aktiv ab. Unter Ruhebedingungen (Eupnoe) werden die exspiratorischen Muskeln allerdings kaum aktiviert. Die Einleitung dieser Phase erfolgt durch abnehmende Hemmung (Disinhibition) der PI-Neurone auf die E_2-Neurone, da die PI-Neurone im Verlauf der PI-Phase adaptieren. Erregender Zustrom kommt in dieser Zeit von dem RAS und von Bronchialsensoren („Irritant-Sensoren"). Die Phase wird durch das Abklingen der Hemmung der prä-I-Neurone beendet, wodurch der Weg für den nächsten Atemzyklus frei wird.

Reflektorisch (z. B. bei Fieber oder Schmerzen) oder willentlich kann die Phase der aktiven Ausatmung über eine verstärkte Aktivierung des inspiratorischen Netzwerks völlig übersprungen werden. Damit setzt die Inspiration direkt nach der Postinspiration ein. Die resultierende oberflächliche Hyperventilation wird von manchen Tieren zur Wärmeregulation genutzt („Hecheln").

Regulation der Atmung, Atmungsantriebe

Übersicht über die verschiedenen spezifischen und unspezifischen Atmungsantriebe.
[Nach Thews G (1990) Lungenatmung. In: Schmidt RF, Thews G (Hrsg) Physiologie des Menschen, 24. Aufl. Springer, Heidelberg]

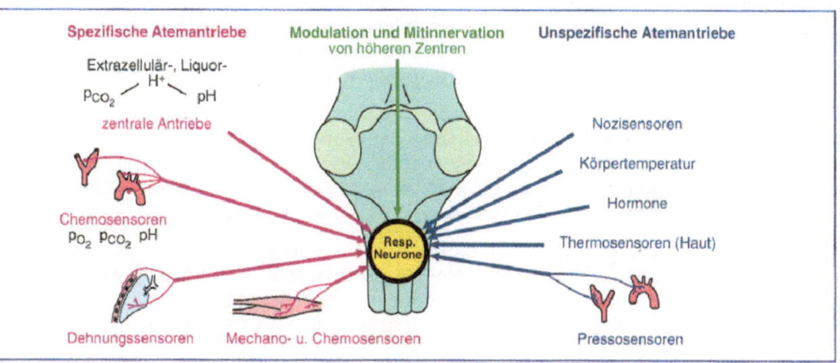

Spezifische Atemantriebe 1: chemische Faktoren, zugehörige Chemosensoren
[Abbildung in Anlehnung an G. Thews nach Daten von H. P. Koepchen]

CO_2-Wirkung	Normalerweise der dominierende Antrieb, s. CO_2-Antwortkurve in **A** der Abb. Die Wirkung hat ihre Obergrenze bei $\dot{V}_E$ von 75 l/min.
H^+-Wirkung	Absinken unter Normwert von pH 7,4 ergibt leichte Atemsteigerung. Die *rote* Kurve in **B** zeigt die Wirkung nichtflüchtiger Säuren (ist gering, weil CO_2 mit Zunahme von $\dot{V}_E$ abgeatmet wird), die *schwarze* Kurve zeigt den pH-Effekt bei experimentell konstantem p_{CO_2}.
O_2-Wirkung	Ist normalerweise nur bei Aufenthalt in großen Höhen relevant, s. S. 271, 272. Die *rote* Kurve in **C** zeigt die entsprechende Wirkung (wieder wegen CO_2-Abatmens gering), die *schwarze* Kurve die „reine" p_{O_2}-Wirkung.

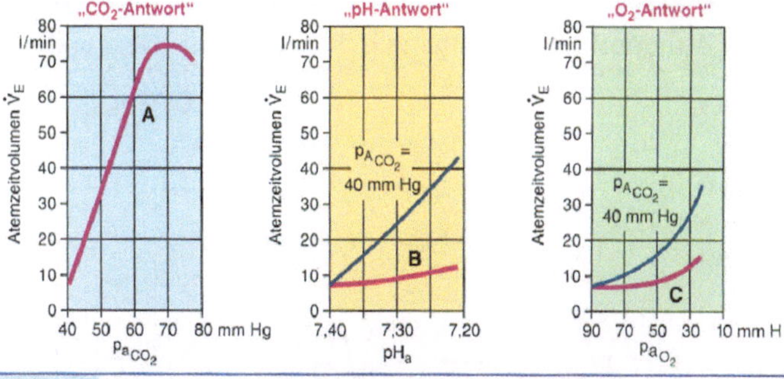

Periphere Chemo-sensoren	Lokalisation: Glomera carotica (IX. Hirnnerv), Glomera aortica (X. Hirnnerv). Reagieren mit Aktivitätszunahme auf Zunahme von H^+, p_{CO_2}, Abnahme von O_2. O_2-Effekte werden ausschließlich über die peripheren Chemosensoren vermittelt.
Zentrale Chemo-sensoren	Lokalisation: Areale an der ventralen Oberfläche des Hirnstamms. Hauptverantwortlich für H^+- und CO_2-Effekte. Der bestimmende Faktor scheint die H^+-Konzentration der Extrazellulärflüssigkeit zu sein.

Spezifische Atemantriebe 2: Mechanosensoren der Lunge (Hering-Breuer-Reflex), der Atemmuskeln und der übrigen Skeletmuskeln

Dehnungs-sensoren der Lunge	Mechanosensoren des Lungenparenchyms und der Atemwege werden durch Lungenerweiterung bei der Inspiration aktiviert und hemmen reflektorisch die weitere Einatmung: Hering-Breuer-Reflex. Der Reflex begrenzt die Amplitude der Atemexkursionen. Die Afferenzen verlaufen im N. vagus (X). Dessen Durchschneidung (Vagotomie) führt zu vertiefter und verlangsamter Atmung.
Mechano-sensoren der Atemmuskeln	Die Muskelspindeln und Golgi-Sehnenorgane der Atemmuskeln nehmen über ihre mono- und polysynaptischen spinalen und supraspinalen Reflexbögen an der Atemregulation teil, insbesondere an der Anpassung der Atemmechanik an die vorgegebenen Widerstandsverhältnisse.
Sensoren der Skelettmuskeln	Mechanosensoren mit dünnen Afferenzen (Ergosensoren) und chemosensitive Muskelafferenzen (Metabosensoren) werden bei intensiver Muskelarbeit erregt. Ihre afferenten Entladungen tragen reflektorisch zur Erhöhung des Atemzeitvolumens bei. (Allerdings sind die Angaben dazu z. T. noch widersprüchlich.)

Vorbeugende Anpassung an Arbeit über zentrale Mitinnervation

Das Atemzeitvolumen ist häufig zu Beginn einer Arbeit bereits weit mehr gesteigert als von den blutchemischen Veränderung her gerechtfertigt. Derzeit beste Erklärung: Die Atemzentren erhalten von den motorischen Zentren einen „Durchschlag" (Efferenzkopie) der von ihnen ausgehenden motorischen Befehle, wodurch „vorbeugend" die Atmung an die kommenden Anforderungen angepaßt wird.

Unspezifische Atemantriebe

Sammelbegriff für Einflüsse, die nicht primär der Kontrolle der Atmung dienen. Beispiele s. Abb. auf der vorigen Seite oben, z. B. Schmerz- und Temperaturreize auf der Haut, Aktivierung der Pressosensoren im Karotissinus, Ausschüttung von Adrenalin.

Pathologische Atmungsformen (schematisch). [Nach Thews G (1990) Lungenatmung. In: Schmidt RF, Thews G (Hrsg) Physiologie des Menschen, 24. Aufl. Springer, Heidelberg]

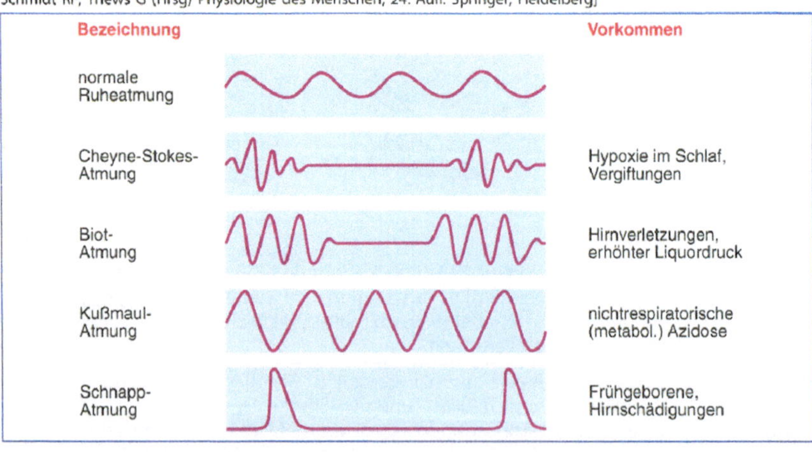

27 Atemgastransport und Säuren-Basen-Status des Blutes

Aufbau und Eigenschaften des menschlichen Hämoglobins

Eigenschaften des Chromoproteins Hämoglobin (Hb, MG 64 500)

Globin	Eiweißkomponente aus 4 Polypeptidketten, davon 2 α-Ketten mit je 141 Aminosäuren (AS) und 2 β-Ketten mit je 146 AS. Fetales Hb (Hb F) enthält statt der β-Ketten γ-Ketten mit etwas anderer AS-Anordnung.
Häm	Farbstoffkomponente (4 % des Gesamtmoleküls): Protoporphyrin mit zentralem Fe^{2+}-Atom, je 1 Häm pro Kette, also 4 pro Hb-Molekül.
Hb/HbO_2	Anlagerung des O_2 an das Häm des Hb erfolgt locker koordinativ ohne Wertigkeitsänderung, genannt Oxygenation bzw. bei der Abspaltung Desoxygenation.
Hämiglobin	Bezeichnet echte Oxidation des Häms mit Übergang des 2wertigen in 3wertiges Eisen (klinisch: Methämoglobin). Pathologisch, Hämoglobin fällt für O_2-Transport aus.
Farbe des Hb und HbO_2	Bedingt durch unterschiedliche Lichtabsorption: Blaues Licht wird von Hb absorbiert, rotes durchgelassen; Hb erscheint daher (dunkel)rot, HbO_2 mit noch mehr Blauabsorption hellrot.

Hb-Gehalt und Färbekoeffizient des menschlichen Blutes. [Nach Thews G (1990) Atemgastransport und Säure-Basen-Status des Blutes. In: Schmidt RF, Thews G (Hrsg) Physiologie des Menschen, 24. Aufl. Springer, Heidelberg]

Häufigkeitsverteilungen der Hämoglobinkonzentrationen für männliche und weibliche Erwachsene und für Neugeborene

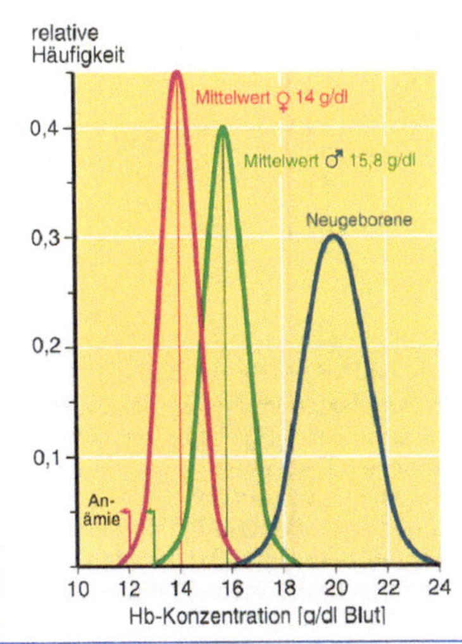

Die in der Abb. dargestellten Hb-Konzentrationen wurden durch Extinktionsmessung (Spektralphotometrie, Zyanhämiglobinmethode) unter Anwendung des Lambert-Beer-Gesetzes festgestellt.

Der mittlere Hb-Gehalt eines einzelnen Erythrozyten (MCH, mean corpuscular hemoglobin) wird als Färbekoeffizient bezeichnet. Er liegt bei Mann und Frau bei 31 pg (Normbereich 26–36 pg, normochrom). Werte darunter werden als hypochrom, darüber als hyperchrom bezeichnet.

Ermittlung durch Teilen des Hb-Gehaltes durch die Anzahl der Erythrozyten, also beim Mann

$$MCH = \frac{158\ g}{5{,}1 \cdot 10^{12}} = 31 \cdot 10^{-12}\ g = 31 pg$$

und bei der Frau

$$MCH = \frac{140\ g}{4{,}6 \cdot 10^{12}} = 31 \cdot 10^{-12}\ g = 31\ pg$$

O_2-Transportfunktion des Blutes

Kennwerte der O_2-Transport- und Bindungskapazität des Blutes

Physikalische Löslichkeit	Ist nach dem Henry-Dalton-Gesetz $C_{Gas} = \alpha \cdot p_{Gas}$ direkt proportional dem Gaspartialdruck p_{Gas}. Der Proportionalfaktor α ist der Bunsen-Löslichkeitskoeffizient. Bei normaler Körpertemperatur enthält 1 ml Blut 0,003 ml O_2.
Reaktionsgleichung	1 mol Hb kann maximal 4 mol O_2 binden (wegen des tetrameren Aufbaus des Hb-Moleküls), $Hb + 4O_2 = Hb(O_2)_4$. Ergibt, daß 1 g Hb maximal 1,39 g O_2 binden kann. Tatsächlicher Praxiswert ist geringer, da geringe Hb-Mengen bindungsinaktiv; s. Hüfner-Zahl in der nächsten Zeile.
Hüfner-Zahl	1 g Hb bindet in vivo 1,34 ml O_2. Daraus folgt als Produkt aus Hüfner-Zahl und Hb-Konzentration als maximales O_2-Bindungsvermögen: $[O_2]_{max} = 1{,}34\ (\text{ml } O_2/\text{g Hb}) \cdot 150\ (\text{g Hb/ l Blut}) = 0{,}20\ (\text{l } O_2/\text{ l Blut})$. Gilt strikt nur für O_2-Partialdruck > 300 mm Hg. Wird in Lunge dank S-förmigem Verlauf der O_2-Bindungskuve annähernd erreicht (s. unten).

27

Sauerstoffbindungskurven des Blutes

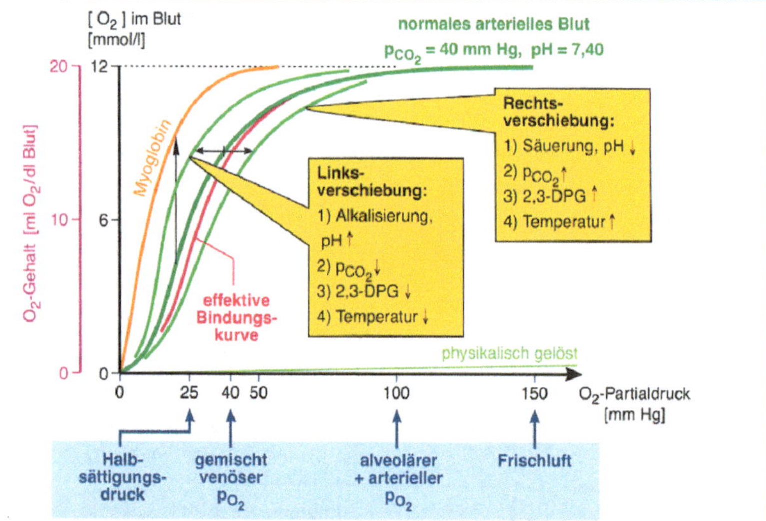

Der oxigenierte Anteil am Gesamt-Hb wird O_2-Sättigung, S_{O_2}, genannt. S_{O_2} und damit der O_2-Gehalt des Blutes ist O_2-Partialdruck direkt proportional. S-förmiger Verlauf von S_{O_2} ergibt sich aus unterschiedlicher O_2-Affinität der 4 Hämmoleküle im Hb (Zwischenbindungshypothese). Halbsättigungsdruck p_{50} liegt bei p_{O_2} von 26 mm Hg. Biologische Deutung: Flacher Verlauf von S_{O_2} bei hohen Partialdrücken sichert ausreichende Sättigung in der Lunge, steiler Verlauf im Mittelteil erlaubt hohe Abgabe von O_2 an das Gewebe bei geringen Partialdrucksenkungen. Rechtsverschiebung bedeutet: Die O_2-Affinität des Hb nimmt ab, höhere O_2-Partialdrucke sind für die gleiche S_{O_2} notwendig. Linksverschiebung bedeutet: O_2-Affinität nimmt zu, beim gleichen O_2-Partialdruck wird mehr O_2 gebunden. Extrembeispiel: CO-Hb. Einzelheiten s. nächste Seite.

Einflüsse auf die O_2-Bindungskurve; andere Globine

pH, CO_2, Bohr-Effekt	Erhöhung der H^+-Konzentration (= Erniedrigung des pH-Wertes) oder Erhöhung von p_{CO_2} führt zur Rechtsverschiebung und vice versa. Dieses Verhalten wird Bohr-Effekt genannt. Begünstigt O_2-Aufnahme in der Lunge und O_2-Abgabe im Gewebe.
Temperatur	Erhöhung der Temperatur bewirkt Rechtsverschiebung und vice versa. Beim Menschen normalerweise ohne große Bedeutung.
2,3-DPG	Erhöhte Konzentrationen von 2,3-Diphosphoglycerat, 2,3-DPG, im Erythrozyten bewirken Rechtsverschiebung. 2,3-DPG tritt bei Anämien auf.
CO	Kohlenmonoxid, CO, hat hohe Affinität zum Hb. Bindet zum Carboxyhämoglobin, HbCO, das kein O_2 binden kann. Ein P_{CO} von wenigen mm Hg führt zu > 90 % Hb_{CO}, ist also extrem toxisch.
Fetales Hb	Hat etwas höhere O_2-Affinität als Hb (Kurve ist linksverschoben). Außerdem ist im Fetalblut die Hb-Konzentration höher (s. Abb. S. 239). Beides zusammen begünstigt plazentaren Gasaustausch.
Myoglobin	Ähnlich wie Einzelbaustein des Hb aufgebaut, kann also jeweils nur 1 Molekül O_2 binden. Dies aber mit hoher Affinität. Kurve daher steil und linksverschoben. Linksverschiebung begünstigt Übernahme des O_2 vom Hb, Steilheit die Abgabe im Gewebe.

27

Übersicht über die Blutgasdaten und pH-Werte im arteriellen und venösen Blut des gesunden Jugendlichen in körperlicher Ruhe. [Nach Thews G (1990) a. o. a. O.]

	P_{O_2}	S_{O_2}	$[O_2]$ l O_2/l Blut	P_{CO_2}	$[CO_2]$ l CO_2/l Blut	pH
Arterielles Blut	95 mmHg (12,6 kPa)	97 %	0,20 (20 Vol%)	40 mmHg (5,3 kPa)	0,48 (48 Vol%)	7,40
Venöses Blut	40 mmHg (5,3 kPa)	73 %	0,15 (15 Vol%)	46 mmHg (6,1 kPa)	0,52 (52 Vol%)	7,37
Arterio.-venöse Konz.-Differenz			0,05 (5 Vol%)		0,04 (4 Vol%)	

CO_2-Transportfunktion des Blutes

CO_2-Bindungskurven des menschlichen Blutes bei 37 °C

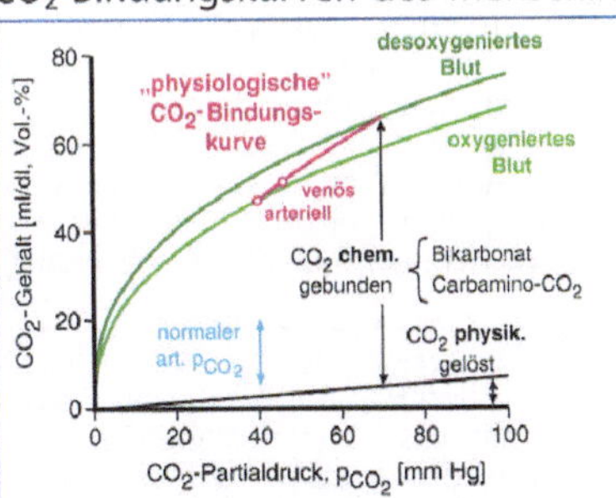

CO_2-Gehalt = durch Säure und Vakuum austreibbare CO_2-Menge in Vol.% = ml CO_2/100 ml Blut.

CO_2 im Blut ist (wie O_2) teils physikalisch gelöst (Bunsen-Koeffizient ~20mal > O_2, 1 ml Blut enthält 0,065 ml CO_2, 12 % des Gesamt-CO_2 im Blut), teils chemisch gebunden. Diese reversible chemische Bindung erfolgt als Bikarbonat in Erythrozyt (27 %) und Plasma (50 %) und als Carbamino-Hb (11 %).

Christiansen-Douglas-Haldane-Effekt oder kurz Haldane-Effekt: Blut bindet CO_2 umso besser, je stärker es desoxygeniert ist und vice versa (s. Abb.). Dies begünstigt CO_2-Bindung im Gewebe und CO_2-Abgabe in der Lunge (vgl. Bohr-Effekt für O_2).

Chemische Reaktionen im Erythrozyten beim Gasaustausch im Gewebe (*links in der Abb.*) und in der Lunge *(rechts)*. [Nach Thews G (1990) a. o. a. O.]

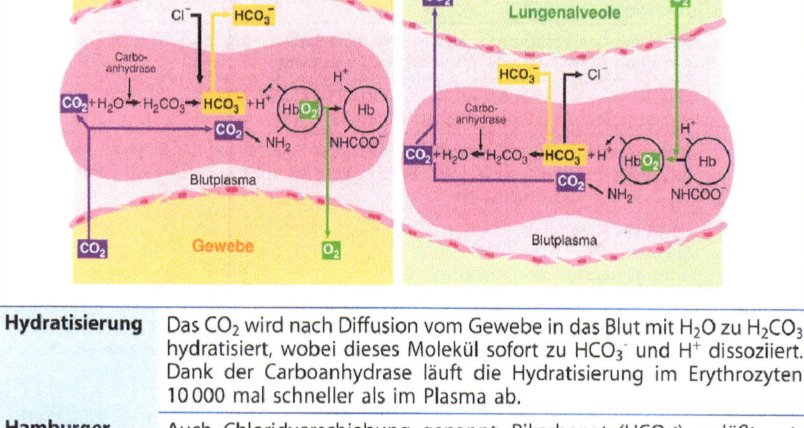

Hydratisierung	Das CO_2 wird nach Diffusion vom Gewebe in das Blut mit H_2O zu H_2CO_3 hydratisiert, wobei dieses Molekül sofort zu HCO_3^- und H^+ dissoziiert. Dank der Carboanhydrase läuft die Hydratisierung im Erythrozyten 10 000 mal schneller als im Plasma ab.
Hamburger-Shift	Auch Chloridverschiebung genannt: Bikarbonat (HCO_3^-) verläßt entsprechend dem Konzentrationsgefälle den Erythrozyten im elektroneutralen Austausch gegen Cl^-.
H^+-Pufferung	Eine starke pH-Änderung durch die bei der Hydratisierung entstehenden Protonen wird durch die Puffereigenschaften des Blutes verhindert. Das Hb besitzt z. B. eine große Pufferkapazität (als Ampholyt), bei Desoxygenierung wird das Hb zusätzlich alkalischer.
Carbamino-verbindung (Carbamat)	Hier handelt es sich um eine direkte Anlagerung von CO_2 an die Aminogruppe der Eiweißkomponente des Hb. Das Reaktionsprodukt wird als Carbaminohämoglobin abgekürzt Carbhämoglobin bezeichnet.

Säure-Basen-Status des Blutes

Physikochemische Voraussetzungen

Säuren und Basen	Säuren geben in Lösung H^+-Ionen ab (Protonendonatoren), Basen binden diese (Protonenakzeptoren). In der Dissoziationsreaktion $HA \leftrightarrow H^+ + A^-$ ist also HA Säure, A^- korrespondierende Base. Das Gleichgewicht zwischen Dissoziation und Assoziation folgt dem Massenwirkungsgesetz (s. nächste Seite). Bei einer starken Säure, z. B. HCl, ist das Gleichgewicht stark nach rechts verlagert (nahezu vollständige Dissoziation), bei einer schwachen Säure ist die Dissoziation unvollständig (s. unten).
pH-Definition	Der pH-Wert ist definiert als der negative dekadische Logarithmus der molaren H^+-Ionen-Konzentration, pH $= -\log[H^+]$. Bei pH 1 sind also $[H^+] = 10^{-1}$mol/l = 1mol/l = 1g/l H^+-Ionen in Lösung (eine starke Säure). pH 7 mit $[H^+] = 10^{-7}$mol/l ist eine neutrale Lösung. pH $>$ 7 kennzeichnet alkalische Lösungen.
pH-Messung	Entweder mit Indikatoren (Farbumschlag bei bestimmtem pH-Wert) oder elektrometrisch mit Hilfe der Glaselektrode (Einstabmeßkette).

Eigenschaften von Puffersystemen

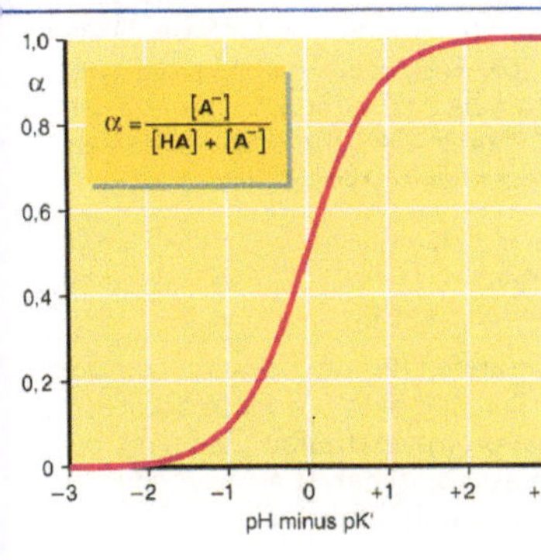

Dissoziation einer schwachen Säure folgt dem Massenwirkungsgesetz (K′ ist dabei Dissoziationskonstante, [ ] bezeichnet molare Konzentrationen):

$K' = \frac{[H^+] \cdot [A^-]}{[HA]}$. Bei Zusatz von $[H^+]$ muß [HA] zunehmen, d.h. die zugesetzten freien H^+-Ionen werden teilweise wieder eliminiert, d.h. die pH-Änderung ist geringer als dem H^+-Zusatz entspricht und vice versa bei Entnahme von $[H^+]$. Dies nennt man Pufferung. Umformung und Logarithmierung der obigen Gleichung führt über

$$-\log[H^+] = -\log K' - \log\frac{[HA]}{[A^-]} \text{ zu } pH = pK' + \log\frac{[A^-]}{[HA]} = pK' + \log\frac{[Base]}{[Säure]}$$

Diese Schreibweise des Massenwirkungsgesetzes für ein Puffersystem wird als Henderson-Hasselbalch-Gleichung bezeichnet, wobei pK′ eine für das Pufferystem charakteristische Konstante darstellt, nämlich den (pH-)Wert, bei dem Säure und korrespondierende Base in äquivalenten Konzentrationen vorliegen (log1/1 = 0).
Weitere Umformung ergibt

$$pH = pK' + \log\frac{\alpha}{1-\alpha} \text{ mit dem Dissoziationsgrad } \alpha = \frac{[A^-]}{[HA] + [A^-]}$$

Den Zusammenhang zwischen α und pH-Wert einer Pufferlösung zeigt die Abb.

Pufferkapazität: Diejenige Menge an Säure oder Base, die 1 l Lösung eines Puffersystems aus schwacher Säure und korrespondierender Base zugesetzt werden muß, um den pH-Wert um 1 Einheit zu ändern. Optimale Pufferkapazität liegt bei pH = pK′, also pH - pK′ = 0, $\alpha = 0{,}5$ (s. Abb). Jedes Puffersystem wirkt nur 2 pH-Einheiten über oder unter seinem pK′-Wert, also von pK′ -2 bis pK′ +2.

pH-Wert des Blutes, Konstanthaltung, Abweichung

Blut-pH	Mittelwert 7,40, Bereich bei 37 °C zwischen 7,37 und 7,43. Gilt strikt nur für Blutplasma, da er dort gemessen wird. Im Erythrozyten liegt das pH bei 7,2–7,3. Das Blut ist also schwach alkalisch.
Konstanthaltung	(1) Über Puffersysteme des Blutes, s. unten; (2) über die Atmung: durch Abatmen der „flüchtigen" Säure CO_2 wird eine Säurebelastung des Organismus verhindert; (3) über die Niere: durch Ausscheiden der „nichtflüchtigen" Säuren des Stoffwechsels (etwa 50–60 mmol H^+-Ionen/Tag, größtenteils als NH_4^+ und $H_2PO_4^-$).
Azidosen und Alkalosen	Senkung des Blut-pH $< 7{,}37$ bezeichnet man als Azidose, Erhöhung $> 7{,}43$ als Alkalose. Mit dem Leben vereinbar ist nur eine Säurebelastung bis pH $\geq 6{,}8$, eine Basenbelastung bis pH $\leq 7{,}8$. Liegt die Störung beim Abatmen von CO_2 (zuwenig oder zuviel Ventilation) spricht man von respiratorischer Azidose, bzw. Alkalose. Liegt die Störung im Stoffwechsel, handelt es sich um eine metabolische Azidose bzw. Alkalose. Um auch pH-Änderungen durch Nierenfunktionsstörungen einzuschließen, stellt man den respiratorischen die nichtrespiratorischen Azidosen und Alkalosen gegenüber.

27

27

Puffersysteme des Blutes

Bikarbonatpuffer	Schwache Säure: Kohlensäure, H_2CO_3, korrespondierende Base: Bikarbonat, HCO_3^-, pK' = 6,1. Obwohl der pK'-Wert weit vom Blut-pH-Wert entfernt ist, ist dies ein wichtiger Puffer, da eine hohe, konstante Bikarbonatkonzentration von 24 mmol/l durch den atmungsgeregelten, konstanten p_{CO_2} von 40 mm Hg normalerweise gewährleistet ist.
Phosphatpuffer	Schwache Säure: primäres Phosphat, $H_2PO_4^-$, korrespondierende Base: sekundäres Phosphat, HPO_4^{2-}, pK = 6,8. Die Phosphatkonzentrationen sind im Blut klein, der Puffereffekt daher gering.
Proteinatpuffer	Wichtig sind die ionisierbaren Seitengruppen der Aminosäuren, besonders der Imidazolring des Histidins. Beteiligt sind die Plasmaproteine (vor allem Albumin) und das Hb (Hauptproteinatpuffer), letzteres besonders in desoxygenierter Form, da es alkalischer ist als oxygeniertes Hb und damit besser zur H^+-Ionen-Pufferung fähig.

Pufferbasen und BE-Wert

Gesamtpufferbase	Darunter versteht man die Summe aller pufferwirksamen Anionen im Blut. Beträgt etwa 48 mmol/l, etwa je zur Hälfte Proteinat und Bikarbonat (Wert s. oben). Bleibt bei Änderung des p_{CO_2} weitgehend konstant, da ein Anstieg der Bikarbonatkonzentration durch eine Abnahme der Proteinatdissoziation kompensiert wird und vice versa.
Basenüberschuß, BE	BE (base excess): wird ermittelt, in dem man feststellt, wieviel Säure benötigt wird (in mmol/l), um Blut von 37 °C bei einem arteriellen p_{CO_2} von 40 mm Hg auf den pH-Wert von 7,4 einzustellen. Wird dazu z. B. 5 mmol/l Säure benötigt, ist der BE-Wert +5 mmol/l. Normalerweise ist BE = Null, erst bei „Entgleisen" der Regelsysteme durch nichtflüchtige Säuren bzw. Basen (nichtrespiratorische Azidose bzw. Alkalose) entsteht ein Basendefizit (BE-Wert negativ) bzw. ein Basenüberschuß (positiver BE-Wert, s. Abb.).

CO_2-Bindungskurven des Blutes in Abhängigkeit vom BE-Wert (s. auch Abb. S. 241). [Nach Thews G (1990) a. o. a. O.]

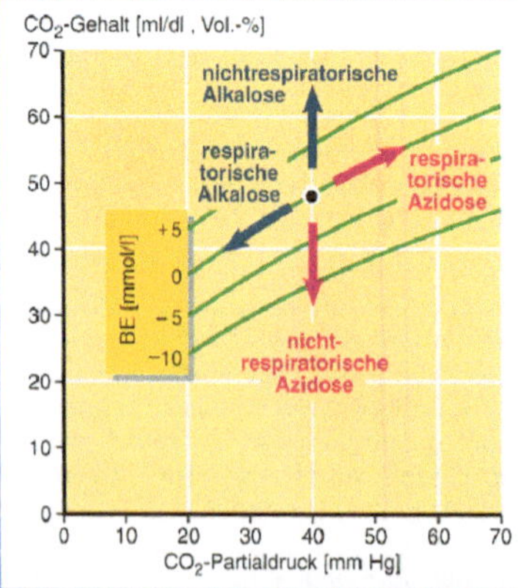

Bei respiratorischen Alkalosen (z. B. bei Hyperventilation) bzw. Azidosen (z. B. bei Hypoventilation) bleibt die CO_2-Bindungskurve unverändert (für pH-Änderung s. nächste Abb.).

Bei nichtrespiratorischen Alkalosen nimmt BE zu und die CO_2-Bindungskurve verschiebt sich in Richtung ansteigender CO_2-Gehalte; bei nichtrespiratorischen Azidosen kommt es zu Basendezifit (negative BE-Werte) und Verlagerung der CO_2-Bindungskurve in Richtung abnehmender CO_2-Gehalte.

Eine Differenzierung zwischen respiratorischen und nichtrespiratorischen Störungen ist also über Messung von p_{CO_2} und BE möglich.

Verhalten der Bikarbonatkonzentration im Plasma des arteriellen Blutes bei den primären, unkompensierten Störungen des Säure-Basen-Gleichgewichtes dargestellt an Hand des pH-Bikarbonat-Diagramms. [In Anlehnung an J. Piiper]

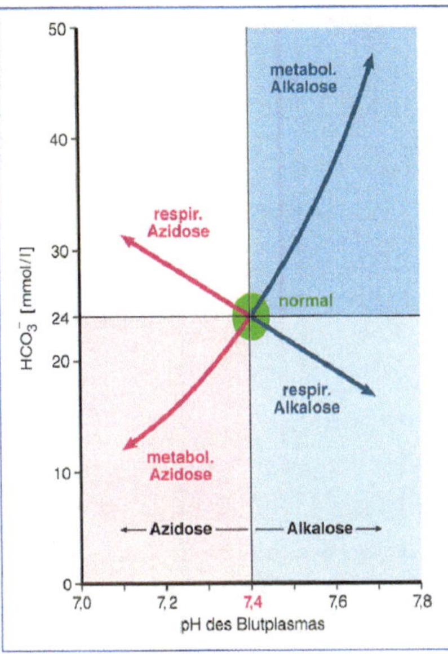

Diese, die vorhergehende und die nachfolgende Abb. stellen die gleichen Sachverhalte unter verschiedenen Blickwinkeln dar. Beispiel: Die respiratorische Azidose ist durch eine Erhöhung des arteriellen CO_2-Drucks (Hyperkapnie, griechisch kapnos: Rauch) charakterisiert (vorhergehende Abb.), gleichzeitig kommt es zu einer Erhöhung des Plasmabikarbonats *(links)* wegen der Bindung von H^+-Ionen an den Proteinatpuffer. Diese reicht jedoch nicht aus, so daß der pH-Wert sinkt *(links u. unten)*. Über die renale Ausscheidung von Protonen wird die Azidose sekundär kompensiert (s. unten).

Das Umgekehrte gilt für eine durch Hyperventilation erzeugte Hypokapnie (respiratorische Alkalose). Die Kompensation der metabolischen Störungen erfolgt respiratorisch (s. unten).

27

Darstellung von Störungen des Säure-Basen-Gleichgewichts und ihrer Kompensationen im Blut an Hand des p_{CO_2}-pH-Diagramms. [In Anlehnung an J. Piiper]

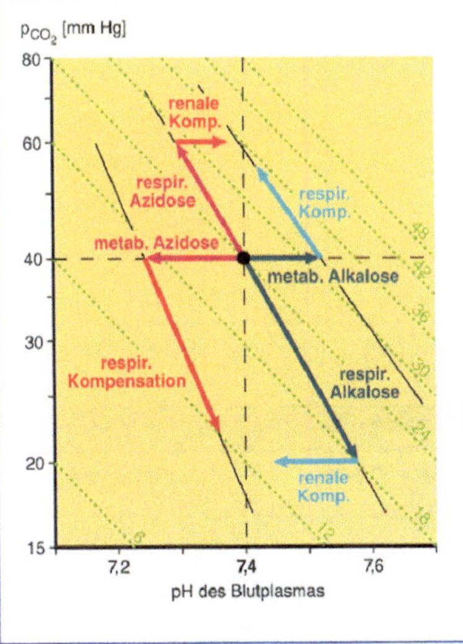

Abszisse: Blut-pH. *Ordinate:* arterieller p_{CO_2} in logarithmischem Maßstab. Die 4 primären Störungen nehmen ihren Ausgang vom normalen Blut-pH (7,4) und p_{CO_2} (40 mm Hg), die sekundären Kompensationen (anschließende Pfeile) führen den Blut-pH soweit als möglich zum Normwert zurück. Wegen Pufferung im Blut verlaufen die Linien für die Veränderungen bei respiratorischen Störungen bzw. Kompensationen steiler als die Linien gleichen Bikarbonatgehalts (dünne Linien). Mischformen (kombinierte respiratorische und nichtrespiratorische Azidosen bzw. Alkalosen) kommen vor (nicht eingetragen).

Metabolische Azidosen kommen häufig vor (z. B. Milchsäurebildung bei körperlicher Arbeit, Ketonkörper bei Diabetes mellitus, Verlust alkalischen Darmsaftes bei Diarrhö etc). Metabolische Alkalosen sind selten (z. B. Erbrechen sauren Magensaftes).

Diagnostik des Säuren-Basen-Status

Nomogramm des Säure-Basen-Status im Blut bei 37 °C. [Nach Siggaard-Andersen O (1963) Clin Lab Invest 15: 211]

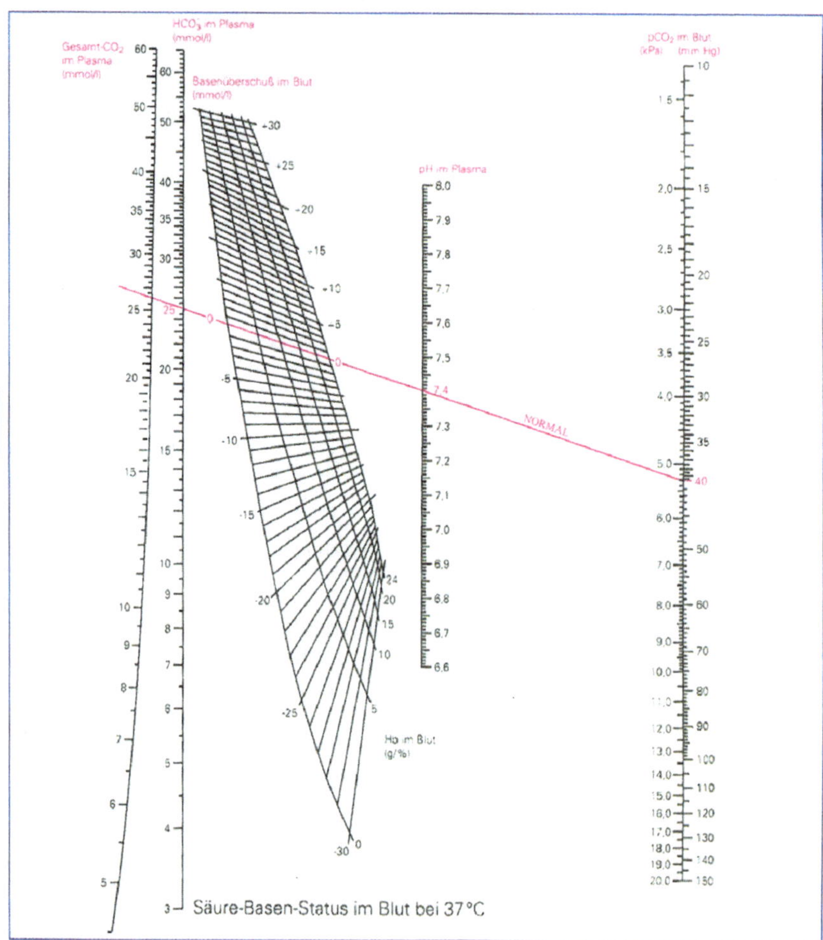

Interpretation/Definition von Säure-Basen-Störungen (vgl. auch Definition von Azidose [pH unter 7,37] und Alkalose [pH über 7,43] S. 243)

P_{CO_2} \ HCO_3	Unter 21 mmol/l	21–29 mmol/l	Über 29 mmol/l
Über 6 kPa 44 mm Hg	Kombinierte metab. und resp. Azidose	Respiratorische Azidose	Metab. Alkalose und resp. Azidose
4,5 – 6 kPa 34–44 mm Hg	Metabolische Azidose	Normal	Metabolische Alkalose
Unter 4,5 kPa 34 mm Hg	Metab. Azidose und resp. Alkalose	Respiratorische Alkalose	Kombinierte metab. und resp. Alkalose

28 Gewebeatmung

O_2-Versorgung der Gewebe, Gewebestoffwechsel

Eigenschaften aerober und anaerober Energiegewinnung in Körperzellen

Aerob	Oxidativer Abbau („Verbrennung") von Fetten, Eiweißen und Kohlenhydraten in den Zellmitochondrien mit Hilfe von Enzymen (Details s. Biochemie). Endprodukte immer CO_2 und H_2O, zusätzlich beim Eiweißabbau N-haltige Substanzen, vor allem Harnstoff.
Anaerob	Glykolyse. Endprodukt Laktat (ist noch sehr energiehaltig). 1 mol Glukose liefert bei glykolytischem Abbau 208 kJ = 50 kcal, bei oxidativem Abbau entsteht ca. 15mal mehr Energie (2883 kJ = 689 kcal). Anaerober Stoffwechsel also nur eine kurzfristige Anlauf- bzw. Notlösung. Stark erhöhtes Laktat führt zu metabolischer (nichtrespiratorischer) Azidose.
O_2-Angebot	Ergibt sich für jedes Organ als Produkt von arterieller O_2-Konzentration und Durchblutungsgröße (ausgewählte Werte s. S. 207). Da die arterielle O_2-Konzentration überall gleich ist, hängt das O_2-Angebot ausschließlich von der Durchblutungsgröße ab (sehr hoch z. B. in der Nierenrinde und der Hirnrinde, sehr gering z. B. in ruhendem Skelettmuskel).
O_2-Utilisation	Verhältnis des O_2-Verbrauchs eines Organs zum O_2-Angebot. In Ruhe z. B. bei Hirnrinde, Myokard, Skelettmuskel ca. 40–60 % des Angebots. Maximale Ausschöpfung bei Höchstleistungen ca. 90 %. Sehr gering dagegen in Niere, Milz (wegen der relativ hohen Durchblutung).
Q_{10}	Liegt bei 2–3 im Temperaturbereich 20–40 °C. Künstliche Hypothermie wird bei Operationen z. B. am offenen Herzen zur Energieeinsparung angewandt.

28

Atemgasdiffusion im Gewebe: Partialdrücke in den verschiedenen Abschnitten des Kreislaufsystems in Ruhe. [Nach Thews G (1963) Der Transport der Atemgase. Klin Wschr 41: 120]

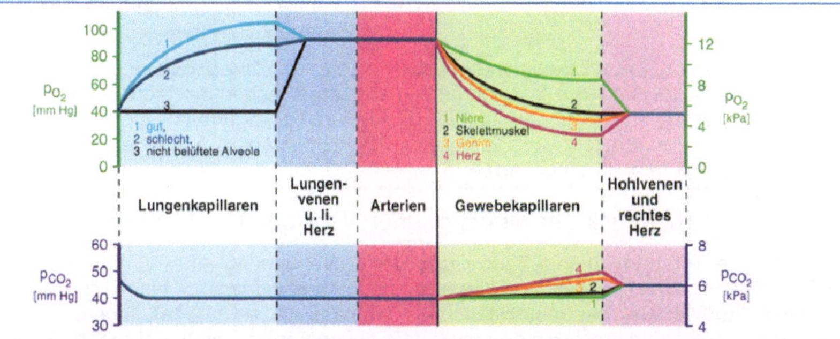

Gasaustausch im Gewebe erfolgt wie in Lunge durch Diffusion unter den Bedingungen des 1. Fick-Diffusionsgesetzes. Entscheidend also neben Austauschfläche, Diffusionsstrecke und -widerstand die Partialdruckdifferenzen als die treibenden Kräfte. O_2-Moleküle wandern aus Erythrozyt und Plasma ins Gewebe. Transport zur Erythrozytenoberfläche wird durch Diffusion des oxygenierten Hämoglobins innerhalb des Erythrozyten unterstützt: erleichterte O_2-Diffusion (facilitated diffusion). Im Skelettmuskel übt Diffusion des oxygenierten Myoglobins einen vergleichbaren Einfluß auf O_2-Transport aus.

28

Modelle für den Atemgasaustausch im Gewebe, Bedeutung der Kapillarisierung, O_2-Partialdruckverteilung um eine Kapillare [Abb. nach Grote J (1990) Gewebeatmung. In: Schmidt RF, Thews G (Hrsg) Physiologie des Menschen, 24. Aufl. Springer, Heidelberg]

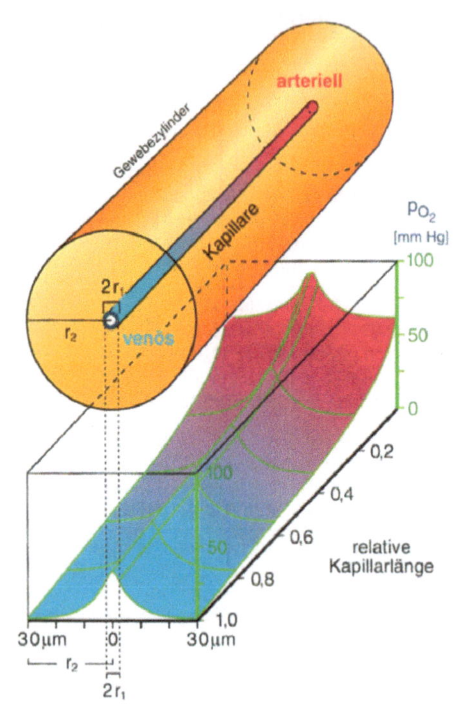

Solche Modelle dienen der Untersuchung der Bedingungen für den Atemgasaustausch in Geweben; am bekanntesten ist der Krogh-Gewebezylinder. Er gilt genau genommen nur für parallel angeordnete Kapillaren, die in gleicher Richtung durchströmt werden. Die Abb. spiegelt die Verhältnisse in der Hirnrinde wider. Daneben existieren ein Kegelmodell (Blutstrom in den Kapillaren gegensinnig), sowie eine kubische Gewebesäule (4 parallele Kapillaren mit unterschiedlich gerichteter Durchströmung) und komplizierte Netzwerke.

Die Kapillardichte im Gewebe ist entscheidend für die Austauschfläche der Atemgase und für die Diffusionsstrecken. Von Organ zu Organ sehr unterschiedlich, z.B. mittlerer Kapillarabstand im Myokard 25 µm, in Hirnrinde 40 µm, in Skeletmuskel 80 µm. Modifkationen von Austauschfläche und Diffusionsstrecken sind durch Vasokonstriktion bzw. -dilatation der vorgeschalteten Arteriolen möglich.

Die Abbildung zeigt, daß im Hirngewebe während einer Kapillarpassage der O_2-Partialdruck im Blut von 90 mm Hg auf ca. 28 mm Hg absinkt. Zwischen der Blutkapillare und dem Rand des Versorgungszylinders beträgt die O_2-Partialdruckdifferenz ca. 26 mm Hg. Damit sind in den am schlechtesten versorgten Zellen im venösen Außenbezirk nur O_2-Partialdrücke um 2 mm Hg zu erwarten.

Kritischer O_2-Partialdruck der Mitochondrien liegt bei 0,1 – 1 mm Hg

Das wichtigste Kriterium für die Beurteilung der O_2-Versorgung eines Organs ist der zelluläre O_2-Partialdruck. Er muß im Bereich der Mitochondrien für einen normalen oxidativen Stoffwechsel bei mindestens 0,1 – 1 mm Hg (13,3 – 133,3 Pa) liegen. Seine Messung ist mit Platinmikroelektroden nach dem polarographischen Verfahren möglich. Ansonsten Abschätzung mit Hilfe der obigen Gewebemodelle.

Sonderfälle Myokard und Skelettmuskel: das Myoglobin dient dort als ein Kurzzeit-O_2-Speicher („O_2-Puffer") und als intrazellulärer O_2-Transporteur (erleichterte Diffusion, s. oben). Dadurch werden die Partialdruckunterschiede zwischen den Zellen verringert und die O_2-Partialdrücke bei einsetzender Belastung trotz steigenden O_2-Verbrauchs weitgehend konstant gehalten.

Regulation des O_2-Angebots; O_2-Mangelwirkungen

Das O_2-Angebot an ein Organ wird durch Durchblutungsänderungen an den O_2-Bedarf angepaßt

Die Anpassung des O_2-Angebots an den O_2-Bedarf eines Organs wird im wesentlichen durch die Regulation der Durchblutungsgröße mit Hilfe lokal metabolischer Faktoren sowie humoral und neuronal beeinflußter Regelmechanismen erreicht. Einzelheiten dazu sind ausführlich im Kap. 24 ab S. 217 dargestellt.

Die 3 Hauptursachen einer mangelhaften O_2-Versorgung eines Organs sind arterielle Hypoxie, Anämie und Ischämie

Arterielle Hypoxie	Resultiert aus alveolärer Hypoventilation, beinhaltet im arteriellen Blut Senkungen des O_2-Partialdrucks (Hypoxie) und der O_2-Konzentration (Hypoxämie) bei gleichzeitiger respiratorischer Azidose (Hyperkapnie, s. S. 243). Bei einem Aufstieg in großen Höhen ist die arterielle Hypoxie allerdings von respiratorischer Alkalose (Hypokapnie) begleitet.
Anämie	Eine Herabsetzung der O_2-Transportkapazität des Blutes kann durch (1) mangelhafte Hämoglobinsynthese, (2) Blutverlust (1 und 2: Anämie im engeren Sinne), (3) Methämoglobinbildung und (4) CO-Vergiftung (funktionelle Anämie) bedingt sein.
Ischämie	Jede Einschränkung der Organdurchblutung führt zu stärkerer O_2-Ausschöpfung des Blutes während der Kapillarpassage und damit zur Vergrößerung der arteriovenösen O_2-Konzentrationsdifferenz. In der Folge kommt es zu einem ausgeprägten Abfall des O_2-Partialdrucks im Kapillarblut (venöse Hypoxie).

28

Einfluß einer Anämie auf die O_2-Partialdruckänderungen im Kapillarblut.
[Nach Grote J (1990) a. o. a. O.]

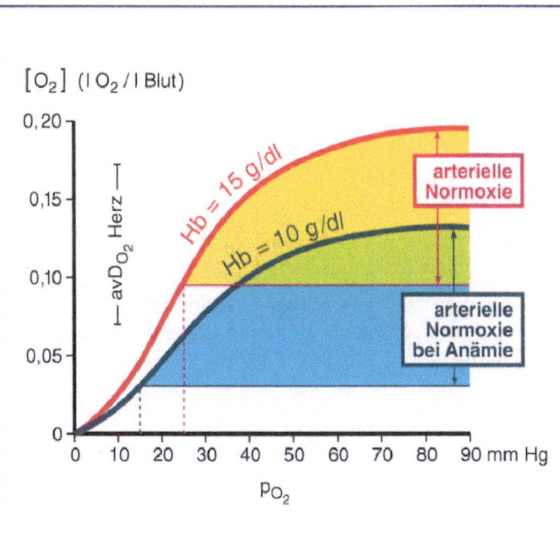

Jede Anämie führt zu einer Abnahme des O_2-Gehalts im arteriellen Blut. Dargestellt sind die Bedingungen im Myokard bei körperlicher Ruhe. Das Hb soll von 15 g/dl auf 10 g/dl abgefallen sein. Die Ordinate zeigt die O_2-Konzentration in ml O_2 pro ml Blut, die Abszisse den O_2-Partialdruck. Zu beachten ist, daß sich unter diesen Bedingungen bei unveränderter O_2-Entnahme durch die Gewebe im Verlauf einer Kapillarpassage sehr niedrige O_2-Konzentrationen im Blut einstellen können (venöse Hypoxie mit Gefahr des Unterschreitens des kritischen O_2-Partialdrucks der Mitochondrien, s. oben).

Verhalten des Zellumsatzes während und nach (kurzfristiger, d.h. reversibler) akuter ischämischer Anoxie; Beschreibung s. unten. [Aus Grote J (1990) a. o. a. O.]

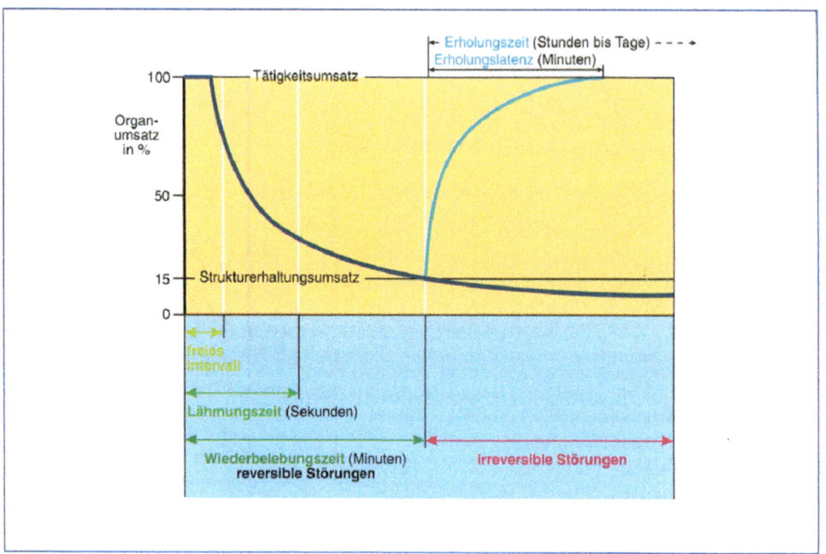

Grundbegriffe zur Beschreibung der Vorgänge bei akuter Gewebeanoxie, z.B. durch völlige Ischämie oder starke arterielle Hypoxie (s. auch obige Abbildung)

Freies Intervall	Dies ist die Zeit, in der die Zellfunktion noch voll erhalten ist. Sie ist in der Regel kurz, d.h. im Sekundenbereich, z.B. beträgt sie im Gehirn nur ca. 4 s.
Lähmungszeit	Zeit vom Einsetzen der Gewebeanoxie bis zum vollständigen Erlöschen der Organfunktion. Ebenfalls meist kurz, z.B. im Gehirn 8–12 s.
Wiederbelebungszeit	Zeitraum nach Einsetzen der Gewebeanoxie, in dem eine vollständige Wiederbelebung des gesamten Organs möglich ist. Von Organ zu Organ sehr unterschiedlich, z.B. tätiges Herz 3–4 min, Gehirn bei 37 °C 8–10 min, Niere und Leber 3–4 h, Gesamtorganismus nur 4 min.
Erholungslatenz	Zeit vom Ende der Anoxie bis zur Rückkehr der Organfunktion (gilt nicht mehr bei bereits irreversiblen Zellschädigungen, s. Abb.).
Erholungszeit	Zeit vom Ende der Anoxie bis zur vollständigen Restitution der Organfunktion. Die Organrestitution kann bis zu Tagen dauern, sie beträgt z.B. bei einer Hirnischämie von 1 min Dauer bereits 15 min.

O_2-Therapie kann zu O_2-Vergiftung führen

Isobare und hyperbare O_2-Therapien zur Verbesserung der O_2-Versorgungsbedingungen im Gewebe (z.B. nach Herzinfarkt, bei Asthma, bei CO-Vergiftung) muß auf die kürzest mögliche Zeit begrenzt werden, da eine starke Erhöhung des zellulären O_2-Partialdrucks (Hyperoxie) zahlreiche Enzyme des Gewebestoffwechsels hemmt (Symptome einer solchen O_2-Vergiftung sind z.B. Schwindel, Krämpfe, Langzeitschäden in Lunge und Retina).

VII
Energiewechsel; Arbeit und Umwelt; Altern

29 Energiehaushalt

Umsatzgrößen

Maßeinheiten:	1000 cal = 1 kcal = 4190 J = 4,19 kJ ~ 0,0042 MJ und 1000 J = 1 kJ = 239 cal = 0,239 kcal (Details s. Kap. 1, S. 13)

Umsatzgrößen der Zellen

Tätigkeitsumsatz	Gesamtenergieumsatz einer aktiven Zelle. Das Ausmaß richtet sich nach dem jeweiligen Aktivitätsgrad.
Bereitschaftsumsatz	Derjenige Energieumsatz, den eine Zelle zur Aufrechterhaltung ihrer sofortigen, uneingeschränkten Funktionsbereitschaft benötigt.
Erhaltungsumsatz	Unbedingt notwendiger minimaler Energieumsatz zum Erhalt der Zellstruktur. Unterschreiten führt zum Absterben der Zellen.

Umsatzgrößen des Gesamtorganismus

Ruheumsatz	Energieumsatz bei geistiger und körperlicher Ruhe. Einige Organe sind auch in Ruhe tätig: z. B. Herz, Atmung, Gehirn. Der Ruheumsatz ist daher größer als die Summe der Bereitschaftsumsätze aller Zellen.
Grundumsatz (GU)	Ruheumsatz unter vereinbarten Standardbedingungen: 1. morgens, 2. in Ruhe (liegend), 3. nüchtern, 4. bei Indifferenztemperatur des Meßraums und normaler Körpertemperatur. Praktisch alle Abweichungen von diesen Bedingungen erhöhen Energieumsatz.
Arbeitsumsatz	Energieumsatz während Arbeit, also GU zuzüglich Leistungszuwachs (Gesamtumsatz). Geringste Steigerung: Freizeitumsatz (Energiebedarf eines nicht körperlich arbeitenden Menschen, „Schreibtischarbeiter"; s. Tabelle auf folgender Seite). Auch bei geistiger Arbeit steigt der Energieumsatz an, da dabei der Muskeltonus zunimmt.
Wirkungsgrad	Auch Nutzeffekt genannt (η): Verhältnis äußerer Arbeit zu umgesetzter Energie. Bruttowirkungsgrad: bezogen auf Gesamtumsatz; Nettowirkungsgrad: bezogen auf Leistungszuwachs alleine. Letzterer liegt bei körperlicher Arbeit zwischen 10 und 25 %.

Grundumsatz (GU) des Menschen in Abhängigkeit von Lebensalter und Geschlecht und Anteil verschiedener Organe am Grundumsatz [Nach Boothby WM, Berkson J, Dunn HL (1936) Amer J Phsiol 116: 468]

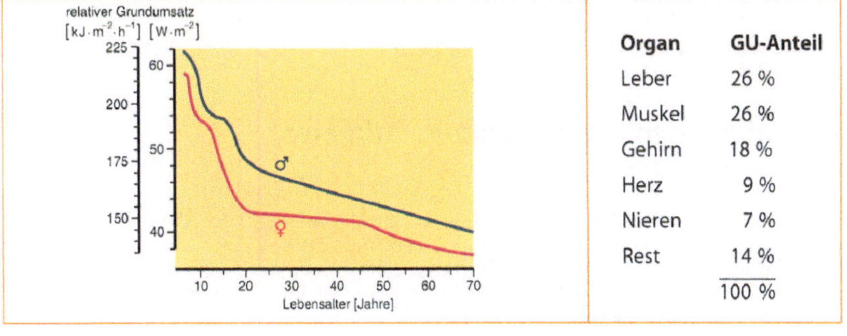

Organ	GU-Anteil
Leber	26 %
Muskel	26 %
Gehirn	18 %
Herz	9 %
Nieren	7 %
Rest	14 %
	100 %

Richtwerte des Energieumsatzes

Energieumsätze und zugehörige O_2-Aufnahmen unter typischen Bedingungen. [Aus Ulmer H-V (1990) Energiehaushalt. In: Schmidt RF, Thews G (Hrsg) Physiologie des Menschen, 24. Aufl. Springer, Heidelberg]

Bedingung	Energieumsatz [kJ/d]		[W]	O_2-Aufnahme [ml/min]
Grundumsatz (GU), 70 kg Körpergewicht	Frau:	6300	76	215
	Mann:	7100	85	245
GU zuzüglich Freizeitzuwachs (Arbeitsumsatz)	Frau:	8400	100	275
	Mann:	9600	115	330
Gesamtumsatz bei jahrelanger Schwerstarbeit	Frau:	15500	186	535
	Mann:	20100	240	690

Kurzfristig werden bei sportlichen Aktivitäten erheblich höhere als die hier angegebenen Energieumsätze erreicht. Beispielsweise sind es bei normalem Radfahren ca. 550 W, beim Tennisspielen 500–1000 W und beim Marathonlauf 1500 W (s. auch nächste Tabelle).

Energieumsatz für einige sportliche Aktivitäten. [Aus Spitzer H, Hettinger T, Kaminsky G (1982) Tafeln für den Energieumsatz, 6. Aufl. Beuth, Berlin]

Sportart	Geschwindigkeit	Watt
Laufen (Marathon)	19,5 km/h	1180
(100 m-Lauf)	36,0 km/h	2070
Radfahren in der Ebene	20 km/h	545
Fußballspielen		790–1040
Handballspielen		885
Volleyballspielen		380–640
Brustschwimmen	28 m/min	460
Brustschwimmen in Kleidern	28 m/min	730
Rudern, Wettkampf		1715
Ski, Schußfahrt		610
Langlauf, Frauen		1285
Langlauf, Männer		1435
Tennis, Einzelwettkampf		490–1100
Tanzen, Wiener Walzer		355

Umsatzbestimmung mit dem Kalorimeter

(direkte Umsatzbestimmung)

Kalorimeter sind aufwendige Geräte, mit denen direkt und fortlaufend die Wärmeabgabe von Lebewesen gemessen werden kann. Sie werden nur für spezielle Forschungszwecke benötigt. Mit Kalorimetern wurde u. a. der Nachweis erbracht, daß das Gesetz von der Erhaltung der Energie auch für Lebewesen gilt. Auch die Gültigkeit der indirekten Verfahren wurde mit direkter Kalorimetrie gesichert.

Messung des O_2-Verbrauchs (d. h. der O_2-Aufnahme)

Messung der O_2-Aufnahme im geschlossenen spirometrischen System

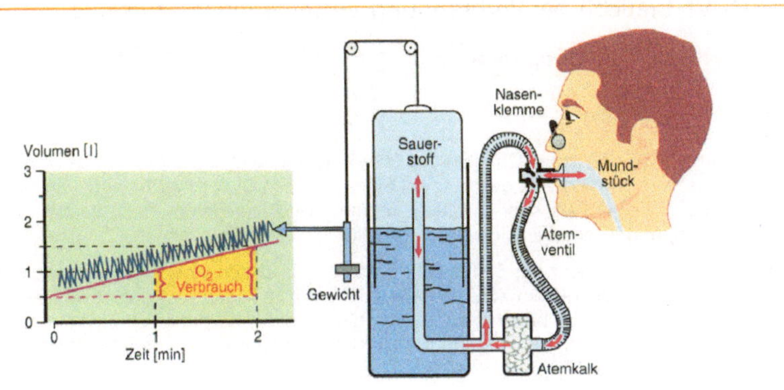

Die Messung muß mit reinem O_2 erfolgen. Der Vorteil dabei: es ist keine O_2-Konzentrationsmessung notwendig. Das abgeatmete CO_2 wird mit Atemkalk absorbiert. Der Nachteil dabei: es ist keine RQ-Bestimmung möglich (s. unten). Die O_2-Aufnahme muß auf STPD-Bedingungen (s. S. 226) umgerechnet bzw. dieser Wert muß Tabellen entnommen werden.

Übrigens: eine Füllung des Spirometers mit normaler Luft ergäbe einen „Höhenversuch", d. h. es käme beim Atmen zu einer raschen Abnahme des O_2-Partialdrucks bei konstant niedrigem CO_2-Partialdruck: dies würde rasch ohne subjektive Atemnot oder andere Warnsignale zu Bewußtseinseintrübung führen.

Das Weglassen des Atemkalks bei Luftfüllung ergäbe einen „Rückatmungsversuch": durch den Anstieg des CO_2-Partialdrucks beim Atmen käme es zu einer raschen Zunahme der Atmung mit subjektiver Atemnot.

29

Messung der O_2-Aufnahme in offenen Respirationssystemen

Douglas-Sack	Nase wird mit Nasenklemme verschlossen. Die Einatmung von Frischluft erfolgt über ein Ventilmundstück, die Ausatmung in den (tragbaren) Sack. Dieser wird nach der Meßperiode über eine Gasuhr geleert, CO_2- und O_2-Konzentration bestimmt (Methoden s. Tabelle S. 232).
Prinzip des aliquoten Anteils	Nase wird mit Nasenklemme verschlossen. Die Einatmung von Frischluft erfolgt über ein Ventilmundstück. Die ausgeatmete Luftmenge wird mit einer Gasuhr oder einem Pneumotachographen gemessen. Von der Gasuhr gesteuert, werden kleine Proben, die alle Anteile der Ausatemluft im richtigen Verhältnis („aliquot") enthalten, von einer Pumpe zur Gasanalyse abgesaugt.
Prinzip der konstanten Absaugung	Nase wird mit Nasenklemme verschlossen. Die Atmung erfolgt über ein ventilloses Mundstück. Eine Pumpe saugt ein Gemisch von überschüssiger Frischluft und Ausatemluft durch eine Gasuhr; gleichzeitig fortlaufend Gasanalyse einer Teilfraktion, aus der sich O_2-Aufnahme und CO_2-Abgabe errechnen lassen.

Umsatzbestimmung über O_2-Verbrauch (indirekte Umsatzbestimmung)

Respiratorischer Quotient (RQ) und Energieäquivalent (kalorisches Äquivalent [in kJ/l O_2-Verbrauch]) bei Verbrennung verschiedener Nährstoffe

	Kohlenhydrate	Fette	Eiweiße
RQ	1,00	0,70	0,81
kJ/l O_2	21,1	19,6	18,8

Definition des RQ: Der RQ ist der Quotient aus CO_2-Abgabe und O_2-Aufnahme bei der Atmung. Bei der Glukoseverbrennung wird genau soviel CO_2 frei wie an O_2 verbraucht wird, und der RQ ist daher 1. Bei alleiniger Fett- oder Eiweißverbrennung wird dagegen mehr O_2 verbraucht als CO_2 abgegeben, und es ergeben sich die obigen RQ.

Unter dem Energieäquivalent des Sauerstoffs versteht man diejenige Energiemenge, die pro Liter verbrauchten Sauerstoffs im Körper frei wird. Die Werte liegen für Kohlenhydrate, Fette und Eiweiße insgesamt nahe beisammen (s. die obige Tabelle). Anzumerken bleibt, daß eine Eiweißverbrennung zur Energiegewinnung nur bedingt stattfindet; die Aminosäuren der Eiweiße werden mehr zum Baustoffwechsel eingesetzt.

Zusammenhang zwischen Energieäquivalent und RQ ohne Berücksichtigung des Eiweißanteils von 15 % am Gesamtumsatz. Unter Grundumsatz-Bedingungen liegt der RQ meist bei 0,82. Die Fehlerbreite ist insgesamt gering (+/-4 % von 20,2)

29

RQ	1,0	0,9	0,82	0,8	0,7
kJ/l O_2	21,1	20,6	20,2	20,1	19,6

Der Eiweißanteil an der Nahrungsverbrennung kann durch Messen der im Urin ausgeschiedenen Stickstoffmenge (hauptsächlich Harnstoff) und Multiplikation mit 6,25 ermittelt werden, da Eiweiß einen durchschnittlichen N-Gehalt von 16 % hat.

Der Eiweißanteil liegt unter Normalbedingungen bei rund 15 % des Gesamtenergieumsatzes. Er ist daher für praktische Messungen meist vernachlässigbar. Der relative Anteil von Fetten und Kohlenhydraten und die dabei gültigen Energieäquivalente können somit hinreichend genau aus dem RQ abgeschätzt werden.

Variabilität des RQ; nahrungsbedingte RQ-Veränderungen und andere

Bei Kohlenhydratmast wird beim Umbau der Kohlehydrate in Fett O_2 frei. Damit wird die aufgenommene O_2-Menge verringert, und der RQ steigt (z. B. bei Gänsemast auf einen RQ von 1,38, bei Schweinemast auf 1,58).

Umgekehrt treten bei Hungernden und Diabetikern bis auf 0,6 erniedrigte RQ-Werte auf. Dies beruht auf vermehrtem Fett- und Eiweißabbau infolge Verbrauchs der Glykogenreserven bzw. einer Verwertungsstörung.

Bei Hyperventilation (z. B. Aufblasen einer Luftmatratze, metabolische Azidose) wird vermehrt CO_2 abgeatmet, das aus den großen CO_2-Speichern in Gewebe und Blut stammt, nicht jedoch aus einem gesteigerten Stoffwechsel. Es resultiert vorübergehend ein deutlich erhöhter RQ, z. T. bis 1,4.

30 Wärmehaushalt und Temperaturregelung

Wärmebildung und Körpertemperatur des Menschen

Formen der Wärmebildung zur Aufrechterhaltung der Körpertemperatur

Energieumsatz der Zellen	Jeder der im Kap. 29 beschriebenen Energieumsätze geht nach den Gesetzen der Thermodynamik mit Wärmebildung einher. Dies ist die Hauptquelle der menschlichen Wärmebildung.
Körperbewegung	Besonders variable Form des Energieumsatzes (s. Arbeitsumsatz S. 254). Körperbewegung aller Art (Arbeit/Sport) erzeugt Wärme, die häufig über den Bedarf zur Konstanthaltung der Körpertemperatur hinausgeht. Dies kann willkürlich zur Wärmebildung eingesetzt werden.
Kältezittern	Muskelaktivität, die lediglich zur Wärmebildung entwickelt wird. Vor dem Auftreten von sichtbarem Zittern kommt es zunächst zu einem erhöhten Muskeltonus. Kältezittern ist beim Erwachsenen der wichtigste unwillkürliche Mechanismus zur Zusatzwärmebildung
Zitterfreie Wärmebildung	Steigerung von Stoffwechselvorgängen zur Wärmebildung außerhalb der Skelettmuskeln, vor allem im braunen Fettgewebe. Ist bei Neugeborenen wichtig, bei Erwachsenen unbedeutend/fehlend.

Konstante Körpertemperatur erfordert ausgeglichene Wärmebilanz, d.h. Wärmeproduktion gleich Wärmeabgabe. Dies sicherzustellen ist Aufgabe der Thermoregulation (s. unten). Zu starke Wärmeabgabe relativ zur Wärmeproduktion führt zu Hypothermie und schließlich zum Kältetod („Erfrieren", z. B. eines bewußtlosen Betrunkenen auf winterlicher Parkbank). Zu geringe Wärmeabgabe (z. B. wegen zu warmer Umgebung) führt zur Hyperthermie und schließlich zum Hitzetod. Als thermische Neutralzone wird derjenige Außentemperaturbereich bezeichnet, bei dem die Körpertemperatur ohne zusätzliche Wärmeproduktion bzw. ohne Schweißsekretion konstant gehalten werden kann.

30

Temperaturfeld des menschlichen Körpers in kalter (A) und warmer (B) Umgebung. [Nach Aschoff J, Wever, R (1958) Kern und Schale im Wärmehaushalt des Menschen. Naturwissenschaften 45: 477]

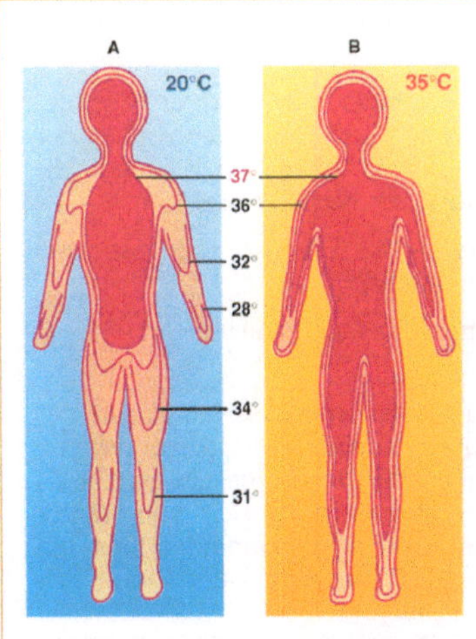

Beim Körper des Menschen läßt sich vereinfacht ein homoiothermer (gleichwarmer) Körperkern (*dunkelrot* in A und B der Abb.) von einer poikilothermen (wechselwarmen) Körperschale abgrenzen.

Das Temperaturfeld der Körperschale hängt von der Außentemperatur (Abb.) und dem Ausmaß der Wärmebildung ab.

In den Extremitäten besteht sowohl ein axiales als auch ein radiales Temperaturgefälle. Die 37 °C-Isotherme ist in kalter Umgebung in die Körpertiefe zurückverlagert.

Auch die Körperkerntemperatur ist nicht überall absolut gleich, z. B. gibt es im Gehirn ein radiales Temperaturgefälle von ca. 1 °C zur Hirnrinde. Die höchste Temperatur findet sich im Rektum (häufiger klinischer Meßort), die Sublingualtemperatur (auch häufig genutzt) liegt 0,2–0,5 °C niedriger.

Periodische Schwankungen der Körperkerntemperatur. [Nach Schmidt TH aus Brück K (1990) Wärmehaushalt und Temperaturregulation. In: Schmidt RF, Thews G (Hrsg) Physiologie des Menschen, 24. Aufl. Springer, Heidelberg]

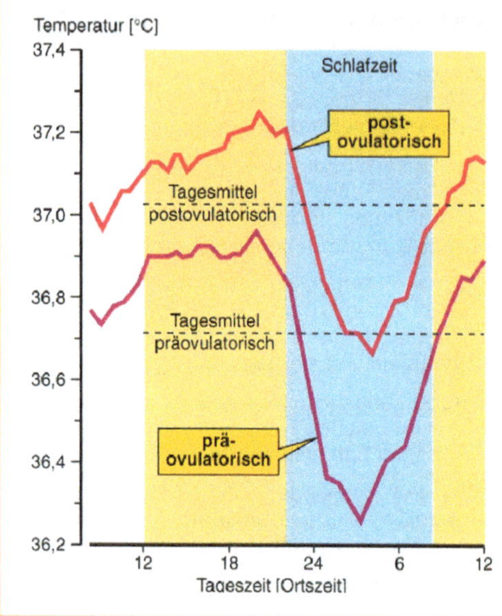

Die tagesrhythmischen Schwankungen der Körpertemperatur (Minimum am frühen Morgen, Maximum am späten Nachmittag) sind neben dem Schlaf-Wach-Rhythmus die bekannteste Form der zirkadianen Periodik (s. S. 62).

Neben dem Tagesrhythmus der Körperkerntemperatur finden sich auch Temperaturschwankungen längerer Periodendauer, z. B. die in der Abb. gezeigte postovulatorische Erhöhung der Körpertemperatur von Frauen im Verlauf des Menstruationszyklus (s. dazu S. 170).

Körperliche Arbeit läßt die Kerntemperatur regelmäßig ansteigen (z. B. bei Marathonläufern auf 39–40 °C). Weitere Umstellungsreaktionen bei dynamischer und statischer Arbeit s. S. 266–268.

30

Wärmeabgabe

Wege des inneren Wärmestroms (Wärmetransport zur Körperoberfläche)

Innerer Wärmestrom, H_{int}	Der Wärmetransport vom Körperinneren zur Körperoberfläche ist proportional der Hautoberfläche A und der Differenz zwischen Kerntemperatur T_c und mittlerer Hauttemperatur $\bar{T}_s$, also in Watt [W] $H_{int} = C \cdot (T_c - \bar{T}_s) \cdot A$ [W]
Wärmedurchgangszahl C	Dies ist der Proportionalitätsfaktor in obiger Gleichung; er hängt jeweils von Größe der Hautdurchblutung und der Durchblutung der Extremitäten ab, seinen Kehrwert $1/C = I_t$ nennt man Wärmedurchgangswiderstand oder Wärmeisolation der Körperschale.
Konvektion	Wärmetransport durch das zirkulierende Blut. Die Wärmekonvektion ist der größte Anteil des inneren Wärmetransports.
Konduktion	Wärmeleitung innerhalb der Gewebe. Beim Menschen von untergeordneter Bedeutung.
Gegenstromprinzip	Durch die parallele Anordnung der Arterien und tiefen Venen der Extremitäten „übernimmt" das rückströmende venöse Blut Wärme von den Arterien. Die Akren erhalten dadurch vorgekühltes Blut. In warmer Umgebung wird dieser „Gegenstromaustausch" von Wärme durch das Eröffnen oberflächlicher Hautvenen vermindert und die Akren werden wärmer, s. die Abb. S. 257 (entsprechend ändert sich der Faktor C).

Äußerer Wärmestrom (Wärmetransport zur Umgebung des Körpers)

Äußerer Wärmestrom, H_{ext}	Der Wärmetransport von der Körperoberfläche zur Umgebung hat die in den nächsten 4 Tabellenabschnitten erläuterten Komponenten, also $H_{ext} = H_k + H_c + H_r + H_e$.
Wärmestrom durch Konduktion, H_k	Kommt nur bei Kontakt des Körpers mit einer festen Unterlage (z. B. Sitzen oder Liegen auf Holz, Metall etc.) zustande. Er ist insgesamt von geringer Bedeutung, bei starker körperlicher Arbeit praktisch vernachlässigbar. Kleidung läßt allerdings nur eine konduktive Wärmeabgabe zu, darauf beruht ihre isolierende Wirkung.
Konvektiver Wärmestrom, H_c	Erfolgt durch die Erwärmung der die Haut umgebenden Luft, die anschließend aufwärts steigt: natürliche oder freie Konvektion. Die Wärmeabgabe von der Körperoberfläche kann durch Luftbewegung erheblich gesteigert werden: erzwungene Konvektion. Das Ausmaß des Wärmestroms bestimmt sich aus (a) der Temperaturdifferenz zwischen Haut und Luft, (b) der Größe der freien Körperoberfläche und (c) der Windgeschwindigkeit.
Wärmeaustausch durch Strahlung, H_r	Folgt der Stefan-Boltzmann-Gleichung. Wird zusammen mit H_c als „trockene" Wärmeabgabe zusammengefaßt, wobei die Umgebungstemperatur als Operativtemperatur, d. i. ein gewichteter Mittelwert aus Luft- und Strahlungstemperatur, zusammengefaßt wird.
Evaporative Wärmeabgabe, H_e	Erfolgt bei Körperruhe und neutraler Umgebungstemperatur weitgehend über Wasserdiffusion durch die Haut und die Schleimhautoberfläche des Respirationstrakts: Perspiratio insensibilis oder extraglanduläre Wasserabgabe; ca. 20 % der Wärmeabgabe. Bei körperlicher Arbeit und/oder hoher Umgebungstemperatur kommt glanduläre Wasserabgabe über die Schweißdrüsen als überwiegender Wärmestrom dazu (s. Abb. unten). Bei Umgebungstemperaturen oberhalb der Körpertemperatur kann Wärme nur noch evaporativ abgegeben werden.

30

Wärmebildung und Wärmeabgabe in Ruhe und bei Arbeit. [Nach Dubois EF (1937) The Mechanism of Heat Loss and Temperature Regulation. Stanford Univ Press, Stanford Calif]

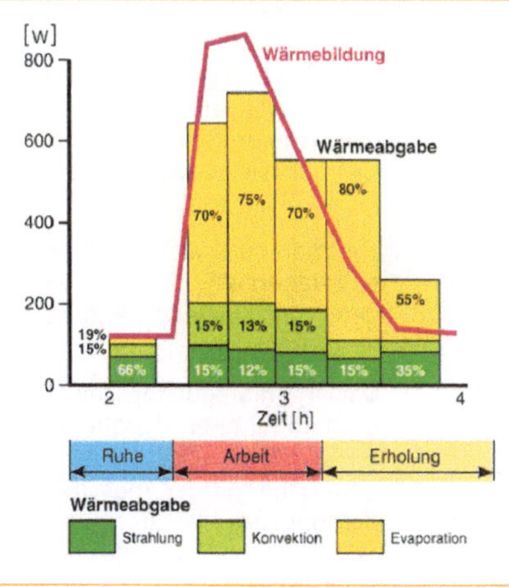

In Ruhe überwiegt beim Menschen die Wärmeabgabe durch Strahlung, bei körperlicher Arbeit überwiegt die evaporative Wärmeabgabe. Die konduktile Wärmeabgabe ist in der Abbildung nicht berücksichtigt/vernachlässigt.

Die Körperkerntemperatur steigt bei Arbeit an (s. oben), dagegen fällt die Hauttemperatur wegen der Schweißverdunstung deutlich ab.

Eine evaporative Wärmeabgabe ist übrigens auch in einer Umgebung mit einer relativen Feuchte von 100 % möglich, solange der Dampfdruck auf der Hautoberfläche größer ist als der der Umgebung, d. h. wenn Hauttemperatur höher ist als die Umgebungstemperatur (s. Tabelle S. 226).

Raumklima und thermische Behaglichkeit

Thermische Behaglichkeit stellt sich unter Umgebungsbedingungen ein, bei denen bei mittlerer peripherer Durchblutung weder Kältezittern noch Schweißsekretion notwendig sind, also keine thermoregulatorische Beanspruchung vorliegt. Dabei sind 4 Klimafaktoren maßgebend, nämlich 1. die Lufttemperatur, 2. die Luftfeuchte (Wasserdampfdruck), 3. die Strahlungstemperatur und 4. die Windgeschwindigkeit. Diese 4 Faktoren sind z.T. gegenseitig „äquivalent", d.h. eine zu niedere Strahlungstemperatur (z.B. ein „wandkalter" Raum) kann durch eine höhere Lufttemperatur ausgeglichen werden etc.

Die Behaglichkeitstemperatur im Wasser liegt deutlich über der in Luft, da das Wasser dem Körper durch Konvektion sehr viel Wärme entzieht. Bei völliger Ruhe liegt diese bei 35–36 °C. Bei Körperbewegung im Wasser ist durch die turbulente Wasserströmung auf der Haut der Wärmeentzug so groß, daß bei 10 °C Wassertemperatur eine Hypothermie schon unvermeidbar ist (also bei Notaufenthalt in kaltem Wasser, z.B. nach Schiffsunglück, sich dick bekleiden und im Wasser möglichst nicht bewegen).

Richtwerte der Indifferenz- bzw. Behaglichkeitstemperatur für den Erwachsenen.
[Nach Wenzel HG, Piekarski C: Klima und Arbeit. Bayerisches Staatsministerium für Arbeit und Sozialordnung. München: im Eigenverlag 1982]

Aufenthalt	Sonstige Bedingungen	Kleidung	Temperaturbereich
Luft	Windstille, 40–50 % Luftfeuchtigkeit, körperliche Ruhe, indifferente Strahlungsbedingungen	Normale Straßenkleidung Nackt, Badekleidung	20–22 °C 28–30 °C
Wasser	Ruhe (Badewanne) Schwimmen, 0,4 m/s	Nackt, Badekleidung Nackt, Badekleidung	35,5–36 °C 28 °C

30

Regelung der Körpertemperatur

Blockschaltbild des Regelkreises der Thermoregulation.
[Nach Brück K (1990) Wärmehaushalt und Temperaturregulation. In: Schmidt RF, Thews G (Hrsg) Physiologie des Menschen, 24. Aufl. Springer, Heidelberg]

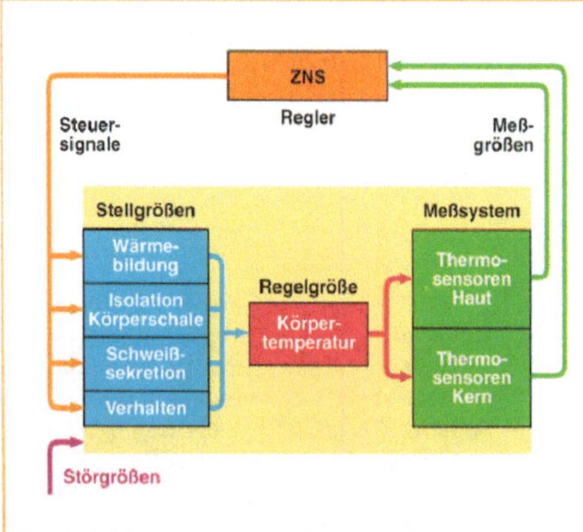

Die Körpertemperatur wird durch Regelung konstant gehalten. Für die Stellglieder der Stellgrößen samt deren nervöser Kontrolle s. die folgende Abbildung

Thermoregulatorische Verhaltensweisen sind An- und Ablegen von Kleidung, Aufenthalt im Schatten etc.

Das thermoregulatorische Zentrum im hinteren Hypothalamus (s. S. 262) ist über die zentrale Zitterbahn mit den motorischen Zentren des Hirnstamms verbunden.

Wichtige Besonderheiten der Wärmeabgabe sind folgende:

Durchblutung der Akren	Als Akren werden Finger, Zehen, Ohren, Lippen und Nase bezeichnet. Ein Ausschalten bzw. Verschwinden des Vasokonstriktortonus führt im Bereich der Akren zu maximaler Dilatation der Arteriolen und der arteriovenösen Anastomosen, d.h. zu einer stark gesteigerten Durchblutung und damit zu einer starken Zunahme des konvektiven Wärmetransportes (und vice versa bei hohem Vasokonstriktortonus).
Durchblutung der Rumpfhaut	Am Rumpf und proximal an den Extremitäten gibt es zwei zusätzliche Möglichkeiten der Vasodilatation (über die Abnahme des Vasokonstriktortonus hinaus): entweder eine neuronale aktive Vasodilatation oder die Einwirkung eines chemischen Mediators (z.B. Bradykinin), der mit dem Schweiß freigesetzt wird (gilt derzeit als wahrscheinlicher als vasodilatatorische Nervenfasern).
Emotionales Schwitzen	Bei starker psychischer Anspannung („Stress") kommt es zu der paradoxen Situation einer ausgeprägten kutanen Vasokonstriktion im Bereich der Hände und Füße (mit entsprechender Abkühlung) bei gleichzeitiger Schweißsekretion an den Palmar- und Plantarflächen. Damit kann auch verstärktes Schwitzen der apokrinen Schweißdrüsen (z.B. Achselhöhlen) verbunden sein. Beim thermischen Schwitzen geht dagegen, wie erwartet, die Schweißsekretion mit Vasodilatation einher.
Lewis-Reaktion (Kältevasodilatation)	Bei starker Kälteeinwirkung, z.B. auf die Hände folgt auf eine zunächst maximale Vasokonstriktion plötzliche Vasodilatation, mit periodischer Wiederholung bei fortbestehender Kälteeinwirkung; diese „Lewis-Reaktion" ist möglicherweise durch eine direkte Kälteeinwirkung auf die glatte Muskulatur der Arteriolenwände bedingt. Auskühlungsgefahr, z.B. bei Schiffbrüchigen.

Nervöse Steuerung der thermoregulatorischen Stellvorgänge samt den beteiligten Transmittern, Rezeptoren und Antagonisten. [Nach Brück K (1990) a. o. a. O.]

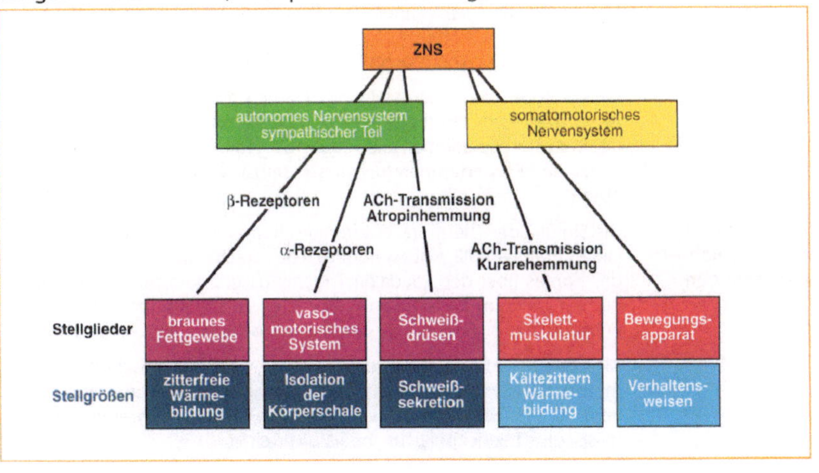

Strukturen der Thermoregulation und ihre Funktion (für die Stellglieder der Thermoregulation s. Abb. S. 261)

Kutane Thermorezeptoren (Thermosensoren)	Die Funktionsweise der kutanen Kalt- und Warmsensoren ist ab S. 98 beschrieben. Die kutanen Thermosensoren informieren das thermoregulatorische System (und das Bewußtsein) über die Temperatur der Körperschale und deren Veränderung. Sie vermitteln über ihre afferente Aktivität dem thermoregulatorischen Zentrum im Zusammenspiel mit den inneren Thermosensoren ein genaues Bild der Temperatursituation im Körperkern und in der Körperschale.
Innere Thermorezeptoren (Thermosensoren)	Thermosensitive Neurone, auch Wärmeneurone genannt, liegen an verschiedenen Stellen des Zentralnervensystems. Bekannte Lokalisationen sind: (1) der vordere Hypothalamus, insbesondere die Regio praeoptica; die dort befindlichen Wärmeneurone haben eine besonders hohe Temperaturempfindlichkeit; (2) der untere Hirnstamm (Mittelhirn und Medulla oblongata); diese Wärmeneurone haben eine geringe Temperaturempfindlichkeit; (3) das Rückenmark; (die genaue Lokalisation der Wärmeneurone ist unbekannt, sie haben aber eine hohe Temperaturempfindlichkeit). Die Wärmeneurone dienen als innere Thermorezeptoren: Ihre lokale Erwärmung bzw. Abkühlung löst reflektorisch und ohne Zutun des Bewußtseins Wärmeabgabevorgänge (z. B. Schwitzen) bzw. Steigerung der Wärmebildung (z. B. Kältezittern) aus. Auch außerhalb des ZNS scheint es innere Thermorezeptoren zu geben, z. B. an der Dorsalwand der Bauchhöhle und in der Muskulatur. Ihre Existenz ist aber noch nicht endgültig gesichert. Ihre Rolle bei der Thermoregulation ist vermutlich ähnlich der der Wärmeneurone.
Thermoregulatorisches Zentrum	Das thermoregulatorische Zentrum liegt im hinteren Hypothalamus (Area hypothalamica posterior). Es besitzt selbst keine Temperaturempfindlichkeit, „verrechnet" aber die von den Thermorezeptoren eingehende Information und sendet entsprechende Steuersignale zu den Stellgliedern der Thermoregulation (s. Abb. S. 261). Die Neurone des hinteren Hypothalamus sind also im Gegensatz zu denen des vorderen thermoresponsiv und nicht thermosensitiv. Ziel der Thermoregulation ist die möglichst genaue Einhaltung des Sollwerts der Körpertemperatur (dieser selbst schwankt periodisch, s. oben).
Afferente und efferente Bahnverbindungen	Die Signale der Thermorezeptoren des Rumpfes und der Extremitäten laufen über retikuläre Abzweigungen des Tractus spinothalamicus, die des Kopfes über den kaudalen Trigeminuskern zum thermoregulatorischen Zentrum im hinteren Hypothalamus. Die Wärmeneurone des Rückenmarks sind über den Vorderseitenstrang mit ihm verbunden. Als efferent wurde die zentrale Zitterbahn für den Anschluß an das motorische System bereits oben genannt. Die Vasomotorik wird vom hinteren Hypothalamus über das mediale Vorderhirnbündel (Fasciculus telencephalicus medialis) erreicht.

Ontogenetische und adaptive Veränderungen der Thermoregulation

Thermoregulation beim Neu- und Frühgeborenen

Die Temperaturregelung erfolgt beim menschlichen Neugeborenen im Prinzip wie beim Erwachsenen, sie ist aber leistungsmäßig eingeschränkt. Folgende Besonderheiten sind zu beachten:

(1) Die regulative Wärmebildung der Neugeborenen erfolgt statt durch Kältezittern überwiegend durch zitterfreie Thermogenese (zitterfreie Wärmebildung) im braunen Fettgewebe (wurde lange übersehen, da nur mit speziellen Messungen zu erkennen). Auf diesem Wege kann die Wärmebildung um das 1-2fache des Grundumsatzes gesteigert werden; erst bei extremer Kältebelastung kommt auch Kältezittern dazu.

(2) Die Körperoberfläche des Neugeborenen ist relativ zum Körpervolumen etwa 3mal so groß wie beim Erwachsenen, dazu kommt, daß Körperschale und Fettpolster dünn sind. Dies bedingt hohe Wärmeverluste. Selbst bei maximaler Vasokonstriktion ist der Wärmestrom durch die Körperschale pro Oberflächeneinheit höher als beim Erwachsenen. Daher kann die Körpertemperatur nur bei relativ hoher Außentemperatur (unbekleidet bei Minimalumsatz bei 32–34 °C, bei maximaler Wärmebildung gerade noch bei 28 °C, Erwachsener 0 °C) konstant gehalten werden. Bei Frühgeborenen sind die Verhältnisse noch ungünstiger, sie müssen daher zunächst in thermostatisierten Behältern (Inkubatoren) untergebracht werden.

Physiologische Adaptation an extreme Klimata (Akklimatisation, zusätzlich zur Verhaltensanpassung über Kleidung, Behausung, Heizung etc.)

Hitze-adaptation	Die Fähigkeit zur Hitzeadaptation (in den Tropen, in der Wüste, an entsprechenden Arbeitsplätzen) ist beim Menschen gut entwickelt. Folgende Umstellungen treten auf: • Die Schweißsekretionsrate nimmt um den Faktor 1–2 zu. Bei Hochtrainierten kann die Schweißsekretion 2 l/h überschreiten. Diese gesteigerte Sekretion beruht wahrscheinlich auf einer peripheren Anpassung („Training") • Die Schwelle für Schwitzen wird zu niedrigeren Kern- und Schalentemperaturen hin verschoben. • Der Elektrolytgehalt des Schweißes nimmt ab. • Das Durstgefühl nimmt zu.
Hidromeiosis	So bezeichnet man die Abnahme der Schweißsekretionsrate in feuchtheißem Klima nach einiger Zeit profusen Schwitzens. Mechanismus unbekannt. Vermindert thermisch nutzloses Abtropfen von Schweiß.
Toleranz-adaptation gegen Hitze	Findet sich nur bei Bewohnern der Tropen, die stärkere körperliche Arbeit möglichst vermeiden: Ihre Schwitzschwelle ist zu höheren Körpertemperaturen hin verschoben.
Kälte-adaptation	Bei periodischer Kälteexposition (australische Eingeborene im Schlaf, Perltaucherinnen) sinkt die Zitterschwelle und die anderen Kälteabwehrreaktionen, es tritt eine mäßige Hypothermie auf: Dies ist eine Toleranzadaptation gegen Kälte. Anders sieht es aus bei Dauerkältebelastung (Eskimos, Alacaluf-Indianer): Der Grundumsatz wird um 25–50 % erhöht: dies ist eine metabolische Adaptation.

Pathophysiologische Aspekte der Thermoregulation

Fieber ist die Folge einer Sollwerterhöhung durch Pyrogene

Beim Fieber wird die Kerntemperatur durch Sollwertverstellung auf erhöhtes Niveau eingeregelt. Daher kommt es beim Fieberanstieg zu einer extremen Wärmebildung durch Kältezittern (üblicherweise Schüttelfrost genannt). Gleichzeitig kommt es zur peripheren Vasokonstriktion, um Wärmeverluste zu minimieren.

Umgekehrt kommt es beim Fieberabfall (Rückstellung des Sollwertes auf Normalwert) zu extremer Schweißsekretion (starkem Schwitzen) und Vasodilatation.

Stoffe, die Fieber erzeugen, werden Pyrogene genannt. Exogene Pyrogene, z. B. Lipopolysaccharide als Bestandteile von Bakterienmembranen (Endotoxine) stimulieren Makrophagen zur Bildung von hitzelabilen Peptiden, die als endogener Pyrogene bezeichnet werden. Sie stoßen eine Kaskade von Prozessen der Immunabwehr an, deren eine Folge das Fieber ist.

Offen ist nach wie vor, ob Fieber einen günstigen Effekt bei der Infektionsbekämpfung hat oder eine schädliche Begleiterscheinung von Immunreaktionen ist.

Überschreiten der Toleranzgrenzen des Temperaturregelsystems kann zu lebensbedrohenden Störungen führen; dazu zählen:

Hyperthermie	Als Hyperthermie bezeichnet man einen Anstieg der Körpertemperatur bei Überforderung der Wärmeabgabemechanismen. Die Hyperthermie wird subjektiv als unangenehmer empfunden als ein gleich hohes Fieber. Kurzzeitig ist eine Hyperthermie bis 41 °C tolerierbar (z. B. Marathonläufer, s. oben). Bei Fortbestehen der Hyperthermie kommt es zum Hitzschlag: dies ist eine schwere, oft schnell zum Tode führende Hirnschädigung, vor allem durch Versagen der Thermoregulation, nämlich dem Versiegen der Schweißsekretion und mit Einsetzen von „paradoxem" Kältezittern, Bewußtlosigkeit, Delirium, Krämpfen.
Hitzekollaps	Der Hitzekollaps ist eine Sonderform des orthostatischen Kollapses (S. 214): die extreme Vasodilatation bei Hitzebelastung im ruhigen Stehen führt zum „Versacken" größerer Blutvolumina in die Bein- und Bauchvenen und damit zu Blutdruckabfall und Bewußtlosigkeit. Relativ harmlos.
Maligne Hyperthermie	Dieser Begriff bezeichnet eine exzessive Stoffwechselsteigerung und damit extreme Wärmebildung in der Skelettmuskulatur im Verlauf von Allgemeinnarkosen (Narkosehyperthermiesyndrom). Das Syndrom führt unbehandelt rasch zum Tode. Ursache ist ein Anstieg der Ca^{++}-Konzentration im Zytoplasma der Muskelzellen. Es besteht anscheinend eine erbliche Disposition.
Hypothermie	Ein Absinken der Körpertemperatur tritt auf, sobald die Gesamtheit der Wärmeverluste nicht mehr durch Wärmebildung ausgeglichen werden kann (z. B. Schiffbrüchige in kaltem Wasser, s. oben). Die Hypothermie ist verbunden mit respiratorischer und metabolischer Azidose. Der Tod tritt bei Kerntemperaturen um 26–28 °C durch Herzflimmern ein. Therapeutisch beabsichtigte, also induzierte Hypothermien (z. B. bei Herztransplantationen zur Energie- und damit Sauerstoffeinsparung) werden unter Ausschaltung der thermoregulatorischen Vorgänge (z. B. durch tiefe Allgemeinnarkose und spezielle Pharmaka) durchgeführt. Milde Hypothermien werden bei älteren Menschen häufig beobachtet. Die Kerntemperatur kann auf 35 °C sinken, ohne daß Kältezittern einsetzt.

30

31 Arbeits- und Sportphysiologie

> Maßeinheiten der Leistung (Quotient aus Arbeit und Zeit):
> 1 W = 1 J/s ~ 0,1 m kp/s (Details s. Tabellen S. 3, 4)

Grundbegriffe der Arbeitsphysiologie

Die Arbeitsphysiologie studiert zusammen mit der Arbeitspsychologie den Einfluß körperlicher und mentaler Arbeit auf den Menschen und seine Regulationssysteme; wichtige Begriffe dabei sind:

Belastung	An das Individuum von außen herangetragene physische oder psychische Aufgabe (Anforderung). Erstere ist leicht meßbar, letztere nur schwierig.
Leistung	Folgt das Individuum der Aufgabe, erbringt es eine Leistung, wiederum entweder eine physische (körperliche) oder eine psychische (mentale, emotionale). Bei den physischen Leistungen unterscheidet man dynamische und statische Arbeit. Dynamische Arbeit ist Arbeit im physikalischen Sinne (Kraft mal Weg) und daher leicht meßbar. Statische Arbeit ist Haltearbeit (isometrische Muskelkontraktion). Physikalisch wird keine Arbeit geleistet, aber die Beanspruchung (Definition s. nächsten Eintrag) kann gemessen werden.
Beanspruchung	Beim Erbringen einer Leistung wird das Individuum beansprucht. Die Höhe der Beanspruchung hängt nicht nur von der Aufgabe ab, sondern auch von der Leistungsfähigkeit des Individuums (hängt ab von Begabung, Gesundheits- und Trainingszustand, aber auch von Umwelteinflüssen) und vom Wirkungsgrad (Nutzeffekt, Effektivität). Belastung ist über Indikatoren meßbar. Dazu gehören vor allem: Herzfrequenz, Blutdruck, O_2-Aufnahme.
Ergometrie	Ergometrie ist ein Meßverfahren zur Bestimmung der körperlichen Leistungsfähigkeit (Fahrradergometer, Laufbandergometer, auch Kniebeugen oder Treppensteigen für einfache Überprüfungen). Der Wirkungsgrad bei Ergometerarbeit liegt bei 20–25 %.
Ermüdung	Durch schwere Arbeit ausgelöste Abnahme der Leistungsfähigkeit. Die muskuläre oder physische Ermüdung beruht auf Veränderungen im Skelettmuskel (Abnahme der Energievorräte, Anhäufung von Milchsäure). Anstrengende geistige oder monotone Arbeit führt zu zentraler oder psychischer Ermüdung (behindertes Denken, Unlust etc). Die Übergänge zwischen den beiden Ermüdungsformen sind fließend.
Erholung	Erholung setzt ein, sobald eine Leistung abgebrochen oder reduziert wird. Damit nimmt die Leistungsfähigkeit wieder zu. Am Beginn einer Pause ist die Erholung am besten. Viele kurze Pausen sind daher besser als wenige lange. Erholung findet auch dann statt, wenn die körperliche Leistung unterhalb der Dauerleistungsgrenze (s. unten) liegt.
Erschöpfung	Akute Erschöpfung: Rasche Abnahme der Leistungsfähigkeit, wenn bei physischen oder psychischen Leistungen oberhalb der Dauerleistungsgrenze nicht rechtzeitig oder nicht ausreichend Erholung gewährt wird. Es resultiert eine massive metabolische Azidose (pH im Muskel bis auf 6,4). Chronische Erschöpfung: körperlicher Zusammenbruch nach langanhaltender, extremer Beanspruchung ohne ausreichende Erholungspausen.
Überlastung	Auftreten von Schäden bei akuter oder chronischer Überforderung (z. B. Knochenbrüche, Muskel- und Sehnenrisse, Wirbelsäulenschäden etc.).

31

Umstellungsreaktionen bei körperlicher Arbeit

Muskelstoffwechsel und Muskeldurchblutung bei dynamischer Arbeit.

[Abb. nach Keul J, Doll E, Keppler D (1969) Muskelstoffwechsel. Barth, München]

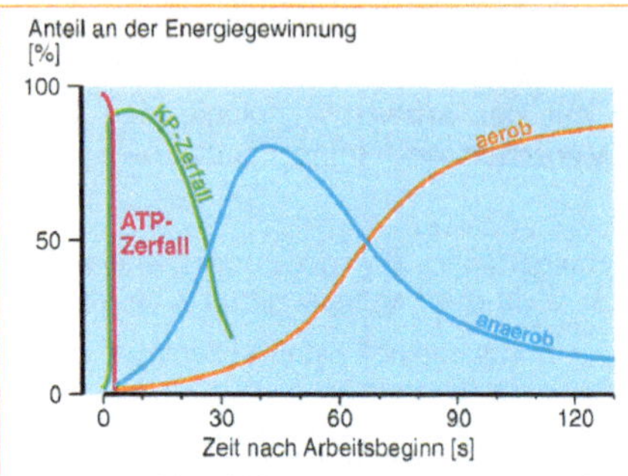

Zu Beginn einer Muskelarbeit werden in den Muskelfasern innerhalb weniger Sekunden die ATP-Vorräte erschöpft, die Vorräte von Kreatinphosphat (KP) kurz darauf.

Die anaerobe Glykolyse erreicht ihr Maximum nach etwa 45 s, der aerobe Stoffwechsel benötigt ca. 2 min zum vollen Einsatz. Bei schwerer Muskelarbeit wird ständig ein Teil der Energie anaerob gewonnen (zur Ursache s. nächsten Absatz).

Die Muskeldurchblutung nimmt vom niedrigen Ruhewert (20–40 ml/kg/min) in Abhängigkeit von der Muskelarbeit innerhalb von 20–30 s deutlich zu. Die Maximalwerte liegen bei Untrainierten bei 1,3 l/kg/min, bei Ausdauertrainierten bei 1,8 l/kg/min. Bei schwerer Arbeit bleibt die Durchblutung unter dem Bedarf (daher die teilweise anaerobe Energiegewinnung [s. oben] mit Milchsäureanhäufung und Ermüdung).

Herz-Kreislauf-Größen bei dynamischer Arbeit.

[Modifiziert aus Ulmer H-V (1997) Arbeitsphysiologie. In: Schmidt RF, Thews G (Hrsg) Physiologie des Menschen, 27. Aufl. Springer, Heidelberg]

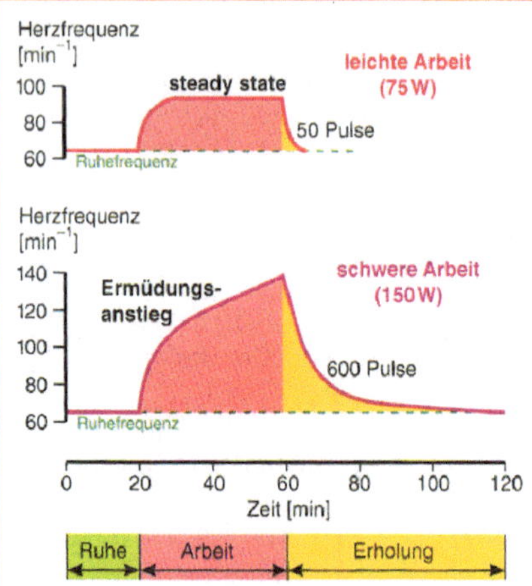

Die Herzfrequenz steigt bei leichter Arbeit in 5–10 min auf ein konstantes Plateau (steady state, oben in der Abb.), dessen Niveau von der Beanspruchung abhängt. Nach Arbeitsende erfolgt die Rückkehr auf den Ausgangswert in 3–5 min.

Schwere Arbeit (unten): die Herzfrequenz zeigt einen Ermüdungsanstieg bis zum individuellen Höchstwert (danach: Erschöpfung, s. oben). Danach Erholungszeit bis zu mehreren Stunden. Erholungspulssumme: Anzahl der Pulse, die in der Erholungsphase über dem Ausgangswert liegen (gelbe Flächen in Abb., ist ein Maß für die vorangegangene Beanspruchung und muskuläre Ermüdung).

Schlagvolumen: Steigt bei Arbeitsbeginn um 20–30 % an und bleibt dann konstant. Ab dann verhalten sich Herzzeitvolumen und Herzfrequenz praktisch proportional zueinander. Bei sehr hohen Herzfrequenzen kann wegen der verkürzten Füllzeit (Diastole) das Schlagvolumen wieder abnehmen (eher pathophysiologisch).

Systolischer Blutdruck: nimmt proportional zur Leistung zu. Im Durchschnitt bei 100 W auf maximal 200 mm Hg, bei 220 W auf 220 mm Hg. Diastolischer Blutdruck: kaum Änderung, teils leichter Anstieg, teils leichter Abfall, teils konstant. Arterieller Mitteldruck: entsprechend dem eben Gesagten mäßiger Anstieg. Niederdrucksystem: wenig Änderung.

O_2-Aufnahme und Atmung bei dynamischer Arbeit.

[Abb. nach Ulmer H-V (1990) a. o. a. O.]

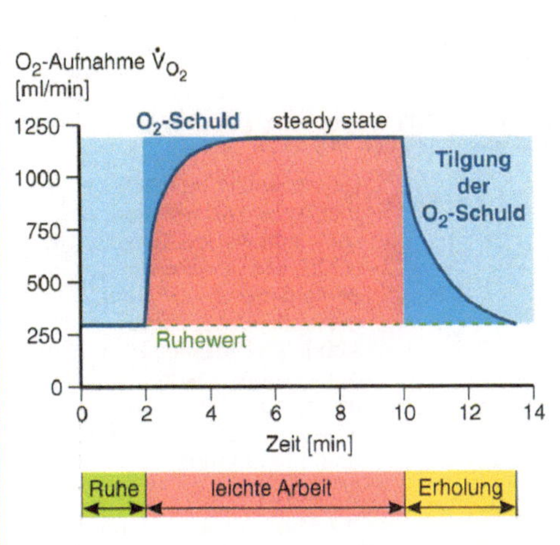

Die O_2-Aufnahme steigt bei leichter (nicht erschöpfender) Arbeit in 3–5 min nach Arbeitsaufnahme auf das Gleichgewichtsniveau zum O_2-Bedarf (steady state, s. Abb.; diese Zeit wird benötigt, um die Muskeldurchblutung dem erhöhten Bedarf anzupassen). Bis dahin wird der erhöhte O_2-Bedarf durch Ausschöpfung des Myoglobin-O_2 (S. 248) und des Hb-O_2 (vergrößerte arteriovenöse Differenz) gedeckt. Es entsteht eine Sauerstoffschuld (O_2-Schuld, dunkelblaue Fläche in der Abb.), die nach Arbeitsende durch eine über dem Ruhewert liegende O_2-Aufnahme (blaue Fläche „Tilgung der O_2-Schuld" in der Abb.) getilgt wird.

Bei schwerer Arbeit stellt sich kein Gleichgewicht zwischen O_2-Aufnahme und Bedarf ein. Ähnlich wie bei der Herzfrequenz (s. oben) steigt die O_2-Aufnahme bis zu einem Höchstwert an (danach rasche Erschöpfung). Nach dem Gesagten verlaufen bei dynamischer Arbeit Herzfrequenzzunahme und vermehrte O_2-Aufnahme völlig parallel zueinander und beide sind (bei konstantem Wirkungsgrad) der Leistung proportional.

Atemminutenvolumen: steigt bei leichter Arbeit proportional zur O_2-Aufnahme an (s. Atemregulation, S. 237). Bei schwerer Arbeit wirkt die metabolische Azidose (Milchsäure) als zusätzlicher Atemantrieb, so daß die Ventilation überproportional zur O_2-Aufnahme zunimmt.

31

Blutparameter bei dynamischer Arbeit: bei nichtermüdender Arbeit ändern sie sich nur geringfügig; bei ermüdender Arbeit kommt es zur Laktatazidose

Blutgase	Bei leichter Arbeit praktisch keine Änderung. Bei schwerer Arbeit sinken geringfügig die arteriellen Partialdrücke von O_2 (maximal -8 % vom Ruhewert) und CO_2 (maximal -10 % vom Ruhewert). Im venösen Mischblut nimmt die arteriovenöse O_2-Differenz durch die vermehrte O_2-Ausschöpfung deutlich zu (von 5 Vol.% bis zu 15 Vol.% [vgl. S. 207]).
Säuren-Basen-Status	Bei leichter Arbeit praktisch keine Änderung. Bei schwerer Arbeit kommt es durch die Milchsäure (s. oben) zu einer metabolischen Azidose, die teilweise respiratorisch kompensiert wird (s. auch S. 245).
Blutzellen	Bei Arbeit steigt der Hämatokrit an. 2 Ursachen: vermehrte Plasmafiltration in den Muskelkapillaren, Freisetzung von Erythrozyten aus den Blutbildungsstätten. Ebenso Arbeitsleukozytose (vermehrte Freisetzung von Leukozyten).
Nährstoffe	Bei leichter Arbeit kaum Veränderungen. Bei schwerer Arbeit inbesondere Anstieg des Laktats (wie oben bereits mehrfach angesprochen) von ca. 1 mmol/l bis auf 15 mmol/l.

Thermoregulation bei dynamischer Arbeit (s. dazu auch S. 257–260)

Die Wärmeabgabe bei Arbeit erfolgt überwiegend durch Schweißverdunstung (s. Abb. S. 259). Dem Anstieg der Kerntemperatur steht dadurch ein Abfall der Hauttemperatur gegenüber. Die durchschnittlich abgegebene Schweißmenge bei schwerer Arbeit und sportlicher Höchstleistung liegt bei ca. 1 l/h.

Umstellungsreaktionen bei statischer (Haltungs- und Halte-) Arbeit. [Abb. modifiziert aus Rohmert W (1962) Untersuchung über Muskelermüdung und Arbeitsgestaltung. Beuth, Berlin]

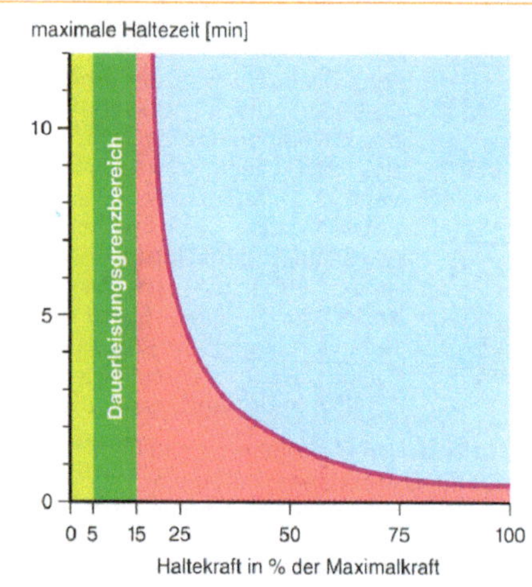

Die maximale Haltezeit bei isometrischer Kontraktion hängt stark von Kontraktionskraft ab (Abb.). Die Dauerleistungsgrenze liegt bei 5–15 % der Maximalkraft (rote Zone in der Abb.). Die Maximalkraft kann nur wenige Sekunden ausgeübt werden (Erschöpfung der anaeroben Energievorräte ATP und Kreatinphosphat, Abb. S. 266).

Die Muskeldurchblutung steigt bis etwa 30 % der Maximalkraft an, wird dann zunehmend durch den erhöhten intramuskulären Druck gehemmt und ist ab 70 % der Maximalkraft unterbrochen.

Herzfrequenz: steigt im Verlauf statischer Haltearbeit deutlich an. Antrieb anscheinend vor allem von feinen Muskelafferenzen (Ergosensoren, Metabosensoren) ausgehend. Kreislauf: besonders bei Haltearbeit mit Bauchpresse wird venöser Rückstrom behindert (Hervortreten der Halsvenen). Atmung: gesteigert durch Laktatazidose und Antrieb über die Ergo- bzw. Metabosensoren.

Leistungsgrenzen, Leistungsbereiche

Dauerleistungsfähigkeit und -grenze bei dynamischer Arbeit

Eine Arbeit liegt dann innerhalb der Dauerleistungsfähigkeit, wenn sie ohne muskuläre Ermüdung mindestens 8 h lang durchgeführt werden kann (typische Beispiele: Atemmuskulatur, Herzmuskel, leichte Arbeit, s. obige Tabellen). Sobald die Arbeit ermüdend wirkt, hat sie die Dauerleistungsgrenze überschritten und wird zur schweren Arbeit (s. obige Tabellen) im Bereich der Höchstleistungsfähigkeit. Diese Leistungen sind zeitlich limitiert, d. h. je intensiver gearbeitet wird, desto früher tritt Erschöpfung (maximale Ermüdung) ein.

Eine ermüdungsfreien Dauerleistung ist wie folgt charakterisiert: konstante Arbeitspulsfrequenz (unterhalb 130/min bei 20–30jährigen), Erholungspulssumme < 100, Erholungszeit < 5 min, konstante O_2-Aufnahme, O_2-Schuld < 4 l, Blutlaktatspiegel $< 2{,}2$ mmol/l. Dies entspricht am Fahrradergometer einer Leistung von etwa 100 W für untrainierte 20–30jährige Männer mit einer entsprechenden O_2-Aufnahme von 1,5 l/min.

Ausdauerleistungsgrenze: Im Sport stehen laktatbezogene Leistungsgrenzen im Vordergrund. Ausgehend von einem Ruhelaktatwert von rund 1 mmol/l Blut wird bei etwa 4 mmol/l Blut eine Schwelle für den anaeroben Anteil der Energiegewinnung erreicht (anaerobe Schwelle, s. auch S. 270). Diese Schwelle gilt auch als Schwelle für die Ausdauerleistung.

Einteilung von Leistungsbereichen nach dem notwendigen Willenseinsatz

1	**Automatisierte Leistung** Eingeübte Arbeitsvorgänge. Willenseinsatz nur bei Start und Stop erforderlich.
2	**Physiologische Leistungsbereitschaft** Leichte, nicht ermüdende Arbeit, die aber ständigen Willenseinsatz erfordert.
3	**Bereich der gewöhnlichen Einsatzreserven** Schwere, ermüdende Arbeit, die erheblichen Willenseinsatz erfordert.
4	**Bereich der autonom geschützten Reserven** Normalerweise auch mit starkem Willenseinsatz nicht zugänglich. Können aber im Notfall aktiviert werden (unerwartete Höchstleistungen in Extremsituationen).

Training, Übung, motorisches Lernen

Grundbegriffe des Trainings

Training (Tr.)	Üben (Wiederholen) gleichartiger physischer oder psychischer Leistungen, um den Erhalt oder die Zunahme einer Leistungsfähigkeit zu bewirken. Eine Sonderform ist das motorische Lernen, nämlich der Erwerb und die Optimierung der nervösen Ansteuerung der Skelettmuskulatur.
Tr.-aufgabe	Entspricht der Belastung in Tabelle S. 265
Tr.-zustand	Die mittel- bis langfristig durch Training erworbene Anpassung des Organismus an die Tr.-aufgabe ist der jeweilige Trainingszustand.
Talent	Auch als Begabung bezeichnet. Es handelt sich um Merkmale, die nicht durch Training zu beeinflußen sind, jedoch das Ausmaß der Leistungsfähigkeit entscheidend mitbestimmen (bei geringem Talent führt auch intensives Tr. nur zu Durchschnittsleistungen).
Grenzleistung	Leistungsplateau, das bei einer bestimmten Tr.-intensität schließlich erreicht wird. Die größten Leistungssteigerungen werden zu Tr.-beginn erreicht, bei weiterem Training flacht der Zuwachs bis zum Erreichen der Grenzleistung ab.
Endleistung	Leistungsplateau, das mit dem größtmöglichen Tr.-pensum erreicht wird und sich durch weiteres Training nicht mehr ändert.
Tr.-formen	Nur anforderungsspezifisches Training ergibt optimales Ergebnis. Gilt für die jeweilige Fertigkeit (Schwimmen, Rudern etc.) und Art des Trainings (Audauer-, Intervall-, Krafttraining).
Tr.-ende	Alle Anpassungen sind nach Trainingsende reversibel. Dabei gilt: Schnell erworbene Trainingszuwächse gehen auch schnell wieder verloren. Erlernte Bewegungsmuster (z. B. Schwimmen, Schreiben) gehen allerdings nur langsam oder nicht verloren.
Tr. und Alter	Die Trainierbarkeit, besonders des muskulären und des Herz-Kreislauf-Systems, nimmt mit zunehmendem Alter immer mehr ab. Dennoch: Training kann die altersbedingte Leistungsminderung aufhalten bzw. verzögern bzw. wiederherstellen. Die Vermittlung dieses Gedankens ist bei der Seniorenbetreuung eine sehr wichtige ärztliche Aufgabe.
Tr. im Alltag	Viele alltägliche Bewegungen sind offensichtlich Trainingsreize, s. die Inaktivitätsatrophie der Muskulatur bei Immobilisierung (Bettlägerigkeit, Gipsverband).

Wirkung von Ausdauertraining auf physiologische Meßgrößen junger Männer

[Aus Ulmer H-V (1997) a. o. a. O.]

Meßgröße	Kein Training	Ausdauer-Training
Herzfrequenz in Ruhe, liegend (pro min)	80	40
Herzfrequenz, maximal (pro min)	180	180
Schlagvolumen in Ruhe (ml)	70	140
Schlagvolumen, maximal (ml)	100	190
Herzzeitvolumen in Ruhe (l/min)	5,6	5,6
Herzzeitvolumen, maximal (l/min)	18	35
Herzvolumen (ml)	700	1400
Herzgewicht (g)	300	500
Atemzeitvolumen, maximal (l/min)	100	200
O_2-Aufnahme, maximal (l/min)	2,8	5,2
Blutvolumen (l)	5,6	5,9

Leistungstests für die Prüfung der Ausdauerleistungsfähigkeit

$\dot{V}_{O_2\,max}$	Maximale O_2-Aufnahme. Maß für die aerobe Leistungsfähigkeit des Organismus. Messung bei ansteigender Ergometerleistung bis zur Erschöpfung. Beispielwerte s. obige Tabelle.
PWC_{170}	Arbeitskapazität (pulse working capacity 170). Messung des Pulses bei ansteigender Ergometerleistung, bis dieser 170/min erreicht. Einfacher, aber aussagekräftiger Test, gut für Reihenuntersuchungen geeignet.
Herzvolumen	Bestimmung erfolgt echokardiographisch oder röntgenologisch. Maß für die trainingsbedingte Anpassung des Herzens an körperliche Ausdauerleistungen. Beispielwerte s. obige Tabelle.
Anaerobe Schwelle (s. auch Abb. unten)	Messung der Blutlaktatkonzentration bei ansteigender Ergometerleistung zur Bestimmung des aerob/aneroben Übergangs und der anaeroben Schwelle (s. S. 268). Die anaerobe Schwelle läßt bessere Rückschlüsse auf die sportliche Langzeitausdauer im Stundenbereich zu als $\dot{V}_{O_2\,max}$ und läßt Rückschlüsse auf den Trainingszustand zu. Bei Untrainierten liegt die anaerobe Schwelle bei etwa 50–60 %, bei hochtrainierten Ausdauersportlern bei etwa 80 % von $\dot{V}_{O_2\,max}$.

31

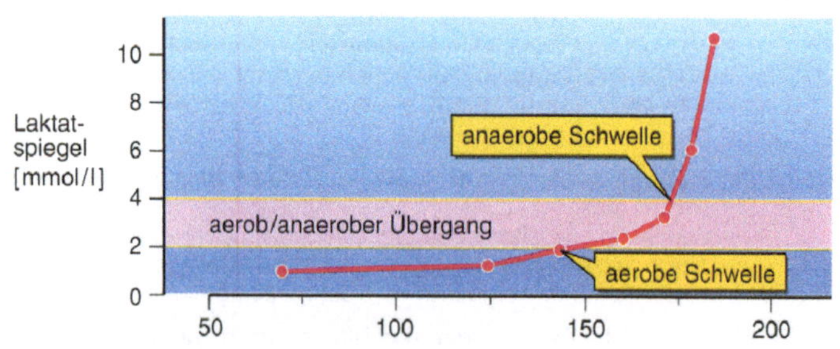

[Modifiziert aus Nöcker (1980) Physiologie der Leibesübungen für Sportlehrer, Trainer, Sportstudenten, Sportärzte. Enke, Stuttgart]

32 Umweltphysiologie

Höhenphysiologie

Veränderungen der Atemluft beim Höhenaufstieg

Höhe ü. M. [m]	Luftdruck [mm Hg]	Inspiratorischer P_{O_2} [mm Hg]	Alveolärer P_{O_2} [mm Hg]	Entsprechende Fraktion in Meereshöhe
0	760	149	105	0,2095
2000	596	115	76	0,164
3000	526	100	61	0,145
4000	462	87	50	0,127
5000	405	75	42	0,112
6000	354	64	38	0,098
7000	308	55	35	0,085
8000	267	46	32	0,074
10000	199	32		0,055

Wirkungsschwellen höhenbedingten O_2-Mangels bei Nichtakklimatisierten; Höhenkrankheit. [Nach Ruff S, Strughold H (1957) Grundriß der Luftfahrtmedizin. Barth, München]

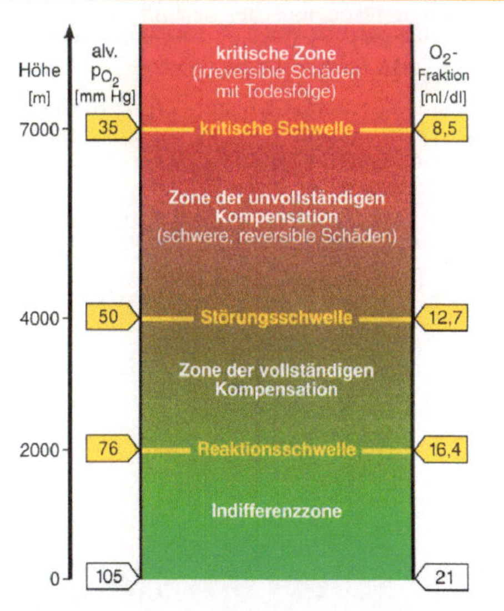

In der Indifferenzzone ist die Höchstleistungsfähigkeit unbeeinträchtigt. In der Zone der vollständigen Kompensation findet sich in Ruhe bereits ein geringer Anstieg von Herzfrequenz, Herzzeitvolumen und Atemzeitvolumen. Bei Arbeit deutlichere Zunahme als in Meereshöhe. Die Leistungsfähigkeit ist damit vermindert. Überschreiten der Störungsschwelle (Sicherheitsgrenze) führt zu erheblicher Beeinträchtigung der Leistungs-, Entscheidungs- und Reaktionsfähigkeit bis zu Bewußtseinstrübungen. Ab der kritischen Schwelle treten lebensbedrohende ZNS-Störungen mit Bewußtlosigkeit und Krämpfen auf, schließlich: Höhentod.

Die hier gezeigte 4-Zoneneinteilung hat breite Übergänge. Wichtig ist auch der Zeitverlauf der Hypoxie: schneller Druckabfall, z. B. im Flugzeug, also akute Hypoxie, hat dramatischere Symptome als langsamere Hypoxieverläufe. Die durch O_2-Mangel ausgelösten Symptome werden als Höhenkrankheit zusammengefaßt. Typisch sind: Willensschwäche, Schlafbedürfnis, Appetitlosigkeit, Atemnot, Tachykardie, Schwindel, Erbrechen, Kopfschmerzen, Apathie, aber auch Euphorie (Höhenrausch, ab 3000 m, ähnelt Alkoholrausch). Durch Atmung reinen Sauerstoffs in der Höhe werden die Wirkungsschwellen verschoben, jedoch nicht aufgehoben, da der alveoläre O_2-Partialdruck auch dann zunehmend absinkt.

Die Zeitspanne hinreichender Aktionsfähigkeit bei plötzlichem O_2-Mangel, z.B. Druckabfall in der Flugzeugkabine, in Höhen ab 7000 m wird als Zeitreserve bezeichnet.
[Quelle wie obige Abb.]

Höhe (km)	7	8	9	10	11	12	15
Zeit (min)	5	3	1,5	1	2/3	1/2	1/6

Nach Ablauf der Zeitreserve kommt es zur Bewußtseinstrübung und anschließend zu irreversibler hypoxischer Schädigung des Gehirns mit Todesfolge.

Kurzfristige Höhenumstellung, d.h. Anpassungen im Stundenbereich

Kreislauf	Siehe dazu die Zone der vollständigen Kompensation in Abb. S. 271. Der arterieller Blutdruck zeigt bei Arbeit in der Höhe wenig Änderung. Es besteht allerdings die Gefahr des Lungenödems (Vasokonstriktion in der Lungenstrombahn bei Hypoxie mit Druckanstieg in A. pulmonalis).
Atmung	Nur geringe Zunahme des Atemzeitvolumens, da eine Hypoxie nur ein schwacher Atemantrieb ist (s. S. 237, bei 5000 m 10 %, bei 6500 m 100 % Zunahme, verglichen mit Werten auf Meereshöhe).
O_2-Transport	Mit dem alveolären (s. obige Tabelle) nimmt auch der arterielle p_{O_2} ab. In 2000 m Höhe liegt die O_2-Sättigung aber noch bei 93 %. Die durch die leichte Hyperventilation bedingte respiratorische Alkalose (s. unten) führt allerdings zur Linksverschiebung der O_2-Bindungskurve (gut für O_2-Aufnahme in der Lunge, schlecht für Abgabe im Gewebe; s. S. 240).
Säuren-Basen-Haushalt	Die hypoxisch bedingte Zunahme des Atemzeitvolumens führt zu einer respiratorischen Alkalose (RQ vorübergehend $>$ 1). Der Basenüberschuß (BE, s. S. 244) bleibt unverändert.

Höhenakklimatisation: Anpassungen bei langfristigen Höhenaufenthalten.

[Nach Hurtado A (1964) Animals in high altitudes: resident man. In: Dill DB (Ed) Handbook of Physiology. Sect. 4: Adaptation on the environment. Amer. Physiol. Soc., Washington]

Alle Werte unter Ruhebedingungen	Meereshöhe	4540 m ü.M.
Blut:		
Erythrozyten (Mio/µl)	5,11	6,44
Retikulozyten (Tausend/µl)	18	46
Thrombozyten (Tausend/µl)	401	419
Leukozyten (Tausend/µl)	6,7	7,0
Hämatokrit (%)	47	60
Hämoglobingehalt (g/dl)	15,6	20,1
Blutvolumen (ml/kg)	80	101
Plasmavolumen (ml/kg)	43	39
pH-Wert, arterielles Blut	7,41	7,39
Pufferbasen (mmol/l)	49,2	45,6
Andere Werte:		
Atemzeitvolumen (BTPS [l/min/kg])	0,13	0,19
p_{O2}, alveolär (mm Hg)	104	51
p_{CO2}, alveolär (mm Hg)	38,6	29,1
Arterielle O_2-Sättigung (%)	98	81
Pulsfrequenz pro min	72	72
Blutdruck (mm Hg)	116/96	93/63

Menschen leben in den Anden bis zu 5 300 m hoch; dies scheint die Grenze der Höhenverträglichkeit auf Dauer zu sein (Arbeitsplätze bis 6 200 m)

Die Werte der vorhergehenden Tabelle entstammen Reihenuntersuchungen an Höhenbewohnern (aus der Andenstadt Morococha) im Vergleich zu Tieflandbewohnern (Lima, Peru). Sie zeigen eine durch jahrhundertelange Auslese mögliche optimale Höhenakklimatisation. Eine gute Höhenakklimatisation ist aber, wie sich bei Expeditionen zeigte, auch schon in Wochen erreichbar, Endwerte werden in Monaten und Jahren erreicht. Der vermehrte Hb-Gehalt bewirkt, daß die O_2-Transportkapazität des Blutes bis zu 5000 m Höhe praktisch konstant bleibt. Die respiratorische Alkalose wird renal, nämlich durch die vermehrte Ausscheidung von Bikarbonat kompensiert. Auch die Muskulatur paßt sich durch vermehrte Kapillardichte und Änderungen im Enzymsystem (begünstigt aeroben Stoffwechsel bei geringem p_{O_2}) an die Höhe an. Die Hauptantriebe für die Höhenanpassungen des Organismus sind die arterielle Hypoxie und die respiratorische Alkalose. Eine gute Anpassung ermöglicht den befristeten Aufenthalt in Höhen, die sonst tödlich wären. Akklimatisierte Bergsteiger können sich ohne Sauerstoffgerät in Höhen um 8 000 m, in Einzelfällen bis zu fast 8 900 m aufhalten.

Tauchphysiologie, Leben unter Überdruck

Apnoisches Tauchen (Tauchen ohne Gerät, nur mit Atemanhalten) und Schnorcheltauchen

Streckentauchen in geringer Tiefe
Insgesamt problemlos. Zu starke vorausgehende Hyperventilation kann vor dem Tauchgang zu Schwindelanfällen, evtl. auch Tetanie, wegen der resultierenden respiratorischen Alkalose führen und am Tauchende zu Ohnmacht *(black out)*, da der O_2-Mangel nur einen geringen Atemantrieb liefert (s. S. 237), der Atemanreiz des CO_2 durch die hyperventilationsbedingte respiratorische Alkalose aber fehlt.

Schnorcheltauchen
Nur an der Wasseroberfläche möglich/erlaubt. Verlängerung des Schnorchels über die üblichen 30–35 cm führt zu einer Druckdifferenz zwischen extra- und intrathorakalem Teil des Niederdrucksystems mit entsprechender Blutverschiebung in den Thorax. Birgt die Gefahr der lebensgefährlichen Überdehnung der Blutgefäße des Thorax und des Herzens.

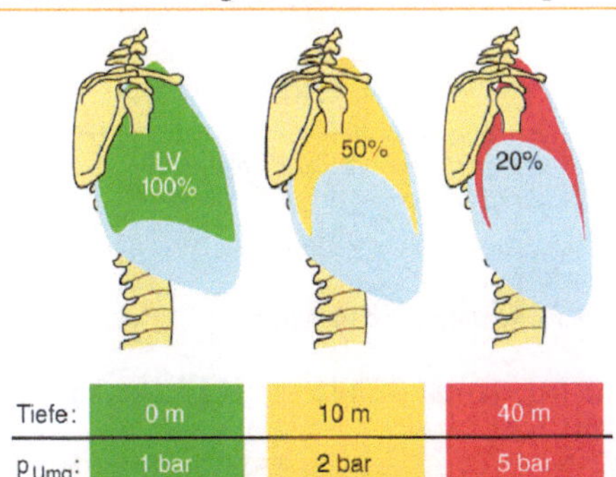

Tiefe:	0 m	10 m	40 m
p_{Umg}:	1 bar	2 bar	5 bar
LV:	5,0 l	2,5 l	1,0 l
$p_{A_{O_2}}$:	105 mm Hg	210 mm Hg	525 mm Hg

Apnoisches Tieftauchen: Entsprechend den Gasgesetzen (s. S. 226) werden alle luftgefüllten Körperhöhlen komprimiert (für Lungenvolumen LV s. Abb.). Gefahr der Druckverletzung: Barotrauma, z. B. wenn Druckausgleich der luftgefüllten Schädelhöhlen über Nasen-Rachen-Raum wegen Schleimhautschwellungen bei Erkältung nicht möglich.

Da alveolärer p_{O_2} beim Auftauchen deutlich abnimmt (s. Abb., von rechts nach links gelesen), führt zu langes Verweilen in der Tiefe beim Aufstieg zu zwangsläufiger „hypoxischer" Bewußtlosigkeit.

Tauchen mit Gerät (Gefahr von Barotraumen und atemgasbedingten Vergiftungen)

Preßluftverfahren	Möglich im Senkkasten (Caisson) oder mit tragbarem Atemgerät. Dem Umgebungsdruck angepaßte Preßluft wird eingeatmet und die Ausatemluft an das Wasser abgegeben (offenes System). Das Atemzeitvolumen (BTPS, s. S. 226) ist etwa normal, auf STPD umgerechnet jedoch entsprechend dem jeweiligen Umgebungsdruck erhöht. Die Atemarbeit ist erhöht, da komprimierte Luft visköser ist als die normale. **Tiefenrausch** mit Euphorie etc wie beim Höhenrausch, aber auch mit Angst, evtl. eklatanten Fehlhandlungen und Bewußtlosigkeit, beginnt je nach Situation und Disposition ab 40 m Tauchtiefe durch die toxische Einwirkung des Stickstoffs auf das ZNS. Für größere Tiefen ist daher Stickstoff durch Helium zu ersetzen. **Caissonkrankheit**: Eine zu schnelle Dekompression beim Auftauchen führt zu einer Gasblasenbildung in Blut und Gewebe mit entsprechenden Barotraumen. Die Dekompression darf daher nur entsprechend den Auftauchtabellen erfolgen. Bei Unfällen etc. ist eine Therapie durch erneute Kompression in Druckkammern möglich und nötig.
Sauerstoffverfahren	Geschlossenes System, Einatmen von reinem O_2, Absorption von CO_2 mit Atemkalk. Ist für Sporttaucher ungeeignet, da reines O_2 ab 7 m Tiefe toxisch für das ZNS ist. Dagegen gut geeignet für Spezialaufgaben mit langer Tauchzeit in geringer Tauchtiefe (z. B. Froschmänner).
Mischgasverfahren	Zumischung von Preßluft oder Helium zum reinen O_2. Zugabe von Preßluft eröffnet Tauchtiefen von > 7–70 m. Zusatz von Helium im Austausch für Stickstoff schützt vor Tiefenrausch (s. oben).

Klima, Lärmbelastung

Zur **Klimaphysiologie** s. Kap. 30, S. 257–264

Einteilung von Lärmbelastungen und ihre Auswirkungen auf den Menschen; Lärmschäden sind die häufigste Berufskrankheit [Nach Lehmann G (1962) Praktische Arbeitsphysiologie. Thieme, Stuttgart]

Lärmstufe	Schallpegel [dB (A)]	Auswirkungen
I	30–65	Psychische Reaktionen, gelegentlich psychische Störungen
II	65–90	Wie Stufe I, dazu physische Reaktionen, z. B. Anstieg von Herzfrequenz und Blutdruck, periphere Vasokonstriktion, Zunahme des Muskeltonus, Schlafstörungen
III	90–120	Wie Stufen I und II, dazu reversible Vertaubung, nach Jahren Lärmschwerhörigkeit
IV	> 120	Wie Stufen I–III, dazu Nervenzellschädigungen

Richtwerte für Nachbarschaftslärm in dB (A), gemäß VDI-Norm 2058; Nachbarschaftslärm beeinträchtigt die Lebensqualität

	Tag	Nacht
Kurgebiete bis zu	45	35
Reine Wohngebiete bis zu	50	35
Mischgebiete, z. B. Innenstädte bis zu	60	45

33 Alter und Altern

Grundbegriffe des Alterns

Alter	Das Alter ist definiert als Zustand eingeschränkter Angepaßtheit an die Beanspruchungen des Lebens; es beginnt etwa mit dem Erlöschen der Zeugungsfähigkeit und wird durch den Tod abgeschlossen
Lebenserwartung	Die maximale Lebenserwartung des Menschen beträgt ca. 115 Jahre; die mittlere Lebenserwartung liegt derzeit in Deutschland bei Frauen bei ca. 76 Jahren, bei Männern bei ca. 69,5 Jahren (die Gründe für die Ungleichheit sind nicht bekannt); das individuelle Lebensalter ist genetisch mitverursacht; Altersaufbau der Bevölkerung s. Abb.
Altern	Bezeichnung des biologischen Prozesses, der von Geburt an irreversibel fortschreitet und über eine initiale Leistungssteigerung schließlich zu den Einschränkungen des Alters führt
Alterstheorien	Derzeit gib es zahlreiche Vorschläge, aber insgesamt noch keine befriedigende Theorie; das Altern ist insgesamt wahrscheinlich die teils genetisch, teils exogen bedingte Resultante zeit- und zufallsabhängiger irreversibler Veränderungen der lebenden Substanz
Altersprofil	Meßdaten, die dazu dienen, das individuelle biologische Alter mit dem chronologischen Alter der entsprechenden Kohorte zu vergleichen; bisher ist kein verbindlicher Index vorhanden, obwohl er für ärztliche Entscheidungen (z. B. Operationen) dringend notwendig ist

Altersaufbau der (west)deutschen Wohnbevölkerung am 31. 12. 1979: [Mod. aus Statistisches Bundesamt (1981) Statistisches Jahrbuch für die Bundesrepublik Deutschland. Kohlhammer, Stuttgart, Mainz]

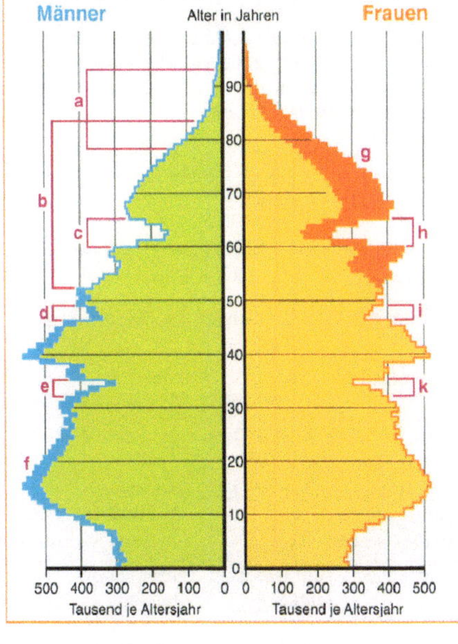

Die Abbildung zeigt eine sehr modifizierte Pyramide; auffällig ist die verschmälerte Basis, die anzeigt, daß in Deutschland wesentlich weniger Kinder geboren werden, als für einen normalen Altersaufbau und für die Konstanz der Einwohnerzahl notwendig wäre; die Buchstaben bedeuten:

a) Gefallene des 1. Weltkriegs

b) Gefallene des 2. Weltkriegs

c, h) Geburtenausfall im 1. Weltkrieg

d, i) Geburtenausfall während der Wirtschaftskrise um 1932

e, k) Geburtenausfall Ende des 2. Weltkriegs

f) Männerüberschuß

g) Frauenüberschuß

33

Ärztlich wichtige altersbedingte Funktionsänderungen beim Gesunden

Blut	Es kommt zu einer Reduktion der Erythropoese und der Leukopoese durch Schwund des aktiven Knochenmarkts (> 40 J); besonders die T-Lymphozyten zeigen eine Abnahme um ca. 25 %
Herz	Die Muskelfasermasse nimmt ab; Ersatz durch Bindegewebe; degenerative Veränderungen der Muskelfasern; Störungen im Erregungsbildungs- und Leitungssystem finden sich bei ca. 50 % der älteren Bevölkerung
Gefäßsystem	Fortschreitende Abnahme der Elastizität der arteriellen Gefäßwände (s. Abb. S. 210); diese Elastizitätsabnahme wird für den Anstieg des Blutdrucks bei älteren Menschen verantwortlich gemacht (s. Abb. S. 212); 25–30 % der älteren Bevölkerung haben aber keine erhöhten Blutdruckwerte
Respirationstrakt	Die Lungenalveolen vergrößern sich, die Alveolarsepten schwinden und die Zahl der Lungenkapillaren nimmt ab; es resultiert eine deutliche Abnahme der Vitalkapazität und der Compliance, ferner eine Zunahme des Atemwegwiderstands mit Abnahme der Sekundenkapazität
GIT	> 60 J zunehmend Atrophie der Magenschleimhaut, Abnahme der Masse des Dünndarms mit verminderter Resorptionsleistung; bei der Leber nehmen Gewicht, Durchblutung und Enzymaktivität ab
Niere	Verlust von Nephronen, sie sind > 70 J. um etwa 30 % reduziert; entsprechend ist die glomeruläre Filtrationsrate vermindert
Haut	Die Haut zeigt deutliche proliferative Veränderungen wie Runzeln, Schlaffheit, Trockenheit; fleckige Pigmentierungen (Dermatheliosen) besonders an lichtexponierten Stellen; es kommt zur Glatzenbildung und bei den verbleibenden Haaren zu Pigmentverlust (weiße Haare)
Genitalorgane	Bezüglich der Menopause und des Klimakteriums der Frau s. S. 171; das sexuelle Interesse und die sexuelle Kompetenz bleiben häufig bei Mann und Frau bis ins hohe Alter erhalten; bei Männern häufig Prostatavergrößerungen
ZNS	Bei Gesunden gibt es keine Einschränkung der intellektuellen Funktionen; individuell findet sich eine breite Skala von unterschiedlichen Abnahmen der Lern-, Gedächtnis-, Aufmerksamkeits- und Leistungsfähigkeit v. a. im hohen Alter; im EEG treten vermehrt niederfrequente Wellen auf
Sinnesorgane	Regelmäßig tritt schon im mittleren Alter Presbyopie auf (s. S. 126), später auch Presbyakusis; im hohen Alter tritt auch eine Abnahme des Fernvisus auf, er liegt z. B. bei 80jährigen bei 0,6, bei 85jährigen bei 0,3

Rangfolge von Todesursachenhäufigkeiten in verschiedenen Altersgruppen in 10 hochindustralisierten Ländern. [Nach Angaben der WHO 1974]

Alter → Rang ↓	0–4 Jahre	5–14 Jahre	15–44 Jahre	45–64 Jahre	≥ 65 Jahre
1	Unfälle	Unfälle	Unfälle	Tumorkrankheiten	Herzerkrankungen
2	Geburtsfehler	Tumorkrankheiten	Tumorkrankheiten	Herzerkrankungen	Schlaganfälle
3	Tumorkrankheiten	Geburtsfehler	Herzerkrankungen	Schlaganfälle	Tumorkrankheiten
4	Pneumonien	Pneumonien	Selbstmorde	Unfälle	Pneumonien
5	Darminfektionen	Herzerkrankungen	Schlaganfälle	Atemwegsinfekte	Atemwegsinfekte

VIII
Stoffaufnahme und -ausscheidung

34 Epithelien

Struktur und Funktion der Epithelien

Epithelien besitzen eine polare Struktur und sind durch Schlußleisten miteinander verbunden. [Modifiziert aus Fromm M, Hierholzer K (1997) Epithelien. In: Schmidt RF, Thews G (Hrsg) Physiologie des Menschen 27. Aufl. Heidelberg: Springer]

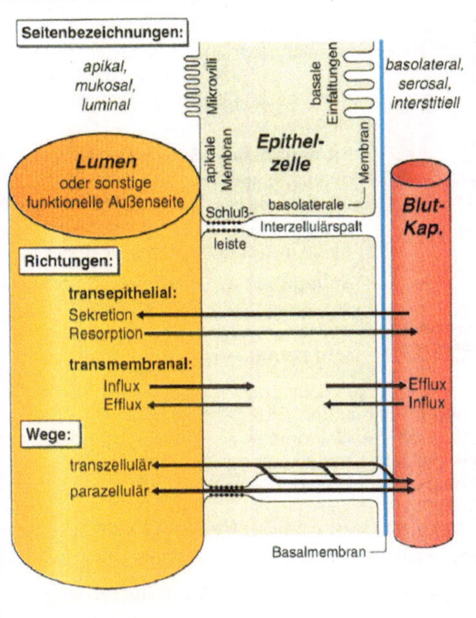

Apikale Zellmembran: Vereinbarungsgemäß die funktionelle Aussenseite bei Epithelzellen. Besitzt oft Mikrovilli und heißt dann Bürstensaummembran.

Basolaterale Zellmembran: Ist teils dem Blut (basale Membran), teils dem Interzellulärspalt zugewandt, aber funktionell einheitlich.

Seitenbezeichnungen: Synonyme zu „apikal" und „basolateral" sind in der Abbildung angegeben.

Transportrichtungen: Abb. zeigt die Nomenklatur für Sekretion, Resorption, Influx und Efflux.

Transportwege: Sind ebenfalls alle in der Abb. angegeben. Transzellulären und und parazellulären Transport gibt es nur in Epithelien!

Schlußleisten (tight junctions): verbinden die Epithelzellen nahe der apikalen Membran; sie bilden einen 01,–0,7 µm breiten Gürtel um die Epithelzellen; durch negative Fixladungen für Kationen durchgängiger als für Anionen.

Der Transport von hydrophilen Soluten durch die epithelialen Membranen erfolgt teils durch Kanäle (Poren), teils durch Carrier und Pumpen (auch andere Zellmembranen weisen solche Transportwege auf, s. S. 6)

Kanäle (Poren)	Tunnelproteine, die ihre Durchlässigkeit sprunghaft verändern können („gating"). Im offenen Zustand können 10^6-10^8 Ionen/s passieren. In Epithelien gibt es sehr viel weniger Kanäle als Carrier und Pumpen.
Wasserkanäle	Gleichbleibend permeable Kanäle, genannt Aquaporin-1. Finden sich mit wenigen Ausnahmen in Epithelien und anderen Zellen. Zusätzlich gibt es in distalem Tubulus und Sammelrohr der Niere den Aquaporin-2-Kanal, der durch ADH aktiviert und in die apikale Zellmembran eingeschleust wird.
Carrier	Transportproteine, die (passiv) durch Konzentrationsgradienten angetrieben werden, s, auch S. 6, 281. Sie arbeiten langsamer als Kanäle, sind in Epithelien viel zahlreicher und häufig Kotransporter (Sym- oder Antiporter, S. 291, 292).
Pumpen	Sonderform der Carrier, nämlich „primär aktive" Carrier, die ATP als Energiequelle für den Transport von Substanzen gegen einen osmotischen oder elektrischen Gradienten nutzen. Sie sind ATPasen, d.h. sie hydrolysieren ATP zu ADP + Phosphat, sind also gleichzeitig Enzym und Pumpe.

Barrierefunktion der Epithelien

Die epitheliale Barriere wird vor allem durch die apikale Zellmembran und die Schlußleiste (tight junction) gebildet. [Fromm M, Hierholzer K (1997) a. o. a. O.]

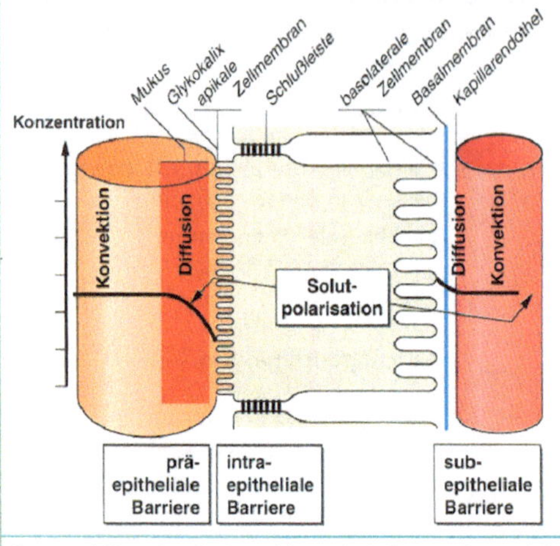

Präepitheliale Barriere: Besteht meist aus einer Glykokalix und Mukus (Schleim, s. Abb.). Diese „nicht-bewegte Schicht" muß von allen Stoffen per diffusionem überwunden werden. Dadurch entsteht eine Solutpolarisation, die den transepithelialen Nettotransport verlangsamt.

Intraepitheliale Barriere: Wird v. a. durch die apikale Zellmembran und die Schlußleiste gebildet. Die basolaterale Membran trägt wenig bei, da sie insgesamt sehr permeabel ist.

Subepitheliale Barriere: Besteht aus Basalmembran und Kapillarendothel; nur geringer Beitrag, da sehr permeabel.

Permeabilität ist die Durchlässigkeit für niedermolekulare Solute und Wasser. Sie wird durch das Verhältnis zwischen treibender Kraft und resultierendem Flux bestimmt. Die Porosität (Permselektivität) bezeichnet die Durchlässigkeit für Makromoleküle. Die Grenzporosität gibt die Teilchengröße an, die an einer Grenzschicht gerade noch durchgelassen wird. Permeabilität und Porosität können sich unabhängig voneinander ändern.

Die Leckheit eines Epithels wird im wesentlichen von der Permeabilität seiner Schlußleisten bestimmt; 3 Typen von Epithelien werden so unterschieden

Definition von Leckheit	Da die Permeabilität der apikalen Zellmembranen bei allen Epithelien relativ gleich ist, die der Schlußleisten aber sehr unterschiedlich, wurde als Mass für die Leckheit eines Epithels der Quotient zwischen der Leitfähigkeit der Schlußleiste G_{TJ} und der der apikalen Membran G_a, also G_{TJ}/G_a vereinbart und die Epithelien in 3 Typen eingeteilt.
Dichte Epithelien	Epithelien mit $G_{TJ}/G_a < 1/100$, also sehr dichten Schlußleisten. Diese Epithelien sind sehr selten. Sie transportieren wenig und dienen v. a. als Barriere. Epidermis und Harnblase sind die beiden einzigen Epithelien dieser Art.
Mitteldichte Epithelien	Epithelien mit G_{TJ}/G_a von 1 bis 1/100. Sie werden auch als mäßig lecke Epithelien bezeichnet. Insgesamt transportieren sie mengenmäßig wenig. Zu ihnen gehören alle distalen Segmente von röhrenförmigen Tubuli, z. B. die distalen Nierentubuli. Der Transport der mitteldichten Epithelien ist meist hormonell geregelt, womit eine Feineinstellung des Ausscheidungsprodukts erzielt wird
Lecke Epithelien	Epithelien mit $G_{TJ}/G_a > 1$. Die Schlußleiste ist definitionsgemäß permeabler als die apikale Membran und die absolute Permeabilität dieser Zellen ist meist sehr hoch. Zu den lecken Epithelien gehören alle proximalen Segmente von röhrenförmigen Epithelien, z. B. proximale Nierentubuli etc.
Variation der Leckheit	Die Permeabilität der Schlußleisten ist regulierbar, die Mechanismen dieser Regulation sind noch weitgehend unbekannt. Pathophysiologisch kommen sowohl Zu- wie Abnahmen der Leckheit vor.

Transportmechanismen der Epithelien

Passiver Transport erfolgt immer „bergab", d. h. entweder entlang eines hydrostatischen Druckgradienten, eines Konzentrationsgradienten oder elektrischer Spannung

Ein Überblick zum passiven Transport durch Plasmamembranen, der auch für Epithelmembranen gilt, findet sich auf S. 6. Hier folgende Ergänzungen: Transport von Lösungsmittel und filtrierbaren Soluten durch einen Filter aufgrund eines hydrostatischen Druckgradienten nennt man Filtration; ist die Porengröße des Filters so klein, daß große gelöste Moleküle zurückgehalten werden, spricht man von Ultrafiltration (z. B. in den Glomeruli der Nieren, s. S. 285). Ist bei Ionen eine elektrische Spannung die treibende Kraft, so wird der Vorgang als Elektrodiffusion bezeichnet. Konzentrations- und elektrischer Gradient werden als elektrochemischer Gradient zusammengefaßt. Die Beziehung zwischen beiden Gradienten beschreibt die Nernst-Gleichung (s. auch S. 13).

Primär aktiver Transport (Pumpen), sekundär aktiver Transport (Carrier) und tertiär aktiver Transport erfolgen immer „bergauf", d. h. gegen einen Konzentrations- und/oder Spannungsgradienten. [Fromm M, Hierholzer K (1997) a. o. a. O.]

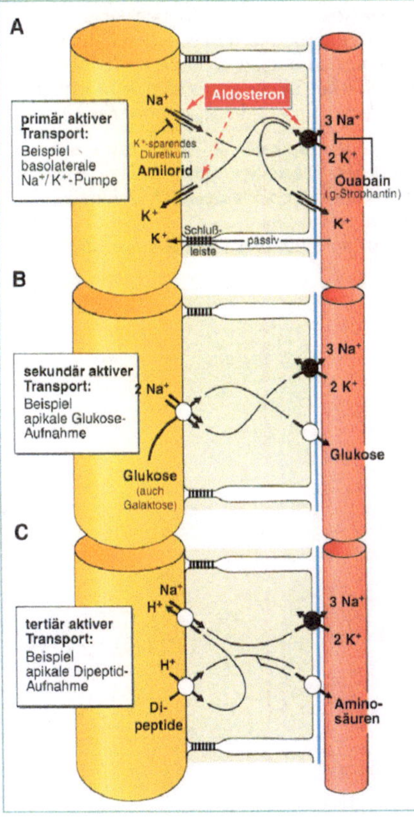

Primär aktiver Transport (Pumpen): Ein erster Überblick steht auf S. 6, eine weitere Definition in diesem Kapitel auf S. 279. Die Abb. zeigt in **A** beispielhaft die basolaterale elektrogene Na^+/K^+-ATPase Pumpe, die u. a. in den distalen Segmenten der röhrenförmigen Epithelien arbeitet (vgl. auch die Abb. S. 291 und 292 und den Text S. 12). Eine Sonderform ist die Medikamente-Resistenz-ATPase, die in Leber, Dünndarm und Nieren der Ausscheidung von Stoffwechselgiften dient.

Sekundär aktiver Transport (Carrier): Definitionen finden sich auf S. 6 und in diesem Kapitel auf S. 279. Die Abb. zeigt in **B** einen Na^+Glukose-Carrier, der den Na^+-Gradienten nutzt, um Glukose, z. B. aus dem Dünndarm aufzunehmen (weitere Beispiele S. 291, 292).

Tertiär aktiver Transport: Ebenfalls ein Kotransport, der aber seine Energie nicht aus einem Ionengradienten direkt bezieht, sondern durch einen Gradienten angetriegen wird, der über einen sekundär aktiven Transport aufgebaut wurde. **C** in der Abb zeigt ein Beispiel aus dem Dünndarm. Die basolaterale ATPase-Pumpe entfernt Na^+ aus der Epithelzelle und baut dadurch zwischen Dünndarm (gelb in der Abb.) und Epithel einen Na^+-Gradienten auf, der einen Na^+-H^+-Antiport antreibt und damit einen H^+-Gradienten in Richtung Epithel aufbaut. Dieser treibt den H^+-Dipeptid-Symporter an, der Di- und Tripeptide aus dem Dünndarm aufnimmt. Tertiär aktiver Transport ist weit verbreitet.

Typische Anordnung epithelialer Transporter

Einige typische Anordnungen von Transportern kommen in mehreren Epithelien in gleicher Weise vor; Beispiele sind:

Na^+-Resorption, K^+-Sekretion	Diese Transporte sind in **A** der Abb. auf der vorigen Seite zu sehen. Sie benutzen Kanäle in den apikalen Membranen distaler Epithelien, die hormonell geregelt werden. Na^+ diffundiert in die Zelle, wobei Aldosteron die Offenwahrscheinlichkeit der apikalen Kanäle erhöht und bei längerer Einwirkung (nach etwa 1 d) weitere Kanäle in die Membran einbaut. Das Diuretikum Amilorid blockiert diesen Kanal. Die Einwärtsdiffusion von Na^+ macht das Lumen (gelb in der Abb.) negativ gegenüber der Epithelzelle und dieser elektrische Gradient bewirkt die transzelluläre und parazelluläre Sekretion von K^+. Amilorid hemmt also indirekt die K^+-Sekretion und gilt daher als K^+-sparendes Diuretikum.
Glukose- und Aminosäurenresorption	Diese Transporter dienen der effektiven Nahrungsaufnahme (Darm) bzw. Rückgewinnung (Niere). Beispiele in **B** auf der vorigen Seite und S. 291. Es existieren mindestens 2 Glukose-Carrier, von denen einer auch Galaktose transportieren kann. Für Fruktose gibt es einen Uniporter. Für die verschiedenen Aminosäuren (saure, neutrale, basische) existieren etwa 10 unterschiedliche Carrier. Dazu kommt der oben vorgestellte tertiär aktive Di- bzw. Tripeptid-Kotransporter mit H^+.
Cl^--Sekretion und -Resorption	Cl^--Sekretion erfolgt durch einen apikalen Cl^--Kanal und einen basolateralen Na^+-$2Cl^-$-K^+-Carrier. Diese Sekretion ist der Hauptantrieb bzw. Auslöser der Sekretion von Wasser und weiteren Soluten. Der Mechanismus findet sich in praktisch allen sekretorischen Epithelien. Für die Cl^--Resorption sind diese Transporter spiegelbildlich angeordnet.

35 Funktionen der Nieren

Übersicht über Aufgaben, Bau, Funktion

Die Nieren haben 2 Hauptaufgaben, nämlich:

1. Ausscheiden der meisten im Körperstoffwechsel anfallenden Abfallstoffe
2. Konstanthalten der Menge und der Elektrolytzusammensetzung der Extrazellulärflüssigkeit

Damit wird jeder Körperzelle eine konstante Außenwelt geboten *(milieu interne)*

Nierenanatomie. [Angelehnt an Birbaumer N, Schmidt, RF (1991) Biologische Psychologie, 2. Aufl. Springer, Heidelberg]

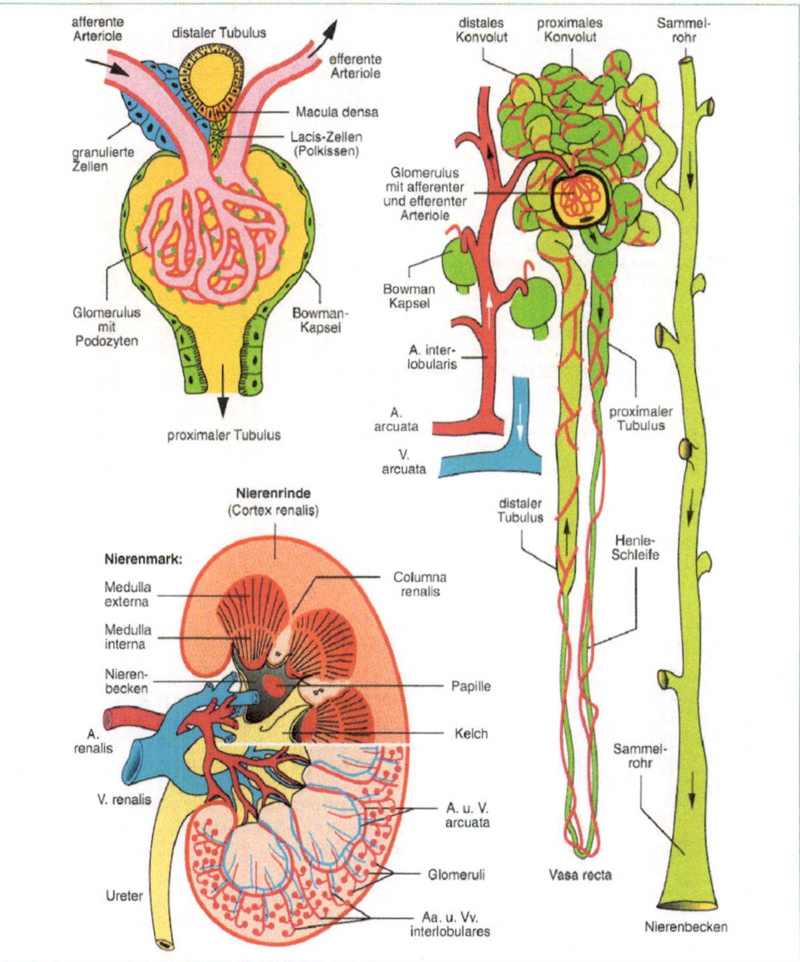

35

Die harnbereitenden Bauelemente der Nieren sind die Nephrone; jede Niere ist aus ca. 1,2 Millionen Nephronen aufgebaut; das sind 3mal soviele wie unbedingt benötigt werden

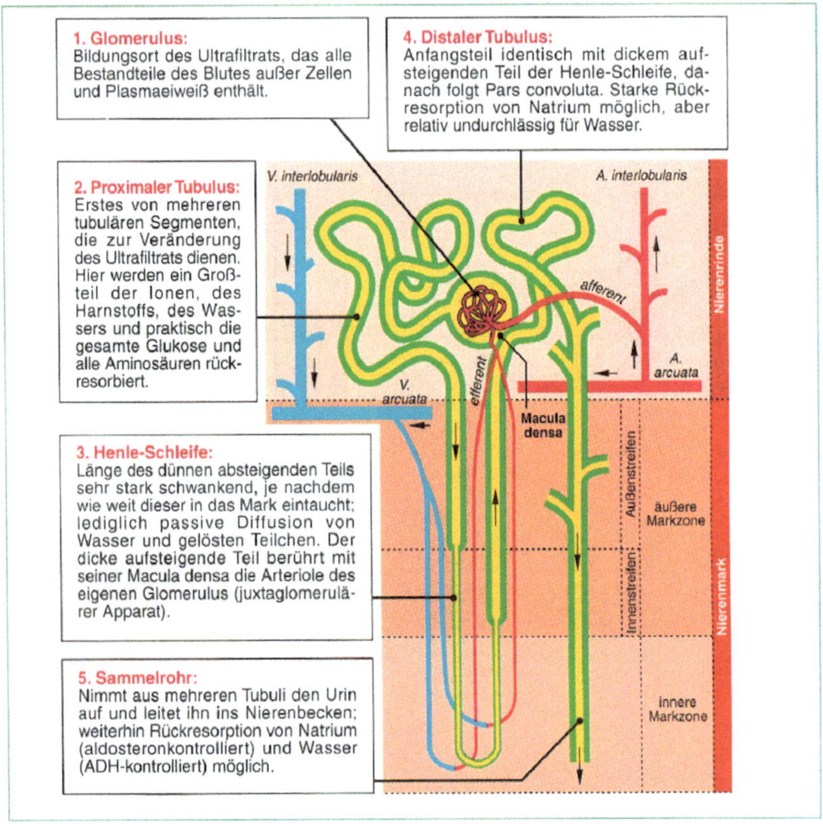

1. Glomerulus:
Bildungsort des Ultrafiltrats, das alle Bestandteile des Blutes außer Zellen und Plasmaeiweiß enthält.
4. Distaler Tubulus:
Anfangsteil identisch mit dickem aufsteigenden Teil der Henle-Schleife, danach folgt Pars convoluta. Starke Rückresorption von Natrium möglich, aber relativ undurchlässig für Wasser.
2. Proximaler Tubulus:
Erstes von mehreren tubulären Segmenten, die zur Veränderung des Ultrafiltrats dienen. Hier werden ein Großteil der Ionen, des Harnstoffs, des Wassers und praktisch die gesamte Glukose und alle Aminosäuren rückresorbiert.
3. Henle-Schleife:
Länge des dünnen absteigenden Teils sehr stark schwankend, je nachdem wie weit dieser in das Mark eintaucht; lediglich passive Diffusion von Wasser und gelösten Teilchen. Der dicke aufsteigende Teil berührt mit seiner Macula densa die Arteriole des eigenen Glomerulus (juxtaglomerulärer Apparat).
5. Sammelrohr:
Nimmt aus mehreren Tubuli den Urin auf und leitet ihn ins Nierenbecken; weiterhin Rückresorption von Natrium (aldosteronkontrolliert) und Wasser (ADH-kontrolliert) möglich.
V. interlobularis
A. interlobularis
afferent
efferent
V. arcuata
A. arcuata
Macula densa
Außenstreifen
Innenstreifen
äußere Markzone
innere Markzone
Nierenrinde
Nierenmark

Druckverlauf im Gefäßsystem der Niere. [Nach Thurau K, Wober E (1963) Zur Lokalisation der autoregulativen Widerstandsänderung in der Niere. Pflügers Arch 274: 553]

Druck [mm Hg]
200
150
100
50
0
Autoregulations-bereich
A. renalis
Vas afferens
glomeruläre Kapillare
Vas efferens
peritubuläre Kapillare
intrarenale Vene
Nierengrenze
V. renalis

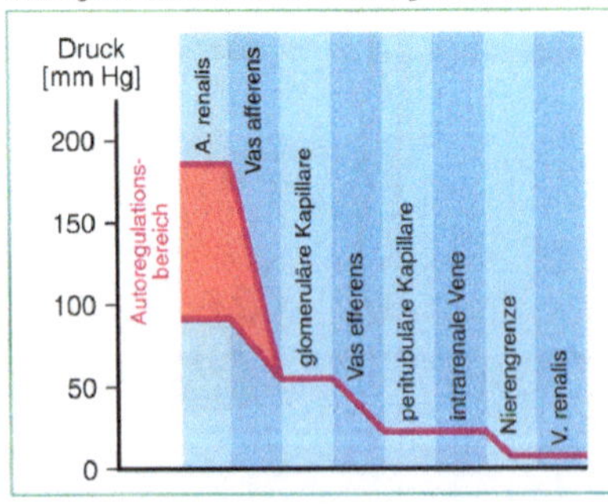

In jeden Glomerulus tritt eine Arteriole (Vas afferens) ein und verzweigt sich zu einem Kapillarknäuel. Dieses mündet in eine 2. abführende Arteriole, die sich in ein 2. Kapillarnetz aufsplittert, das den Tubulus versorgt (s. oben).

Das Vas afferens ist der Sitz der Autoregulation der Nierendurchblutung: Auf eine Erhöhung des Blutdrucks reagiert es mit einer Widerstandszunahme (Gefäßverengung), die so abgestuft ist, daß die Durchblutung konstant bleibt (Abb. S. 285, Gesamtnierendurchblutung s. S. 207).

35

Glomeruläre Filtration

Feinbau des Nierenfilters im Glomerulus, hydraulische Leitfähigkeit

Das aus den Glomeruluskapillaren austretende Ultrafiltrat, also der Primärharn, hat von innen nach außen folgende 3 Filter zu passieren:

1. Endothelporen der Kapillarwand (Durchmesser 50–100 nm)
2. Basalmembran
3. Podozyten des inneren Blatts der Bowman-Kapsel (Durchmesser 20–50 nm)

Trotz dieses komplexen Aufbaus ist die Durchlässigkeit für Wasser, also die hydraulische Leitfähigkeit der Glomeruluskapillaren, wesentlich höher als die der meisten anderen Kapillaren im Körper. Die Filter sind außerdem durchlässig für Moleküle bis 50 000 Dalton, mit zunehmender Behinderung ab 10 000 Dalton; für Eiweiße (ab 60 000 Dalton) und Zellen sind sie undurchlässig (bzgl. ultrastrukturellem Feinbau, s. Lehrbücher der Histologie).

Drücke, die die glomeruläre Filtrationsrate, GFR, bestimmen

Es handelt sich um die gleichen Drücke, die die Filtration in anderen Kapillaren bestimmen (s. Tabelle S. 215). Auf die Verhältnisse in der Bowman-Kapsel angewandt, heißt das, daß der effektive Filtrationsdruck p_{eff} sich ergibt als

$$p_{eff} = p_k - p_{bow} - p_\pi, \quad (1)$$

wobei p_k der Kapillardruck (Blutdruck, ca. 50 mm Hg) ist, p_{bow} der Druck in der Bowman-Kapsel (Gewebsdruck, ca. 12 mm Hg) und p_π der kolloidosmotische Druck des Blutes (ca. 20 mm Hg) am Kapillaranfang; auf der tubulären Seite gibt es keinen kolloidosmotischen Druck, da keine Eiweiße filtriert werden; also ist

$$p_{eff} = (50 - 12 - 20) \text{ mm Hg} = 18 \text{ mm Hg am Kapillaranfang.}$$

Entlang den Glomeruluskapillaren nimmt p_k wenig ab (auf ca 48 mm Hg), p_π aber durch den Eiweißkonzentrationsanstieg als Folge des Abpressens des Ultrafiltrats stark zu. Sobald $p_\pi = p_k - p_{bow}$, also bei $p_\pi \cong 18$ mm Hg, hört die Filtration auf ($p_{eff} = 0$, d. h. es besteht ein Filtrationsgleichgewicht, also keine Nettofiltration). Normalerweise wird $p_{eff} = 0$ schon vor dem Ende der Glomeruluskapillare erreicht (wegen der hohen Filterdurchlässigkeit).

Abhängigkeit der GFR von der renalen Durchblutung (RBF, renaler Blutfluß)

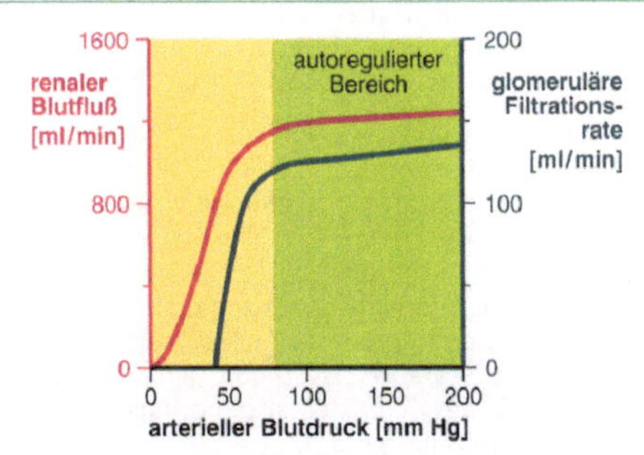

Da in den Glomeruli das Filtrationsgleichgewicht erreicht wird, hängt die GFR sehr stark vom RBF ab (Abb.). Denn wenn p_{eff} zunimmt, wird am Kapillaranfang mehr Ultrafiltrat abgepreßt (und damit übrigens das Filtrationsgleichgewicht noch früher erreicht), so daß sich im Endeffekt eine direkte Proportionalität von RBF und GFR ergibt.

35

Höhe der GFR, Filtrationsfraktion GFR/RPF (RPF, renaler Plasmafluß)

Neben 1. dem p_{eff} und 2. der hydraulischen Leitfähigkeit hängt die GFR noch 3. von der Größe der Filtrationsfläche, also der Glomerulusanzahl, ab. Insgesamt resultiert eine GFR von 120 ml/min, das ergibt 180 l/d. Es fließt pro min etwa 1 l Blut durch beide Nieren, also etwa 600 ml Plasma (RPF). Da von diesen 600 ml Plasma 120 ml abfiltriert werden, beträgt die Filtrationsfraktion GFR/RPF = 20 %.

Messen der GFR, Clearance

Das Messen der GFR ist mit Inulin oder mit Kreatinin möglich

Ein Stoff eignet sich dann als Indikatorsubstanz zum Messen der glomerulären Filtrationsrate, GFR, wenn er die folgenden 4 Voraussetzungen erfüllt:

1. frei filtrierbar in den Glomeruli,
2. keine nachträgliche Resorption oder Sekretion in den Tubuli,
3. keine metabolischen Veränderungen bei der Nierenpassage,
4. kein Einfluß auf die Nierenfunktionen.

Unter diesen 4 Voraussetzungen wird die gesamte Menge eines solchen Stoffes, die durch Filtration in den Primärharn gelangte, quantitativ im Endharn erscheinen. Da

$$\text{Menge} = \text{Volumen} \cdot \text{Konzentration}, \quad (2)$$

läßt sich zwischen dem Harnzeitvolumen $\dot{V}_u$, der Urinkonzentration der Indikatorsubstanz U, der Plasmakonzentration p dieser Substanz und der GFR die Beziehung aufstellen:

$$\dot{V}_u \cdot U = p \cdot GFR \quad (3)$$

$$GFR = \frac{U}{p} \cdot \dot{V}_u [\text{ml/min}] \quad (4)$$

Das Polyfructosid Inulin erfüllt die obigen Voraussetzungen und eignet sich daher nach i. v. Infusion zur Bestimmung der GFR. Fast genauso gut eignet sich die körpereigene Substanz Kreatinin, die eine praktisch konstante Plasmakonzentration p (von 9 mg/l) hat.

Definition des Begriffs Clearance

Mit dem obigen Verfahren wird mit der GFR (von 120 ml/min) dasjenige Plasmavolumen angegeben, das von der Indikatorsubstanz befreit („geklärt") wurde. In diesem (Spezial-) Fall ist also die GFR gleich der Clearance C, also

$$C = \frac{U}{p} \cdot \dot{V}_u [\text{ml/min}]. \quad (5)$$

Wird ein Stoff zusätzlich zur Filtration auch noch in den Tubuli sezerniert (z. B. PAH, s. unten), so wird U zunehmen und damit C größer. Bei Stoffen, die rückresorbiert werden (z. B. Na^+) ist es umgekehrt.

In jedem Fall gibt die Clearance C den (rechnerischen) Wert desjenigen Plasmavolumens an, das pro Zeiteinheit von einem bestimmten Stoff befreit wurde.

Die Clearance der Paraaminohippursäure (PAH) ist ein Maß für den RPF

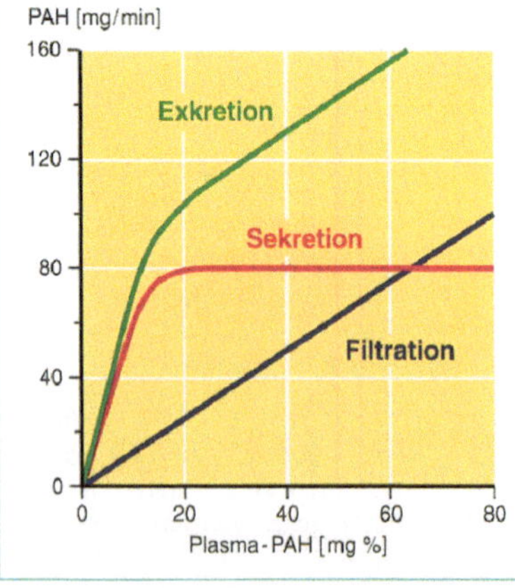

Die PAH wird frei filtriert und zusätzlich in den proximalen Tubuli so lange praktisch vollständig sezerniert, wie die p nicht zu hoch ist (illustriert in der Abb.). Das gesamte in die Nieren fliessende Plasma wird daher unter diesen Bedingungen von der PAH befreit. Die PAH-Clearance ist damit ein direktes Maß des RPF, der also normalerweise 600 ml/min beträgt.

Da die Sekretion ein aktiver Pumpprozeß ist, wird die Transportkapazität mit zunehmender Plasmakonzentration p schließlich erschöpft, d.h. die weitere PAH-Sekretion bleibt bei weiterem Anstieg der Plasmakonzentration konstant (rote Kurve in der Abb.).

Clearance und tubulärer Transport organischer Substanzen

Übersicht über die Lokalisation der Transportvorgänge im Nephron

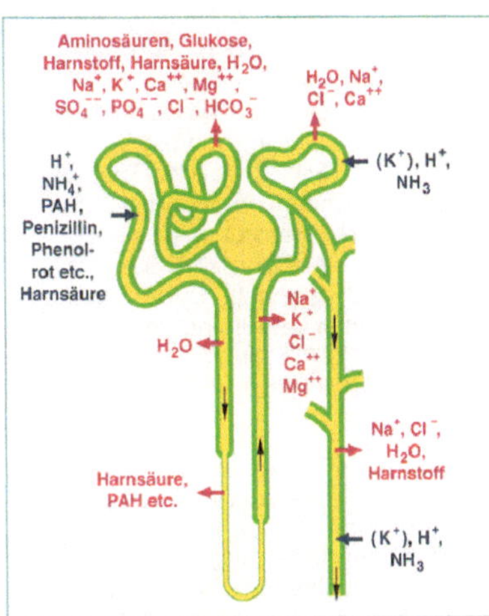

Mit der Clearancemethode läßt sich die Ausscheidungsleistung der Niere für praktisch alle organischen Substanzen messen.

Setzt man den gemessenen Wert einer Substanz x in Beziehung zur Inulinclearance C_{In}, dann ist diese fraktionelle Ausscheidung $C_x/C_{In} = 1$ wenn die Substanz nur filtriert wird, ferner > 1, wenn sie zusätzlich sezerniert wird (Extremfall: PAH, s. S. 286), und schließlich < 1, wenn sie rückresorbiert wird (der Extremfall ist die völlige Rückresorption, z. B. von Glukose bei normaler Plasmakonzentration, s. die Abb. unten).

Wie die nebenstehende Abbildung zeigt, ist der wichtigste Ort für die Resorption und Sekretion organischer Substanzen der proximale Tubulus.

Clearance von Glukose als Beispiel (rück)resorbierter organischer Substanzen

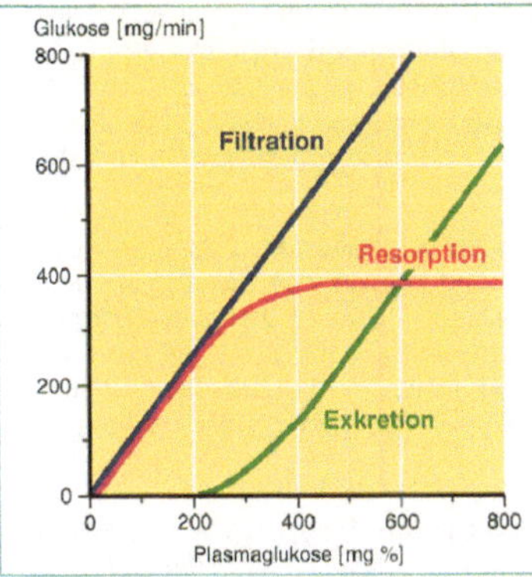

Etwa 180 g Glukose werden täglich filtriert, aber normalerweise erscheint nichts davon im Urin (Clearance also gleich 0, Tabelle S. 288). Die Rückresorption erfolgt äußerst effizient aus dem proximalen Tubulus. Erst bei Plasmakonzentrationen von > 250 mg% beginnt Glukose im Urin zu erscheinen (Glukosurie), und bei 400–500 mg% ist die maximale Transportkapazität (oder -rate) erreicht (rote Kurve in der Abb.).

Völlig vergleichbar geschieht die Resorption von Aminosäuren, nämich ebenfalls praktisch vollständig und exklusiv im proximalen Tubulus.

Sekretion im proximalen Tubulus, Definition der Exkretion

Sekretion nennt man den aktiven Nettotransport von Stoffen (z. B. PAH, S. 286) aus dem Blut in den proximalen Tubulus. Sezerniert werden vor allem organische Säuren und Basen (s. obige Abb., Sonderfall Kaliumionen s. S. 291). Die Exkretion im Urin ist die Summe zweier Vorgänge, der Filtration und der Sekretion.

Behandlung von Oligopeptiden und Proteinen im proximalen Tubulus

Geringe Mengen von Oligopeptiden und Proteinen erscheinen im Primärharn. Die Oligopeptide werden durch Peptidasen des Bürstensaums gespalten und als Aminosäuren praktisch vollständig resorbiert (s. oben). Die Proteine werden durch Endozytose in die Tubuluszellen aufgenommen und dort lysosomal verdaut.

Resorption von Wasser und Salzen

Typische Tageswerte gefilterter und (rück)resorbierter Stoffe [Nach Patton HD et al (Eds) (1989) Textbook of Physiology 21st ed. Saunders, Philadelphia]

Stoff	Einheit	Filtr. [Load]	Exkr.	Resorp. [%]
Wasser	l	180	1,5	>99
NA^+	mmol	25000	150	>99
K^+	mmol	630	95	85
Cl^-	mmol	18000	150	>99
HCO_3^-	mmol	4500	0	100
Glukose	g	180	0	100
Aminosäuren	g	70	23	60
Harnstoff	g	58	23	60

Die organischen Substanzen werden im proximalen Tubulus resorbiert (s. o.). Na^+ kann dagegen außer im dünnen Teil der Henle-Schleife in allen Tubulusabschnitten resorbiert werden. Die Na^+-Resorption ist die wichtigste Aufgabe der Niere; 90 % ihres (hohen!) O_2-Verbrauchs werden dafür benötigt (s. Abb.)

Fraktionelle und hormonell gesteuerte Na^+-Resorption in den verschiedenen Tubulusabschnitten

Proximaler Tubulus	65 % der Load werden hier resorbiert, unabhängig von der GFR und ohne Sättigung (fraktionelle Resorption). Na^+-Ionen diffundieren passiv in die Tubuluszelle und werden aktiv durch die Basolateralmembran in das Interstitium gepumpt. Wasser wird osmotisch mitgerissen (ebenfalls 65 % der GFR) und durch solvent drag auch Cl^-, HCO_3^- und weitere Substanzen. Rückdiffusion des Na^+ wird durch negatives Potential (-70 mV) der Tubuluszelle verhindert
Aufsteigender dicker Teil der Henle-Schleife	(Entspricht Pars recta des distalen Tubulus, s. S. 283, 289) Na^+ wird weiterhin fraktionell aktiv resorbiert, es verbleiben am Ende 20–10 % der Load. Die Tubuluswand ist aber für Wasser undurchlässig. Folglich wird die Tubulusflüssigkeit hier hypoton gegenüber dem Blutplasma: Voraussetzung für einen osmotisch verdünnten Endharn bei Salzmangel oder Wasserüberschuß
Pars convoluta des distalen Tubulus und Sammelrohr	Weiterhin aktive Na^+-Resorption möglich, jetzt aber erstmals unter der Kontrolle von Hormonen und zwar 1. Aldosteron, das die Na^+-Resorption steigert (im Austausch gegen K^+-Ionen, s. auch S. 291) und 2. Atriopeptin, ANF, das diese hemmt (Na^+-Endwert 5–0,5 % der Load). Die damit mögliche Feineinstellung der Harnbildung wird durch die evtl. Steigerung der Wasserpermeabilität des Sammelrohrs durch Adiuretin (ADH) ergänzt (s. S. 158, 218)

Der O_2-Verbrauch der Niere ist direkt proportional dem aktiven Na^+- Transport. [Nach Deetjen P, Kramer K (1961) Pflügers Arch 273: 636]

35

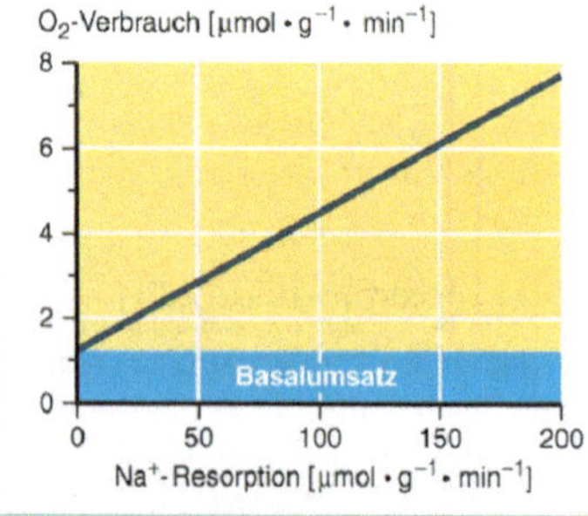

Die aktive Na^+-Resorption aus der Tubulusflüssigkeit ist der Schlüsselprozeß der gesamten Nierentätigkeit. Auf dem Hintergrund eines geringen Basalumsatzes (Umsatz ohne Na^+-Resorption, z. B. bei zu geringem p_{eff}) ist daher der O_2-Verbrauch der Niere direkt proportional der Na^+-Resorptionstätigkeit. Dies ist um so beeindruckender als nur 1/3 des gesamten abfiltrierten Na^+ aktiv, der Rest passiv resorbiert wird!

Harnkonzentrierung und -verdünnung

Lokalisation und Ausmaß der Flüssigkeitsresorption entlang dem Nephron.

[Mod. nach Deetjen P (1990) Nierenfunktion. In: Schmidt RF, Thews G (Hrsg) Physiologie des Menschen, 24. Aufl. Springer, Heidelberg]

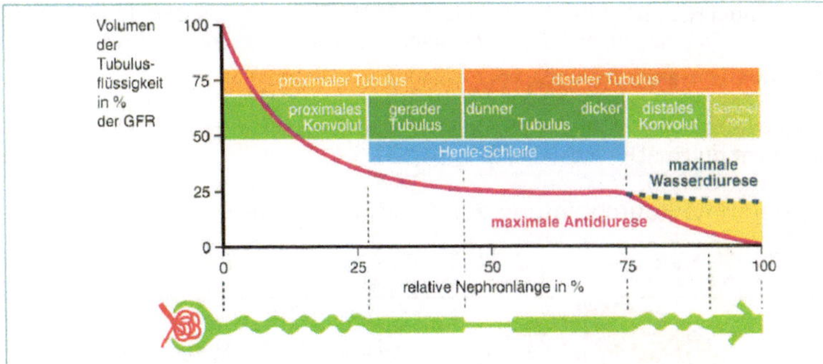

Die Darstellung detailliert die Ausführungen über die Wasserresorption der vorhergehenden Seite, nämlich die starke fraktionelle Resorption im proximalen Konvolut, die geringfügige Veränderung in der Henle-Schleife (trotz hoher Na^+-Resorption, s.o.) und die hormongesteuerte „Eindickung" bzw. „Verdünnung" des Endharns (Antidiurese bzw. Diurese) in distalem Konvolut und Sammelrohr.

Mechanismen der Antidiurese (Normalzustand der Niere): 1. Aufbau hoher Osmolalität im Interstitium des Nierenmarks durch ein Gegenstrommultiplikationssystem und 2. Wasserpermeabilitätserhöhung durch ADH im Sammelrohr

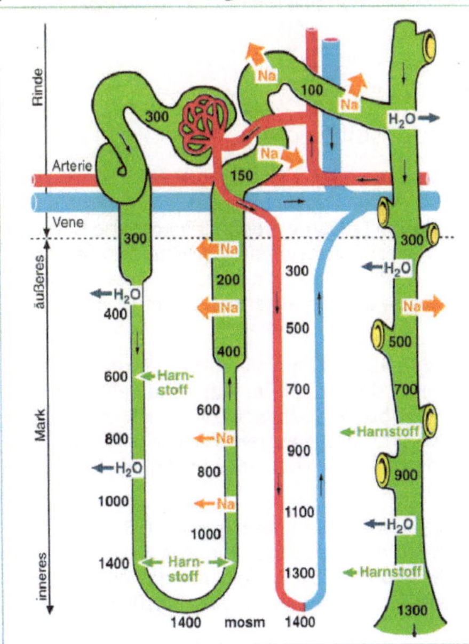

Die treibende Kraft für den Konzentrierungsmechanismus liefert der aktive Transport von Na^+ aus der Pars recta ohne gleichzeitigen Wasseraustritt (s.o.). Damit wird das Nierenmark hyperton und „zieht" Wasser aus dem absteigenden Henle-Schenkel (dieses wird großteils durch die Vasa recta abtransportiert; hier geschieht also die Wasserresorption, die im Glomerulus ausblieb).

Der Gesamtprozeß verstärkt sich auf dem Weg ins Nierenmark Schritt für Schritt durch Gegenstromaustausch, so daß das innere Nierenmark 4fach hyperton gegenüber dem Blutplasma wird.

Dieser hohe osmotische Gradient wird zur Wasserresorption aus Pars convoluta und Sammelrohr eingesetzt, wobei ADH die Wasserpermeabilität, soweit erforderlich, erhöht.

35

Mechanismus der Wasserdiurese, Pathomechanismus des Diabetes insipidus

Wasserdiurese. Jeder Flüssigkeitsüberschuß im Körper (z.B. nach übermässigem Trinken) wird mit einer Verzögerung von wenigen Stunden über die Nieren wieder ausgeschieden. Bewirkt wird dies über einen starken Rückgang der ADH-Freisetzung, der für einen außerordentlich verdünnten Harn sorgt (bzgl. Regelung der ADH-Freisetzung s. S. 158, 220). Alkohol hemmt die ADH-Freisetzung zusätzlich, was seine diuretische Wirkung erklärt.

Diabetes insipidus. Eine eingeschränkte oder fehlende ADH-Produktion führt ständig zum Ausscheiden großer Mengen eines hypotonen Urins, genannt Polyurie, im Extremfall werden 20–30 l/d ausgeschieden. Der resultierender Durst führt zu dauerndem Trinken (Polydipsie). Die Therapie erfolgt durch ADH-Substitution.

Beitrag der Nierenmarkdurchblutung zur Antidiurese. [Nach Deetjen P (1990) a.o.a.O.]

	% des Nierengewichts	% der Durchblutung	Blutvolumen ml/g Gewebe	Durchblutung $[ml \cdot g^{-1} \cdot min^{-1}]$
Rinde	70	92	0,2	5,3
äußeres Mark	20	7	0,2	1,4
Papille	10	1	0,2	0,4

Das Nierenmark samt Papille erhält nur einen Bruchteil der erheblichen Nierendurchblutung (vgl. Tabelle S. 207). Außerdem gibt es dort nur Kapillargefäße (arterielle und venöse Vasa recta) von bis zu mehreren cm Länge. Sie bilden ein vaskuläres Gegenstromsystem (Abb. S. 283, 289), das dasjenige der Tubuli funktionell ergänzt, indem es Wasser aus dem Interstitium aufnimmt und abführt und mit seiner hohen Osmolalität zur Konzentrierungsarbeit der Niere beiträgt.

Spezielle tubuläre Transporte

Transport von Abfallstoffen aus dem Eiweißstoffwechsel

Harnstoff. Der Harnstoff ist mit einer Menge von 25–30 g/d das Hauptabfallprodukt des Eiweißstoffwechsels (ungiftig, inert, elektrisch neutral, Plasmaspiegel 15–40 mg/dl bzw. 2,5–6,7 mmol/l); er kann nur über die Nieren ausgeschieden werden; er wird mit dem Primärharn abgefiltert und dann passiv „seinem Schicksal überlassen" (Endergebnis s. Tabelle S. 288). Im proximalen Tubulus diffundiert etwa 1/3 des Load wieder zurück, ein weiteres Drittel im distalen Nephron (durch solvent drag). Bei Diurese und damit vermindertem solvent drag steigt auch die Harnstoffausscheidung.

Harnsäure. Die Harnsäure ist nur mit 5 % an der Stickstoffeliminierung beteiligt (Plasmaspiegel 3,0–7,0 mg/dl bzw. 180–420 µmol/l); sie wird mit dem Primärharn abgefiltert und zusätzlich im proximalen Tubulus sezerniert (s. Abb. S. 287), zusätzlich gibt es jedoch eine passive Resorption im proximalen Tubulus und in der absteigenden Henle-Schleife. Im Endharn erscheinen daher nur 10 % des Loads, was sinnvoll ist, da höhere Mengen schon in den Tubuli auskristallisieren würden.

Kreatinin. Das Kreatinin stammt aus dem Muskelstoffwechsel (Plasmaspiegel 0,6–1,5 mg/dl bzw. 60–130 µmol/l, intraindividuell finden sich nur geringe Schwankungen); Kreatinin wird ultrafiltriert, nur ganz wenig sezerniert und nicht resorbiert. Seine Clearance entspricht praktisch der Inulinclearance; sie kann daher ähnlich wie das Inulin zur Abschätzung der GFR eingesetzt werden (s. S. 285).

Protonen- (Wasserstoffionen-, H^+-) und Bikarbonattransport (Transport von Säuren und Basen) (s. dazu auch Säuren-Basen-Status des Blutes ab S. 242)

H^+-Ionen. Die H^+-Ionen stammen aus dem Stoffwechsel, es fallen ca. 60–100 mmol/d an; sie können nur über die Nieren eliminiert werden. Dazu werden 3 Wege benutzt:

- Sekretion in freier Form (< 1 % der Gesamtmenge) im proximalen Tubulus (pH fällt auf 6,7) und im Sammelrohr (pH 5,8, bei extremer Azidose 4,5)
- Ausscheidung als titrierbare Säure, d. h. mit Hilfe von Puffern in neutraler Form, insbesondere als Phosphate (fallen im Stoffwechsel im Überschuß an)
- Ausscheidung als Ammoniak (NH_3, bzw. Ammonium NH_4^+), dieser Weg eliminiert 30–40 mmol/d; die Ausscheidung kann bei metabolischer Azidose auf das 10fache gesteigert werden. Netto wird hier und bei der Ausscheidung als titrierbare Säure pro ausgeschiedenem Molekül ein Molekül HCO_3^- gewonnen

Bikarbonat. Die Load beträgt 4500 mmol, die Resorption erfolgt zu 100 %, s. Tabelle S. 288. Fraktionelle Resorption auf ca. 60 % des Load im proximalen Tubulus, kapazitätslimitierte Resorption in den distalen Nephronsegmenten (d. h. bei großem Bikarbonatangebot wird der Überschuß ausgeschieden; metabolische Alkalosen sind jedoch selten, s. S. 243).

Elimination von K^+

Load und Exkretion s. Tabelle S. 288; Plasmaspiegel 3,4–5,2 mmol/l. In der Nahrung wird Kalium im Überschuß aufgenommen, besonders bei fleischreicher Kost. Die Ausscheidung erfolgt zu 10 % über das Kolon, zu 90 % über die Niere; im proximalen Tubulus fraktionelle Resorption von 70–80 % der Load, weitere 10 % in der Henle-Schleife. Feineinstellung der Exkretion unter Aldosteronkontrolle in distalem Tubulus und Sammelrohr, dabei Sekretion im Austausch gegen resorbiertes Na^+ (s. S. 288).

Zelluläre Transportsysteme in Tubulus und Sammelrohr

Stofftransport im proximalen Tubulus (s. auch S. 289)

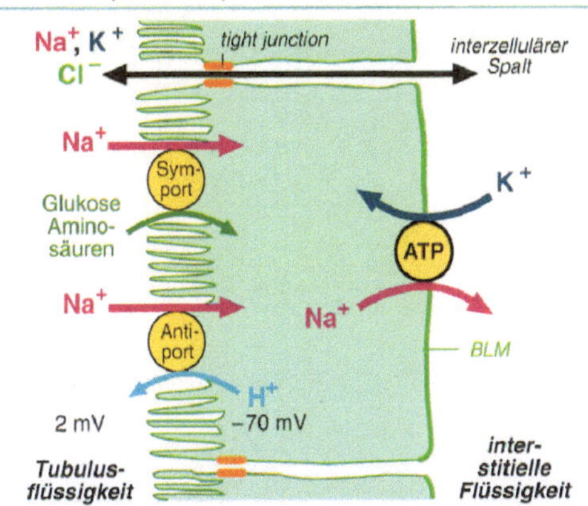

In der Basolateralmembran (BLM) sitzt die ATP-gespeiste Na^+-K^+-ATPase-Austauschpumpe. Durch sie wird in der Tubuluszelle eine niedrige Na^+-Konzentration eingestellt (primär aktiver Transport, s. S. 281).
Die BLM ist für Na^+ schlecht, für K^+ gut permeabel, so daß K^+ z.T. zurückdiffundiert und die Zelle dadurch innen negativ geladen wird (-70 mV); Na^+ kann daher passiv entlang einem osmotischen und einem elektrischen Gradienten aus der Tubulusflüssigkeit in die Tubuluszelle diffundieren.

35

Der Na^+-Einstrom treibt die gezeigten „Carrier" (s. auch S. 281) für Aminosäuren- und Glukoseresorption (sekundär aktiver Kotransport oder Symport) und H^+-Sekretion (sekundär aktiver, elektroneutraler Gegentransport oder Antiport) an. Allen resorbierten Stoffen folgen aus osmotischen Gründen Wasser und andere Stoffe nach, z.B. K^+- und Cl^--Ionen. Das Wasser „reißt" durch solvent drag weitere Stoffe mit sich, die z.T. auch parazellulär, also durch die Zellzwischenspalten mit ihren tight junctions (Schlußleisten) diffundieren. Dies gilt auch für Na^+, das im Endeffekt nur zu 1/3 aktiv gepumpt werden muß (s. auch S. 288). Das System ist, energetisch gesehen, also außerordentlich effektiv!

Ionentransport im aufsteigenden dicken Teil der Henle Schleife (Pars recta des distalen Tubulus) und im Sammelrohr (s. auch S. S610›)

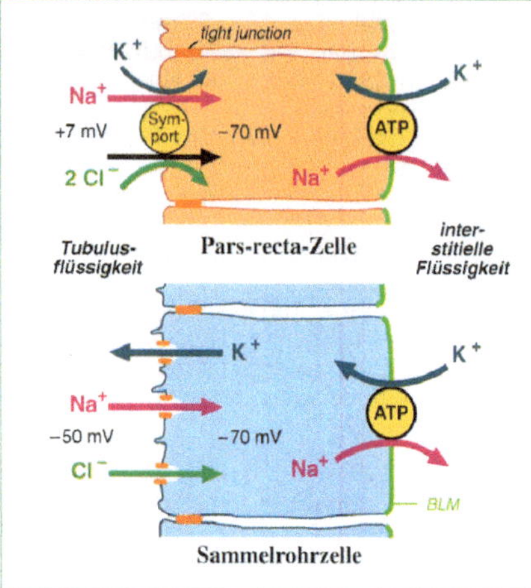

Primärer Motor ist auch hier in beiden Fällen die basolaterale Na^+-K^+-ATPase-Pumpe (s. S. 281).

Bei der Tubulusuzelle treibt sie sekundär einen elektroneutralen Na^+-K^+-2 Cl^--Symport an, mit passiver Weiterdiffusion des Cl^- in das Interstitium (für Wasser ist die luminale Membran nicht durchlässig, s. S. 288).

Im Sammelrohr ist die Diffusion passiv durch Poren in der luminalen Membran, und zwar unter Aldosteronkontrolle (dieses verursacht vermehrten Einbau und/oder Inbetriebnahme von Poren). Zusätzlich zu den transzellulären Transportwegen existieren auch hier parazelluläre durch die tight junctions (Schlußleisten).

35

36 Wasser- und Elektrolythaushalt

Wasserhaushalt

Verteilung des Gesamtkörperwassers beim Erwachsenen. [Nach Deetjen P (1990). In: Schmidt RF, Thews G (Hrsg) Physiologie des Menschen, 24. Aufl. Springer, Heidelberg]

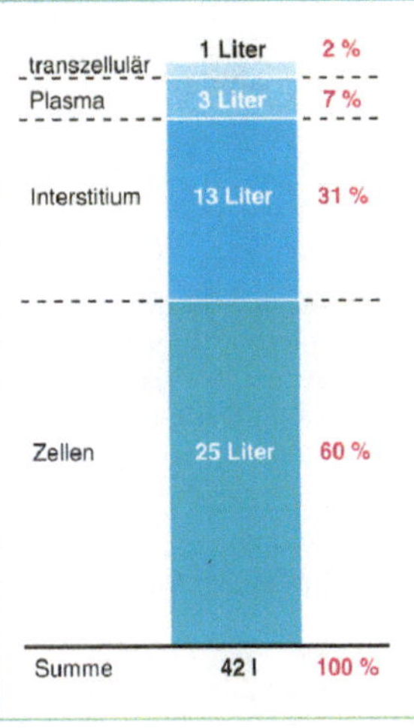

Transzellulär: Wasser in Liquor cerebrospinalis, Augenkammer, GIT, exkretorischen Drüsen, Nierentubuli, ableitenden Harnwegen; Plasma: Wasser des Blutplasmas (s. auch S. 175); Interstitium: extrazelluläres Wasser (ohne Plasma); Zellen: intrazelluläres Wasser

Die Bestimmung der Flüssigkeitsräume erfolgt mit Substanzen, die sich auf den einen oder anderen Raum verteilen und den Plasmaraum miteinbeziehen. Ihre Konzentration kann im Plasma gemessen und das Volumen V aus der gemessenen Konzentration C und der infundierten Menge M als $V = M/C$ bestimmt werden:

1. Gesamtkörperwasser: z. B. mit schwerem oder mit tritiummarkiertem Wasser (D_2O bzw. THO)
2. Extrazellulärraum: Inulin oder Thiosulfat
3. Plasmavolumen: radioaktives Jod, ^{131}J oder Evans blue (binden sich fest an Plasmaalbumine)
4. Zellvolumen: Raum 1 minus Raum 2
5. Interstitium: Raum 2 minus Raum 3

Wassergehalt einzelner Organe [Skeleton H (1972) The storage of water by various tissues of the body. Arch Int Med 40: 140] und Beziehung zwischen Fett- und Wassergehalt des Körpers. [Behnke AR (1941/2) Physiological studies pertaining to deep sea diving and aviation, especially in relation to fat content and composition of the body. Harvey Lectures 37: 198]

Organ	% des Körpergewichts (KG)	Wasser gehalt [%]	Wasser in [l] bei 70 kg KG
Blut	8,0	83,0	4,65
Nieren	0,4	82,7	0,25
Herz	0,5	79,2	0,28
Lungen	0,7	79,0	0,39
Milz	0,2	75.8	0,10
Muskel	41,7	75,6	22,10
Gehirn	2,0	74,8	1,05
GIT	1,8	74,5	0,94
Haut	18,8	72,0	9,07
Knochen	15,9	22,0	2,45
Fett	10–50	10,0	0,70

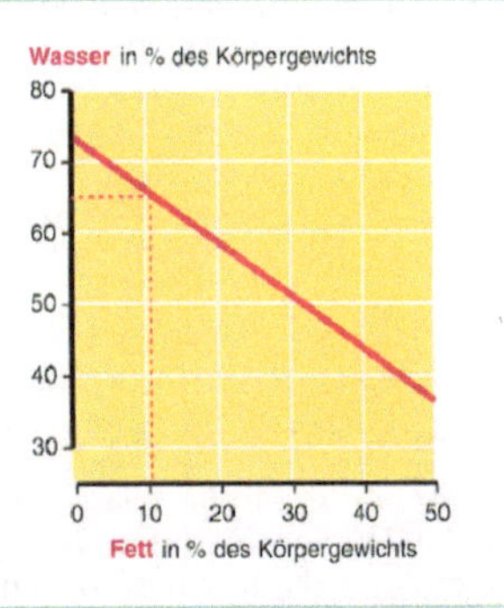

Die obige Bestimmung der Flüssigkeitsräume mit Indikatorverdünnungsmethoden ergibt Körperdurchschnittswerte. Der Wassergehalt der Organe weist jedoch große Unterschiede auf. Fett hat 10 % Wasser, alle anderen Organe (ohne Fett) im Durchschnitt 73 %. Damit läßt sich aus der Messung des Gesamtkörperwassers der Anteil des Körperfetts am Körpergewicht errechnen zu:

$$\%\ \text{Körperfett} = 100 - [\%\ \text{Körperwasser}/0.73]$$

Ein junger Erwachsener mit 65 % Gesamtwassergehalt hat also rund 10 % Fett, ein Adipöser mit 37 % Wassergehalt besteht zu 50 % aus Fett.

Täglicher Wasserumsatz (Flüssigkeitsbilanz)

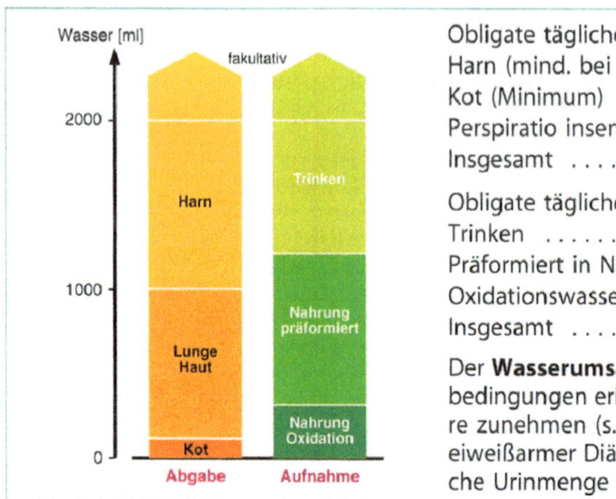

Obligate tägliche **Wasserverluste**:

Harn (mind. bei 4fach hyperton)	1000 ml
Kot (Minimum)	100 ml
Perspiratio insensibilis	900 ml
Insgesamt	2000 ml

Obligate tägliche **Wasseraufnahme**

Trinken	800 ml
Präformiert in Nahrung	900 ml
Oxidationswasser	300 ml
Insgesamt	2000 ml

Der **Wasserumsatz** kann je nach den Lebensbedingungen erheblich variieren, insbesondere zunehmen (s. S. 263). Bei extrem salz- und eiweißarmer Diät kann die minimal erforderliche Urinmenge um 40 % reduziert werden.

Die harnpflichtigen Substanzen addieren sich zu 1200 mosmol/d; da die Niere den Harn auf den 4fachen Wert der Plasmaosmolarität konzentrieren kann (s. S. 289), ist zu deren Lösung 1 l Wasser erforderlich. Als Perspiratio insensibilis bezeichnet man die Wasserabgabe durch Diffusion über die Haut und die Atemwege (s. S. 259). Gemischte Kost enthält im Schnitt 65 % Wasser „präformiert". Bei Verbrennung liefern 1 g Fett 1 ml, 1 g Kohlenhydrat 0,6 ml und 1 g Eiweiß 0,4 ml Oxidationswasser; dies ergibt im Schnitt die obigen 300 ml/d.

Wasserresorption aus dem GIT (gastrointestinale Flüssigkeitsbilanz s. S. 304)

Um zu verhindern, daß rasch osmotisch aus dem Dünndarm resorbiertes Wasser das Niederdrucksystem des Kreislaufs „überfüllt" und das rechte Herz evtl. überlastet (s. S. 213), wird getrunkenes Wasser in Magen (Sekretion von HCl) und Duodenum (Sekretion von Na^+ und HCO_3^-) auf Isotonie gebracht, um dann vor allem im Jejunum aktiv mit Hilfe einer Na^+-K^+-ATPase-Pumpe langsam resorbiert zu werden (ähnlich dem Mechanismus im proximalen Tubulus, s. S. 288, 291).

Für die auf der nächsten Seite folgende Übersicht über die Regulation des Wasserhaushalts sind folgende Querverweise zu weiteren Aspekten des Wasser- und Elektrolythaushalts wichtig:

- Durst ab S. 74; die adäquaten Reize der Durstempfindung, die intra- und extrazellulären Sensoren und die beteiligten neuronalen und hormonalen Systeme sind dieselben, die hier besprochen werden
- Hypophysenhinterlappensystem ab S. 158; dort Besprechung bestimmter Aspekte des ADH (antidiuretisches Hormon, Adiuretin, Vasopressin)
- Langfristregulation des Kreislaufs ab S. 220; Übersicht über die Mechanismen, die das extrazelluläre Volumen und damit die Füllung des Gefäßsystems regulieren
- Thermoregulation ab S. 257; insbesondere Wärmeabgabe durch Schweißverdunstung, Hitzeakklimatisation in tropischem Klima

An der Aufrechterhaltung der Salz-Wasser-Homöostase sind eine Reihe von Hormonsystemen beteiligt, die in der Abbildung dargestellt werden (soweit ihre Wirkweisen hier nicht diskutiert werden, sind sie über das Register aufzufinden). Für die Regulation des Wasserhaushalts gibt es drei Hauptwege, die unterhalb der Abbildung aufgelistet sind. [Abb. nach Hierholzer K, Fromm M (1997) In: Schmidt RF, Thews G (Hrsg) Physiologie des Menschen, 27. Aufl. Springer, Heidelberg]

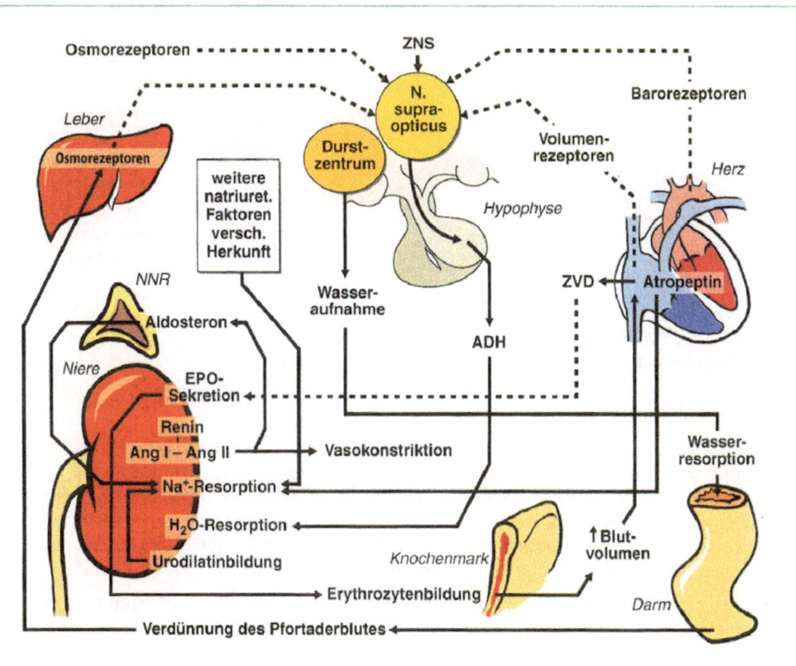

Osmoregulation in der Leber	Das initial aus dem GIT resorbierte Wasser ist nicht völlig isoton (s. vorhergehende S.); es wird daher z. T. aus dem Pfortaderblut in die Leberzellen aufgenommen (physiologische Leberschwellung, bis zu 30 %). Dies reduziert die tonischen Entladungen der Leberosmosensoren, was reflektorisch die Synthese und Freisetzung von ADH vermindert, wodurch eine Wasserdiurese in der Niere in Gang kommt (s. S. 290)
..... und im Hypothalamus	Bei anhaltender Wasserresorption und damit Erschöpfung der Leberkapazität wird das Blut (leicht) hypoton. Dies führt zur Hemmung von Osmosensoren im Hypothalamus mit entsprechender reflektorischer Verstärkung der Wasserdiurese (s. oben)
Volumenregulation	Diese ist besonders wichtig bei 1. bei Aufnahme salzhaltiger Flüssigkeiten und 2. bei Volumenverlusten (z. B. beim Schwitzen); Meßfühler sind die Volumensensoren im Niederdrucksystem, bei arteriellem Blutdruckabfall auch die Pressosensoren (s. S. 219). Bei (1) wird neben Wasser vermehrt NaCl ausgeschieden, bei (2) führt zusätzliche Erregung der Osmosensoren zu starker Antidiurese und zu Durst (s. S. 74)

36

Elektrolythaushalt

Elektrolytkonzentrationen in Blutplasma und intrazellulärer Flüssigkeit (Plasma mit Variationen der Normwerte). [Nach Deetjen P (1990) a. o. a. O.]

Elektrolyt (Ion)	Plasma [mmol/l]	Zelle [mmol/l]
Na^+	142 (130–155)	10
K^+	4 (3,2–5,5)	155
Ca^{2+}	2,5 (2,1–2,9)	<0,001[a]
Mg^{2+}	0,9 (0,7–1,5)	15
Cl^-	102 (96–110)	8
HCO_3^-	25 (23–28)	10
HPO_4^{2-}	1 (0,7–1,6)	65[b]
SO_4^{2-}	0,5 (0,3–0,9)	10
Proteine	2	6
Org. Säuren	4	2

[a] Freies Ca^{2+} im Zytosol.
[b] Einschließlich organischer Phosphate

Trotz der unterschiedlichen Ionenverteilungen von Zelle und Interstitium (Plasma) sind die osmotischen Drücke der intra- und extrazellulären Flüssigkeiten im Gleichgewichtszustand identisch.

Die Hauptursache der Ionenungleichgewichte ist die Tätigkeit der Na^+-K^+-ATPase-Pumpe (s. S. 281), durch deren lebenslängliche Tätigkeit die Na^+-Ionen im Zellinneren niedrig gehalten und K^+-Ionen dort akkumuliert werden.

Die Ionenungleichgewichte führen zu Ladungsungleichheiten, d. h. zu Membranpotentialen; für deren Besprechung s. S. 12.

Haushalt und Bestand von Natrium und Kalium

Natrium. Der Gesamtbestand an Natrium liegt bei einem Menschen von 70 kg Körpergewicht bei 4200 mmol. Von dieser Gesamtmenge sind 1/3 in den Knochen fest kristallin eingebaut; das restliche Natrium steht im Diffusionsgleichgewicht des Intra- mit dem Extrazellulärraum. Nur ca. 2,5 % befinden sich allerdings in den Zellen (vgl. auch obige Tabelle). Die Aufnahme mit der Nahrung beträgt ca. 160 mmol/d, das sind ca. 5 % des austauschbaren Bestands (renale Load und Exkretion s. Tabelle s. S. 288).

Kalium. Der Gesamtbestand an Kalium unter den eben genannten Bedingungen liegt bei 3300 mmol, wobei alles Kalium nahezu vollständig im Körper frei austauschbar ist. Nur ca. 2.5 % befinden sich im Extrazellulärraum. Im allgemeinen wird bei hiesiger gemischter Kost Kalium im Überschuß aufgenommen (Load und Exkretion s. S. 288, Ausscheidungsmechanismus s. S. 291).

37 Ernährung

Nährstoffe und Nahrungsmittel

Maßeinheiten:	1000 cal = 1 kcal = 4190 J = 4,19 kJ 0,0042 MJ und 1000 J = 1 kJ = 239 cal = 0,239 kcal (Details Kap. 1, S. 3, 4)

Biologischer Brennwert von Nährstoffen. Die Werte von Fetten, Eiweißen und Kohlenhydraten gelten für eine gemischte mitteleuropäische Kost. [Nach Ulmer H-V (1990). Ernährung. In: Schmidt RF, Thews G (Hrsg) Physiologie des Menschen, 24. Aufl. Springer, Heidelberg]

Nährstoff	Fette	Eiweiße	Kohlenhydr.	Glukose	Äthylalkohol
kJ/g	38,9	17,2	17,2	15,7	29,7
kcal/g	9,3	4,1	4,1	3,75	7,1

Energiegehalt und Zusammensetzung einiger Nahrungsmittel. Im Einzelfall können je nach Art und Zubereitung erhebliche Abweichungen vorkommen, besonders durch verborgene Fette. [Deutsche Gesellschaft für Ernährung e. V. (Hrsg) Marterial zum Ernährungsbericht 1980. Frankfurt 1980]

Nahrungsmittel	Energie kJ/100 g	Eiweiße (%)	Fette (%)	KH (%)	Wasser (%)	Ballaststoffe (%)
Obst	190	0,7	0,3	10,5	86	2,3
Gemüse	85	1,6	0,2	3,0	93	2,0
Kartoffeln	330	2,1	0,1	16,8	79	2,0
Nüsse	2680	16,9	57	8,2	7	10,1
Fleisch	860	19	13	0	68	0
Brot	1020	7,3	1,4	47	40	4,3
Butter	3220	0,6	82,6	0,6	16	0
Käse	1340	23,7	22,3	2,8	51	0
Wurst	1500	12,9	30,4	1,1	55	0
Milch	256	3,3	3,1	4,7	89	0
Fruchtsäfte	186	0,3	0,1	10,9	89	0
Bier	200	0,5	0	4,8	95	0

Optimale Zusammensetzung der Nahrung für die Ernährung eines gesunden Erwachsenen bei leichter Arbeit

Nährstoff	Anteil	Kommentar
Kohlenhydrate **Fette** **Eiweiß**	60 % 25 % 15 %	Energetisch können sich die 3 Nährstoffe gegenseitig vertreten (Isodynamie), aber nicht in jeder anderen Hinsicht (der Baustoffwechsel benötigt essentielle Aminosäuren, die fettlöslichen Vitamine erfordern eine gewisse Fettzufuhr etc).

Verbrauchte Mengen an Nahrungsenergie 36– bis 50jähriger im Jahre 1983 in der (damaligen) Bundesrepublik Deutschland samt Angabe der wünschenswerten Mengen. [Deutsche Gesellschaft für Ernährung e.V. (Hrsg) (1989) Ergänzungsband zum Ernährungsbericht 1988. Deutsche Gesellschaft für Ernährung e.V., Frankfurt]

	Frauen		Männer	
	Soll	Ist	Soll	Ist
Gesamtenergie (kJ/Tag)	8800	13260	10500	15930
Eiweiß (g/Tag)	45	85	55	103
Fett (g/Tag)	58–81	148	68–95	168
Kohlenhydrate (g/Tag)	298–352	300	354–417	359
Alkoholaufnahme/Tag	26 g ~ 770 kJ		43 g ~ 1280 kJ	
Anteil an Energiezufuhr	6 %		8 %	

Die „verbrauchten" Mengen sind nicht mit dem tatsächlichen Verzehr identisch, es handelt sich um Verkaufsstatistiken. Dennoch zeigen die Angaben, daß die durchschnittliche Kost viel zu energiereich ist, wobei zu viele Fette und zu wenig Kohlenhydrate aufgenommen werden. Auch liegt der tägliche durchschnittliche Alkoholkonsum viel zu hoch (kalorisch und von seiner Toxizität her).

Nährstoffe: empfohlene Zufuhr für Erwachsene sowie Mangel- und Überdosierungserscheinungen. [Nach Ulmer, H-V: Ernährung (1990). In: Schmidt RF, Thews G (Hrsg) Physiologie des Menschen, 24. Aufl. Springer, Heidelberg]

	Empfohlene Zufuhr/Tag	Erhöhter Bedarf	Depots	Mangelerscheinungen	Überdosierungserscheinungen
Eiweiße	0,8 g/kg KG (bei genügendem Gehalt an essentiellen Aminosäuren, d.h. möglichst die Hälfte als tierisches Eiweiß)	Bei Alten und Kindern 1,2–1,5 g/kg KG: bei Schwerarbeit, Muskelaufbautraining, Schwangeren und Schwerkranken bis zu 2 g/kg KG	Kurzfristig verfügbarer Pool: 45 g (Muskel 40 g, Blut und Leber 5 g)	Hungerödeme, Infektanfälligkeit, Apathie, Muskelatrophie, bei Kindern Entwicklungsstörungen	Überwiegen der Fäulnis im Darm; bei Disposition: Gicht durch Verzehr von Fleisch und Innereien
Kohlenhydrate	Mindestens 100 g (für das Gehirn), alternativ: 200 g Eiweiß (Glukoneogenese)	Bei körperlicher Arbeit	300–400 g Glykogen	Untergewicht, verminderte Leistungsfähigkeit, Stoffwechselstörungen, Hypoglykämie, Ketose	Überwiegen der Gärung im Darm, Kohlenhydratmast, Fettsucht
Fette a) gesättigte und einfach ungesättigte Fettsäuren	Für a) und b): 25–30% des Energiebedarfs	Bei körperlicher Arbeit	Sehr variabel	Untergewicht, verminderte Leistungsfähigkeit, Mangelerscheinungen durch Fehlen fettlöslicher Vitamine	Hypertriglyceridämie und Hypercholesterinämie mit nachfolgender Sklerose, Fettsucht
b) essentielle Fettsäuren	Etwa $^{1}/_{3}$ des aufgenommenen Fetts	Bei körperlicher Arbeit	Sehr variabel	Hämaturie, Veränderungen an Haut und Mitochondrien, Stoffwechselstörungen	Erhöhter Tokopherolbedarf (Vitamin E)

37

Besonderheiten des Eiweißstoffwechsels

Absolutes Eiweiß-minimum	Das absolute Eiweißminimum entspricht der Abnutzungsquote an Körpereiweiß. Das ist diejenige Eiweißmenge, die bei kalorisch ausreichender, aber völlig eiweißloser Nahrung im Körper abgebaut wird (Nachweis und Berechnung aus der N_2-Ausscheidung im Harn); sie liegt bei 15–20 g/Tag (0,25 g/kg Körpergewicht/Tag). Eiweiße enthalten ca. 16 % Stickstoff. Die Multiplikation der im Harn gefundenen Stickstoffmenge in g mit 6,25 ergibt daher die abgebaute Eiweißmenge in g.
Bilanzminimum	So nennt man die minimale, täglich aufzunehmende Eiweißmenge, bei der Eiweißverbrauch und Eiweißaufnahme gerade im Gleichgewicht sind. Das Bilanzminimum liegt bei etwa 30–40 g/Tag (0,5 g/kg Körpergewicht pro Tag). Mit dieser Eiweißmenge ist zwar das Überleben gewährleistet, nicht aber die volle körperliche Leistungsfähigkeit.
Eiweißoptimum	(Auch funktionelles Eiweißminimum genannt.) Um auch unter Belastungen eine negative Eiweißbilanz auszuschließen, wird eine tägliche Aufnahme von 1 g Eiweiß pro Tag und kg Körpergewicht empfohlen, wobei es sich um biologisch vollwertiges Eiweiß handeln muß (d. h. alle essentiellen Aminosäuren sind enthalten; dies ist am besten durch eine Mischung von pflanzlichem und tierischem Eiweiß zu erreichen).
Negative N_2-Bilanz	Diese tritt auf, wenn der Körper mehr Eiweiß abbaut als er aufnimmt. Dies ist immer unterhalb des Bilanzminimums der Fall (N_2-Ausscheidung im Harn größer als N_2-Aufnahme aus der Nahrung).
Positive N_2-Bilanz	Diese tritt auf, sobald der Körper mit der Nahrung mehr N_2 aufnimmt als er im Harn ausscheidet; eine positive N_2-Bilanz zeigt einen Eiweißaufbau im Körper an, z. B. bei Wachstum, Schwangerschaft oder Training. Wird mehr Eiweiß aufgenommen als benötigt, wird es um- bzw. abgebaut, und die N_2-Ausscheidung steigt entsprechend an (N_2-Bilanz wird dann nicht positiv!).

Vitamine, Elektrolyte, Spurenelemente

Definition von Vitaminen, ihre Herkunft und die Folgen einer Vitaminüberdosierung

Vitamine sind in der Nahrung vorkommende lebenswichtige organische Substanzen, die der Organismus nicht oder nicht in genügender Menge synthetisieren kann und deren Energiegehalt ohne Bedeutung ist. Man unterscheidet fettlösliche (Tabelle nächste Seite) und wasserlösliche Vitamine (Tabelle übernächste Seite).

Nicht jedes Vitamin muß mit der Nahrung zugeführt werden. Vitamin K wird z. B. von den Darmbakterien hergestellt. Andere Vitamine werden aus Vorstufen, den Provitaminen, synthetisiert. So kann Vitamin A aus den mit der Nahrung aufgenommenen Karotinoiden gebildet werden. Die Vitamine D_2 und D_3 entstehen aus ihren Provitaminen unter dem Einfluß von UV-Licht in der Haut durch eine photochemische Reaktion.

Zu hohe (zusätzliche) Zufuhr von Vitaminen kann zu Hypervitaminosen führen. Die toxischen Dosen liegen allerdings recht hoch. Überdosierung von Vitamin D (normalerweise keine Zufuhr notwendig, da genügend Provitamine in der Nahrung!) führt z. B. zu Ca^{++}-Mobilisierung aus den Knochen, zu Kalkeinlagerungen und zu Störungen der Nierenfunktion und des Zentralnervensystem.

Fettlösliche Vitamine: Systematik, wichtige Quellen, biologische Funktionen, Mangelerscheinungen, Depots und empfohlene Zufuhr bei Erwachsenen.
[Aus mehreren Quellen zusammengestellt und wiedergegeben in Birbaumer N, Schmidt RF (1996) Biologische Psychologie, 3. Aufl. Springer, Heidelberg]

Bezeichnung und Synonyme	Wichtige Quellen	Typische biologische Funktionen	Mangelerscheinungen	Depots	Empfohlene Zufuhr/Tag
Vitamin A Retinol Provitamin: β-Carotin	Leber und Milchfett Karotten	Epithelzellen, Skelettwachstum Rhodopsinsynthese (Sehpurpur)	Nachtblindheit, atypische Epithelverhornung, Wachstumsstörungen	Große Mengen in der Leber	0,8–1,1 mg Vitamin A ~ 1,6–2,2 mg β-Carotin
Vitamin-D-Gruppe (antirachitische Vitamine)	Leber, Lebertran, Fisch, Milchfett, Eigelb	Ca^{++}-Resorption und Ca^{++}-Stoffwechsel, Wechselwirkung mit dem Parathormon	Rachitis, Störungen des Knochenwachstums	Geringe Mengen in Leber, Nieren, Darm, Knochen, Nebennieren	5,0 μg; Kinder und Schwangere 10 μg
Vitamin E Tokopherol	In fast allen Lebensmitteln, besonders in Pflanzenölen	Antioxidans, speziell beim Stoffwechsel der ungesättigten Fettsäuren	Muskelstoffwechsel- und Gefäßpermeabilitätsstörungen	Mehrere Gramm in Leber, Fett, Hypophyse, Nebennieren	12 mg Tokopherol
Vitamin K (antihämorrhagisches Vitamin)	Grüngemüse, Darmflora	Beteiligt an der Synthese von Blutgerinnungsfaktoren	Verzögerte Blutgerinnung, Spontanblutungen	Sehr geringe Mengen in Leber, Milz	Bei intakter Darmflora ∅ sonst ca. 1 mg

Wasserlösliche Vitamine. Systematik, wichtige Quellen, biologische Funktionen, Mangelerscheinungen, Depotmengen, Depots und empfohlene Zufuhr bei Erwachsenen.
[Aus mehreren Quellen zusammengestellt und wiedergegeben in Birbaumer N, Schmidt RF (1996) Biologische Psychologie, 3. Aufl. Springer, Heidelberg]

Bezeichnung und Synonyme	Wichtige Quellen	Typische biologische Funktionen	Mangel-erscheinungen	Depots	Empfohlene Zufuhr/Tag
Vitamin B_1 Aneurin Thiamin	Schweinefleisch, Vollkorn-produkte	Bestandteil der Pyruvatcocarboxylase	Beriberipolyneuritis, ZNS-Störungen	ca. 10 mg; Leber, Herz, Gehirn	1,1–1,5 mg, bei Alkoholikern erhöht
Vitabmin B_2 Lactoflavin Riboflavin	Milch, Fleisch, Eier, Fisch, Vollkorn	Bestandteil der Flavinenzyme (gelbe Atmungsfermente)	Wachstumsstillstand, Hauterkrankungen	ca. 10 mg; Leber, Skelettmuskel	1,5–1,8 mg
Vitamin B_6-Gruppe Pyridoxingruppe	Fleisch, Korn, Fisch, Milch, Hülsenfrüchte	Koenzym verschiedener Enzymsysteme	Dermatitis, Polyneuritis, Krämpfe	ca. 100 mg; Muskel, Leber, Gehirn	2,0–2,6 mg oder 0,02 mg/g Nahrungseiweiß
Vitamin B_{12} Cyanocobalamin	Leber, andere tierische Nahrungsmittel	Bestandteil von Enzymen	Perniziöse Anämie, funikuläre Myeolose	1,5–3 mg; besonders in der Leber	5 µg!
Weitere Vitamine der B-Gruppe					
Biotin (Vitamin H)	Leber, Niere, Eigelb, Soja	Bestandteil von Enzymen	Dermatitis	ca. 0,4 mg; Leber, Nieren	Bei intakter Darmflora ∅
Folsäuregruppe	Gemüse, Fleisch, Milch, Soja	Purin- und Methioninsynthese	Perniziöse Anämie	12–15 mg; Leber	0,4 mg
Niacin = Nicotinsäure	Fleisch, Fisch, Milch	Koenzym vieler Dehydrogenasen	Pellagra, Photodermatitis	ca. 150 mg; Leber	15–20 mg
Pantothensäure	In fast jeder Nahrung	Bestandteil des Koenzyms A	ZNS-Störungen	ca. 50 mg; Nieren, Leber	8 mg
Vitamin C Ascorbinsäure	Frisches Obst und Gemüse	Mitwirkung bei Hydroxylierungen	Scorbut, Psychosen	1,5 g; Gehirn, Leber	75 mg

Reservekapazität des Erwachsenen für verschiedene Vitamine. [Nach Grundy SM et al (1982) Circulation 65 (4): 839A]

Vitamin B_{12}	3–5 Jahre	Riboflavin	2–6 Wochen
Vitamin A	1–2 Jahre	Niacin	2–6 Wochen
Folsäure	3–4 Monate	Vitamin B_6	2–6 Wochen
Vitamin C	2–6 Wochen	Thiamin	4–10 Tage

Wichtige Elektrolyte und empfohlene Zufuhr für Erwachsene in g/Tag. [Deutsche Gesellschaft für Ernährung e.V. (Hrsg) (1985) Empfehlungen für die Nährstoffzufuhr. 4. erw. Überarb. Umschau, Frankfurt]

Na^+	K^+	Ca^{++}	Mg^{++}	Cl^-	P
2–3	3–4	0,8	0,30–0,35	3–5	0,8

Spurenelemente mit bekannter physiologischer Funktion: Mangelerscheinungen, Depotmengen und empfohlene Zufuhr für Erwachsene. [Aus Ulmer H-V (1990) Ernährung. In: Schmidt RF, Thews G (Hrsg) Physiologie des Menschen, 24. Aufl. Springer, Heidelberg]

Spurenelement	**Mangelerscheinungen**	**Depotmenge**	**Empfohlene Zufuhr/Tag**
Eisen	Eisenmangelanämie	4–5 g, davon 800 mg mobilisierbar	Menstruierende Frauen 18 mg, sonst 12 mg Fe^{++}
Fluor		?	Zur Kariesprophylaxe: 1 mg; ab 5 mg toxisch! (Osteosklerose)
Jod	Struma, Hypothyreose	10 mg	180–200 µg
Kupfer	Eisenresorptionsstörungen, Anämie, Pigmentstörungen	100–150 mg	2–4 mg

37

38 Gastrointestinaltrakt, GIT

Aufbau und allgemeine Eigenschaften des GIT

Aufbau des GIT

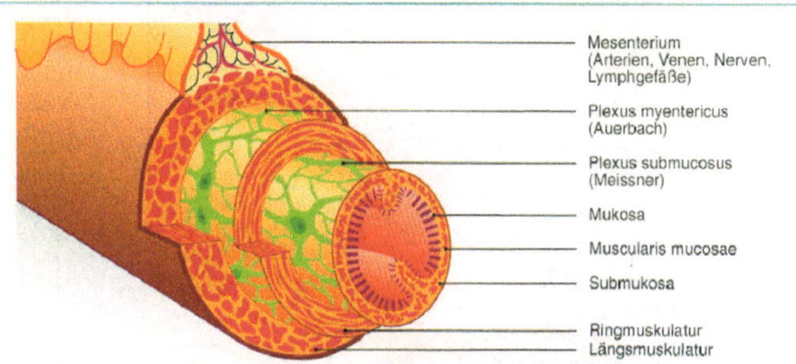

Der GIT besteht aus 2 glattmuskulären, ineinandergesteckten Schläuchen. Im äußeren Schlauch sind die Muskelzellen längs angeordnet, im inneren zirkulär. Diese beiden Muskelschläuche regeln die Weite und dienen der Bewegung des GIT. Zwischen den beiden Muskelschläuchen liegt der zum Darmnervensystem gehörende Plexus myentericus (Auerbach). Ein dritter, sehr spärlicher Muskelschlauch liegt in der Submukosa. Über ihn werden die Zotten der Mukosa bewegt (Auspressen des Zotteninhalts in die abführenden Lymph- und Blutgefäße). Zwischen innerem und submukösem Muskelschlauch liegt der ebenfalls zum Darmnervensystem gehörende Plexus submucosus (Meissner).

Die glatte Muskulatur des GIT zeigt je nach ihrer Lokalisation anhaltend-tonische oder phasisch-rhythmische Aktivität (mit Übergangsformen). Haupteigenschaften und -unterschiede dieser beiden Muskeltypen sind:

	Tonischer Typ	**Phasischer Typ**
Vorkommen, Aufgabe	In Organen mit Speicherfunktion (z. B. Magenfundus, Gallenblase, Kolon); dient zur Anpassung der Organweite an das zu speichernde Volumen	In den meisten Abschnitten des GIT; jeweils basaler organspezifischer Eigenrhythmus (BOR). Dient dazu, den Chymus zu mischen und zu transportieren
Elektrische Aktivität	Ruhepotential liegt bei -60 bis -80 mV. Wie beim Herzen Plateau-Aktionspotentiale mit Ca^{++}-Einstrom während des Plateaus. Zusätzliche Spikes können dem Plateau aufgesetzt sein	Ruhepotential liegt bei -60 bis -80 mV, meist in langsamen BOR-Wellen ondulierend; während der Depolarisationsgipfel häufig Superposition von Sekundenrhythmen mit Ca-Spikes
Kontraktionsauslösung	Überwiegend durch Azetylcholin (also über chemische Kontrolle), zusätzlich über o. g. Plateau-Aktionspotentiale samt deren Spikes	Überwiegend Spontanaktivität (myogene Erregungsbildung) ohne nervalen oder humoralen Antrieb; dazu Ca-Spike-getriggerte Kontraktionen
Nervöse Kontrolle	Cholinerge Nerven stimulieren (Azetylcholin), adrenerge hemmen (Noradrenalin, β-Rezeptoren); teilweise auch α-adrenerge Aktivierung	Cholinerge Nerven stimulieren (Transmitter: Azetylcholin), adrenerge hemmen (Transmitter: Noradernalin, β-Rezeptoren)
Humorale Kontrolle, Pharmakologie	Humorale Kontrolle über verschiedene GIT-Hormone und Peptide (s. u.); resistent gegen Ca-Kanal-Blocker (z. B. Nifedipin)	Humorale Kontrolle über verschiedene GIT-Hormone und Peptide (s. u.). Ca-Kanal-Blocker hemmen Ca-Spikes, unterdrücken Kontraktion

Anteile des Gastrointestinaltrakts, Verweildauer des Chymus in seinen Abschnitten, Sekretionsraten der Verdauungsdrüsen

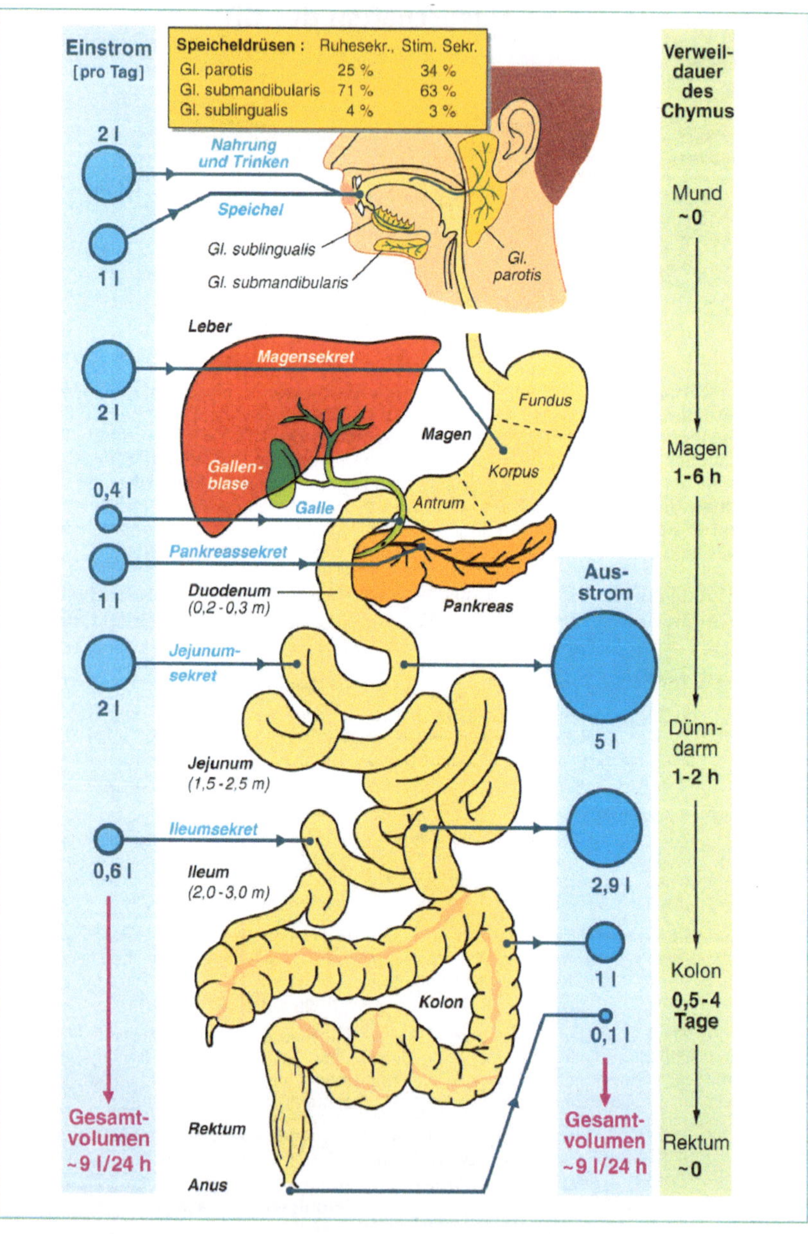

Motilität des GIT

Die Nahrungszerkleinerung erfolgt durch Kauen

Kauen ist ein Automatismus (rhythmischer Reflex) zur Nahrungszerkleinerung bis zu Partikeln von wenigen mm^3. Die Kaubewegung wird reflektorisch (evtl. auch willkürlich) ausgelöst durch Berühren von Gaumen und Zähnen durch die Speisepartikel. Der einzelne Kauzyklus dauert 0,6–0,8 s. Dabei treten folgende Kräfte auf: Schneidezähne 100–200 N, Molaren 300–900 N (Maximum 1500 N). Zunge und Wangen halten die Bissen innerhalb der Kauflächen. Die motorischen Zentren des Kauautomatismus liegen im Hirnstamm.

Transport durch Schlucken: Ablauf der 3 Phasen (oral, pharyngeal, ösophageal) des Schluckakts; Druckverläufe während des Schluckens. [Mod. nach Ewe K, Karbach U (1990). In: Schmidt RF, Thews G (Hrsg) Physiologie des Menschen, 24. Aufl. Springer, Heidelberg]

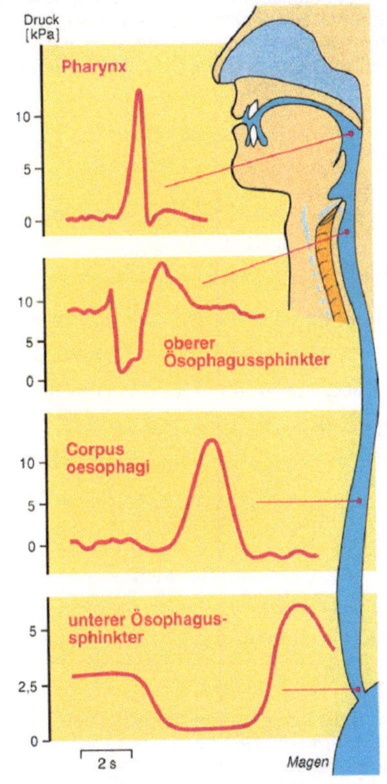

Orale Phase: Die Zungenspitze schiebt eine Portion des gekauten Bissens zum Zungengrund und zum harten Gaumen. Die dortigen Mechanosensoren (N. glossopharyngeus, N. vagus) leiten den unwillkürlichen Schluckreflex ein.

Pharyngeale Phase: Der Bissen wird durch die Muskeln des Mundhöhlenbodens (efferente Innervation: Nn. trigeminus, facialis, hypoglossus, vagus) unter Druck gesetzt (Registrierung „Pharynx" in der Abbildung), der Kehlkopf wird mit Kehldeckel und Nasen-Rachen-Raum durch Hebung des Gaumensegels verschlossen. Der Bissen gleitet über die Epiglottis in die Speiseröhre, nachdem sich der obere Ösophagussphinkter geöffnet hat (s. Registrierung).

Ösophageale Phase: Der Bissen wird durch eine peristaltische Welle nach unten geschoben (s. die Druckregistrierungen). Er erreicht nach ca. 9 s den unteren Ösophagussphinkter, der rechtzeitig erschlafft und sich nach Übertritt des Bissens in den Magen wieder schließt (primäre Peristaltik, s. die unterste Registrierung).

Flüssigkeiten laufen direkt in den Magen durch, können aber auch durch Peristaltik in den Magen geschoben werden (z.B. im Liegen oder bei einem Kopfstand).

Die motorischen Zentren des Schluckautomatismus liegen im Hirnstamm und in der Medulla oblongata. Sie liefern ein komplexes Impulsmuster, das den Schluckakt steuert. Die nervöse Versorgung des Ösophagus erfolgt über den N. vagus.
Sekundäre Peristaltik entsteht durch mechanische Reizung der Ösophaguswand durch Speisereste oder z.B. einen Untersuchungskatheter. Der Übertritt des Bissens vom Ösophagus in den Magen wird durch eine kurzfristige Miterschlaffung des Magenfundus erleichtert: rezeptive Relaxation (s. dazu auch adaptive Relaxation auf der nächsten Seite).

Magenmotorik 1: Speicherung im Magenfundus (und z. T. auch im Korpus)

Die festen Nahrungsbestandteile stapeln sich im Fundus schichtweise übereinander, während die Flüssigkeiten und der Magensaft an der Innenwand in den distalen Magen abfließen. Der Binnendruck des Magens erhöht sich, der Muskeltonus (Muskulatur vom tonischen Typ, s. o.) paßt sich aber nach der rezeptiven Relaxation (s. o.) fortlaufend reflektorisch (Dehnungssensoren in der Magenwand, Afferenzen und Efferenzen im N. vagus) an die Volumenzunahme an (adaptive Relaxation). Der verbleibende Binnendruck und zusätzliche langsame Kontraktionswellen schieben den Speisebrei langsam weiter.

Magenmotorik 2: Durchmischung und Weitertransport des Chymus in Korpus und Antrum

[Nach Schiller LR (1983) Motor functions of the stomach. In: Sleisenger, MH, Fordtran JS (Eds) Gastrointestinal disease. Saunders, Philadelphia]

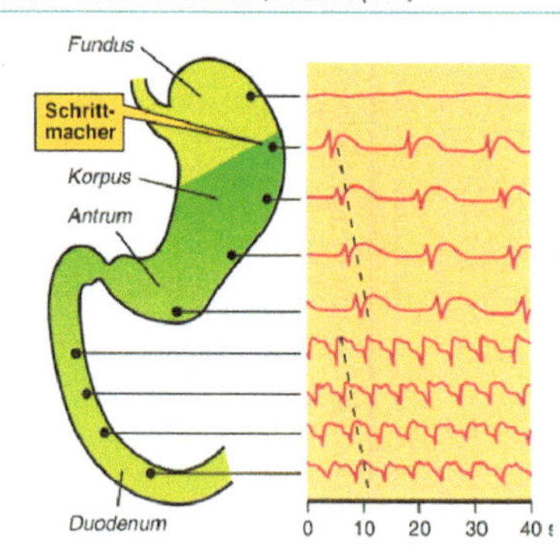

Hauptaufgabe des Magens: Aufbereiten der Nahrung zu einem flüssigen Speisebrei (Chymus), portionsweise Beförderung in den Dünndarm entsprechend dessen Verarbeitungskapazität.

Die obere Korpuszone ist Schrittmacherbereich für Peristaltik mit BOR der Slow waves von 3–4/min (s. Abb.). Zugehörige Kontraktionswellen durchmischen und zermahlen den Chymus bei verschlossenem Pylorus.

Der portionsweise Weitertransport aus dem Magen ins Duodenum erfolgt, sobald die Partikelgröße < 2–3 mm (tatsächlich sind bei Übertritt 90 % der Partikel $< 0{,}25$ mm).

Magenmotorik 3: Faktoren, die die Entleerungsgeschwindigkeit des Magens bestimmen. Die Verweildauer der Speisen liegt zwischen 1 und 6 h je nach:

	I. Zusammensetzung der Nahrung
1	**Konsistenz**: Feste und grobe Nahrung verweilt länger als Flüssigkeit (Zerkleinern durch Magenperistaltik nimmt Zeit in Anspruch)
2	**Osmolarität**: Je höher die Osmolarität, desto länger die Verweildauer
3	**Art und Energiegehalt der Nahrung:** Zunahme des Verweilens in der Reihenfolge Kohlenhydrate, Eiweiße, Fett (fette Speisen „liegen schwer" im Magen)
	II. Zusammensetzung des Chymus
	Die Zusammensetzung des Chymus wird von den Chemosensoren des Duodenums gemessen, um die Magenentleerungsperistaltik über nervöse und humorale Signale an die Verarbeitungskapazität des Dünndarms anzupassen
1	**Säure**: Je saurer der Chymus, desto mehr wird die Magenentleerung gehemmt. Das pH-Optimum für die im Dünndarm wirkenden Fermente liegt bei 7–8; es wird durch das Pankreassekret und das Sekret der Brunner-Drüsen des Dünndarms eingestellt; je saurer der Chymus, desto mehr Sekret muß hergestellt und sezerniert werden
2	**Osmolarität**: Je höher die Osmolarität des Chymus, desto mehr wird die Magenentleerung gehemmt (im Duodenum wird Isotonie des Chymus hergestellt, die bei der Passage durch den Dünndarm erhalten bleibt; bei hoher Osmolarität ist mehr Zeit für die Herstellung der Isotonie notwendig)
3	**Fettgehalt**: Je höher der Gehalt des Chymus an Fett bzw. Fettsäuren, desto mehr wird die Magenentleerung gehemmt (Fettverdauung benötigt also viel Zeit)

Die 5 Bewegungsmuster der Dünndarmmotilität sind:

1 Nichtpropulsive Peristaltik	Lokale, ringförmige Kontraktionswellen zur Vermischung des Chymus
2 Rhythmische Segmentationen	Lokale Einschnürungen in Abständen von 10–20 cm zur Vermischung des Chymus; eine leichte propulsive Komponente ist vorhanden
3 Pendelbewegungen	der Längsmuskulatur zur Vermischung des Chymus
4 Propulsive Peristaltik	Diese schiebt den Chymus in Richtung Dickdarm; Grundrhythmus der zugehörigen Schrittmacheraktivität (slow waves, BOR) im Duodenum 12/min (s. Abb. auf vorheriger Seite); Frequenzabnahme zum Ileumende auf 8/min
5 Interdigestive Aktivitätskomplexe	Besonders intensive propulsive Peristaltik in Stundenabständen zwischen den Mahlzeiten, möglicherweise zwecks einer Art Generalreinigung des GIT

Neuronale Kontrolle der Dünndarmbewegungen über hemmende und erregende peristaltische Reflexe. [Abb. in Anlehnung an Mayer CJ (1974) Entladungsmuster und Funktion von Ganglienzellen des Auerbachschen Plexus. Habilitationsschrift, München]

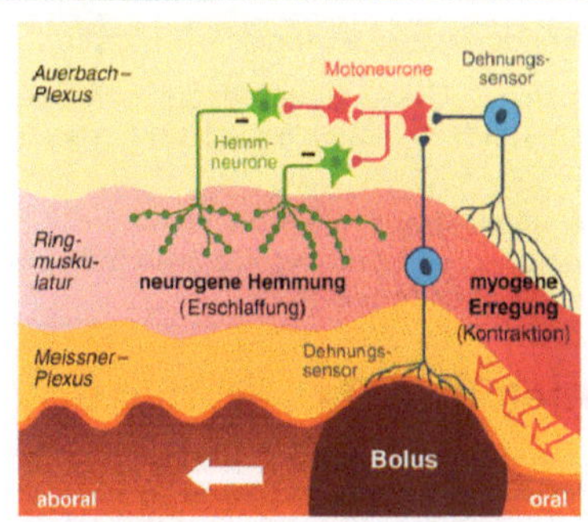

Lokaler, absteigender, inhibitorischer peristaltischer Reflex: Die durch den Bolus ausgelöste Reizung von Dehnungssensoren im Meissner-Plexus aktiviert inhibitorische Motoneurone im Auerbach-Plexus, die aboral die Ringmuskulatur hemmen. Diese Erschlaffung ermöglicht das Weiterschieben des Bolus durch die myogene Kontraktion der oral vom Bolus liegenden Ringmuskulatur. Als neuromuskuläre Überträgerstoffe der Hemmneurone wirken anscheinend NO (Stickoxid), ATP und das Neuropeptid VIP.

Lokaler, aufsteigender, erregender peristaltischer Reflex: Er wirkt spiegelbildlich zum inhibitorischen Reflex und verstärkt die myogenen Kontraktionen. Als neuromuskuläre Überträgerstoffe der erregenden Motoneurone wirken Azetylcholin (über muskarinerge Rezeptoren) und Substanz P (möglicherweise auch andere Peptide, s. auch Tabelle auf der nächsten Seite). Der Parasympathikus wirkt insgesamt fördernd auf die Darmmotilität, der Sympathikus hemmend.

Bei den 3 Bewegungsmustern der Dickdarmmotilität handelt es sich um:

1 Nichtpropulsive Motilität	An mehreren Stellen gleichzeitig erfolgende ringförmige Kontraktionen zur Durchmischung des Chymus
2 Peristaltische Wellen	Seltene fortschreitende Kontraktionen mit vorauslaufender Relaxation, die den Chymus um etwa 20 cm weiterbefördern
3 Massenbewegungen	(auch Holzknecht-Bewegungen genannt), sie treten nur 3– bis 4mal täglich auf; befördern den Chymus über lange Strecken

Die neuronale Kontrolle der Dickdarmbewegungen ist ähnlich der des Dünndarms (s. o.). Störungen der Kolonmotorik führen zu Obstipation (Verstopfung) und Diarrhö (Durchfall), z. B. in Form des besonders bei Frauen häufigen irritablen Kolons (engl. irritable bowl syndrom, IBS).

Peptide und andere Neurotransmitter mit bekannter Funktion im GIT. [Nach Furness JB et al (1992) Roles of peptides in transmission in the enteric nervous system. TINS 15: 66]

ACh	Azetylcholin; wichtigster erregender Transmitter zum Muskel, zum Darmepithel, zu Drüsenzellen, zu einigen endokrinen Zellen des GIT und an neuroneuronalen Synapsen
ATP	Adenosintriphosphat; Kotransmitter in inhibitorischen Motoneuronen (s. vorhergehende Seite)
CCK	Cholezystokinin; in einigen GIT-Neuronen; möglicherweise an erregender Transmission beteiligt; erregt generell glatten Muskel
GRP	Gastrin-releasing-peptide; entspricht dem Bombesin der Amphibien; erregender Transmitter für Gastrinzellen
NPY	Neuropeptid Y; hemmender Transmitter an Drüsenzellen
NO	Stickoxid; Kotransmitter inhibitorischer Motoneurone (s. vorhergehende Seite); vielleicht auch an neuroneuronalen Synapsen
NA	Noradrenalin; noradrenerge Nervenfasern im GIT stammen alle aus dem Sympathikus; sie hemmen die Motilität in Nichtsphinkterregionen, kontrahieren Sphinktermuskeln, hemmen sekretomotorische Reflexe, wirken vasokonstriktorisch auf Darmgefäße
Serotonin	5-HT; Transmitter bei manchen erregenden neuroneuronalen Synapsen
Tachykinine	Dazu gehören: Substanz P (SP); Neurokinin A (NKA); Neuropeptid K; Neuropeptid γ. Funktionen: Erregende Transmitter zum glatten Muskel und evtl. an neuroneuronalen Synapsen. Kotransmitter zu ACh
VIP	Vasoaktives intestinales Peptid; erregender Transmitter an Drüsenzellen; möglicherweise Transmitter vasodilatatorischer Neurone; Kotransmitter an inhibitorischen Motoneuronen (s. vorhergehende Seite)

Sekretion, Verdauung und Resorption im GIT

Hormone und Hormonkandidaten des GIT (s. auch obige Tabelle)

Gastrin	Wird aus G-Zellen des Antrums (Pylorusregion) und Duodenums durch den Speisebrei freigesetzt; Gastrin löst HCl-Sekretion aus (zusammen mit ACh und Histamin, s. S. 310); fördert Antrummotorik; trophische Wirkung auf Magenschleimhaut
CCK	Freisetzung aus Duodenum und Jejunum; löst Gallenblasenkontraktion und Pankreassekretion (Enzyme) aus; trophische Wirkung auf Pankreas
Sekretin	Freisetzung aus Duodenum und Jejunum; löst Pankreassekretion (Bikarbonat) aus; hemmt Magensäurefreisetzung
GIP	Gastric inhibitory polypeptide; Freisetzung aus Duodenum und Jejunum; erhöht Insulinfreisetzung; hemmt Magensäure- und Gastrinfreisetzung
Somatostatin	Kommt im gesamten GIT vor; hemmt Sekretion in Magen und Pankreas
Enteroglukagon	Aus Ileum und Kolon; hemmt Sekretion in Magen und Pankreas; trophische Wirkung auf Darm
Motilin	Aus Duodenum und Jejunum; stimuliert die Muskelkontraktion
Neurotensin	Aus Ileum; hemmt Magensäurefreisetzung

Auslösung und Mechanismus der Speichelsekretion (s. auch Abb. S. 304). [Nach Thaysen JH, Thorn NA, Schwartz IL (1954) Excretion of Na, K, Cl and HCO_3 in human parotid saliva. Am J Physiol 178: 155]

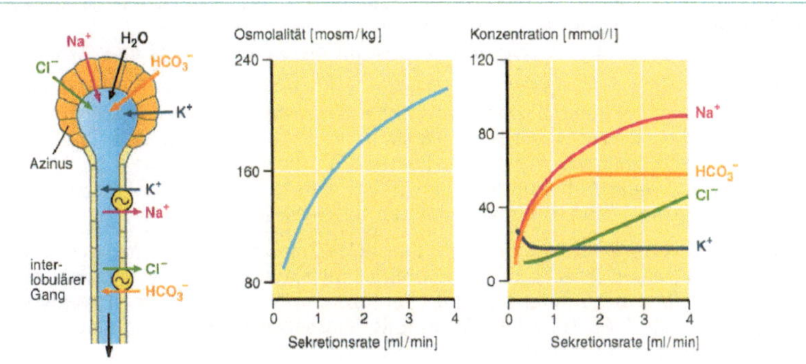

Erster Schritt der Speichelbildung ist der transzelluläre Transport von Cl^- in das Azinuslumen; der negativen Ladung folgen Na^+-Ionen und aus osmotischen Gründen H_2O. Der von den Azini gebildete Primärspeichel hat eine ähnliche Elektrolytzusammensetzung wie das Plasma; bei der Passage durch die Ausführungsgänge kommt es sekundär zur Modifikation, um so ausgeprägter, je langsamer der Speichelfluß ist (Abb., Kurven von rechts nach links lesen!).

Aufgaben des Speichels: 1. macht die Nahrungsbissen gleit- und schluckfähig durch Gehalt an Schleimsubstanzen (Mukopolysaccharide, vor allem aus Submandibular- und Sublingualdrüsen); 2. fördert durch Lösung und Aufschwemmung die Geschmackswahrnehmung (führt reflektorisch zu weiterem Speichelfluß und GIT-Drüsensekretion); 3. leitet durch die α-Amylase (vor allem aus den Parotisdrüsen) die Verdauung der Stärke ein (zu Disacchariden: Maltose, Glukose); 4. hält zwischen den Mahlzeiten den Mund feucht und erleichtert das Sprechen; hat reinigende und desinfizierende Wirkung und schützt die Zähne vor Karies.

Auslösung und nervöse Kontrolle der Speichelsekretion: Auslösung im wesentlichen reflektorisch über unbedingte (stärkster Reiz: saure Flüssigkeiten) und bedingte Reflexe (Pawlow!); Kontrollzentren in Medulla oblongata; efferent beteiligt sind Parasympathikus (ACh, Substanz P, stimuliert reichliche Mengen dünnflüssigen Speichels aus Parotisdrüse) und Sympathikus (α-adrenerg, stimuliert geringe Mengen viskösen Speichels aus den beiden anderen Drüsen).

Bau der tubulären Drüsen der Magenschleimhaut; Bestandteile des Magensafts

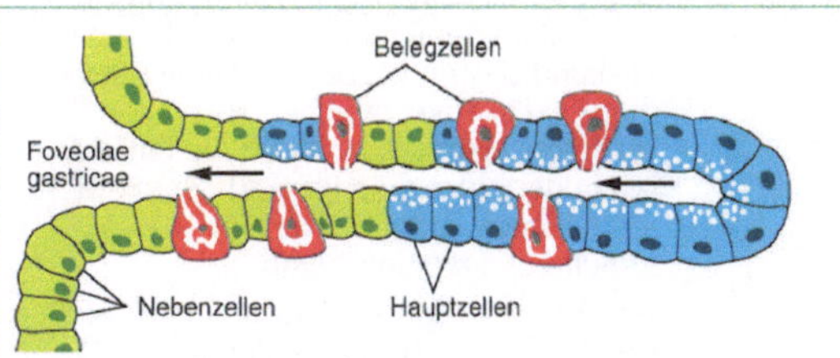

Die Dicke der faltigen Magenschleimhaut liegt zwischen 0,6 bis 0,9 mm (Abschluß durch Zylinderepithel); ihre Drüsen (allgemeiner Aufbau s. die Abb.) sezernieren täglich 2–3 l Magensaft.

Die oberflächlichen Nebenzellen produzieren Schleim (Schichtdicke 0,6 mm) und Bikarbonat, die tiefergelegenen Belegzellen produzieren Salzsäure (HCl) und Intrinsic factor (zur Vitamin-B_{12}-Resorption, Tabelle S. 301) und die Hauptzellen Pepsinogen. Aus endokrinen Zellen werden Gastrin und andere (Para-)Hormone freigesetzt (Tabelle S. 308).

Es gibt 4 Phasen der Anregung der Magensaftsekretion, nämlich:

Nüchterne Phase	Geringfügige Sekretion eines zähflüssigen Magenschleims; sie sistiert nach Vagotomie, ebenso nach Entfernung des Antrums (Sitz der G-Zellen), d. h. der Vagusgrundtonus ist für die Basalsekretion verantwortlich
Kephalische Phase	Zentralnervös induzierte Sekretion und zwar durch psychische (Erwartung, Vorstellung) und sensorische Reize (Anblick, Geruch, Geschmack); wird efferent durch N. vagus (ACh, muskarinerg) übermittelt; Erlöschen nach Denervierung des Antrums, d. h. sie ist mindestens z. T. indirekt über eine ACh-induzierte Gastrinfreisetzung ausgelöst; bis zu 55 % der maximal möglichen Sekretion auf diese Weise evozierbar
Gastrale Phase	Durch Speisebrei reflektorisch ausgelöste Sekretion: 1. Mechanosensoren aktivieren (a) teils kurze intramurale Reflexwege, (b) teils zentralnervöse Reflexe mit Afferenzen und Efferenzen im N. vagus; 2. chemische Reize (Peptide, Aminosäuren, Alkohol, Koffein) setzen Gastrin frei, das hormonal die Sekretion anregt
Intestinale Phase	Der Eintritt von Chymus in Dünndarm bewirkt je nach seiner Zusammensetzung über mechanische und chemische (Aminosäuren) Reize die Freisetzung von Sekretin und anderen Hormonen

Die 3 Phasen der Hemmung der Magensaftsekretion sind:

Kephalische Hemmphase	Streß kann zur Anregung wie zur Hemmung der Sekretion führen; Hemmung über den Sympathikus, genauer Mechanismus nicht bekannt
Gastrale Hemmphase	Mageninhalt mit pH < 3 hemmt die Gastrinfreisetzung und damit die Säure- und Pepsinogenproduktion; zum Einfluß auf Magenmotorik s. Tabelle S. 308
Intestinale Hemmphase	Ein Eintritt von Chymus in den Dünndarm bewirkt je nach seiner Zusammensetzung die Freisetzung verschiedener Hormone (Tabelle S. 308) mit hemmender Wirkung auf Magensäure- und Gastrinfreisetzung. Fette hemmen am meisten

Auslösung und zellulärer Mechanismus der Magensäuresekretion. [Nach den Ergebnissen zahlreicher Autoren in Anlehnung an Schmidt RF, Thews G (Hrsg) Physiologie des Menschen, 24. Aufl. Springer, Heidelberg]

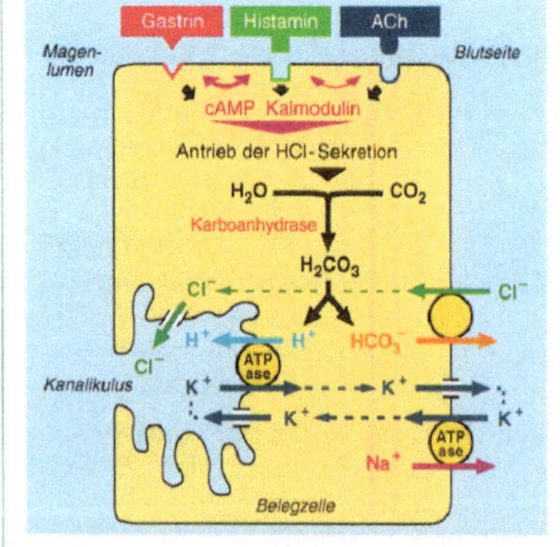

Die Steuerung der Salzsäuresekretion der Belegzellen erfolgt über 3 Rezeptorsysteme. Es besteht eine starke und obligatorische Interaktion zwischen Histamin-(H_2-) und Gastrinrezeptor und eine schwächere, fakultative zwischen H_2- und ACh-Rezeptor (ausgedrückt durch die Pfeilstärken in der Abb.). Eine Blockade des H_2-Rezeptors setzt daher die gastrin- und ACh-stimulierte Sekretion herab.

Second messengers im Ablauf der HCl-Sekretion sind cAMP und Kalmodulin.

Der Sekretionsprozeß nutzt ATP-getriebene Pumpen zum aktiven Transport von H^+ (gegen K^+) ins Magenlumen. Der maximale pH liegt bei etwa 1, meist 1,8–4.

Pankreas: Seine Lage (Topographie), seine Beziehungen zu den Gallengängen und die von ihm produzierten exokrinen Sekretmengen

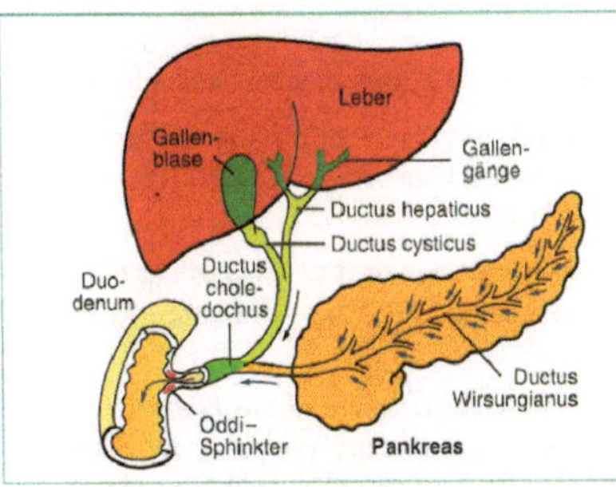

Das Gewicht des Pankreas liegt bei ca. 110 g; es kann 1–1,5 l/d an Sekret produzieren, in 24 h also rund das 10fache seines Gewichts.

Sein Hauptausführungsgang, der Ductus Wirsungianus, durchzieht das gesamte Organ und mündet neben oder (bei 30–40 % der Menschen) gemeinsam mit dem Ductus choledochus über die Papilla Vateri (Sphinkter Oddi) in das Duodenum.

Bezüglich des endokrinen Pankreas s. S. 164

Zusammensetzung des Pankreassaftes 1: Elektrolyte und Wasser. [Nach Bro-Rassmussen et al (1956) Acta Physiol Scand 37: 185 und nach Ewe K, Karbach U (1990 a. o. a. O.]

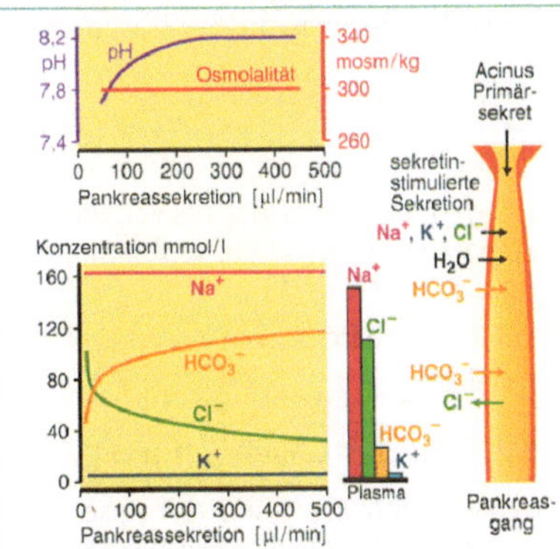

Der Pankreassaft ist durch seinen hohen Gehalt an Bikarbonat basisch; dieses Bikarbonat dient zusammen mit dem Bikarbonat aus den Brunner-Drüsen und zusammen mit dem Gallensekret der Neutralisierung des Chymus, s. S. 314.

Der Pankreassaft ist und bleibt unabhängig von der Sekretionsrate isoton.

Das Wasser und das Bikarbonat stammen aus den duktalen Epithelzellen (s. Abb.); die Sekretion des Bikarbonats in die Drüsengänge erfolgt aktiv über eine Pumpe im Austausch gegen Cl^--Ionen.

Zusammensetzung des Pankreassaftes 2: Verdauungsenzyme (Fermente)

Peptidasen	Die Peptidase dienen der Eiweißverdauung; Hauptvertreter (neben mehreren anderen) sind die Proenzyme Trypsinogen und Chymotrypsinogen; ersteres wird durch Enterokinase aus der Duodenalschleimhaut zu Trypsin aktiviert; dieses aktiviert Chymotrypsinogen zu Chymotrypsin
Amylasen	Die Amylasen dienen der Kohlenhydratverdauung; Hauptvertreter ist die α-Amylase, sie wird in bereits aktiver Form sezerniert
Lipasen	Die Lipasen dienen der Fettverdauung; Hauptvertreter Lipase (Aktivierung durch Kolipase, diese durch Pro-Kolipase) und Phospholipase A_2
Nukleasen	Hauptvertreter ist die Ribonuklease; die Nukleasen dienen der Spaltung von Nukleotiden der Ribonukleinsäuren

Die Enzyme stammen aus den Azinuszellen; deren Granula enthalten die Fermente in einem festen Verhältnis, den Hauptanteil machen die Peptidasen aus. 90 % der Proteine im Pankreassaft sind Enzyme. Durch die Sekretion der Peptidasen als Proenzyme wird eine Selbstverdauung des Pankreas vermieden. Die Stimulation der Azinuszellen provoziert also kleine Mengen eines konzentrierten Sekrets, Stimulation der Epithelzellen dagegen größere Volumina eines wäßrigen Sekrets (s. oben)

Wie bei der Magensaftsekretion gibt es 4 Phasen der Anregung der Pankreassaftsekretion

Nüchterne Phase	In Ruhe besteht eine Basalsekretion mit einem Bikarbonatausstoß von 2–3 % und einer Enzymsekretion von 10–15 % der Maximalsekretion
Kephalische Phase	Auslösende Reize entsprechend der kephalen Phase der Magensaftsekretion, s. o.; Mengenanstieg um 10–15 % beim Bikarbonat (Transmitter: VIP), 25 % bei den Enzymen (Transmitter: ACh)
Gastrale Phase	Die Dehnung von Magenkorpus und -antrum evoziert vagovagale gastropankreatische Reflexe; vermehrte Bikarbonat- und Enzymfreisetzung bei nur mäßiger Volumenzunahme
Intestinale Phase	Eintritt von saurem Chymus in den Dünndarm bewirkt die Freisetzung von CCK (Wirkung auf Enzymsekretion) bzw. Sekretin (Wirkung auf Bikarbonatsekretion), den beiden stärksten Stimulatoren der Pankreassekretion, s. auch Tabelle S. 308

Wie bei der Magensaftsekretion gibt es 3 Phasen der Hemmung der Pankreassaftsekretion

Kephalische Hemmphase	Wird über den Sympathikus gesteuert, ähnlich wie bei kephaler Hemmung der Magensaftsekretion
Gastrale Hemmphase	Alle Faktoren, die die Entleerungsgeschwindigkeit des Magens verzögern (Tabelle S. 306), hemmen auch die Pankreassaftsekretion, weil dadurch die Freisetzung von CCK und Sekretin verzögert wird
Intestinale Hemmphase	Ein hoher Fettgehalt des duodenalen Chymus hemmt die Pankreassekretion; der Mechanismus ist noch nicht geklärt

Leber: sekretorische Funktion der Hepatozyten und des Gallengangepithels

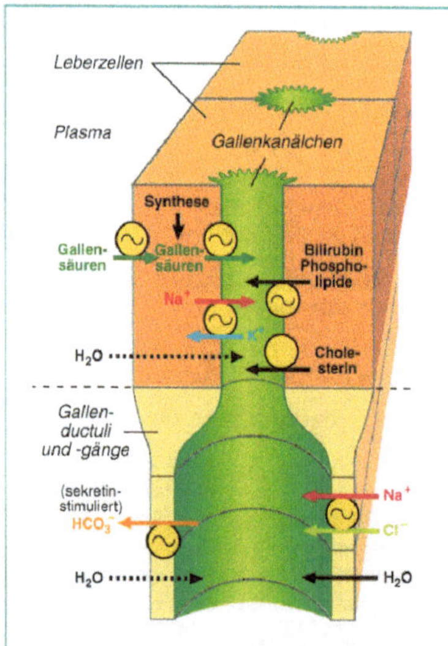

Hepatozyten sezernieren (aktiver Transport) in die Gallenkapillaren vor allem (s. auch Tabelle S. 313):

1 Gallensäuren
2 Cholesterin
3 Bilirubin
4 Elektrolyte (Na^+, Cl^-, HCO_3^-).

Bei 1 folgt Wasser dem osmotischen Gradienten in die Gallenkapillaren, bis die Galle blutisoton ist; diesen Vorgang nennt man gallensäureabhängige Sekretion.

Bei 4 ist der Primärprozeß der aktive Na^+-Transport (evtl. auch ein aktiver Bikarbonattransport); der Rest ist wieder osmotisch: gallensäureunabhängige Sekretion.

Das Gallengangepithel modifiziert und vermehrt (aktiver Na^+- und HCO_3^--Transport) die von den Hepatozyten sezernierte Galle (Abb.); etwa 1/3 der Gallenmenge stammt aus den Ductuli.

38

Zusammensetzung und Mengen von Leber- und Blasengalle, Aufgaben und Schicksal der Gallensäuren. [Tabelle nach Ewe K, Karbach U (1990) a. o. a. O.]

Bestandteile	Lebergalle [mmol/l]	Blasengalle [mmol/l]
Na^+	165	280
K^+	5	10
Ca^{++}	2,5	12
Cl^-	90	15
HCO_3^-	45	8
Gallensäuren	35	310
Gallenpigmente	0,8	3,2
Cholesterin	3	25
Bilirubin	1,5	15
pH	8,2	6,5

Die Lebergalle ist durch Bilirubin goldgelb gefärbt; es werden täglich 600 ml produziert, wovon 50 % direkt in den Dünndarm abfließen; der Rest fließt zur Gallenblase, Abb. S. 304, 311.

Das Fassungsvermögen der Gallenblase beträgt aber nur 50–60 ml. Dieses Defizit wird durch schnelle Wasserresorption in der Gallenblase kompensiert (Primärprozeß: aktiver Na^+-Transport aus der Galle). Durch die Resorption von HCO_3^- fällt der pH-Wert auf 6,5 (s. Tabelle).

Die Gallensäuren haben einen hydrophilen und einen hydrophoben Molekülanteil und können daher als Detergenzien bei der Fettverdauung dienen (Abb. S. 315). Sie erleichtern damit die Emulgation der Fette im Chymus und ermöglichen über die Bildung von Molekülaggregaten mit den Fettsäuren, genannt Mizellen, die anschließende Resorption der Fettsäuren in die Darmzellen (Kreislauf der Gallensäuren s. Abb. unten). Das Bilirubin ist der Abbaustoff des Hämoglobins, das auf diese Weise aus dem Körper ausgeschieden wird (täglich 200–300 mg). Darmbakterien im terminalen Ileum und im Kolon wandeln es in das rotbraune Stereobilin um, das für die Stuhlfarbe verantwortlich ist.

Regelung der Gallensekretion (s. auch Tabelle S. 308)

CCK	Cholezystokinin bewirkt 1. Kontraktion der Gallenblase und 2. Erschlaffung des Sphincter Oddi; alle Vorgänge, die CCK freisetzen, erhöhen also den Gallenfluß in das Duodenum
N. vagus	Wirkt ähnlich, aber schwächer als CCK; gleiches gilt für cholinerg wirkende Pharmaka (Parasympathikomimetika)
Sekretin	Stimuliert die Sekretionsprozesse in den Gallenductuli und -gängen, s. Abb. S. 212 (Wirkung identisch mit der auf Pankreasepithelzellen)
Gallensäure	Die Gallensäuresekretion der Hepatozyten nimmt zu, wenn der Blutplasmaspiegel der Gallensäuren zunimmt und vice versa; alle Prozesse, die den Gallenfluß in das Duodenum erhöhen, führen daher indirekt auch zur erhöhten Gallensekretion (s. auch unten)

Enterohepatischer Kreislauf der Gallensäuren

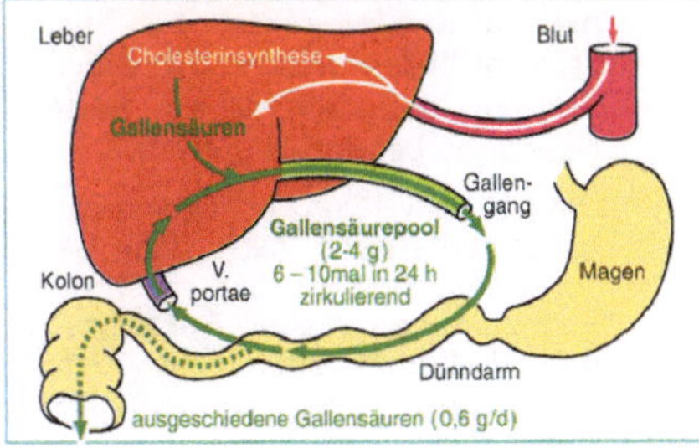

Aus dem Darm werden die Gallensäuren etwa je zur Hälfte passiv (Dünndarm und Kolon) und aktiv (nur terminales Ileum) rückresorbiert.

Die Verluste über den Kot (ca. 10 % des Pools von ca. 3 g) werden durch Synthese in den Hepatozyten ausgeglichen (dazu sowie zu ihrer Konjugierung und der Bildung von Gallensalzen s. Lehrbücher Biochemie)

38

Darm: exokrine und endokrine Sekretionszellen der Dünndarmschleimhaut

Brunner-Drüsen	Sekretion vergleichbar der der Azinuszellen des Pankreas (Tabelle S. 34), d. h. hohe Konzentration von Amylasen und Peptidasen bei geringer Muzinbeimischung, geringe Cl^-- und hohe HCO_3^--Konzentration (pH 8,2–9,3); auslösende Reize entsprechen ebenfalls denen an der pankreatischen Azinuszelle, besonders denen der intestinalen Phase
Becherzellen	Kommen im gesamten Dünn- und Dickdarm vor; produzieren alkalischen Schleim, der aus verschiedenen Glykoproteinen besteht; dieser neutralisiert zusammen mit dem Sekret der Brunner Drüsen, der Galle und dem Pankreassaft den sauren Magenchymus
Endokrine Zellen	Die klassischen GIT-Hormone (z. B. Gastrin, Sekretin, CCK) sind in der Tabelle S. 308 aufgelistet. Diese werden alle (auch) aus der Dünndarmschleimhaut freigesetzt

Resorption der Nahrungstoffe entlang des Dünndarms im Überblick

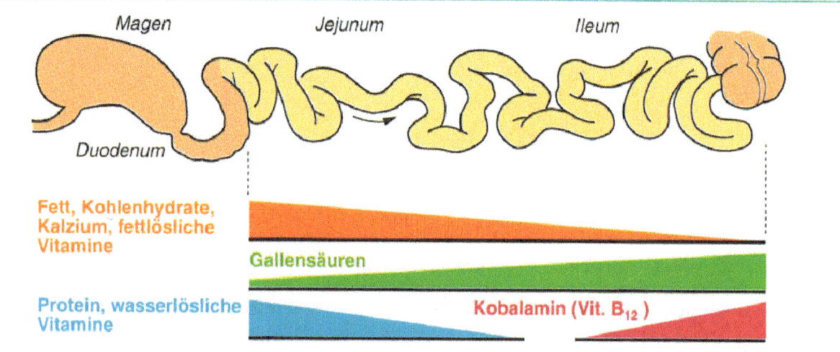

Die Wasseraufnahme im Dünndarm (Flüssigkeitsbilanz s. S. 304) wird vor allem von der passiven und aktiven Resorption (verschiedene Pumpmechanismen) von Na^+-Ionen angetrieben (Aufbau von osmotischen und Potentialgradienten). Im Magen werden nur einige Ionen (z. B. Na^+) und lipidlösliche Substanzen, vor allem Alkohol, resorbiert, im Kolon ebenfalls Elektrolyte und vor allem Wasser

Aufbau und Gefäßversorgung der Dünndarmzotte; sie ist der Ort aller Resorptionsvorgänge im Dünndarm

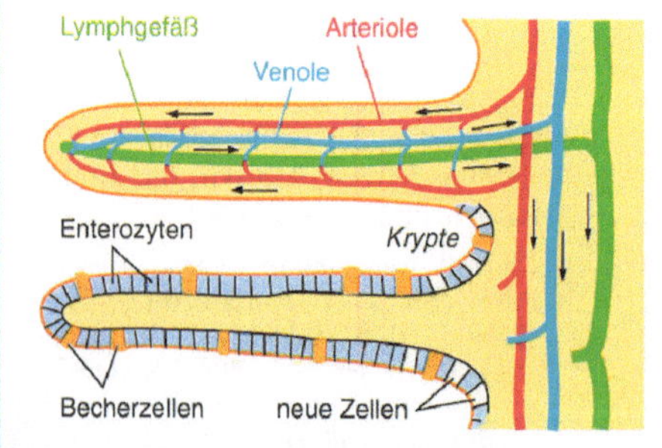

Die Enterozyten mit ihren Mikrovilli (Lebensdauer 3–6 Tage, Ersatz durch nachwachsende Zellen aus den Krypten) bilden den resorbierenden Apparat des Dünndarms (seine Oberfläche beträgt ca. 200 m^2).

Das Gefäßsystem der Dünndarmzotten unterstützt nach dem Gegenstromprinzip (S. 258, 289) die Aufnahme von Wasser, Elektrolyten und Nahrungsstoffen aus dem Darm.

Verdauung und Resorption von Kohlenhydraten im Dünndarm. [Nach Birbaumer N, Schmidt, RF (1991) Biologische Psychologie, 2. Aufl. Springer, Heidelberg]

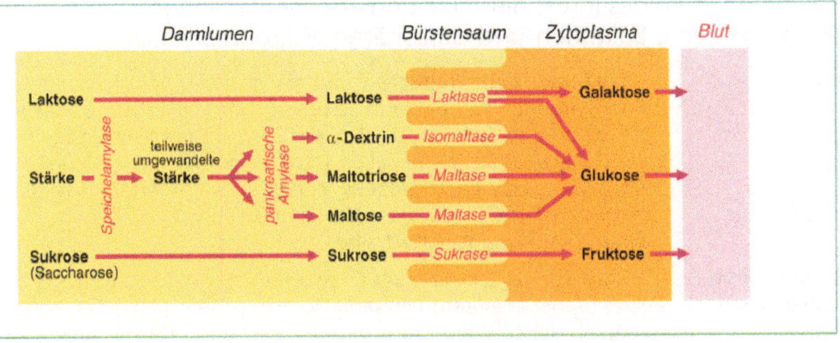

Verdauung und Resorption von Fetten. [Nach Birbaumer N, Schmidt, RF (1991) a. o. a. O.]

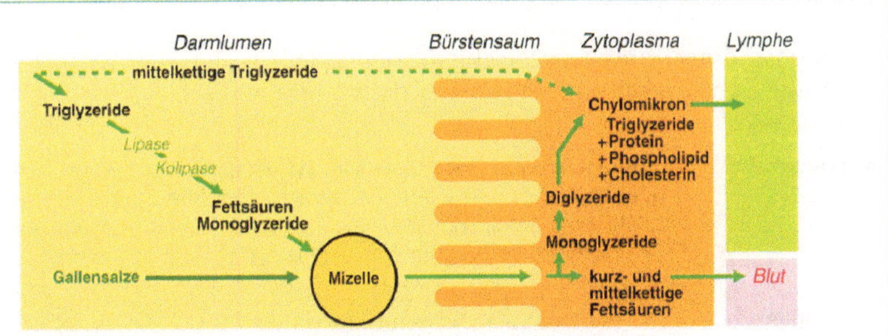

In der Lipidmembran der Enterozyten lösen sich die Fettbestandteile der Mizellen und diffundieren in die Zelle. Die Mizelle nimmt anschließend neue Fettbestandteile auf. Im Enterozyten erfolgt die intrazelluläre Lipidsynthese, anschließend wird das Fett in Glykoproteine eingehüllt (Bildung von Chylomikronen) und exozytotisch in den zentralen Lymphgang der Darmzotte befördert

Verdauung und Resorption der Eiweißeßverdauung,4›. [Nach Birbaumer N, Schmidt, RF (1991) a. o. a. O.]

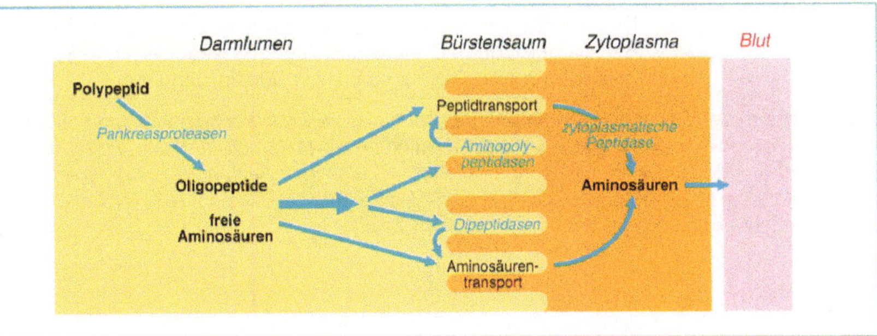

38

Intestinale Schutzmechanismen und Darmgase

Das Immunsystem des Intestinaltrakts und andere Mechanismen schützen die Mukosa vor Viren, Bakterien und parasitären Mikroorganismen

GALT	So wird aus dem Englischen „gut-associated lymphoid tissue" die Bezeichnung für das Darm-assoziierte Immunsystem abgekürzt. Das System umfaßt ca. 20–25 % der Darmschleimhaut und enthält 50 % aller lymphatischen Zellen. Dazu gehören (a) Lymphfollikel der Mukosa und die Peyer-Plaques sowie (b) Lymphozyten, Plasmazellen und Makrophagen, die in der Lamina propria und zwischen den Epithelzellen diffus verteilt sind.
Weitere Schutzmechanismen	Nicht nur durch das GALT, sondern auch durch andere unspezifische, aber sehr wirksame Mechanismen ist der GIT vor potentiell schädlichen Substanzen geschützt. Dazu zählen der Schleimbelag der Epithelien, die Abtötung von Erregern durch die Salzsäure des Magens, der enzymatische Abbau und die reinigende Wirkung der propulsiven Darmmotorik (s. S. 307).

Die Darmgase entstammen unterschiedlichen Quellen. Der Flatusgeruch ist auf flüchtige Schwefelverbindungen aus dem bakteriellen Eiweißabbau zurückzuführen

Gasvolumen	Aus dem Rektum werden täglich im Schnitt 15 Portionen von 40 ml, d. h. etwa 600 ml Gas (Flatus) ausgeschieden (die erhebliche individuelle Schwankungsbreite liegt zwischen 200 und 2000 ml/d). Kohl- oder bohnenhaltige Nahrung steigert den Gasausstoß auf das 10fache. Vermehrter Flatus wird Meteorismus genannt.
Gaszusammensetzung	Zu 99 % bestimmen die geruchlosen Gase N_2, O_2, CO_2, H_2 und CH_4 die Zusammensetzung des Flatus. Sein unangenehmer Geruch stammt von Spuren flüchtiger bakterieller Eiweißprodukte (z. B. Schwefelverbindungen wie H_2S oder Methylsulfide).
Ursprung der Gase	1. Verschluckte Luft: Mit jedem Schlucken werden 2–3 ml Luft verschluckt, die meiste wird durch Aufstoßen wieder entleert. 2. CO_2, H_2 und CH_4 werden im Darmlumen gebildet. Allerdings werden die im Dünndarm reichlich entstehenden Mengen von CO_2 dort auch wieder resorbiert, das CO_2 des Flatus stammt aus dem Kolon, ebenso wie H_2 und CH_4. 3. Durch Diffusion aus dem Blutplasma gelangen 1–2 ml/min in den Darm, O_2 und CO_2 gelangen dagegen wegen ihrer geringen Partialdrucke im Plasma kaum von dort in den Darm.

Angemerkt sei, daß H_2 und CH_4 mit O_2 ein explosives Gemisch bilden. Bei Patienten, deren Darmreinigung unvollständig war oder durch Lösungen mit Mannitol vorgenommen wurde (das anschließend im Darm bakteriell gespalten wurde) sind während kolposkopischer Polypenabtragung mittels Hochfrequenzdiathermie Explosionen im Darm mit zum Teil tödlichen Ausgang beschrieben worden.

A

C

D

E

H

I

N

N

O

P

Q

T

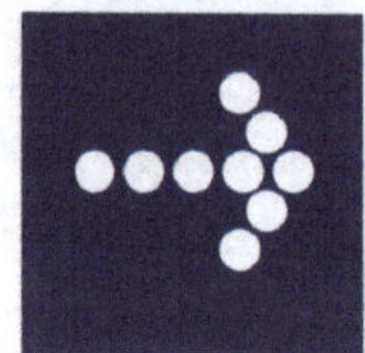

Liebe Leserin, lieber Leser,

Autoren und Verlag haben sich Mühe gegeben, dieses Lehrbuch für Sie so zu schreiben und gestalten, daß Sie optimal damit lernen und repetieren können.
Ist uns dies gelungen?

Wir freuen uns, wenn Sie uns über Ihre Erfahrungen berichten. Bitte schreiben Sie uns oder besuchen Sie uns im Internet!

Unsere Internet-Adresse:
http://www.studmedforum.springer.de/

Unsere e-mail Adresse:
med.lehrbuch@springer.de

Unsere Postadresse:
Springer-Verlag
Programmplanung Med. Lehrbuch
z. Hd. Anne C. Repnow
Tiergartenstraße 17
69121 Heidelberg